西安交通大學 "十五"规划教材

XI'AN JIAOTONG UNIVERSITY

U0886531

材料力学

蔡怀崇 闵 行 主编

西安交通大学出版社
·西 安·

内容提要

本书是西安交通大学“十五”规划的基础力学教材。全书共分15章及3个附录。正文包括杆件基本变形和组合变形的强度和刚度问题以及能量法等6个专题。

本书注重理论联系工程实际，反映现代强度设计新方法。各章注意精选适合不同层次学生要求的典型例题、讨论题、思考题和配套习题。

本书是高学时材料力学课程的教学用书，删去部分内容可供中学时材料力学教学使用。也可供高等职业大学和成人教育学院师生及有关工程技术人员参考。

图书在版编目(CIP)数据

材料力学/蔡怀崇，闵行主编. —西安：西安交通大学出版社，2004.2(2015.11重印)
ISBN 978-7-5605-1819-0

Ⅰ.材… Ⅱ.①蔡…②闵… Ⅲ.材料力学-高等学校-教材 Ⅳ.TB301

中国版本图书馆CIP数据核字(2003)第119316号

书　　名：材料力学
主　　编：蔡怀崇　闵　行
出版发行：西安交通大学出版社
地　　址：西安市兴庆南路10号(邮编：710049)
电　　话：(029)82668315(总编办)
(029)82668357　82667874(发行部)
印　　刷：陕西元盛印务有限公司
字　　数：420千字
开　　本：727 mm×960 mm　1/16
印　　张：23
版　　次：2004年2月第1版　2015年11月第7次印刷
书　　号：ISBN 978-7-5605-1819-0/O·204
定　　价：29.00元

前　言

本教材是高学时材料力学教材，适用于70～80学时的机械、能源、动力、材料、力学和土木工程等专业。删去部分内容可供中学时材料力学教学使用。

随着教学改革的不断深入，学时减少和教学要求提高的矛盾日益突出。本教材力求贯彻教学改革精神：在基本内容和基本概念的叙述上力求简明；注重理论联系工程实际，反映现代强度设计的新观点和新方法；注意培养学生的科学思维方法、分析解决实际问题的能力和创新精神；便于自学等。

本教材改变了基本变形应力公式推导的传统方法；各章注意精选适合不同层次学生要求的典型例题、讨论题、思考题和配套习题，给教师在组织教学、安排课堂讨论时，提供了方便，为学生提供了自主学习和深入思考的空间；在第4章和第6章中引入了用奇异函数分析梁内力和变形的方法，并介绍了求梁变形的力矩面积法；在第8章中介绍了"强度理论"；在第13章中介绍了变幅疲劳强度和有限寿命的计算方法；在附录A中介绍了平面图形几何性质的数值计算方法——边界积分方法。书中带有*号的内容可根据不同专业由教师选用。

本教材由西安交通大学材料力学教研室蔡怀崇、闵行、凌伟、刘书静和殷民共同编写。蔡怀崇编写第1、3、4、5、6章；闵行编写第2、10、11、13章；凌伟编写第7、8、9章；刘书静编写第12、14、15章；殷民编写附录A、B、C。由蔡怀崇、闵行任主编。

本教材反映了西安交通大学材料力学教研室多年来的教学改革成果和长期积累的教学经验。教材编写过程中，参考了西安交通大学材料力学教研室和兄弟院校已经公开出版的教材和书籍，并引用了部分习题、例题和插图。在此特向有关作者和曾经在西安交通大学材料力学教研室任教的教师、前辈表示敬意和衷心感谢。

西北工业大学刘达教授和西安交通大学乐美峰教授审阅了全书，提出了宝贵的修改意见。责任编辑吴杰和郑丽芬为本书的出版做了非常耐心、细致的工作。谨此一并表示衷心感谢。

限于编者的水平，本教材难免有疏漏和不妥之处，敬请读者批评指正。

编　者

2003.10

本书主要符号表

符号	符号意义	常用单位
A	面积	m^2，mm^2
a	间距	m，mm
	加速度	m/s^2
b	宽度	m，mm
C,O	形心	
D，d	直径	m，mm
E	弹性模量	GN/m^2(GPa)
e	偏心距	m，mm
F	力(外力，载荷)	N，kN
F_{Ax}	A 处沿 x 方向的支反力	N，kN
F_{cr}	压杆临界力	N，kN
F_x，F_y，F_z	力在 x，y，z 方向的分量	N，kN
G	切变模量	GN/m^2(GPa)
	重量	N，kN
g	重力加速度	m/s^2
H，h	高度	m，mm
I_y，I_z	截面对 y，z 轴的惯性矩	m^4，mm^4
I_p	极惯性矩	m^4，mm^4
I_{yz}	截面对 yz 轴的惯性积	m^4，mm^4
i_y，i_z	截面对 y，z 轴的惯性半径	m，mm
K_d	动荷因数	
K_t	理论应力集中因数	
K_σ，K_τ	正应力，切应力有效应力集中因数	
k	弹簧刚度	N/m，kN/m
L，l	长度	m，mm

符号	符号意义	常用单位
M_o	弯曲外力偶矩	N·m，kN·m
M_n	扭矩	N·m，kN·m
M_y，M_z	对 y，z 轴的弯矩	N·m，kN·m
m	质量	kg
	单位长度力偶矩	N·m/m，kN·m/m
N	轴力	N，kN
n	安全因数	
	转速	r/min
n_{st}	稳定安全因数	
P	功率	W，kW
p	压强，压力	N/m^2(Pa)，MN/m^2(MPa)
	全应力	MN/m^2(MPa)，N/mm^2
Q	剪力	N，kN
q	分布载荷集度	N/m，kN/m
R，r	半径	m，mm
r	交变应力循环特征	
S_y，S_z	截面对 y，z 轴的静矩	m^3，mm^3
s	弧长	m，mm
T	扭转外力偶矩	N·m，kN·m
	动能	J(N·m)
t	温度	℃
	时间	s
	壁厚	m，mm
U	变形能(应变能)	J(N·m)
u	线位移	m，mm
V	势能	J(N·m)
	体积	m^3，mm^3
v	速度	m/s
	梁的挠度	m，mm
W	外力功	N·m，kN·m

符号	符号意义	常用单位
	重量	N，kN
W^*，W_e^*，W_i^*	总虚功，外力虚功，内力虚功	N·m，kN·m
W_p	抗扭截面系数	m^3，mm^3
W_y，W_z	对 y，z 轴的抗弯截面系数	m^3，mm^3
α	倾角	rad，(°)
	线膨胀系数	K^{-1}
α_k	冲击韧度	J/m^2
β	倾角	rad，(°)
	表面质量因数	
Δ	广义位移	mm 或 rad
δ	厚度	m，mm
	延伸率	
ε，ε_e，ε_p	线应变，弹性应变，塑性应变	
γ	切应变	
	单位体积重量	N/m^3，kN/m^3
ψ	断面收缩率	
θ	体积应变	
Φ	单位长度扭转角	°/m
φ	转角	rad，(°)
λ	柔度	
μ	泊松比，压杆长度因数	
θ	梁截面转角	rad，(°)
ρ	密度	kg/m^3
	曲率半径	m，mm
σ	正应力	MN/m^2(MPa)，N/mm^2
σ^+，σ^-	拉应力，压应力	同上
σ°	破坏(极限)应力	同上
$[\sigma]$	许用应力	同上
σ_a	应力幅	同上

符号	符号意义	常用单位
σ_b	强度极限	同上
σ_{bs}	挤压应力	同上
σ_{cr}	临界应力	同上
σ_e	弹性极限	同上
σ_m	平均应力	同上
σ_p	比例极限	同上
σ_r	持久极限	同上
	径向应力	同上
σ_{ri}	相当应力	同上
σ_s	屈服极限	同上
$\sigma_{p0.2}$	名义屈服极限	同上
τ	切应力	同上
$[\tau]$	许用切应力	同上
ω	角速度	rad/s，(°/s)
	弯矩图面积	$N \cdot m^2$，$kN \cdot m^2$

目　录

第1章　绪论

1.1　材料力学的任务

力学是研究力对物体的效应的一门科学。力对物体的效应有两种：一种是引起物体运动状态的变化，称为**外效应**；另一种是引起物体的变形，称为**内效应**。理论力学研究力的外效应，即物体平衡和运动的规律。材料力学研究力的内效应，即物体变形和破坏的规律。材料力学与机械、能源、动力、土木、水利、化工、材料、航空航天等众多的工程技术有着密切的联系，是这些工程技术的理论基础。在这些工程中，广泛使用的各种机器、机械与结构，都是由许多零件和元件组成的，这些零件和元件统称为**构件**。构件工作时，一般都受到载荷的作用。为确保机器、机械和结构能够正常工作，要求构件具有一定承载能力。为此，设计构件时，从力学方面需要考虑三个主要问题。

(1) 强度问题　构件承载时，不应该发生断裂或显著的永久变形。例如，江河的大坝(图1-1)在水压力下，不允许发生破坏；桥梁(图1-2)在车辆通行时，不应

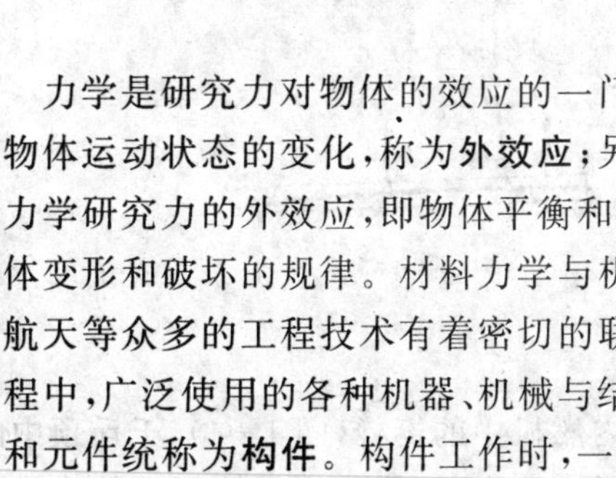

图1-1

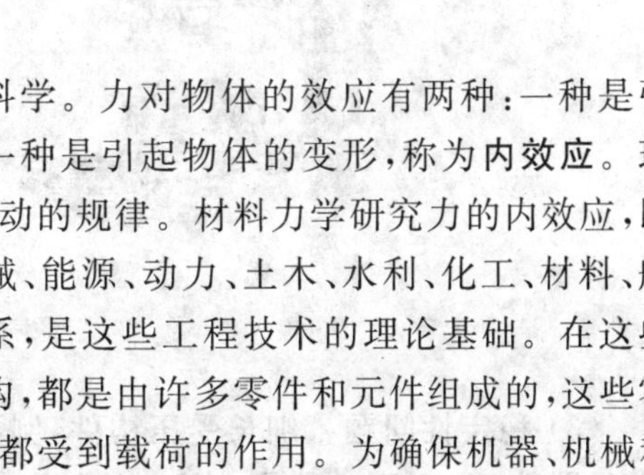

图1-2

该发生断裂；飞机降落时，起落架不应折断；螺栓的螺纹受撞击时，不应发生过大的永久变形使螺栓失效等。因此，构件必须具有足够的抵抗破坏的能力，即具有足够的**强度**。

(2) 刚度问题　有些构件虽然不发生破坏，也不发生显著的永久变形，但是由

于变形超过允许的限度，也会导致机器设备不能正常工作。例如，摇臂钻床工作时，若立柱和摇臂变形过大，将会影响工件的加工精度(图 1-3)；转轴变形过大会引起轴承不均匀磨损等。因此，对于这类构件必须具有足够抵抗变形的能力，即具有足够的**刚度**。

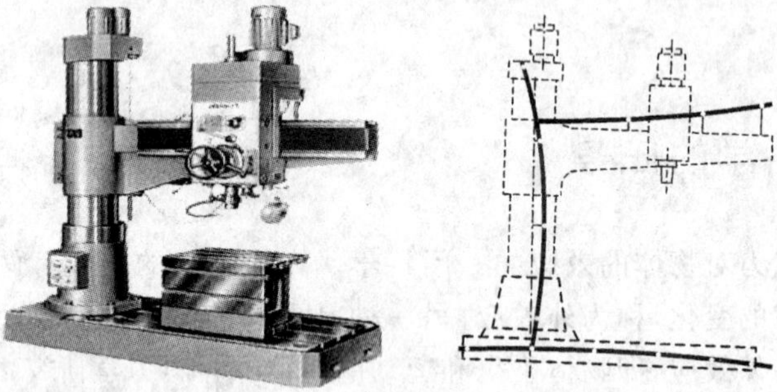

(a) (b)

图 1-3

(3) 稳定性问题　细长受压构件，例如内燃机中的挺杆(图 1-4)，千斤顶中的螺杆(图 1-5)和厂房结构中的立柱等。当压力较小时，构件能保持原有的直线平衡形式。若压力增大至某一数值时，构件会突然变弯，使结构不能正常工作，这种现象

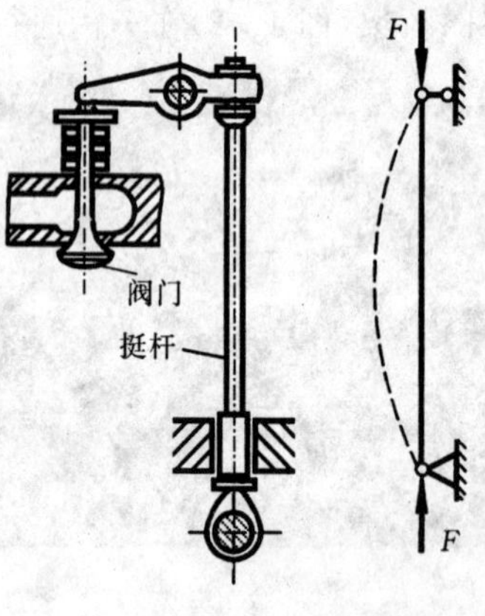

图 1-4

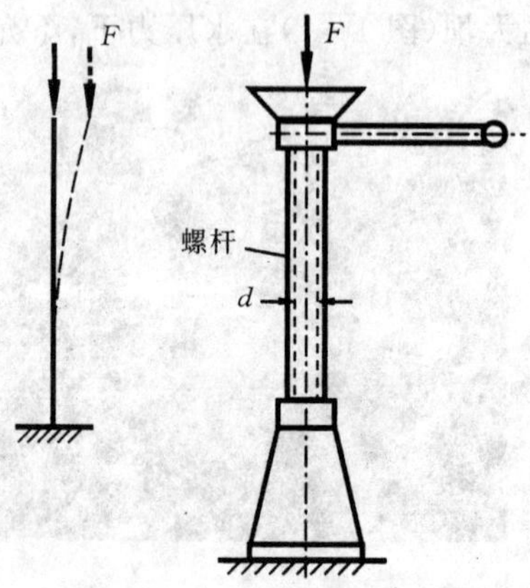

图 1-5

称为丧失稳定。因此，对于这类细长受压构件，必须具有始终保持原有平衡形式的能力，即具有足够的**稳定性**。

强度、刚度和稳定性统称为构件的**承载能力**。在设计构件时，不仅要求具有足

够的承载能力，还必须考虑降低制造成本或减轻构件自重，以保证构件既安全适用又经济合理。材料力学就是一门研究构件承载能力的科学，它的主要任务是研究构件在外力作用下的变形和破坏规律，为构件的合理设计提供基本理论和计算方法，并为学习后续课程如机械设计、结构力学、弹性力学和复合材料力学等提供必要的理论基础。

构件的承载能力与所使用材料的力学性质有关，而这些力学性质必须通过实验来测定。此外，某些较复杂的问题也必须借助于实验来解决。因此，实验研究和理论分析都是完成材料力学任务的必不可少的手段。

1.2　材料力学与生产实践的关系

人类在很早以前，就从各种建筑物和简单机械的制造和使用中，逐步积累起关于受力分析和材料强度的知识，又凭着经验和模仿的方法，设计和制造出新的建筑物和机械。例如，利用石料耐压的特性建造石拱桥；利用竹索的抗拉特性建造悬索桥；在建筑物中采用圆形截面的立柱和矩形截面的木梁等。大量的历史事实和文献记载表明：在14世纪以前，中国力学发展一直处在世界前列水平，这与当时中国生产力水平的地位是相适应的。例如，世界著名的古代建筑物——中国的长城是纪元前开始建造的；世界上现存最高的木结构建筑——山西应县木塔（图1-6(a)），距今已近一千年历史，在1305年曾经受过一次6.5级的大地震，附近民房全部坍塌，而木塔仍完整屹立至今；建于公元608年的河北赵州石拱桥（图1-6(b)），单孔净跨37 m，桥面宽10 m，是世界上第一个“敞肩拱桥”，用现代理论分析，已很接近于优化的设计；在宋代的《营造法式》中已提出，用圆木加工的矩形截

(a)　(b)

图1-6

面梁，合理的高宽比应为 3∶2，这与梁的弯曲理论一致。

随着生产力的迅速发展，为了建造大吨位船舶、水闸和大型建筑结构的需要，人们开始了用实验和解析的方法来研究结构和材料的强度问题。意大利的科学家达·芬奇(Leonardo da Vinci，1452～1519 年)和伽利略(G. Galileo，1564～1642年)是其中的杰出代表。达·芬奇是最先用铁丝受拉来研究材料强度的，他提出了矩形截面梁的强度与宽度成正比，与长度成反比的结论。伽利略第一个用实验和理论相结合的方法，全面分析了梁的强度，他在 1638 年发表的《两种新科学》一书中，介绍了建筑材料的力学性质并首先提出了计算梁的强度公式，该书成为材料力学领域的第一部著作。1678 年英国科学家胡克(R. Hooke，1635～1703 年)根据大量实验数据的分析结果，提出了变形与力成正比的结论，成为材料力学和物理学的一个重要定律。

随着生产力的进一步发展，新材料、新建筑、新机械和各种交通运输工具不断涌现，又对材料力学提出了更多新的课题，促进了材料力学的迅速发展。19 世纪末，材料力学逐步形成为一门独立的学科，并成为工科院校的必修课程。到 20 世纪，材料力学的研究取得了很多重大成就，出现了许多新的理论和计算方法，形成了很多新的分支学科。

新中国成立后，开始了振兴中华的大规模经济建设，完成了许多与力学有着密切关系的重大工程技术项目。例如，长江和黄河上大跨度桥梁的设计与建造，超大功率的发电动力装置，葛洲坝和正在建造中的长江三峡工程，核电站，长征系列运载火箭，海洋平台，高速列车等。这些工程的设计、制造和运行中，都存在大量的力学问题，为材料力学的研究、应用和发展提供了广阔的前景。特别是 20 世纪 60 年代中期以后，由于电子计算机的应用和普及，使计算能力发生了一场革命，材料力学工程分析更加深入到机械设计的常规工作中，大大缩短了新产品的设计周期。材料力学的理论、实验和计算方法的深入发展，无疑将对我国的机械、材料、土木、水利、交通、航空航天和兵器等工业的发展有着重大的促进作用。

1.3 变形固体的基本假设

在理论力学中，由于物体的微小变形对其平衡和运动状态影响极小，为了使研究得到简化，略去了物体的变形，而将其抽象为刚体。材料力学研究构件的强度、刚度和稳定性问题，变形成为主要因素，因此必须把构件视作可变形固体。变形固体的材料和性质是多种多样的，为了简化计算，通常略去一些次要因素，将它们抽象为理想化的模型。下面是对变形固体所作的四个基本假设。

1. 连续性假设

即认为组成变形固体的物质毫无间隙地充满了它的整个几何空间，而且变形后仍保持这种连续性。这样，物体的一切物理量都可用坐标的连续函数来表示。

2. 均匀性假设

即认为物体是由同一均匀材料组成，其各部分的物理性质相同，且不随坐标位置而变。这样就可以从中取出任一微小部分进行分析和试验，其结果适用于整个物体。

3. 各向同性假设

即认为物体在各个方向具有相同的物理性质。这样物体的力学性质不随方向而变。具备这种性质的材料称为各向同性材料。

实际上，从微观角度观察，工程材料内部都有不同程度的空隙和非均匀性，组成金属的各单个晶粒，其力学性质也具有明显的方向性。但由于这些空隙和晶粒的尺寸远远小于构件的尺寸，且排列是无序的，所以从统计学的观点，在宏观上可以认为物体的性质是均匀、连续和各向同性的。实践证明，在工程计算的精度范围内，上述三个假设可以得到满意的结果。此外，对于某些具有方向性的材料，如木材、玻璃钢等，应用上述假设，有时也可得到较满意的近似解。

4. 小变形假设

材料在外力作用下将产生变形。对于大多数材料，当外力不超过一定限度时，去除外力后，物体将恢复原有的形状和尺寸，这种性质称为**弹性**。随着外力消失而消失的变形，称为**弹性变形**。当外力过大时，去除外力后，变形只能部分消失而残留下一部分永久变形，材料的这种性质称为**塑性**。残留的变形称为**塑性变形**。

为保证构件正常工作，一般不允许构件发生塑性变形。对于大多数工程材料，如金属、木材和混凝土等，其弹性变形与构件原始尺寸相比甚为微小。因此，在力学分析中，认为物体的变形与构件尺寸相比属高阶小量，可以不考虑因变形而引起的尺寸变化，称为小变形假设。这样在研究平衡问题时，仍可按构件的原始尺寸进行计算，使问题大为简化。

1.4 内力和应力

1.4.1 内力

作用于构件上的载荷和支反力称为**外力**。构件不受外力时，内部各部分之间存在着相互作用的力，使构件维持一定的形状。当构件受到外力作用而变形时，其内部各部分之间的相互作用力发生了改变。这种因外力作用而引起构件内各部分之间相互作用力的改变量，称为**附加内力**，简称为**内力**。构件的内力随外力的增加而增大，当内力达到某一限度时，构件就会破坏，可见内力与构件的强度是密切相关的。

1.4.2 截面法

为了显示内力并确定其大小，可采用下述方法：图 1－7(a)所示构件在外力作用下处于平衡状态。欲求 $m-m$ 截面上的内力，可假想将构件沿 $m-m$ 截面切开，分为Ⅰ、Ⅱ两部分，如图 1－7(b)、(c)所示。任取其中一部分，例如Ⅰ为研究对象，此时Ⅱ给Ⅰ的内力，根据连续性假设，沿 $m-m$ 截面连续分布。这种分布力的合力(可以是力及力偶)即为该截面的内力。根据部分Ⅰ的静力学平衡条件就可以确定 $m-m$ 截面上的内力值。同样，如以Ⅱ为研究对象，也可以求出Ⅰ作用给Ⅱ的内力。根据作用与反作用定律，作用在Ⅰ、Ⅱ两部分的内力大小相等，方向相反。即内力总是成对出现，且等值反向。

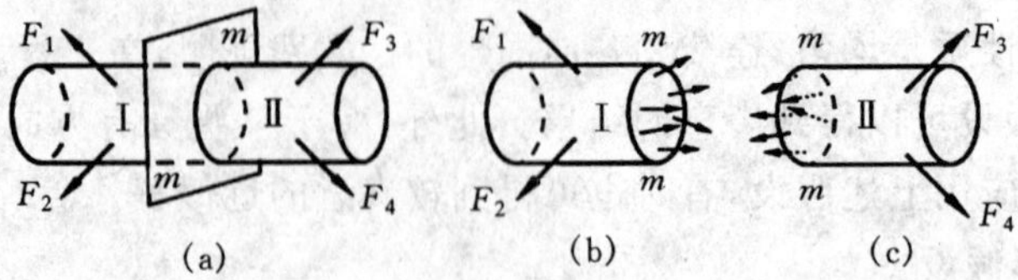

图 1－7

上述这种显示和确定内力的方法称为**截面法**。它是材料力学中研究内力的基本方法，其步骤可归纳为三句话：一截为二，任取其一；相互作用，代之内力；根据平衡，确定内力。

例 1－1 电车架空线立柱结构简图如图 1－8(a)所示，已知力 F 和长度 l，试求立柱 $m-m$ 截面上的内力。

解 (1)取研究对象 沿 $m-m$ 截面假想将立柱截为两段，取上半段进行研

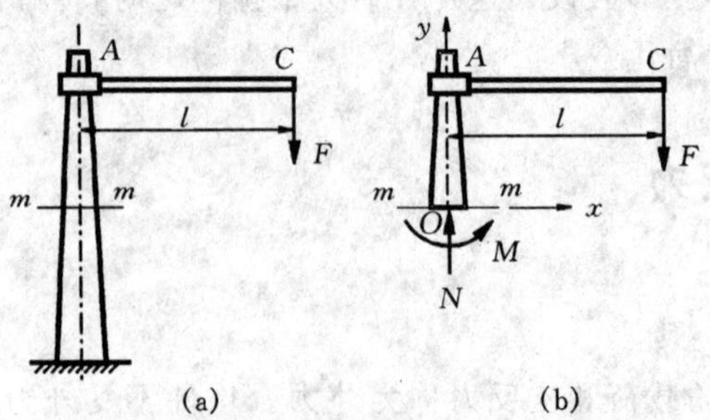

图 1－8

究,如图 1-8(b)所示。

(2) 分析受力　外力 F 将使上半段立柱向下平移,并绕截面形心 O 顺时针转动。为保持平衡,下半段立柱作用于 $m-m$ 截面的内力应是向上的力 N 和逆时针的力偶 M,如图 1-8(b)所示。

(3)用平衡条件求内力

由 $\sum F_y=0$,可得 $N=F$;　　由 $\sum M_O=0$,可得 $M=Fl$。

1.4.3　应力

由上例可见,截面法只能确定构件截面上分布内力的合力,但不能确定内力在截面上的分布情况。为了分析构件的强度,还必须引入内力分布集度的概念。

1. 正应力与切应力

用 $n-n$ 截面从受力构件中取分离体如图 1-9(a)、(b)所示,在 $n-n$ 截面上任一点 k 处,取一微面积 ΔA,设 ΔA 上内力的合力为 ΔF,则比值

$$p_{\mathrm{m}}=\frac{\Delta F}{\Delta A}$$

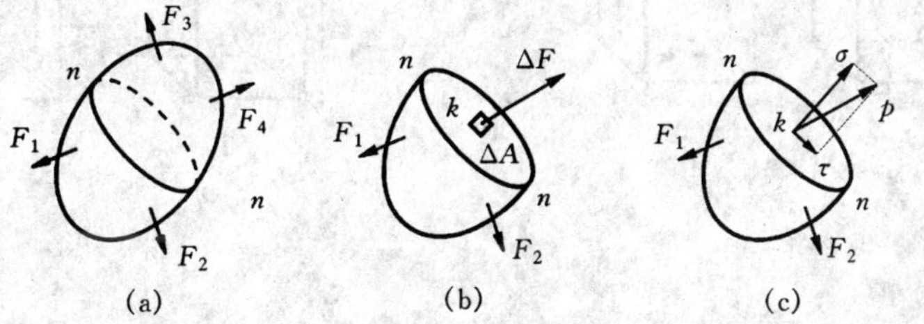

图 1-9

称为 ΔA 上的**平均应力**。一般情况下,内力沿截面并非均匀分布,平均应力 p_{m} 的大小及方向随所取面积 ΔA 的大小而变化,为了精确反映 k 点处的内力密集程度,应使 ΔA 趋近于零,由此得极限值

$$p=\lim_{\Delta A\to 0}\frac{\Delta F}{\Delta A}=\frac{\mathrm{d}F}{\mathrm{d}A} \tag{1-1}$$

称为 k 点的**全应力**。全应力 p 是个矢量,其方向就是 ΔF 的极限方向。通常把全应力 p 分解为垂直于截面的分量 σ 和切于截面的分量 τ(图 1-9(c)),σ 称为**正应力**,τ 称为**切应力**。应力的单位是 Pa(帕),1 Pa = 1 N/m^2。常用单位为 MPa,1 MPa = 10^6 Pa = 1 N/mm^2。

2. 单向应力、纯剪切与切应力互等定理

由上述定义可知,构件上一点的正应力和切应力不仅与该点所处的位置有关,同时还与该点所处的截面方位有关。为了正确描述一点的受力情况,通常是围绕

该点截取一个无限小的正六面体,称为**单元体**。用单元体六个面的应力表示该点的受力情况。单元体受力最基本的形式有两种:一种是在一对相互平行的截面上承受正应力(图 1-10(a)),称为单向受力或**单向应力**;另一种是只在两对平行截面上承受切应力,如图 1-10(b)所示,称为**纯剪切**。单元体的一般受力,都是这两种受力形式的组合。对处于纯剪切状态的单元体(图 1-11(a)),为了保持 y 方向力的平衡,左、右两面的切应力应等值反向,用 τ 表示。同理,上、下两面的切应力也应等值反向,用 τ' 表示。由单元体对 z 轴的合力矩为零,有

$$\tau \mathrm{d}y\mathrm{d}z \cdot \mathrm{d}x - \tau' \mathrm{d}x\mathrm{d}z \cdot \mathrm{d}y = 0$$

得

$$\tau = \tau' \tag{1-2}$$

上式表明:在单元体互相垂直的截面上,垂直于截面交线的切应力必定成对存在,大小相等,方向则均指向或都背离此交线。这称为**切应力互等定理**。可以证明,对于图 1-11(b)所示的单元体,此定理仍然适用,因此它具有普遍意义。

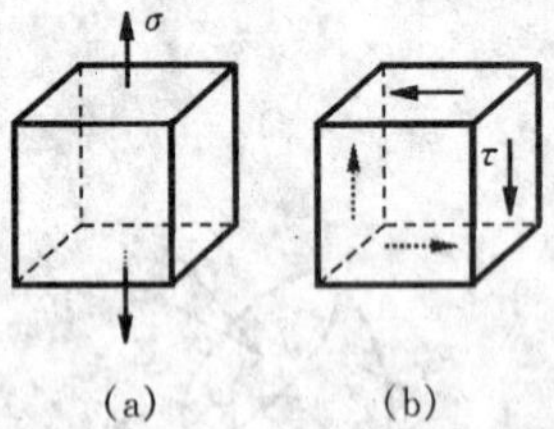

图 1-10

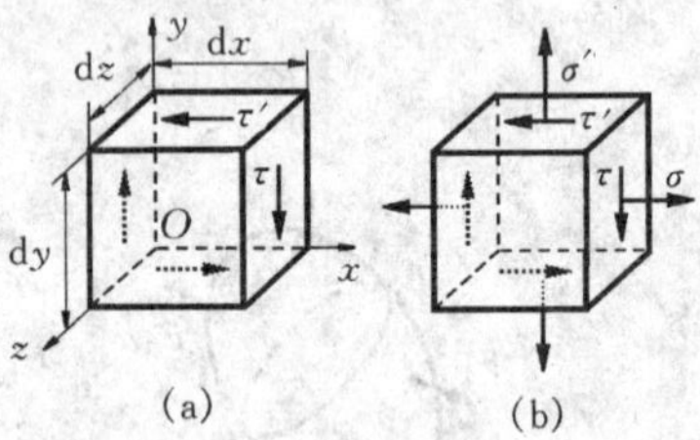

图 1-11

1.5 位移、变形与应变

1.5.1 位移的概念

在外力作用下,构件各部分空间位置的变化量统称为**位移**。例如图 1-12 所示的杆,在载荷 F 作用下,A 点移至 A',则称 AA'为该点的**线位移**;同时,A 点所在杆端平面旋转了一个角度 θ_A,称为该面的**角位移**。构件各点的位移,一般由两部分组成:一是构件作刚体平动或转动所产生的位移,称为刚体位移;二是构件内各点之间作相对运动所产生的位移,称为变形位移。材料力学讨论由变形引起的位移。

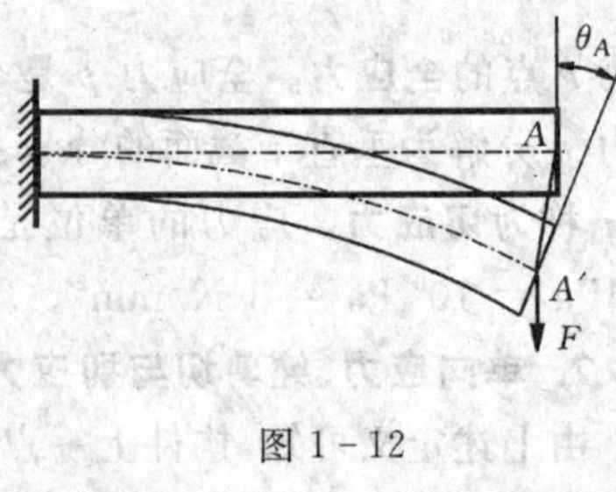

图 1-12

1.5.2　变形和应变

构件的变形包括几何形状和尺寸的改变两部分。为了研究构件的变形，设想将其分割成无数个单元体，整个构件的变形可看成是这些单元体变形累积的结果。图 1-13(a)是从构件中取出的一个单元体，其变形可用棱边长度的改变和棱边所夹直角的改变来描述。设棱边 AB 的原长为 Δx，变形后长度的改变量为 Δu（图 1-13(b)）。则比值 $\varepsilon_m = \dfrac{\Delta u}{\Delta x}$ 称为 AB 的**平均线应变**（又称**正应变**）。一般情况下，AB 内各点处的变形程度并不相同，为了精确描述 A 点沿 AB 方向的变形程度，应使 Δx 趋近于零，此时，A 点沿 AB 方向的**线应变**即为

$$\varepsilon_x = \lim_{\Delta x \to 0} \frac{\Delta u}{\Delta x} = \frac{du}{dx} \tag{1-3}$$

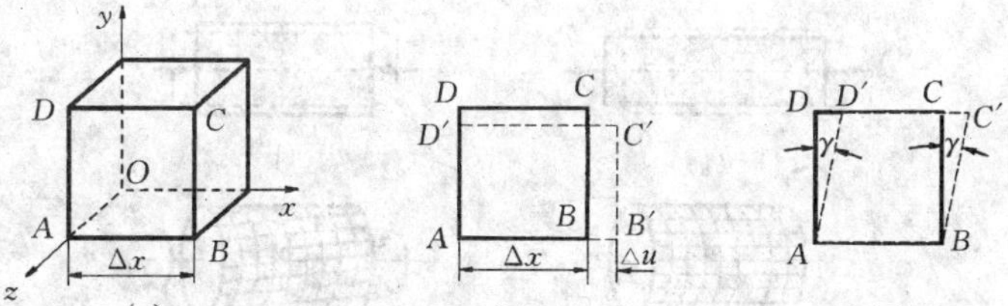

(a)　(b)　(c)

图 1-13

用类似的方法，还可确定 A 点沿其他方向的线应变。

单元体变形时，除棱边的长度改变外，棱边所夹直角也将发生改变（图 1-13(c)）。直角的改变量 γ 称为 A 点在 xy 平面内的**切应变**（或称**角应变**）。线应变 ε 和切应变 γ 都是无量纲的量，γ 的单位是 rad(弧度)。

1.5.3　应力与应变的关系——胡克定律

对于常用的工程材料，根据大量试验结果表明：若应力不超过一定的限度，对于只承受单向正应力或只承受纯剪切的单元体，正应力 σ 与线应变 ε 及切应力 τ 与切应变 γ 之间存在着正比关系

$$\sigma = E\varepsilon \tag{1-4}$$

$$\tau = G\gamma \tag{1-5}$$

式中，比例常数 E、G 分别称为材料的拉压**弹性模量**和**切变模量**。式(1-4)和式(1-5)分别称为**拉压胡克定律**和**剪切胡克定律**。弹性模量和切变模量均属材料的力学性能，其值由试验确定。

1.6 杆件变形的基本形式

实际构件的几何形状多种多样，材料力学主要研究**杆**类构件。杆的几何特征是纵向（长度方向）尺寸远大于横向（垂直于长度方向）尺寸。轴、梁和柱均属于杆。轴线为直线的杆称为**直杆**，轴线为曲线的杆称为**曲杆**。等截面的直杆简称等直杆。横截面大小不等的杆称为变截面杆。材料力学的计算公式，一般是在等直杆基础上建立起来的，但对曲率很小的曲杆和横截面缓慢变化的变截面杆也可推广应用。

杆件的变形与外力有关，最基本的变形形式有下列四种：

(1) 拉伸及压缩（图 1-14(a)、(b)）； (2) 扭转（图 1-14(c)、(d)）；

(3) 弯曲（图 1-14(e)）； (4) 剪切（图 1-14(f)）。

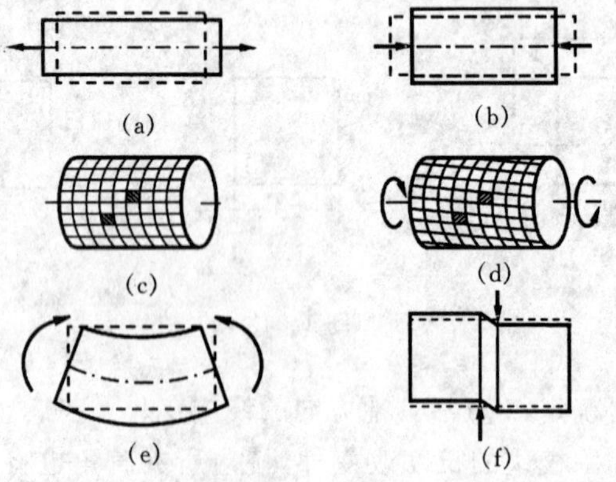

图 1-14

杆件其他复杂的变形都可看成是上述几种基本变形的组合。在以后的各章中，先分别讨论杆件在某一基本变形下的问题，然后再综合研究组合变形时的问题。

思考题

1-1 试说明下列各组物理量之间的区别和联系，常用单位和量纲。

(A) 内力与应力 (B) 正应力、切应力与全应力

(C) 变形与位移 (D) 变形与应变

(E) 应力与压强

1-2 在小变形条件下刚体静力学中关于平衡的理论；力和力偶的可传递性

原理；力的分解和合成原理能否用于材料力学？试举例说明。

1 - 3　图示 A 点处各单元体中，虚线表示变形后的形状。试指出各单元体切应变的大小。

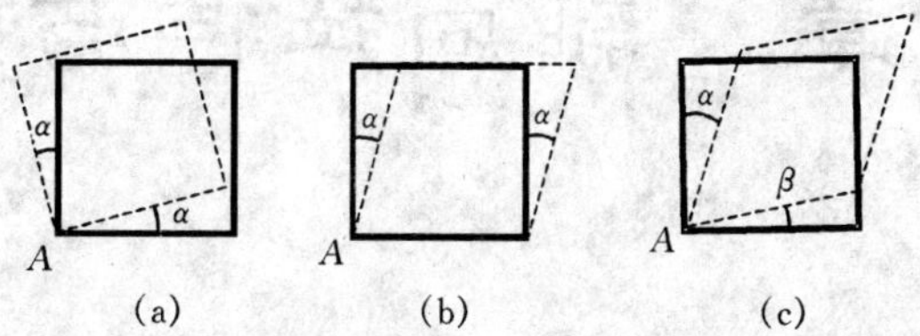

思考题 1 - 3 图

1 - 4　在处于平衡状态的受力构件中，过 A 点取一微元体（等腰梯形），四个面上的切应力如图所示，其切应力是否满足切应力互等定理？试说明理由。

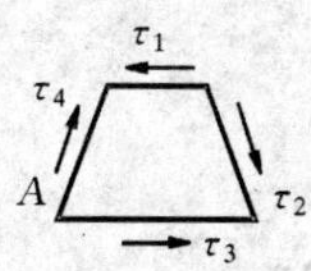

思考题 1 - 4 图

第 2 章　轴向拉伸与压缩

2.1　概述

工程实际中,常见许多承受拉伸或压缩的杆件。例如,图 2-1(a)所示支架中的杆,图 2-1(b)所示内燃机的连杆以及千斤顶的螺杆等。

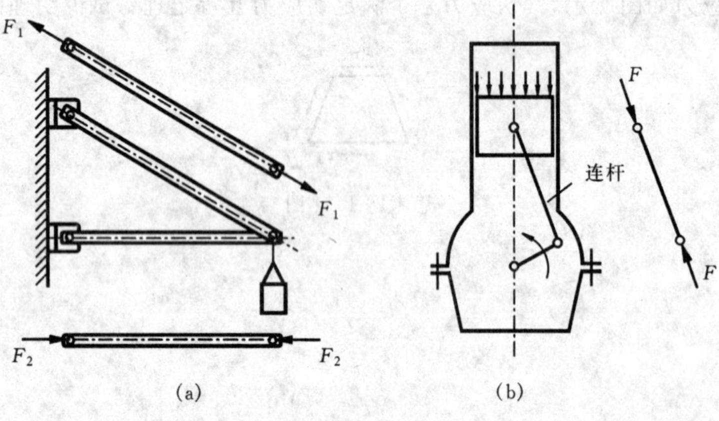

图 2-1

这些承受拉伸或压缩杆件的形状和加载方式各不相同,若将杆件的受力情况进行简化,均可画成图 2-2 所示的计算简图。这类杆件外力作用线与杆轴线重合,杆件沿杆轴线方向伸长或缩短。这种变形形式称为**轴向拉伸或轴向压缩**。

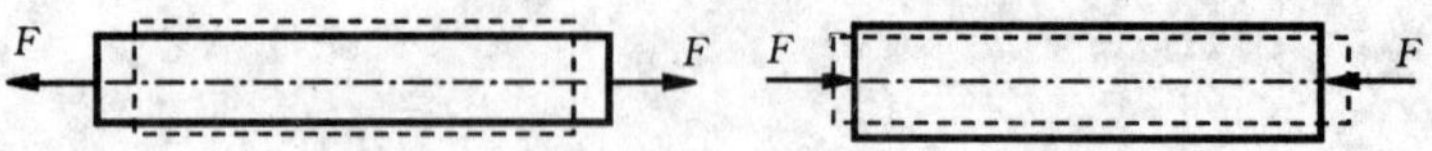

图 2-2

2.2　直杆横截面上的内力与应力

为了进行拉(压)杆的强度计算，首先必须研究横截面上的内力与应力。

2.2.1　轴力

以图 2-3(a)所示的拉杆为例，用截面法将拉杆在任一横截面 $m-m$ 处截分为两段，如图 2-3(b)所示。由左段的平衡条件可知，该截面上分布内力的合力必为一个与杆轴线重合的轴向力 N，且有

$$N=F$$

N 称为**轴力**。

通常由杆的变形来确定内力的符号，轴力的符号规则是：当轴力的方向与截面外法线一致时，杆件受拉伸，其轴力为正；反之，杆件受压缩，其轴力为负。

图 2-3(b)所示 $m-m$ 截面上的轴力均为正号。

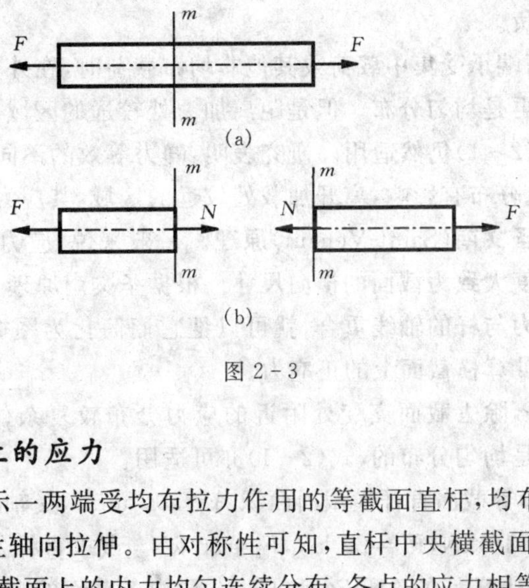

图 2-3

2.2.2　横截面上的应力

图 2-4(a)所示一两端受均布拉力作用的等截面直杆，均布力的合力 F 和杆轴线重合，直杆发生轴向拉伸。由对称性可知，直杆中央横截面必须保持平面，从而可以推断出该横截面上的内力均匀连续分布，各点的应力相等且垂直于横截面，即为正应力。从中央横截面把直杆截开，观察左半部分，如图 2-4(b)所示。根据对称性，其 $l/4$ 处的横截面亦保持平面，依次类推，杆上所有横截面在受力后都保持平面，只发生相对平行移动。因此，直杆的轴向变形是均匀的，所有横截面的正应力都是均匀分布。

设杆的横截面面积为 A，则有

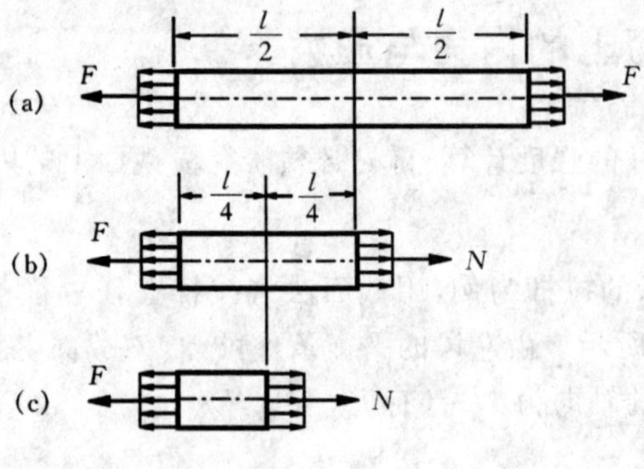

图 2-4

$$\sigma = \frac{N}{A} \tag{2-1}$$

对承受轴向压缩的杆，上式同样适用。正应力的符号规则与轴力相同，即拉应力为正，压应力为负。

当拉压杆件两端承受集中载荷或其他非均布载荷时，在外力作用处附近，变形较为复杂，应力不再是均匀分布。但是距离加力处较远的区域，轴向变形还是均匀的，在这些区域式(2-1)仍然适用。研究表明：静力等效的不同加载方式只对加载处附近区域的应力分布有影响，离开加载处较远的区域，其应力分布没有显著的差别，这一论断称为**圣文南**(Saint-Venant)**原理**。一般来说，应力分布受到加载方式影响的区域，其长度大致为截面的横向尺寸。根据圣文南原理，无论杆件是何种加载方式，只要其合力与杆的轴线重合，就可以把它们简化为图 2-2 所示的计算简图，并用式(2-1)计算横截面上的正应力。

对于变截面杆，除去截面突变处附近的应力分布较复杂外，对于其他各横截面，仍可认为应力是均匀分布的，式(2-1)亦可适用。

例 2-1 已知等截面直杆横截面面积 $A=500\ \text{mm}^2$，受轴向力作用如图 2-5(a)所示，已知 $F_1=10$ kN，$F_2=20$ kN，$F_3=20$ kN，试求直杆各段的内力和应力。

解 (1) 内力计算 在 AB、BC 和 CD 三段内各截面的内力均为常数，在三段内依次用任意截面1-1、2-2 和 3-3 把杆截分为两部分，研究左部分的平衡，分别用 N_1、N_2、N_3 表示各截面轴力，且都假设为正，如图 2-5(b)、(c)、(d)所示。由平衡条件得出各段轴力为

$$N_1=-F_1=-10\ \text{kN}$$

$$N_2=F_2-F_1=20-10=10\ \text{kN}$$

$$N_3=F_2+F_3-F_1=20+20-10=30\ \text{kN}$$

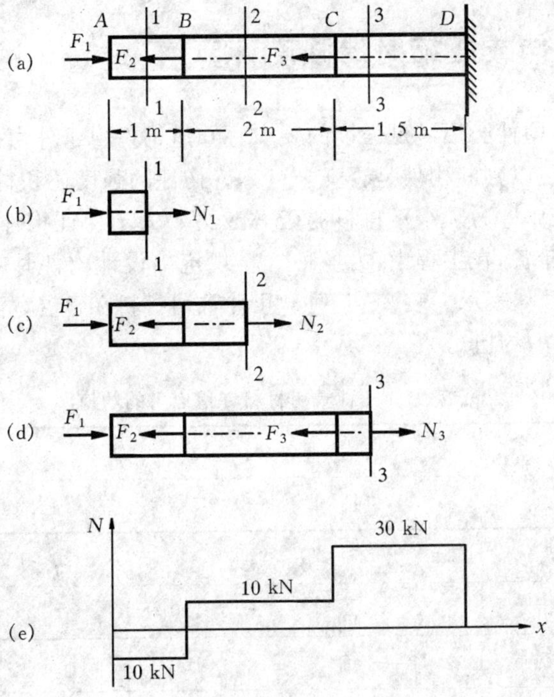

图 2 - 5

其中 N_1 为压力，N_2 和 N_3 为拉力。

工程上常以图线来表示杆件内力沿杆长的变化。在拉伸与压缩问题中，以横坐标表示横截面位置，纵坐标表示相应截面上的轴力。正的轴力绘在横坐标 x 轴的上侧；负的轴力绘在下侧，这种图线称为**轴力图**。直杆 AD 的轴力图，如图 2 - 5(e)所示。

(2) 应力计算　用式(2 - 1)计算各段应力

$$\sigma_{AB}=\frac{N_1}{A}=\frac{-10\times10^3}{500}=-20\ \text{MPa}$$

$$\sigma_{BC}=\frac{N_2}{A}=\frac{10\times10^3}{500}=20\ \text{MPa}$$

$$\sigma_{CD}=\frac{N_3}{A}=\frac{30\times10^3}{500}=60\ \text{MPa}$$

式中，σ_{AB} 为压应力；σ_{BC} 和 σ_{CD} 为拉应力。

讨论　(1) 计算所得应力是在截面上均匀分布的应力值，在杆上哪些截面的应力是非均匀的？(2) 在杆的 B、C 两个截面上作用有轴向外力，请读者考虑在杆件上如何施加这种轴向外力。

2.3 轴向拉伸或压缩时的强度计算

绪论中指出：构件必须满足强度的要求。知道构件由于外力引起的应力(即工作应力)后，仍不足以判断构件是否安全可靠。构件的强度还和材料能够承受的应力有关，其实际工作应力须小于材料的**破坏应力**。为了保证构件安全可靠地工作并有一定的强度储备，在工程中，为各种材料规定出设计构件时应力的最高限度，称为**许用应力**，用$[\sigma]$表示。表2-1列出几种常用材料在常温、静载和一般工作条件下许用应力$[\sigma]$的约值。

表2-1 几种常用材料许用应力的约值

<table>
<tr><th rowspan="2">材 料</th><th colspan="2">许 用 应 力 [σ] /MPa</th></tr>
<tr><th>拉 伸</th><th>压 缩</th></tr>
<tr><td>灰铸铁</td><td>31～78</td><td>120～150</td></tr>
<tr><td>Q216 钢</td><td colspan="2">140</td></tr>
<tr><td>Q235 钢</td><td colspan="2">160</td></tr>
<tr><td>16 锰</td><td colspan="2">240</td></tr>
<tr><td>45 钢(调质)</td><td colspan="2">190</td></tr>
<tr><td>铜</td><td colspan="2">30～120</td></tr>
<tr><td>铝</td><td colspan="2">30～80</td></tr>
<tr><td>松木(顺纹)</td><td>6.9～9.8</td><td>9.8～11.7</td></tr>
<tr><td>混凝土</td><td>0.1～0.7</td><td>0.98～8.8</td></tr>
</table>

这样，为了保证拉(压)杆的正常工作，必须使杆件的工作应力不超过材料在拉(压)时的许用应力，即

$$\sigma = \frac{N}{A} \leqslant [\sigma] \tag{2-2}$$

式(2-2)称为杆件在受轴向拉伸或压缩时的**强度条件**，运用此式可解决工程中下列三个方面强度计算问题。

1. 强度校核

已知杆件的材料、尺寸及所受载荷，可以用式(2-2)校核杆件的强度。

2. 设计截面

已知杆件所受载荷及所用材料，可将式(2-2)变换成

$$A \geqslant \frac{N}{[\sigma]} \tag{2-3}$$

从而确定杆件的横截面面积。

3. 确定许可载荷

已知杆件的材料及尺寸，可按式(2-2)计算杆所承受的最大轴力

$$N \leqslant A[\sigma] \tag{2-4}$$

从而确定结构能承受的最大载荷。

例 2-2　图 2-6(a)所示汽缸的内径 $D=400$ mm，汽缸内的工作压强 $p=1.2$ MPa，活塞杆直径 $d=65$ mm，汽缸盖和汽缸体用螺纹根部直径为 18 mm 的螺栓联接。若活塞杆的许用应力为 50 MPa，螺栓的许用应力为 40 MPa。试校核活塞杆的强度并确定所需螺栓的个数 n。

解　(1) 活塞杆的强度　活塞杆因作用于活塞上的压力而受拉，如图 2-6(b)所示，轴力 N_1 可由气体压强和活塞面积求得(因活塞杆横截面面积 A 远小于活塞面积 A_1，故可略去不计)。即

$$N_1 = pA_1 = 1.2\times\frac{\pi}{4}\times400^2$$

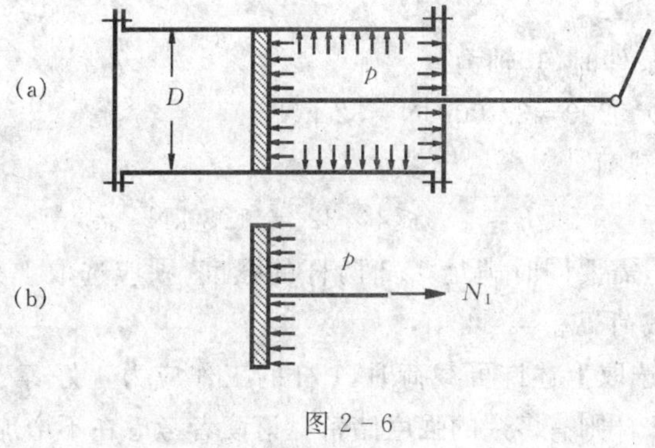

图 2-6

由强度条件式(2-2)得活塞杆应力

$$\sigma=\frac{N_1}{A}=\frac{1.2\times\frac{\pi}{4}\times400^2}{\frac{\pi}{4}\times65^2}=45.4\ \text{MPa}<50\ \text{MPa}$$

所以活塞杆强度足够。

(2) 螺栓的个数　设每个螺栓所受的拉力为 N_2，n 个螺栓所受的拉力与汽缸

盖所受的压力相等，即由强度条件有

$$\sigma_{螺栓}=\frac{N_2}{A_2}=\frac{1.2\times\frac{\pi}{4}\times400^2}{n\left(\frac{\pi}{4}\times18^2\right)}\leqslant40$$

由此可得 $$n\geqslant14.8$$

故选用 15 个螺栓可满足强度要求，但考虑到加工方便，选用 16 个螺栓为好。

例 2-3 图 2-7(a)所示结构，AB 为刚性杆，1、2 两杆为钢杆，横截面面积分别为 $A_1=300\ \text{mm}^2$，$A_2=200\ \text{mm}^2$，材料的许用应力$[\sigma]=160$ MPa。试求结构许可载荷。

解 取刚性杆 AB 进行受力分析，如图 2-7(b)所示。由平衡条件可求得两杆轴力 N_1、N_2 与载荷 F 间的关系为

$$N_1=\frac{3}{4}F,\quad N_2=\frac{1}{4}F$$

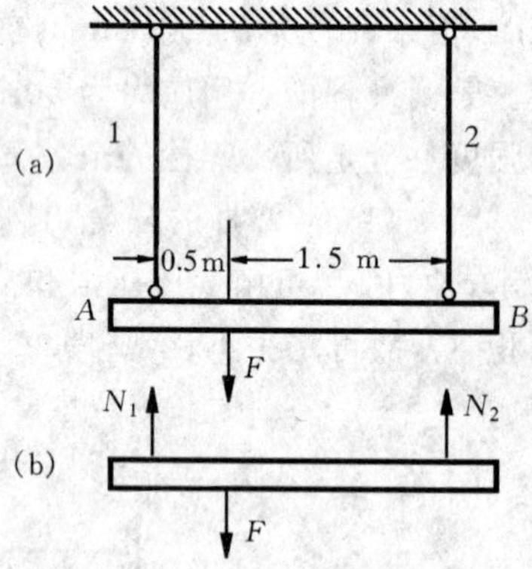

图 2-7

1 杆满足强度条件时，其轴力

$$N_1\leqslant[\sigma]A_1=160\times300=48\ 000\ \text{N}=48\ \text{kN}$$

满足此条件的载荷

$$F=\frac{4}{3}N_1\leqslant\frac{4}{3}\times48=64\ \text{kN}$$

2 杆满足强度条件时，其轴力

$$N_2\leqslant[\sigma]A_2=160\times200=32\ 000\ \text{N}=32\ \text{kN}$$

满足此条件的载荷

$$F=4N_2\leqslant4\times32=128\ \text{kN}$$

要保证结构的安全，需要同时满足 1、2 两杆的强度，则应选取上列两个 F 值中的较小者，所以许可载荷 $F_{max}=64$ kN。

讨论 (1) 在选取上述许可载荷时，1 杆的工作应力正好等于许用应力，材料得到充分利用，而 2 杆则有多余的强度储备。请读者考虑在不增加杆件材料的前提下，如何提高结构的许可载荷。(2)求结构的许可载荷时，若先求出两个拉杆的许可内力$[N_1]=[\sigma]A_1$ 和$[N_2]=[\sigma]A_2$，再由平衡方程求得许可载荷 $F_{max}=[N_1]+[N_2]$，其解法是否正确？从中可得到什么结论？

2.4 斜截面上的应力

上面讨论了轴向拉压时杆件横截面上的应力。为全面了解杆件在不同方位截

面上的应力情况，还需研究杆件斜截面上的应力。

图 2-8(a)所示一受轴向拉伸的等直杆，研究与横截面成 α 角的任一斜截面 $n-n$ 上的应力情况。用截面法得到 $n-n$ 斜截面上的内力，见图 2-8(b)。

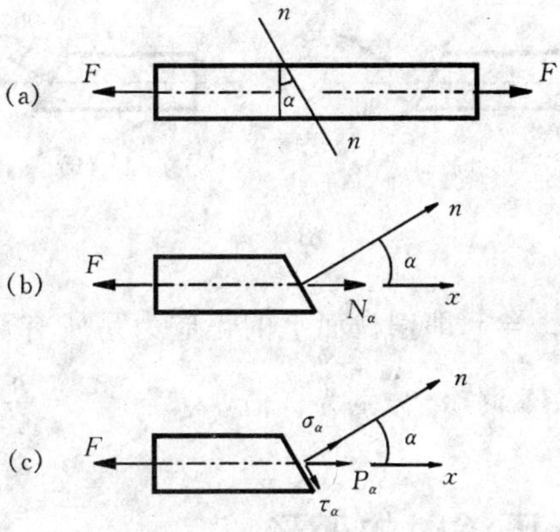

图 2-8

$$N_\alpha = F \tag{a}$$

由于杆内各点的变形是均匀的，因而同一斜截面上的应力也是均匀分布的。设斜截面面积为 A_α，于是斜截面的全应力

$$p_\alpha = \frac{N_\alpha}{A_\alpha} \tag{b}$$

若杆的横截面面积为 A，则

$$A_\alpha = \frac{A}{\cos\alpha} \tag{c}$$

将式(c)代入式(b)，并利用式(a)，得

$$p_\alpha = \frac{F}{A}\cos\alpha = \sigma\cos\alpha \tag{d}$$

式中，σ 为杆横截面上的正应力。将 p_α 分解为垂直于斜截面的正应力 σ_α 和沿斜截面的切应力 τ_α，如图 2-8(c)所示，即

$$\left.\begin{aligned} \sigma_\alpha &= \frac{\sigma}{2}(1+\cos2\alpha) \\ \tau_\alpha &= \frac{\sigma}{2}\sin2\alpha \end{aligned}\right\} \tag{2-5}$$

从上式可以看出 σ_α 和 τ_α 都是 α 角的函数。对于 α 角的符号作以下规定：从 x 轴逆时针转到 α 截面的外法线 n 时，α 为正值；反之为负值。

切应力的正负号规定如下：截面外法线顺时针转 90°后，其方向和切应力相同时，该切应力为正值，如图 2-9(a)所示；逆时针转 90°后，其方向和切应力相同时，该切应力为负值，如图 2-9(b)所示。

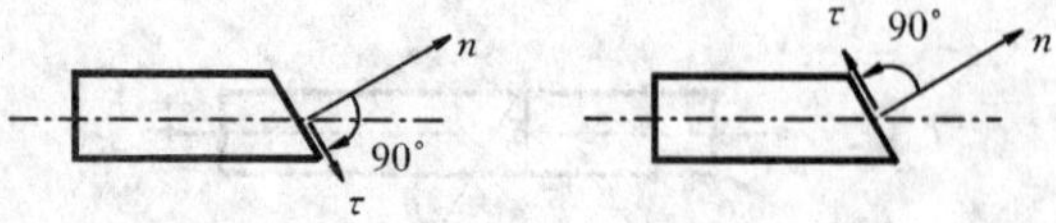

(a) (b)

图 2-9

当 $\alpha=0°$时，$\sigma_{0°}=\sigma_{max}=\sigma$，即横截面上的正应力是所有截面上正应力中的最大值。当 $\alpha=45°$和 $\alpha=-45°$时，τ_α 分别为极值，$\tau_{45°}=\tau_{max}=\dfrac{\sigma}{2}$，$\tau_{-45°}=\tau_{min}=-\dfrac{\sigma}{2}$。

2.5 轴向拉伸或压缩时的变形

直杆在轴向拉力作用下，将引起轴向尺寸伸长和横向尺寸缩短；反之，在轴向压力作用下，引起轴向尺寸缩短和横向尺寸增大。

2.5.1 轴向变形

图 2-10 所示等直杆受轴向拉力 F 作用，设杆的原长为 l，横截面面积为 A。变形后杆长由 l 变为 l_1，杆的轴向伸长

$$\Delta l = l_1 - l \qquad \text{(a)}$$

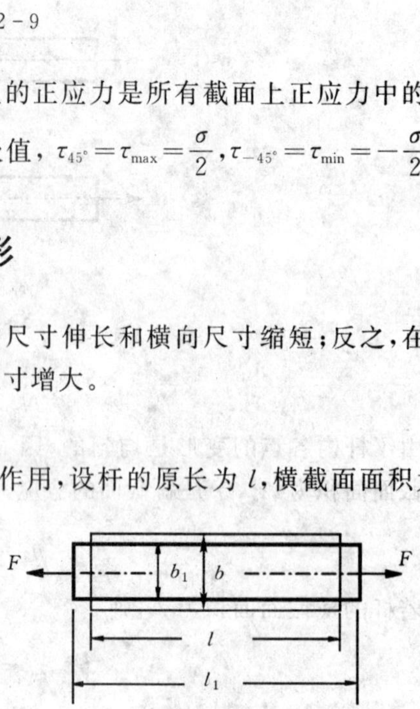

图 2-10

拉杆在轴线方向的线应变

$$\varepsilon = \frac{\Delta l}{l} \qquad \text{(b)}$$

ε 为正值表示拉应变，负值表示压应变。

横截面上的应力为

$$\sigma = \frac{N}{A} = \frac{F}{A} \qquad \text{(c)}$$

第 1 章指出：在弹性范围内，应力与应变成正比，即

$$\sigma = E\varepsilon$$

把式(b)、(c)代入上式，得

$$\Delta l = \frac{Fl}{EA} \tag{2-6}$$

式(2-6)表示：在弹性范围内，杆的伸长 Δl 与拉力 F 及杆的原长 l 成正比，与杆的横截面面积 A 成反比。上式同样适用于轴向压缩情况，这一关系称为杆件拉伸

(压缩)时的胡克定律。式中材料拉伸(压缩)弹性模量 E 的单位为 GN/m^2(GPa),其数值随材料而异,并由试验确定,碳钢的 E 约为 200~210 GPa。式(2-6)中 EA 称为杆截面的**抗拉(压)刚度**,它反映了杆件抵抗拉伸(压缩)变形的能力。

式(2-6)常用内力来表示,即

$$\Delta l = \frac{Nl}{EA} \tag{2-7}$$

2.5.2 横向变形

若杆件变形前的横向尺寸为 b,受轴向拉伸后变为 b_1,如图 2-10 所示,杆的横向缩短 $\Delta b = b_1 - b$,则横向线应变为

$$\varepsilon' = \frac{\Delta b}{b} = \frac{b_1 - b}{b}$$

试验表明:在弹性范围内,杆件的横向应变和轴向应变有如下的关系

$$\varepsilon' = -\mu\varepsilon \tag{2-8}$$

式中,μ 称为**泊松**(Poisson)**比**(或**横向变形系数**),是一个无量纲量,其值随材料而异,并由试验确定。上式表明 ε' 和 ε 恒为异号。

弹性模量 E 和泊松比 μ 是材料的两个弹性常数。表 2-2 给出一些常用材料 E 和 μ 的约值。

表 2-2 几种常用材料 E 和 μ 的约值

材料	E /GPa	μ
钢	190~210	0.25~0.33
灰铸铁	80~150	0.23~0.27
球墨铸铁	160	0.25~0.29
铜及其合金(黄铜、青铜)	74~130	0.31~0.42
锌及强铝	72	0.33
混凝土	14~35	0.16~0.18
玻璃	56	0.25
橡胶	0.007 8	0.47
木材:顺纹 横纹	9~12 0.49	

例 2-4 图 2-11(a)所示等截面石柱的顶端承受均布载荷作用,已知石柱的横截面面积 A,单位体积重量 γ 及材料的压缩弹性模量 E。试求石柱的变形。

解 由于石柱受到压力 F 和连续分布载荷(自重)的作用,各横截面上的轴力均不相同,因此不能直接应用式(2-7)计算整个石柱的变形。为此,从石柱中截取 $\mathrm{d}x$ 微段,其受力情况如图 2-11(b)所示,由于 $\mathrm{d}x$ 极其微小,以 x 截面的轴力 $N(x)=F+\gamma Ax$,作为微段的轴力,应用式(2-7)求得微段石柱的缩短为

$$\mathrm{d}(\Delta l)=\frac{N(x)\mathrm{d}x}{EA}=\frac{(F+\gamma Ax)\mathrm{d}x}{EA}$$

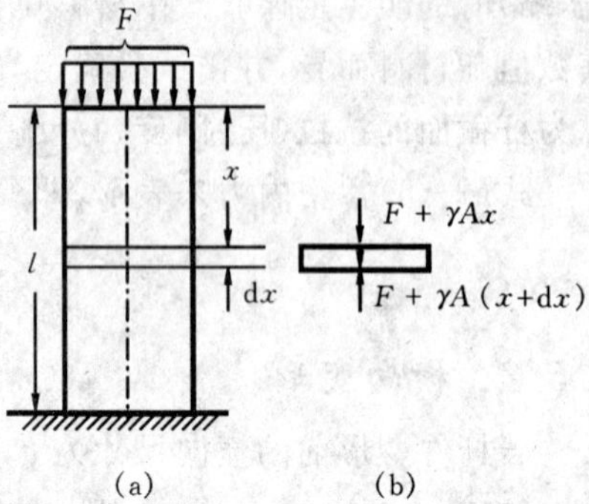

图 2-11

沿石柱全长积分,得到整个石柱的缩短为

$$\Delta l=\int_0^l \mathrm{d}(\Delta l)=\int_0^l \frac{F+\gamma Ax}{EA}\mathrm{d}x=\frac{Fl}{EA}+\frac{\gamma l^2}{2E}$$

讨论 公式(2-7)适用于等截面、常轴力的拉压杆件,式中轴力为代数值。当杆件的轴力或截面变化时,则需用积分计算杆件变形,或分段计算变形再求其代数和。

例 2-5 图 2-12(a)所示支架,AB 和 AC 两杆均为钢杆,弹性模量 $E_1=E_2=200$ GPa,两杆的横截面面积分别为 $A_1=200\ \mathrm{mm}^2$、$A_2=250\ \mathrm{mm}^2$,AB 杆长 $l_1=2$ m,载荷 $F=10$ kN。试求节点 A 的位移。

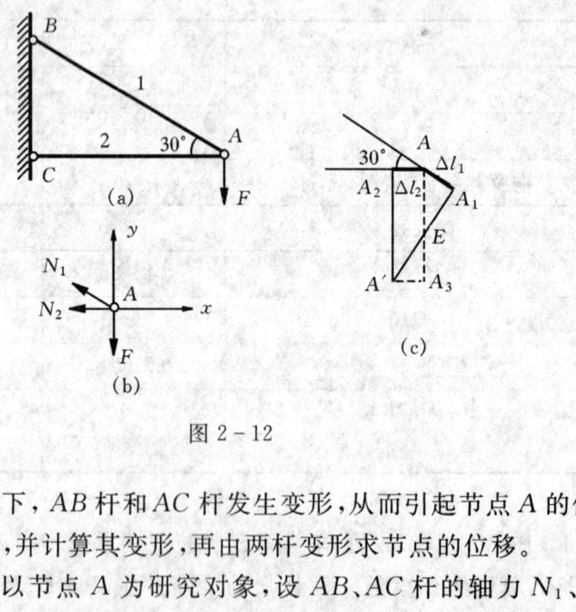

图 2-12

解 在载荷作用下,AB 杆和 AC 杆发生变形,从而引起节点 A 的位移。所以应先求出两杆的内力,并计算其变形,再由两杆变形求节点的位移。

(1) 内力计算 以节点 A 为研究对象,设 AB、AC 杆的轴力 N_1、N_2 均为拉

力，如图 2-12(b)所示。

列出静力平衡方程

$$\sum F_x = 0,\quad N_2 + N_1\cos30^\circ = 0$$

$$\sum F_y = 0,\quad N_1\sin30^\circ - F = 0$$

解得两杆的轴力分别为

$$N_1 = 2F = 20\ \text{kN}$$

$$N_2 = -N_1\cos30^\circ = -20\cos30^\circ = -17.3\ \text{kN}$$

计算结果表明 AB 杆受拉，AC 杆受压。

(2) 变形计算　AB 杆的轴向伸长量

$$\Delta l_1 = \frac{N_1 l_1}{E_1 A_1} = \frac{20\times10^3\times2\ 000}{200\times10^3\times200} = 1.0\ \text{mm}$$

AC 杆长 $l_2 = l_1\cos30^\circ = 2\cos30^\circ = 1.73$ m，轴向缩短量

$$\Delta l_2 = \frac{N_2 l_2}{E_2 A_2} = -\frac{17.3\times10^3\times1\ 730}{200\times10^3\times250} = -0.6\ \text{mm}$$

由计算结果可以看出两杆的变形量和杆的原长度相比甚小，是小变形。

(3) 节点 A 的位移　设想在 A 点将支架拆开，AB 杆伸长后为 A_1B，AC 杆缩短后为 A_2C，如图 2-12(c)所示。A 点位移后的新位置，是以 B 点为圆心，$\overline{BA_1}$ 为半径所作圆弧，与以 C 点为圆心，$\overline{CA_2}$ 为半径所作圆弧的交点。因为变形很小，上述两个圆弧可近似用其切线（分别垂直于直线 BA_1 和 CA_2）代替，两条切线的交点 A' 即为节点 A 的新位置，$\overline{AA'}$ 为节点 A 的位移。

节点 A 的水平位移

$$\Delta_H = \overline{AA_2} = |\Delta l_2| = 0.6\ \text{mm}(\leftarrow)$$

节点 A 的垂直位移

$$\Delta_V = \overline{AA_3} = \overline{AE} + \overline{EA_3} = \frac{\Delta l_1}{\sin30^\circ} + \frac{\Delta l_2}{\tan30^\circ}$$

$$= \frac{1.0}{\sin30^\circ} + \frac{0.6}{\tan30^\circ} = 3.0\ \text{mm}(\downarrow)$$

节点 A 的位移

$$\overline{AA'} = \sqrt{\Delta_H^2 + \Delta_V^2} = \sqrt{0.6^2 + 3.0^2} = 3.06\ \text{mm}$$

读者可试求出节点 A 的位移方向。

讨论　请读者分析，当 AC 杆不在水平位置时，两杆的变形 Δl_1、Δl_2 与节点 A 位移分量 Δ_H、Δ_V 之间的关系。

例 2-6　图 2-13(a)所示一宽度为 b 的薄壁圆环，壁厚为 t，平均直径为 $D(t<D/20)$。圆环的弹性模量为 E，承受均匀内压 p。试求圆环横截面上的应力

及其直径的增大值。

解 在圆环上截取圆心角为 $d\theta$ 的微段圆环 ds 进行受力分析，由于内压的作用，圆环将胀大，因此环横截面上作用有拉力 N，如图 2-13(b)所示。由微段圆环的平衡条件得

$$2N\sin\frac{d\theta}{2}=pb\,ds \tag{a}$$

因 $d\theta$ 微小，所以 $\sin\frac{d\theta}{2}\approx\frac{d\theta}{2}$，$ds=\frac{D}{2}d\theta$，代入式(a)得

$$N=\frac{pbD}{2}$$

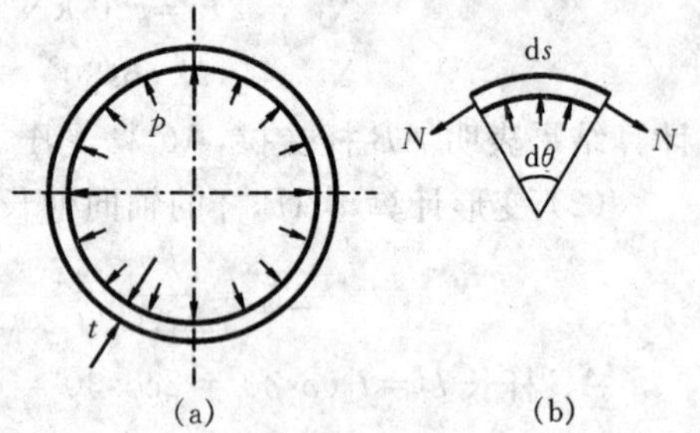

图 2-13

由于壁厚 t 远小于直径 D，可以认为环壁内的应力沿壁厚均匀分布。这样，圆环横截面上的应力为

$$\sigma=\frac{N}{A}=\frac{pbD}{2bt}=\frac{pD}{2t} \tag{b}$$

圆环沿周向均匀变形，由胡克定律可得到圆环周向线应变

$$\varepsilon=\frac{\sigma}{E}=\frac{pD}{2Et} \tag{c}$$

整个圆环的周向伸长为

$$\Delta l=\varepsilon l=\frac{\pi pD^2}{2Et} \tag{d}$$

设圆环的直径 D 增大了 ΔD，圆环的周向伸长可写成

$$\Delta l=\pi(D+\Delta D)-\pi D=\pi\Delta D \tag{e}$$

比较式(d)和式(e)，得到圆环直径的增大值

$$\Delta D=\frac{pD^2}{2Et}$$

2.6 材料在拉伸时的力学性质

在讨论拉(压)杆的强度和变形计算时，提到材料的某些力学性质，如弹性模量 E，泊松比 μ 及破坏应力等，这些都必须通过试验得到。所谓材料的力学性质是指材料在外力作用下表现出的变形和破坏方面的特性。材料力学性质的试验种类较多，这里主要介绍材料在常温、静载下的拉伸和压缩试验，以及通过试验所得到的一些材料力学性质。

2.6.1　拉伸试验

拉伸试验是研究材料力学性质的常用基本试验。国家标准(GB 6397—86)规定试件应做成一定的形状和尺寸，即**标准试件**。对于金属材料，圆截面的标准试件如图 2-14 所示。在试件中间等直部分取一段长度为 l 的工作长度，称为**标距**。标距 l 和直径 d 有两种比例：

$$5 倍试件 \qquad l = 5d$$

$$10 倍试件 \qquad l = 10d$$

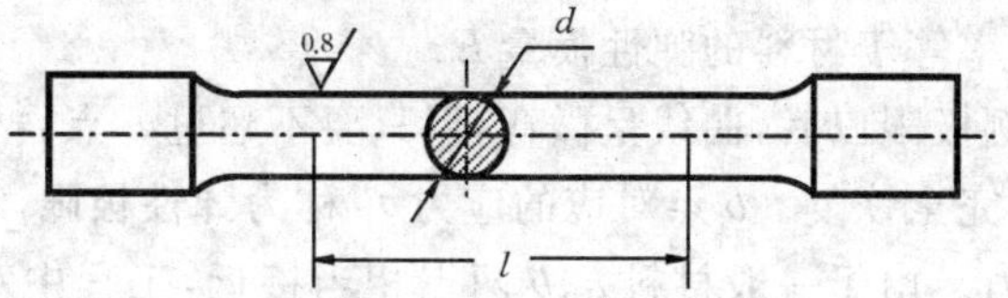

图 2-14

拉伸试验在材料试验机上进行，把试件装夹在试验机上，开动机器，使试件受到从零开始缓慢渐增的拉力 F，于是在试件标距 l 长度内产生相应的变形 Δl，把试验过程中的拉力 F 与对应的变形 Δl 绘制成 $F-\Delta l$ 曲线，称为**拉伸图**。

2.6.2　低碳钢在拉伸时的力学性质

低碳钢是工程上广泛使用的材料，其力学性质具有典型性。图 2-15 为低碳钢的 $F-\Delta l$ 曲线，曲线和试件的几何尺寸相关，为了消除试件尺寸的影响，得到反映材料性质的图线，通常将纵坐标和横坐标分别除以试件原来的截面面积 A 和长度 l，得到材料的应力 σ 与应变 ε 的关系曲线，称为 $\sigma-\varepsilon$ 曲线或**应力-应变图**，如图 2-16 所示。

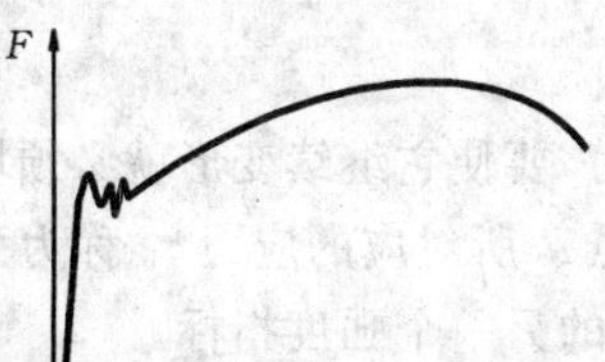

图 2-15

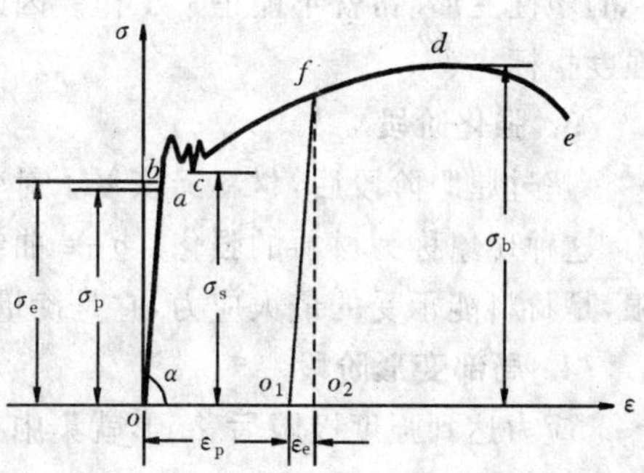

图 2-16

低碳钢的 $\sigma-\varepsilon$ 曲线可以分为下列几个阶段。

1. 弹性阶段

图 2－16 中 $\sigma-\varepsilon$ 曲线的 oa 段为直线，这时应力与应变成线性关系，即胡克定律成立。

$$\sigma=E\varepsilon$$

a 点对应的应力 σ_p 称为**比例极限**，它是应力与应变成线性关系的最大应力。图中 α 角的正切值

$$\tan\alpha=\frac{\sigma}{\varepsilon}=E$$

即 oa 段直线的斜率等于材料的弹性模量 E。

应力超过比例极限以后，曲线呈微弯，但只要不超过 b 点，材料仍是弹性的，即卸载后，变形能够完全恢复。b 点对应的应力 σ_e 称为**弹性极限**，它是材料只产生弹性变形的最大应力。由于一般材料 a、b 两点相当接近，工程中对比例极限和弹性极限并不严格区分。

2. 屈服阶段

当应力超过 b 点增加到某一数值时，$\sigma-\varepsilon$ 曲线上出现一段接近水平线的微小波动线段，变形显著增长而应力几乎不变，材料暂时失去抵抗变形的能力，这种现象称为**屈服**（或**流动**）。在屈服阶段内的最高点和最低点分别称为上屈服点和下屈服点，上屈服点所对应的应力值与试验条件相关，下屈服点则比较稳定，通常把下屈服点 c 所对应的应力 σ_s 称为**屈服极限**（或**流动极限**）。

在屈服阶段，在经过磨光的试件表面上可看到与试件轴线成 45°的条纹，这是由于材料内部晶格之间产生滑移而形成的，通常称为**滑移线**。因为拉伸时在与杆轴线成 45°的斜截面上，切应力值最大，可见屈服现象与最大切应力有关。

当应力达到屈服极限时，材料将发生明显的塑性变形。工程中的构件产生较大的塑性变形后，就不能正常工作。因此，屈服极限通常作为这类构件是否破坏的强度指标。

3. 强化阶段

超过屈服阶段后，材料又恢复了对变形的抗力，要使它继续变形就必须增加拉力，这种现象称为材料的**强化**。$\sigma-\varepsilon$ 曲线的最高点 d 所对应的应力 σ_b 称为**强度极限**，是材料能承受的最大应力，它是衡量材料性能的另一个强度指标。

4. 局部变形阶段

应力达到强度极限后，变形就集中在试件某一局部区域内，截面横向尺寸急剧缩小，形成**颈缩现象**（图 2－17）。由于颈缩部分的横截面面积迅速减少，使试件继续伸长所需要的拉力也相应减少。最后试件在颈缩处被拉断（图 2－18）。

图 2-17

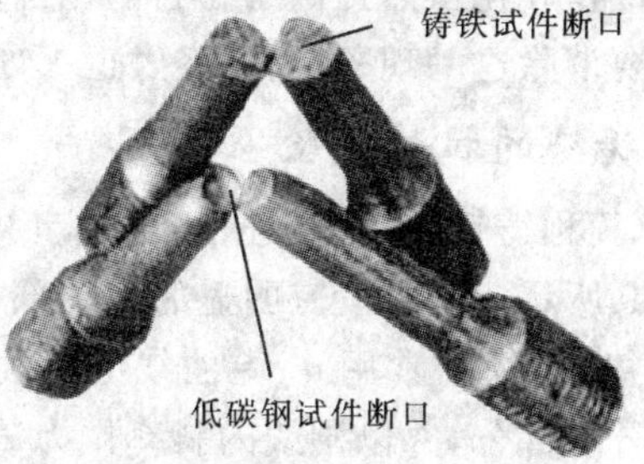

图 2-18

试件拉断后，弹性变形消失，塑性变形仍然保留。试件标距由原长 l 变为 l_1，l_1-l是残余伸长，它与 l 之比的百分率称为**延伸率**，用 δ 表示，即

$$\delta=\frac{l_1-l}{l}\times 100\% \tag{2-9}$$

试件断裂时的塑性变形越大，残余伸长 l_1-l 越大，延伸率就越大，因此，延伸率是衡量材料塑性大小的指标。工程上通常将 $\delta\geqslant 5\%$ 的材料称为**塑性材料**，如碳钢、铜、铝合金等；将 $\delta<5\%$ 的材料称**脆性材料**，如铸铁、玻璃、陶瓷等。低碳钢的 δ 值约为 20%～30%，是典型的塑性材料。

衡量材料塑性的另一指标是断面收缩率 Ψ，即

$$\Psi=\frac{A-A_1}{A}\times 100\% \tag{2-10}$$

式中，A 为试件横截面的初始面积；A_1 为试件被拉断后颈缩处的最小横截面面积。低碳钢的 Ψ 值约为 60%～70%。

当应力超过屈服极限到达 f 点后卸载，则试件的应力、应变将沿着与 oa 段直线近似平行的直线 fo_1 回到 o_1 点，如图 2-16 所示，即在卸载过程中，应力和应变按直线规律变化。到达 o_1 点时，试件全部卸载，ε_e 为卸载后消失的应变，称为**弹性应变**，ε_p 为卸载后残余的应变，称为**塑性应变**。这样，f 点的应变为弹性应变和塑性应变之和，即

$$\varepsilon=\varepsilon_e+\varepsilon_p$$

若卸载后继续加载，试件的应力、应变将大致沿着卸载时的同一直线 o_1f 上升到 f 点，然后沿着原来的 σ-ε 曲线变化。如果把卸载后重新加载的曲线 o_1fde 和原来的 σ-ε 曲线相比较，可以看出比例极限有所提高，而断裂后的残余变形减小了 oo_1 一段。这种在常温下把材料拉伸到塑性变形，然后卸载，当再次加载时，使材料的比例极限提高而塑性降低的现象称为**冷作硬化**。

工程上常利用冷作硬化来提高某些构件（如钢筋、钢缆绳等）在弹性阶段内的

承载能力。冷作硬化虽然提高了材料的比例极限,但同时降低了材料的塑性,增加了脆性。如要消除这一现象,需要经过退火处理。

2.6.3 灰铸铁的拉伸试验

灰铸铁(简称铸铁)也是工程中广泛应用的一种材料。铸铁拉伸时的 $\sigma-\varepsilon$ 曲线如图 2-19 所示。图中没有明显的直线部分,即不符合胡克定律,工程上常用 $\sigma-\varepsilon$ 曲线的割线来代替图中曲线的开始部分,并以割线的斜率作为铸铁的弹性模量,称为**割线弹性模量**。铸铁试件受拉伸直到断裂变形很不明显,没有屈服阶段,也没有颈缩现象,破坏断口如图 2-18 所示。铸铁的延伸率 $\delta<1\%$,是典型的脆性材料,强度极限 σ_b 是衡量其强度的唯一指标。铸铁的拉伸强度极限很低,不宜用来制作受拉构件。

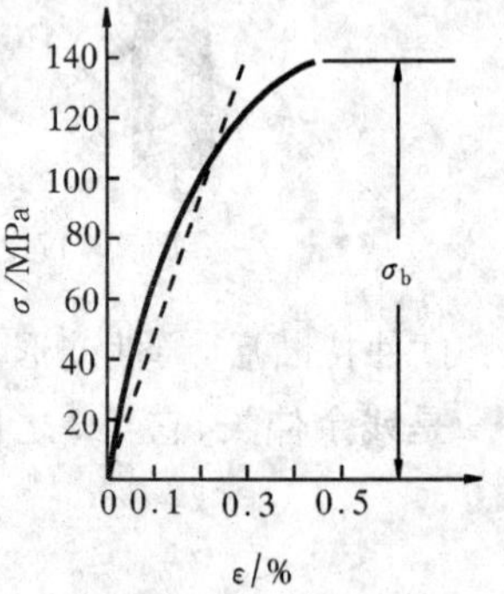

图 2-19

2.6.4 其他材料拉伸时的力学性质

1. 金属材料

图 2-20 是工程中常用几种金属材料的 $\sigma-\varepsilon$ 曲线,其中有些材料,如 16Mn 钢和低碳钢的性能相似,有明显的弹性阶段、屈服阶段、强化阶段和颈缩阶段。有些材料,如黄铜、铝合金等,则没有明显的屈服阶段。这些金属材料有很好的塑性,都是塑性材料。

对于没有明显屈服阶段的塑性材料,通常以产生 0.2% 残余应变时所对应的应力值作为屈服极限,以 $\sigma_{p0.2}$ 表示(图 2-21),称为**名义屈服极限**。

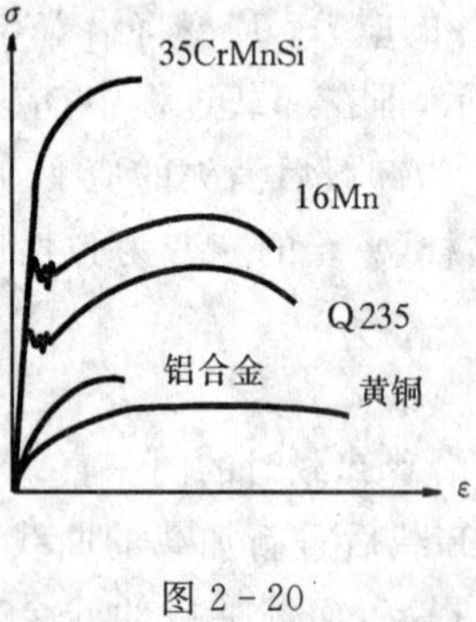

图 2-20

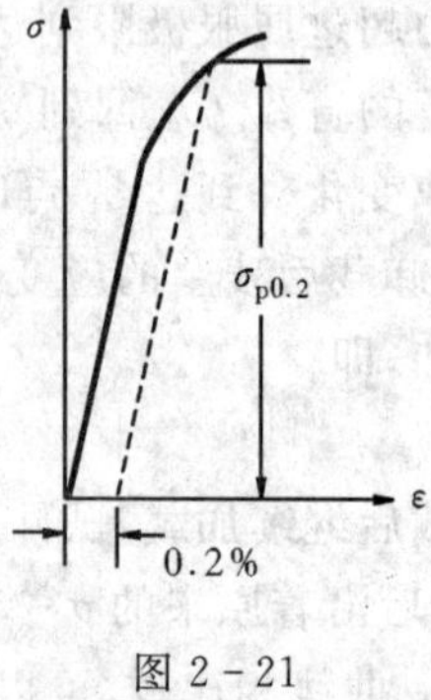

图 2-21

碳素钢随其含碳量的增加,屈服极限和强度极限也相应提高,但延伸率降低。合金钢、工具钢等高强度钢,其屈服极限较高,塑性性质却较差。

多年来,我国工程界结合本国的资源情况,广泛使用 16Mn 等普通低合金钢,这类钢材除具有低碳钢的一些性质外，还有强度高、综合力学性质好等优点，而生产工艺和成本却与低碳钢相近。

2. 陶瓷材料

陶瓷材料包括碳化硅、氮化硅及氧化铝等。由于陶瓷材料具有强度高、重量轻、耐腐蚀、耐磨损及原料便宜等优点，因而近年来，国内外工程界展开了大量的研究，一些陶瓷材料已在工业生产中得到应用。

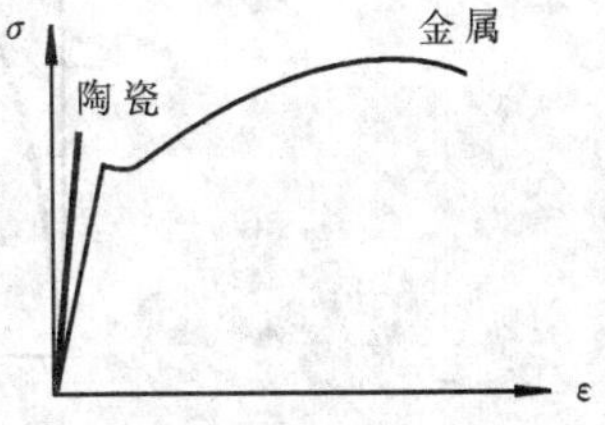

图 2-22

陶瓷是脆性材料，在常温下基本上不出现塑性变形，其延伸率和断面收缩率均近似于零，陶瓷材料的应力-应变曲线如图 2-22 所示，图中还画出一般金属材料的应力-应变曲线以供比较。由图可以看出，陶瓷材料的弹性模量要比金属大得多，如氧化铝陶瓷的弹性模量，在室温下可达到 380 GPa 以上。

在高温下，陶瓷材料有良好的抗蠕变性能，还具有一定的塑性。

2.7　材料在压缩时的力学性质

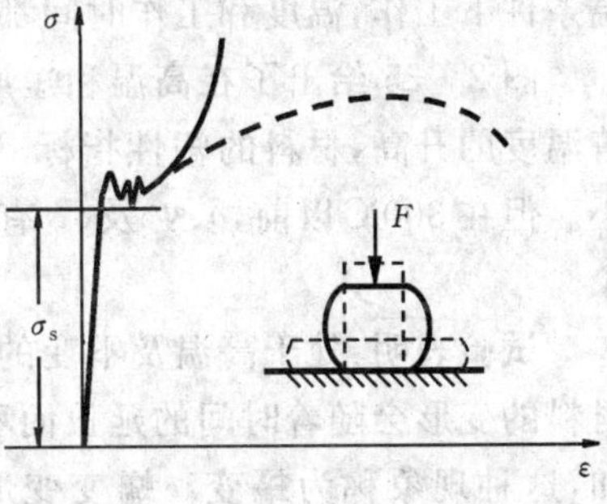

图 2-23

金属材料的压缩试件，通常做成短圆柱，以免试验时被压弯。按试验标准，圆柱高度与直径之比在 1～3 范围内选取。混凝土等材料的压缩试件常做成立方体形。

低碳钢压缩时的应力-应变曲线如图 2-23 中实线所示，虚线表示拉伸时的 $\sigma-\varepsilon$ 曲线。在屈服阶段以前，两曲线重合，即低碳钢压缩时的弹性模量 E 和屈服极限 σ_s 都与拉伸时相同。由于低碳钢的塑性好，在屈服阶段后，试件愈压愈扁，不会出现断裂，因此不存在抗压强度极限。

灰铸铁压缩时的 $\sigma-\varepsilon$ 曲线如图 2-24(a)所示。铸铁压缩时，没有明显的直线部分，也不存在屈服极限。随压力增加，试件略成鼓形，最后在很小变形下突然断裂，破坏断面与横截面大致成 45°～55°倾角，如图 2-24(b)，这说明破坏主要与切应力有关。灰铸铁压缩强度极限比拉伸强度极限高 3～5 倍，是良好的耐压、减震材料。同时由于灰铸铁价格低廉，在工程中得到广泛应用。

其他脆性材料如陶瓷、混凝土、石料等，抗压强度也远高于抗拉强度。因此，脆性材料的压缩试验比拉伸试验更为重要。

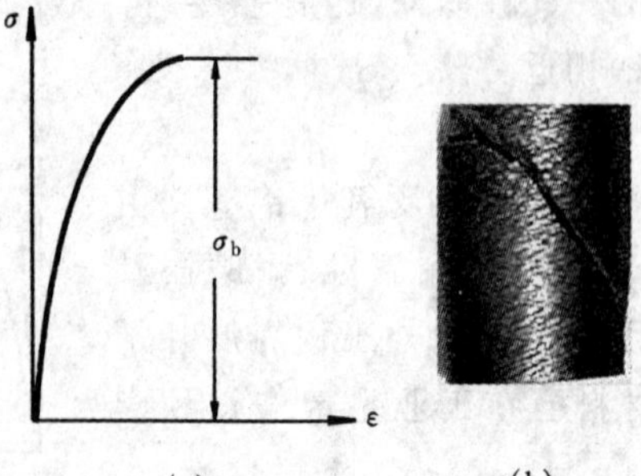

(a) (b)

图 2-24

*2.8 温度和时间因素对材料力学性质的影响

前面讨论了材料在常温、静载下的力学性质。然而，工程上有许多构件是在高温条件下工作，温度和工作时间都会影响到材料的力学性质。

图 2-25 给出了在高温和短期静载荷下，低碳钢拉伸试验结果。总的来看，随着温度的升高，材料的塑性指标 δ、Ψ 增大，而强度指标 σ_s、σ_b 及弹性模量 E 均减小。但在 300℃以前，δ、Ψ 及 σ_b 有相反的现象，不过并非所有金属材料都有这种现象。

试验表明：处于高温及不变的应力作用下，材料的变形会随着时间的延长而不断地缓慢增加，这种现象称为**蠕变**。蠕变变形是不可恢复的变形，温度愈高，蠕变变形愈快。不同金属材料的蠕变温度不同，低熔点金属（如铅和锌等），在常温下就有蠕变；而高熔点金属只是在高温下才有蠕变。一些非金属材料，如沥青、混凝土及塑料等，也都有蠕变现象。

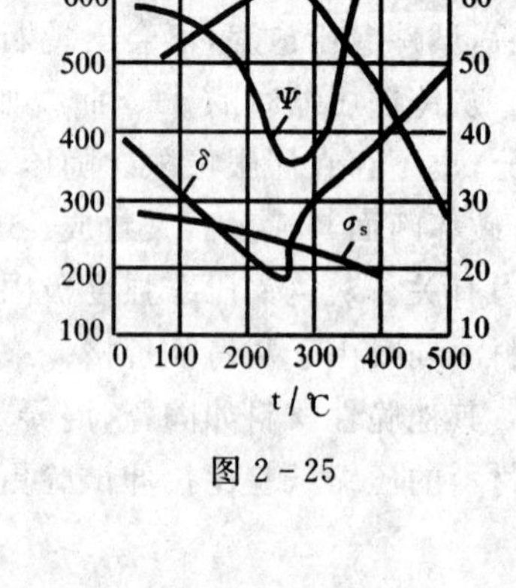

图 2-25

材料蠕变所产生的塑性变形，常使构件应力发生变化。一些在高温下工作的构件，如高压蒸汽管凸缘的紧固螺栓，其总变形不允许随时间而改变，但由于蠕变作用，其塑性变形不断增加，弹性变形却随时间而逐渐减小，从而使应力不断降低，螺栓的紧固力也随之降低，最终导致漏气。这种由于蠕变引起应力下降的现象称为**应力松弛**。因此，对于长期在高温下工作的紧固件，必须定期进行紧固或更换。

2.9　安全因数和许用应力

工程上，为保证结构物或机械能正常工作，不允许构件断裂，也不允许构件产生显著的塑性变形。通常将强度极限与屈服极限称为材料的破坏应力（或极限应力），并用 σ° 表示。

材料的破坏应力除以大于 1 的因数 n，就得到许用应力 $[\sigma]$，即

$$[\sigma] = \frac{\sigma^{\circ}}{n} \tag{2-11}$$

式中，n 称为**安全因数**。

对于塑性材料的构件，当工作应力达到材料的屈服极限时，就会产生较大的塑性变形而不能正常工作。因此，塑性材料通常以屈服极限 σ_s（或 $\sigma_{p0.2}$）为其破坏应力，其许用应力为

$$[\sigma] = \frac{\sigma_s}{n_s} \tag{2-12}$$

式中，n_s 是按屈服极限规定的安全因数。因为塑性材料拉伸和压缩的屈服极限相同，故其拉压许用应力也相同。

脆性材料没有屈服极限，以断裂时的强度极限 σ_b 为其破坏应力，许用应力为

$$[\sigma] = \frac{\sigma_b}{n_b} \tag{2-13}$$

式中，n_b 是按强度极限规定的安全因数。脆性材料拉伸和压缩的强度极限不同，因而许用拉应力和许用压应力也不相同。

安全因数的选定关系到构件的安全性与经济性。过高的安全因数，会消耗过多的材料；太小的安全因数，则又可能使构件不能安全地工作。因此，在设计构件时，选择安全因数应该全面、合理地考虑。

确定安全因数时，一般应考虑下列几方面因素：①载荷估计的准确性；②简化过程和计算方法的精确性；③材料的均匀性；④构件的重要性等。此外，还应考虑构件的工作条件及使用寿命等因素。

一般机械制造中，在静载荷情况下，安全因数的大致范围为 $n_s=1.5\sim2.0$；$n_b=2.0\sim5.0$。

2.10 应力集中的概念

等截面直杆在轴向拉伸或压缩时，横截面上的应力是均匀分布的。但有时为了结构上的需要，有些构件必须有圆孔、切槽、螺纹等，在这些部位上构件的截面尺寸发生突然变化。实验和理论研究表明：在构件形状尺寸发生突变的截面上，应力不再是均匀分布。如图 2-26(a)、(b)所示开有圆孔和带有切口的板条，当其受轴向拉伸时，在圆孔和切口附近的局部区域内，应力急剧增加，而在离开这一区域稍远处，应力迅速降低并趋于均匀。这种由于构件形状尺寸的突变，引起局部应力急剧增大的现象，称为**应力集中**。

应力集中处的最大应力 σ_{max} 与该截面上平均应力 σ_m 之比，称为**理论应力集中因数**，以 K_t 表示，即

$$K_t = \frac{\sigma_{max}}{\sigma_m} \tag{2-14}$$

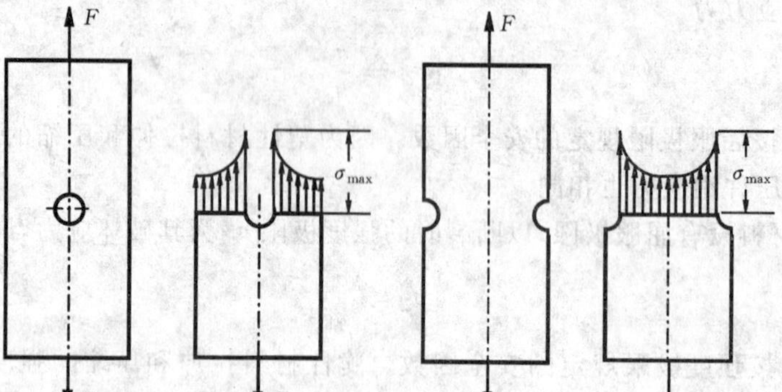

图 2-26

K_t 是应力的比值，与材料无关，它反映了杆件在静载荷下应力集中的程度，是一个大于 1 的因数。实验表明：构件的截面尺寸改变得越急剧，切口越尖锐，孔越小，应力集中的程度就越严重。应力集中现象的存在会影响构件的承载能力，设计构件时要特别注意这一点。应尽可能避免尖角、槽和小孔等，若构件相邻两段的截面形状和尺寸不同，则要用圆弧过渡，并且在结构允许的范围内，尽可能增大圆弧半径。

各种材料对应力集中的敏感程度并不相同。塑性材料因有屈服阶段存在，当局部的最大应力 σ_{max} 到达屈服极限时，将发生塑性变形，应力不再增加。当外力继

续增加时，增加的力由还未屈服的材料来承担，使截面上这些点的应力相继增大到屈服极限，截面上的应力逐渐趋于均匀，因此用塑性材料制成的构件，在静载荷作用下一般可以不考虑应力集中的影响。脆性材料没有屈服阶段，当应力集中处的最大应力 σ_{max} 达到强度极限 σ_b 时，杆件就会首先在该处开裂。所以用脆性材料制成的构件，对应力集中是很敏感的，即使在静载下，也应考虑应力集中对构件承载能力的削弱。而铸铁一类组织不均匀的材料，其内部的不均匀性和缺陷往往是产生应力集中的主要因素，由构件外形突变引起的应力集中就成为次要的，可以不予考虑。

对于在冲击载荷或周期性变化的交变应力作用下的构件，不论是塑性材料或是脆性材料，应力集中对其强度都有很大的影响。这一问题将在后续章节中讨论。

2.11　拉压超静定问题

2.11.1　超静定问题及其解法

在前面所讨论的问题中，结构的约束反力或构件的内力等未知力只用静力学平衡方程就能确定，这种问题称为**静定问题**。在工程中常有一些结构，其未知力的个数多于静力平衡方程式的个数，如果只用静力平衡条件将不能求解全部未知力，这种问题称为**超静定问题**(或**静不定问题**)，未知力个数和静力平衡方程式个数之差称为**超静定次数**(或**阶数**)。

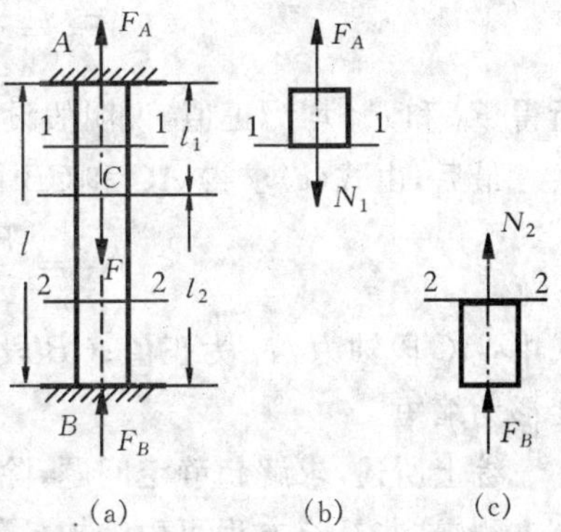

图 2-27

图 2-27(a)所示两端固定杆件，横截面面积为 A，弹性模量为 E。现求施加轴向力 F 后各段的内力。

设 F_A、F_B 分别为 A、B 两端的支反力，假设方向均向上，可列出静力平衡方程

$$F_A + F_B = F \tag{a}$$

有两个未知力，只有一个静力平衡方程，是一次超静定问题。因此，除了静力平衡方程外，还需找出一个补充方程。

首先分析杆件各部分变形的几何关系，由于杆件两端固定，变形后两端间距离不变，杆的总长度不变，即

$$\Delta l = 0$$

杆件的总变形为 AC 和 CB 两段变形之和，由此得到变形几何方程

$$\Delta l = \Delta l_1 + \Delta l_2 = 0 \tag{b}$$

式(b)是变形应满足的方程，方程中没有所要求的未知力，因此需要研究变形和力之间的关系。在杆 AC 段和 CB 段内分别用任意截面 1－1 和 2－2 截开，如图 2－27(b)和(c)所示，两段的内力为

$$N_1 = F_A, \qquad N_2 = -F_B \tag{c}$$

根据胡克定律得物理方程

$$\left.\begin{aligned} \Delta l_1 &= \frac{N_1 l_1}{EA} = \frac{F_A l_1}{EA} \\ \Delta l_2 &= \frac{N_2 l_2}{EA} = -\frac{F_B l_2}{EA} \end{aligned}\right\} \tag{d}$$

把式(d)代入式(b)，得到补充方程

$$\frac{F_A l_1}{EA} - \frac{F_B l_2}{EA} = 0 \tag{e}$$

联立解(a)、(e)两式，得

$$F_A = \frac{Fl_2}{l}, \qquad F_B = \frac{Fl_1}{l}$$

所得 F_A 和 F_B 均为正值，说明假设方向与实际情况一致。

最后，由式(c)求得 AC 和 CB 两段内力

$$N_1 = \frac{Fl_2}{l}, \qquad N_2 = -\frac{Fl_1}{l}$$

式中，AC 段轴力 N_1 为正值；CB 段轴力 N_2 为负值。故 AC 段变形为伸长，CB 段变形为缩短。

综上所述，求解超静定问题，除列出静力平衡方程外，还需找出足够数目的补充方程，这些补充方程可由结构各部分变形之间的几何关系，以及变形和力之间的物理关系求得，将补充方程和静力平衡方程联立求解，即可得出全部未知力。

例 2－7 图 2－28(a)所示结构中，各杆的弹性模量，横截面面积及长度分别为 E_1、E_2 和 E_3，A_1、A_2 和 A_3 及 l_1、l_2 和 l_3，试求各杆的内力。

解 以节点 A 为研究对象，进行受力分析，设节点 A 上的各杆轴力如图 2－28(b)，即 AB 杆和 AD 杆受拉，AC 杆受压，静力平衡方程为

$$\left.\begin{aligned} \sum F_x = 0, &\quad N_2 - N_1\cos 30^\circ = 0 \\ \sum F_y = 0, &\quad N_1\sin 30^\circ + N_3 - F = 0 \end{aligned}\right\} \tag{a}$$

三个未知力，只有两个平衡方程，是一次超静定问题。

设想解除节点 A 约束，1 杆将沿轴向伸长 Δl_1 到 A_1 点，2 杆将沿轴向缩短 Δl_2

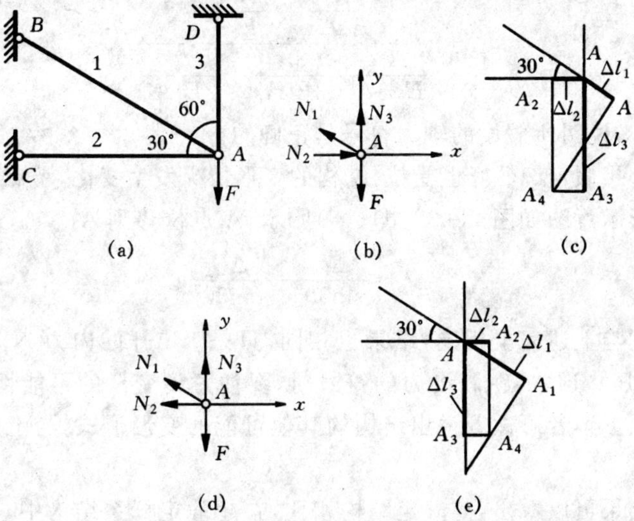

图 2-28

到 A_2 点，3 杆将沿轴向伸长 Δl_3 到 A_3 点，由于变形后三个杆件仍需交于一点，用"切线代替圆弧"的方法，分别由 A_1、A_2 及 A_3 三点作 BA_1、CA_2 及 DA_3 的垂线，三条垂线交于 A_4 点，即变形后 A 点的位置，如图 2-28(c)所示。再由图中三个杆件变形之间的协调关系得到变形几何方程

$$\Delta l_3 = \frac{\Delta l_1}{\sin 30^\circ} + \frac{\Delta l_2}{\tan 30^\circ} \tag{b}$$

由胡克定律得到物理方程

$$\Delta l_1 = \frac{N_1 l_1}{E_1 A_1}, \quad \Delta l_2 = \frac{N_2 l_2}{E_2 A_2}, \quad \Delta l_3 = \frac{N_3 l_3}{E_3 A_3} \tag{c}$$

将式(c)代入式(b)，得到以轴力表示的补充方程

$$\frac{N_3 l_3}{E_3 A_3} = \frac{N_1 l_1}{E_1 A_1 \sin 30^\circ} + \frac{N_2 l_2}{E_2 A_2 \tan 30^\circ} \tag{d}$$

联立求解式(a)和式(d)，得

$$N_1 = \frac{\dfrac{l_3}{E_3 A_3}}{\dfrac{2l_1}{E_1 A_1} + \dfrac{3l_2}{2E_2 A_2} + \dfrac{l_3}{2E_3 A_3}} F$$

$$N_2 = \frac{\dfrac{l_3}{2E_3 A_3}}{\dfrac{2l_1}{E_1 A_1} + \dfrac{3l_2}{2E_2 A_2} + \dfrac{l_3}{2E_3 A_3}} \sqrt{3} F$$

$$N_3 = \frac{\dfrac{2l_1}{E_1A_1} + \dfrac{3l_2}{2E_2A_2}}{\dfrac{2l_1}{E_1A_1} + \dfrac{3l_2}{2E_2A_2} + \dfrac{l_3}{2E_3A_3}}F$$

所得结果为正，说明所假设的轴力符号是正确的。

讨论 如果假定 AC 杆也受拉，结构的变形情况发生变化，A 点的受力图及 A 点附近的变形示意图如图 2-28(d)、(e)所示，A 点位移到 A_4 点。变形几何方程成为

$$\Delta l_3 = \frac{\Delta l_1}{\sin 30°} - \frac{\Delta l_2}{\tan 30°}$$

计算过程与上述完全相同，结果也相同，只是 AC 杆的内力 N_2 为负值，说明 AC 杆实际受压。通常，在假设力的符号时，要注意到变形的可能性，并使力的符号与变形一致。读者可试着举出结构的其他可能的变形形式，与上面两种变形形式进行比较。

由上例结果可以看出，与静定结构相比，在超静定杆系结构中，各杆的内力不仅与载荷和结构的形状相关，而且与各杆之间的相对刚度比有关，一般来说，杆的刚度越大，所受的内力越大。

2.11.2 装配应力

加工构件时，尺寸上难免有一些微小误差。对于静定结构，这种微小加工误差只能造成结构几何形状的微小变化，不会引起内力。但对于超静定结构，加工误差要引起内力。在装配时产生的应力称为**装配应力**。图 2-29(a)所示静定结构中，若杆 1 比原设计长度 l 短 $\delta(\delta \ll l)$，装配后结构形式如虚线所示，在无载荷作用时，杆 1 和 2 均无应力作用。但对图 2-29(b)所示超静定结构就有不同的结果。若杆 3 比原设计长度 l 短 $\delta(\delta \ll l)$，则必须把杆 3 拉长，杆 1 和杆 2 压短，才能装配(如图中虚线所示)。这样，虽未受到载荷作用，但各杆中已有装配应力存在。在工程上，装配应力的存在常常是不利的，但有时也有意识地利用装配应力以提高结构的承

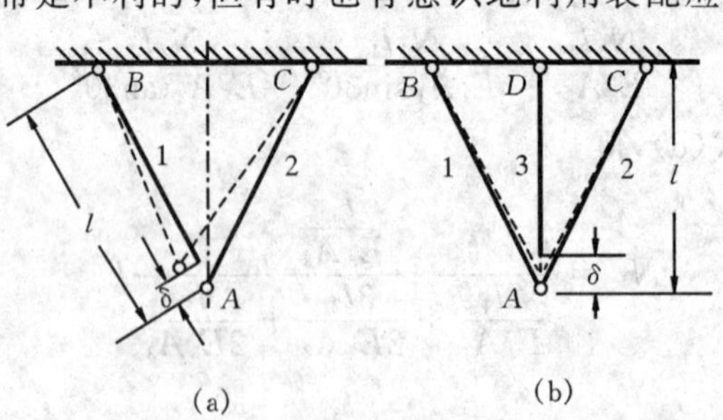

图 2-29

载能力，如在机械制造中的紧配合和土木结构中的预应力钢筋混凝土等。

例 2-8　一结构如图 2-30(a)所示。钢杆 1、2、3 的横截面面积均为 $A=200$ mm²，弹性模量 $E=200$ GPa，长度 $l=1$ m。制造时杆 3 短了 $\Delta=0.8$ mm。试求杆 3 和刚性杆 AB 连接后各杆的内力。

解　在装配的过程中，刚性杆 AB 保持直线状态，1、2、3 杆将有轴向拉伸或压缩。设 1、3 杆受拉，2 杆受压，杆 AB 受力如图 2-30(b)所示，列出静力平衡方程

$$\sum F_y = 0, \quad N_1 + N_3 = N_2$$

$$\sum M_C = 0, \quad N_1 = N_3$$

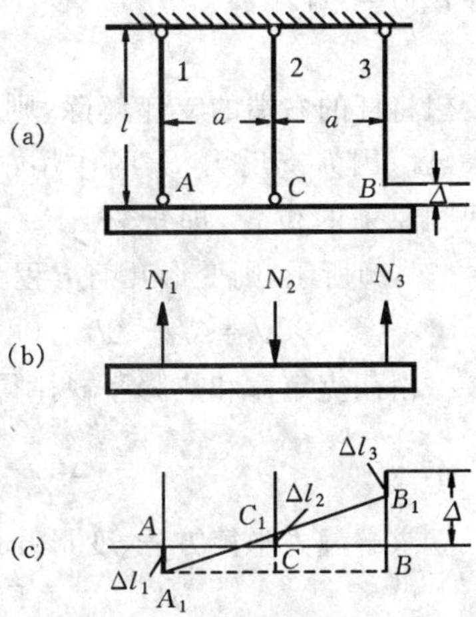

图 2-30

1、2、3 杆的变形示意图如图 2-30(c)所示，由图中可以看出：杆 1 伸长 Δl_1 到 A_1 点，杆 2 缩短 Δl_2 到 C_1 点，杆 3 伸长 Δl_3 到 B_1 点，由各杆变形之间的关系得变形几何方程

$$\Delta l_1 + 2\Delta l_2 + \Delta l_3 = \Delta$$

物理方程为

$$\Delta l_1 = \frac{N_1 l}{EA}, \quad \Delta l_2 = \frac{N_2 l}{EA}, \quad \Delta l_3 = \frac{N_3 l}{EA}$$

由于 $\Delta \ll l$，上式中 3 杆的长度仍用 l。

联立静力平衡方程、变形几何方程和物理方程，解之得

$$N_1 = N_3 = 5.33 \text{ kN}$$

$$N_2 = 10.67 \text{ kN}$$

计算结果为正值，说明假设杆的受力方向正确，即 1、3 杆受拉，2 杆受压。

讨论　读者试写出三根杆都假设受拉或都受压时的变形几何条件，并分析 1、3 两杆受压，2 杆受拉的情况。

2.11.3　温度应力

温度变化将引起物体的热胀或冷缩。静定结构各部分可以自由变形，当温度均匀变化时，并不会引起构件的内力，图 2-31(a)所示一端固定在刚性支承上的等直杆，不计杆的自重，当温度升高时，杆将自由膨胀，杆内没有应力。如把杆的另一端也固定在刚性支承上，当温度升高时，杆的热膨胀受到两端支承的阻碍，即有支反力的作用，从而在杆内产生**温度应力**，如图 2-31(b)。因为支反力不能只用静力平衡方程求得，所以这是超静定问题。设杆长为 l，横截面面积为 A，材料的弹性模量为 E，线膨胀系数为 α，分析当温度升高 Δt 时，杆内产生的温度应力。

设刚性支承对杆的支反力为 F_A 和 F_B，则静力平衡方程为

$$F_A=F_B$$

由于杆两端的支座是刚性的，因而杆的伸长为零，即

$$\Delta l=0$$

设想将杆的右端的支座解除，则杆将自由膨胀 Δl_t，因为支反力 F_B 的作用，又将右端压回到原来的位置，即把杆压短了 Δl_F，如图 2-31(c)所示，则变形几何方程为

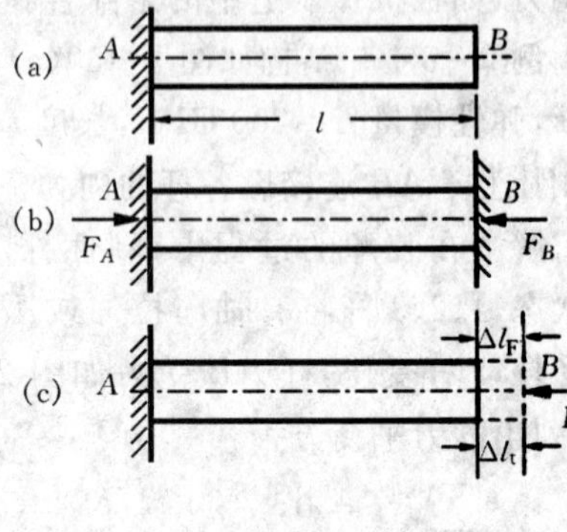

图 2-31

$$\Delta l=\Delta l_t-\Delta l_F=0$$

由胡克定律和热膨胀规律得到物理方程为

$$\Delta l_F=\frac{F_B l}{EA},\qquad \Delta l_t=\alpha\cdot l\cdot\Delta t$$

联立求解静力平衡方程、变形几何方程及物理方程，得

$$F_A=F_B=\alpha\cdot EA\cdot\Delta t$$

杆内产生的温度应力

$$\sigma=\frac{N}{A}=\frac{F_B}{A}=\alpha\cdot E\cdot\Delta t$$

由于假设杆的支反力为压力，所以 σ 为压应力。

如杆的材料为碳钢，$\alpha=12.5\times10^{-6}\ \mathrm{K}^{-1}$，$E=200$ GPa，温度升高 1℃时，杆内的温度应力为

$$\sigma=12.5\times10^{-6}\times200\times10^{3}\times1=2.5\ \mathrm{MPa}$$

当温度升高较大时，所产生的温度应力就非常可观，对构件很不利。工程中，常采用一些措施来减少和预防温度应力的产生。例如，火车钢轨对接时，两段钢轨间预先留有适当空隙，钢桥桁架一端采用活动铰链支座，在蒸汽管道中利用伸缩节(图 2-32)，等等。

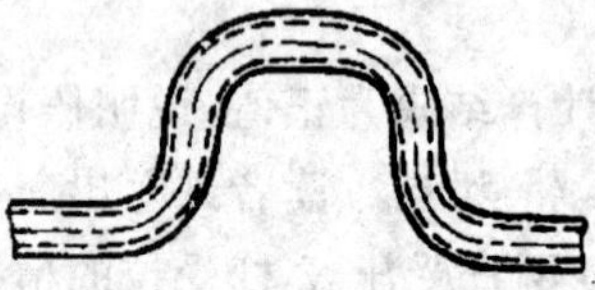
图 2-32

思考题

2-1 试述应力公式 $\sigma=\dfrac{N}{A}$ 的适用条件。应力超过弹性极限后还能否适用？

2-2 因为拉压杆件纵向截面($\alpha=90°$)上的正应力等于零，所以垂直于纵向

截面方向的线应变也等于零。这样说法对吗?

2-3　两个拉杆的长度、横截面面积及载荷均相等,仅材料不同,一个是钢质杆,一个是铝质杆。试说明两杆的应力和伸长是否相等,当载荷增加时,哪个杆首先破坏?

2-4　何谓弹性与线弹性?胡克定律的适用范围是什么?

2-5　为什么说低碳钢材料经过冷作硬化后,比例极限提高而塑性降低?材料塑性的高低与材料的使用有什么关系?

2-6　杆件受拉压时的最大切应力在 45°斜截面上,铸铁压缩破坏和最大切应力有关,但其破坏断面却是 45°～50°的斜截面,这是为什么?

2-7　铸铁的拉压强度极限不同,因而铸铁的拉压许用应力不同,其拉伸与压缩时的安全因数是否相同?

2-8　下列带有孔或裂缝的拉杆中,应力集中最严重的是哪个杆?((a)、(b)为穿透孔;(c)、(d)为穿透细裂缝)

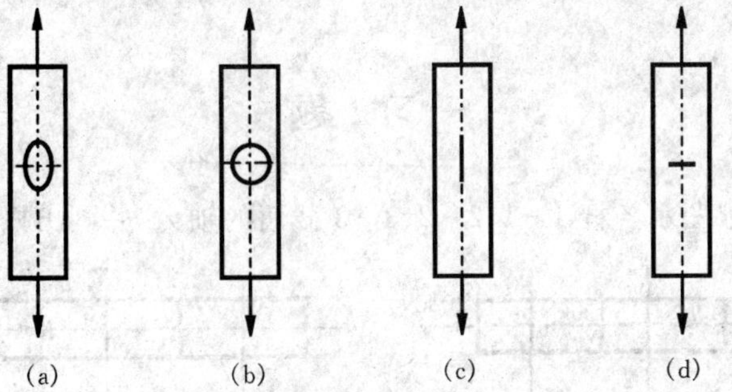

思考题 2-8 图

2-9　如何判别结构是否是超静定结构?指出下列结构中,哪些是超静定结构。

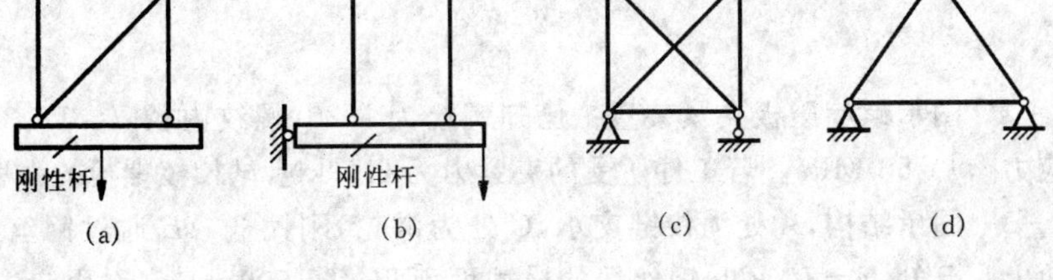

思考题 2-9 图

2-10 一个超静定结构的变形几何方程是否是唯一的？所谓物理方程就是胡克定律吗？

2-11 图(a)和图(b)分别为静定和超静定结构，试用这两个结构来说明为什么超静定结构中杆的内力大小与各杆之间刚度比有关，而静定结构与此无关。若在图(b)的结构中，欲减小 AD 杆的内力，可以采取哪些方法？

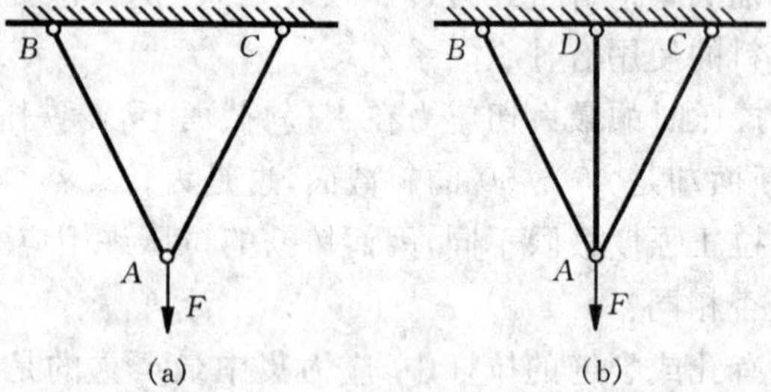

思考题 2-11 图

习 题

2-1 试求图示各杆 1-1、2-2、3-3 截面的轴力，并画出杆的轴力图。

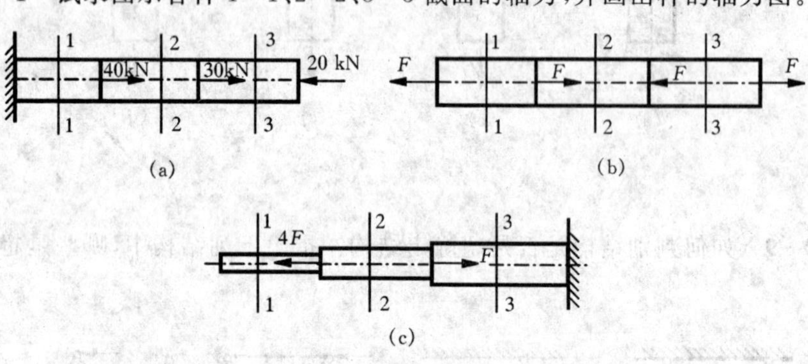

题 2-1 图

2-2 图示螺旋压板夹紧装置。已知螺栓为 M20(螺纹内径 $d=17.3$ mm)，许用应力$[\sigma]=50$ MPa。若工件所受的夹紧力为 2.5 kN，试校核螺栓的强度。

2-3 图示结构，A 处为铰链支承，C 处为滑轮，刚性杆 AB 通过钢丝绳悬挂在滑轮上。已知 $F=70$ kN，钢丝绳的横截面面积 $A=500\ \text{mm}^2$，许用应力$[\sigma]=160$ MPa。试校核钢丝绳的强度。

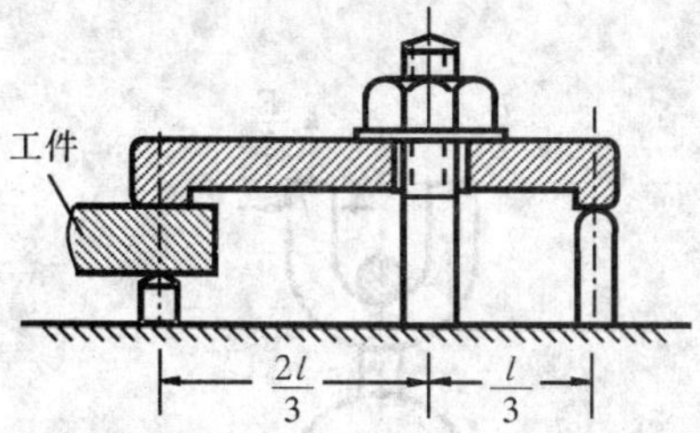

题 2-2 图

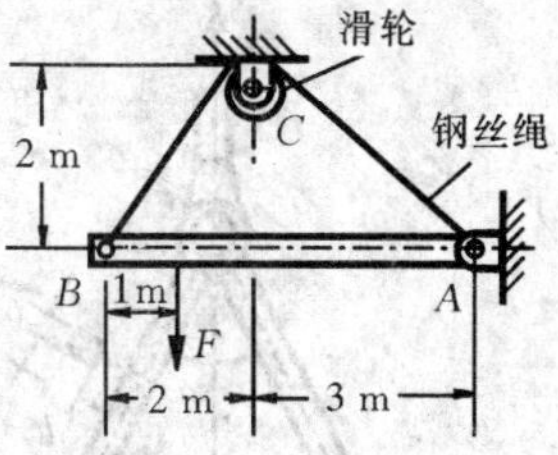

题 2-3 图

2-4　图示为一手动压力机，在物体 C 上所加的最大压力为 150 kN，已知立柱 A 和螺杆 BB 所用材料的许用应力$[\sigma]=160$ MPa：(1) 试按强度要求设计立柱 A 的直径 D；(2) 若螺杆 BB 的内径 $d=40$ mm，试校核其强度。

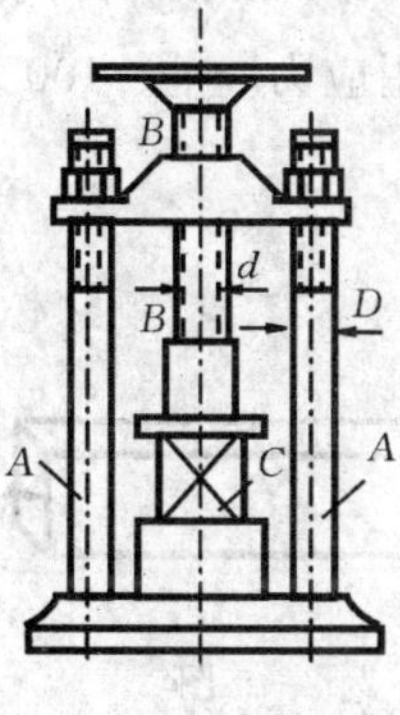

题 2-4 图

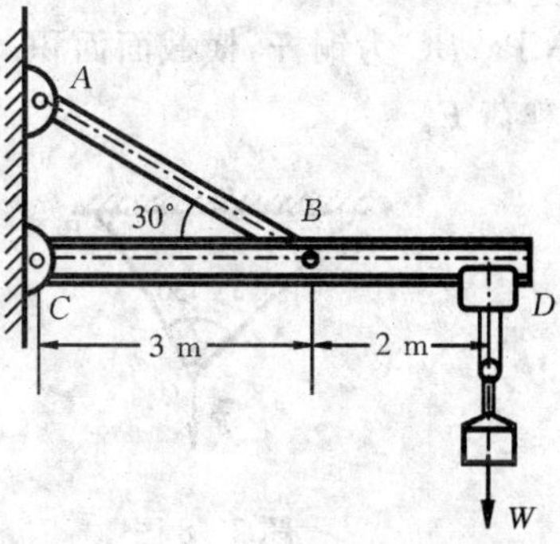

题 2-5 图

2-5　一吊车如图所示，最大起吊重量 $W=20$ kN，斜钢杆 AB 的截面为圆形，$[\sigma]=160$ MPa。试设计 AB 杆的直径。

2-6　图示吊环最大起吊重量 $W=900$ kN，$\alpha=24°$，许用应力$[\sigma]=140$ MPa。两斜杆为相同的矩形截面且$\dfrac{h}{b}=3.4$，试设计斜杆的截面尺寸 h 及 b。

2-7　图示链条的直径 $d=20$ mm，许用拉应力$[\sigma]=70$ MPa，试按拉伸强度条件求出链条能承受的最大载荷 F。

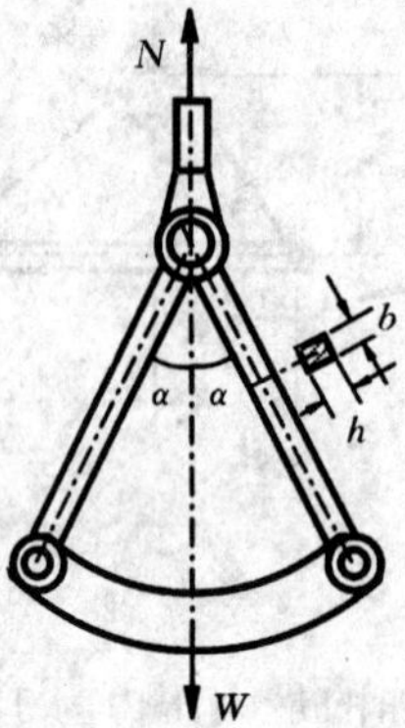

题 2-6 图

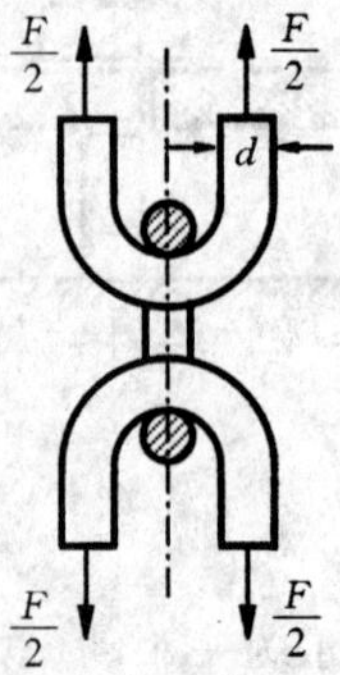

题 2-7 图

2-8 图示结构中 AC 为钢杆，横截面面积 $A_1=200\ \text{mm}^2$，许用应力 $[\sigma]_1=160\ \text{MPa}$；$BC$ 为铜杆，横截面面积 $A_2=300\ \text{mm}^2$，许用应力 $[\sigma]_2=100\ \text{MPa}$。试求许用载荷 F。

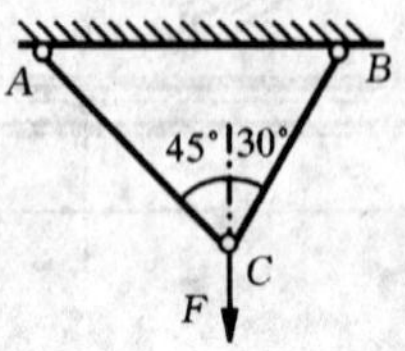

题 2-8 图

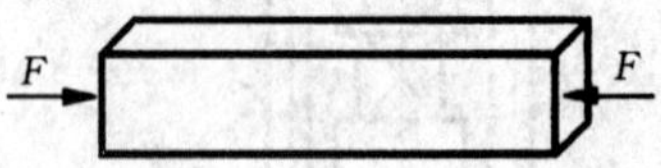

题 2-9 图

2-9 图示横截面尺寸为 75 mm×75 mm 正方形的木柱，承受轴向压缩。欲使木柱任意截面上的正应力不超过 2.4 MPa，切应力不超过 0.77 MPa，试求其最大载荷 F。

2-10 图示拉杆由两段胶合而成，胶合面为 α 斜截面 $m-m$（$\alpha<45°$）。其强度由胶合面的胶结强度控制，胶合面的许用拉应力 $[\sigma]=69\ \text{MPa}$，许用切应力 $[\tau]=40\ \text{MPa}$，拉杆的横截面面积 $A=1\ 000\ \text{mm}^2$。试求：(1) α 角取何值时，拉力 F 达到最大值；(2) 最大拉力。

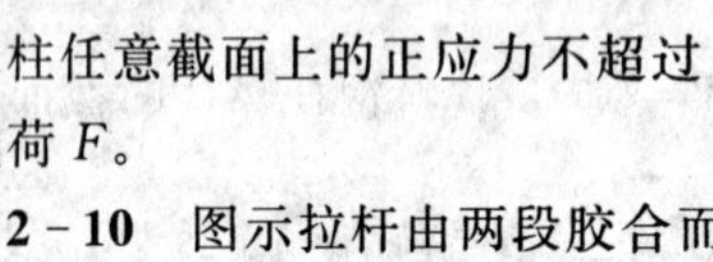

题 2-10 图

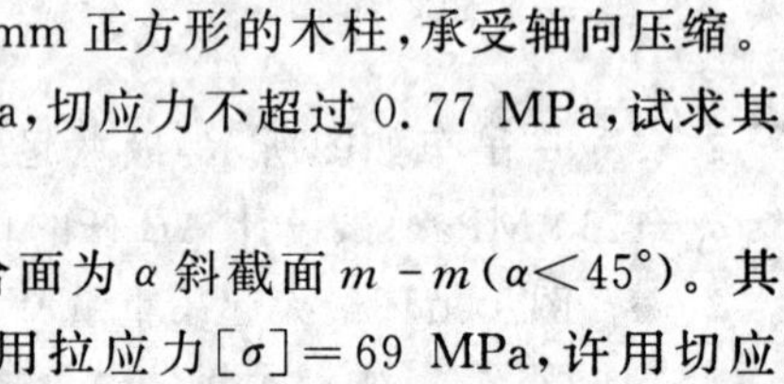

题 2-11 图

2-11 变截面直杆如图所示，横截面面积 $A_1=800\ \text{mm}^2$，$A_2=400\ \text{mm}^2$，材料

的弹性模量 $E=200$ GPa。试求杆的总伸长。

2-12 图示结构中 AB 杆为刚性杆。杆 1 和杆 2 由同一材料制成，已知 $F=40$ kN，$E=200$ GPa，$[\sigma]=160$ MPa。(1) 求两杆所需的面积；(2) 如要求刚性杆 AB 只作向下平移，不作转动，此两杆的横截面面积应为多少？

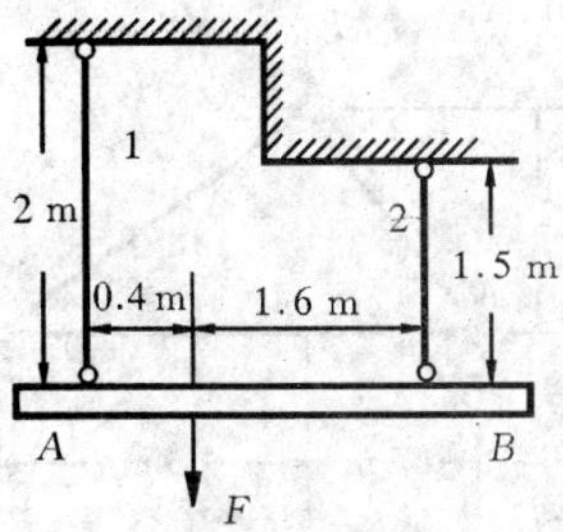

题 2-12 图

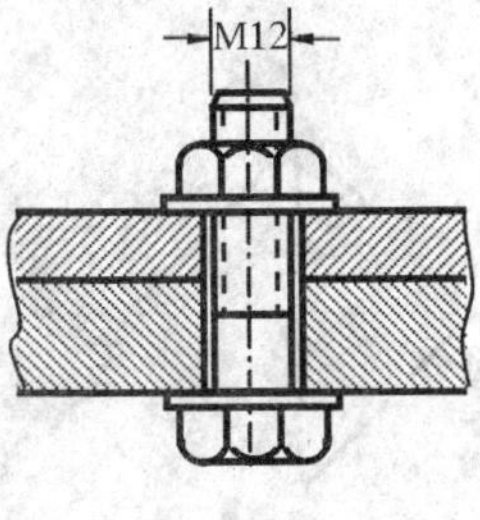

题 2-13 图

2-13 图中的 M12 螺栓内径 $d_1=10.1$ mm，螺栓拧紧后，在其计算长度 $l=80$ mm 内产生伸长为 $\Delta l=0.03$ mm。已知材料的弹性模量 $E=210$ GPa，试求螺栓内的应力及螺栓的预紧力。

2-14 图示圆台形杆受轴向拉力 F 作用，已知弹性模量 E，试求此杆的伸长。

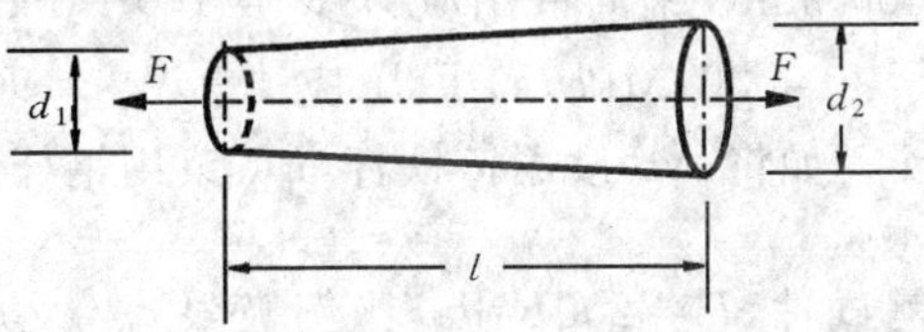

题 2-14 图

2-15 长度为 l、横截面面积为 A 的等截面直杆被悬吊，其材料的单位体积重量为 γ，弹性模量为 E。试求杆横截面上的应力及杆的伸长。若杆材料的破坏应力为 σ°，杆的长度最长不能超过多少？

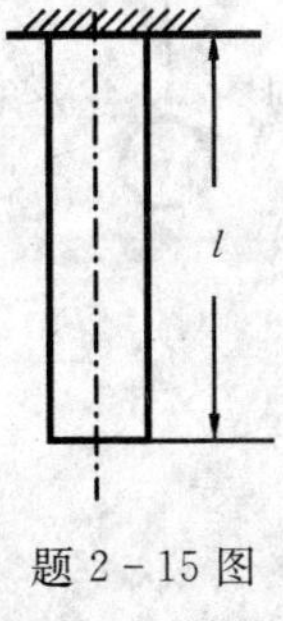

题 2-15 图

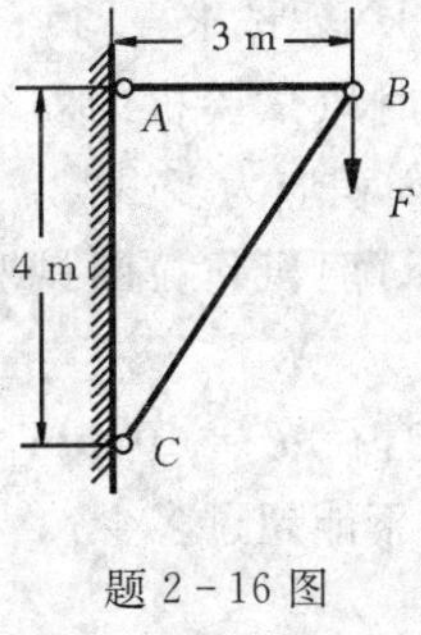

题 2-16 图

2-16　图示一简单托架，AB 杆为直径 $d=20$ mm 的圆截面钢杆，BC 杆为 8 号槽钢，两杆的 $E=200$ GPa。已知 $F=60$ kN，试求 B 点的位移。

***2-17**　图示边长为 a 的正方形结构，各杆材料相同，且横截面面积相等。已知杆材料的 E 和杆的横截面面积 A，试求 A、C 两点之间的相对位移。

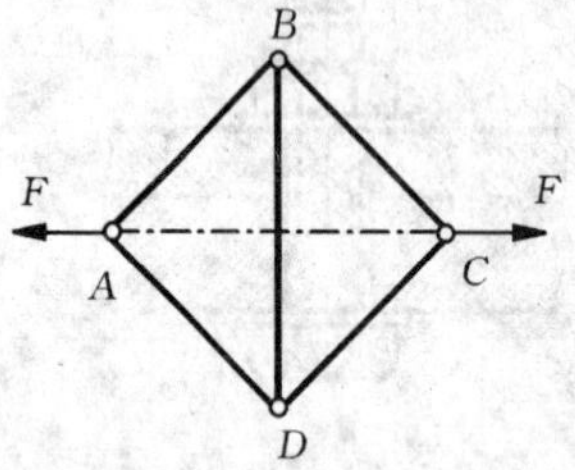

题 2-17 图

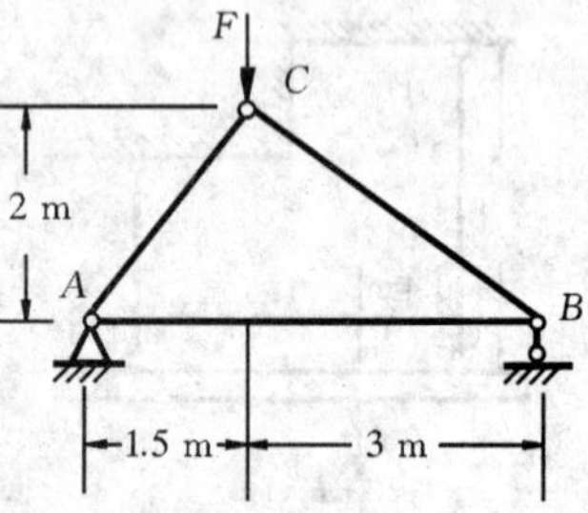

题 2-18 图

***2-18**　图示桁架由三根钢杆组成，各杆的横截面面积均为 $A=300\ \text{mm}^2$，弹性模量 $E=200$ GPa，$F=15$ kN。试求 C 点的垂直及水平位移。

2-19　图示支架，AB 为钢杆，BC 为铸铁杆。已知两杆横截面面积均为 $A=400\ \text{mm}^2$，钢的许用应力 $[\sigma]=160$ MPa，铸铁的许用拉应力 $[\sigma^+]=30$ MPa，许用压应力 $[\sigma^-]=90$ MPa。试求许可载荷 F。如将 AB 改用铸铁杆，BC 改用钢杆，这时许可载荷又为多少？

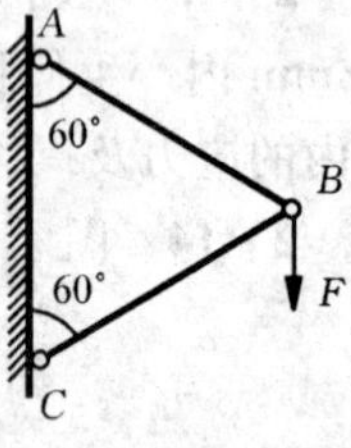

题 2-19 图

2-20　一拉伸钢试件，$E=200$ GPa，比例极限 $\sigma_p=200$ MPa，直径 $d=10$ mm，在标距 $l=100$ mm 长度上测得伸长量 $\Delta l=0.05$ mm。试求该试件沿轴线方向的线应变 ε、所受拉力及横截面上的应力。

2-21　某拉伸试验机的结构示意图如图所示。设试验机的 CD 杆与试件 AB 材料均为低碳钢，其 $\sigma_p=200$ MPa，$\sigma_s=240$ MPa，$\sigma_b=400$ MPa。试验机最大拉力为 100 kN。试求：

(1) 若设计时取试验机的安全因数 $n=2$，则 CD 杆的横截面面积应为多少？

(2) 用这一试验机作拉断试验时，试件的直径最大可达多大？

(3) 若试件直径 $d=10$ mm，欲测弹性模量 E，则所加载荷最大不能超过多少？

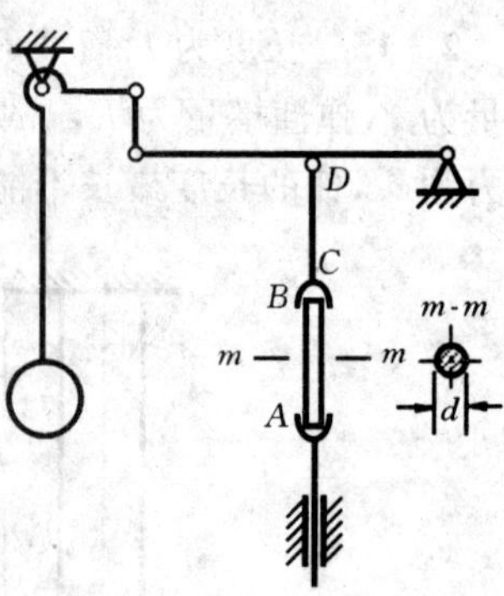

题 2-21 图

2-22 一低碳钢拉伸试件，在试验前测得试件的直径 $d=10$ mm，长度 $l=50$ mm，试件拉断后测得颈缩处的直径 $d_1=6.2$ mm，杆的长度 $l_1=58.3$ mm。试件的拉伸图如图所示，图中屈服阶段最高点 a 相应的载荷 $F_a=22$ kN，最低点 b 相应的载荷 $F_b=19.6$ kN，拉伸图最高点 c 相应的载荷 $F_c=33.8$ kN。试求材料的屈服极限、强度极限、延伸率及断面收缩率。

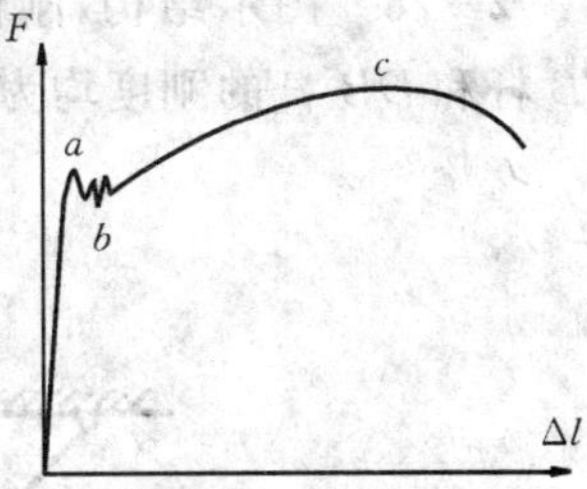

题 2-22 图

2-23 弹性模量 $E=200$ GPa 的试件，其应力-应变曲线如图所示，A 点为屈服点，屈服极限 $\sigma_s=240$ MPa。当拉伸到 B 点时，在试件的标距中测得纵向线应变为 3×10^{-3}。试求从 B 点卸载到应力为 140 MPa 时，标距内的纵向线应变 ε。

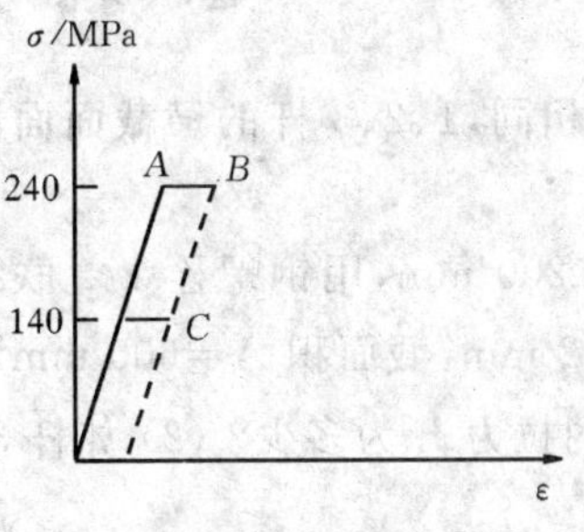

题 2-23 图

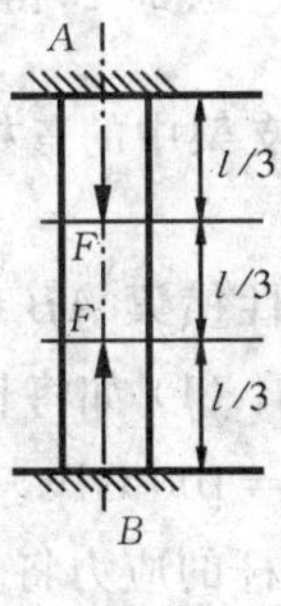

题 2-24 图

2-24 两端固定的等截面直杆，横截面面积为 A，弹性模量为 E。试求受力后杆两端的反力。

2-25 图示结构 AB 为刚性杆，1 杆和 2 杆为长度相等的钢杆，$E=200$ GPa，许用应力$[\sigma]=160$ MPa，两杆横截面面积均为 $A=300\ \text{mm}^2$。已知 $F=50$ kN，试校核 1、2 两杆的强度。

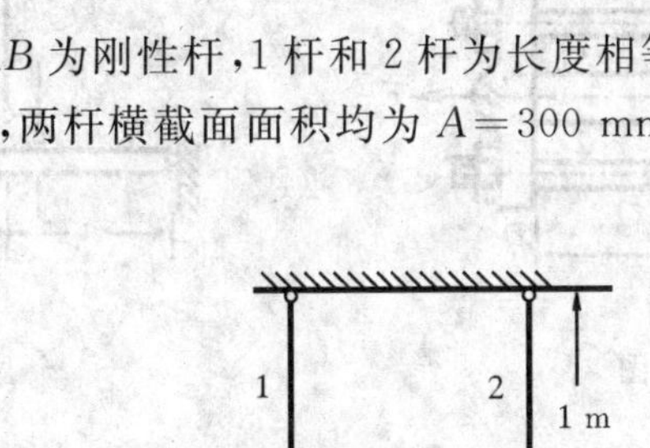

题 2-25 图

2-26 图示结构，刚性杆 AB 左端铰支，右端 B 点与 CB 杆及 DB 杆铰接。CB 杆和 DB 杆的刚度均为 EA，试求各杆的内力。

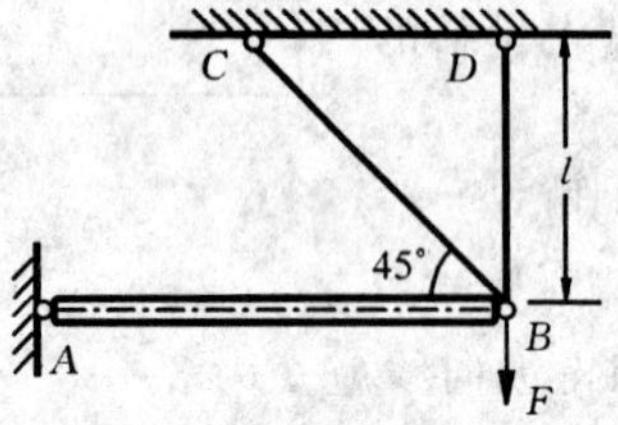

题 2-26 图

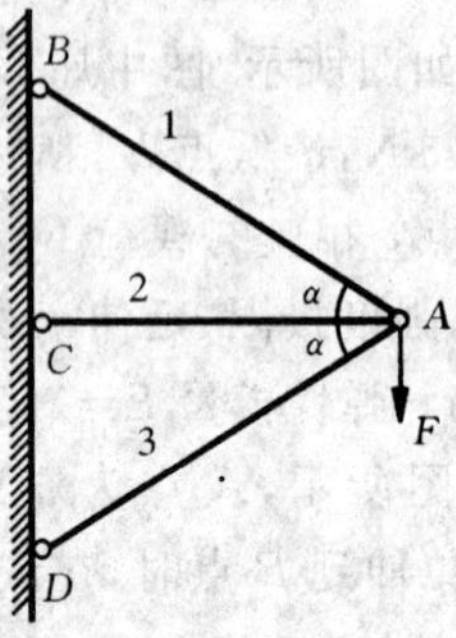

题 2-27 图

2-27 图示支架中的三根杆件材料相同，1、2、3 杆的横截面面积均为 A，试求各杆的轴力。

2-28 两刚性横梁 AB 和 CD 相距 200 mm，用钢螺栓 1、2 联结，弹性模量 $E_1=E_2=200$ GPa。(1) 如将长度为 200.2 mm，截面积 $A=600\ \text{mm}^2$ 的铜杆 3 安装在图示位置，$E_3=100$ GPa。试求所需的拉力 F 为多少？(2) 如杆 3 安装好后将力 F 去掉，这时各杆的应力将为多少？

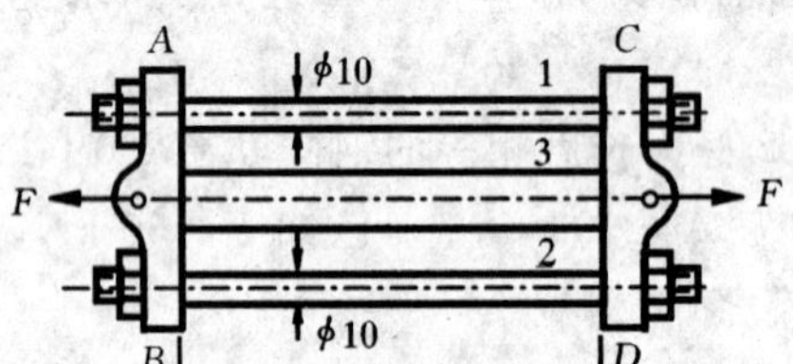

题 2-28 图

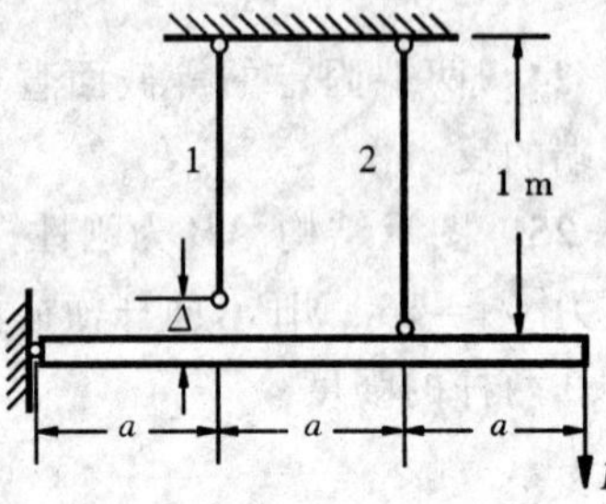

题 2-29 图

2-29 一结构如图所示。刚性杆吊在材料相同的钢杆 1 和 2 上，两杆横截面面积比为 $A_1:A_2=2$，弹性模量 $E=200$ GPa。制造时杆 1 短了 $\Delta=0.1$ mm。杆 1 和刚性杆连接后，再加载荷 $F=120$ kN。已知许用应力 $[\sigma]=160$ MPa，试选择各杆的面积。

2-30 刚性板重量为 32 kN，由三根立柱支承，长度均为 4 m，左右两根为混凝土柱，弹性模量 $E_1=20$ GPa，横截面面积 $A_1=8\times10^4\ \text{mm}^2$；中间一根为木柱，弹

性模量 $E_2=12$ GPa，横截面面积 $A_2=4\times10^4\ \text{mm}^2$。试求每根立柱所受的压力。

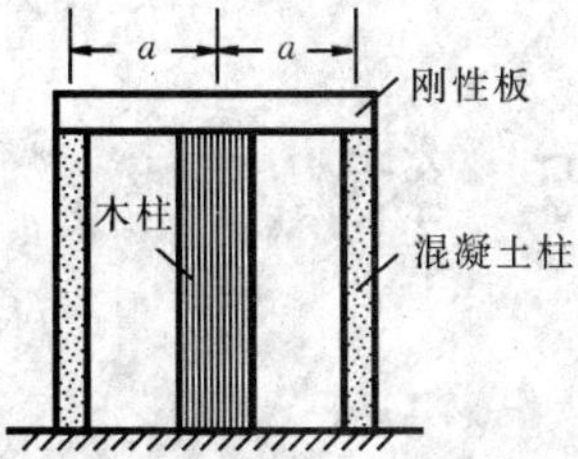

题 2-30 图

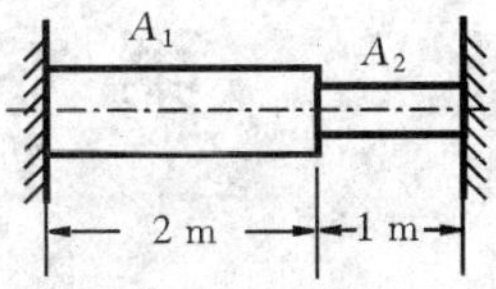

题 2-31 图

2-31　阶梯形钢杆如图所示，于温度 $t_0=15$ ℃时两端固定在刚性支承上，杆内无应力。试求当温度升至 55 ℃时，杆内的最大应力。已知材料的 $E=200$ GPa，$\alpha=12.5\times10^{-6}\ \text{K}^{-1}$，两段横截面面积 $A_1=20\times10^2\ \text{mm}^2$、$A_2=10\times10^2\ \text{mm}^2$。

* **2-32**　钢制薄壁圆环加热到 60 ℃，然后密合地套在温度为 15 ℃的铜制薄壁圆环上，如图所示。钢环的壁厚 $t_1=1$ mm，铜环的壁厚 $t_2=4$ mm，套合时钢环的内径和铜环的外径均为 100 mm。已知钢环和铜环的弹性模量分别为 $E_1=200$ GPa、$E_2=100$ GPa，线膨胀系数分别为 $\alpha_1=12.5\times10^{-6}\ \text{K}^{-1}$、$\alpha_2=16.5\times10^{-6}\ \text{K}^{-1}$。试求套合后，温度降至 15 ℃时钢环和铜环横截面上的应力。

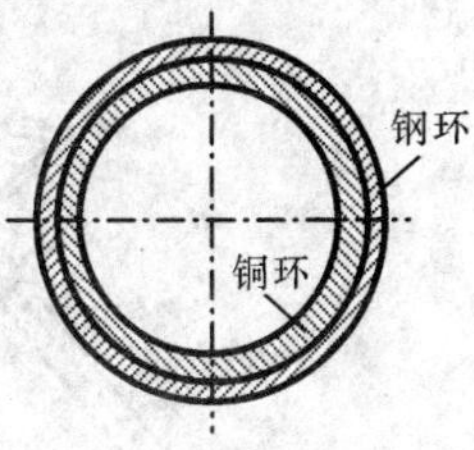

题 2-32 图

* **2-33**　钢螺栓从铜管中通过，如图所示。螺帽每转一圈沿螺栓轴向移动 $h=1.5$ mm，螺栓的横截面面积 $A_1=150\ \text{mm}^2$，弹性模量 $E_1=200$ GPa；铜管的横截面面积 $A_2=250\ \text{mm}^2$，弹性模量 $E_2=100$ GPa，铜管的长度 $l=300$ mm。试求：(1) 螺帽转 1/4 圈后，螺栓与铜管中应力；(2) 螺帽转 1/4 圈后，结构的温度升高 100 ℃，螺栓与铜管中应力的变化。已知钢的线膨胀系数 $\alpha_1=12.5\times10^{-6}\ \text{K}^{-1}$，铜的线膨胀系数 $\alpha_2=16.5\times10^{-6}\ \text{K}^{-1}$。

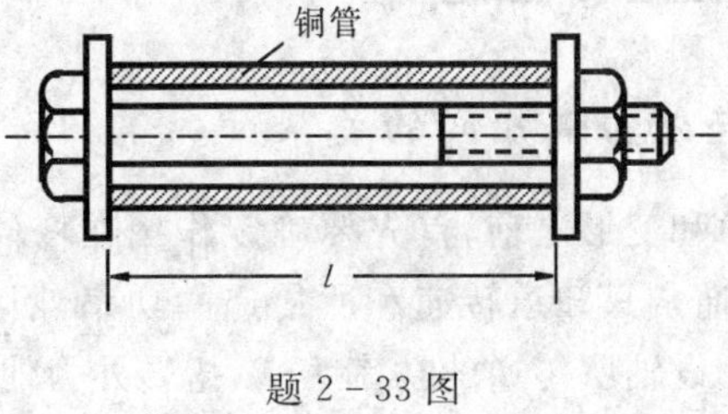

题 2-33 图

第 3 章　扭 转

3.1　概 述

在工程中，常遇到承受扭转变形的杆件，例如汽车方向盘的操纵杆（图 3-1(a)）和传动轴等。这些杆件受力的特点是：外力是一对大小相等、转向相反的力偶，作用在垂直于杆轴线的平面内；其变形的特点是各横截面绕轴线相对转动（图 3-1(b)）。杆件的这种变形形式称为**扭转变形**，以扭转变形为主的杆件称为**轴**。

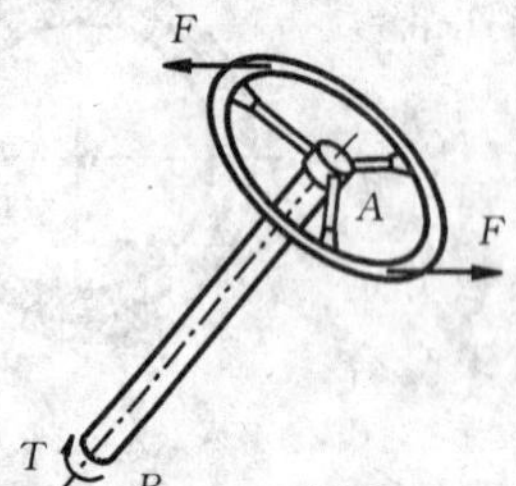

(a)

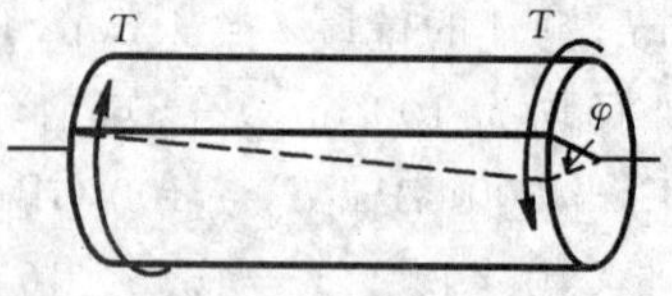

(b)

图 3-1

本章重点讨论圆轴受扭转变形时的强度和刚度计算，并介绍非圆截面杆和薄壁杆扭转问题的主要结果。有一些杆件，如齿轮轴、汽轮机轴及车床主轴等，除承受扭转变形外，还有弯曲等变形，这类组合变形问题将在第 9 章中讨论。

3.2　外力偶矩、扭矩和扭矩图

3.2.1　功率、转速与外力偶矩间的关系

在研究扭转的应力和变形之前，首先要确定作用在杆件上的外力偶和横截面上的内力。对传动轴，通常只知道转速和所传递的功率，因此必须导出功率、转速与外力偶矩间的关系。设轴所传递的功率为 P，扭转外力偶矩为 T，轴的角速度为 ω，由动力学可知，$P = T\omega$ 即

$$T=\frac{P}{\omega} \tag{a}$$

工程中，功率常用的单位是 kW，力偶矩和转速 n 常用的单位分别是 N·m 和 r/min。将 $\omega=2\pi n/60$，1 kW=1 000 N·m/s 代入式(a)，得

$$T=9\ 549\ \frac{P}{n}\quad (\mathrm{N\cdot m}) \tag{3-1}$$

3.2.2　扭矩和扭矩图

确定了外力偶矩之后，便可计算内力。图 3-2(a)所示圆轴 AB 在外力偶作用下处于平衡状态，为求其内力，可用截面法在任意横截面 1-1 处将轴分为两段。取左段为研究对象(图 3-2(b))，为保持平衡，1-1 截面上的分布内力必组成一个

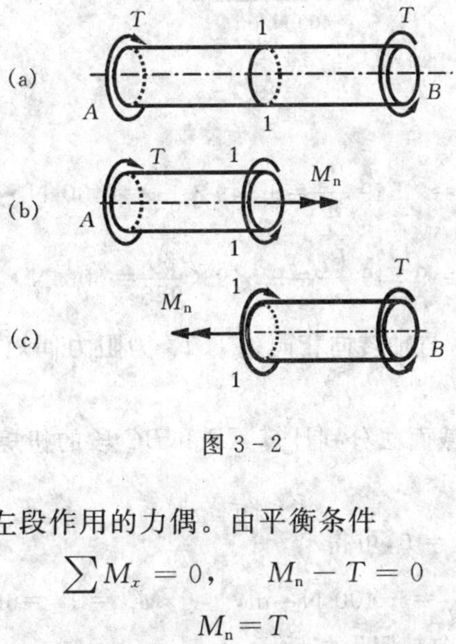

图 3-2

力偶 M_n，它是右段对左段作用的力偶。由平衡条件

$$\sum M_x=0,\quad M_n-T=0$$

得

$$M_n=T$$

M_n 是横截面上的内力偶矩，称为**扭矩**。如取右段为研究对象(图 3-2(c))，则求得 1-1 截面的扭矩将与上述扭矩大小相等，转向相反。为使上述两种方法在同一截面上所得扭矩正负号一致，现作如下规定：按右手螺旋法则，将扭矩用矢量(双箭头)表示，其指向离开截面者为正扭矩，反之为负扭矩。按此规定，图 3-2(b)、(c)所示扭矩均为正值。

例 3-1　图 3-3(a)所示轴，已知转速 $n=955$ r/min，功率由主动轮 B 输入，$P_B=100$ kW，通过从动轮 A、C 输出，$P_A=40$ kW，$P_C=60$ kW，求轴的扭矩。

解　(1) 外力偶矩计算　由式(3-1)得

$$T_B=9\ 549\ \frac{P_B}{n}=9\ 549\times\frac{100}{955}=1\ 000\ \mathrm{N\cdot m}$$

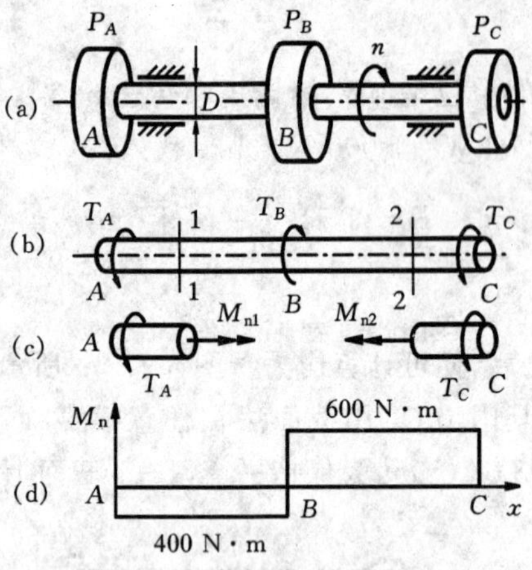

图 3-3

$$T_A = 9\ 549\,\frac{P_A}{n} = 9\ 549 \times \frac{40}{955} = 400\ \text{N}\cdot\text{m}$$

$$T_C = 9\ 549\,\frac{P_C}{n} = 9\ 549 \times \frac{60}{955} = 600\ \text{N}\cdot\text{m}$$

式中，T_B 为主动力偶矩，与轴转向相同；T_A、T_C 为阻力偶矩，与轴转向相反（图 3-3(b)）。

(2) 扭矩计算　用截面法分别计算 AB 和 BC 段的扭矩（按正向假设，如图 3-3(c)所示）。

由平衡条件 $\sum M_x = 0$，可得

$$M_{n1} = -T_A = -400\ \text{N}\cdot\text{m}, \qquad M_{n2} = T_C = 600\ \text{N}\cdot\text{m}$$

式中负号表示扭矩的转向与假设相反。

(3) 作扭矩图　与轴力图相同，将扭矩沿轴线的变化规律用图 3-3(d)表示，称为**扭矩图**。从图中可看出，危险截面在 BC 段。

讨论　若将主动轮 B 和从动轮 A 或 C 互换位置，其结果将如何？这种设计合理否？

3.3 圆轴扭转时的应力与强度条件

本节讨论等直圆轴受扭时横截面上的应力。由于应力分布是未知的，因此要从研究变形规律入手，然后运用物理关系和静力学条件进行综合分析。

3.3.1 刚性平截面变形规律的证明

首先,证明等直圆轴在两端受到一对扭转力偶时,横截面保持为平面。由于轴对称,圆轴关于任一过轴线的纵向平面 $mnpq$(图 3-4(a))为正对称,而外力关于该平面为反对称。因此,圆轴的变形关于该平面是反对称的,根据反对称的性质,$mnpq$ 平面上各点只允许有垂直于该平面的位移分量,而沿轴线方向和 mn 方向的位移分量为零,即该平面上各点无轴向和径向位移。由 $mnpq$ 平面的任意性可知,圆轴上各点均无轴向和径向位移,即横截面保持为平面,且间距不变;圆周的大小和形状保持不变;圆心处位移为零。

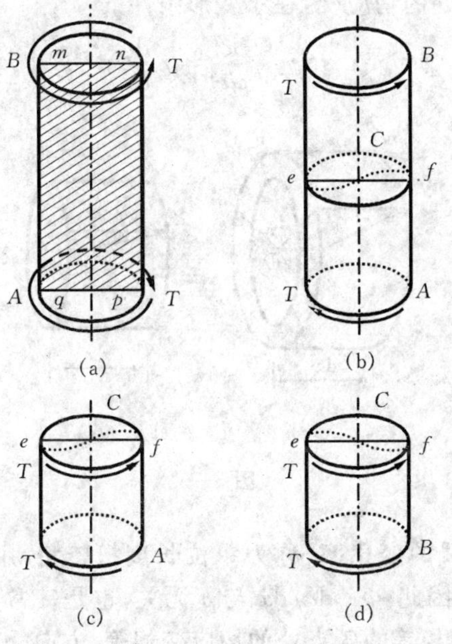

图 3-4

其次,证明等直圆轴受扭后,横截面上的直径保持为直线。设圆轴中央截面 C 上任一直径 ef 变形后成为曲线(图 3-4(b)),假想将此圆轴沿 C 处截为两段,并按图 3-4(c)、(d)放置,由于这两段杆的几何形状和受力完全相同,直径 ef 的变形也应完全相同,这与曲线直径的假设相矛盾,因此,C 截面的直径变形后必须保持为直线。如果轴端外力分布和横截面 C 上的应力分布情况相同,则同理可证半段圆轴中间截面上的直径也保持为直线。依次类推,所有横截面的直径仍将保持为直线,即横截面只发生刚体转动。如果轴端在等效扭转力偶作用下,则根据圣文南原理,除轴端附近的小范围外,上述结论仍然成立。

综上所述,等直圆轴扭转变形的规律是,横截面像刚性平面一样绕轴线作相对转动。由此规律可得推论:扭转时横截面上无正应力。

3.3.2 扭转切应力公式推导

1. 变形几何关系

用相距为 dx 的两个横截面 $m-m$ 和 $n-n$ 从图 3-4(a)所示的圆轴中取出一微段(图 3-5(a)),再从微段中取出一半径为 ρ 的圆柱体(图 3-5(b)),根据刚性平截面变形规律,$n-n$ 截面相对于 $m-m$ 截面转角为 $d\varphi$,称为**扭转角**。半径 Ocb 转到 $Oc'b'$,圆轴表面处原来与圆周线正交的纵线 ab 倾斜了微小角度 γ_R,半径为 ρ 的圆柱面上与圆周线正交的纵线 dc 倾斜了微小角度 γ_ρ;γ_R 和 γ_ρ 分别为横截面上半径为 R 和 ρ 的一点处的切应变,在小变形条件下

$$\gamma_\rho \approx \frac{cc'}{cd} = \rho \frac{d\varphi}{dx} \tag{a}$$

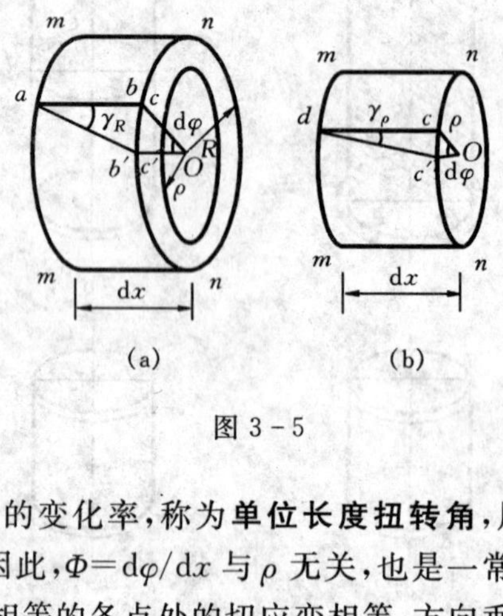

图 3-5

$d\varphi/dx$ 为扭转角沿轴线的变化率,称为**单位长度扭转角**,用符号 Φ 表示。对于给定横截面,$d\varphi$ 是常数,因此,$\Phi=d\varphi/dx$ 与 ρ 无关,也是一常数。式(a)说明,γ_ρ 与 ρ 成正比,即与圆心距离相等的各点处的切应变相等,方向垂直于半径。

2. 物理关系

在弹性范围内,切应力与切应变服从胡克定律,由式(1-5)可得

$$\tau_\rho = G\gamma_\rho = G\cdot\rho\frac{d\varphi}{dx} = G\Phi\rho \tag{b}$$

式(b)表明,横截面上切应力与半径成正比,方向垂直于半径,切应力分布如图 3-6(a)所示。

3. 静力学关系

如图 3-6(b)所示,在距圆心 ρ 处的微面积 dA 上,内力 $\tau_\rho dA$ 对圆心的微力矩为$(\tau_\rho dA)\cdot\rho$。在整个截面上,所有微力矩之和应等于扭矩 M_n,即

$$M_n = \int_A \rho\cdot\tau_\rho dA$$

式中，A 是横截面面积，将式(b)代入上式得

$$M_{n} = G\Phi\int_{A}\rho^{2}\,dA \qquad (c)$$

积分 $\int_{A}\rho^{2}\,dA$ 只与截面尺寸有关，称为截面的**极惯性矩**，用 I_{p} 表示，即

$$I_{p} = \int_{A}\rho^{2}\,dA \qquad (3-2)$$

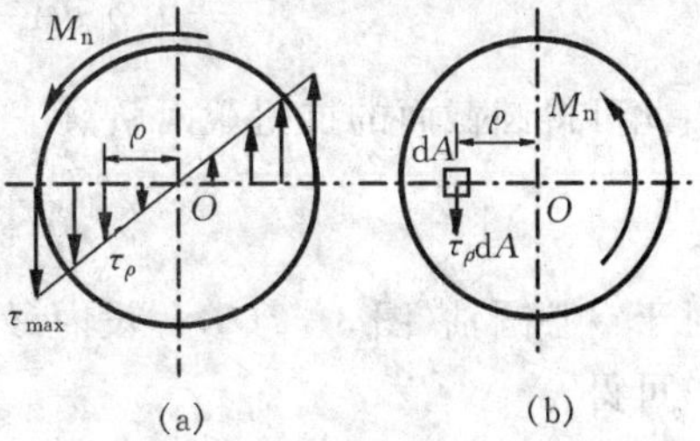

图 3-6

于是式(c)可写成

$$\Phi = \frac{d\varphi}{dx} = \frac{M_{n}}{GI_{p}} \qquad (3-3)$$

将式(3-3)代入式(b)得

$$\tau_{\rho} = \frac{M_{n}\rho}{I_{p}} \qquad (3-4)$$

式(3-4)为圆轴扭转时横截面上的切应力计算公式，对于空心圆轴同样适用。当 ρ 等于横截面半径 R 时(即圆截面边缘各点)，切应力将达到最大值，即

$$\tau_{max} = \frac{M_{n}R}{I_{p}} = \frac{M_{n}}{I_{p}/R}$$

在上式中用 W_{p} 代替 I_{p}/R，则有

$$\tau_{max} = \frac{M_{n}}{W_{p}} \qquad (3-5)$$

式中，W_{p} 称为**抗扭截面系数**。

3.3.3 I_{p} 与 W_{p} 的计算

计算极惯性矩 I_{p} 时，可取厚度为 $d\rho$ 的圆环作微面积 dA（图 3-7(a)），即 $dA=2\pi\rho\cdot d\rho$ 从而得圆截面的极惯性矩为

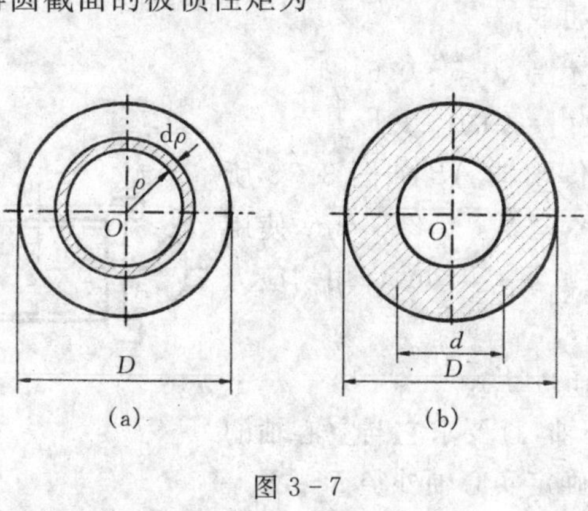

图 3-7

$$I_p=\int_A\rho^2\mathrm{d}A=\int_0^{\frac{D}{2}}\rho^2\cdot 2\pi\rho\cdot\mathrm{d}\rho=\frac{\pi D^4}{32}\tag{3-6}$$

由此可得圆截面的抗扭截面系数

$$W_p=\frac{I_p}{R}=\frac{\pi D^3}{16}\tag{3-7}$$

对于空心圆轴(图 3-7(b)),设内、外径分别为 d 和 D,其比值 $\alpha=d/D$,则从式(3-2)可得

$$I_p=\int_A\rho^2\mathrm{d}A=\int_{\frac{d}{2}}^{\frac{D}{2}}2\pi\rho^3\cdot\mathrm{d}\rho=\frac{\pi D^4}{32}(1-\alpha^4)\tag{3-8}$$

抗扭截面系数则为

$$W_p=\frac{I_p}{R}=\frac{I_p}{D/2}=\frac{\pi D^3}{16}(1-\alpha^4)\tag{3-9}$$

式中,I_p 的量纲是长度的四次方,常用单位是 m^4 或 mm^4;W_p 的量纲是长度的三次方,常用的单位是 m^3 或 mm^3。

3.3.4 圆轴扭转的强度条件

为了保证扭转时的强度,必须使最大切应力不超过许用切应力$[\tau]$。在等直圆轴的情况下,τ_{max}发生在$|M_n|_{max}$所在截面的周边各点处,其强度条件为

$$\tau_{max}=\frac{|M_n|_{max}}{W_p}\leqslant[\tau]\tag{3-10}$$

在阶梯轴的情况下,因为各段的 W_p 不同,τ_{max}不一定发生在$|M_n|_{max}$所在截面上,必须综合考虑 W_p 和 M_n 这两个因素来确定,其强度条件为

$$\tau_{max}=\left(\frac{M_n}{W_p}\right)_{max}\leqslant[\tau]\tag{3-11}$$

许用切应力$[\tau]$通过试验并考虑安全因数后确定,在静载荷的情况下,它与许用正应力$[\sigma]$的大致关系如下:

对于塑性材料 $[\tau]=(0.5\sim0.6)[\sigma]$

对于脆性材料 $[\tau]=(0.8\sim1)[\sigma]$

例 3-2 汽车传动轴 AB 如图 3-8 所示。外径 $D=90$ mm,壁厚 $t=2.5$ mm,使用时的最大转矩为 $T=1.5$ kN·m,许用切应力$[\tau]=60$ MPa。试求:

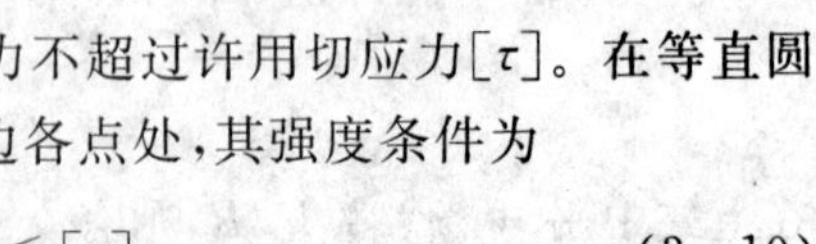

图 3-8

(1) 校核 AB 轴的强度;

(2) 若改为实心轴,且要求它与空心轴的最大切应力相同,试确定实心轴外径 D_1;

(3) 实心轴与空心轴的重量比。

解　(1) 强度校核　依题意

$$\alpha=\frac{d}{D}=\frac{D-2t}{D}=\frac{90-2\times2.5}{90}=0.944$$

由式(3-5)和式(3-9)得

$$\tau_{\max}=\frac{M_n}{W_p}=\frac{16M_n}{\pi D^3(1-\alpha^4)}=\frac{16\times1.5\times10^3}{\pi\times90^3\times10^{-9}\times(1-0.944^4)}=50.9\ \text{MPa}\leqslant[\tau]$$

所以,空心轴强度足够。

(2) 设计实心轴直径 D_1　依题意由式(3-5)、(3-7)和(3-9)得

$$\tau_{1\max}=\frac{M_n}{W_{p1}}=\frac{16M_n}{\pi D_1^3}=\tau_{\max}=\frac{16M_n}{\pi D^3(1-\alpha^4)}$$

所以　　$D_1^3=D^3(1-\alpha^4)$

$$D_1=D\sqrt[3]{1-\alpha^4}=90\times\sqrt[3]{1-0.944^4}=53.1\ \text{mm}$$

(3) 两轴的重量比　由于两轴材料和长度相同,所以重量比即为面积比,则

$$\frac{W_1}{W}=\frac{A_1}{A}=\frac{\pi D_1^2/4}{\pi D^2(1-\alpha^2)/4}=\frac{D_1^2}{D^2(1-\alpha^2)}=\frac{53.1^2}{90^2\times(1-0.944^2)}=3.2$$

讨论　(1) 由计算结果可知,在承载能力相同的条件下,采用空心轴较经济。这个道理可以从扭转切应力的分布规律(图 3-6(a))得到解释。(2) 用式(3-4)可求得传动轴 AB 内壁处切应力 $\tau_i=48.1$ MPa,与 $\tau_{\max}$ 相接近,因此对于薄壁圆管,可以近似认为扭转切应力沿壁厚均匀分布,利用切应力与扭矩间的静力学关系可得到薄壁圆管扭转切应力为

$$\tau=\frac{M_n}{2\pi R_0^2 t}\tag{3-12}$$

式中,R_0 为圆管的平均半径;t 为壁厚。精确分析表明,当 $t\leqslant R_0/10$ 时,上式最大误差不超过 4.77%。式(3-12)及结论的正确性请读者自己验证。

例 3-3　一阶梯轴其计算简图如图 3-9(a)所示,已知许用切应力$[\tau]=60$ MPa,求许可的最大外力偶矩 T。$D_1=22$ mm, $D_2=18$ mm。

解　(1) 作扭矩图(图 3-9(b))　虽然 BC 段扭矩比 AB 段小,但其直径也比 AB 段小,因此两段轴的强度都必须考虑。

(2) 强度计算

AB 段　　$\tau_{\max1}=\dfrac{M_{n1}}{W_{p1}}=\dfrac{2T}{\dfrac{\pi D_1^3}{16}}\leqslant[\tau]$

$$T\leqslant[\tau]\cdot\frac{\pi D_1^3}{32}=60\times10^6\times\frac{\pi\times(22\times10^{-3})^3}{32}$$

$$=62.7\ \text{N}\cdot\text{m}$$

BC 段 $\tau_{max2}=\frac{M_{n2}}{W_{p2}}=\frac{T}{\frac{\pi D_2^3}{16}}\leqslant[\tau]$

$T\leqslant[\tau]\cdot\frac{\pi D_2^3}{16}=60\times10^6\times\frac{\pi\times(18\times10^{-3})^3}{16}$

$=68.7\ \text{N}\cdot\text{m}$

故许可外力偶矩 $T=62.7\ \text{N}\cdot\text{m}$

讨论 要使 AB 段和 BC 段扭转强度相等，可以采取那些措施？

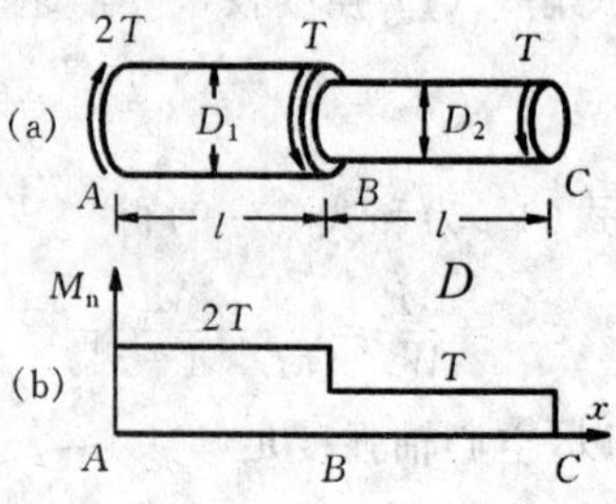

图 3－9

3.4 圆轴扭转时的变形与刚度条件

3.4.1 圆轴的扭转变形

圆轴的扭转变形是用两截面间的相对扭转角 φ 来度量的，由式(3－3)即可求得长为 l 的圆轴扭转角的计算公式

$$\varphi=\int_l \mathrm{d}\varphi=\int_0^l \frac{M_n}{GI_p}\mathrm{d}x$$

对于等截面圆轴，若只在两端受外力偶作用，由于 M_n、GI_p 均为常量，于是上式积分后得

$$\varphi=\frac{M_n l}{GI_p} \tag{3-13}$$

式中，φ 的单位为弧度(rad)；GI_p 称为截面的**抗扭刚度**，GI_p 愈大，φ 就愈小。对于阶梯轴，或扭矩分段变化的情况，则应分段计算相对扭转角，再求其代数和。

3.4.2 刚度条件

为了防止因过大的扭转变形而影响机器的正常工作，必须对某些圆轴的扭转角加以限制。工程上，通常是限制圆轴单位长度扭转角 Φ，使其不超过某一规定的许用值$[\Phi]$，即刚度条件为

$$\Phi=\frac{\varphi}{l}=\frac{M_n}{GI_p}\ (\text{rad/m})\leqslant[\Phi]$$

式中，$[\Phi]$代表**单位长度许用扭转角**，其单位通常规定为°/m(度/米)，故需把上式的弧度换算为度，即

$$\Phi=\frac{M_n}{GI_p}\times\frac{180}{\pi}\leqslant[\Phi]\quad(°/\text{m}) \tag{3-14}$$

单位长度许用扭转角$[\Phi]$是根据载荷性质及圆轴的使用要求来规定的。精密机器的轴，$[\Phi]=0.25\sim0.5$ °/m；一般传动轴，$[\Phi]=0.5\sim1.0$ °/m；要求较低的轴，

$[\Phi]=1.0\sim2.5\ ^\circ/\mathrm{m}$。具体数值可查有关机械设计手册。

例 3-4 如已知材料的切变模量 $G=80$ GPa，$l=1$ m，试计算例 3-3 中阶梯轴在许可外力偶作用下，AC 两端的相对扭转角。

解 因为 M_{n} 和 I_{p} 沿轴线变化，因此扭转角需分段计算，再求其代数和，由式(3-13)得

$$\varphi_{CA}=\varphi_{BA}+\varphi_{CB}=\frac{M_{\mathrm{n1}}l}{GI_{\mathrm{p1}}}+\frac{M_{\mathrm{n2}}l}{GI_{\mathrm{p2}}}$$

将 $M_{\mathrm{n1}}=2T=2\times62.7\ \mathrm{N\cdot m}$，$M_{\mathrm{n2}}=T=62.7\ \mathrm{N\cdot m}$，$I_p=\pi D^4/32$ 代入上式得

$$\varphi_{CA}=\frac{2\times62.7\times1}{80\times10^9\times\dfrac{\pi(22\times10^{-3})^4}{32}}+\frac{62.7\times1}{80\times10^9\times\dfrac{\pi(18\times10^{-3})^4}{32}}$$

$$=0.068\ 2+0.076\ 1=0.144\ 3\ \mathrm{rad}$$

扭转角 φ_{CA} 转向与扭矩方向一致。

例 3-5 如已知材料的切变模量 $G=80$ GPa，许用切应力 $[\tau]=40$ MPa，$[\Phi]=0.3\ ^\circ/\mathrm{m}$，试设计例 3-1 中传动轴的直径。

解 由例 3-1 扭矩图(图 3-3(d))可知，最大扭矩发生在 BC 段，$M_{\mathrm{n\,max}}=600\ \mathrm{N\cdot m}$，因此，传动轴直径应由 BC 段的强度和刚度条件综合确定。按强度条件(式 3-10)

$$\tau_{\max}=\frac{M_{\mathrm{n\,max}}}{W_{\mathrm{p}}}=\frac{16M_{\mathrm{n\,max}}}{\pi D^3}\leqslant[\tau]$$

$$D\geqslant\sqrt[3]{\frac{16M_{\mathrm{n\,max}}}{\pi[\tau]}}=\sqrt[3]{\frac{16\times600}{\pi\times40\times10^6}}=42.4\ \mathrm{mm}$$

按刚度条件(式 3-14)

$$\Phi=\frac{M_{\mathrm{n\,max}}}{GI_{\mathrm{p}}}\times\frac{180}{\pi}=\frac{32\ M_{\mathrm{n\,max}}}{G\pi D^4}\times\frac{180}{\pi}\leqslant[\Phi]$$

$$D\geqslant\sqrt[4]{\frac{32M_{\mathrm{n\,max}}\times180}{G[\Phi]\pi^2}}=\sqrt[4]{\frac{32\times600\times180}{80\times10^9\times0.3\times\pi^2}}=61.8\ \mathrm{mm}$$

为了同时满足强度和刚度要求，选直径 $D=61.8$ mm，考虑加工方便取 $D=62$ mm。

讨论 (1) 该传动轴的设计是由刚度条件控制的，对于轴类构件，特别是精密机械的轴，刚度的要求往往比强度的要求高。(2) 按等截面的设计方法，AB 段轴的材料显然未能充分发挥作用，改进的方法可采用阶梯轴。试按实心和空心($\alpha=0.5$)两种方案，设计阶梯轴的外径。(3) 若要实现等强度($\tau_{\max1}=\tau_{\max2}=[\tau]$)和等刚度($\Phi_{\max1}=\Phi_{\max2}=[\Phi]$)的优化设计，实心和空心阶梯轴的方案是否都能做到？试说明理由。

例 3-6 两端固定的阶梯圆轴(图 3-10(a))，在 B 处受一力偶矩 T 作用，求

支反力偶矩。

解 (1) 静力平衡条件 设A、B两端的支反力偶矩分别为T_A和T_C(图 3-10(b)),则轴的平衡方程为

$$\sum M_x = 0, \quad T_A + T_C - T = 0 \qquad \text{(a)}$$

一个方程,两个未知量,是一次超静定问题,需要建立一个补充方程。

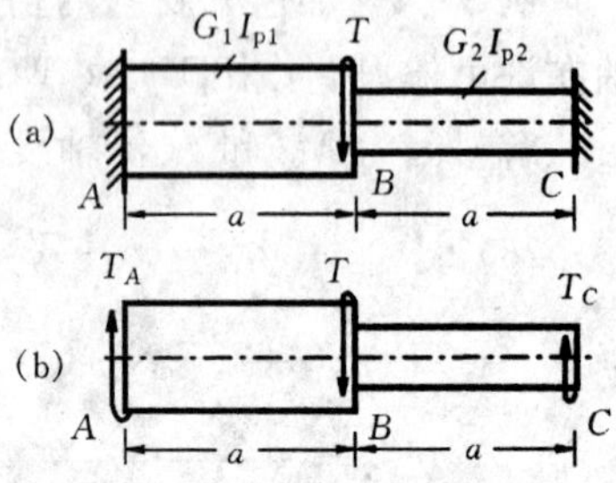

图 3-10

(2) 变形几何条件 由轴两端的约束条件可知,A和C截面的相对扭转角φ_{AC}为零,故变形协调条件为

$$\varphi_{AC} = \varphi_{AB} + \varphi_{BC} = 0 \qquad \text{(b)}$$

(3) 物理条件 轴左右两段扭矩分别为:$M_{n1} = T_A$,$M_{n2} = -T_C$,由物理条件(式 3-13)得

$$\varphi_{AB} = \frac{M_{n1}a}{G_1 I_{p1}} = \frac{T_A a}{G_1 I_{p1}} \qquad \text{(c)}$$

$$\varphi_{BC} = \frac{M_{n2}a}{G_2 I_{p2}} = -\frac{T_C a}{G_2 I_{p2}} \qquad \text{(d)}$$

(4) 补充方程 将式(c)、(d)代入式(b),得补充方程

$$\frac{T_A a}{G_1 I_{p1}} - \frac{T_C a}{G_2 I_{p2}} = 0 \qquad \text{(e)}$$

联立求解式(a)和式(e)得

$$T_A = \frac{G_1 I_{p1}}{G_1 I_{P1} + G_2 I_{p2}} T, \quad T_C = \frac{G_2 I_{p2}}{G_1 I_{P2} + G_2 I_{p2}} T$$

讨论 (1) 由上述结果可知,扭转超静定杆件的扭矩与杆的刚度比有关,刚度GI_p愈大,分配的扭矩愈大。(2)本例有多种解法,例如只解除支座C,由$\varphi_C = 0$可得补充方程。

例 3-7 图 3-11(a)所示圆柱形密圈螺旋弹簧(指螺旋升角α小于5°的弹簧),沿弹簧轴线承受压力F。设弹簧的平均直径为D,弹簧杆的直径为d,试分析弹簧的应力。

解 (1)内力分析 用截面法将簧杆沿任一横截面切开,并研究上部的平衡(图 3-11(b))。由于α角很小,计算时可认为$\alpha = 0$,于是簧杆横截面与外力F在同一平面。根据静力平衡条件,横截面上内力有:与截面相切的力(称为**剪力**)Q和扭矩M_n(图 3-11(c)),且

$$Q = F, \quad M_n = \frac{FD}{2}$$

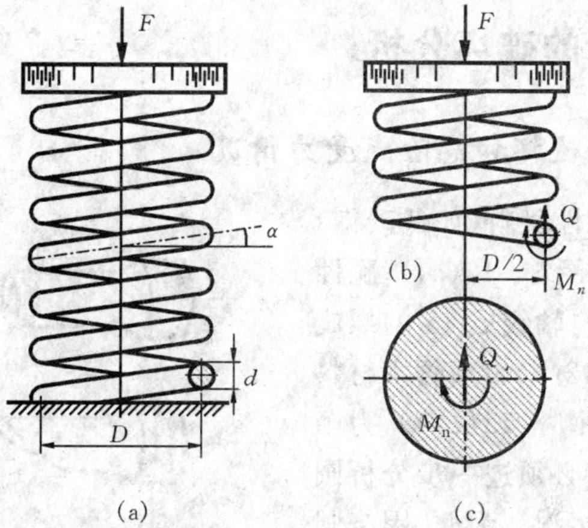

图 3-11

(2) 应力分析 剪力 Q 产生剪切变形(将在第15章中讨论),当簧圈平均直径 D 与簧杆直径的比值 D/d 很大时,剪切引起的切应力远小于扭转引起的切应力,这时,只需要考虑扭转产生的切应力,由式(3-5)得

$$\tau_{\max}=\frac{M_n}{W_p}=\frac{\frac{FD}{2}}{\frac{\pi d^3}{16}}=\frac{8FD}{\pi d^3} \tag{3-15}$$

当 $D/d<10$ 时,尚需考虑剪力 Q 引起的切应力和簧杆曲率的影响,其修正公式为

$$\tau_{\max}=\frac{4c+2}{4c-3}\cdot\frac{8FD}{\pi d^3} \tag{3-16}$$

式中,$c=D/d$。

由以上分析可知,弹簧危险点处于纯剪切受力状态,其强度条件为

$$\tau_{\max}\leqslant[\tau]$$

式中,$[\tau]$为簧杆材料在扭转时的许用切应力。

讨论 (1)当考虑剪力 Q 的影响时,可假设 Q 引起的切应力在截面上均匀分布,方向平行于 Q,这时压缩弹簧的危险点位于横截面上何处?(2)若弹簧拉伸时,危险点的位置变化否?

3.5 圆轴扭转的破坏分析

3.5.1 圆轴扭转破坏和危险点受力情况

圆轴扭转时，塑性材料（如低碳钢）是沿横截面破坏的（图 3-12(a)），脆性材料（如铸铁）是沿与轴线成 45°的螺旋曲面开裂的（图 3-12(b)），而竹木材料则是沿纵向开裂（图 3-12(c)）。为了分析这些破坏原因，必须进一步分析圆轴表层一点的受力情况。为此，围绕圆轴表面一点 k 截取一单元体 $abcd$（图 3-13(a)、(b)）。根据切应力互等定理，在这单元体左右两个横截面及两个径向纵截面上都有切应力 τ 存在，方向垂直于半径，如图 3-13(b)所示，单元体为纯剪切应力状态，其平面图如图 3-13(c)所示。

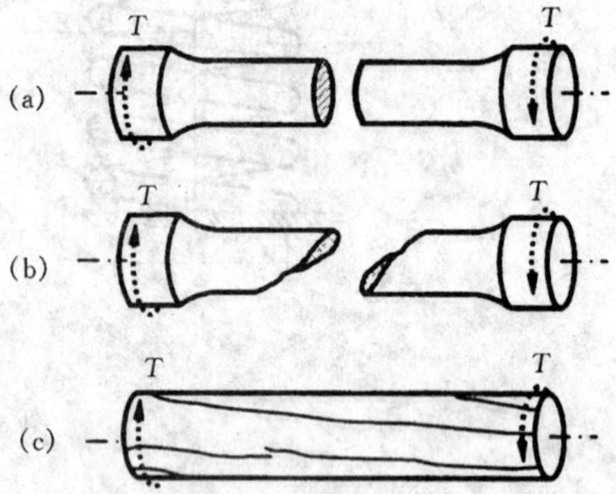

图 3-12

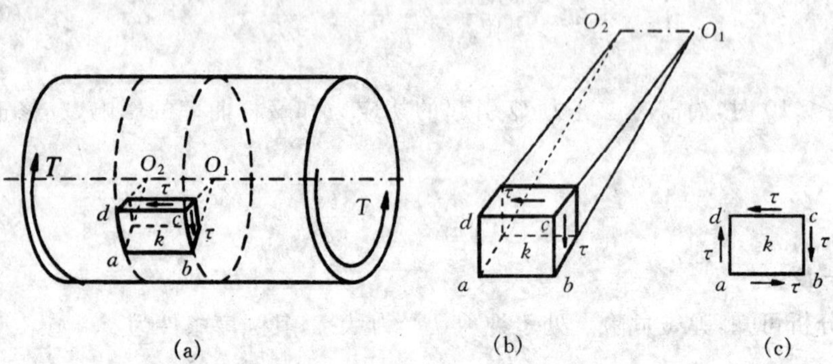

图 3-13

3.5.2 单元体斜截面应力分析

现进一步研究图 3-13(c)所示的单元体斜截面上的应力，这些斜截面均垂直于纸面（图 3-14(a)），其外法线 n 与 x 轴夹角用 α 表示。设斜截面 lm 的面积为 dA，正应力及切应力分别以 σ_α 和 τ_α 表示（图 3-14(b)）。关于角度 α、正应力及切应力的正负号规定仍与第 2 章相同。为求 σ_α 和 τ_α，沿斜截面法向 n 和切向 t 列平

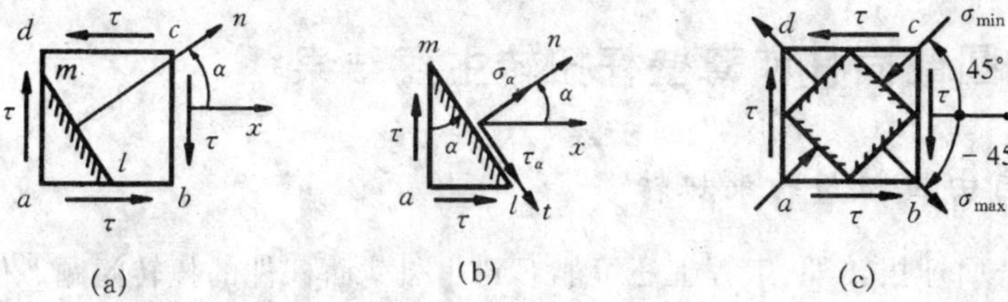

图 3-14

衡方程，即

$$\sum F_n = 0,\quad \sigma_\alpha dA + (\tau dA\cos\alpha)\sin\alpha + (\tau dA\sin\alpha)\cos\alpha = 0$$

$$\sum F_t = 0,\quad \tau_\alpha dA - (\tau dA\cos\alpha)\cos\alpha + (\tau dA\sin\alpha)\sin\alpha = 0$$

将上两式整理后得

$$\sigma_\alpha = -\tau\sin 2\alpha \tag{3-17}$$

$$\tau_\alpha = \tau\cos 2\alpha \tag{3-18}$$

由式(3-17)和式(3-18)可知

$$\sigma_{max} = \sigma_{-45^\circ} = \tau,\quad \sigma_{min} = \sigma_{45^\circ} = -\tau$$

$$\tau_{max} = \tau_{0^\circ} = \tau,\quad \tau_{min} = \tau_{90^\circ} = -\tau$$

即最大拉应力和最大压应力分别在 $\alpha=-45^\circ$ 和 $\alpha=45^\circ$ 的截面上，最大和最小切应力分别在 0°和 90°截面上，其绝对值均等于 τ（图 3-14(c)）。

3.5.3　破坏分析

低碳钢等塑性材料，其抗拉与抗压的屈服强度相等，但抗剪能力较差，由于最大切应力发生在横截面上，所以扭转时，沿横截面被剪断(图 3-12(a))；对于灰铸铁等脆性材料，抗压能力最强，抗剪能力次之，抗拉能力最差，故扭转时实际上是被拉断的，裂缝首先出现在与最大拉应力相垂直的 45°斜面上(图 3-15)；至于木杆和竹管等，由于其纵向的抗剪能力远低于横向，故首先在纵向切应力 τ 作用下，沿纵向开裂(图 3-12(c))。

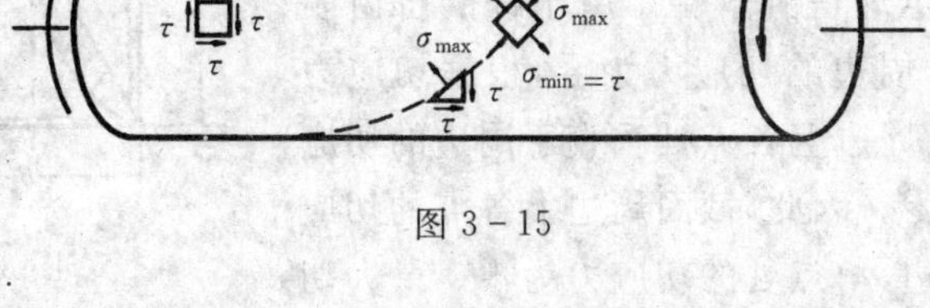

图 3-15

3.6 非圆截面杆和薄壁杆扭转主要结果

3.6.1 自由扭转与约束扭转

除圆截面杆扭转外，工程上还可能遇到非圆截面杆件的扭转问题。例如，内燃机、压缩机曲轴的曲柄臂等都有矩形截面杆的扭转问题。由于非圆截面杆不具有轴对称的性质，因此扭转后横截面上除对称轴外，有轴向位移产生，使截面发生**翘曲**(图 3-16(b))；横截面上的切应力不再与各点至形心的距离成正比。所以，圆轴扭转的公式不再适用于非圆截面杆。

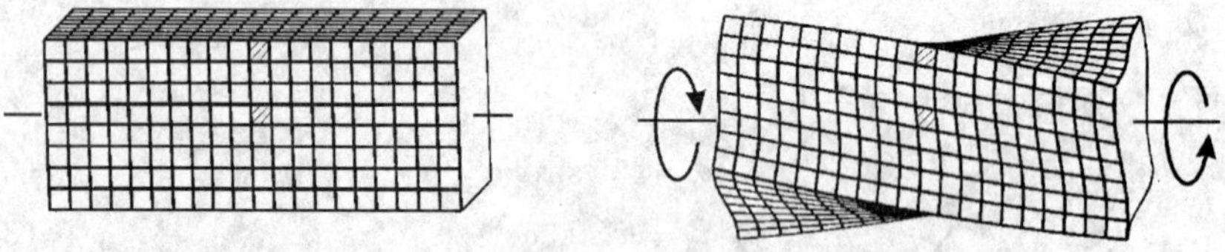

(a) (b)

图 3-16

非圆截面杆扭转时，如果各横截面均可自由翘曲，且翘曲形状完全相同，则横截面上将只有切应力而无正应力，这种情况称为**自由扭转**。不符合上述情况的扭转，称为**约束扭转**，这时横截面上将不仅有切应力，还有正应力。精确分析表明，一般实心截面杆约束扭转时的正应力很小，故可略去不计。但是，对非圆薄壁截面杆，其约束扭转的正应力是不能忽略的。约束扭转问题已超出本课程范围，这里仅简要介绍关于矩形截面杆和非圆薄壁截面杆自由扭转的一些主要结果。

3.6.2 矩形截面杆

根据弹性理论的研究结果，矩形截面杆扭转时，横截面上的切应力分布如图 3-17 所示，图中画出了沿对称轴、对角线和周边的切应力分布情况。截面周边上各点处的切应力与周边平行，这可以从切应力互等定理得到解释。由于杆的自由表面不受力，垂直于周边的切应力为零，根据切应力互等定理，横截面周边上各点处垂直于周边的切应力分量也必须为零。因此，截面周边上各点的切应力只能平行于周边，角点处的切应力为零。最大切

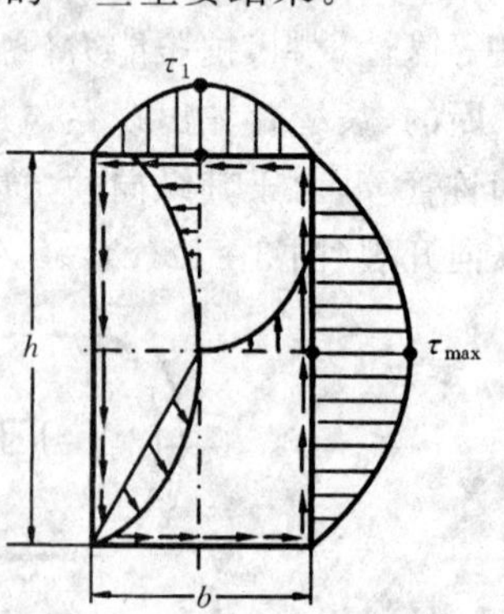

图 3-17

应力 τ_{max} 发生在长边中点处，短边中点处的切应力 τ_1 也比较大；最大切应力和相对扭转角的大小分别为

$$\tau_{max} = \frac{M_n}{\alpha hb^2} \tag{3-19}$$

$$\tau_1 = \psi \tau_{max} \tag{3-20}$$

$$\varphi = \frac{M_n l}{G\beta hb^3} \ (\mathrm{rad}) \tag{3-21}$$

式中，h 和 b 分别代表矩形长边和短边的长度，系数 α、β 和 ψ 与 h/b 有关，其值见表 3-1。

表 3-1　系数 α、β、ψ 值(用于矩形截面)

h/b	1.00	1.20	1.50	1.75	2.00	2.50	3.00	4.00	5.00	6.00	8.00	10.00	∞
α	0.208	0.219	0.231	0.239	0.246	0.258	0.267	0.282	0.291	0.299	0.307	0.313	0.333
β	0.141	0.166	0.196	0.241	0.229	0.249	0.263	0.281	0.291	0.299	0.307	0.313	0.333
ψ	1.00	0.93	0.86	0.82	0.80	0.77	0.75	0.74	0.74	0.74	0.74	0.74	0.74

由表 3-1 可以看出，对于 $h/b > 10$ 的狭长矩形截面杆，$\alpha = \beta \approx 1/3$，于是最大切应力和相对扭转角公式分别为

$$\tau_{max} = \frac{M_n}{\frac{1}{3}hb^2} \tag{3-22}$$

$$\varphi = \frac{M_n l}{G\frac{1}{3}hb^3} \quad (\mathrm{rad}) \tag{3-23}$$

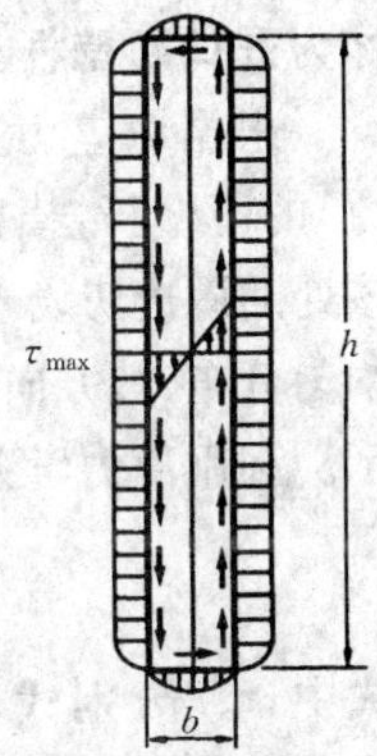

图 3-18

图 3-18 给出了狭长矩形截面杆受扭转时，横截面上周边各点切应力的分布情况，由图可见，沿截面长边各点的切应力分布已趋向均匀，除两端附近外，其余各点的切应力都等于 τ_{max}。

例 3-8　两根材料、截面积和长度相同的杆，一为圆形截面，另一为正方形截面(图 3-19)。若作用在杆端的扭转力偶矩 T 也相同，试比较这两根杆的最大切应力和扭转角大小。

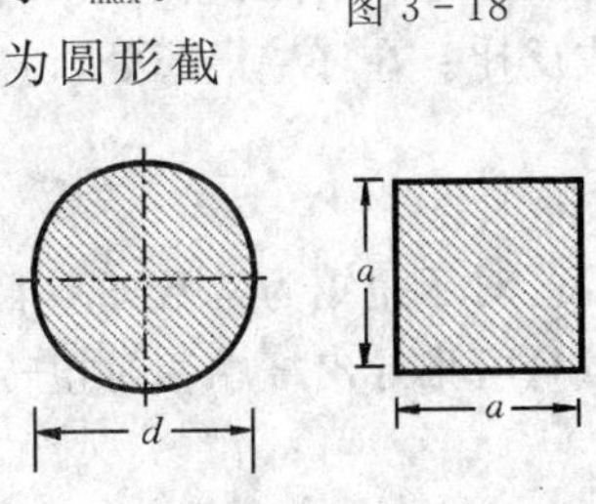

图 3-19

解　由两杆横截面面积相等可得 $a=\sqrt{\pi}d/2$。圆形截面杆的最大切应力和相对扭转角分别为

$$\tau_{\mathrm{c\,max}}=\frac{16T}{\pi d^3},\qquad \varphi_{\mathrm{c}}=\frac{32Tl}{G\pi d^4}$$

根据式(3-19)、式(3-21)和表3-1,可得正方形截面杆的最大扭转切应力和相对扭转角分别为

$$\tau_{\mathrm{s\,max}}=\frac{T}{\alpha a^3}=\frac{T}{0.208a^3},\quad \varphi_{\mathrm{s}}=\frac{Tl}{G\beta a^4}=\frac{Tl}{0.141Ga^4}$$

由上述计算可得

$$\frac{\tau_{\mathrm{c\,max}}}{\tau_{\mathrm{s\,max}}}=\frac{16\times 0.208}{\pi}\left(\frac{\sqrt{\pi}}{2}\right)^3=0.737$$

$$\frac{\varphi_{\mathrm{c}}}{\varphi_{\mathrm{s}}}=\frac{32\times 0.141}{\pi}\left(\frac{\sqrt{\pi}}{2}\right)^4=0.886$$

讨论　(1) 由上述结果可见,圆形截面杆的扭转强度和刚度均比正方形截面杆好。(2) 若选用 $h/b=10$ 的矩形截面杆,试分析其扭转应力和变形,并和正方形杆作比较。

3.6.3　闭口薄壁杆

壁厚远小于横截面其他尺寸的杆件称为**薄壁杆**,其横截面壁厚中点的连线称为**中线**,中线为封闭曲线的薄壁杆称为**闭口薄壁杆**,而中线为非封闭曲线的薄壁杆称为**开口薄壁杆**。

根据切应力互等定理,对于表面自由(表面不受力)的薄壁杆,横截面边缘各点处的切应力一定平行于该处的周边切线。因此可以认为,横截面切应力沿壁厚均匀分布,其方向平行于该处中线的切线,如图3-20所示。利用静力学条件,可推导出切应力公式为

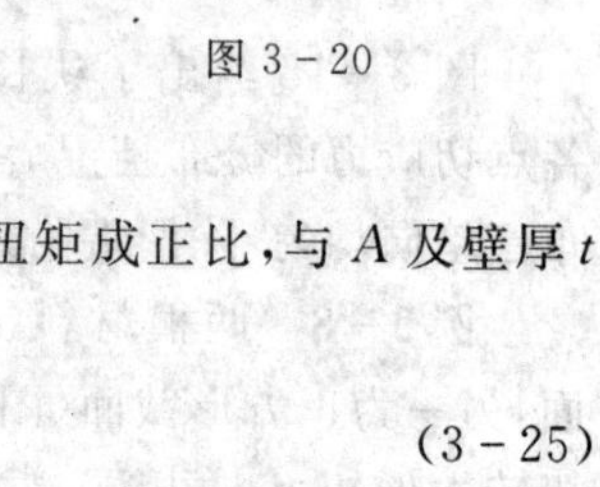

图 3-20

$$\tau=\frac{M_{\mathrm{n}}}{2At}\tag{3-24}$$

式中,τ、t 分别代表中线上任一点的切应力和壁厚;A 为截面中线所围面积。该式表明,闭口薄壁杆切应力与扭矩成正比,与 A 及壁厚 t 成反比。在杆壁最薄处,切应力最大,其值为

$$\tau_{\max}=\frac{M_{\mathrm{n}}}{2At_{\min}}\tag{3-25}$$

对于扭矩为常数的等截面、等厚度闭口薄壁杆,利用功能守恒原理(见第10章),可推导出杆端相对扭转角 φ 的计算公式为

$$\varphi=\frac{M_{\mathrm{n}}s\,l}{4GA^2t}\quad(\mathrm{rad})\tag{3-26}$$

式中,s 为截面中线的周长,l 为杆长。由于在周长相同的条件下,圆形的面积最

大。因此，当具有相同中线长度 s 和壁厚 t 时(即所用材料相同)，采用圆环薄壁杆，可以得到最大的强度和刚度。

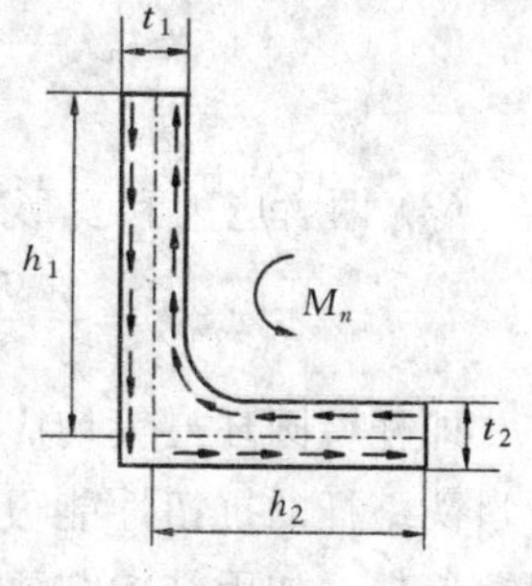

图 3-21

3.6.4 开口薄壁杆

工程上常见的角钢、槽钢、工字钢等，都属于开口薄壁杆。以角钢为例(图 3-21)，开口薄壁杆可看成是由若干狭长矩形组成。扭转时，各矩形之间的夹角不变，即所有矩形的扭转角都相同，等于整个横截面的扭转角。根据式(3-23)可知，扭矩在各狭长矩形截面上的分配与各矩形截面的扭转惯性矩成正比。运用式(3-22)和式(3-23)可导出最大切应力和相对扭转角公式分别为

$$\tau_{j\max}=\frac{M_{\mathrm{n}}t_j}{\frac{1}{3}\sum_{i=1}^{k}h_it_i^3} \tag{3-27}$$

$$\tau_{\max}=\frac{M_{\mathrm{n}}t_{\max}}{\frac{1}{3}\sum_{i=1}^{k}h_it_i^3} \tag{3-28}$$

$$\varphi=\frac{M_{\mathrm{n}}l}{G\frac{1}{3}\sum_{i=1}^{k}h_it_i^3}\ (\mathrm{rad}) \tag{3-29}$$

式中，k 为横截面狭长矩形的个数；h_i、t_i 分别为第 i 个狭长矩形的长度和厚度；$\tau_{j\max}$ 为第 j 个矩形内的最大切应力。$t_{\max}$ 为这些矩形中的最大厚度值，截面上最大切应力 $\tau_{\max}$ 就出现在最厚的矩形长边上。为降低应力集中的影响，各狭长矩形之间的连接处应采用圆弧过渡。

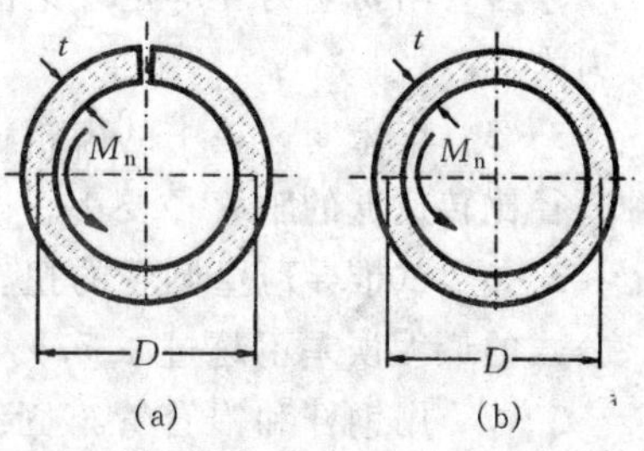

图 3-22

例 3-9 两受扭薄壁杆，截面如图 3-22 所示。两杆材料相同，尺寸亦相同，平均直径 $D=40$ mm，壁厚 $t=2$ mm。当两杆的扭矩相同时，试求两者最大切应力之比及相对扭转角之比。

解 (1) 闭口圆环 由式(3-25)和式(3-26)得

$$\tau_{\mathrm{o}\max}=\frac{M_{\mathrm{n}}}{2At_{\min}}=\frac{M_{\mathrm{n}}}{2\times\frac{1}{4}\pi D^2t},\qquad \varphi_{\mathrm{o}}=\frac{M_{\mathrm{n}}sl}{4GA^2t}=\frac{M_{\mathrm{n}}\pi Dl}{4G\left(\frac{1}{4}\pi D^2\right)^2t}=\frac{4M_{\mathrm{n}}l}{G\pi D^3t}$$

(2) 开口圆环 由式(3-22)和式(3-23)得

$$\tau_{\max}=\frac{M_n}{\frac{1}{3}hb^2}=\frac{M_n}{\frac{1}{3}\pi Dt^2},\quad \varphi=\frac{M_n l}{G\frac{1}{3}hb^3}=\frac{M_n l}{G\frac{1}{3}\pi Dt^3}$$

(3) 两者应力和变形之比为

$$\tau_{\max}:\tau_{o\max}=\frac{3}{2}\frac{D}{t}=\frac{3}{2}\frac{40}{2}=30,\quad \varphi:\varphi_o=\frac{3}{4}\left(\frac{D}{t}\right)^2=\frac{3}{4}\left(\frac{40}{2}\right)^2=300$$

即开口圆环最大切应力是闭口的 30 倍,而扭转角则高达 300 倍。由此可见,开口薄壁杆的抗扭性能很差,截面产生明显翘曲。对于受扭构件,应尽量不采用开口薄壁杆。如因结构需要开口,则应采取局部加强措施,以减少截面翘曲,提高扭转强度和刚度。

思考题

3-1 圆截面杆件受扭转时,平截面和直线半径的变形规律的限制条件是什么?试利用对称性性质分别说明之。圆锥形等截面直杆受扭时,此规律适用否?横截面上是否有正应力?

3-2 等直圆杆受非弹性、小变形扭转时,横截面上切应变是否仍与半径成正比?切应力能否用公式(3-4)计算?

3-3 两根材料、直径和长度相同的钢杆和钢丝绳,承受相同扭矩时,钢丝绳的扭转变形比钢杆大,试用扭转理论加以解释。

3-4 用切应力互等定理论证矩形截面杆受扭转时,横截面上四个角点的切应力为零。

3-5 车床变速箱中的齿轮轴,在传递相同的功率时,一般情况下,转速高的轴直径比转速低的轴直径要小。试用扭转理论加以解释。

3-6 试推导薄壁圆管的扭转切应力公式(3-12),并证明当 $t\leqslant R_0/10$ 时,该公式的最大误差不超过 4.77%。

3-7 用钢杆和铝套管牢固结合而成的圆杆,承受扭转变形(两杆扭转角相同),铝套管外半径是钢杆半径的 2 倍。试指出下列图中沿半径 OAB 的六种切应力分布何者是正确的?并定性说明理由。

3-8 圆杆受扭转力偶 T 作用(图 3-8(a)),若用过水平直径的纵向截面 $ABCD$ 截出杆的一半(图 3-8(b)),根据切应力互等定理,在该水平纵截面上有切应力 τ' 存在,试画出 τ' 分布规律,并说明这一半圆杆是如何平衡的?

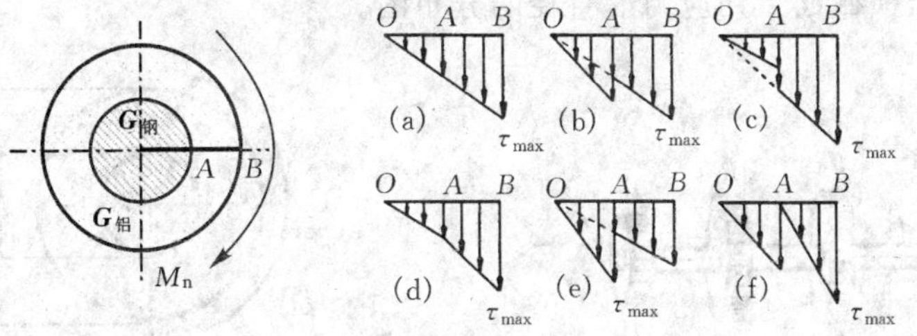

思考题 3-7 图

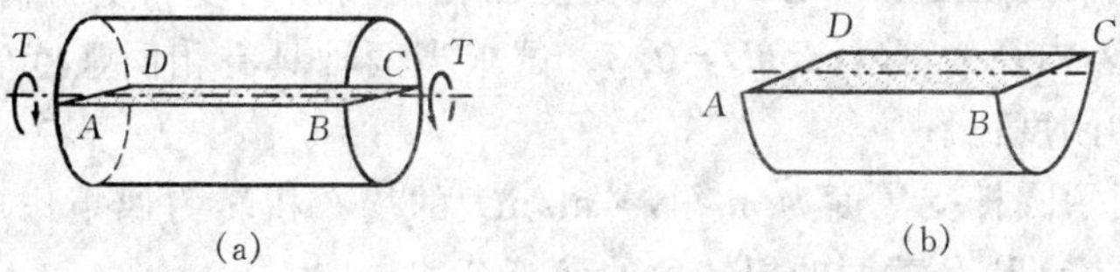

思考题 3-8 图

习　题

3-1　试画出图示各轴的扭矩图,并确定最大扭矩。$T=10\ \text{N}\cdot\text{m}$。

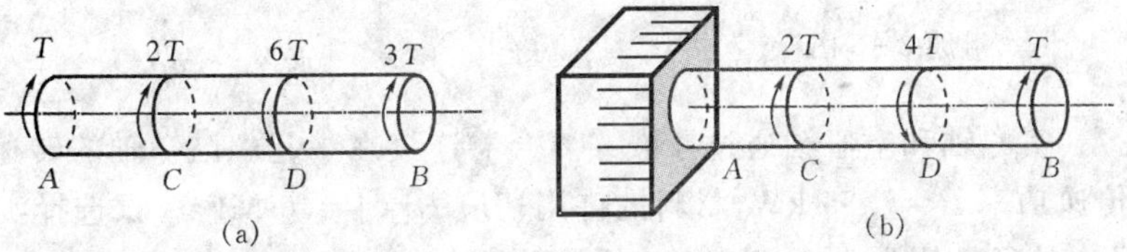

题 3-1 图

3-2　图示传动轴,转速 $n=100$ r/min,B 为主动轮,输入功率 100 kW,A、C、D 为从动轮,输出功率分别为 50 kW、30 kW 和 20 kW。(1)试画出轴的扭矩图;(2)若将 A、B 轮位置互换,试分析轴的受力是否合理?(3)若$[\tau]=60$ MPa,试设计轴的直径 d。

3-3　图示空心圆轴外径 $D=100$ mm,内径 $d=80$ mm,已知扭矩 $M_n=6$ kN·m,$G=80$ GPa,试求:

(1)横截面上 A 点($\rho=45$ mm)的切应力和切应变;

(2)横截面上最大和最小的切应力;

(3)画出横截面上切应力沿直径的分布图。

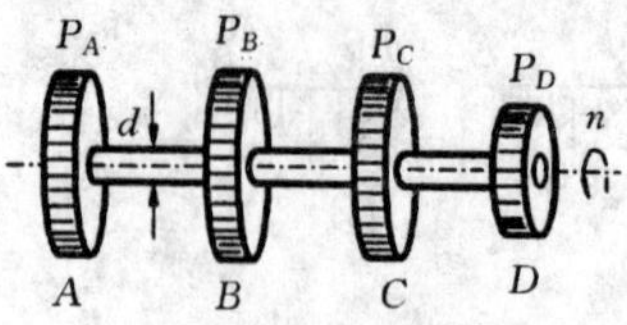

题 3-2 图

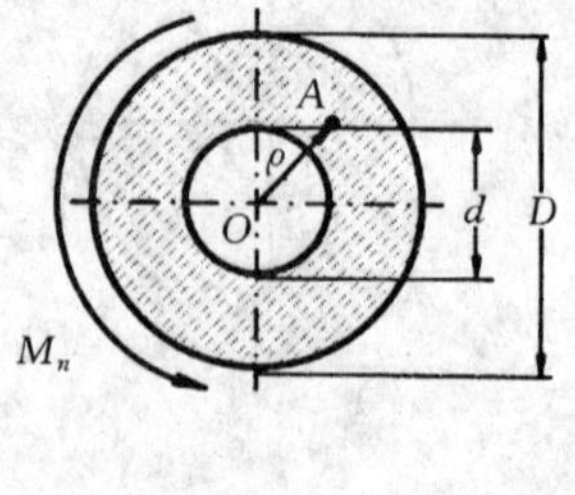

题 3-3 图

3-4 截面为空心和实心的两根受扭圆轴，材料、长度和受力情况均相同，空心轴外径为 D，内径为 d，且 $d/D=0.8$。试求当两轴具有相同强度（$\tau_{实\max}=\tau_{空\max}$）时的重量比和刚度比。

3-5 图示圆杆受集度为 m_0（N·m/m）的均布扭转力偶矩作用。试画出此杆的扭矩图，并导出 B 截面的扭转角的计算公式。

3-6 一圆台形直杆，$D=1.2d$。试求 B 端的扭转角。如按等截面杆（用平均直径）计算，将引起多大误差？

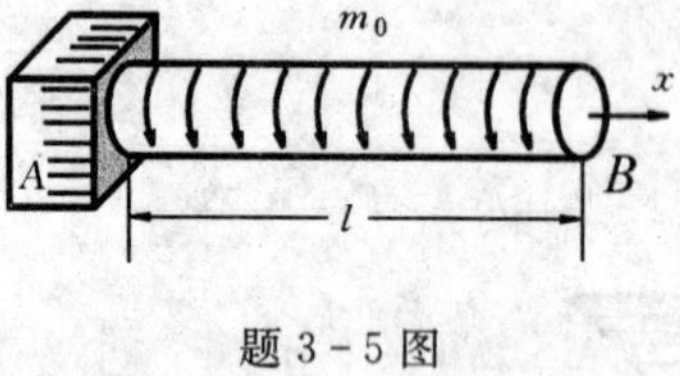

题 3-5 图

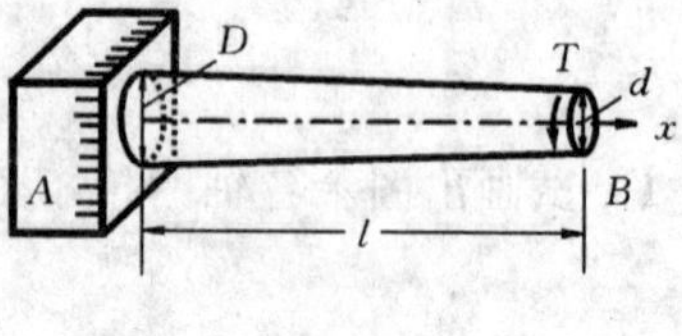

题 3-6 图

3-7 实心轴和空心轴通过牙嵌式离合器连接在一起。已知轴的转速 $n=98$ r/min，传递功率 $P=7.35$ kW，材料的许用切应力 $[\tau]=40$ MPa。试选择实心轴直径 d_1，及内外径比值为 1/2 的空心轴的外径 D_2。

3-8 图示阶梯形圆轴受扭转，已知 $T_1=1.8$ kN·m，$T_2=1.2$ kN·m，$l_1=750$ mm，$l_2=500$ mm，$d_1=75$ mm，$d_2=50$ mm，$G=80$ GPa。求 C 截面对 A 截面的相对扭转角和轴的最大单位长度扭转角 $\Phi_{\max}$。

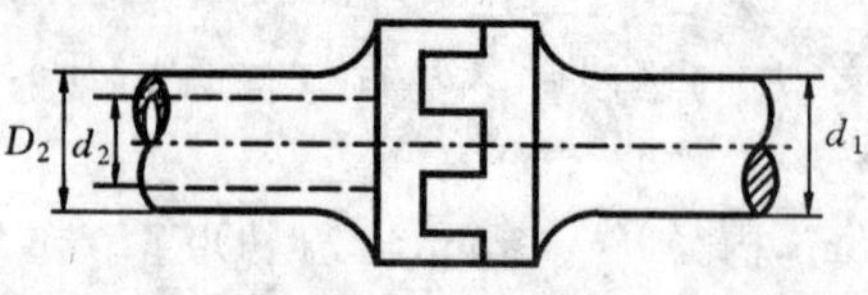

题 3-7 图

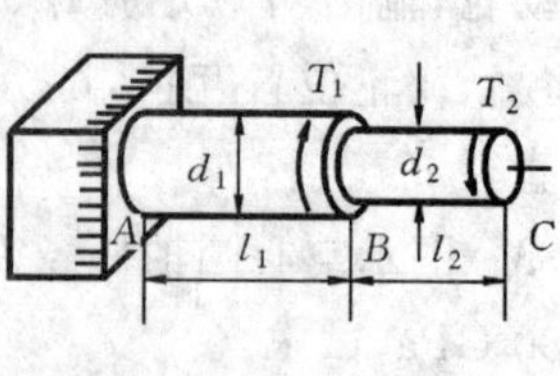

题 3-8 图

3-9 一钢轴直径 $d=50$ mm，转速 $n=120$ r/min，若轴的最大切应力等于 60

MPa，问此时该轴传递的功率是多少千瓦？当转速提高一倍，其余条件不变时，轴的最大切应力为多少？

3-10 一空心圆轴，外径 $D=50$ mm，内径 $d=25$ mm，受扭转力偶矩 $T=1$ kN·m 作用时，测出相距 2 m 的两个横截面的相对扭转角 $\varphi=2.5°$。

(1)试求材料的切变模量 G；

(2)若外径 $D=100$ mm，其余条件不变，则相对扭转角是否为 $\varphi/16$？为什么？

3-11 阶梯轴直径分别为 $d_1=40$ mm，$d_2=70$ mm，轴上装有三个轮盘如图所示，从轮 B 输入功率 $P_B=30$ kW，轮 A 输出功率 $P_A=13$ kW，轴作匀速转动，转速 $n=200$ r/min，$[\tau]=60$ MPa，$G=80$ GPa，单位长度许用扭转角 $[\Phi]=2$ °/m，试校核轴的强度与刚度。

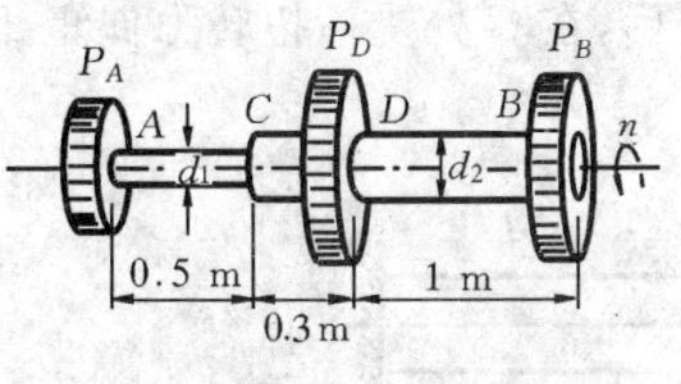

题 3-11 图

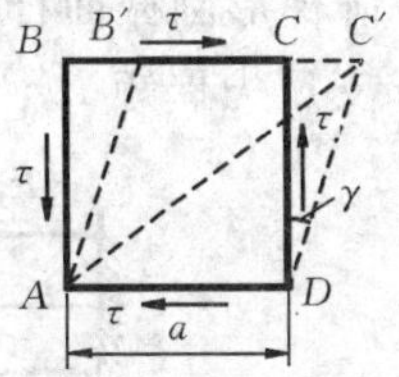

题 3-12 图

3-12 图示正方形单元体，边长为 a，当受纯剪切时，由试验测得其对角线 AC 的伸长量为 $a/2\,000$，若材料的切变模量为 $G=80$ GPa，试求切应力 τ。

3-13 圆柱形密圈螺旋弹簧簧杆直径 $d=18$ mm，弹簧平均直径 $D=125$ mm，弹簧所受拉力 $F=500$ N，试求簧杆的最大切应力。

3-14 一矩形截面杆的截面尺寸如图所示，已知扭矩 $M_n=3$ kN·m，$G=80$ GPa。试求：

(1)A、B、C 三点的切应力；(2)单位长度的扭转角。

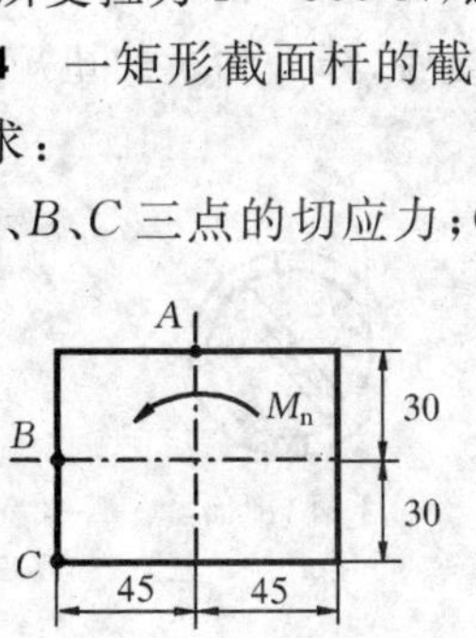

题 3-14 图

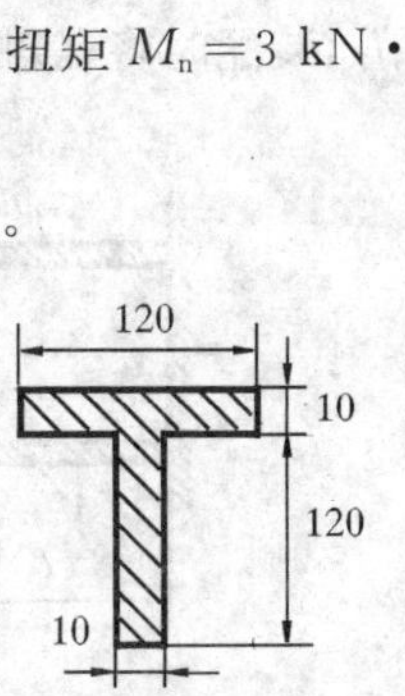

题 3-15 图

3-15 图示 T 形薄壁截面杆，杆长 $l=2$ m，材料切变模量 $G=80$ GPa，承受扭矩 $M_n=200$ N·m。试求最大切应力和相对扭转角。

3-16 如图所示的圆形、正方形和矩形薄壁截面杆，若截面中心线的长度、壁厚、杆长、材料以及所受扭矩均相同，求三杆最大切应力之比和扭转角之比。

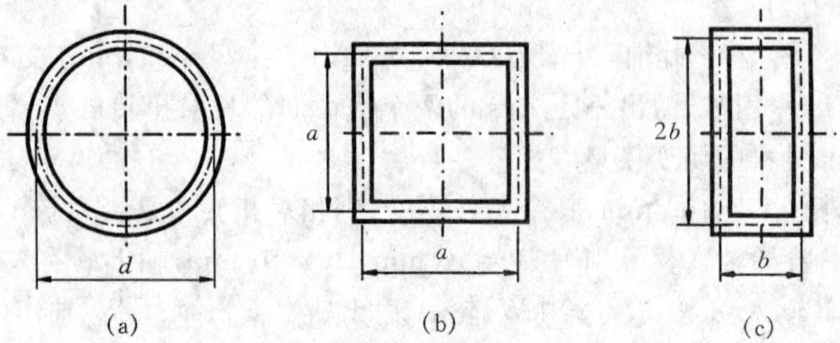

题 3-16 图

3-17 一阶梯形圆截面杆，两端固定后，在 C 处受一扭转力偶矩 T。已知 T、GI_p 及 a。试求支反力偶矩 M_A 和 M_B。

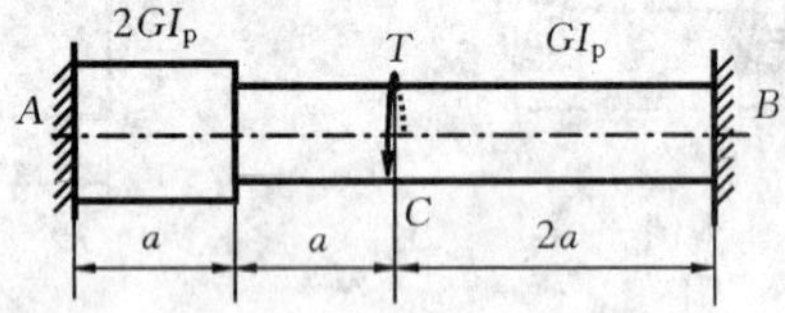

题 3-17 图

3-18 空心轴和实心轴分别固定在 A、B 处，在 C 处均有直径相同的小孔。由于制造误差，两轴的孔不在一条直线上，两者中心线夹角为 α。已知 α、G_1I_{p1}、G_2I_{p2} 及 l_1、l_2，装配时将孔对准后插入销子。问装配后，杆 1 和 2 的扭矩各为多少？

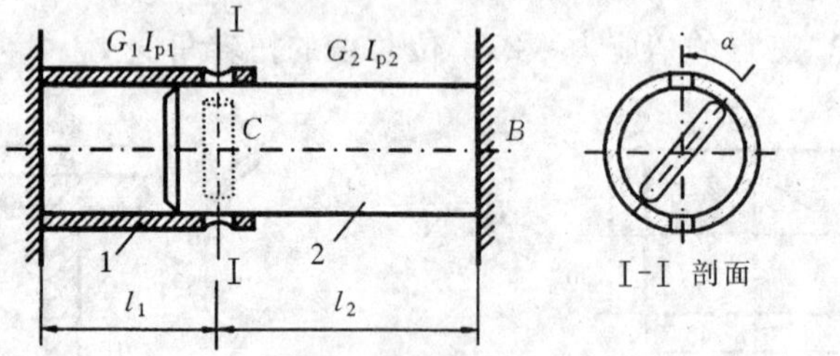

题 3-18 图

***3-19** 一半径为 R 的圆轴，材料的剪切屈服强度为 τ_s。试求当出现图示的应力分布时，杆中的扭矩 M_n。

***3-20** 一等截面、变厚度闭口薄壁杆受扭转，设中线上任意两点的壁厚分

别为 t_1 和 t_2，切应力分别为 τ_1 和 τ_2，s 为中线的周长，A 为截面中线所围面积，乘积 τt 表示中线上单位长度的剪力，称为**剪力流**。试利用切应力互等定理和静力平衡条件证明：

(1) 闭口薄壁杆扭转时，截面中线上各点的剪力流为一常数，即，$\tau_1 t_1=\tau_2 t_2=\tau t$ ；

(2) 中线上切应力与扭矩 M_n 的关系为 $\tau=\dfrac{M_n}{2At}$。

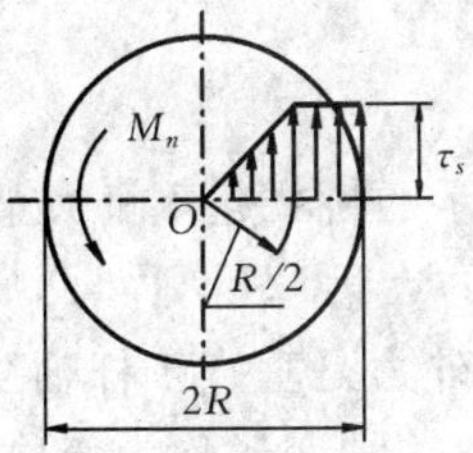

题 3-19 图

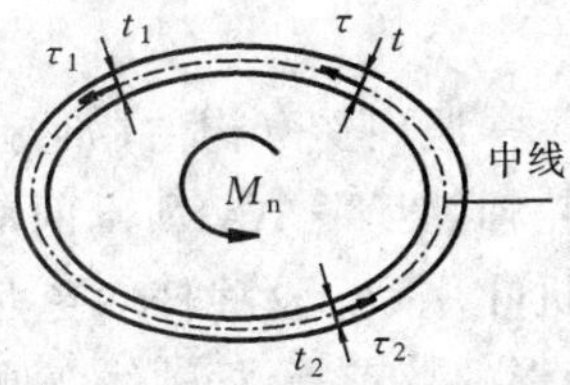

题 3-20 图

第 4 章 弯曲内力

4.1 概述

工程中经常遇到受弯构件,如图 4-1(a)所示的桥式起重机大梁,图 4-2(a)所示的火车轮轴,图 4-3(a)所示的房屋结构中的大梁,图 4-4(a)所示的受气流冲击的汽轮机叶片等。这些杆件受力的特点是:外力是垂直于杆轴线的**横向力**或力偶矢量;变形的特点是:杆轴线弯成一条曲线。这种变形称为**弯曲**,以弯曲变形为主的杆件常称为**梁**。

工程中梁的横截面一般都有一个对称轴。该对称轴所组成的平面称为**纵向对称平面**(图 4-5),若外力都作用在该平面内,梁的轴线将在该平面内弯成一条平面曲线,这种弯曲称为**平面弯曲**。它是最基本也是最常见的弯曲问题。

本章主要讨论梁在平面弯曲下的内力计算,它是梁的强度和刚度设计的重要基础。

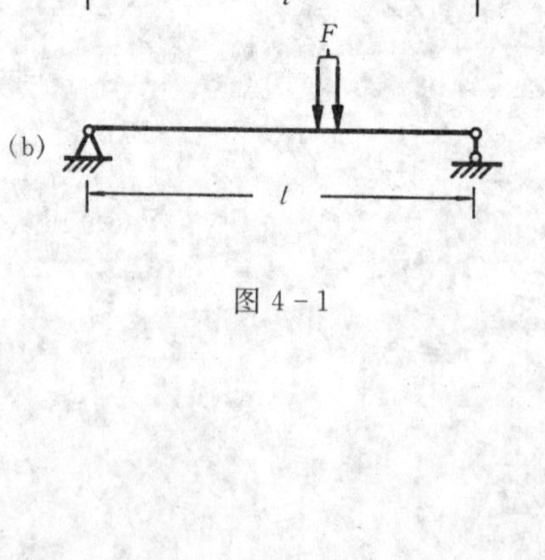

图 4-1

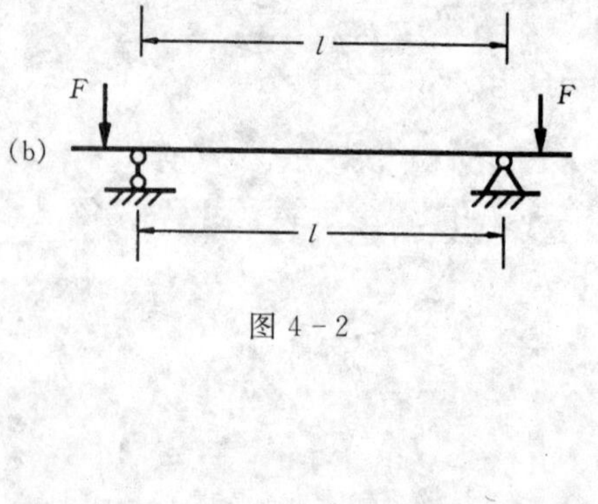

图 4-2

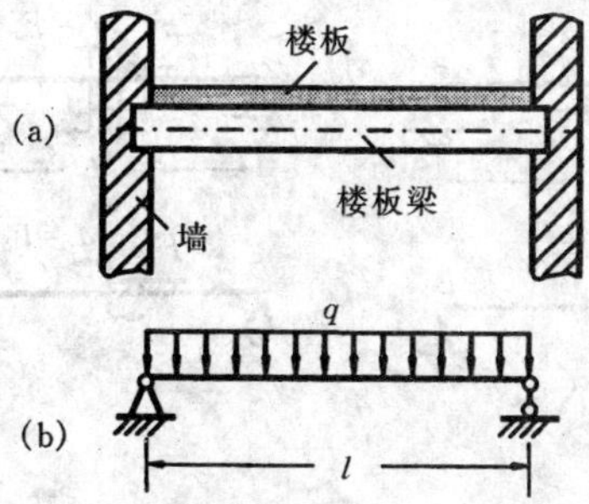

图 4－3

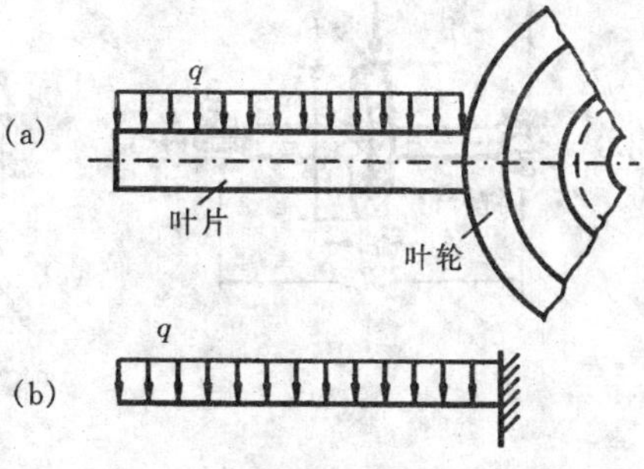

图 4－4

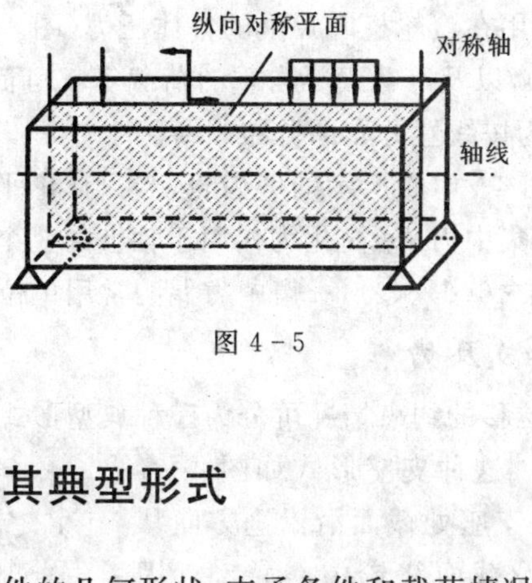

图 4－5

4.2　梁的简化及其典型形式

工程问题中受弯构件的几何形状、支承条件和载荷情况一般都比较复杂，为了便于分析计算，需要根据具体情况，区分主要和次要因素将实际构件简化为计算简图，即所谓建立力学模型。建立力学模型的一般原则是：精度足够，计算简便和偏于安全。

4.2.1　构件的简化

通常用轴线代替实际梁，取两个支承中线间的距离作为梁的长度 l，称为**跨度**（图 4－6(a)，(b)）。

4.2.2　载荷的简化

梁上的载荷按其作用方式可简化为三种类型。

(1) 集中力　当横向力在梁上的作用范围远小于梁的跨度时，可将其简化为作用于一点的**集中力**。例如，斜齿轮传给轴的径向和轴向力（图 4－6），起重机的

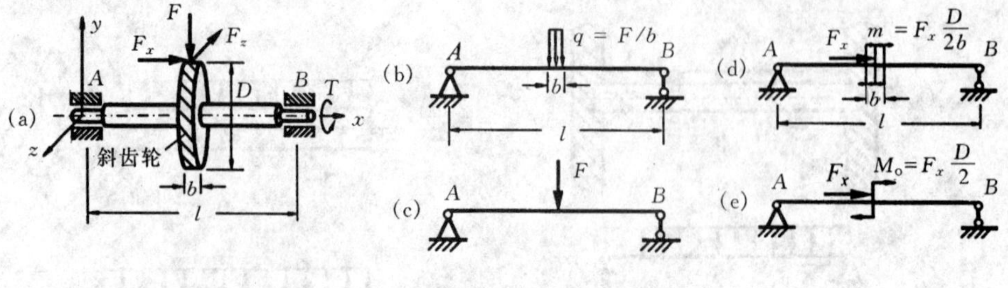

图 4-6

车轮对横梁的压力等。集中力的单位常用 N 和 kN 表示。

(2) 分布载荷　沿梁的全部或部分长度连续分布的横向力称为**线分布载荷**，用单位长度上的力 $q(x)$表示。常用的单位是 N/m 或 kN/m。若 $q(x)$为常数则称为**均布载荷**。例如，作用在汽轮机叶片上的气体压力(图 4-4(b))，楼板传给楼板梁的载荷(图 4-3(b))，以及等截面梁自重的荷载等都可简化为均布载荷，水压力对坝体的荷载可简化为按线性分布的分布载荷。

(3) 集中力偶　图 4-6(a)所示的斜齿轮，当只讨论平行于轴线的载荷 F_x 对齿轮轴的作用时，可将集中力 F_x 简化为作用于轴上的一个集中力偶 M_O 和一个沿轴线方向的力 F_x(图 4-6(d)、(e))。集中力偶的常用单位是 N·m 和 kN·m。

4.2.3 支座形式和支反力

梁的支座按其对位移的约束情况可分为三种典型形式。

(1) 可动铰支座　这种支座形式如图 4-7(a)所示。它限制梁在支座处截面沿铅垂方向移动，但允许水平移动及截面绕铰中心转动。因此，只有一个垂直方向的支反力 F_y。桥梁中的滚轴支座、机械中的短滑动轴承及滚动轴承都可简化为可动铰支座。

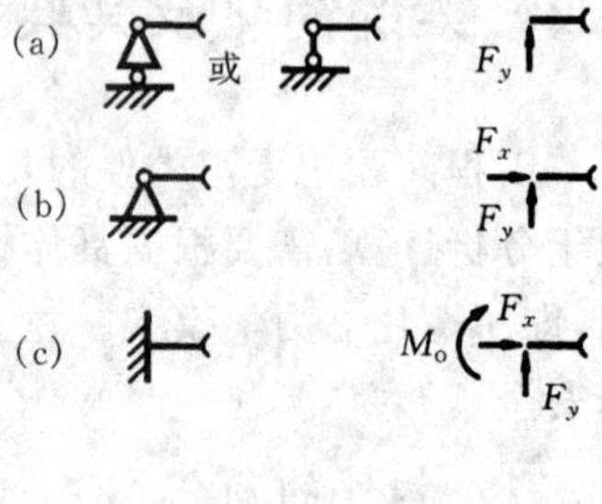

图 4-7

(2) 固定铰支座　这种支座形式如图 4-7(b)所示。它限制梁在支座处截面沿铅垂和水平方向移动，但允许截面绕铰中心转动。因此，它有两个支反力，即垂直反力 F_y 和水平反力 F_x。桥梁下的固定支座、机械中的止推轴承可简化为固定铰支座。

(3) 固定端　这种支座的简化形式如图 4-7(c)所示。它同时限制梁端截面的移动和转动。因此，它有三个支反力，即垂直反力 F_y、水平反力 F_x 和支反力偶 M_O。水坝的下端支座、机械中止推长轴承可简化为固定端。

4.2.4 梁的典型形式

支座反力可以由静力平衡方程直接确定的梁称为**静定梁**。根据支座的类型和位置,静定梁可分为三种基本形式。

(1) 简支梁 一端为固定铰支座,另一端为可动铰支座的梁。如图 4-1(b)所示的梁。

(2) 外伸梁 具有一个或两个外伸部分的简支梁。如图 4-2(b)所示的梁。

(3) 悬臂梁 一端固定另一端自由的梁。如图 4-4(b)所示的梁。

上述三种梁都只有三个支反力,由于平面弯曲的外力是平面一般力系,有三个独立的平衡方程,所以支反力可以由静力平衡方程确定。其他形式的静定梁可以看作是这三种静定梁的组合。

4.3 梁的内力和正负号规则

当梁的外力(包括载荷和支反力)已知后,就可利用截面法确定梁的内力。如图 4-8(a)所示的简支梁受横向力作用,设两端支反力分别为 F_{Ay} 和 F_{By},为求梁的内力,现假想沿横截面 $m-m$ 将梁截开,取左段为研究对象(图 4-8(b))。为了分析 $m-m$ 截面的内力,可将作用在左段上的外力向截面形心 C 简化,得到一个方向与截面平行的主矢和主矩;为了保持左段的平衡,$m-m$ 截面必然存在两个内力分量:平行于截面的力 Q 和位于荷载平面内的力偶矩 M。内力 Q 称为**剪力**,内力偶矩 M 称为**弯矩**。根据左段的平衡条件可求得剪力 Q 和弯矩 M:

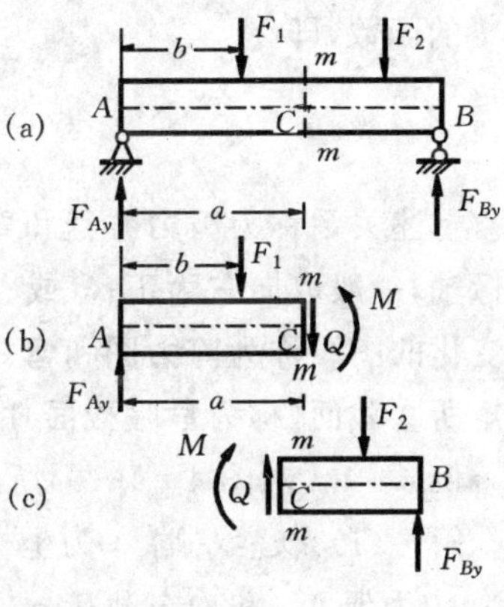

图 4-8

$$\sum F_y = 0, \quad Q = F_{Ay} - F_1$$

$$\sum M_C = 0, \quad M = F_{Ay}a - F_1(a-b)$$

即剪力 Q 等于左段梁上外力的代数和;弯矩 M 等于左段梁上外力对截面形心力矩的代数和。

$m-m$ 截面的内力也可由右段梁的平衡条件求得(图 4-8(c)),这时所得该截面的剪力 Q 和弯矩 M 将与上述结果等值反向。为了使上述两种算法所得同一截面上的内力正负号相同,根据梁的变形,对内力的正负号作如下规定:

在所截截面的内侧取微段,凡使微段产生顺时针转动趋势的剪力为正(图 4-9(a)),反之为负(图 4-9(b))。使微段弯曲变形后,凹面朝上的弯矩为正(图 4-9

(c)),反之为负(图 4-9(d))。按此规定,图 4-8(b)、(c)中的剪力和弯矩均为正号。

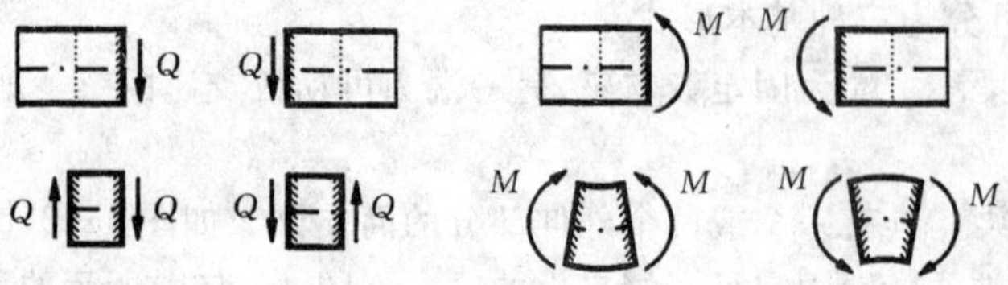

(a) 正剪力　(b) 负剪力　(c) 正弯矩　(d) 负弯矩

图 4-9

4.4 剪力方程和弯矩方程　剪力图和弯矩图

4.4.1 内力方程与内力图

上述分析表明,梁的剪力和弯矩不仅与梁上外力有关,并且随截面位置而变化。若将横截面沿轴线的位置用坐标 x 表示,则剪力和弯矩沿轴线的变化可表示为 x 的函数,即

$$Q=Q(x)$$
$$M=M(x)$$

上述关系称为**剪力方程**和**弯矩方程**。该方程也可用图线表示:即以 x 轴为横坐标轴,一般取向右为正;Q 或 M 为纵坐标轴,取向上为正。所画出的 Q、M 沿轴线变化的图线称为**剪力图**和**弯矩图**。从 Q 、M 图上可直观地判断最大剪力和最大弯矩所在截面(称为**危险截面**)的位置和数值。

例 4-1　求图 4-10(a)所示悬臂梁的剪力方程和弯矩方程。

解　(1) 以梁左端 A 为坐标原点,选取坐标系如图 4-10(a)所示。在集中力 F,集中力偶 M_0 和均布载荷 q 作用下,梁在 AC,CD 和 DB 段内受力情况不同,因此内力必须分三段(即三个力区)进行分析。

(2) AC 段的内力方程 ($0\leqslant x_1\leqslant a_1$)　在距原点 A 为 x_1 的截面处假想将梁截开,取左段为研究对象,并按正号假设 Q、M 的方向,如图 4-10(b)所示。由左段的平衡条件得 Q、M 方程分别为

$$Q(x_1)=F$$
$$M(x_1)=Fx_1$$

(3) CD 段的内力方程 ($a_1\leqslant x_2\leqslant a_2$)　在距 A 点为 x_2 的截面处取分离体,假

设 Q、M 为正，受力如图 4-10(c)所示，由平衡条件可得 Q、M 方程分别为

$$Q(x_2)=F$$

$$M(x_2)=Fx_2+M_o$$

(4) DB 段的内力方程（$a_2 \leqslant x_3 \leqslant l$）同理，用截面法取分离体如图 4-10(d)所示，由平衡条件得 Q、M 方程分别为

$$Q(x_3)=F-q(x_3-a_2)$$

$$M(x_3)=Fx_3+M_o-\frac{q}{2}(x_3-a_2)^2$$

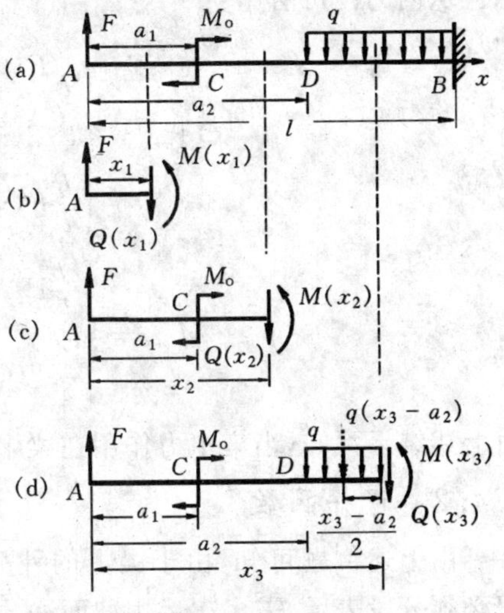

图 4-10

讨论　请读者根据左段梁上外力直接写出 Q、M 方程。

例 4-2　简支梁受力如图 4-11(a)所示，试列内力方程，并作内力图。

解　(1) 求支反力　由平衡方程 $\sum M_B=0$ 和 $\sum M_A=0$ 分别求得

$$F_A=\frac{bF}{l},\quad F_B=\frac{aF}{l}$$

(2)分区列 Q、M 方程　取 AC 段 x_1 截面以左的梁为研究对象，假设 Q、M 为正，如图 4-11(b)所示。由分离体的平衡得（$0\leqslant x_1 \leqslant a$）

$$Q(x_1)=F_A=\frac{bF}{l}$$

$$M(x_1)=F_Ax_1=\frac{bF}{l}x_1$$

取 BC 段 x_2 截面以右的梁为研究对象，假设 Q、M 为正，如图 4-11(c)所示。由分离体的平衡得（$a\leqslant x_2 \leqslant l$）

$$Q(x_2)=-F_B=-\frac{aF}{l}$$

$$M(x_2)=F_B(l-x_2)=\frac{aF}{l}(l-x_2)$$

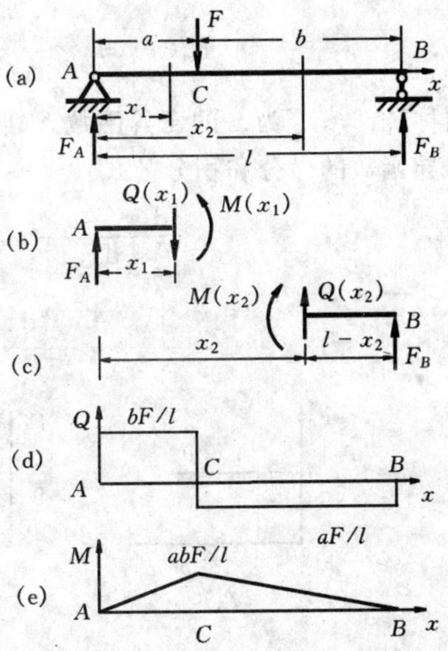

图 4-11

(3) 作 Q、M 图　由 Q、M 方程可知，剪力为分段常数，弯矩为 x 的线性函数，由内力方程确定 Q、M 线段的端点值，作出剪力图和弯矩图如图 4-11(d)、(e)所

示。从内力图可看出：

$$|Q|_{\max}=\begin{cases}\dfrac{a}{l}F(\text{若 } a>b) & \text{在 } CB \text{ 段}\\ F/2(\text{若 } a=b) & \text{在所有截面}\\ \dfrac{b}{l}F(\text{若 } a<b) & \text{在 } AC \text{ 段}\end{cases}$$

$$M_{\max}=\begin{cases}\dfrac{ab}{l}F & \text{在 } C \text{ 处}\\ \dfrac{1}{4}Fl(\text{若 } a=b) & \text{在 } C \text{ 处}\end{cases}$$

由上述结果可知，当集中力作用在梁中点时，梁内弯矩最大，其值为 $Fl/4$。

4.4.2 奇异函数

由上述例题可知，由于梁上的外力是坐标 x 的分段连续函数。因此 Q、M 方程必须分段表示，需多次运用截面法才能建立。为了避免这种麻烦，下面介绍一种建立全梁通用 Q、M 方程的奇异函数法。

定义：当 a 为常数，$n\geqslant 0$（n 为正整数）时，若函数 $F_n(x)$ 取值为

$$F_n(x)=\langle x-a\rangle^n=\begin{cases}(x-a)^n & (x\geqslant a)\\ 0 & (x<a)\end{cases} \tag{4-1}$$

则称 $\langle x-a\rangle^n$ 为 x 的**奇异函数**。其图形如图 4-12 所示。按照上述定义不难得到奇异函数的微分和积分公式：

$$\frac{\mathrm{d}\langle x-a\rangle^n}{\mathrm{d}x}=n\langle x-a\rangle^{n-1} \tag{4-2}$$

$$\int\langle x-a\rangle^n\mathrm{d}x=\frac{1}{n+1}\langle x-a\rangle^{n+1}+C \tag{4-3}$$

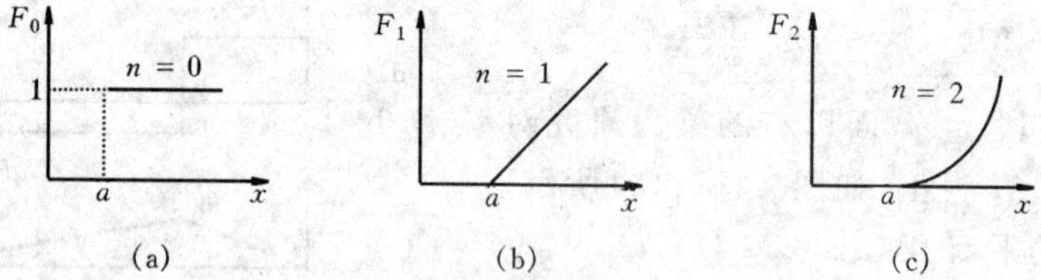

图 4-12

4.4.3 剪力和弯矩的通用方程

分析例 4-1 的剪力和弯距方程可以看出，若用 x 代替 x_i（$i=1,2,3$），则梁最右边 DB 段的 Q、M 方程包含了其他两段。如果引入奇异函数 $\langle x-a_i\rangle$（$i=1,2,$

3)；并把 DB 段的 Q、M 方程改写为

$$Q(x) = F\langle x-0\rangle^0 - q\langle x-a_2\rangle \tag{a}$$

$$M(x) = F\langle x-0\rangle + M_o\langle x-a_1\rangle^0 - \frac{1}{2}q\langle x-a_2\rangle^2 \tag{b}$$

则式(a)和(b)对全梁都能适用。例如 CD 段，x 的取值范围为(a_1, a_2)，根据式(4-1)有

$$\langle x-0\rangle^0 = (x-0)^0 = 1, \quad \langle x-0\rangle = (x-0) = x$$

$$\langle x-a_1\rangle^0 = (x-a_1)^0 = 1, \quad \langle x-a_2\rangle = 0$$

代入式(a)和(b)得：$Q(x)=F=Q(x_2)$，$M(x)=Fx+M_o=M(x_2)$，与例 4-1 结果相同。式(a)和式(b)分别称为该梁的剪力和弯矩的通用方程。

综上所述，建立 Q、M 通用方程的规则如下。

(1) 全梁采用统一坐标系，原点选在梁的左端。

(2) 在梁最右段任一截面切开，取该截面以左的梁为研究对象，并按正号设定 Q、M 方向。

(3) 若在 $x=a_i$ 处有集中力 F_i 或集中力偶 M_i 作用时，在剪力方程或弯矩方程中，应将集中力 F_i 或集中力偶 M_i 乘以$\langle x-a_i\rangle^0$。

(4) 梁上有间断均布载荷作用时，应将均布载荷延续到底，然后在延续部分加上数值相同的反向均布载荷(见例 4-4)，以保持实际载荷不变。

(5) 在 Q、M 方程中用$\langle x-a_i\rangle$代替$(x-a_i)$。

例 4-3　简支梁受力如图 4-13(a)所示，集中力偶 $M_o=Fa$。试列内力方程，并作内力图。

解　(1) 求支反力　由平衡方程$\sum M_B=0$ 和$\sum M_A=0$ 分别求得

$$F_A=\frac{F}{3}, \quad F_B=\frac{2F}{3}$$

(2) 以 A 点为坐标原点，取 DB 段 x 截面以左的梁为研究对象，假设 Q、M 为正，如图 4-13(b)所示。

(3) 列 Q、M 方程$(0\leqslant x\leqslant 3a)$　由图 4-13(b)分离体的平衡得

$$Q(x) = F_A - F\langle x-a\rangle^0$$

$$M(x) = F_A x - F\langle x-a\rangle + M_o\langle x-2a\rangle^0$$

即

$$Q(x)=\begin{cases} F_A-0=\dfrac{F}{3} & (0<x<a) \\ F_A-F=-\dfrac{2F}{3} & (a<x<3a) \end{cases} \tag{a}$$

$$M(x)=\begin{cases}F_A x=\dfrac{F}{3}x & (0\leqslant x\leqslant a)\\ \dfrac{F}{3}x-F(x-a) & (a\leqslant x<2a)\\ \dfrac{F}{3}x-F(x-a)+Fa & (2a<x\leqslant 3a)\end{cases} \tag{b}$$

(4) 作 Q、M 图　由式(a)和式(b)可看出，剪力为常数，即 Q 图为两段水平线。弯矩为 x 的线性函数，即 M 图为三段斜直线。分别确定线段端点的 Q、M 值后，就可作出 Q、M 图(图 4－13(c)、(d))。由 Q、M 图可见，最大弯矩发生在集中力偶作用的 D 截面处，最大剪力(绝对值)在 CB 段，其值分别为

$$|M|_{\max}=\frac{2}{3}Fa,\quad |Q|_{\max}=\frac{2}{3}F$$

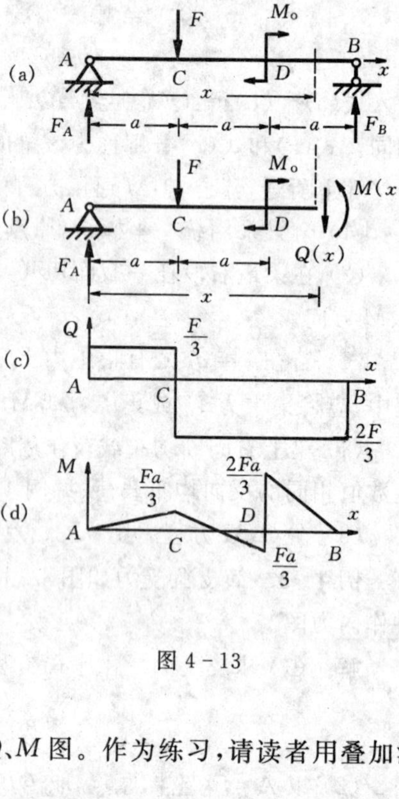

图 4－13

讨论　(1) 从内力图可以看出，在集中力作用处，弯矩图连续，但剪力图发生突跳，突跳数值和方向与集中力相同。(2) 在集中力偶作用处，剪力图连续，但弯矩图发生突跳，突跳数值与集中力偶相同。(3) 在小变形下，内力可用叠加法计算，即分别作出集中力 F 和集中力偶 M_o 单独作用下的剪力图和弯矩图，然后再代数相加求得最终的 Q、M 图。作为练习，请读者用叠加法作出该梁的弯矩图。

例 4－4　简支梁受力如图 4－14(a) 所示，若均布载荷 q 和梁长 l 已知，试列出剪力和弯矩方程，并作剪力和弯矩图。

解　(1) 求支反力　由平衡方程可得

$$F_A=\frac{3ql}{8},\qquad F_B=\frac{ql}{8}$$

(2) 列 Q、M 方程　由于梁受间断均布载荷作用，为了列出通用内力方程，应将均布载荷延续到底，然后在延续部分加上相应的反向均布载荷(图 4－14(b))，取分离体如图 4－14(c)所示。根据平衡条件列 Q、M 方程如下($0\leqslant x\leqslant l$)：

$$Q(x)=\frac{3ql}{8}-qx+q\langle x-\frac{l}{2}\rangle \tag{a}$$

$$M(x)=\frac{3ql}{8}x-\frac{1}{2}qx^2+\frac{1}{2}q\langle x-\frac{l}{2}\rangle^2 \tag{b}$$

(3) 作 Q、M 图　由方程(a)可知，AC 段剪力是 x 的线性函数，CB 段剪力是常数，由式(a)确定线段端点的对应值后，可作出剪力图(图 4-14(d))。由式(b)可知，CB 段弯矩图是斜直线，确定 C、B 两点弯矩值便可作出。AC 段弯矩图是抛物线，确定 A、C 两点和抛物线顶点的弯矩值后，就可作出弯矩图，如图 4-14 (e) 所示。由剪力、弯矩图可知

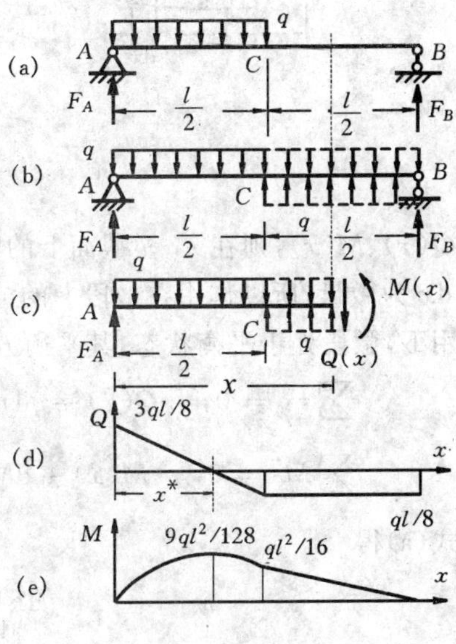

图 4-14

$$Q_{max}=\frac{3ql}{8},\quad M_{max}=\frac{9ql^2}{128}$$

讨论　(1) 为确定 AC 段弯矩图的顶点，可将式(b)对 x 求导，并令

$$\begin{aligned}\frac{dM(x)}{dx}&=\frac{3ql}{8}-qx+q\langle x-\frac{l}{2}\rangle\\&=\frac{3ql}{8}-qx\\&=0\qquad (0<x\leqslant l/2)\end{aligned} \tag{c}$$

求得极值弯矩截面的位置 $x^*=\frac{3l}{8}$，代入式(b)可得极值弯矩 $M_{max}=\frac{9ql^2}{128}$。

(2) 对式(a)和式(c)进一步分析后容易发现，弯矩、剪力和线分布载荷之间存在如下关系

$$\frac{dM}{dx}=Q,\qquad \frac{d^2M}{dx^2}=\frac{dQ}{dx}=-q$$

上式中负号表示线分布载荷 q 的方向向下。这些函数关系是普遍存在的规律，下面将从一般情况给予论证。

4.5　弯矩、剪力和分布载荷集度之间的微分关系

设图 4-15(a)所示的梁，受任意载荷作用，取梁左端为坐标轴 x 的原点，分布载荷 $q=q(x)$ 在作用段内是 x 的连续函数，并规定向上的 $q(x)$ 为正。用相距为 dx 的两个横截面从梁中取出微段分析，如图 4-15(b)所示。设 $m-m$ 截面上的内力

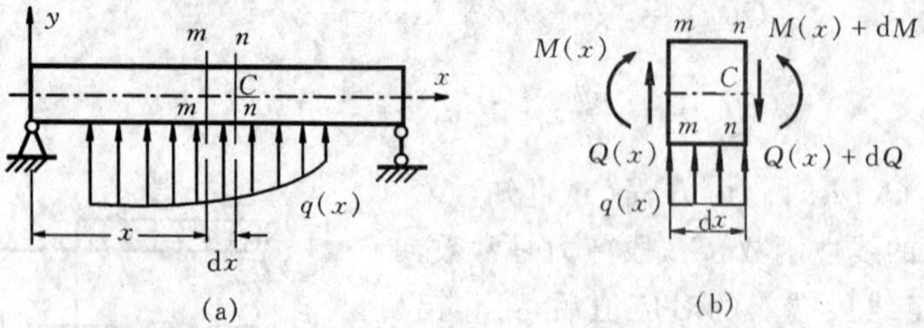

图 4-15

为$Q(x)$、$M(x)$，则在 $n-n$ 截面上的内力应分别为$Q(x)+\mathrm{d}Q$ 和 $M(x)+\mathrm{d}M$。由于 $\mathrm{d}x$ 为微量，所以作用在微段上的分布载荷 $q(x)$可视为均匀分布。在上述各力作用下，微段处于平衡状态，其平衡方程为：

$$\sum F_y = 0, \quad Q(x) + q\mathrm{d}x - [Q(x) + \mathrm{d}Q] = 0 \tag{a}$$

$$\sum M_C = 0, \quad M(x) + \mathrm{d}M - q\mathrm{d}x\frac{\mathrm{d}x}{2} - M(x) - Q(x)\mathrm{d}x = 0 \tag{b}$$

由式(a)得

$$\frac{\mathrm{d}Q(x)}{\mathrm{d}x} = q(x) \tag{4-4}$$

由式(b)并略去二阶微量 $q(x)\frac{(\mathrm{d}x)^2}{2}$，得

$$\frac{\mathrm{d}M(x)}{\mathrm{d}x} = Q(x) \tag{4-5}$$

将式(4-5)代入式(4-4)得

$$\frac{\mathrm{d}^2M(x)}{\mathrm{d}x^2} = q(x) \tag{4-6}$$

以上三式就是直梁的弯矩、剪力和线分布载荷之间的微分关系。它们分别表明：剪力图上某处斜率等于该处线分布载荷集度；弯矩图上某处斜率等于该处剪力值；弯矩图上某处斜率的变化率等于该处的线分布载荷集度。

利用上述这些关系，并综合上节各例题，可将剪力和弯矩图的规律归纳如下。

(1) 若梁段的 $q(x)=0$，则该段剪力图为水平线；弯矩图为斜直线，当 $Q>0$ 时，直线右向上倾斜(见例题 4-2)。

(2) 若梁段的 $q(x)=q=$常数，则该段剪力图为斜直线，弯矩图为二次抛物线；当 q 向上($q>0$)时，Q 图为右向上倾斜的直线，M 图为凹面向上的抛物线；当 q 向下时，则相反(见例题 4-4)。

(3) 在 $Q=0$ 处，弯矩有极值，M 图在该处有水平切线；当 q 向上时，弯矩有极

小值，当 q 向下时，弯矩有极大值(见例题 4-4)。

(4) 在集中力作用处，剪力图发生突跳，突跳数值和方向与集中力相同；该处 M 图连续，但有转折(见例题 4-2)。

(5) 在集中力偶作用处，弯矩图发生突跳，突跳数值与集中力偶相同(见例题 4-3)。

(6) 最大弯矩可能发生在剪力等于零的截面处，或集中力和集中力偶作用处(包括插入端处)。因此，在求最大弯矩时，应作全面分析。

应该指出，上述微分关系只适用于直梁，并必须按图 4-15 选取坐标系和规定 $q(x)$、$Q(x)$ 及 $M(x)$ 的正负号才是正确的。利用上述这些规律，可以校核剪力图和弯矩图的正确性，还可以用它直接作出剪力、弯矩图。其步骤如下。

(1) 求支反力。

(2) 在载荷不连续处分力区，并用微分关系判断各区段剪力图和弯矩图的线形。

(3) 用截面法和突跳规律确定各区段端点和特征截面的 Q、M 值。

(4) 作出 Q、M 图并确定剪力和弯矩的最大值。

例 4-5 外伸梁受力如图 4-16(a)所示，已知 $a=2$ m，集中力 $F=20$ kN，集中力偶 $M_o=160$ kN·m。$q=20$ kN/m，求作 Q、M 图并确定其最大值。

解 (1) 求支反力 由平衡方程可得

$$F_A=76\ \text{kN},\quad F_B=104\ \text{kN}$$

(2) 分区定线形 该梁应分为 AC、CB 和 BD 三个力区。在 AC 和 BD 段，$q=0$，所以 Q 图为水平线，M 图为斜直线；在 CB 段，q 为负常数，所以 Q 图为右下斜直线，M 图为凹面向下的抛物线。

(3) 定端值 根据突跳规律，A、B 和 D 处剪力有突跳，但弯矩连续(无突跳)；C 处剪力连续，但弯矩有突跳。所以只需确定 A 截面右侧和 B 截面左、右两侧的剪力，就可作出剪力图；只要确定 C 截面左、右两侧和 A、D、B 及抛物线顶点的弯矩值，就可作出弯矩图。由截面法得

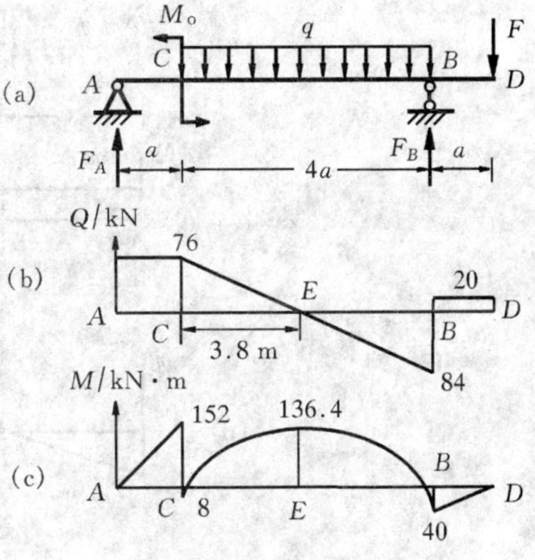

图 4-16

$$Q_{B左}=-84\ \text{kN},\quad M_{C左}=152\ \text{kN}\cdot\text{m},\quad M_B=-40\ \text{kN}\cdot\text{m}$$

由突跳规律得

$$Q_{B右}=Q_{B左}+F_B=20\ \text{kN},\qquad M_A=M_D=0$$

$$Q_{A右}=F_A=Q_{C左}=Q_{C右}=76\ \text{kN}$$

CB 段剪力有零点，弯矩有极值；根据 CB 段剪力图的几何关系，算得 $Q=0$ 的截面 E 距 C 截面为 3.8 m，由截面法可得该截面的弯矩为

$$M_E=F_A(a+3.8)-M_o-\frac{1}{2}q\times3.8^2=136.4\ \text{kN}\cdot\text{m}$$

(4) 绘图线　根据各段 Q、M 的端值和线形，作 Q、M 图(图 4-16(b)、(c))，由图可知，最大剪力和弯矩分别为

$$|Q|_{\max}=84\ \text{kN},\qquad |M|_{\max}=152\ \text{kN}\cdot\text{m}$$

讨论　(1) 求支反力时可运用叠加法，即先算出每个简单载荷所产生的支反力再求其代数和。(2) 求某个特定截面的内力时，可以用通用方程的方法，也可以根据截面左侧或右侧的分离体平衡直接计算，应根据具体情况选择最简便的方法。

例 4-6　联合梁 AB 受力如图 4-17(a)所示，B 处为中间铰，已知均布载荷 q，集中力偶 $M_o=qa^2$，试绘出剪力图和弯矩图。

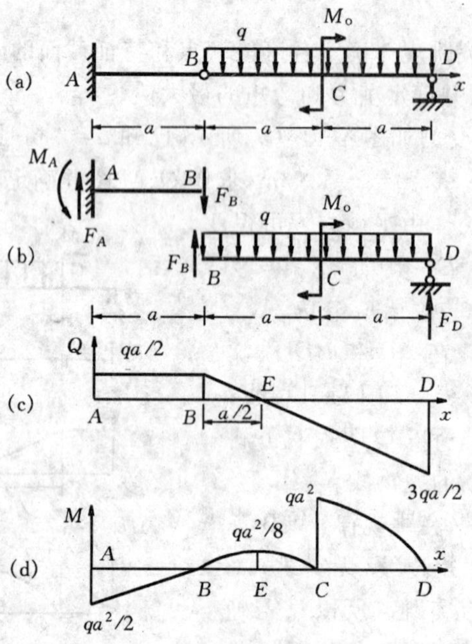

图 4-17

解　(1) 求支反力　由于中间铰允许其左右两部分梁有相对转动，所以它只传递力而不传递力矩，故若从铰链 B 处将梁拆开，则截面上只有剪力 F_B(图 4-17(b))，由简支梁 BD 的平衡条件可得

$$F_B=\frac{1}{2}qa,\qquad F_D=\frac{3}{2}qa$$

再由悬臂梁 AB 的平衡条件可得

$$F_A=\frac{1}{2}qa,\qquad M_A=\frac{1}{2}qa^2$$

(2) 分区定线形　该梁的剪力应分为 AB 和 BD 两个力区，而弯矩应分为 AB、BC 和 CD 三个力区。在 AB 段，$q=0$，所以 Q 图为水平线，M 图为斜直线；在 BD 段，$q=$负常数，所以 Q 图为右下斜直线，M 图为凹面向下的抛物线。

(3) 定端值　根据突跳规律：A 和 D 处剪力有突跳，B、C 处剪力连续；A、C 处弯矩有突跳，B、D 处弯矩连续。所以，只需确定 A 和 D 截面的剪力，就可作出剪力图；只要确定 C 截面左右两侧和 A、D 及抛物线顶点的弯矩值，就可作出弯矩图。由截面法得

$$Q_{D左}=-\frac{3}{2}qa,\qquad M_{D左}=0,\qquad M_{C左}=0$$

由突跳规律得

$$Q_{A右}=\frac{1}{2}qa,\quad M_{A右}=-\frac{1}{2}qa^2$$

$$M_{C右}=M_{C左}+M_o=qa^2$$

BD 段的剪力图有零点，弯矩有极值，根据 BD 段剪力图的几何关系，得 $Q=0$ 的 E 点距 B 点为 $a/2$，由截面法可得 E 截面的弯矩为

$$M_E=F_B\frac{a}{2}-\frac{1}{2}q\left(\frac{a}{2}\right)^2=\frac{qa^2}{8}$$

(4) 绘图线　根据各段 Q、M 的端值和线形，作 Q、M 图，如图 4-17(c)、(d)所示。由图可知，最大剪力和弯矩分别为

$$|Q|_{\max}=\frac{3}{2}qa,\qquad |M|_{\max}=qa^2$$

讨论　(1) 求解带有中间铰的静定梁时，通常先在铰链处把梁分开，根据铰链处弯矩为零的特点，利用平衡条件便可求出该处的内力，将问题变成两个或多个简单梁，分别作出内力图并连成整体，则为梁的内力图。(2) 梁的两端如果没有集中力偶(包括支反力偶)作用，则弯矩图在该处不突跳，因此该截面弯矩为零，弯矩图封闭。剪力图也有类似规律。

例 4-7　图 4-18(a)所示结构，由竖杆 AB 和横杆 BC 用刚性很大的接头焊接成一体。这种接头受力时可视为不变形，称为**刚性接头或刚结点**。用刚结点将若干杆件连接而成的结构称为刚架。图示刚架在结点 B 处受集中力 F 作用，试分析刚架内力，并画内力图。

解　(1)求支反力　由平衡方程 $\sum F_x=0$，$\sum M_C=0$ 和 $\sum M_A=0$ 得

$$F_{Ax}=F_{Ay}=F_{Cy}=F$$

(2)列内力方程　将 BC 和 AB 段的坐标原点分别设在 C 点和 A 点，取分离体如图 4－18(b)、(c)所示。剪力和轴力的正负号规则与直梁相同，弯矩的正负号没有具体规定，但在一个结构中应统一。截面上的剪力和轴力均按正向设定，两段内力方程分别为

$$BC\text{段}\quad \begin{cases} Q_1=-F_{Cy}=-F \\ M_1=F_{Cy}x_1=Fx_1 \end{cases}$$

$$AB\text{段}\quad \begin{cases} Q_2=F_{Ax}=F \\ M_2=F_{Ax}x_2=Fx_2 \\ N_2=F_{Ay}=F \end{cases}$$

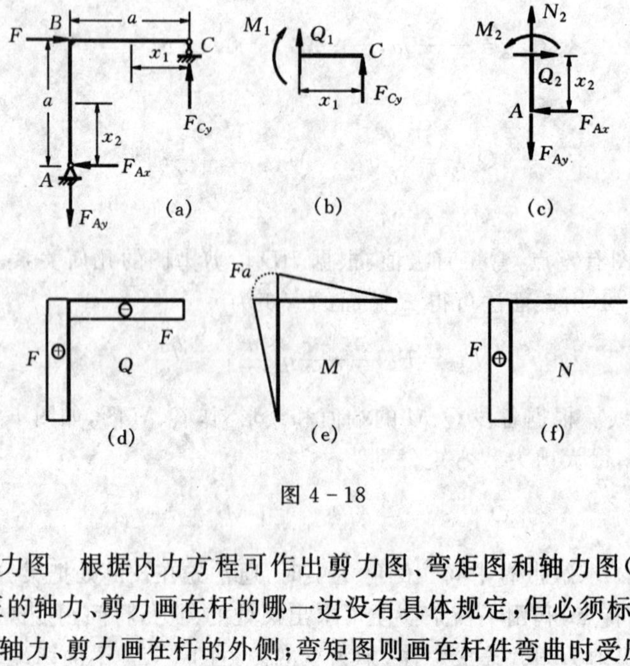

图 4－18

(3)作内力图　根据内力方程可作出剪力图、弯矩图和轴力图(图 4－18(d)、(e)、(f))。正的轴力、剪力画在杆的哪一边没有具体规定，但必须标明正负号。本书约定：正的轴力、剪力画在杆的外侧；弯矩图则画在杆件弯曲时受压的一侧，可以不标明正负号。

讨论　(1)刚结点的特点是：在受力前后，连接处杆件间的夹角保持不变，即各杆件在连接处不能有相对转动，因此它不仅能传递力，而且能传递力矩。所以，当刚结点处无外力偶作用时，根据弯矩的连续性条件，两杆在该处截面上的弯矩数值相等，正负号相同。当刚结点处有外力偶作用时，两杆在该处截面上的弯矩有突跳，突跳值等于该外力偶矩。(2)在土木工程中，梁和刚架的弯矩图始终画在杆件受拉的一侧，而不再考虑其正负号。

例 4－8　半径为 R 的四分之一圆环，在其轴线平面内受垂直于轴线的均布载

荷 q 作用如图 4－19(a)所示。试作曲杆的内力图。

解　(1) 列内力方程　在极坐标系下用极角为 θ 的截面取分离体 BC，受力如图 4－19(b)所示。由平衡条件可求出 θ 截面上的轴力 N、剪力 Q 和弯矩 M 如下

$$Q(\theta)=\int_0^\theta qR\,\mathrm{d}\varphi\cdot\cos(\theta-\varphi)=qR\sin\theta$$

$$N(\theta)=-\int_0^\theta qR\,\mathrm{d}\varphi\cdot\sin(\theta-\varphi)=-qR(1-\cos\theta)$$

$$M(\theta)=-\int_0^\theta qR\,\mathrm{d}\varphi\cdot R\sin(\theta-\varphi)=-qR^2(1-\cos\theta)$$

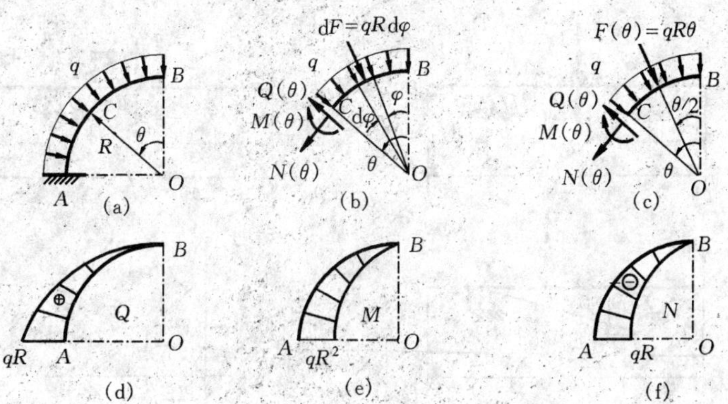

图 4－19

(2) 作内力图　根据上述内力方程，以曲杆轴线为基线作剪力图、弯矩图和轴力图如图 4－19(d)、(e)、(f) 所示，其中内力的大小用径向射线的长度表示。内力图正负号规定和刚架一样，正的轴力、剪力画在曲杆的外侧；弯矩图画在曲杆弯曲时受压的一侧，而不在图中标正负号。

讨论　计算 θ 截面的内力时可否不用积分的方法，而用 $F(\theta)=qR\theta$ 代替 BC 段均布载荷 q 的合力(图 4－19(c))，再用平衡条件列出内力方程？请读者对其结果进行分析比较，并指出产生错误的原因。

例 4－9　双杠的结构可简化为图 4－20(a)所示的外伸梁，当运动员单人在杠上表演时，其受力可用一个移动的集中力 F 表示。若已知 AB 梁长度为 l，试求使杠内最大弯矩为最小时的 a 值。

解　(1) 外力分析　运动员单人在双杠上活动时，梁的受力可分为两种工况：第一种工况是人在 CD 段活动，当集中力 F 作用在中点 E 时，梁内的弯矩最大，E 为危险截面(图 4－20(b))；第二种工况是人在外伸段活动，当集中力 F 在 A(或 B)点时，梁内弯矩最大，C(或 D)为危险截面(图 4－20(c))。

(2)内力分析　由弯矩图(b)、(c)可知，两种工况下最大弯矩分别为

$$M_E=\frac{1}{4}F(l-2a),\qquad M_C=-Fa$$

上述弯矩均为 a 的线性函数，如图(d)所示。从图中可看出，当 M_E 和 M_C 的绝对值相等时，梁内的弯矩 M^* 为最小，即

$$Fa=\frac{1}{4}F(l-2a)$$

故
$$a^*=\frac{l}{6}$$

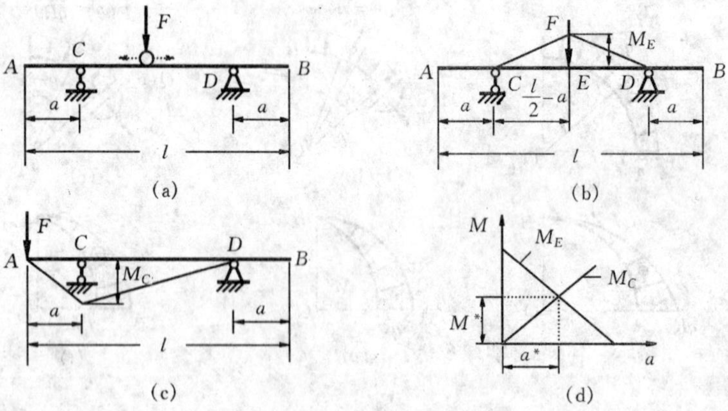

图 4-20

思考题

4-1　设简支梁受集中力、集中力偶和均布载荷共同作用，请总结出定性判别危险截面(弯矩最大的截面)的方法。

4-2　试用 q、Q 和 M 之间的微分关系解释：梁在集中力和集中力偶作用下，剪力图和弯矩图发生突跳的规律。

4-3　在 4.5 节中，推导 q、Q 和 M 之间的微分关系时，若将坐标原点选在梁的最右端，并使 x 轴的正向向左。其结果将有什么不同?

4-4　对式(4-4)和式(4-5)两边从 a 到 b 作定积分，可得出 q、Q 和 M 之间的积分关系。利用此关系可定量校核 Q、M 图和画内力图。试推导出此积分关系。

4-5　材料力学中，关于内力的正负号规则是根据变形定义的。试根据弯矩的正负号规则，利用弯矩图并考虑梁的约束条件，画出例题 4-2～4-5 中梁的轴线弯曲变形的大致形状。

4-6　用奇异函数和 q、Q 和 M 之间的微分关系写出例题 4-1 和例题 4-4 中的梁所受外力的通用表达式。

习　题

4-1　求下列各梁在 A、B、C 截面上的剪力和弯矩，对于有集中力和集中力偶作用的截面应区分其左、右侧截面上的内力。

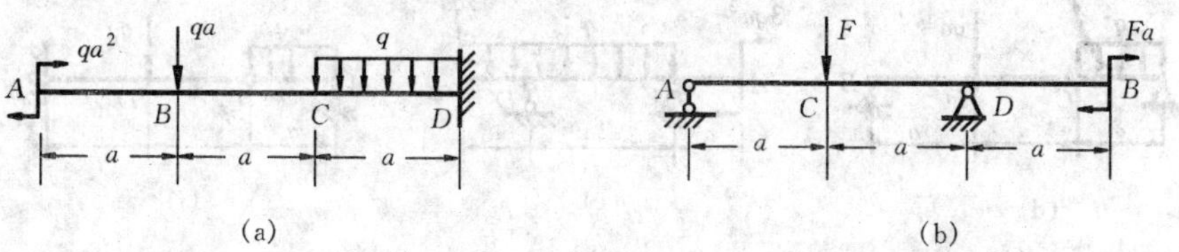

题 4-1 图

4-2　求下列各梁的剪力方程和弯矩方程，作剪力图和弯矩图。并求出 $|Q|_{max}$ 和 $|M|_{max}$。

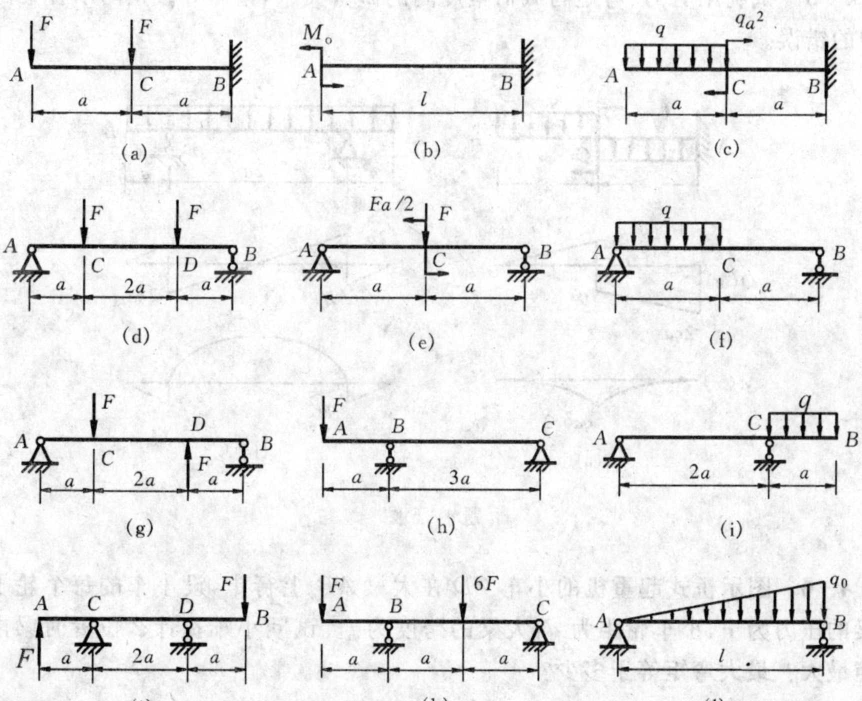

题 4-2 图

4-3 试利用剪力、弯矩与载荷集度间的微分关系画图示各梁的剪力图和弯矩图。

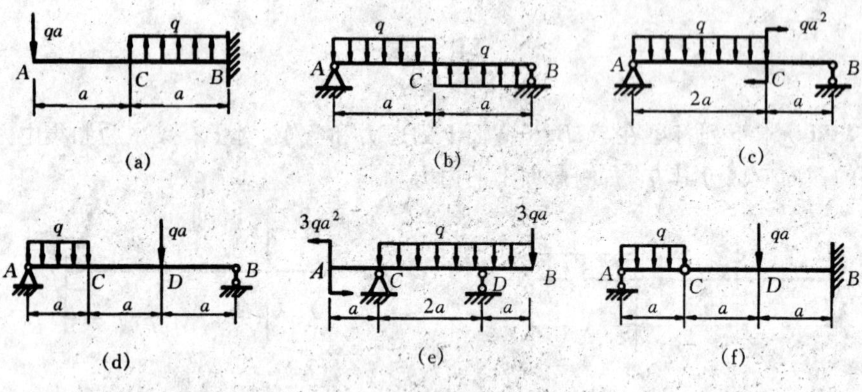

题 4-3 图

4-4 试用奇异函数法列题 4-3 各梁的剪力方程和弯矩方程，并作剪力图和弯矩图。

4-5 试利用剪力、弯矩与载荷集度间的微分关系，指出并改正图示各梁内力图中的错误。

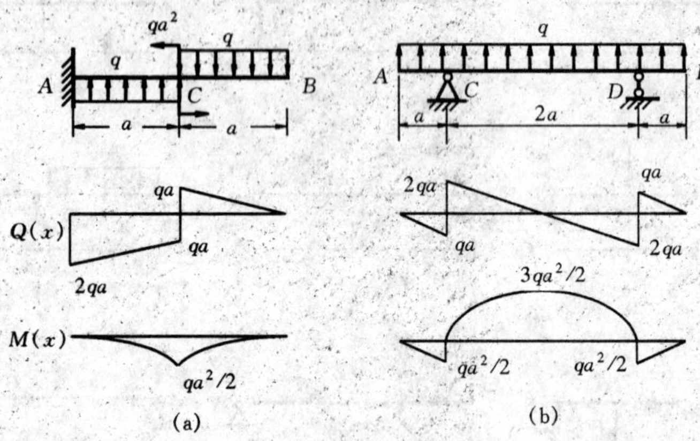

题 4-5 图

4-6 图示桥式起重机的小车 CD 在大梁 AB 上行走，设小车的每个轮子对大梁的压力为 F，小车轮距为 d，大梁的跨度为 l。试问小车在什么位置时梁内的弯矩最大？最大弯矩等于多少？

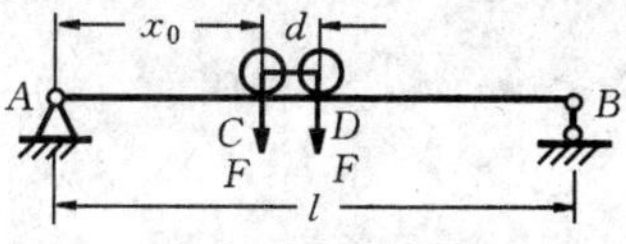

题 4-6 图

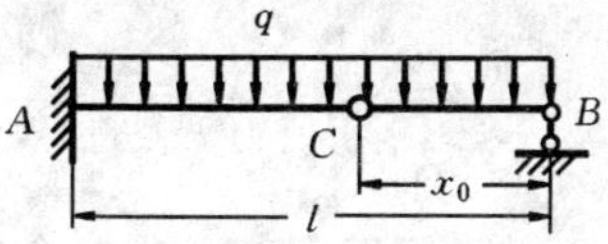

题 4-7 图

$*$**4-7**　图示联合梁受均布载荷作用，C 处为中间铰，如果要使梁内绝对值最大的弯矩为最小，x_0 应等于多少？并求此时梁内的最大弯矩值。

4-8　试作图示各刚架的剪力图、弯矩图和轴力图。

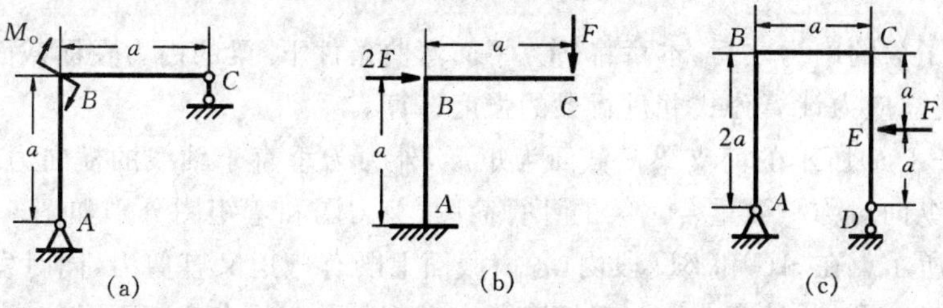

题 4-8 图

4-9　已知曲杆轴线的半径为 R，求任意横截面上的剪力、弯矩和轴力方程，并作曲杆的剪力图、弯矩图和轴力图。

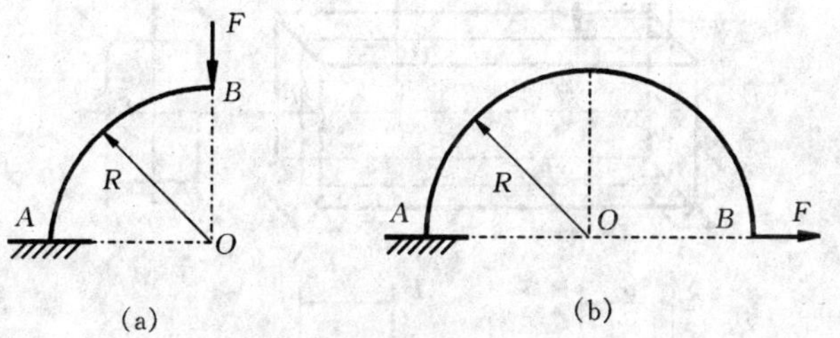

题 4-9 图

$*$**4-10**　试利用奇异函数法编制计算机程序，作出下列各梁的剪力图和弯矩图。

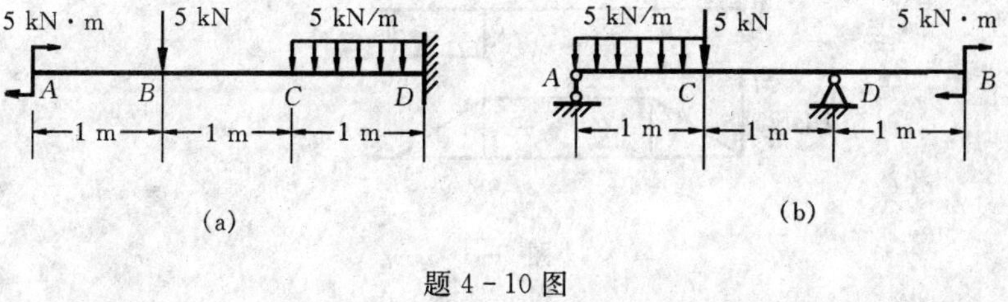

题 4-10 图

第 5 章　弯曲应力

5.1　概述

讨论了梁的内力之后，本章将研究平面弯曲条件下，梁的内力在横截面上的分布规律，建立应力计算公式并进行梁的强度计算。

图 5-1(a)所示的简支梁横截面为矩形，外力为垂直于轴线的横向力，其作用面与梁的纵向对称平面重合。梁的计算简图、剪力图和弯矩图分别如图 5-1(b)、(c)和(d)所示。在 AC 和 BD 段内，各横截面上既有弯矩又有剪力，同时发生弯曲变形和剪切变形，这种弯曲称为**剪切弯曲**。在 CD 段内只有弯矩而无剪力，只发生弯曲变形，这种弯曲称为**纯弯曲**。从静力学关系可知，弯矩 M 是横截面上法向分布内力组成的合力偶矩，而剪力 Q 则是横截面上切向分布内力组成的合力。因

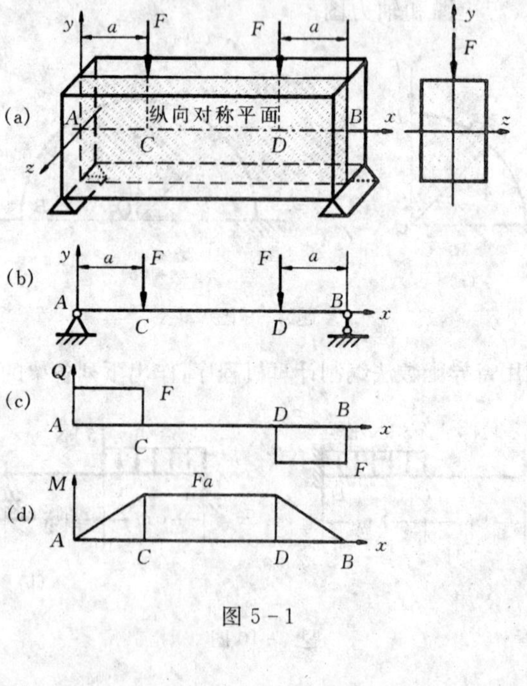

图 5-1

此，梁在剪切弯曲时，横截面上一般既有正应力又有切应力。为了方便起见，本章先研究梁在纯弯曲下的正应力，然后再研究剪切弯曲下的正应力和切应力。

5.2 纯弯曲时梁横截面上的正应力

和推导圆轴扭转切应力相似，由于纯弯曲时，正应力在横截面上的分布规律未知，不能直接由 M 来确定 σ，这是个超静定问题，必须从研究梁的变形入手，分析变形几何关系，再综合物理关系和静力学关系才能解决。

5.2.1 平截面变形规律的证明

研究图 5-1(a)中 CD 段梁的变形，其受力如图 5-2(a)所示。由于梁的材料、结构和外力均对称于中间横截面 E，由对称性可知，变形也对称于 E 截面(图 5-2(b))，因此 E 截面变形后将保持为平面并垂直于变形后的轴线。若梁两端的外力分布和中间截面上的应力分布情况相同，则半段梁的受力和变形也将具有对称性，其中间截面 G 和 H 变形后也将保持为平面且垂直于变形后的轴线(图 5-2(c))。以此类推可知梁在纯弯曲下，横截面变形后仍保持为平面且垂直于变形后的轴线。如果梁端在等效弯曲力偶作用下，则根据圣文南原理，除梁端附近的小范围外，上述结论仍然成立。

由平截面变形规律可得如下推论。

(1)梁弯曲时存在有**中性层**和**中性轴**。用相距为 $\mathrm{d}x$ 的两个横截面 $m-m$ 和 $n-n$ 从图 5-2(a)所示梁中取出一微段(图 5-3(a))。梁变形后，纵向线段 $\overline{aa}$、$\overline{bb}$ 由直线弯成弧线 $\widehat{a'a'}$、$\widehat{b'b'}$，且 $\widehat{a'a'}$ 比 $\overline{aa}$ 缩短了，$\widehat{b'b'}$ 比 $\overline{bb}$ 伸长了。根据变形的连续性，梁内必有一层不伸长也不缩短的纵向线段，称为**中性层**，中性层与横截面的交线称为**中性轴**，如图 5-3(b)所示。由于梁的材料和受力均对称于纵向对称平面，横截面的变形也必对称于截面的对称轴，故对称轴变形后保持为直线并与中性轴正交。梁弯曲时横截面绕其中性轴转动。

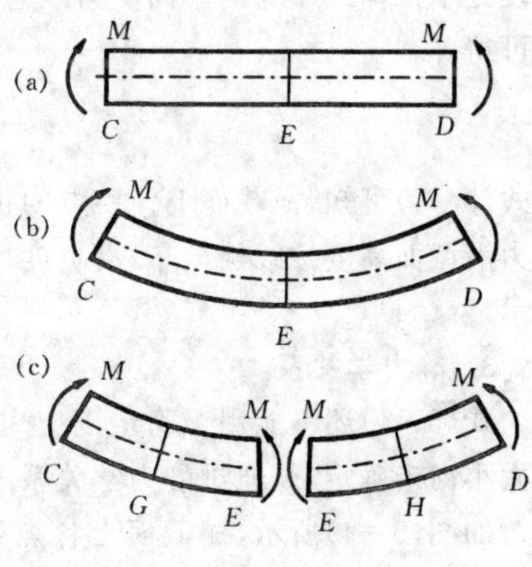

图 5-2

(2)由于变形的对称性，纯弯曲时梁的横截面与纵向线段正交，因此切应变为零，即切应力为零。

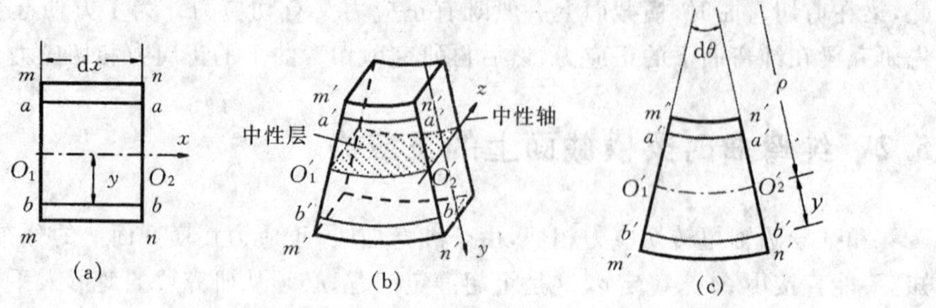

图 5-3

5.2.2 正应力公式推导

1. 变形几何关系

为分析纵向线段的变形，取截面对称轴为 y 轴，中性轴为 z 轴（图 5-3(b)），变形后两横截面绕 z 轴相对转角为 $\mathrm{d}\theta$，中性层的曲率半径为 ρ，距中性层为 y 的纵向线段 $\overline{bb}$ 由原长 $\mathrm{d}x=\rho d\theta$ 变为 $(\rho+y)\mathrm{d}\theta$（图 5-3(c)）。因此该线段的线应变为

$$\varepsilon=\frac{\widehat{b'b'}-\overline{bb}}{\overline{bb}}=\frac{(\rho+y)\mathrm{d}\theta-\rho\mathrm{d}\theta}{\rho\mathrm{d}\theta}$$

即

$$\varepsilon=\frac{y}{\rho} \tag{a}$$

上式表明，梁的纵向线应变沿截面高度按线性分布。

2. 物理关系

在纯弯曲下，由于梁上无横向力作用，假设各纵向线段间无挤压，因此各纵向线段处于拉伸或压缩的单向受力状态。当应力不超过材料比例极限时，由胡克定律可得

$$\sigma=E\varepsilon=\frac{E}{\rho}y \tag{5-1}$$

由式(5-1)可知，横截面上任一点的正应力与该点到中性轴的距离 y 成正比，即正应力沿截面高度按线性分布，沿宽度均匀分布，在中性轴上正应力为零，如图 5-4 所示。

3. 静力学关系

式(5-1)还不能用于确定正应力的大小，因为中性轴 z 的位置和曲率半径 ρ 的大小尚未确定，须通过静力学关系解决。

如图(5-4)所示，横截面上各点处的法向微内力 $\sigma\mathrm{d}A$ 组成一空间平行力系，该力系可简化为三个内力分量，即轴力 N 和对 y、z 轴的力矩 M_y 及 M_z。由于纯弯曲时梁截面上只有弯矩 M，根据静力学条件有

$$N = \int_A \sigma \mathrm{d}A = 0 \tag{b}$$

$$M_y = \int_A z\sigma \mathrm{d}A = 0 \tag{c}$$

$$M_z = \int_A y\sigma \mathrm{d}A = M \tag{d}$$

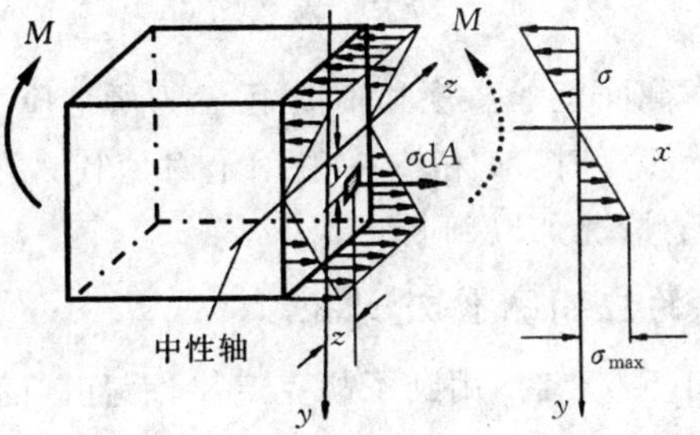

图 5-4

将式(5-1)代入式(b)得

$$\frac{E}{\rho}\int_A y\mathrm{d}A = \frac{E}{\rho}S_z = 0$$

式中，$S_z = \int_A y\mathrm{d}A$ 为横截面对中性轴的静矩。由于$\frac{E}{\rho} \neq 0$，故必然有 $S_z = 0$，由图形的几何性质(附录 A)可知，中性轴 z 必定通过截面的形心。这一结论还可理解为：为保证横截面上的轴力为零，必然要求中性轴一侧的拉应力的合力和另一侧的压应力的合力相等。据此可确定中性轴的位置。

将式(5-1)代入式(c)得

$$\int_A z\sigma \mathrm{d}A = \frac{E}{\rho}\int_A yz\,\mathrm{d}A = 0$$

式中，积分$\int_A yz\,\mathrm{d}A = I_{yz}$ 为横截面对 y 和 z 轴的惯性积。由于 y 是横截面的对称轴，因此 $I_{yz} = 0$，式(c) 自动满足。

将式(5-1)代入式(d)得

$$\int_A y\sigma \mathrm{d}A = \frac{E}{\rho}\int_A y^2 \mathrm{d}A = \frac{E}{\rho}I_z = M \tag{e}$$

式中

$$I_z = \int_A y^2 \mathrm{d}A \tag{f}$$

为横截面对中性轴的轴惯矩(见附录 A)。于是式(e)可写成

$$\frac{1}{\rho}=\frac{M}{EI_z} \tag{5-2}$$

式中,EI_z 称为抗弯刚度;$1/\rho$ 为中性层的曲率。式(5-2)是用曲率表示的弯曲变形计算公式。上式表明,中性层的曲率与弯矩成正比,与抗弯刚度成反比。将式(5-2)代入式(5-1)即得等直梁在纯弯曲时,横截面上正应力计算公式

$$\sigma=\frac{My}{I_z} \tag{5-3}$$

式中,M 和 I_z 分别为横截面上的弯矩和轴惯矩;y 为所求应力点到中性轴的距离。

用公式(5-3)进行计算时,M 和 y 一般用绝对值代入,至于所求点正应力的正负号,可根据梁变形的情况加以判断。

5.2.3 正应力公式的应用条件及讨论

推导公式(5-2)和(5-3)时,用到了胡克定律,而且截面各点处的弹性模量均取同一数值,因此这些公式只适用于线弹性材料且拉伸与压缩弹性模量相等的情况。

式(5-3)是在等直梁受纯弯曲条件下导出的,根据实验和进一步分析表明,对于一般的细长梁(梁的跨度和高度之比 $l/h>5$),剪力对正应力分布规律影响很小,可以略去不计,因此式(5-3)可推广应用于剪切弯曲时梁的正应力计算。

梁截面高度 h 与梁轴线曲率半径 ρ 之比小于 1/5 的曲杆称为**小曲率杆**(或**微曲率杆**)。对于小曲率杆上述公式也可以近似应用,其误差在工程允许范围之内,但式(5-2)应改写为

$$\frac{1}{\rho(x)}-\frac{1}{\rho_0}=\frac{M(x)}{EI_z} \tag{5-4}$$

式中,ρ_0 为计算截面处的初始曲率半径;$\rho(x)$ 为该处变形后的曲率半径;$M(x)$ 为计算截面的弯矩。式(5-4)表明,曲率差和弯矩成正比,当 ρ_0 为无穷大时,即为公式(5-2)。

5.3 弯曲正应力的强度计算

5.3.1 抗弯截面系数计算

由式(5-3)可知,弯曲时横截面上最大正应力发生在离中性轴最远的各点处,对受剪切弯曲的等直梁,由于弯矩 M 是截面位置的函数,因此绝对值最大的正应力为

$$\sigma_{\max}=\frac{|M|_{\max}y_{\max}}{I_z}=\frac{|M|_{\max}}{I_z/y_{\max}} \tag{5-5}$$

式中，$|M|_{\max}$为全梁最大的弯矩；比值 $I_z/y_{\max}$ 仅与截面的形状和尺寸有关，称为**抗弯截面系数**，并用 W_z（单位 cm^3 或 m^3）表示，即

$$W_z = \frac{I_z}{y_{\max}} \tag{5-6}$$

于是，最大弯曲正应力为

$$\sigma_{\max} = \frac{|M|_{\max}}{W_z} \tag{5-7}$$

式(5-7)表明，横截面上最大的弯曲正应力与弯矩成正比，与抗弯截面系数成反比。对于矩形截面(图 5-5(a))，由式(5-6)和附录 A 得

$$y_{\max} = \frac{h}{2},\quad W_z = \frac{I_z}{y_{\max}} = \frac{\frac{1}{12}bh^3}{\frac{1}{2}h} = \frac{1}{6}bh^2 \tag{5-8}$$

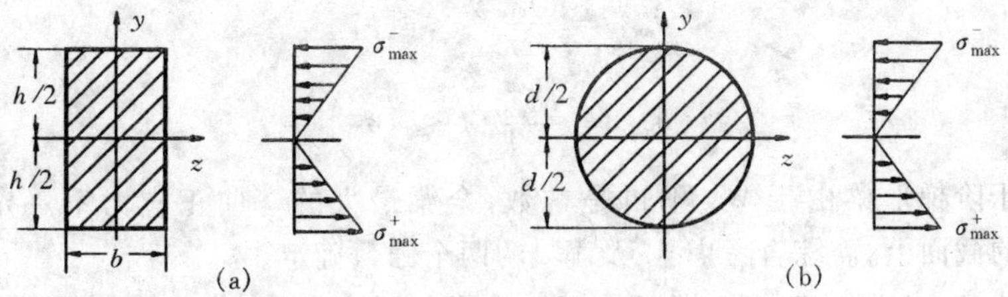

图 5-5

同理，对于圆截面(图 5-5(b))

$$y_{\max} = \frac{d}{2},\quad W_z = \frac{I_z}{y_{\max}} = \frac{\frac{\pi d^4}{64}}{\frac{1}{2}d} = \frac{\pi d^3}{32} \tag{5-9}$$

对于工字钢等标准型钢的 W_z 值，可查国家标准(见附录 C 型钢表)。

5.3.2　正应力强度计算

至此，可建立梁弯曲正应力强度条件为

$$\sigma_{\max} \leqslant [\sigma]$$

即，梁的最大弯曲正应力不得超过材料的许用弯曲正应力。

对于低碳钢一类塑性材料，其抗拉和抗压的许用应力相等，为了使横截面上最大拉应力和最大压应力同时达到许用应力，通常将截面做成与中性轴对称的形状，如矩形、工字形和圆形等。其强度条件为

$$\sigma_{\max} = \frac{|M|_{\max}}{W_z} \leqslant [\sigma] \tag{5-10}$$

对于脆性材料，因其抗拉和抗压的许用应力不相同，为了充分利用材料，常将横截面做成与中性轴不对称的形状，如T字形截面等。图(5-6)所示的铸铁托架，其最大拉应力和最大压应力值，可分别将 y_1 和 y_2 值代入公式(5-3)得出。故

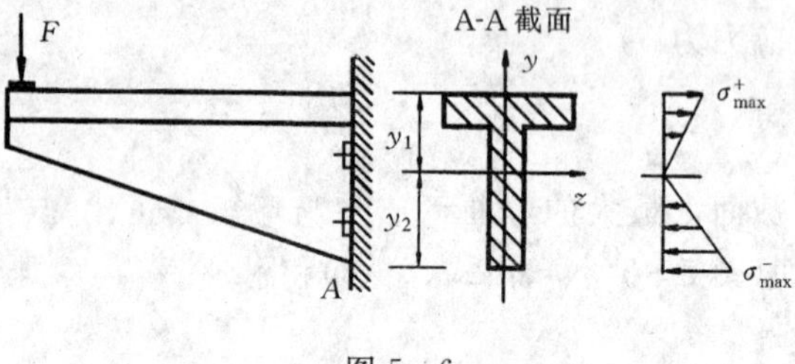

图 5-6

其强度条件为

$$\sigma^+_{max} = \frac{M_{max} y_1}{I_z} \leqslant [\sigma^+] \tag{5-11}$$

$$\sigma^-_{max} = \frac{M_{max} y_2}{I_z} \leqslant [\sigma^-] \tag{5-12}$$

对于阶梯形梁由于 W_z 不再是常数，全梁最大的弯曲正应力不一定发生在 $|M|_{max}$ 的截面上，需综合考虑 M 及 W_z 的两个因数确定。

由式(5-10)～(5-12)即可按正应力进行强度校核，选择截面尺寸或确定许可载荷。材料的弯曲许用应力值比拉压许用应力略大，一般以许用拉伸(压缩)应力值作为许用弯曲正应力值，或按设计规范选取。

例 5-1 钢制等截面简支梁受均布载荷 q 作用，横截面为 $h=2b$ 的矩形(图 5-7)。已知材料许用应力$[\sigma]=120$ MPa，$l=2$ m，$q=50$ kN/m。求：

(1) 梁按图(c)放置时的截面尺寸；

(2) 梁按图(d)放置时的截面尺寸。

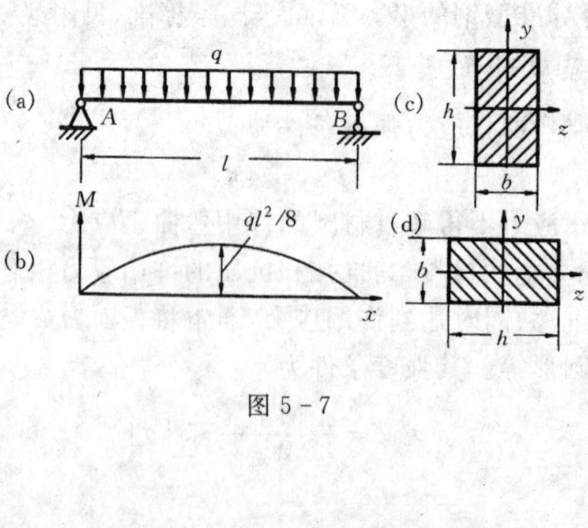

图 5-7

解 (1) 作弯矩图如图(b)所示，危险截面在梁的中点，其值为 $M_{\max}=\dfrac{1}{8}ql^2$

(2) 强度计算 按图(c)放置时，由式(5-8)和式(5-10)得危险点的最大正应力和强度条件为

$$\sigma_{\max}=\frac{M_{\max}}{W_z}=\frac{\frac{1}{8}ql^2}{\frac{1}{6}bh^2}=\frac{3ql^2}{4b(2b)^2}=\frac{3ql^2}{16b^3}\leqslant[\sigma] \tag{a}$$

故

$$b_1\geqslant\sqrt[3]{\frac{3ql^2}{16[\sigma]}}=\sqrt[3]{\frac{3\times 50\times 10^3\times 2^2}{16\times 120\times 10^6}}=67.9\ \text{mm} \tag{b}$$

$$h_1=2b_1=136\ \text{mm}$$

按图(d)放置时，最大弯矩不变，但 $W_z=hb^2/6=b^3/3$，代入式(a)得

$$b_2\geqslant\sqrt[3]{\frac{3ql^2}{8[\sigma]}}=\sqrt[3]{\frac{3\times 50\times 10^3\times 2^2}{8\times 120\times 10^6}}=85.5\ \text{mm} \tag{c}$$

$$h_2=2b_2=171\ \text{mm}$$

讨论 (1) 由计算结果可知，两梁的横截面面积之比 $A_2/A_1=(b_2/b_1)^2=1.59$，即图(d)梁所用材料是图(c)梁的1.59倍，显然矩形截面梁按图(c)放置承载能力比图(d)高，这是因为梁弯曲时中性轴附近的正应力很小，而图(d)梁将较多的材料放在中性轴附近，使得这部分材料未能充分发挥作用。(2) 由式(b)可看出，对截面尺寸影响最大的是跨度 l，如果 l 增大一倍，则宽度 b 增大为 $\sqrt[3]{2^2}=1.59$ 倍，梁所用材料将增大为 $(1.59)^2=2.53$ 倍。由此可知桥梁中间要设立桥墩的道理。请读者分析，如果该梁在中点受集中力作用，上述结论是否有变化？

例5-2 T字形铸铁托架，自由端 A 受集中力 F 作用。B 端截面尺寸如图5-8(d)所示，$h=5b$，梁长 l。已知铸铁许用压应力 $[\sigma^-]$ 为许用拉应力 $[\sigma^+]$ 的3倍，求许可载荷 F。

解 (1) 确定形心位置并计算形心主惯矩 设T形截面翼缘和腹板两个矩形的面积分别为 A_{I} 和 A_{II}，取 z_0 为参考坐标轴(截面顶边)。由附录A可知形心坐标 y_1 和轴惯矩 I_z 为

$$y_1=\frac{A_{\mathrm{I}}\ \dfrac{b}{2}+A_{\mathrm{II}}\left(\dfrac{h}{2}+b\right)}{A_{\mathrm{I}}+A_{\mathrm{II}}}=2b=\frac{2h}{5}$$

$$y_2=h+b-y_1=4b=\frac{4h}{5}$$

$$I_z=I_z^{\mathrm{I}}+I_z^{\mathrm{II}}=\frac{hb^3}{12}+A_{\mathrm{I}}\left(y_1-\frac{b}{2}\right)^2+\frac{bh^3}{12}+A_{\mathrm{II}}\left(y_2-\frac{h}{2}\right)^2=\frac{4}{75}h^4$$

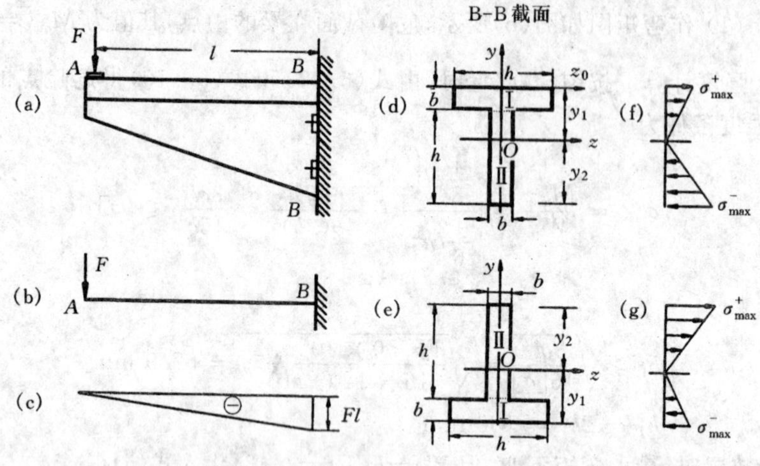

图 5-8

(2) 应力和强度计算　托架计算简图和弯矩图如图 5-8(b)、(c)所示，危险截面在 B 处，$M_{\max}=Fl$；由托架上侧受拉、下侧受压的变形情况可知 B 截面的应力分布如图(f)所示，最大拉应力和最大压应力(**危险点**)分别发生在翼缘的上侧和腹板的下侧各点处，由式(5-11)和式(5-12)得

$$\sigma_{\max}^{+}=\frac{|M|_{\max}y_1}{I_z}=\frac{Fl\dfrac{2h}{5}}{\dfrac{4}{75}h^4}=\frac{15Fl}{2h^3}\leqslant[\sigma^{+}]$$

$$\sigma_{\max}^{-}=\frac{|M|_{\max}y_2}{I_z}=\frac{Fl\dfrac{4h}{5}}{\dfrac{4}{75}h^4}=\frac{15Fl}{h^3}\leqslant[\sigma^{-}]=3[\sigma^{+}]$$

由上述强度条件可得

$$F_1\leqslant\frac{2h^3}{15l}[\sigma^{+}],\qquad F_2\leqslant\frac{h^3}{5l}[\sigma^{+}]$$

为满足强度条件，许可载荷应取其中最小的一个，即

$$[F]=F_1=\frac{2h^3}{15l}[\sigma^{+}]$$

讨论　如果将上述 T 形截面倒放(图 5-8(e))，则最大拉应力将增大一倍(图 5-8(g))，许可载荷$[F]$值将减为一半。因此，对于脆性材料制成的梁，为充分发挥材料的抗压性能提高承载能力，设计截面时应使中性轴靠近受拉的一侧，并使最大拉应力和最大压应力都分别达到材料拉伸和压缩的许用应力。请读者通过调整 h 和 b 的比值对本例 T 形截面重新进行设计，使其达到最优。

例 5-3　一外径 $D=250$ mm，壁厚 $t=10$ mm，长度 $l=12$ m 的铸铁水管，支撑如图 5-9(a)所示，管中充满水(无水压)。铸铁单位体积的重量 $\gamma_1=78\ \text{kN/m}^3$，水的单位体积重量 $\gamma_2=10\ \text{kN/m}^3$，已知铸铁许用应力为 $[\sigma^+]=30$ MPa，$[\sigma^-]=80$ MPa，$a=0.1$ m。试校核水管的强度。

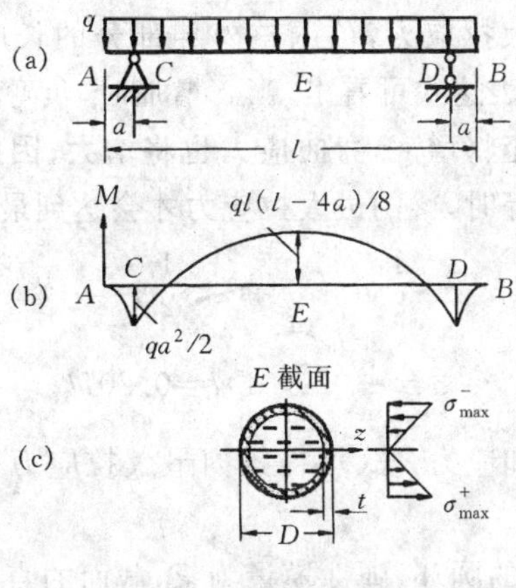

图 5-9

解　(1) 内力分析确定危险截面　设铸铁水管所受的线分布载荷为 q，其数值等于单位长度铸铁管重量和水的重量之和，即

$$
\begin{aligned}
q &= \frac{\pi(D^2-(D-2t)^2)}{4}\gamma_1+\frac{\pi(D-2t)^2}{4}\gamma_2 \\
&= \frac{\pi(0.25^2-(0.25-2\times0.01)^2)}{4}\times78+\frac{\pi(0.25-2\times0.01)^2}{4}\times10 \\
&= 1.003\ \text{kN/m}
\end{aligned}
$$

弯矩图如图 5-9(b)所示，最大正、负弯矩发生在中间截面 E 和 C、D 截面处。其值分别为

$$M_{\max}^{+}=\frac{1}{8}ql(l-4a)=\frac{1}{8}\times1.003\times12\times(12-4\times0.1)=17.45\ \text{kN}\cdot\text{m}$$

$$M_{\max}^{-}=\frac{1}{2}qa^2=\frac{1}{2}\times1.003\times(0.1)^2=5.02\ \text{N}\cdot\text{m}$$

(2) 应力和强度计算　圆环截面关于中性轴对称，最大拉应力和压应力数值相同(图 5-9(c))，因此危险截面发生在弯矩绝对值最大的 E 截面处。由式(5-9)和式(5-7)得圆环截面抗弯截面系数和最大拉应力分别为

$$W_z=\frac{\pi D^3}{32}(1-\alpha^4)=\frac{\pi D^3}{32}\left(1-\left(\frac{D-2t}{D}\right)^4\right)$$

$$=\frac{\pi\times 0.25^3}{32}\left(1-\left(\frac{0.25-2\times 0.01}{0.25}\right)^4\right)=4.35\times 10^{-4}\ \text{m}^3$$

$$\sigma_{\max}^{+}=\frac{M_{\max}^{+}}{W_z}=\frac{17.45\times 10^3}{4.35\times 10^{-4}}=40.1\ \text{MPa}>[\sigma^{+}]=30\ \text{MPa}$$

铸铁水管的最大拉应力超过许用拉应力,强度不够。

讨论 为了降低最大拉应力,可调整外伸部分的长度,以降低梁内的最大弯矩。由 C、E 截面的弯矩表达式可看出,当 a 增加时,负弯矩将增大,弯曲应力也将增大;当 a 减小时,正弯矩将增大,弯曲应力也将增大;因此,只有当最大正弯矩和最大负弯矩的绝对值相等时,梁的最大拉应力才会达到最小。于是由 $M_E=M_C$,即

$$\frac{1}{8}ql(l-4a)=\frac{1}{2}qa^2$$

解得

$$a=\frac{1}{2}(\sqrt{2}-1)l=0.207l$$

将上式代入弯矩表达式和应力公式可得梁内最大拉应力 $\sigma_{\max}^{+}=7.11$ MPa,满足强度条件。

例 5-4 半径为 R 的圆环,弹性模量为 E,截面的直径为 d,$R=10d$,在 A、B 截面处有一微小缺口 $\Delta\theta$(图 5-10(a)),若将其焊接成如图 5-10(b)所示的圆环,求圆环中最大正应力。

解 设圆环焊接后的半径为 R_1,由于 $R_1<R$,曲率发生了变化,焊接后圆环的截面上一定有弯矩。根据式(5-4)有

$$\frac{1}{R_1}-\frac{1}{R}=\frac{M}{EI}\tag{a}$$

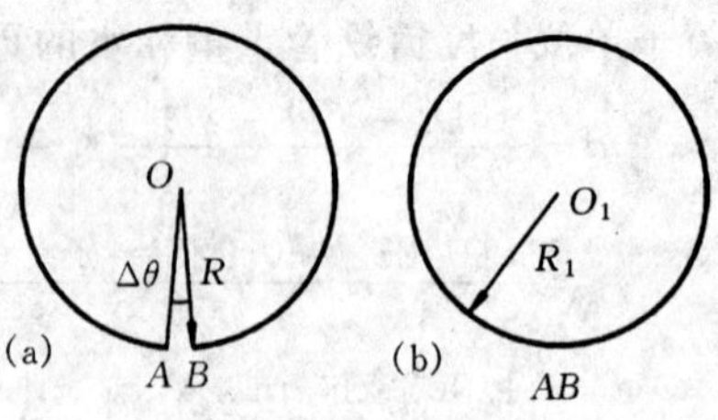

图 5-10

上式中的 R_1 可以通过图 5-10 中两圆的周长相等求得,即 $(2\pi-\Delta\theta)R=2\pi R_1$,所以 $R_1=\left(1-\frac{\Delta\theta}{2\pi}\right)R$,代入式(a)得

$$M=\frac{EI\Delta\theta}{R(2\pi-\Delta\theta)}\approx\frac{EI\Delta\theta}{2\pi R}$$

由式(5-5)得

$$\sigma_{\max}=\frac{M}{I}\,\frac{d}{2}\approx\frac{Ed\Delta\theta}{4\pi R}=\frac{E\Delta\theta}{40\pi}$$

5.4 弯曲切应力和切应力强度条件

梁在剪切弯曲下横截面上既有弯矩又有剪力,因此,横截面上就有相应的正应

力和切应力。本节以矩形截面梁为例讨论对称截面梁的弯曲切应力及其强度条件，并介绍其他截面的弯曲切应力公式。

5.4.1　矩形截面梁的切应力

图 5 - 11(a)所示矩形截面梁，设 $h>b$，载荷作用在纵向对称平面内。为研究横截面切应力分布规律，截取长为 dx 的微段，设作用于微段左右截面的剪力为 Q，弯矩分别为 M 和 $M+\mathrm{d}M$(图 5 - 11(b))。根据切应力互等定理，横截面两侧边 $n-n$ 和 n_1-n_1 上各点处切应力一定平行于侧边(图 5 - 11(a))，由对称性可知，在 y 轴上各点的切应力必与剪力 Q 平行，对于 $h>b$ 的矩形截面梁，可认为沿截面宽度切应力的大小与方向不会有明显的变化，因此可作出如下假设：

(1) 横截面上各点的切应力均平行于剪力 Q；

(2) 切应力沿矩形截面宽度均匀分布。

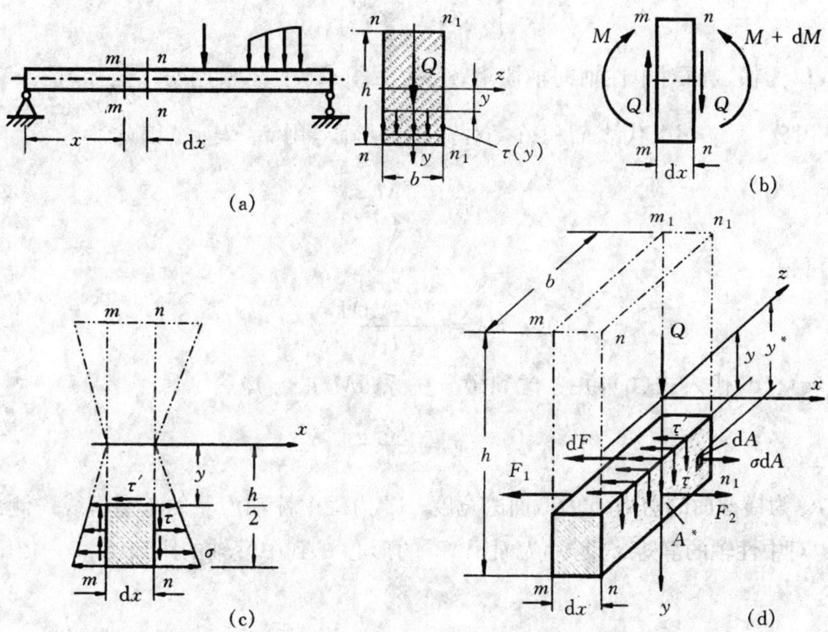

图 5 - 11

根据进一步的研究指出，当截面高度 h 大于宽度 b 时，由上述假设得出的切应力公式是足够精确的。根据上述假设推导切应力公式将是个静定问题，利用静力学条件即可得到。

在 dx 微段中距中性层为 y 处，用一水平截面截取下部的微条加以研究(图 5 - 11(c)、(d))，并以 A^* 表示所取部分的横截面面积。根据上述两个假设，在横截面上距中性轴为 y 的各点处有均匀分布的切应力 τ，再由切应力互等定理，水平纵截面上也有均匀分布的切应力 τ'，方向平行于轴线，且有 $\tau'=\tau$。由于微段 $\mathrm{d}x$ 左右两侧面上的弯矩不相同，因此这两个截面上的正应力也不相同(图 5-11(c))。设在两侧的面积 A^* 上的正应力所组成的轴向力分别为 F_1 和 F_2，显然有 $F_2>F_1$；故在水平截面上必有水平剪力 $\mathrm{d}F$ 存在，$\mathrm{d}F$ 是水平切应力 τ' 的合力。于是由下部微条的平衡方程

$$F_2-F_1=\mathrm{d}F=\tau' b\,\mathrm{d}x=\tau b\,\mathrm{d}x \tag{a}$$

可得

$$\tau=\frac{F_2-F_1}{b\,\mathrm{d}x} \tag{b}$$

由图 5-11(d)和公式(5-3)可知

$$F_1=\int_{A^*}\sigma\mathrm{d}A=\frac{M}{I_z}\int_{A^*}y^*\,\mathrm{d}A$$

式中，I_z 为横截面对中性轴的轴惯矩；y^* 为面积 A^* 上任意点的纵坐标，且 $y\leqslant y^*\leqslant h/2$；积分 $\int_{A^*}y^*\,\mathrm{d}A$ 代表面积 A^* 对 z 轴的静距，用 S_z^* 表示。因此

$$F_1=\frac{M}{I_z}S_z^* \tag{c}$$

同理可得

$$F_2=\frac{M+\mathrm{d}M}{I_z}S_z^* \tag{d}$$

将式(c)、(d)代入式(b)，并考虑到微分关系 $\mathrm{d}M/\mathrm{d}x=Q$ 得

$$\tau=\frac{QS_z^*}{bI_z} \tag{5-13}$$

式中，Q 为横截面的剪力；b 为截面的宽度；S_z^* 为距中性轴为 y 的水平横线一侧部分面积 A^* 对中性轴的静矩。设 y_C^* 为面积 A^* 的形心 C 到中性轴的距离(图 5-12(a))，则有

$$S_z^*=\int_{A^*}y^*\,\mathrm{d}A=A^*y_C^*=b\left(\frac{h}{2}-y\right)\left[y+\frac{1}{2}\left(\frac{h}{2}-y\right)\right]=\frac{b}{2}\left(\frac{h^2}{4}-y^2\right)$$

将上式及 $I_z=bh^3/12$ 代入式(5-13)可得

$$\tau=\frac{QS_z^*}{bI_z}=\frac{6Q}{bh^3}\left(\frac{h^2}{4}-y^2\right) \tag{5-14}$$

从式(5-14)可看出，切应力沿高度按抛物线规律分布(图 5-12(b))。在截面的上、下边缘处($y=\pm h/2$)，切应力 $\tau=0$。在中性轴上各点处($y=0$)，切应力为最大，其值为

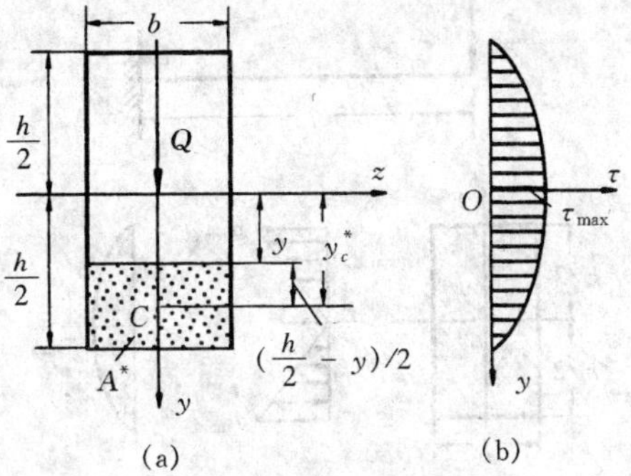

图 5-12

$$\tau_{max}=\frac{3Q}{2bh}=\frac{3}{2}\frac{Q}{A} \tag{5-15}$$

式中,A 代表横截面的面积。可见矩形截面梁的最大切应力为平均切应力的 1.5 倍。与精确解相比,当 $h/b=2$ 时,上述解答的误差为 3%;当 $h/b=1$ 时,误差约为 10%。

根据上述分析和剪切胡克定律,切应变沿高度也按抛物线分布。在中性层上的单元体切应变达到最大值,随着与中性层距离的增加,切应变逐渐减小,在上、下表面处切应变 $\gamma=0$(图 5-13)。因此,在剪切弯曲时横截面将不再保持为平面而发生翘曲(图 5-13)。但是,如果相邻横截面间的剪力相同,则其翘曲程度也相同,相邻横截面间纵向线段 ab 在其变形至 $a'b'$ 位置时,其长度并无变化(图 5-13)。因此,这种翘曲变形并不影响由弯矩引起的正应变,在纯弯曲中所建立的弯曲正应力公式仍然成立。若在分布载荷作用下,相邻横截面的剪力将不再相同,其翘曲程度也不相同,相邻横截面间纵向线段的长度将因此而发生变化,但对细长梁而言,这种变化极其微小,所以对弯曲正应力的影响仍可略去不计。

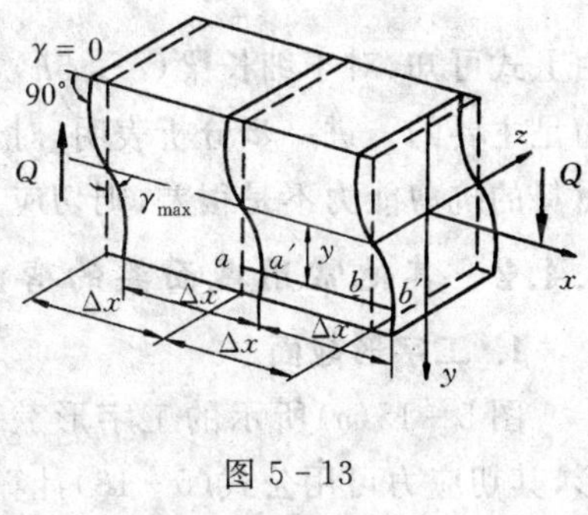

图 5-13

例 5-5　一矩形截面悬臂梁,在自由端承受集中载荷 F,如图 5-14(a)所示,$l>5h$,试求最大切应力 τ_{max} 和最大弯曲正应力 σ_{max} 的比值。

解　该梁所有截面上的剪力均等于 F,最大弯矩在 B 截面,其值为 $M_{max}=Fl$。由应力分布规律(图 5-14(b)、(c))可知,最大正应力发生在 B 截面的上、下边缘,最大切应力发生在各横截面中性轴处。其值分别为

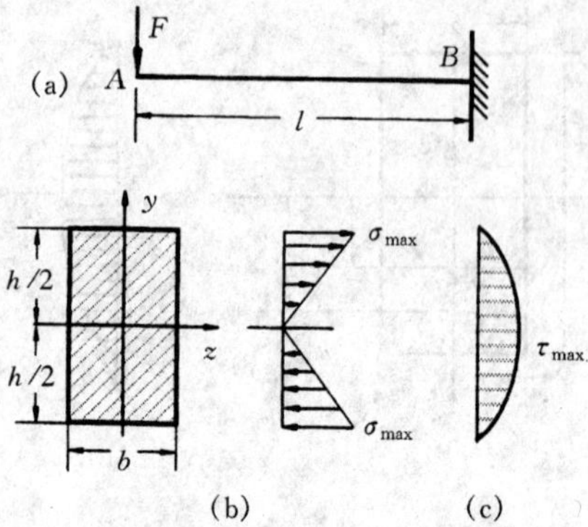

图 5-14

$$\sigma_{max} = \frac{M_{max}}{W_z} = \frac{Fl}{bh^2/6}, \qquad \tau_{max} = \frac{3}{2}\frac{Q}{A} = \frac{3}{2}\frac{F}{bh}$$

两者之比为

$$\frac{\tau_{max}}{\sigma_{max}} = \frac{h}{4l}$$

由上式可知，对于细长梁($l > 5h$)，$\tau_{max}/\sigma_{max} < 5\%$。即切应力相对很小，弯曲正应力是主要的。进一步分析表明，对于圆形、矩形等实心截面梁，只要 l/h 值较大，且材料的抗剪能力不是很差，则切应力都可略去不计。

5.4.2 其他常用截面梁的弯曲切应力

1. 工字形截面

图 5-15(a)所示的工字形截面由腹板和上、下翼缘组成。腹板是个狭长矩形，其切应力可用公式(5-13)计算，切应力沿高度分布如图 5-15(b)所示。最大切应力发生在中性轴上，其值为

$$\tau_{max} = \frac{QS^*_{z\,max}}{dI_z} = \frac{Q}{d(I_z/S^*_{z\,max})} \approx \frac{Q}{A'} \tag{5-16}$$

式中，d 和 A' 分别为腹板宽度和面积；I_z 为工字形截面对中性轴的惯性矩；$S^*_{z\,max}$ 为中性轴一侧半个工字形截面面积对中性轴的静距。对于轧制的工字钢，式中的 $I_z/S^*_{z\,max}$ 可由型钢规格表中(附录 C)查得。由于翼缘的厚度很小，因此，翼缘上沿 y 方向的切应力很小，可忽略不计，而水平切应力 τ_1 是翼缘的主要切应力，其值可按照推导公式(5-13)的方法确定，其方向如图 5-15(a)所示。与腹板最大切应力相比，翼缘的最大切应力较小，故通常不必计算。计算结果表明，工字形截面的上、下翼缘主要承担弯矩，而腹板主要承担剪力。

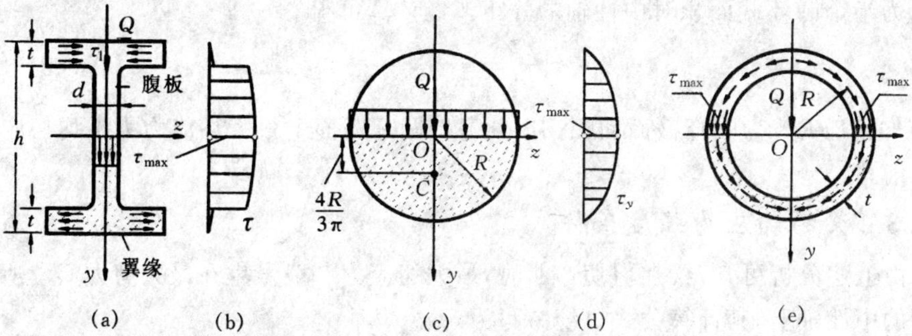

图 5－15

对于槽钢、槽形截面梁和箱形薄壁截面梁腹板的弯曲切应力计算与工字形截面梁相似，其最大切应力可用公式(5－16)计算。

2. 圆形截面

由切应力互等定理可知，位于截面圆周上各点的切应力必与圆周相切。因此，除中性轴外，矩形截面切应力分布的假设不再适用。但研究结果表明，y 方向切应力沿高度仍按抛物线分布(图 5－15(d))，最大切应力仍发生在中性轴上，并可认为沿中性轴均匀分布(图 5－15(c))，因此可用公式(5－13)来计算圆形截面的最大切应力，即

$$\tau_{\max}=\frac{QS_{z\max}^{*}}{bI_z} \tag{e}$$

式中，$b=2R$，为圆形截面在中性轴处的宽度；$I_z=\pi R^4/4$；$S_{z\max}^{*}$ 为半个圆面积对中性轴的静距(图 5－15(c))，其值为

$$S_{z\max}^{*}=\left(\frac{\pi R^2}{2}\right)\left(\frac{4R}{3\pi}\right)=\frac{2}{3}R^3$$

将上述各量代人式(e)得

$$\tau_{\max}=\frac{4}{3}\frac{Q}{A} \tag{5-17}$$

式中，A 为圆形截面面积。可见，圆形截面最大切应力为平均切应力的 1.33 倍。

3. 薄壁圆环截面

壁厚 t 远小于平均半径 $R(R>10t)$ 的圆环称为薄壁圆环。由于壁厚很小，可以认为切应力沿壁厚均匀分布，方向与圆周相切(图 5－15(e))，最大切应力发生在中性轴上，方向平行于剪力 Q。其值仍可用公式(5－13)计算，即

$$\tau_{\max}=\frac{QS_{z\max}^{*}}{bI_z}$$

式中，$b=2t$，为圆环截面在中性轴处的宽度；I_z 为圆环截面对中性轴的惯性矩；

$S_{z\max}^*$为半个圆环截面积对中性轴的静矩。经计算可得

$$\tau_{\max} = 2\frac{Q}{A} \tag{5-18}$$

式中，$A=2\pi R t$ 为圆环截面面积。因此薄壁圆环截面上最大切应力为平均切应力的 2 倍。

5.4.3 梁的切应力强度条件

由上述分析可知，梁在剪切弯曲时，最大切应力一般发生在最大剪力 $Q_{\max}$所在截面的中性轴上，其计算公式可统一写为

$$\tau_{\max} = \frac{Q_{\max}S_{z\max}^*}{bI_z}$$

式中，b 为横截面在中性轴处的宽度；$S_{z\max}^*$为中性轴一侧的截面面积对中性轴的静矩。由于中性轴上各点的弯曲正应力为零，因此这些点处于纯剪切受力状态，其切应力强度条件为

$$\tau_{\max} = \frac{Q_{\max}S_{z\max}^*}{bI_z} \leqslant [\tau] \tag{5-19}$$

式中，$[\tau]$为材料的剪切许用应力。

在进行梁的强度计算时，一般先考虑正应力强度条件，再按公式(5－19)进行切应力强度校核。对于实心的细长梁，由于弯曲正应力是主要控制因素，因此一般不需要进行切应力强度校核。但对于薄壁截面梁；短而粗的梁；很大的集中载荷作用在支座附近的梁等，其弯曲切应力不能忽略。由于木梁沿顺纹方向的抗剪能力较差，因此除考虑正应力强度条件外，还需考虑切应力强度条件。某些薄壁构件(例如工字形截面梁)在腹板和翼缘交界处，其正应力和切应力都可能比较大，该处也可能成为危险点，其强度计算问题将在第 8 章中讨论。

例 5－6 一机器重 50 kN，安装在两根工字钢外伸梁的外伸端上，如图5－16(a)所示，若许用应力$[\sigma]=60$ MPa ，$[\tau]=40$ MPa。试选择工字钢型号。

解 先按正应力强度条件选择截面，然后按切应力强度条件进行校核。

(1) 每根外伸梁在自由端受 25 kN 载荷作用，梁的计算简图、剪力图和弯矩图分别如图 5－16(b)、(c)和(d)所示。

(2) 按正应力强度条件初选　由公式(5－10)

$$\sigma_{\max} = \frac{M_{\max}}{W_z} \leqslant [\sigma]$$

即

$$W_z \geqslant \frac{M_{\max}}{[\sigma]} = \frac{25\times10^3}{60\times10^6} = 0.417\times10^{-3}\ \text{m}^3 = 417\ \text{cm}^3$$

查国家标准(GB706－65，见附录 C)有 25a 工字钢，其 $W_z=401.88\ \text{cm}^3$，虽然它比

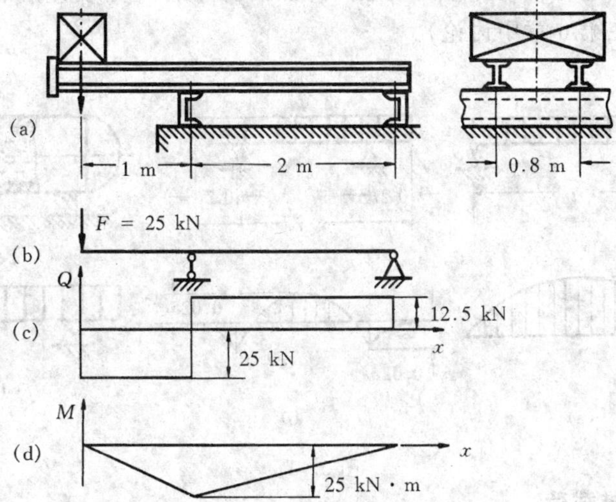

图 5 - 16

要求的小了 3.5%，但工程中一般偏差不大于 5%是允许的。故初选 25a 工字钢。

(3)按切应力强度条件校核　由图 5 - 16(c)得 $|Q|_{max}=25$ kN，查附录 C 的型钢规格表，得 25a 号工字钢的腹板宽度 $d=8$ mm，$I_z/S_{z\,max}^*=21.58$ cm，代入公式(5 - 19)得

$$\tau_{max}=\frac{|Q|_{max}}{d(I_z/S_{z\,max}^*)}=\frac{25\times10^3}{8\times10^{-3}\times21.58\times10^{-2}}$$
$$=14.5\times10^6\ \mathrm{N/m^2}=14.5\ \mathrm{MPa}<[\tau]$$

即剪切强度足够，故可选用 25a 号工字钢。

5.5　提高弯曲强度的措施

由前面分析可知，一般情况下长梁的强度通常取决于弯曲正应力。分析式(5 - 10)可看出，梁的弯曲正应力强度与所用材料、横截面形状，以及弯矩有关。因此，提高梁的承载能力，可从减少最大弯矩 M_{max} 和提高截面抗弯系数 W_z 等方面考虑。

5.5.1　合理安排梁的支承与载荷

1. 合理安排梁的支承

例如图 5 - 17(a)所示的梁，其最大的弯矩 $M_{max}=ql^2/8=0.125ql^2$，若将两支座向中间移动 0.2 l(图 5 - 17(b))，则后者的最大弯矩仅为前者的 1/5(见例 5 - 3)。设计锅炉筒体及吊装长构件时，其支承点不设在两端(图 5 - 17(c))就是利

用这个道理。另外还可增加中间支座以降低最大弯矩(增加支座后成为超静定梁,其内力分析将在第 6 章中讨论)。

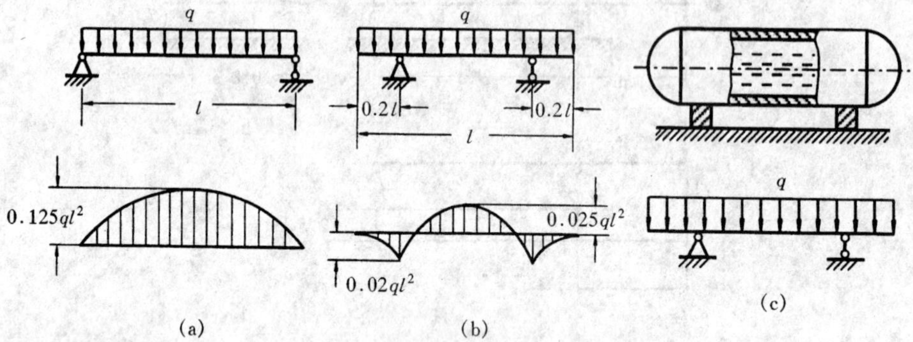

图 5-17

2. 合理安排载荷

对图 5-18(a)所示的梁,当集中载荷位置不受限制时,可尽量靠近支承,这样梁内的最大弯矩将比载荷作用在跨中央小得多(图 5-18(b))。此外,若条件允许,可将一个集中载荷分成几个较小的集中载荷或变成线分布载荷,例如将图 5-18(a)所示的梁改为图 5-19(a)、(b)所示的情况,后两种梁,最大的弯矩只有原来的一半。许多木结构建筑就是利用上述原理(图 5-19(c))。

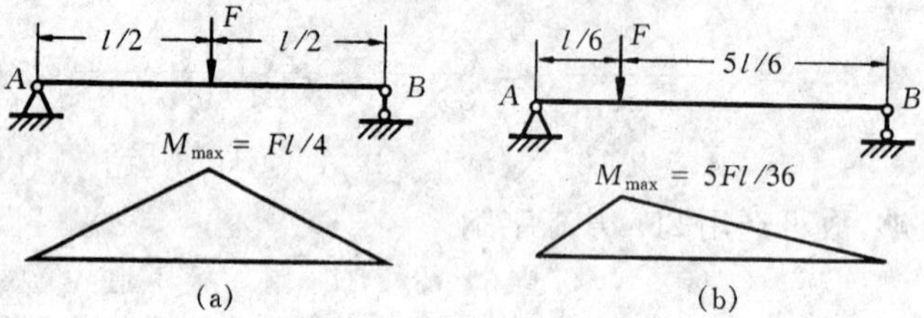

图 5-18

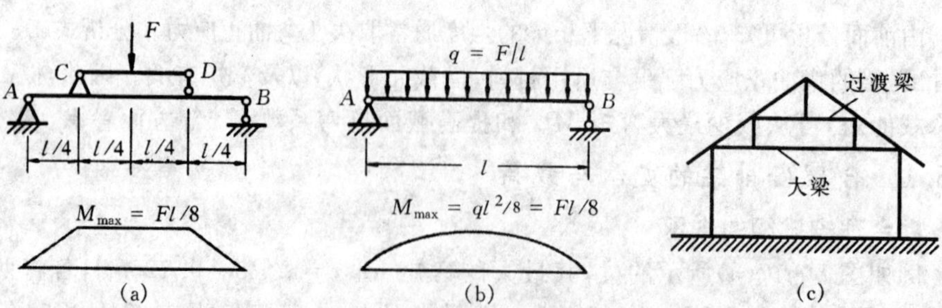

图 5-19

5.5.2　合理设计截面的形状

由式(5-10)和材料的力学性质可知，合理设计梁的截面形状应遵循如下原则：

1. 增大单位面积的抗弯截面系数 W_z/A

当弯矩一定时，最大弯曲正应力与抗弯截面系数成反比。为了节省材料、减轻自重，合理的截面形状应该使单位面积的抗弯截面系数 W_z/A 尽可能大。例如，例 5-1 中的矩形截面梁，竖放和横放的抗弯截面系数之比 $h/b>1$。所以，竖放的弯曲强度比横放高。

常见的几种截面的比值 W_z/A 列于表 5-1 中。

表 5-1　W_z/A 值

截面形状	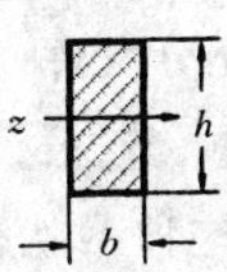 矩形	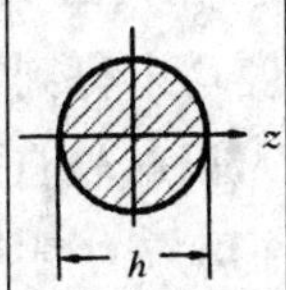 圆形	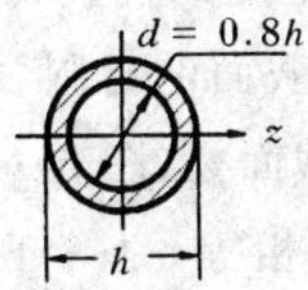 环形	 槽钢	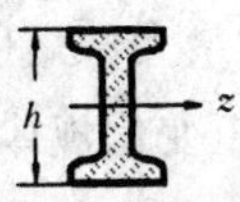 工字钢
W_z/A	$0.167h$	$0.125h$	$0.205h$	$(0.27\sim0.31)h$	$(0.27\sim0.31)h$

表 5-1 说明，实心圆截面梁最不经济，槽钢和工字钢最好。这可从弯曲正应力的分布规律得到解释。由于弯曲正应力按线性分布，中性轴附近弯曲正应力很小，在截面的上、下边缘处弯曲正应力最大。因此，使横截面面积分布在距中性轴较远处可充分发挥材料的强度。工程中，大量采用的工字形和箱形截面梁，例如铁轨、起重机大梁、内燃机连杆等就是运用了这一原理。而圆形实心截面梁上、下边缘处的材料较少，中性轴附近的材料较多，因而不能做到材尽其用。对于需做成圆形截面的轴类构件，宜采用空心圆截面。

2. 应根据材料的性质选择截面的形状

塑性材料（如钢材）因其抗拉和抗压能力相同，因此截面宜对称于中性轴，这样可使最大拉应力和最大压应力相等，并同时达到许用应力，使材料得到充分利用。对于抗拉和抗压能力不相等的脆性材料，例如铸铁等，设计截面时，应使中性轴靠近受拉的一侧，并使截面上最大拉应力和最大压应力同时达到或接近材料抗拉和抗压的许用应力。对于这类材料通常做成 T 字形等截面（图 5-6），其中性轴的合理位置由式(5-11)和式(5-12)确定。

对于组合材料的梁，例如工程中大量使用的钢筋混凝土梁(图 5-20)，在它受拉的一侧配置抗拉的钢筋，可大大提高梁的抗弯能力。

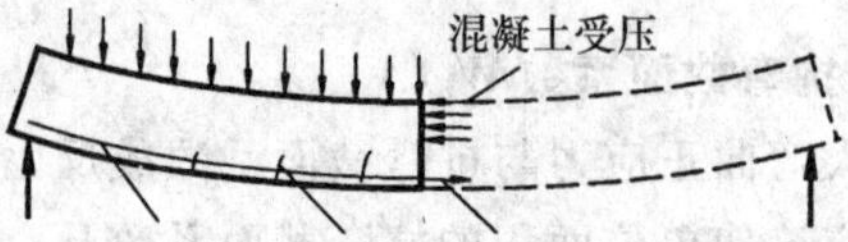

图 5-20

5.5.3 采用等强度梁

剪切弯曲时，梁的弯矩一般随截面位置而变，在按最大弯矩设计的等截面梁中，除最大弯矩所在截面外，其它截面的材料强度均未得到充分发挥。因此，可根据弯矩变化规律，将其设计成变截面梁(图 5-6)，以减轻自重、节省材料。当变截面梁上所有截面的最大正应力都相等，且等于许用应力时，这种梁就称为**等强度梁**。按照等强度梁的强度条件，可确定抗弯截面系数 W_z 沿梁长的变化规律，即

$$\sigma_{\max}(x)=\frac{M(x)}{W_z(x)}=[\sigma]$$

由此可得

$$W_z(x)=\frac{M(x)}{[\sigma]} \tag{5-20}$$

今以塑性材料制作的悬臂梁(图 5-21(a))为例，说明确定等强度梁的一般方法。

设梁的横截面为矩形，在自由端受集中力作用。令截面的高度 h 不变，则由式(5-20)可得宽度 b 沿梁长变化规律

$$\frac{b(x)h^2}{6}=\frac{Fx}{[\sigma]}$$

所以

$$b(x)=\frac{6F}{h^2[\sigma]}x$$

故 $b(x)$是 x 的线性函数，其形状如图 5-21(b)所示。同理，若令截面宽度 b 不变，则高度 $h(x)$沿梁长的变化规律为

$$h(x)=\sqrt{\frac{6Fx}{b[\sigma]}}$$

故 $h(x)$是二次抛物线。其形状如图 5-21(c)所示。工程中，桥式起重机行走的钢筋混凝土梁，不少都采取这种形式，俗称鱼腹梁。

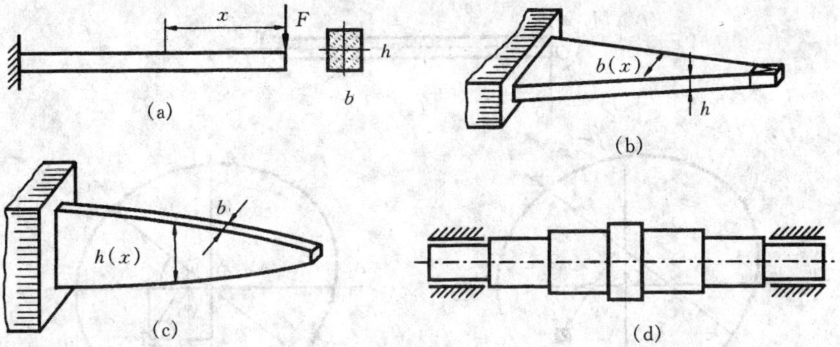

图 5-21

对于圆形截面的等强度梁，同理可按式(5-20)确定其直径沿梁长的变化规律。不过，为了满足结构和加工的要求，通常做成阶梯形状的变截面梁，如图 5-21(d)所示。

*5.6 非对称纯弯曲和剪切中心(弯曲中心)的概念

5.6.1 非对称纯弯曲

弯曲应力公式(5-3)是在平面弯曲条件下得到的，即要求梁横截面有一对称轴，外力偶作用在纵向对称平面内。对于横截面没有对称轴的梁，如果外力偶作用面与横截面的形心主轴组成的**形心主惯性平面**相重合，也将产生平面弯曲，式(5-3)仍可应用。现以纯弯曲为例加以说明。

图 5-22(a)所示的等截面直梁受纯弯曲，设 O 点为截面(图 5-22(b))的形心，取 y、z 轴为一对正交的形心主轴，过 O 点沿轴线方向为 x 轴，外力偶 M 作用面与形心主惯性平面 xOy 重合，弯矩 M_z 用矢量表示，z_1 轴为中性轴，y_1 为微面积 dA 到中性轴 z_1 的距离。下面将从几何、物理和力学三方面进行分析，证明形心主轴 z 为中性轴，即中性轴垂直于外力偶作用面，产生平面弯曲，式(5-3)仍然成立。

由于等直梁关于中间截面具有对称性，纯弯曲时平截面变形规律仍然有效，考虑到胡克定律只与材料有关，因此，5.2 节中的几何关系式(a)和物理关系式(5-1)仍然成立。即

$$\sigma = \frac{E}{\rho} y_1 \tag{a}$$

上式表明，横截面上法向内力元素 σdA 组成一个空间平行力系，由静力学条件可得

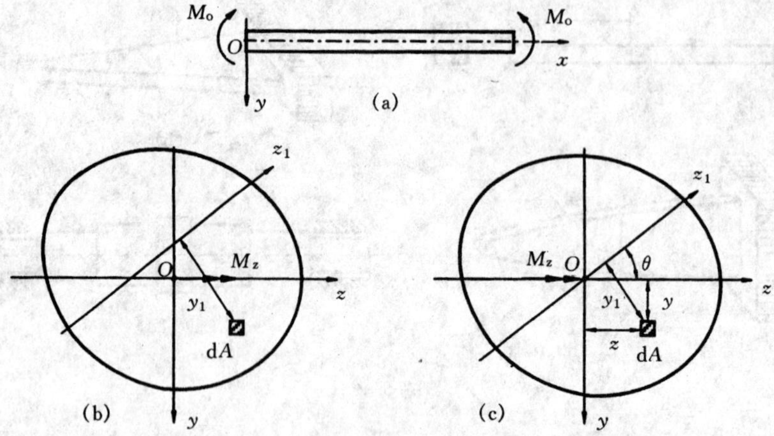

图 5-22

$$\sum F_x = 0, \qquad \int_A \sigma \mathrm{d}A = 0 \tag{b}$$

$$\sum M_z = M, \qquad \int_A y\sigma \mathrm{d}A = M \tag{c}$$

$$\sum M_y = 0, \qquad \int_A z\sigma \mathrm{d}A = 0 \tag{d}$$

将式(a)代入式(b)得

$$\frac{E}{\rho}\int_A y_1 \mathrm{d}A = \frac{E}{\rho}S_{z1} = 0$$

式中，S_{z1}为横截面面积对中性轴 z_1 的静距。该式要求 S_{z1} 为零，表明在非对称纯弯曲时，中性轴仍然通过截面的形心 O。设中性轴 z_1 与主轴 z 夹角为θ；y、z 为微面积 $\mathrm{d}A$ 的坐标，如图 5-22(c)所示，由图中可知

$$y_1 = y\cos\theta + z\sin\theta$$

将上式代入式(a)得

$$\sigma = \frac{E}{\rho}(y\cos\theta + z\sin\theta) \tag{e}$$

将式(e)分别代入式(c)和式(d)，并由附录 A 中有关几何性质的定义得

$$\frac{E}{\rho}(I_z\cos\theta + I_{yz}\sin\theta) = M \tag{f}$$

$$\frac{E}{\rho}(I_{yz}\cos\theta + I_y\sin\theta) = 0 \tag{g}$$

式中，I_y，I_z 和 I_{yz}分别为截面面积对形心主轴 z、y 的惯性矩和惯性积。由主轴的

定义可知，I_{yz}为零，代入式(f)、(g)，便可求得曲率 $1/\rho$ 和 θ 角分别为

$$\frac{1}{\rho}=\frac{M}{EI_z} \tag{h}$$

$$\theta=0 \tag{i}$$

式(i)表明，主轴 z 为中性轴。将式(h)、(i)代入式(e)得正应力分布为

$$\sigma=\frac{M}{I_z}y$$

该公式与对称纯弯曲正应力公式(5-3)相同。上述分析表明，对于非对称纯弯曲的等截面直梁，只要外力偶作用面与梁的一个形心主惯性平面重合或平行，就产生平面弯曲。这时，和外力偶作用面相垂直的另一个形心主轴就是中性轴。当外力偶作用面不与形心主惯性平面重合时，可将力偶矢量沿形心主惯性轴分解为两个平面弯曲问题，然后用叠加原理计算正应力(见第 9 章)。上述结论对于非对称实心细长梁受剪切弯曲的情况也可推广应用。

5.6.2　剪切中心的概念

对于某些截面形状的梁，当横向力的作用面与形心主惯性平面重合时，除发生平面弯曲外，还会有扭转产生(图 5-23(a))。这是由于横截面的切应力的合力不通过截面形心所致。现以槽形截面梁为例加以说明。

首先从梁中取出微段 dx，弯矩如图 5-23(c)所示。为了确定上、下翼缘的水平切应力的方向，分别用铅垂纵截面 $m-m$ 和 $n-n$ 从上、下翼缘中截出分离体如图 5-23(d)所示。用与 5.4 节相同的方法可以判定，在图 5-23(d)所示的分离体 $m-m$ 和 $n-n$ 截面上有沿 x 方向的切应力 $\tau'_{\rm t}$ 存在，其合力与由弯曲正应力组成的轴力 F_1、F_2 相平衡，方向如图 5-23(d)所示。由切应力互等定理可知，在图 5-23(d)分离体的横截面上将有沿 z 方向的切应力 $\tau_{\rm t}$。上、下翼缘的切应力分布和截面的切应力流向如图 5-23(e)所示(τ 为腹板的切应力)。将上、下翼缘的剪力用 $Q_{\rm t}$ 表示，若忽略翼缘中沿铅垂方向的切应力，则腹板上的剪力等于载荷 F，如图5-23(b)所示。若将横截面上剪力 Q、$Q_{\rm t}$ 和弯矩 M 对 x 轴取矩，将得到一个扭转力偶矩(弯矩对 x 轴取矩为零)。因此，杆除弯曲外，还将发生扭转。由此可知，只有当外力 F 通过横截面上剪力 Q 和 $Q_{\rm t}$ 的合力 Q' 的作用点 s(图 5-23(b))时，才能保证梁只发生弯曲而不发生扭转变形，s 点称为**剪切中心**或称**弯曲中心**。s 点至腹板中线的距离 e 可确定如下

$$Qe=Q_{\rm t}h$$

故

$$e=\frac{Q_{\rm t}}{Q}h \tag{5-21}$$

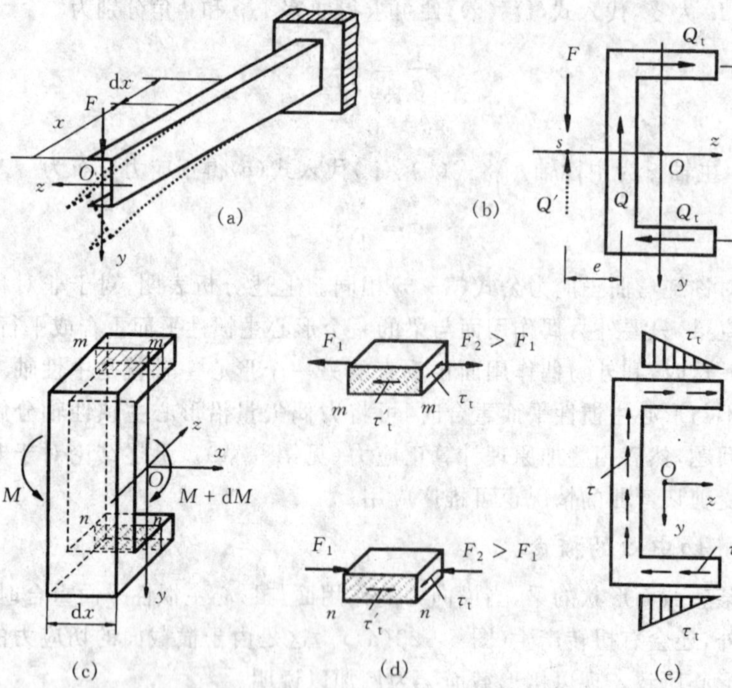

图 5-23

实际上，各种形状的截面均存在剪切中心。对于薄壁杆件，因其抗扭刚度较差，确定其剪切中心并使外力作用线尽可能通过剪切中心是有实际意义的。对于非对称的实心截面梁，由于剪切中心一般靠近形心，产生的扭矩不大，并且实心梁的抗扭刚度较大，一般可不必考虑扭转的影响。

剪切中心的位置可通过使梁分别在两个主惯性平面内发生弯曲，然后由两个剪力作用线的交点来确定；对于有对称轴的截面，剪切中心一定在对称轴上。图 5-24定性地表示了几种截面的剪切中心 s 和形心 O 的位置。其中图 5-24(a)、(b)两种截面的 s 和 O 重合，位于两个对称轴的交点上。图中切应力的流向是根据

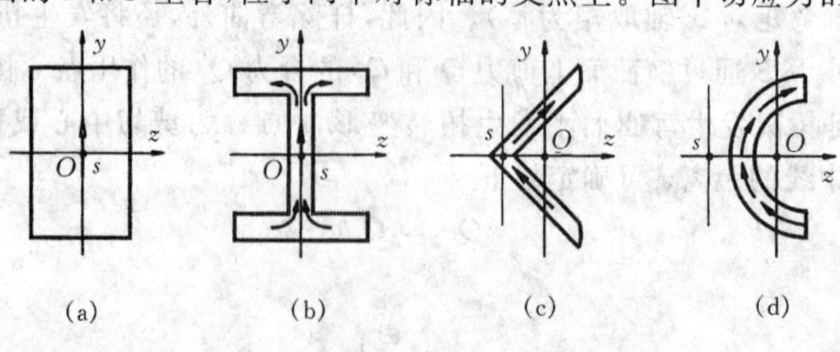

图 5-24

向上的剪力画出的。

思考题

5-1 铸铁梁弯矩图和横截面形状如图所示。z 为中性轴。

(1) 画出图中各截面在 A、B 两处沿截面竖线 1-1 和 2-2 的正应力分布。

(2) 从正应力强度考虑,图中何种截面形状的梁最合理?

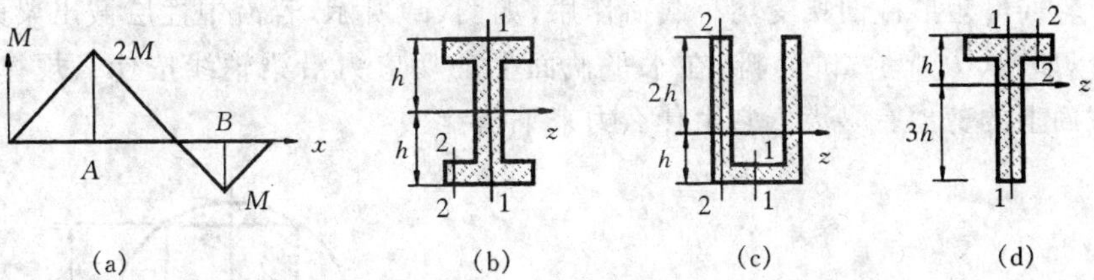

思考题 5-1 图

5-2 弯曲正应力公式(5-5)和切应力公式(5-13)的应用条件是什么?二者有何共同点和不同点?

5-3 一正方形截面梁,按图示两种方式放置。当载荷沿 y 方向作用在纵向对称平面内时,试比较两种放置方式的弯曲强度和弯曲刚度。

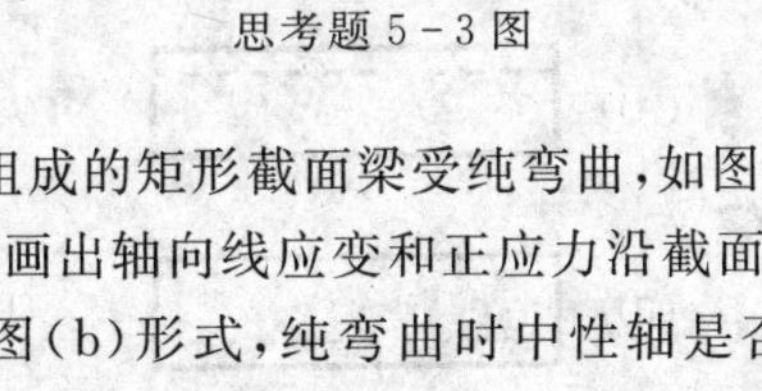

思考题 5-3 图

5-4 由钢和木材组成的矩形截面梁受纯弯曲,如图(a)所示。若两种材料之间不能相对滑动,试定性画出轴向线应变和正应力沿截面高度的变化图线,图中 z 为中性轴。如果截面为图(b)形式,纯弯曲时中性轴是否通过截面的几何形心?如何确定中性轴的位置?

5-5 薄壁圆环受力如图所示,平均直径 D 是壁厚的 10 倍。试分析环内切向正应力中拉伸和弯曲正应力分量的比值,说明在什么条件下切向正应力可按均匀分布计算。

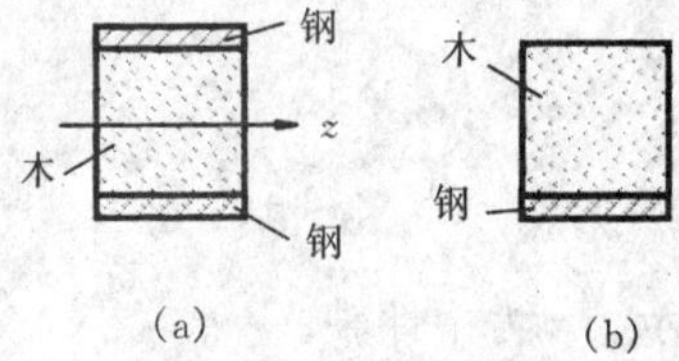

思考题 5-4 图

思考题 5-5 图

5-6 矩形截面梁受均布载荷作用，如图(a)所示，若沿中性层截出梁的下半部分，如图(b)所示，试分析：在水平截面上的切应力沿梁轴线按什么规律分布？该截面上的剪力有多大？它由什么力来平衡？

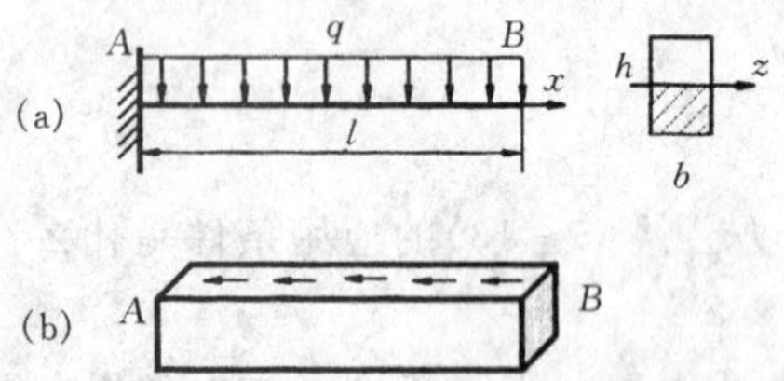

思考题 5-6 图

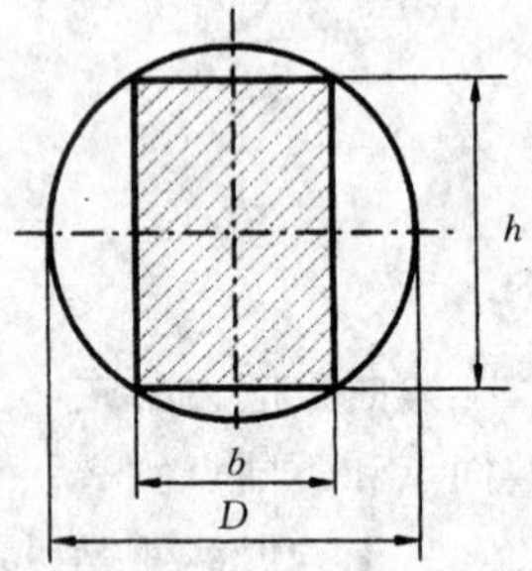

思考题 5-7 图

5-7 将圆木加工成矩形截面梁时，为了提高木梁的承载能力，我国宋代杰出的建筑师李诫在其所著的“营造法式”中曾提出：合理的高宽比应为 3∶2。请读者根据弯曲理论分析这个结论的合理性。

5-8 一钢筋混凝土复合梁，受力后弯矩图如图所示。为了发挥钢筋(图中虚线所示)的抗拉性能，最合理的配筋方案是图(　　)。

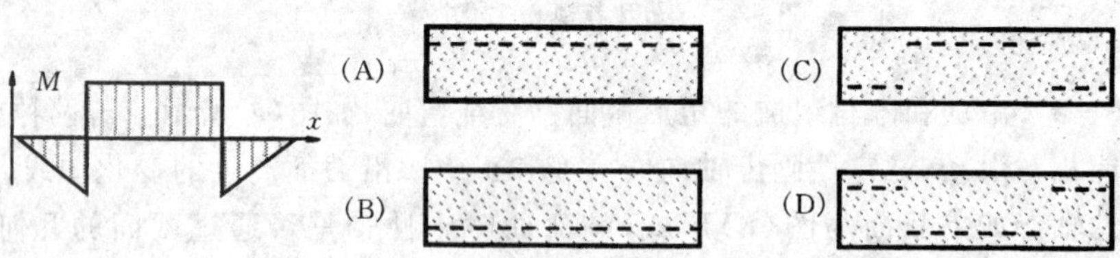

思考题 5-8 图

5-9 根据推导弯曲切应力的要点，请读者从力学上分析，最大弯曲切应力发生在中性轴上的条件是什么？对于图示截面的梁，上述结论是否成立？

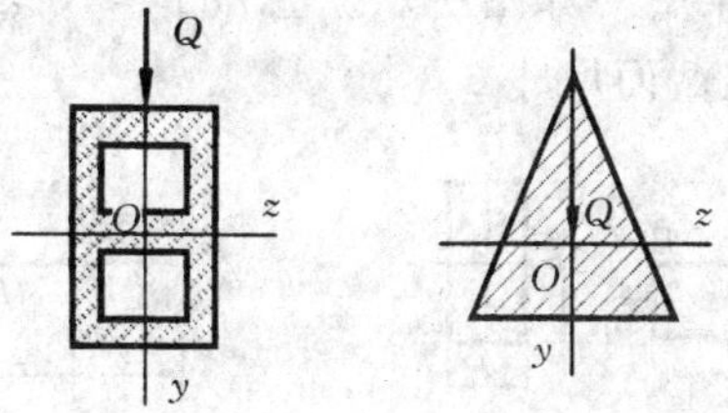

(a)　　(b)

思考题 5－9 图

5－10　图示闭口和开口的薄壁截面梁，在平行于 y 轴的平面内发生弯曲，设横截面上剪力的方向向下，试定性画出截面上弯曲切应力的流向和分布规律。

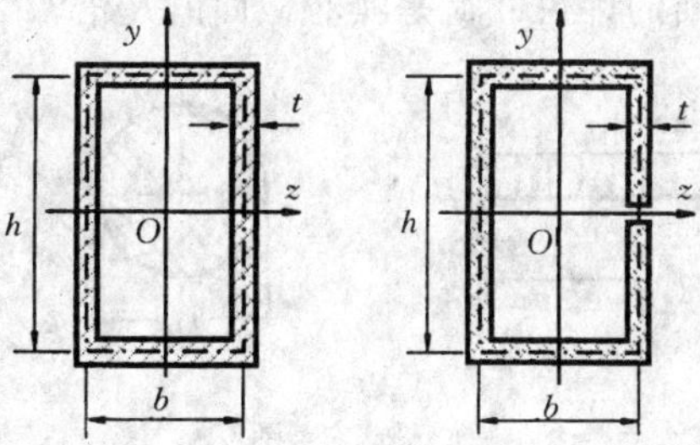

(a)　　(b)

思考题 5－10 图

习　题

5－1　一工字形简支梁受力如图所示。已知 $M_o=80\ \text{kN}\cdot\text{m}$，$l=2\ \text{m}$，$h=40\ \text{cm}$，$h_1=32\ \text{cm}$，翼缘宽度 $b=24\ \text{cm}$，腹板宽度 $t=2\ \text{cm}$。求 B 截面上 a、c 两点的正应力和全梁最大的正应力。

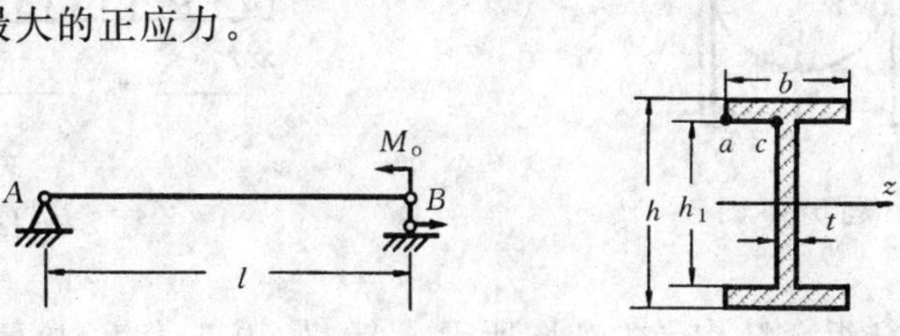

题 5－1 图

5-2 矩形截面钢梁受力如图所示。已知 $F=10$ kN,$q=5$ kN/m,$a=1$ m,$[\sigma]=160$ MPa。试确定截面尺寸 b。

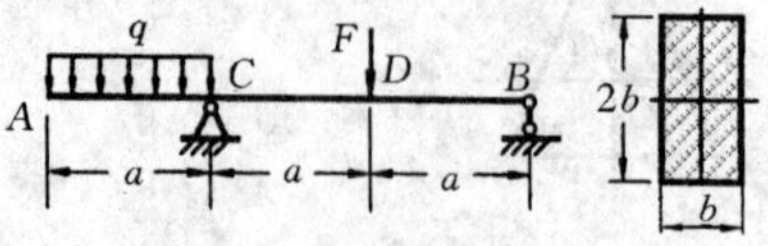

题 5-2 图

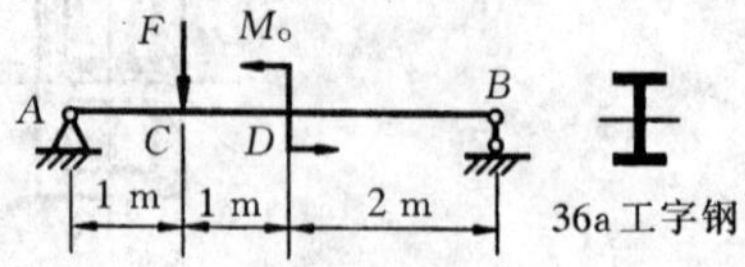

题 5-3 图

5-3 图示简支梁由 36a 工字钢制成。已知 $F=40$ kN,$M_o=150$ kN·m,$[\sigma]=160$ MPa。试校核梁的正应力强度。

5-4 如图所示简支梁承受均布载荷。若分别采用面积相等的实心和空心圆截面,且 $D_1=40$ mm,$l=2$ m,$d/D=0.6$。试分别计算它们的最大正应力;若许用应力为 $[\sigma]$,问空心截面的许可载荷是实心截面的几倍?

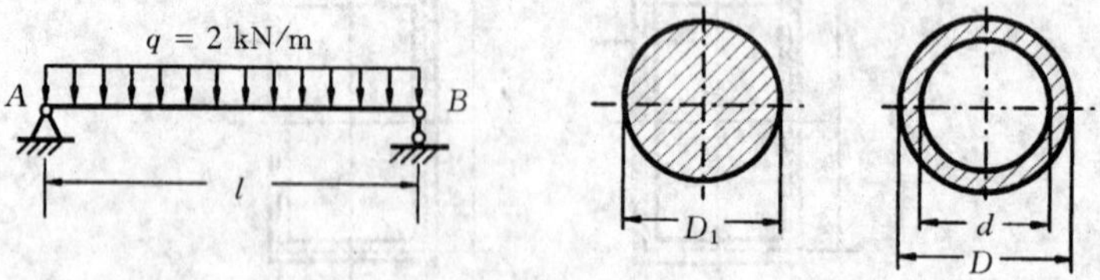

题 5-4 图

5-5 一根直径 $d=1$ mm 的直钢丝绕于直径 $D=600$ mm 的圆轴上,钢的弹性模量 $E=210$ GN/m²。(1)试求钢丝由于弯曲而产生的最大正应力;(2)若材料的比例极限 $\sigma_p=500$ MN/m²,为了不使钢丝产生残余变形,问轴径 D 应不小于多少?

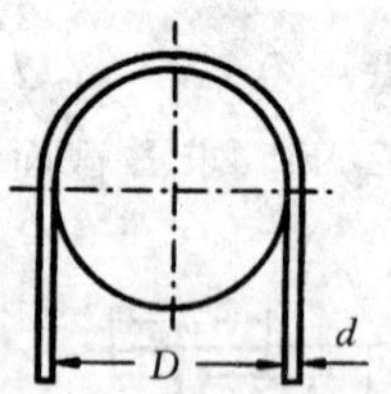

题 5-5 图

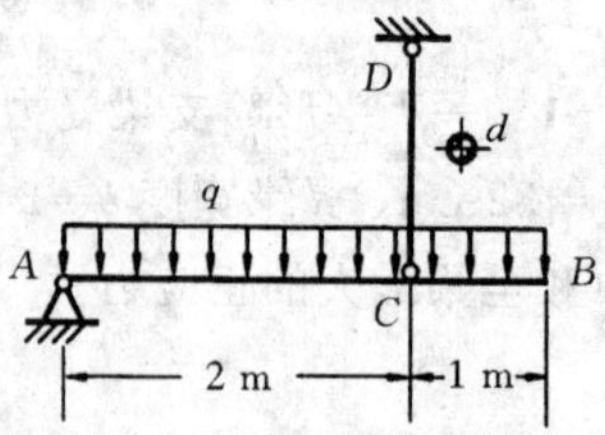

题 5-6 图

5-6 梁杆组合结构受力如图所示。AB 为 10 工字钢,拉杆 CD 直径 $d=15$ mm,梁与杆的许用正应力 $[\sigma]=160$ MPa。试按正应力强度条件求许可分布载荷集度 $[q]$。

5-7 铸铁制成的槽形截面梁，C 为截面形心，$I_z=40\times10^6\ \text{mm}^4$，$y_1=140$ mm，$y_2=60$ mm，$l=4$ m，$q=20$ kN/m，$M_o=20$ kN·m，$[\sigma^+]=40$ MPa，$[\sigma^-]=150$ MPa。(1)作出最大正弯矩和最大负弯矩所在截面的应力分布图，并标明应力数值；(2)校核梁的强度。

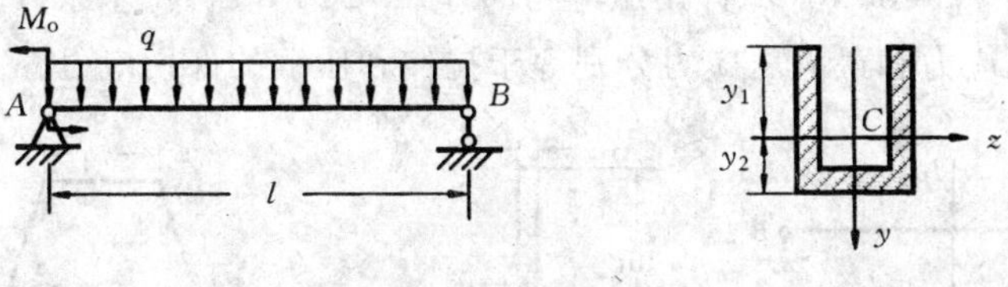

题 5-7 图

5-8 一正方形截面木梁，受力如图所示，$q=2$ kN/m，$F=5$ kN，木料的许用应力 $[\sigma]=10$ MPa。若在 C 截面的高度中间沿 z 方向钻一直径为 d 的横孔，在保证该梁的正应力强度条件下，试求圆孔的最大直径 d。

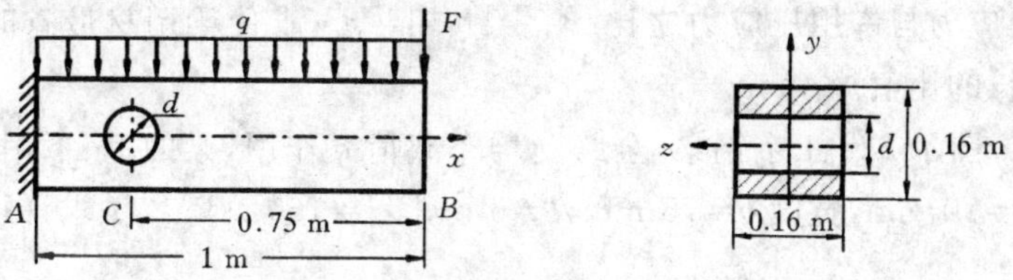

题 5-8 图

5-9 由三根木条胶合而成的悬臂梁截面尺寸如图所示，$l=1$ m。(1)若胶合面上的许用切应力$[\tau]=3.4$ MPa，试根据胶合面切应力强度条件求许可载荷 F；(2)求在该许可载荷作用下的最大弯曲正应力；(3)若木条间可相对滑动，并设摩擦系数为零，问这时各木条截面上的弯曲正应力如何分布？最大正应力为多少？

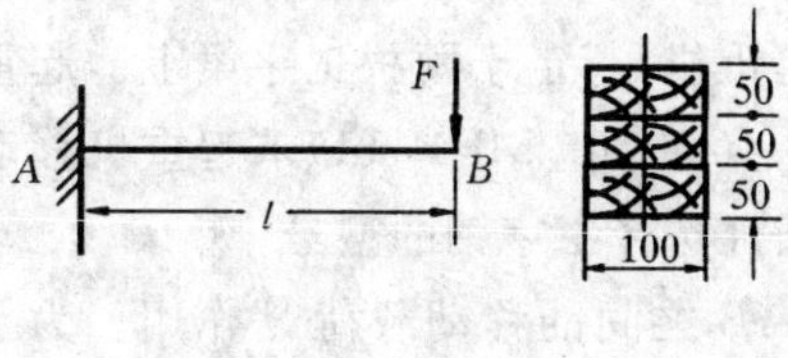

题 5-9 图

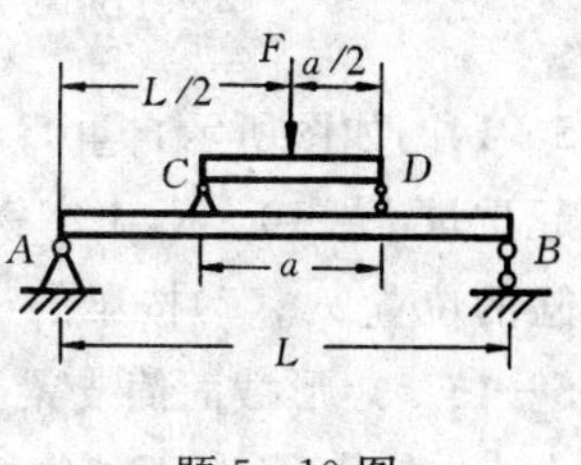

题 5-10 图

5-10 当载荷 F 直接作用在跨长为 $L=6$ m 的简支梁 AB 的中点时，梁内最大正应力超过允许值 30%。为了消除此过载现象，拟配置如图所示的辅助梁 CD，试求此辅助梁的最小跨长 a。

5-11 一 T 形截面铸铁梁如图所示。已知 $F=80$ kN，$l=2$ m，$b=\beta t$，材料的许用拉应力$[\sigma^+]=30$ MPa，许用压应力$[\sigma^-]=120$ MPa。试求系数 β 和尺寸 t，使梁中最大的拉应力和最大压应力分别等于拉伸和压缩的许用应力。

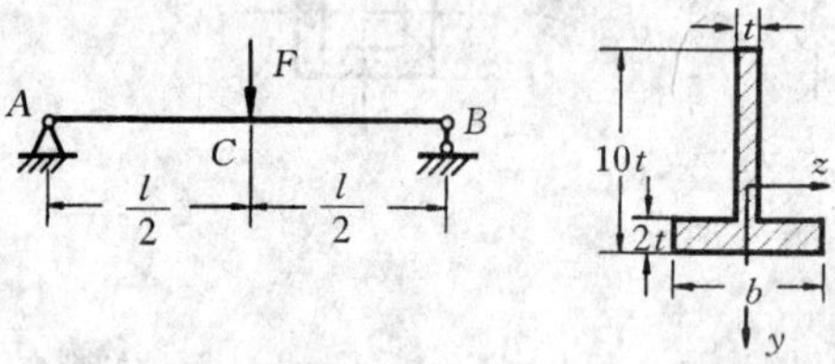

题 5-11 图

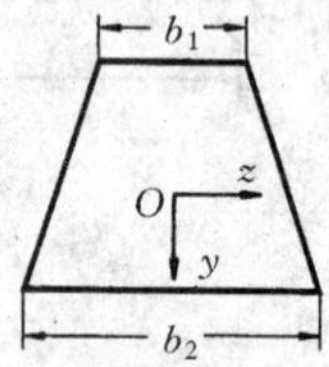

题 5-12 图

5-12 一等腰梯形截面梁受纯弯曲，横截面的顶部受压缩而底部受拉伸。材料的许用拉应力与许用压应力之比$[\sigma^+]/[\sigma^-]=\beta$。求使梁用材最省时其横截面的上、下边长的比值。

5-13 图示 22a 工字钢梁，全跨受均布载荷 q 作用，梁的上、下用钢板加强，钢板厚度 $t=10$ mm，宽度 $b=75$ mm，$l=6$ m，$[\sigma]=160$ MPa。试求许可均布载荷$[q]$。

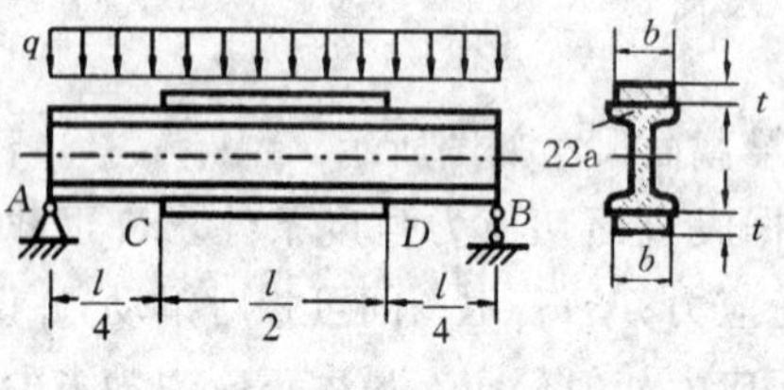

题 5-13 图

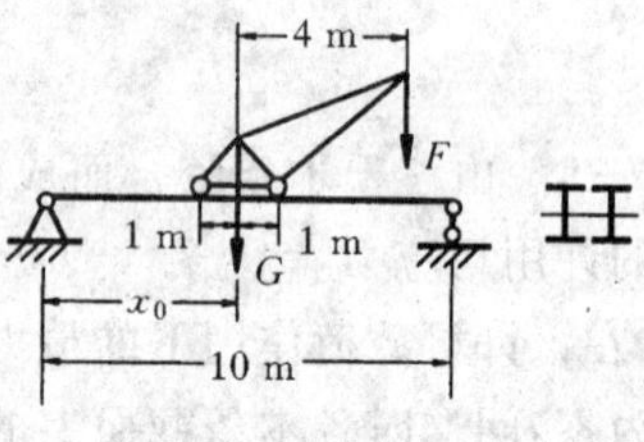

题 5-14 图

5-14 如图所示自重 $G=50$ kN 的起重机，行走于两根工字梁上。起重机的最大起重量 $F=10$ kN，工字钢的许用应力$[\sigma]=160$ MPa。(1)求起重机移动时梁最危险的位置 x_0；(2)按梁的正应力强度条件选择工字钢的型号。

5-15 矩形截面简支梁受到行走于 AB 之间的移动载荷 F 作用。为了测量 F 的大小，在 $C-C$ 截面外侧处距离中性层为 e 的 K 点处沿梁轴线方向贴一应变片。当 F 在梁上行走时，测得最大线应变为 ε。已知梁长 l、矩形截面高 h、宽 b 和材料弹性模量 E。试求 F 的大小。

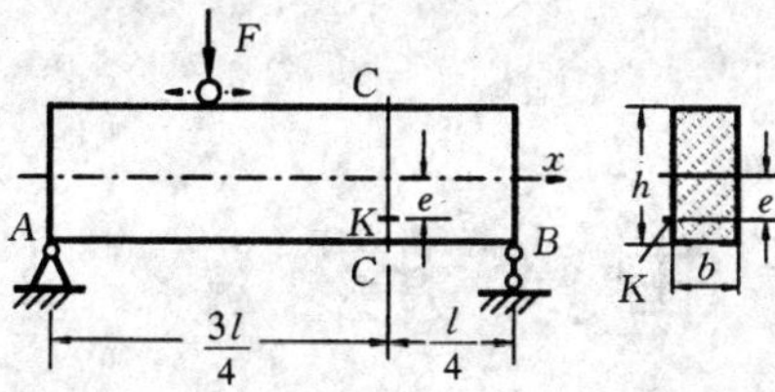

题 5-15 图

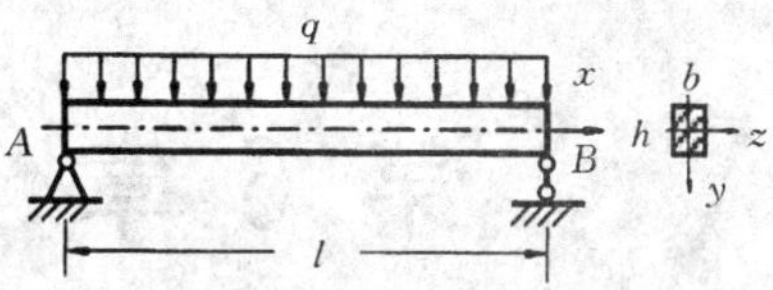

题 5-16 图

5-16　图示矩形截面简支梁受均布载荷 q 作用。已知梁长 l，截面尺寸 b 和 h，材料的弹性模量 E。(1)若 $l=5h$，求梁内最大弯曲正应力和最大弯曲切应力之比；(2)求梁下边缘的总伸长。

5-17　图示外伸木梁，截面为矩形，$h/b=1.5$，受行走于 AB 之间的载荷 $F=40$ kN 作用。已知$[\sigma]=10$ MPa，$[\tau]=3$ MPa。试求 F 在什么位置时梁为危险工况？并选择 b 和 h。

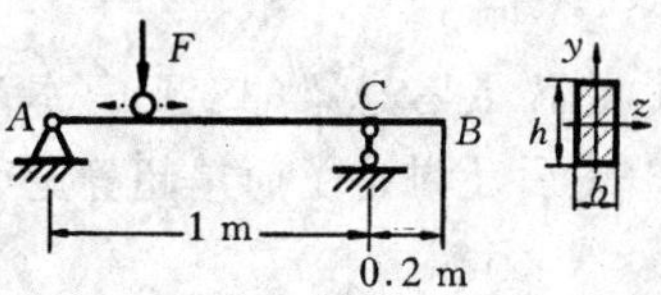

题 5-17 图

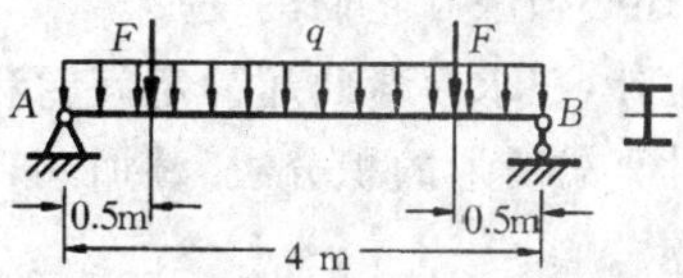

题 5-18 图

5-18　简支梁受力如图所示，截面为工字钢。已知 $F=40$ kN，$q=1$ kN/m，$[\sigma]=100$ MPa，$[\tau]=80$ MPa。试选用工字钢型号。

5-19　圆截面锥形悬臂梁，在自由端受集中力 F 作用，A、B 两端截面直径分别为 d 和 $2d$，梁的长度为 l。求梁中最大的弯曲正应力。

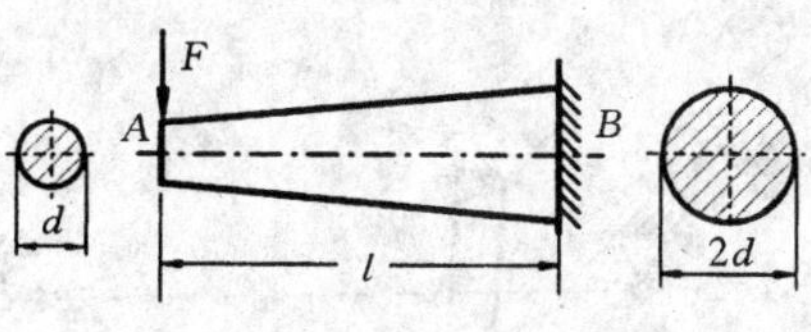

题 5-19 图

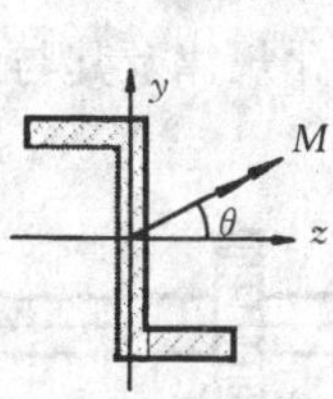

题 5-20 图

* **5-20**　图示 Z 字形截面梁受纯弯曲，y 轴和 z 轴为形心轴。已知截面对 y、z 轴的惯性矩和惯性积分别为 I_y、I_z 和 I_{yz}。设弯曲力偶 M 的矢量方向与 z 轴夹角为 θ，试求当 z 轴为中性轴时 θ 角的大小。

* **5-21**　试求思考题 5-10(b)所示的开口薄壁截面弯曲中心的位置。设壁厚 $t=10$ mm，$b=100$ mm，$h=200$ mm。

第 6 章　弯曲变形

6.1　概　述

在许多工程问题中，只考虑梁的强度是不够的。例如，图 6-1 所示的齿轮轴，若弯曲变形过大将造成轴承严重磨损、齿轮啮合不良，并产生振动和噪音；机床的主轴变形过大会影响加工精度；精密量具变形过大将影响测量精度；桥式起重机大梁变形过大将使梁上小车行走困难。因此对某些受弯构件，不仅要求具有一定的强度，还必须限制它们的变形。

此外，在求解弯曲超静定问题和冲击问题时，也需要考虑梁的变形。本章重点介绍计算梁变形的积分法、叠加法和力矩面积法，最后还讨论了简单超静定梁的求解问题。

研究梁的变形，首先必须确定度量变形的物理量。在图 6-1 齿轮轴的变形中，若以变形前的杆轴线为 x 轴，杆左端横截面的形心主惯性轴为 y 轴，发生平面弯曲时，杆轴线在 xy 平面内弯成一条曲线，称为**挠曲线**，如图 6-2(a)所示。横截面形心在垂直于 x 轴方向的线位移 v 称为**挠度**，横截面绕中性轴转过的角度 θ 称为**转角**。转动后的横截面仍与挠曲线正交。向上挠度规定为正，逆时针转动的转角规定为正，反之为负。挠度和转角是弯曲变形的两个基本量。下面讨论挠度和转角的变化规律及其与外力的关系。

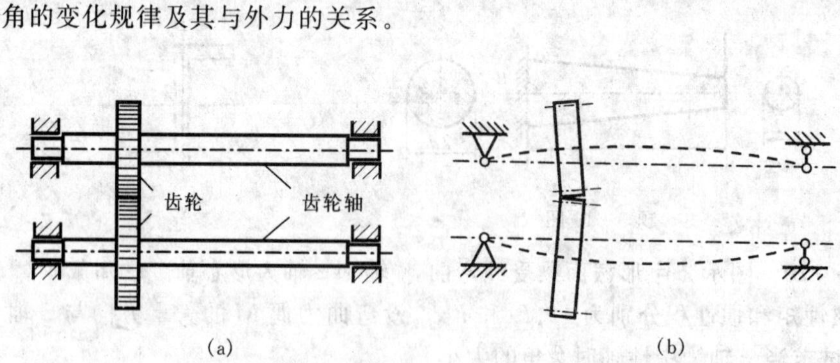

图 6-1

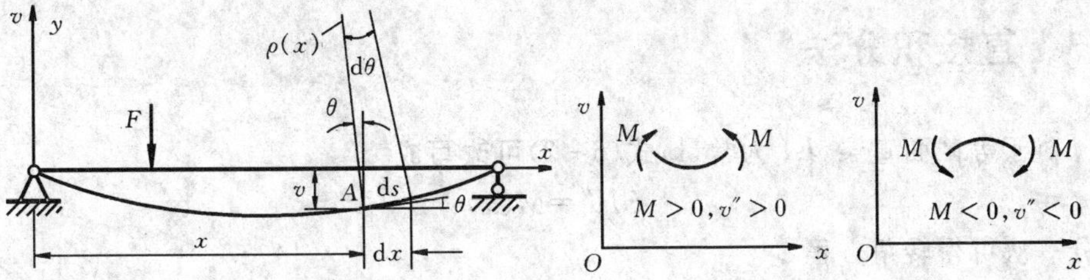

(a)　(b)

图 6 - 2

6.2　挠曲线近似微分方程

梁变形后的挠曲线是一条连续而光滑的曲线，挠度和转角随截面位置而变化，于是挠曲线和转角方程可分别表示为

$$v=f(x),\quad \theta=\theta(x)$$

由图 6 - 2(a)可知，挠曲线上任一点 A 的切线与 x 轴的夹角等于 A 点所在横截面的转角 θ。于是在小变形条件下有

$$\theta \approx \tan\theta = \frac{\mathrm{d}v}{\mathrm{d}x} = v'(x) \tag{6-1}$$

即挠曲线上任一点处切线的斜率，等于该点处横截面的转角。对细长梁，剪力对梁变形影响很小，因此纯弯曲的曲率公式(5 - 2)仍可应用于剪切弯曲，但应改写成

$$\frac{1}{\rho(x)} = \frac{M(x)}{EI} \tag{a}$$

式中，$\rho(x)$为梁轴线上任一点变形后的曲率半径，$M(x)$为相应截面的弯矩。由高等数学可知，平面曲线的曲率可写成

$$\frac{1}{\rho(x)} = \pm\frac{v''}{(1+(v')^2)^{3/2}} \tag{b}$$

将式(b)代入式(a)，并考虑到小变形时，v'远小于 1，可得

$$v'' = \pm\frac{M(x)}{EI} \tag{c}$$

由于 v''的正负号与图 6 - 2(b)中的弯矩正负号相同，所以上式右端应取正号，即

$$v'' = \frac{M(x)}{EI} \tag{6-2}$$

上式称为**挠曲线近似微分方程**。对于静定梁，弯矩可由截面法求得。于是，求等截面直梁的变形问题归结为求解一个二阶常微分方程。该方程可用不同方法求解。

6.3 直接积分法

对于等截面直梁，EI 为常量，式(6-2)可改写成

$$EIv''=M(x)$$

积分一次可得转角方程

$$EI\theta = EIv' = \int M(x)\mathrm{d}x + C \tag{6-3a}$$

再积分一次可得挠度方程

$$EIv = \iint M(x)\mathrm{d}x\mathrm{d}x + Cx + D \tag{6-3b}$$

上式中的 C、D 为积分常数，可利用梁的边界条件和连续性条件确定。

例 6-1 求图 6-3(a)所示悬臂梁的挠曲线和转角方程，并确定其挠度和转角的最大值。

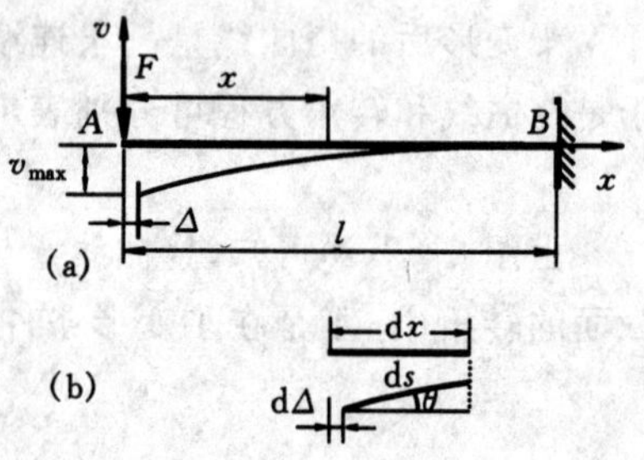

图 6-3

解 (1) 建立挠曲线微分方程并积分

弯矩方程 $M(x)=-Fx$

微分方程 $EIv''=-Fx$

积分得
$$EI\theta=-\frac{F}{2}x^2+C \tag{a}$$

$$EIv=-\frac{F}{6}x^3+Cx+D \tag{b}$$

(2) 确定积分常数 固定端处挠度和转角均为零，即

$$x = l,\quad v = 0 \tag{c}$$

$$x = l,\quad \theta = 0 \tag{d}$$

式(c)、(d)称为**边界条件**，将其代入式(a)、(b)得

$$C = \frac{Fl^2}{2},\qquad D =-\frac{Fl^3}{3} \tag{e}$$

(3) 建立转角、挠度方程 将 C、D 值代入式(a)和式(b)得

$$\theta =-\frac{F}{2EI}(x^2 - l^2) \tag{f}$$

$$v =-\frac{F}{6EI}(x^3 - 3l^2 x + 2l^3) \tag{g}$$

由图 6-3(a)可见，$x=0$ 处挠度和转角最大，由式(f)、(g)得

$$\theta(0) = \theta_{\max} = \frac{Fl^2}{2EI}\ (\curvearrowleft),\qquad v(0) = v_{\max} =-\frac{Fl^3}{3EI}(\downarrow) \tag{h}$$

讨论　(1) 由式(a)、(b)可见，积分常数 C、D 与坐标原点的转角和挠度一般有如下关系：$C=EI\theta(0)=EI\theta_A$，$D=EIv(0)=EIv_A$；(2) 分析 A 截面的轴向位移 Δ，并比较其大小。设微段 $\mathrm{d}x$ 弯曲变形后为 $\mathrm{d}s$，在 A 截面形心处引起的轴向位移为 $\mathrm{d}\Delta$(图 6－3(b))，由于 $\mathrm{d}s$ 在中性层上，所以有 $\mathrm{d}s=\mathrm{d}x$；$\mathrm{d}\Delta=\mathrm{d}x-\mathrm{d}s\cos\theta=\mathrm{d}x(1-\cos\theta)=\mathrm{d}x\cdot 2\sin^2(\theta/2)\approx\mathrm{d}x\cdot\theta^2/2$，由此得

$$\Delta=\frac{1}{2}\int_0^l\theta^2\mathrm{d}x=\frac{1}{2}\int_0^l\left(\frac{\mathrm{d}v}{\mathrm{d}x}\right)^2\mathrm{d}x \tag{i}$$

将式(f)代入上式，积分并用式(h)化简后得

$$\Delta=\frac{F^2l^5}{15(EI)^2}=0.6\,\frac{v_{\max}^2}{l}\qquad\text{写成}\frac{\Delta}{v_{\max}}=0.6\,\frac{v_{\max}}{l}$$

比值 $v_{\max}/l$ 为很小的量，因此，与挠度 $v_{\max}$ 相比，轴向位移 Δ 极小，通常略去不计。

例 6－2　图 6－4 所示简支梁 C 点受集中力 F。已知梁长 l、a、b，抗弯刚度 EI，试求梁的挠度和转角方程，并确定 C 点的挠度和支座处的转角。

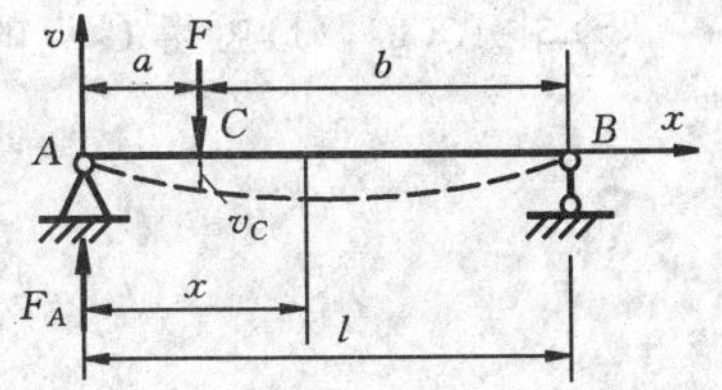

图 6－4

解　(1) 用奇异函数表示梁的弯矩方程

支反力为　$F_A=\dfrac{b}{l}F$

弯矩方程　$M(x)=\dfrac{b}{l}Fx-F\langle x-a\rangle^1$

(2) 列微分方程并积分

$$EIv''=\frac{b}{l}Fx-F\langle x-a\rangle^1 \tag{a}$$

$$EI\theta=\frac{b}{2l}Fx^2-\frac{F}{2}\langle x-a\rangle^2+C \tag{b}$$

$$EIv=\frac{b}{6l}Fx^3-\frac{F}{6}\langle x-a\rangle^3+Cx+D \tag{c}$$

(3) 确定积分常数 位移边界条件是支座处的挠度为零，即

$$x=0,\qquad v=0 \tag{d}$$

$$x=l,\qquad v=0 \tag{e}$$

将式(d)和式(e)分别代入式(c)得

$$D=0,\qquad C=-\frac{Fb}{6l}(l^2-b^2)$$

(4) 建立转角和挠度方程　将 C、D 值代入式(b)和式(c)得

$$EI\theta=\frac{Fb}{6l}\left[3x^2-3\,\frac{l}{b}\langle x-a\rangle^2-(l^2-b^2)\right] \tag{f}$$

$$EIv = \frac{Fb}{6l}\left[x^3 - \frac{l}{b}\langle x-a\rangle^3 - (l^2-b^2)x\right] \tag{g}$$

根据奇异函数的定义，上述转角和挠度方程也可分两段来表示

$0 \leqslant x \leqslant a$，
$$EI\theta = \frac{Fb}{6l}(3x^2 - l^2 + b^2) \tag{h}$$

$$EIv = \frac{Fb}{6l}\left[x^3 - (l^2-b^2)x\right] \tag{i}$$

$a \leqslant x \leqslant l$，
$$EI\theta = \frac{Fb}{6l}\left[3x^2 - 3\frac{l}{b}(x-a)^2 - l^2 + b^2\right] \tag{j}$$

$$EIv = \frac{Fb}{6l}\left[x^3 - \frac{l}{b}(x-a)^3 - (l^2-b^2)x\right] \tag{k}$$

比较上述结果可以看出，用奇异函数表示的转角方程和挠度方程更简捷。

(5) 由式(g)、(f)可得 C 点的挠度和支座处的转角

$$v_C = -\frac{Fa^2b^2}{3EIl} \quad (\downarrow)$$

$$\theta_A = -\frac{Fab}{6EIl}(l+b) \quad (\curvearrowright)$$

$$\theta_B = -\frac{Fab}{6EIl}(l+a) \quad (\curvearrowleft)$$

讨论 (1) 简支梁的最大挠度发生在 $\theta=0$ 处(记为 x_0)，若 $a \geqslant b$ 则由式(h)及(i)可得

$$x_0 = \sqrt{\frac{l^2-b^2}{3}}, \qquad v_{\max} = \frac{Fb\sqrt{(l^2-b^2)^3}}{9\sqrt{3}EIl} \quad (\downarrow) \tag{l}$$

(2) 当 F 作用于梁中央时，即 $a=b$，最大挠度将发生在 $x=l/2$ 处，其值为

$$v_{\max} = \frac{Fl^3}{48EI} \quad (\downarrow)$$

而最大转角发生在两端支座处

$$\theta_B = -\theta_A = \frac{Fl^2}{16EI}$$

(3) 当载荷 F 无限靠近支座，即 $b \to 0$ 时，由式(l)可得最大挠度的位置

$$x_0 = \frac{l}{\sqrt{3}} \approx 0.577l$$

由此可知，不论集中力作用于何处，简支梁的最大挠度都发生在梁中央附近。进一步分析可知，用中点挠度代替最大挠度所引起的误差小于3%，可满足一般的工程要求。

(4) 该例题若不用奇异函数的方法，弯矩方程必须分两段列出，梁的挠度和转

角方程将出现四个积分常数。确定这些常数，除两个边界条件外，还必须用连接处($x=a$)的转角和挠度相等的条件(称为**连续性条件**)联合求解。由此可见采用奇异函数法的优点所在。

6.4　叠加法求梁的变形

当梁上载荷较复杂或是变截面梁，且只求某一指定截面的变形时，积分法就显得不方便。因此，求梁变形的叠加法和其他方法就相继产生。

由上节例题和附录 B 可看出，在小变形且材料服从胡克定律的情况下，挠度和转角是载荷的线性函数。所以当梁上有几种载荷同时作用时，可以先分别计算每一载荷单独作用时梁所产生的变形，然后按代数值相加，即得梁的实际变形。这种方法称为计算变形的**叠加法**。

附录 B 列出了几种常用的梁在简单载荷作用下的挠度和转角公式。下面通过例题说明如何利用附录 B 计算梁的变形。

例 6-3　求图 6-5(a)所示等截面简支梁中点 C 的挠度。载荷 q，$F=ql$，梁长 l 和抗弯刚度 EI 均为已知。

解　由叠加原理，图 6-5(a)梁的变形等于图 6-5(b)、(c)两种情况的组合，即

$$v_C = v_{Cq} + v_{CF} \tag{a}$$

查附录 B 得

$$v_{Cq} = -\frac{5ql^4}{384EI} \quad (\downarrow)$$

$$v_{CF} = \frac{Fl^3}{48EI} = \frac{ql^4}{48EI} \quad (\uparrow)$$

代入式(a)得

$$v_C = \frac{ql^4}{48EI} - \frac{5Ql^4}{384EI} = \frac{ql^4}{128EI} \quad (\uparrow)$$

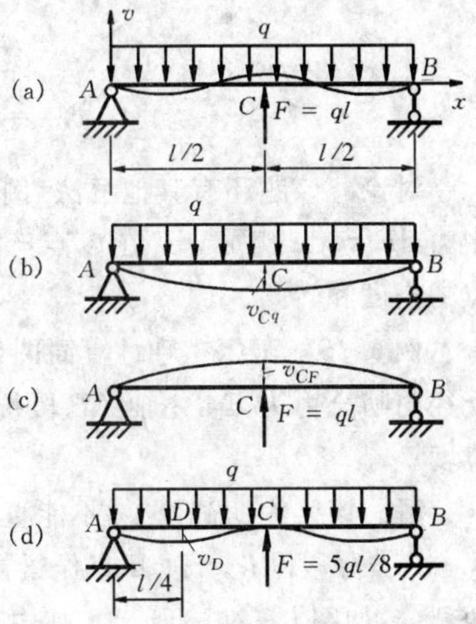

图 6-5

讨论　若要使 C 点挠度为零，F 力应为多大？

根据　$v_C = \dfrac{Fl^3}{48EI} - \dfrac{5ql^4}{384EI} = 0$

可得　$F = \dfrac{5}{8}ql$

若 $F=5ql/8$，则梁中最大挠度约值为

$$v_D = \frac{ql^4}{3072EI} \quad (\downarrow) \tag{b}$$

例 6-4 图 6-6(a)所示简支梁在 BC 段受均布载荷 q 作用。若 q、l 及抗弯刚度 EI 均为已知，求梁中点 C 的挠度和转角。

解 根据叠加原理，图 6-6(a)梁的变形等于图 6-6(b)、(c)的代数和，即

$$v_C = v_{C1} + v_{C2}$$

$$\theta_C = \theta_{C1} + \theta_{C2}$$

其中，v_{C1}、θ_{C1} 分别为图 6-6(b)梁上 C 截面的挠度和转角；v_{C2}、θ_{C2} 分别为图 6-6(c)梁上 C 截面的挠度和转角。根据对称性，显然有

$$\theta_{C1}=0, \quad v_{C2}=0$$

由于图 6-6(c)梁的挠曲线在 C 处有一拐点，因此 C 截面弯矩为零。故，图 6-6(c)梁在 CB 段的变形相当于图 6-6(d)的简支梁，即 $\theta_{C2}=\theta_{C3}$，于是

$$v_C=v_{C1}, \quad \theta_C=\theta_{C3}$$

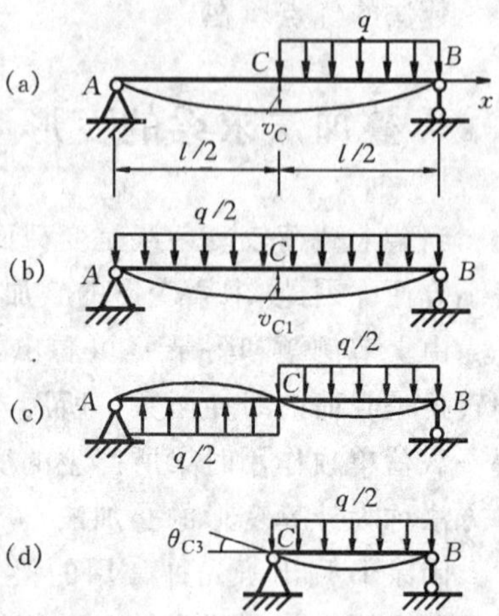

图 6-6

查附录 B 得

$$v_{C1} = \frac{5ql^4}{768EI} = v_C \quad (\downarrow)$$

$$\theta_{C3} = \frac{ql^3}{384EI} = \theta_C \quad (\curvearrowright)$$

讨论 该题还有其他解法，例如，可将 BC 段的均布载荷视为由无数个微小集中力 $dF=q dx$ 组成，dF 在 C 点产生的挠度和转角可查附录 B 得到，其总和即为 C 点的挠度和转角。

例 6-5 车床主轴计算简图如图 6-7(a)所示。若车刀切削力为 F_1，齿轮所受径向啮合力为 F_2，主轴 AB 段抗弯刚度为 EI_2，外伸段抗弯刚度为 EI_1。求 C 处挠度。

解 该梁为变截面梁，不能直接查用附录 B 的公式，必须先作适当处理。

(1) 分段刚化　过 B 点作梁挠曲线的切线 BC_1，将 C 点挠度 v_C 分为 v_1 和 v_2 两部分，如图 6-7(b)所示。其中，v_1 为 BC 段作为刚体，由于 AB 段弯曲变形，在 C 点产生的挠度；v_2 为 AB 段作为刚体，由于 BC 段弯曲变形在 C 点产生的挠度。因此，计算 v_1 时可将 F_1 向 B 点简化，如图(c)所示；计算 v_2 时可将 BC 段简化为图(d)的悬臂梁。这种分段计算变形，然后代数相加的方法称为**分段刚化或变形叠加**。

(2) 叠加　由图 6-7(c)可见，$v_1=\theta_B a$，其中，θ_B 为简支梁在集中力偶 $M=F_1a$

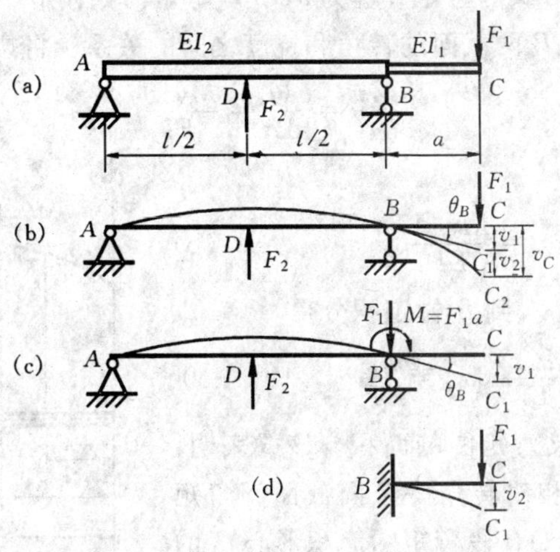

图 6－7

和集中力 F_2 共同作用下 B 处的转角之和，分别记为 θ_{BM} 和 θ_{BF2}。查附录 B 可得

$$\theta_{BM}=\frac{Ml}{3EI_2}=\frac{F_1 al}{3EI_2}\quad(\curvearrowright)$$

$$\theta_{BF2}=\frac{F_2 l^2}{16EI_2}\quad(\curvearrowright),\quad v_2=\frac{F_1 a^3}{3EI_1}\quad(\downarrow)$$

于是

$$\theta_B=\theta_{BM}+\theta_{BF2}=\frac{F_1 al}{3EI_2}+\frac{F_2 l^2}{16EI_2}\qquad(\curvearrowright)\tag{a}$$

$$v_C=\theta_B a+v_2=\frac{la}{EI_2}\left(\frac{F_1 a}{3}+\frac{F_2 l}{16}\right)+\frac{F_1 a^3}{3EI_1}\quad(\downarrow)\tag{b}$$

讨论　(1) 用分段刚化方法计算梁变形时应注意力的简化是有条件的。本例中，求 B 截面转角时可否将集中力 F_2 向 B 截面简化？(2) 用分段刚化方法求 D 截面挠度，并分析使 C、D 两截面挠度相等的条件。(3) 用什么方法可减小 C 截面的挠度？

＊6.5　力矩面积法

工程中，常常遇到阶梯形变截面梁。例如汽轮机和透平压缩机的转子，车床主轴和齿轮轴等，这些轴类另件的弯曲变形即使用叠加法计算也显得很不方便，为此，相继出现了许多方法。这里介绍利用弯矩图面积计算梁变形的方法，称为**力矩面积法**。

设等截面直梁 OD 的弯矩方程为 $M(x)$，弯矩图如图 6-8 所示，EI 为抗弯刚度。现考察梁上 A、B 两截面的转角和挠度之间的关系。将挠曲线微分方程

$$\frac{\mathrm{d}^2 v}{\mathrm{d}x^2}=\frac{\mathrm{d}\theta}{\mathrm{d}x}=\frac{M(x)}{EI} \tag{a}$$

改写为

$$\mathrm{d}\theta(x)=\frac{M(x)}{EI}\mathrm{d}x \tag{b}$$

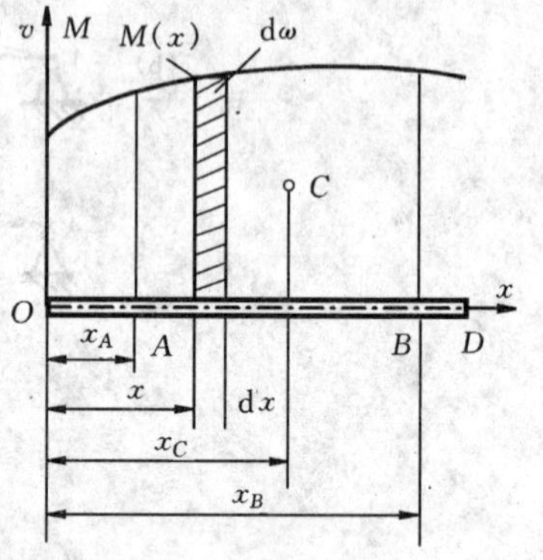

图 6-8

对式(b)两边从 A 到 B 做定积分得

$$\theta_B-\theta_A=\int_{x_A}^{x_B}\frac{M(x)}{EI}\mathrm{d}x=\frac{\omega_{AB}}{EI} \tag{6-4}$$

式中，ω_{AB} 为 AB 段梁弯矩图的面积。该式表明：梁上任意两截面的相对转角等于两截面间弯矩图面积除以 EI。设 AB 段弯矩图面积形心 C 的坐标为 x_C，由式(a)可得

$$\frac{\mathrm{d}v}{\mathrm{d}x}=\theta(x),\quad \mathrm{d}v=\theta(x)\mathrm{d}x \tag{c}$$

对式(c)两边从 A 到 B 做定积分，并利用分部积分公式可得

$$v_B-v_A=\int_{x_A}^{x_B}\theta(x)\mathrm{d}x=\theta_B x_B-\theta_A x_A-\int_{x_A}^{x_B}x\,\mathrm{d}\theta(x) \tag{d}$$

将式(b)代入式(d)，并由静矩和形心的关系有

$$\int_{x_A}^{x_B}x\,\mathrm{d}\theta(x)=\int_{x_A}^{x_B}x\frac{M(x)\mathrm{d}x}{EI}=\frac{1}{EI}\int_{x_A}^{x_B}x\,\mathrm{d}\omega=\frac{\omega_{AB}x_C}{EI} \tag{e}$$

将式(6-4)和式(e)代入式(d)化简后得

$$v_B-v_A=\theta_A(x_B-x_A)+\frac{\omega_{AB}}{EI}(x_B-x_C) \tag{6-5}$$

式(6-5)表明，梁上 B、A 两截面间的相对挠度由两部分组成：第一部分是 A 截面转角引起的刚体位移 $\theta_A(x_B-x_A)$；第二部分是 AB 段弯曲变形引起的位移，其值为 AB 段 M 图面积对过 B 处铅垂轴的静矩除以 EI。

用式(6-4)和式(6-5)计算转角和挠度时，应注意：

(1) 坐标系由图 6-8 确定，x_B 应大于 x_A；

(2) 弯矩、挠度和转角的正负号规则与前面相同；正弯矩的 M 图面积为正，反之为负；

(3) 梁的挠度曲线应光滑连续，如果梁有中间铰时应分段进行计算；

(4) 当截面分段变化或 M 图较复杂时，应分段(块)计算再求其代数和，即

$$\theta_B - \theta_A = \sum_{i=1}^{n} \frac{\omega_i}{(EI)_i} \tag{6-6}$$

$$v_B - v_A = \theta_A(x_B - x_A) + \sum_{i=1}^{n} \frac{\omega_i}{(EI)_i}(x_B - x_{Ci}) \tag{6-7}$$

式中，ω_i 和 $(EI)_i$ 分别为第 i 段（块）的 M 图面积和相应的弯曲刚度；x_{Ci} 为第 i 段（块）M 图面积形心坐标。

表 6-1 列出了几种常见的弯矩图的面积算式和形心位置，以供查用。

表 6-1　常用图形的面积与形心位置

	三角形	二次抛物线	二次抛物线	三次抛物线
图形	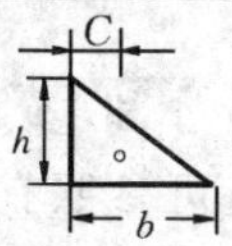	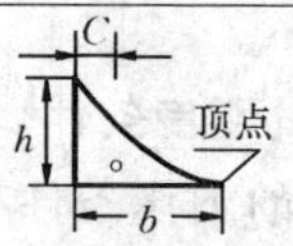	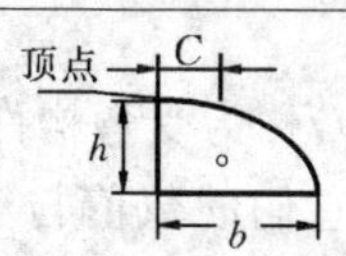	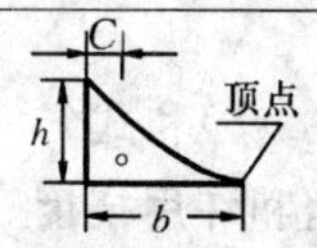
面积 ω	$\frac{1}{2}bh$	$\frac{1}{3}bh$	$\frac{2}{3}bh$	$\frac{1}{4}bh$
形心位置 C	$\frac{1}{3}b$	$\frac{1}{4}b$	$\frac{3}{8}b$	$\frac{1}{5}b$

例 6-6　阶梯形变截面梁受力如图 6-9(a)所示。若 F、a、EI 均为已知，试用力矩面积法求 B 处的转角 θ_B 和挠度 v_B。

解　(1) 作弯矩图如图 6-9(b)所示　分三块查表 6-1 计算 M 图面积 ω_i 及其形心 C_i 对 B 截面的坐标差。

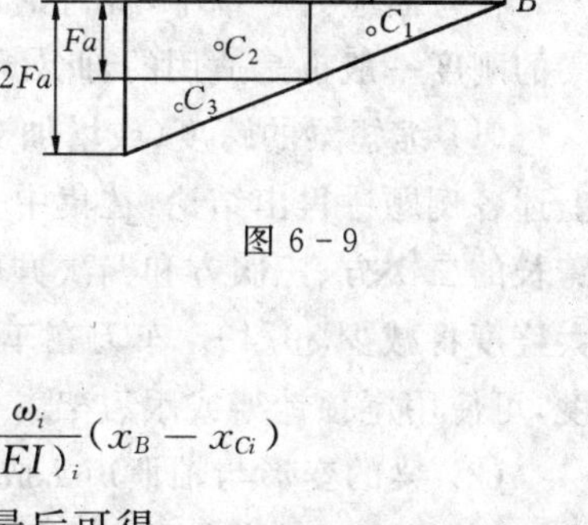

图 6-9

$$\omega_1 = -\frac{1}{2}Fa^2, \quad x_B - x_{C1} = \frac{2}{3}a$$

$$\omega_2 = -Fa^2, \quad x_B - x_{C2} = \frac{3}{2}a$$

$$\omega_3 = -\frac{1}{2}Fa^2, \quad x_B - x_{C3} = \frac{5}{3}a$$

(2) 由式(6-6)和式(6-7)计算 θ_B、v_B

$$\theta_B - \theta_A = \sum_{i=1}^{3} \frac{\omega_i}{(EI)_i} = \frac{\omega_1}{EI} + \frac{\omega_2 + \omega_3}{2EI}$$

$$v_B - v_A = \theta_A(x_B - x_A) + \sum_{i=1}^{3} \frac{\omega_i}{(EI)_i}(x_B - x_{Ci})$$

将 ω_i 及 $x_B - x_{Ci}$ 值代入，并注意到 $\theta_A = 0$，$v_A = 0$，最后可得

$$\theta_B = -\frac{5Fa^2}{4EI} \quad (\curvearrowright) \qquad v_B = -\frac{3Fa^3}{2EI} \quad (\downarrow)$$

6.6 梁的刚度条件和提高弯曲刚度的途径

6.6.1 梁的刚度条件

在工程实际中，受弯构件一般都要求将其转角和挠度限制在许可的范围之内，即

$$\theta_{\max} \leqslant [\theta] \tag{6-8}$$

$$v_{\max} \leqslant [v] \tag{6-9}$$

式(6-8)和式(6-9)称为受弯构件的**刚度条件**，其中$[\theta]$ 和 $[v]$分别为构件的**许用转角**和**许用挠度**。它们的数值与梁的工作条件有关，可参照有关规范来确定，例如：

普通机床主轴　$[v]=(0.000\,1\sim 0.000\,5)l$，$[\theta]=(0.001\sim 0.005)\mathrm{rad}$

起重机大梁　$[v]=(0.001\sim 0.005)l$

发动机凸轮轴　$[v]=(0.05\sim 0.06)\mathrm{mm}$

在梁的设计中，一般先根据强度条件选择梁的截面尺寸，再用刚度条件进行校核。也有一些构件，要求工作时有较大的弯曲变形，机器设备才能良好工作。例如汽车车轮和车厢之间的板条状弹簧，变形应适当加大，以减少车身的振动。

6.6.2 提高弯曲刚度的措施

由式(6-3)可以看出，梁的挠度和转角不仅与梁的弯矩或载荷有关，还与抗弯刚度 EI、梁长 l 以及支承情况有关。因此，提高梁的弯曲刚度可以从上述几个方面入手。

在弯曲应力一章中，曾讨论过提高梁的强度的几种措施。那些措施对于提高梁的刚度一般也是适用的，此处不再重述。下面只比较二者不同之处。

(1) 缩短梁的跨度(或增加支座)对于提高梁的刚度比强度更加有效。这可由上述各例题中得出结论：在集中力偶，集中力和均布载荷作用下，梁的挠度分别与跨长的二次方、三次方和四次方成正比。如例 6-3 中，若 C 处增加一支座，则最大挠度将减少 39/49。车刀在车削细长工件时，为避免因变形过大而影响加工精度，可使用尾顶针架或跟刀架。

(2) 梁的变形与轴惯矩 I 成反比，而强度与抗弯截面系数 W 成反比。必须指出：局部增大 I 对弯曲强度有影响，但对刚度影响很小，因为梁的变形与整体刚度有关。

(3) 梁的变形与材料的弹性模量 E 成反比,而强度与 E 无关。对各种钢材,包括合金钢在内,由于它们的 E 值相差不大,因此采用合金钢来提高梁的刚度是不恰当的。

对于要求在工作时变形适当加大的梁,设计时则应采取与上述相反的措施。

例 6-7　在例 6-5 中,若已知切削力 $F_1=1.5\ \text{kN}$,齿轮啮合力 $F_2=1\ \text{kN}$,主轴 AB 段内径 $d=3.8\ \text{cm}$,外径 $D=7.6\ \text{cm}$,$l=40\ \text{cm}$,$a=20\ \text{cm}$,$E=200\ \text{GPa}$,外伸段抗弯刚度 EI 可近似地视为与主轴相同。若 C 点挠度不得超过 $0.0001\ l$,轴承 B 处转角不得超过 $0.001\ \text{rad}$,试校核主轴的刚度。

解　(1) 计算变形　由例 6-5 中式(b)和式(a)得

$$v_C=\frac{F_1a^3}{3EI}\left(\frac{l}{a}+1\right)+\frac{F_2l^2a}{16EI} \tag{a}$$

$$\theta_B=\frac{F_1al}{3EI}+\frac{F_2l^2}{16EI} \tag{b}$$

$$I=\frac{\pi}{64}(D^4-d^4)$$

将数字代入式(a)、(b)得

$$v_C=3.19\times10^{-5}\ \text{m},\quad \theta_B=1.63\times10^{-3}\ \text{rad}$$

(2) 刚度校核　主轴的许用挠度和许用转角为

$$[v]=0.0001l=0.0001\times40\times10^{-2}=4\times10^{-5}\ \text{m}>v_C$$

$$[\theta]=0.001=1\times10^{-3}\ \text{rad}<\theta_B$$

主轴不满足刚度条件。

讨论　为了提高主轴的刚度,可将齿轮的啮合位置移到主轴上方,使 F_2 方向向下,此时 F_1 和 F_2 对梁变形的影响将部分抵消,主轴的刚度条件将得到满足,读者可自行验算。

6.7　简单超静定梁

前面曾经指出,为了提高梁的刚度,可采用增加支座的方法。如图 6-10(a)所示简支梁,中点加一可动铰支座后,支反力由二个变为三个,但平衡方程只有二个,支反力不能由静力平衡条件唯一确定,这种梁称为**超静定梁**。由于支座 C 对于保持梁的静力平衡是“多余”的,故称它为“多余约束”。相应的支反力称为“多余约束力”。与拉压超静定问题类似,求解超静定梁的关键是寻找变形条件,建立补充方程。首先可解除多余约束并去掉载荷 q,使其变为静定梁,如图 6-10(b)所示。称为**静定基本系统**(简称**静定基**);然后加上多余的约束力 F_C 和载荷 q,使其与原梁受力相同,如图 6－10(c)所示。称为相当系统。显然,相当系统的变形应和原梁完全相同。因此,要求相当系统在 C 处的挠度为零,即 $v_C=0$,这就是**变形条件**。若将多余约束力 F_C 看作载荷,则有:$v_C=f(q,F_C)$,代入变形条件,便可建立补充方程,求出 F_C。这种方法称为**变形比较法**。下面举例说明。

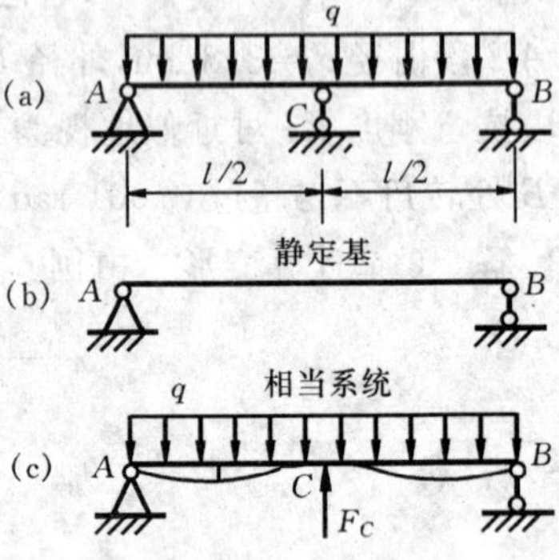

图 6－10

例 6－8 超静定梁受力如图 6－11(a)所示。设均布载荷 q、梁长 l 和 EI 均为已知,试求支反力。

解 (1) 选 B 处支座为多余约束,建立相当系统如图 6－11(b)所示。

(2) 列变形条件 比较相当系统和原结构在 B 处的变形情况可知,B 处的挠度应为零。根据叠加原理,B 点挠度是载荷 q 和多余约束力 F_B 产生的挠度 v_{Bq} 和 v_{BF} 的代数和,故变形条件为

$$v_B = v_{Bq} + v_{BF} = 0 \qquad \text{(a)}$$

(3) 物理条件 由附录 B 得

$$v_{Bq} = -\frac{ql^4}{8EI}(\downarrow),\quad v_{BF} = \frac{F_B l^3}{3EI}(\uparrow) \qquad \text{(b)}$$

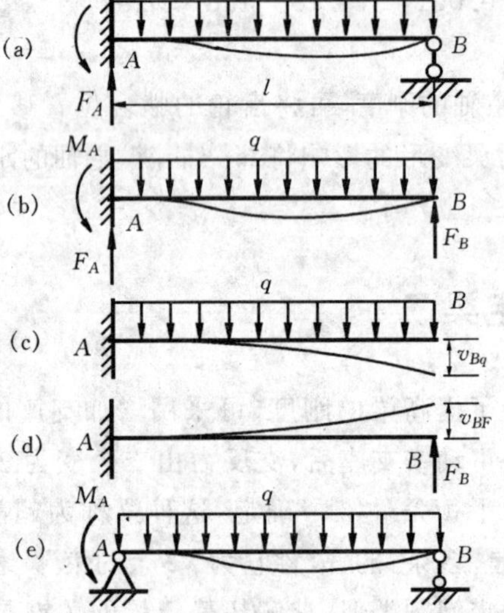

图 6－11

(4) 将式(b)代入式(a)得补充方程

$$v_B=\frac{F_Bl^3}{3EI}-\frac{ql^4}{8EI}=0$$

解得

$$F_B=\frac{3}{8}ql$$

(5) A 处支反力可由静力平衡条件解得

$$F_A=ql-F_B=\frac{5}{8}ql\ (\uparrow)$$

$$M_A=\frac{ql^2}{2}-F_Bl=\frac{ql^2}{8}\quad (\curvearrowleft)$$

讨论　本例题的相当系统也可以取为图 6-11(e)的简支梁。此时,多余约束是固定端的转动约束,多余约束力是集中力偶 M_A,变形条件是截面转角为零。超静定梁的多余约束和相当系统可以有不同的选择,但要注意:相当系统必须是静定的。

例 6-9　一实心钢轴的直径 $d=6$ cm,$l=20$ cm,$E=200$ GPa,装配时中间轴承偏离 AB 连线 $\delta=0.1$ mm,如图 6-12(a)所示。试求轴的装配应力。

解　(1) 建立相当系统,列变形条件

解除支座 C,以支反力 F_C 为多余未知力,相当系统如图 6-12(b)所示。比较图 6-12(a)、(b)两梁在 C 处的变形,可得变形条件为

$$v_C=\delta \qquad \text{(a)}$$

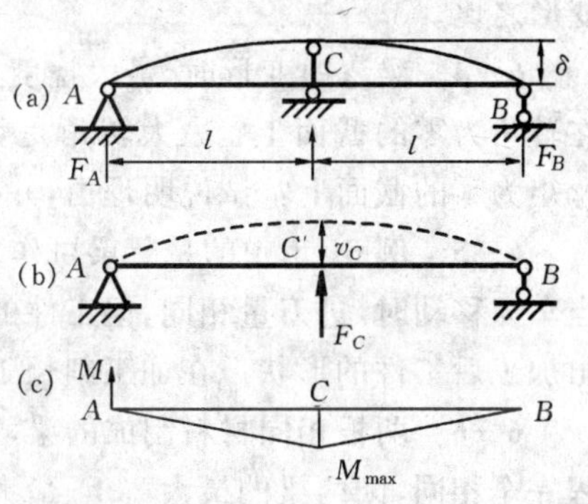

图 6-12

(2) 求 F_C　查附录 B 得图 6-12(b)梁在 C 处的挠度为

$$v_C=\frac{F_C(2l)^3}{48EI} \qquad \text{(b)}$$

将式(b)代入式(a)得

$$F_C=\frac{6EI\delta}{l^3} \qquad \text{(c)}$$

(3) 应力计算　梁的弯矩图如图 6-12(c)所示,最大弯矩和最大正应力分别为

$$M_{\max}=\frac{1}{4}F_C(2l)=\frac{3EI}{l^2}\delta$$

$$\sigma_{\max}=\frac{M_{\max}}{W}=\frac{3E\delta}{l^2}\left(\frac{d}{2}\right)=\frac{3\times 200\times 10^9\times 0.1\times 10^{-3}}{0.2^2}\left(\frac{0.06}{2}\right)=45\ \text{MPa}$$

讨论　(1) 由此例可见,在超静定结构中微小的装配误差将产生可观的装配

应力。因此，在设计超静定结构时，必须对制造和安装提出较高的精度要求。(2)该题能否选择支座 A(或支座 B)作为多余约束解除？变形条件应如何建立？

思 考 题

6-1 说明公式$\frac{1}{\rho(x)}=\frac{M(x)}{EI}$和$\frac{\mathrm{d}^2 v}{\mathrm{d}x^2}=\frac{M(x)}{EI}$的应用条件。图示悬臂梁在弹性范围内发生弯曲变形，若 $M_o=EI\pi/3l$，试比较上述两个公式在求 A 点挠度时的区别，哪个是正确的？

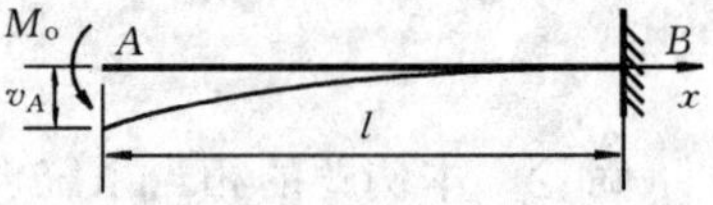

思考题 6-1 图

6-2 AB 梁受力如图所示，梁的挠度曲线方程能否表示为：$v(x)=a_0+a_1x+a_2x^2+a_3x^3$的形式？其中各个系数的物理意义是什么？

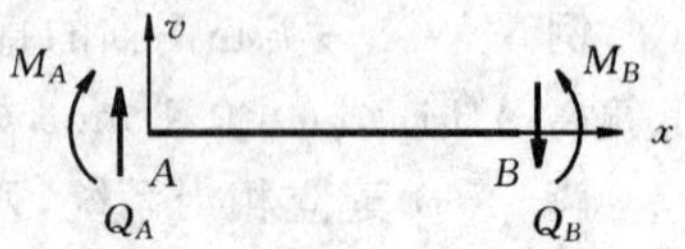

思考题 6-2 图

6-3 一钢丝绳由 n 根钢丝组成，钢丝的直径为 d。一钢杆的直径为 D，设两者横截面面积和材料相同。试定量分析在相同弯曲力偶作用下，两者变形之比。

6-4 梁弯曲变形时，最大挠度是否一定发生在转角为零的截面上？最大转角是否一定发生在弯矩为零的截面上？试说明理由，并各举一例。

6-5 例 6-1 中的悬臂梁可作为车刀车削工件时的计算简图。F 为切削力，当车刀移动时，进刀量相同，但工件的变形量不同，因而造成加工误差。试定性画出加工后工件的形状。在加工细长工件时为提高加工精度，应采取什么措施？

6-6 两根相同材料制成的梁，其长度和抗弯刚度相同，若两梁的挠度曲线方程完全相同，问两梁的最大弯矩、最大剪力、最大弯曲正应力和最大切应力是否相同？为什么？

习 题

6-1 用直接积分法求下列各梁的挠曲线方程和最大挠度。梁的抗弯刚度 EI 为已知。

6-2 写出下列各梁的边界条件，并根据弯矩图和支座情况画出挠度曲线的大致形状。

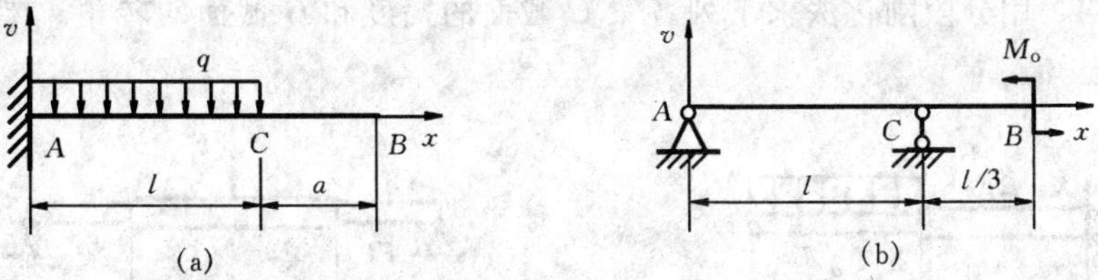

题 6－1 图

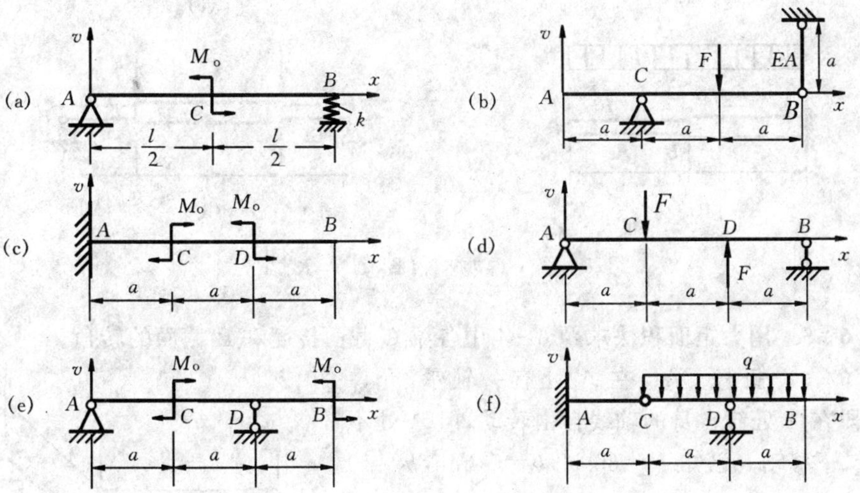

题 6－2 图

6－3　用叠加法求下列各梁 C 截面的挠度和 B 截面的转角。梁的抗弯刚度 EI 为已知。

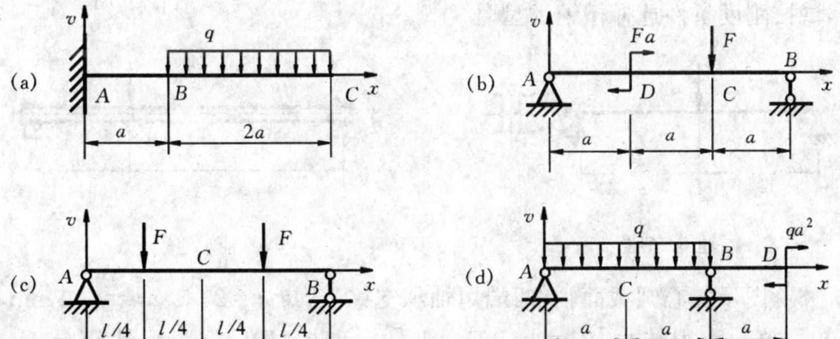

题 6－3 图

6-4 用分段刚化法求下列各梁 C 截面的挠度和 B 截面的转角。梁的抗弯刚度为已知。

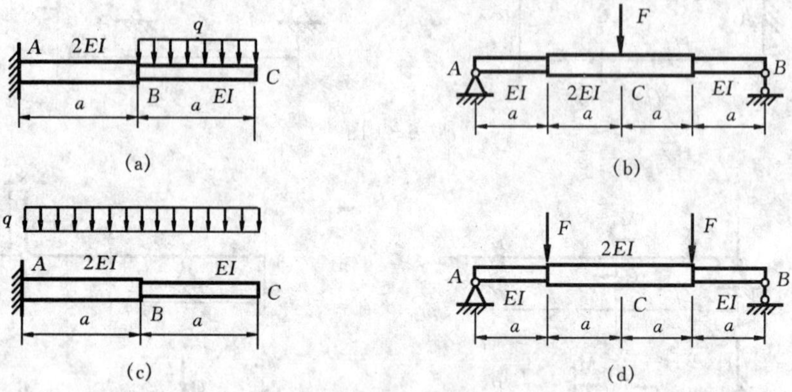

题 6-4 图

6-5 用力矩面积法求题 6-4 中各梁 C 截面挠度和 B 截面的转角。

6-6 折杆 CAB 在 A 处有一轴承，允许 AC 段在 A 处绕自身的轴线自由转动，但 A 处不能上、下移动。已知 $F=60\ \text{N}$，$b=5\ \text{mm}$，$h=10\ \text{mm}$，$d=20\ \text{mm}$，$l=500\ \text{mm}$，$a=300\ \text{mm}$，$E=210\ \text{GPa}$，$G=0.4E$，试求 B 处的垂直位移。

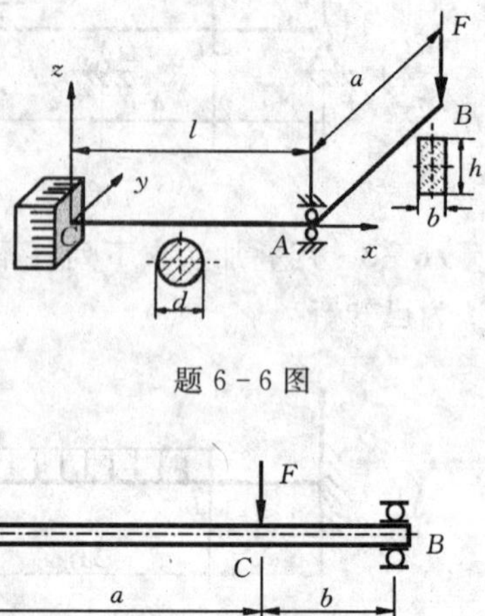

题 6-6 图

6-7 图示简支梁由两根槽钢组成。已知 $l=4\ \text{m}$，$F=20\ \text{kN}$，$E=210\ \text{GPa}$，许用挠度 $[v]=l/400$，试按刚度条件选择槽钢的型号。

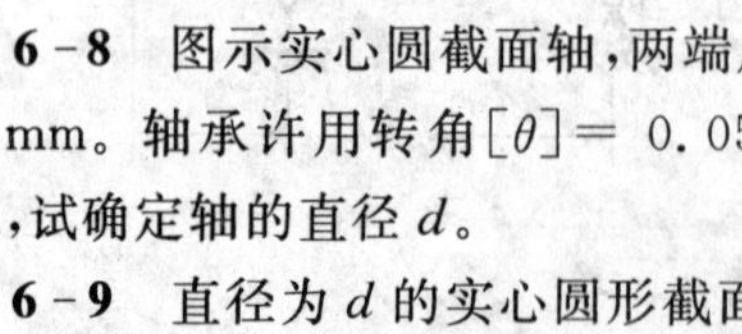

题 6-7 图

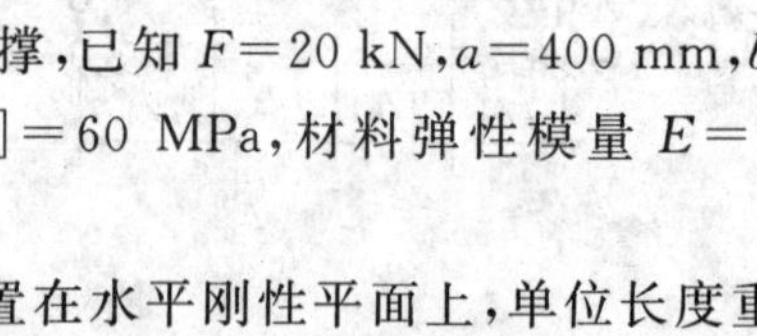

题 6-8 图

6-8 图示实心圆截面轴，两端用轴承支撑，已知 $F=20\ \text{kN}$，$a=400\ \text{mm}$，$b=200\ \text{mm}$。轴承许用转角 $[\theta]=0.05\ \text{rad}$，$[\sigma]=60\ \text{MPa}$，材料弹性模量 $E=200\ \text{GPa}$，试确定轴的直径 d。

6-9 直径为 d 的实心圆形截面直杆放置在水平刚性平面上，单位长度重量为 q，长度为 l，弹性模量为 E，受力 $F=ql/4$ 后，未提起部分仍保持与平面密合。

试求提起部分的长度 a 和提起的高度 v_A。

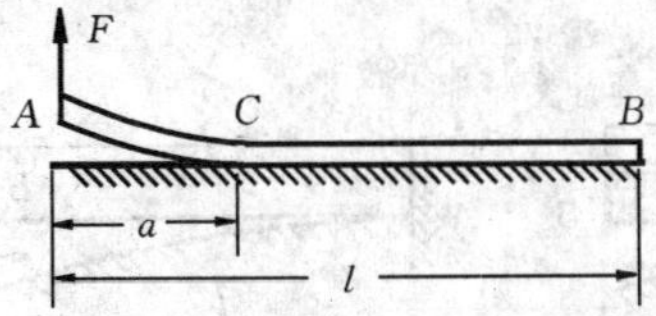

题 6-9 图

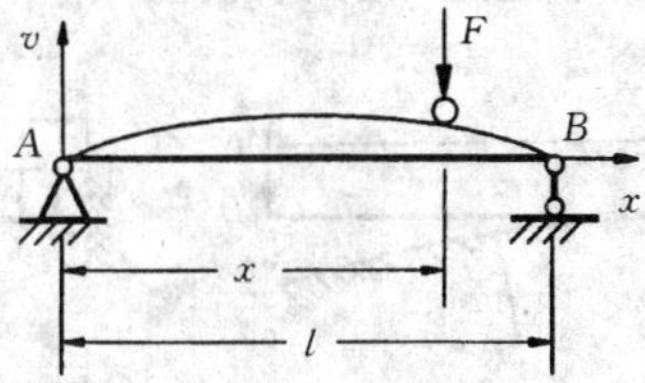

题 6-10 图

6-10　简支梁受移动载荷 F 作用，弯曲刚度为 EI。若要求载荷移动时的轨迹是一条水平直线，试问应先把梁弯成什么形状（用 $v=f(x)$ 表示）？

6-11　图示静不定梁 AB 受集中力 F 作用。已知许用应力 $[\sigma]$，抗弯截面系数为 W。(1) 试求许可载荷 $[F]$；(2) 为提高梁的承载能力，可将支座 B 向上移动 Δ，使梁内产生预应力。试求 Δ 的最合理的许可值，及相应的许可载荷 $[F]$。

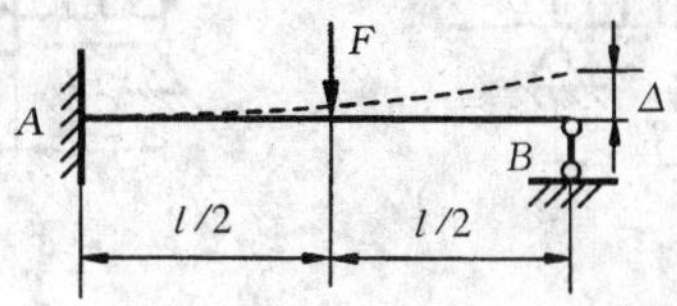

题 6-11 图

6-12　试求图示各静不定梁的支反力，并作弯矩图。弯曲刚度 EI 为已知。

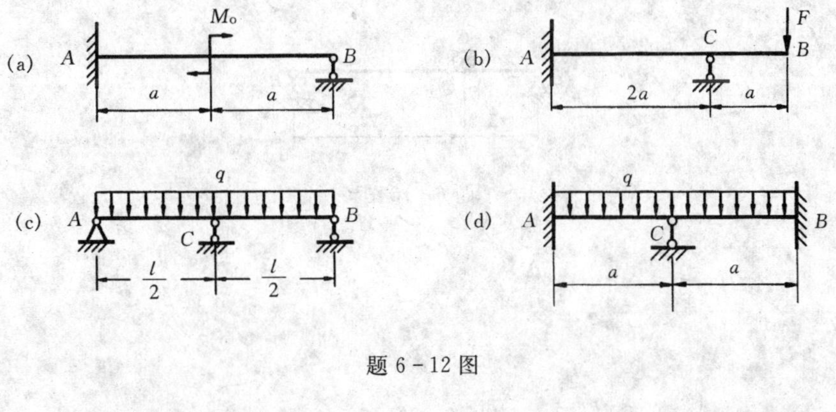

题 6-12 图

6-13　直梁的挠度曲线方程为 $v=qx(3lx^2-2x^3-l^3)/48EI$，求梁内的最大弯矩和最大剪力值。并画出梁上的约束和载荷。已知梁长为 l。

6-14　图示悬臂梁一端固定在半径为 R 的光滑刚性圆柱面上。若要使梁

AB 上各处与圆柱面完全吻合，且梁与曲面间无接触压力。正确的加载方式是哪一种？试求应施加的载荷值。

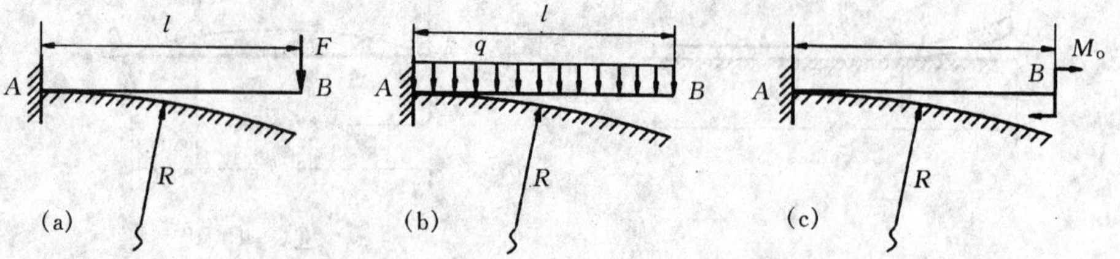

题 6-14 图

＊**6-15** 试用奇异函数法或力矩面积法编制计算机程序，求图示各梁最大的挠度和最大的转角。EI 为常数。

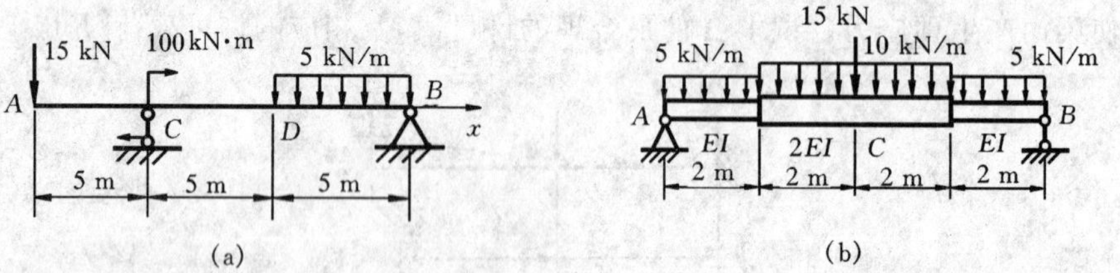

题 6-15 图

＊**6-16** 图示简支梁在 C 处放置一重量为 G 的物体。若已知梁长 l，弯曲刚度 EI，物体与梁表面间的滑动摩擦系数为 f，试求使物体不发生滑动的最大重量。

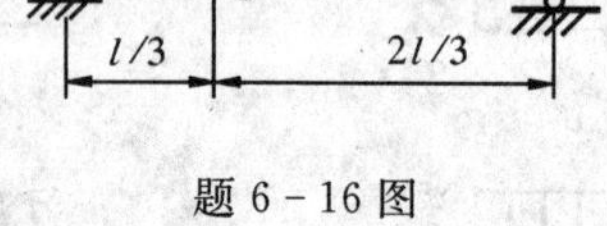

题 6-16 图

第 7 章　应力状态分析

7.1　应力状态的概念

7.1.1　应力状态的概念

杆件在拉伸和扭转时的斜截面上的应力分析指出，杆内各点应力的大小和方向不仅与该点所处位置有关，而且还与该点所取截面方位有关。过一点所有截面上应力的集合，称为该点的**应力状态**。为了解决构件在复杂受力情况下的强度问题，必须了解危险点处哪一截面的正应力最大，哪一截面的切应力最大，为此有必要研究一点处各截面应力的变化规律，这就是一点的应力状态分析。

一点的应力状态，通常用单元体来表示。一般情况，应力在截面上是连续变化的，但由于单元体的边长趋于无限小，所以每个面上的应力可以视为均匀分布，同时每对平行截面的应力大小相等、方向相反，且具有相同的符号，这样三对平行截面的应力就代表该点的应力。

7.1.2　单元体的取法

通常用应力已知的截面来截取单元体。图 7-1(a)所示的悬臂梁，在横截面 $m-m$ 上 A、B、C 三点的应力(图 7-1(b))可由弯曲应力公式(5-3)、(5-13)确

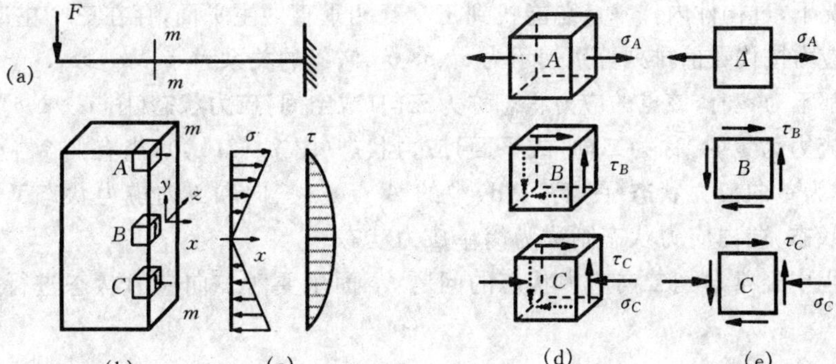

图 7-1

定。由应力沿截面高度的变化规律(图 7-1(c))可知，A 点只有正应力，B 点只有切应力，C 点既有正应力又有切应力。围绕 A、B、C 三点截取单元体如图 7-1(d)所示，单元体的前后两面为平行于轴线的纵向截面，在这些面上没有应力，左右两面为横截面的一部分，根据切应力互等定理，单元体 B 和 C 的上下两面有与横截面数值相等的切应力。至此，单元体各面上的应力均已确定。注意到图 7-1(d)各单元体前后面上均无应力，因此也可用其平面视图表示(图 7-1(e))。

图 7-2(a)所示承受内压 p 的圆柱形薄壁容器，其横截面和纵截面上都有拉应力，用横截面和纵截面从外壁处截取单元体，则其受力如图 7-2(b)所示。如从内壁处截取单元体，则在前后面上还应有大小等于 p 的压应力 σ_r，如图 7-2(c)所示。

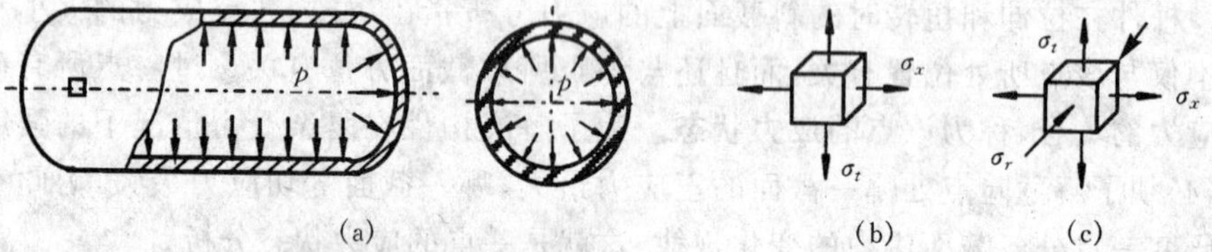

图 7-2

从受力构件中截取各面应力已知的单元体后，运用截面法和静力平衡条件，可求出单元体任一斜截面上的应力，从而确定出极值应力。

7.1.3 主平面与主应力

围绕构件内一点若从不同方向取单元体，则各个截面的应力也各不相同，其中切应力为零的截面具有特殊的意义，称为**主平面**；主平面上的正应力称为**主应力**。一般情况下，过构件内任一点总能找到三个互相垂直的主平面，存在三个主应力，这三个主应力按代数值排列分别表示为 σ_1、σ_2、σ_3，它们的关系为 $\sigma_1 \geqslant \sigma_2 \geqslant \sigma_3$。当三个主应力全都不为零时，该点的应力状态称为**三向(或空间)应力状态**(图 7-2(c))，当有一个主应力为零时，称为**二向(或平面)应力状态**(图 7-2(b))，当有两个主应力为零时，称为**单向应力状态**(图 7-1(d)中的 A 点)。三向和二向应力状态又称为**复杂应力状态**，单向应力状态则称为**简单应力状态**。

工程中经常遇到二向应力状态的问题，下面主要对二向应力状态进行分析研究。

7.2　二向应力状态分析——解析法

7.2.1　二向应力状态的斜截面应力

图 7-3(a)所示单元体为二向应力状态的一般情况。在单元体上，与 x 轴垂直的平面称为 **x 截面**，其上作用有正应力 σ_x 和切应力 τ_x；与 y 轴垂直的平面称为 **y 截面**，其上作用有正应力 σ_y 和切应力 τ_y；与 z 轴垂直的 **z 截面**上应力为零，该平面是主平面。二向应力状态也可用图 7-3(b)所示的平面单元体来表示。应力的符号规则如前，图中的 σ_x、σ_y 和 τ_x 为正值，而 τ_y 为负值。

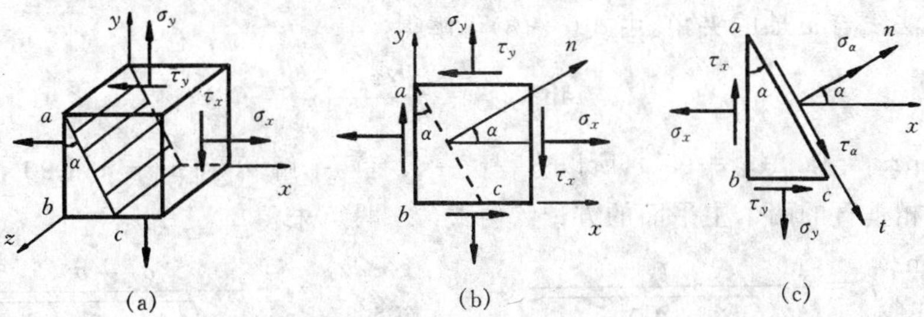

图 7-3

运用截面法可以求出与 z 截面垂直的任意斜截面 ac 上的应力。设斜截面 ac 的外法线 n 与 x 轴的夹角为 α（斜截面 ac 称为 **α 截面**），α 角的正负号规定仍与第 2 章相同，图 7-3 中 α 角为正值。沿 α 截面将单元体截分为两部分，保留左下部分，α 截面上的正应力和切应力分别用 σ_α 和 τ_α 表示，如图 7-3(c)所示。设斜截面 ac 的面积为 A_α，则 ab 面和 bc 面的面积分别为 $A_\alpha\cos\alpha$ 和 $A_\alpha\sin\alpha$。考虑左下部分的平衡，列法线 n 和切线 t 方向的平衡方程如下

$$\sum F_n = 0,\quad \sigma_\alpha A_\alpha - (\sigma_x A_\alpha\cos\alpha)\cos\alpha + (\tau_x A_\alpha\cos\alpha)\sin\alpha - (\sigma_y A_\alpha\sin\alpha)\sin\alpha + (\tau_y A_\alpha\sin\alpha)\cos\alpha = 0$$

$$\sum F_t = 0,\quad \tau_\alpha A_\alpha - (\sigma_x A_\alpha\cos\alpha)\sin\alpha + (\sigma_y A_\alpha\sin\alpha)\cos\alpha - (\tau_x A_\alpha\cos\alpha)\cos\alpha + (\tau_y A_\alpha\sin\alpha)\sin\alpha = 0$$

注意到 τ_x 和 τ_y 数值上相等，利用三角公式，上两式可简化为

$$\sigma_\alpha = \frac{\sigma_x + \sigma_y}{2} + \frac{\sigma_x - \sigma_y}{2}\cos2\alpha - \tau_x\sin2\alpha \tag{7-1}$$

$$\tau_\alpha = \frac{\sigma_x - \sigma_y}{2}\sin2\alpha + \tau_x\cos2\alpha \tag{7-2}$$

利用式(7-1)和(7-2)可求得二向应力状态下任意 α 截面上的应力 σ_α 和 τ_α。

7.2.2 主平面与主应力

由公式(7-1)可知，斜截面上的正应力 σ_α 的数值随角度 α 而改变，极值正应力作用的平面可由公式(7-1)通过导数 $d\sigma_\alpha/d\alpha=0$ 求得，式如

$$\frac{d\sigma_\alpha}{d\alpha}=\frac{\sigma_x-\sigma_y}{2}(-2\sin 2\alpha)-\tau_x(2\cos 2\alpha)=0$$

即

$$\frac{\sigma_x-\sigma_y}{2}\sin 2\alpha+\tau_x\cos 2\alpha=0 \tag{7-3}$$

将上式与式(7-2)比较可见，极值正应力作用的截面是切应力为零的截面，即主平面，也就是说主平面上的正应力是所有 α 截面上正应力的极值。以 α_0 表示主平面的法线与 x 轴的夹角，由式(7-3)可解得

$$\tan 2\alpha_0=-\frac{2\tau_x}{\sigma_x-\sigma_y} \tag{7-4}$$

因为 $\tan 2\alpha_0=\tan 2(\alpha_0+90°)$，所以方程(7-4)有两个解 α_0 和 $\alpha'_0=\alpha_0+90°$，它们确定了互相垂直的两个主平面的方位。由式(7-4)可求得

$$\begin{matrix}\sin 2\alpha_0\\ \sin 2\alpha'_0\end{matrix}=\mp\frac{\tau_x}{\sqrt{\left(\frac{\sigma_x-\sigma_y}{2}\right)^2+\tau_x^2}},\quad \begin{matrix}\cos 2\alpha_0\\ \cos 2\alpha'_0\end{matrix}=\pm\frac{\sigma_x-\sigma_y}{2\sqrt{\left(\frac{\sigma_x-\sigma_y}{2}\right)^2+\tau_x^2}}$$

将其代入式(7-1)得对应的主应力为

$$\begin{matrix}\sigma_{\alpha_0}\\ \sigma_{\alpha'_0}\end{matrix}=\frac{\sigma_x+\sigma_y}{2}\pm\sqrt{\left(\frac{\sigma_x-\sigma_y}{2}\right)^2+\tau_x^2} \tag{7-5}$$

7.2.3 极值切应力

由公式(7-2)可知，斜截面上的切应力 τ_α 的数值也随角度 α 而改变，极值切应力作用的平面可由导数 $d\tau_\alpha/d\alpha=0$ 求得。以 α_1 表示极值切应力作用的平面，则

$$\tan 2\alpha_1=\frac{\sigma_x-\sigma_y}{2\tau_x} \tag{7-6}$$

上式也有两个根 α_1 和 $\alpha'_1=\alpha_1+90°$，代入式(7-2)便可得极大和极小切应力为

$$\begin{matrix}\tau_{\max}\\ \tau_{\min}\end{matrix}=\pm\sqrt{\left(\frac{\sigma_x-\sigma_y}{2}\right)^2+\tau_x^2} \tag{7-7}$$

它们分别作用在相互垂直的两个平面上。

比较式(7-4)和(7-6)可知

$$\tan 2\alpha_1=-\cot 2\alpha_0 \tag{7-8}$$

即 $\alpha_1=\alpha_0\pm 45°$，说明极值切应力的作用平面与主平面成45°夹角。

另外，对任意一个 α 截面和与之垂直的截面 $\alpha'=\alpha+90°$，由式(7-1)可得

$$\sigma_{\alpha}+\sigma_{\alpha'}=\sigma_x+\sigma_y=\text{常数}$$

上式表明当一个主应力为极大值时，与之垂直的另一个主平面上的主应力一定是极小值。

例 7-1　单元体受力如图 7-4(a)所示(应力单位：MPa)。试求：(1)$\alpha=60^\circ$斜截面上的正应力和切应力；(2)主应力和主平面的方位；(3)极值切应力。

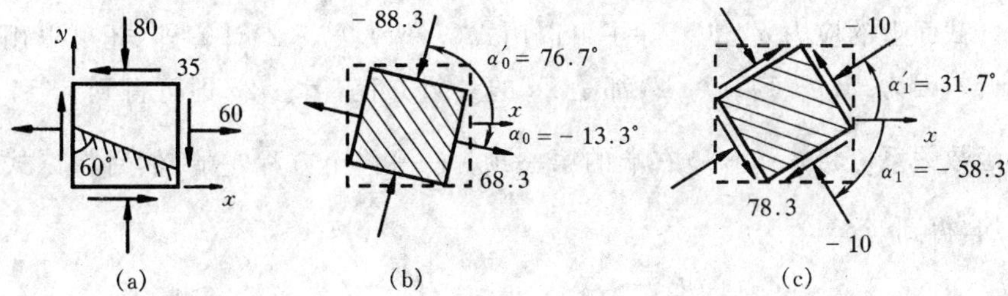

图 7-4

解　(1) 计算斜截面应力　将 $\sigma_x=60$ MPa，$\sigma_y=-80$ MPa，$\tau_x=35$ MPa，$\alpha=60^\circ$代入式(7-1)、(7-2)可得

$$\sigma_{60^\circ}=\frac{60-80}{2}+\frac{60+80}{2}\cos120^\circ-35\sin120^\circ=-75.3\ \text{MPa}$$

$$\tau_{60^\circ}=\frac{60+80}{2}\sin120^\circ+35\cos120^\circ=43.1\ \text{MPa}$$

(2) 计算主应力　由式(7-4)得

$$\tan2\alpha_0=-\frac{2\times35}{60+80}=-0.5$$

解得

$$\alpha_0=-13.3^\circ,\qquad \alpha'_0=76.7^\circ$$

由式(7-5)

$$\sigma'=\sigma_{\alpha_0}=\frac{60-80}{2}+\sqrt{\left(\frac{60+80}{2}\right)^2+35^2}=68.3\ \text{MPa}$$

$$\sigma''=\sigma_{\alpha'_0}=\frac{60-80}{2}-\sqrt{\left(\frac{60+80}{2}\right)^2+35^2}=-88.3\ \text{MPa}$$

按主应力的排列顺序，有 $\sigma_1=68.3$ MPa，$\sigma_3=-88.3$ MPa($\sigma_2=0$)，如图7-4(b)所示。

(3) 极值切应力　由式(7-7)得到

$$\left.\begin{matrix}\tau_{max}\\ \tau_{min}\end{matrix}\right.=\pm\sqrt{\left(\frac{60+80}{2}\right)^2+35^2}=\pm78.3\ \text{MPa}$$

极值切应力的作用面如图 7-4(c)所示。

7.3 二向应力状态分析——图解解析法

7.3.1 应力圆的画法与斜截面应力

斜截面上的应力 σ_α 和 τ_α 除了可以用式(7-1)、(7-2)计算外，还可以用图解法求得。因为式(7-1)、(7-2)都是 2α 的参数方程，消去 2α 即可得到 σ_α 和 τ_α 之间的函数关系。将式(7-1)右端的第一项 $\frac{\sigma_x+\sigma_y}{2}$ 移至方程左端，然后将二式平方后相加，得到

$$\left(\sigma_\alpha-\frac{\sigma_x+\sigma_y}{2}\right)^2+\tau_\alpha^2=\left(\frac{\sigma_x-\sigma_y}{2}\right)^2+\tau_x^2 \tag{7-9}$$

上式是以 σ_α 和 τ_α 为变量的方程，在 $\sigma-\tau$ 直角坐标系中，所表示的曲线是一个圆，圆心 C 的坐标和半径分别为

$$C=\left(\frac{\sigma_x+\sigma_y}{2},\ 0\right),\qquad R=\sqrt{\left(\frac{\sigma_x-\sigma_y}{2}\right)^2+\tau_x^2} \tag{7-10}$$

该圆上任意一点的坐标都对应单元体上某一个 α 截面上的应力 σ_α 和 τ_α，这个圆称为**应力圆**，或**莫尔**(Mohr)**圆**。

对图 7-5(a)所示单元体，设 $\sigma_x>\sigma_y>0$, $\tau_x>0$，可按下列步骤作相应的应力圆：

(1) 在 $\sigma-\tau$ 坐标系内，按选定的比例尺量取，$\overline{OA}=\sigma_x$，$\overline{AD_1}=\tau_x$，得到 D_1 点，D_1 点对应于 x 截面；

(2) 量取 $\overline{OB}=\sigma_y$，$\overline{BD_2}=-\tau_x$，得到 D_2 点，D_2 点对应于 y 截面；

(3) 连接 D_1、D_2 两点，与 σ 轴交于 C 点，以 C 点为圆心，$\overline{CD_1}$ 为半径作圆，即得所求应力圆，如图 7-5(b)所示。

作出应力圆后，若要确定 α 截面上的应力，可以从 D_1 点开始，按照单元体上 α 角的转向，沿着圆周转过 2α 圆心角，得到 D 点，D 点的横坐标和纵坐标分别就是 α 截面上的正应力 σ_α 和切应力 τ_α。证明如下：

在图 7-5(b)中，设 $\overline{AD_1}$ 所对应的圆心角为 $2\alpha_0$，由图可知

$$\overline{OC}=\frac{\overline{OA}+\overline{OB}}{2}=\frac{\sigma_x+\sigma_y}{2}$$

$$\overline{CD}=\overline{CD}_1=\sqrt{\overline{CA}^2+\overline{AD}_1^2}=\sqrt{\left(\frac{\sigma_x-\sigma_y}{2}\right)^2+\tau_x^2} \tag{a}$$

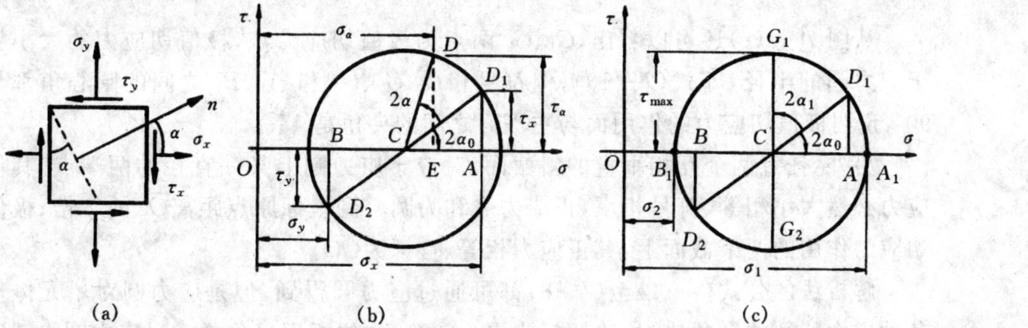

图 7 - 5

$$\overline{CA}=\overline{CD_1}\cos2\alpha_0=\frac{\overline{OA}-\overline{OB}}{2}=\frac{\sigma_x-\sigma_y}{2} \tag{b}$$

$$\overline{AD_1}=\overline{CD_1}\sin2\alpha_0=\tau_x \tag{c}$$

D 点的横坐标

$$\begin{aligned}\overline{OE}&=\overline{OC}+\overline{CE}=\overline{OC}+\overline{CD}\cos(2\alpha+2\alpha_0)=\overline{OC}+\overline{CD_1}\cos(2\alpha+2\alpha_0)\\&=\overline{OC}+\overline{CD_1}\cos2\alpha_0\cos2\alpha-\overline{CD_1}\sin2\alpha_0\sin2\alpha\\&=\frac{\sigma_x+\sigma_y}{2}+\frac{\sigma_x-\sigma_y}{2}\cos2\alpha-\tau_x\sin2\alpha\end{aligned}$$

将上式与式(7 - 1)比较可知$\overline{OE}=\sigma_\alpha$。同理可证明 P 点的纵坐标$\overline{ED}=\tau_\alpha$。

在使用应力圆时，应注意：(1)应力圆上一个点对应于单元体上一个面，点的横坐标和纵坐标分别是该截面的正应力和切应力；(2)应力圆上两点之间的圆心角，等于单元体上两个相应截面所夹角度的 2 倍，而且两点间的走向与相应截面法线间的转向相同。上述两点可简单总结为点面对应，转向一致，转角加倍。

7.3.2　应力圆上的主应力、主平面和极值切应力

用应力圆可以方便地确定主应力、主平面和极值切应力。从图 7 - 5(c)可以看出，应力圆与 σ 轴的交点 A_1、B_1 的纵坐标为 0，是主平面所对应的点，其横坐标分别为正应力的最大和最小值，代表了主平面上的两个主应力值

$$\sigma_{A_1}=\overline{OC}+R,\ \sigma_{B_1}=\overline{OC}-R \tag{d}$$

注意到式(7 - 10)和式(a)并与式(7 - 5)比较可知，它们分别对应着 σ_{α_0} 和 $\sigma_{\alpha'_0}$；D_1 点与 A_1 之间的圆心角为顺时针 $2\alpha_0$，$\tan2\alpha_0=-\dfrac{\overline{AD_1}}{\overline{CA}}$，将式(b)、(c)代入并与式(7 - 4)比较可知，这就是主平面与 x 截面之间的夹角计算公式；A_1 和 B_1 点在应力圆上的圆心角为 180°，所以两个主平面在单元体上的夹角为 90°，即主平面互相垂

直。

从图 7-5(c)还可以看出，G_1、G_2 两点为极值切应力点，极值切应力的大小等于应力圆的半径，即式(7-10)，但符号相反；G_1、G_2 和 A_1、B_1 之间的圆心角都是 90°，说明极值切应力的作用面与主平面之间的夹角是 45°。

另外，任意两个互相垂直的斜截面，对应于应力圆上某一直径的两端点，其切应力必然大小相等、符号相反，正应力之和为圆心到坐标原点距离$\overline{OC}$的 2 倍；极值切应力作用的两个截面上，其正应力相等，且都为$\overline{OC}$。

解析法的公式(7-1)至(7-8)都可通过应力圆得到，但是应力圆对单元体上各种应力特征的形象描述，比解析法更为深刻，也便于记忆公式。以应力圆为辅助工具，根据图中的几何关系进行定量计算的方法称为图解解析法。下面通过例题说明图解解析法的应用。

例 7-2 单元体受力如图 7-6(a)所示(应力单位：MPa)。画出应力圆，并求主应力、主平面的方位和极值切应力。

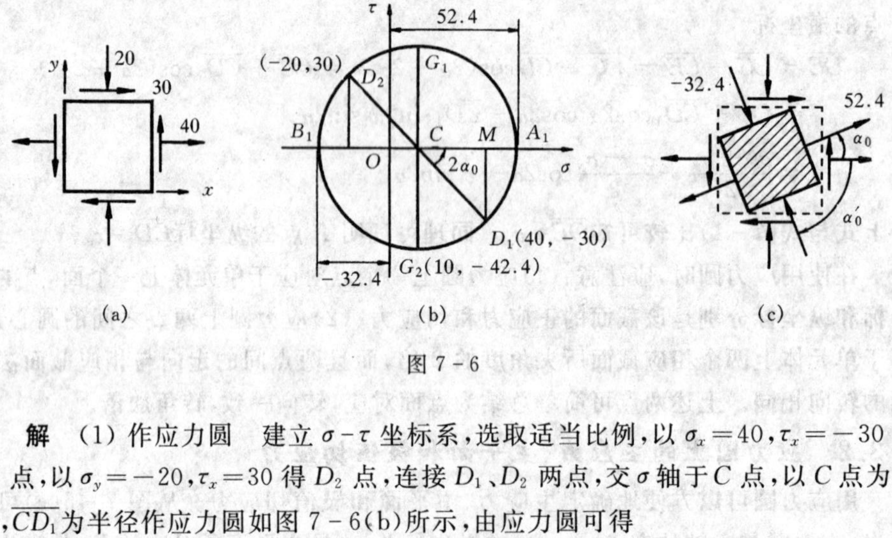

图 7-6

解 (1) 作应力圆 建立 $\sigma-\tau$ 坐标系，选取适当比例，以 $\sigma_x=40$，$\tau_x=-30$ 得 D_1 点，以 $\sigma_y=-20$，$\tau_x=30$ 得 D_2 点，连接 D_1、D_2 两点，交 σ 轴于 C 点，以 C 点为圆心，$\overline{CD_1}$为半径作应力圆如图 7-6(b)所示，由应力圆可得

圆心横坐标 $$\overline{OC}=\frac{\sigma_x+\sigma_y}{2}=\frac{40-20}{2}=10$$

线段 $$\overline{CM}=\frac{\sigma_x-\sigma_y}{2}=\frac{40+20}{2}=30$$

半径 $$R=\sqrt{\overline{CM}^2+\overline{D_1M}^2}=\sqrt{\left(\frac{\sigma_x-\sigma_y}{2}\right)^2+\tau_x^2}=42.4$$

(2) 求主应力、主平面和极值切应力

$$\sigma_1=\sigma_{A_1}=\overline{OC}+R=10+42.4=52.4\ \text{MPa}$$

$$\sigma_3 = \sigma_{B_1} = \overline{OC} - R = 10 - 42.4 = -32.4 \text{ MPa}$$

$$\tan 2\alpha_0 = \frac{\overline{D_1 M}}{\overline{CM}} = \frac{30}{30} = 1$$

得

$$2\alpha_0 = 45°, \qquad \alpha_0 = 25.5°, \qquad \alpha'_0 = -67.5°$$

主平面及主应力如图 7-6(c)所示。最大切应力为

$$\tau_{max} = R = 42.4 \text{ MPa}$$

例 7-3　过一点两个截面的应力如图 7-7(a)所示，已知 $\sigma_x = 52.3$ MPa，$\tau_x = -18.6$ MPa，$\sigma_\alpha = 20$ MPa，$\tau_\alpha = -10$ MPa，试求：(1)该点的主应力和主平面；(2)两截面的夹角 α。

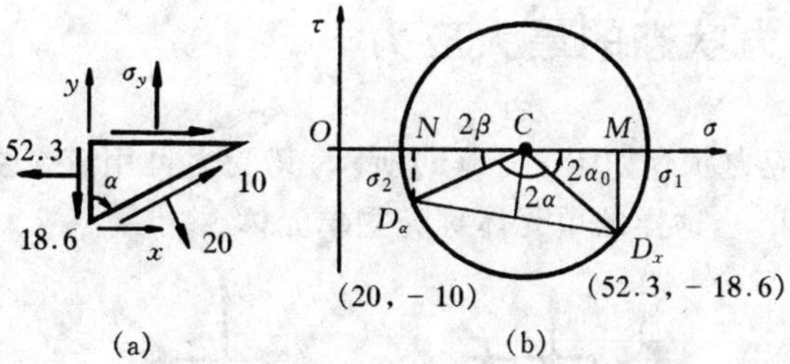

图 7-7

解　(1) 作应力圆，求圆心和半径　确定一个圆需要三个点，但应力圆的圆心在横轴上，所以已知单元体两个截面的应力一般即可画出应力圆。设 x 截面在应力圆上的对应点为 D_x，α 截面在应力圆上的对应点为 D_α，D_x 与 D_α 连线的中垂线交 σ 轴于 C 点，以 C 点为圆心，$\overline{CD_x}$（或 $\overline{CD_\alpha}$）为半径 R 画应力圆如图 7-7(b)所示，由图中几何关系

$$R^2 = (\overline{OC} - 20)^2 + 10^2 = (52.3 - \overline{OC})^2 + 18.6^2$$

解得圆心坐标　　$\overline{OC} = 40$ MPa

半径

$$R = \sqrt{(52.3 - \overline{OC})^2 + 18.6^2} = \sqrt{12.3^2 + 18.6^2} = 22.3 \text{ MPa}$$

(2) 求主平面和主应力　由图 7-7(b)的三角关系得

$$\tan 2\alpha_0 = \frac{\overline{MD_x}}{\overline{CM}} = \frac{18.6}{52.3 - 40} = 1.512$$

解得　　$\alpha_0 = 28.3°$

由图 7-7(b)可得主应力为

$$\sigma_1 = \overline{OC} + R = 40 + 22.3 = 62.3 \text{ MPa}$$

$$\sigma_2 = \overline{OC} - R = 40 - 22.3 = 17.7\ \mathrm{MPa},\ (\sigma_3 = 0)$$

(3) 求两截面的夹角　由图 7-7(b)的三角关系得

$$\sin 2\beta = \frac{\overline{ND_\alpha}}{R} = \frac{10}{22.3} = 0.448$$

所以
$$\beta = 13.3^\circ$$

又因为
$$2\alpha + 2\beta + 2\alpha_0 = 180^\circ$$

解得
$$\alpha = 48.4^\circ$$

讨论　(1)这是用图解解析法进行应力分析的例子,请读者用该方法试求 σ_y;(2)若已知单元体任意两个截面上的应力,用应力圆的方法是否总可以求解?请说明理由。

7.4　三向应力状态的最大应力

一般的三向应力状态如图 7-8(a)所示,其受力可用三个主应力作用的单元体表示(图 7-8(b)),这样的单元体称为**主单元体**。

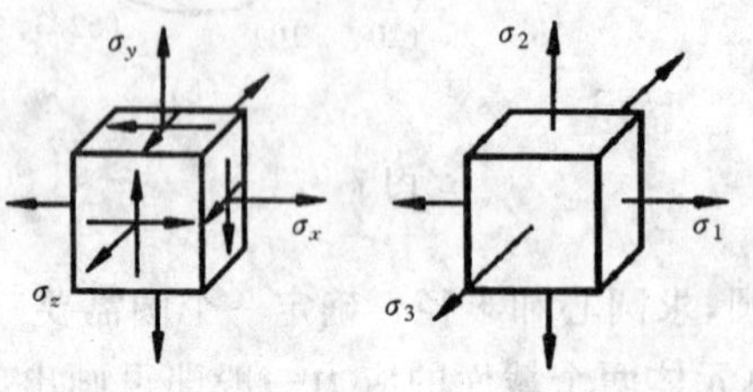

图 7-8

为分析单元体上的最大应力,在主单元体上,取 α 截面平行于 σ_3,如图 7-9(a)所示。由于 σ_3 不影响 α 截面上的应力,所以 α 截面上的应力只取决于 σ_1 和 σ_2,类似于二向应力状态分析,在 $\sigma-\tau$ 直角坐标系内,与 α 截面对应的点必然位于 σ_1 和 σ_2 所确定的应力圆上,如图 7-9(d)所示。同理,分别平行于 σ_1 和 σ_2 的截面,即图 7-9(b)、(c)的 β 和 γ 截面上,其对应点分别在 σ_2 与 σ_3 和 σ_3 与 σ_1 所确定的应力圆上,于是三个主应力就确定了三个两两相切的应力圆,如图 7-9(d)所示,这个图形称为**三向应力圆**。从三向应力圆上可以看出,α、β、γ 截面上的最大正应力和最小正应力分别为

$$\sigma_{\max} = \sigma_1,\quad \sigma_{\min} = \sigma_3$$

极值切应力分别为

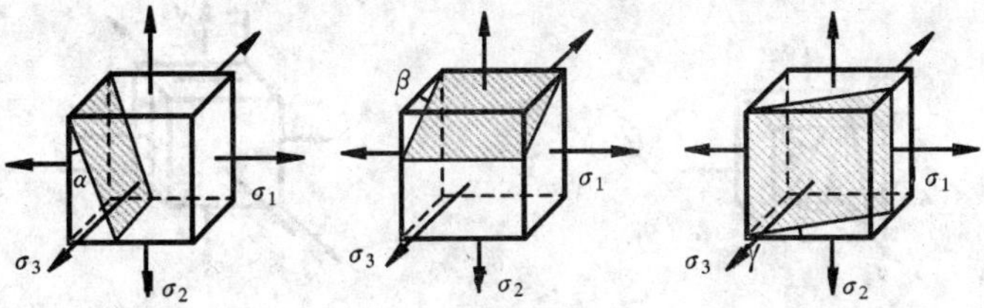

(a)　(b)　(c)

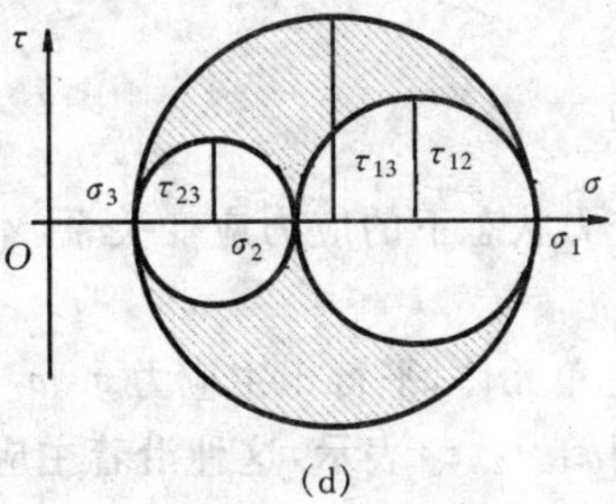

(d)

图 7-9

$$\tau_{12}=\frac{\sigma_1-\sigma_2}{2},\quad \tau_{23}=\frac{\sigma_2-\sigma_3}{2},\quad \tau_{13}=\frac{\sigma_1-\sigma_3}{2} \tag{7-11}$$

三个极值切应力对塑性材料的屈服有较大的影响，这种影响有时用**均方根切应力** τ_m 的形式表示，即

$$\begin{aligned}\tau_m&=\sqrt{\frac{\tau_{12}^2+\tau_{23}^2+\tau_{13}^2}{3}}\\&=\sqrt{\frac{1}{12}[(\sigma_1-\sigma_2)^2+(\sigma_2-\sigma_3)^2+(\sigma_1-\sigma_3)^2]}\end{aligned} \tag{7-12}$$

可以证明，与三个主应力都不平行的一般斜截面(图 7-10)，其上的应力 σ_θ 和 τ_θ 在 $\sigma-\tau$ 坐标系中的对应点位于图 7-9(d)所示的阴影区域内。由此可知，对任意的斜截面 σ_θ 的最大和最小值分别就是 σ_1 和 σ_3，τ_θ 的最大值等于 τ_{13}，即

$$\tau_{max}=\tau_{13}=\frac{\sigma_1-\sigma_3}{2} \tag{7-13}$$

对于图 7-11 所示的单元体，也可求出主应力和最大切应力。由单元体受力可以看出 z 截面的切应力为零，因而 z 截面的正应力 σ_z 即是一个主应力。另外两个主应力可由 x、y 截面上的应力 σ_x、σ_y、τ_x 用应力圆确定，按代数值排出 σ_1、σ_2 和 σ_3 后，最大切应力随之确定。

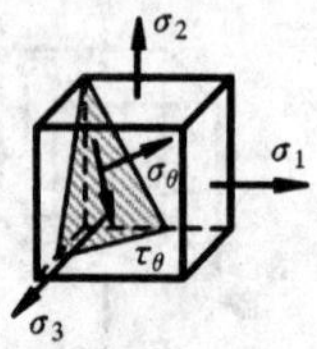

图 7-10

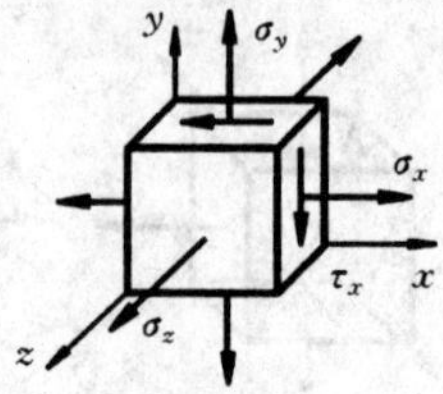

图 7-11

7.5 广义胡克定律

前面曾经讨论过单向应力状态下的应力应变关系，本节研究复杂应力状态下的应力应变关系。

对图 7-12(a)所示的主单元体，平行于主应力 σ_1、σ_2、σ_3 的棱边分别称为棱边 1、2、3，与之对应的线应变用 ε_1、ε_2、ε_3 表示，这种沿着主应力方向的线应变称为**主应变**。它们的大小可用叠加原理求得。

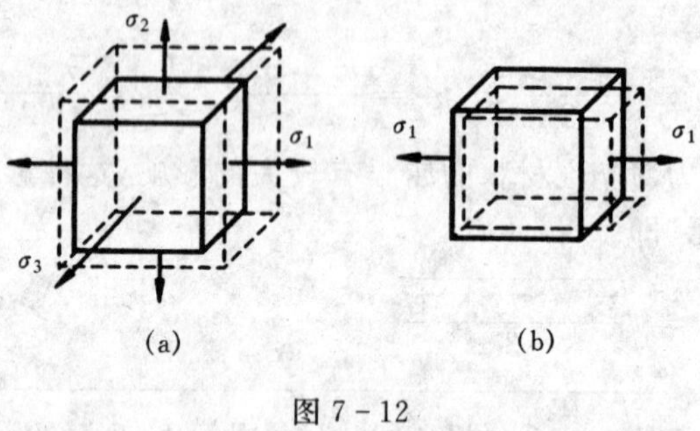

(a) (b)

图 7-12

当只有 σ_1 单独作用时，棱边 1 将伸长，棱边 2、3 将缩短，如图 7-12(b)所示，它们的应变可由拉压胡克定律及纵向应变与横向应变的关系(参见 2.5 节)求得

$$\varepsilon'_1=\frac{\sigma_1}{E},\qquad \varepsilon'_2=-\mu\frac{\sigma_1}{E},\qquad \varepsilon'_3=-\mu\frac{\sigma_1}{E}$$

同理，在 σ_2、σ_3 单独作用下，分别产生线应变

$$\varepsilon''_1=-\mu\frac{\sigma_2}{E},\qquad \varepsilon''_2=\frac{\sigma_2}{E},\qquad \varepsilon''_3=-\mu\frac{\sigma_2}{E}$$

$$\varepsilon''_1=-\mu\frac{\sigma_3}{E},\qquad \varepsilon''_2=-\mu\frac{\sigma_3}{E},\qquad \varepsilon''_3=\frac{\sigma_3}{E}$$

在小变形条件下，运用叠加原理，可得到三个主应力同时作用时各棱边的线应变

$$\left.\begin{aligned}\varepsilon_1 &= \frac{1}{E}[\sigma_1 - \mu(\sigma_2 + \sigma_3)] \\ \varepsilon_2 &= \frac{1}{E}[\sigma_2 - \mu(\sigma_3 + \sigma_1)] \\ \varepsilon_3 &= \frac{1}{E}[\sigma_3 - \mu(\sigma_1 + \sigma_2)]\end{aligned}\right\} \tag{7-14}$$

上式称为**广义胡克定律**。式中 σ_1、σ_2、σ_3 取代数值。在主应力 $\sigma_1 \geqslant \sigma_2 \geqslant \sigma_3$ 的规定下，可以证明三个主应变 $\varepsilon_1 \geqslant \varepsilon_2 \geqslant \varepsilon_3$。

对于各向同性材料，当单元体的各个面上既有正应力又有切应力作用时（图 7-8(a)），由于小变形条件且变形在线弹性范围内，切应力不影响单元体棱边的长度变化，σ_x、σ_y、σ_z 方向的线应变 ε_x、ε_y、ε_z 可用式(7-14)得到

$$\left.\begin{aligned}\varepsilon_x &= \frac{1}{E}[\sigma_x - \mu(\sigma_y + \sigma_z)] \\ \varepsilon_y &= \frac{1}{E}[\sigma_y - \mu(\sigma_z + \sigma_x)] \\ \varepsilon_z &= \frac{1}{E}[\sigma_z - \mu(\sigma_x + \sigma_y)]\end{aligned}\right\} \tag{7-15}$$

在平面应力状态下，设主应力 σ_z 为零，则上式变成

$$\varepsilon_x = \frac{1}{E}(\sigma_x - \mu\sigma_y), \quad \varepsilon_y = \frac{1}{E}(\sigma_y - \mu\sigma_x), \quad \varepsilon_z = \frac{-\mu}{E}(\sigma_x + \sigma_y) \tag{7-16}$$

例 7-4　一个铝质立方块尺寸为 10 mm×10 mm×10 mm，如图 7-13 所示。材料 $E=70$ GPa，$\mu=0.33$，铝块无间隙地放进宽、深均为 10 mm 的刚性槽中，在顶部施加均布压力 $p=60$ MPa，试求立方块的三个主应力和三个主应变（设立方块与刚性槽之间光滑无摩擦）。

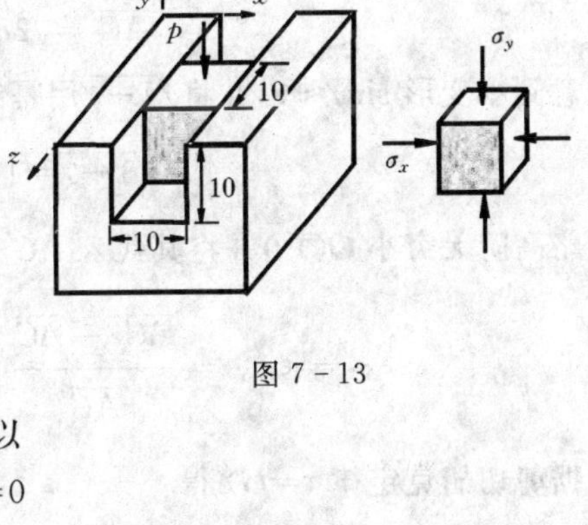

图 7-13

解　铝块在 y 方向的应力为

$$\sigma_y = -p = -60 \text{ MPa}$$

铝块的 z 表面为无载荷作用的自由表面，所以

$$\sigma_z = 0$$

铝块在 x 方向受到刚性约束没有变形，所以

$$\varepsilon_x = 0$$

由广义胡克定律式(7-15)可知　$\varepsilon_x = \frac{1}{E}[\sigma_x - \mu(\sigma_y + \sigma_z)] = 0$

解得　$\sigma_x = \mu\sigma_y = 0.33 \times (-60) = -19.8$ MPa

铝块的主应力为

$$\sigma_1 = \sigma_z = 0,\ \sigma_3 = \sigma_y = -60\ \text{MPa}$$

$$\sigma_2 = \sigma_x = -19.8\ \text{MPa}$$

由广义胡克定律求得铝块的主应变为

$$\varepsilon_1 = \varepsilon_z = \frac{1}{E}[\sigma_1 - \mu(\sigma_2 + \sigma_3)] = \frac{-0.33 \times (-19.8 - 60)}{70 \times 10^3} = 0.376 \times 10^{-3}$$

$$\varepsilon_2 = \varepsilon_x = 0$$

$$\varepsilon_3 = \varepsilon_y = \frac{1}{E}[\sigma_3 - \mu(\sigma_1 + \sigma_2)] = \frac{-60 - 0.33 \times (0 - 19.8)}{70 \times 10^3} = -0.76 \times 10^{-3}$$

讨论 由本例题可以看出，在复杂应力状态下，有正应力的方向不一定有线应变，有线应变的方向也不一定有正应力，在单向应力状态下呢？

例 7-5 用广义胡克定律证明切变模量 $G = \dfrac{E}{2(1+\mu)}$。

解 设平面单元体为边长等于 a 的正方形，在纯剪切应力状态下，其变形如图 7-14 所示，图中 γ 为切应变。根据广义胡克定律式(7-15)，对角线 AC（即 $-45°$ 方向）的线应变为

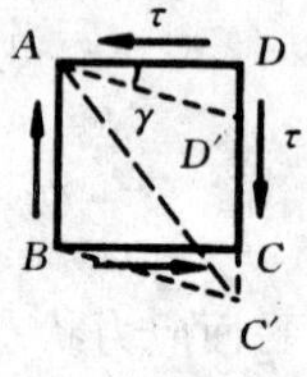

图 7-14

$$\varepsilon_{-45°} = \frac{\sigma_{-45°}}{E} - \mu\frac{\sigma_{+45°}}{E}$$

由式(7-1)或应力圆可以得到 $\sigma_{-45°} = \tau,\ \sigma_{+45°} = -\tau$，代入上式可得

$$\varepsilon_{-45°} = \frac{1}{E}[\tau - \mu(-\tau)] = \frac{1+\mu}{E}\tau \tag{a}$$

另一方面，对角线 AC 变形后位移到 AC'，由余弦定理可得

$$\overline{AC'^2} = a^2 + a^2 + 2a^2\sin\gamma$$

即

$$\overline{AC'} = \sqrt{2}a\sqrt{(1+\sin\gamma)}$$

注意到小变形 $\sin\gamma \approx \gamma$，并将 $\sqrt{1+\gamma}$ 用幂级数展开，

$$\sqrt{1+\gamma} = 1 + \frac{\gamma}{2} + O(\gamma^2)$$

忽略高阶无穷小 $O(\gamma^2)$ 并将其代入 AC'，计算对角线 AC 的线应变

$$\varepsilon_{AC} = \varepsilon_{-45°} = \frac{\overline{AC'} - \overline{AC}}{\overline{AC}} = \frac{\sqrt{2}a(1+\frac{\gamma}{2}) - \sqrt{2}a}{\sqrt{2}a} = \frac{\gamma}{2}$$

根据剪切胡克定律 $\tau = G\gamma$ 得

$$\varepsilon_{-45°} = \frac{\tau}{2G} \tag{b}$$

比较(a)、(b)二式即可得

$$G = \frac{E}{2(1+\mu)} \tag{7-17}$$

讨论 沿单元体某个方向的线应变不仅与该方向的正应力有关，而且还与正

交方向的正应力有关,计算时应特别注意。

例 7-6　求图 7-15 所示主单元体的体积改变。

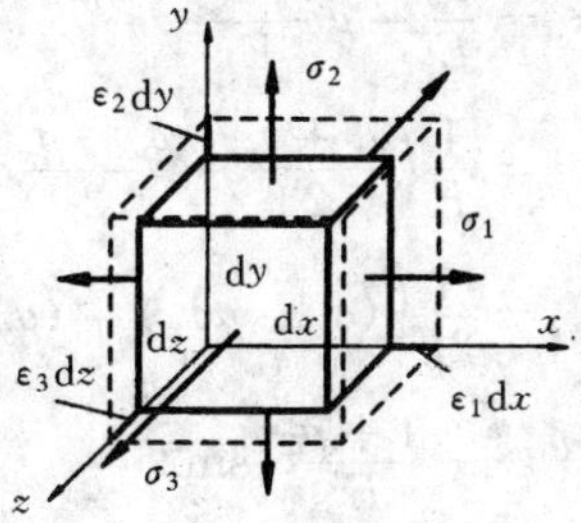

图 7-15

解　设单元体棱边 1、2、3 的初始长度分别为 dx、dy、dz,变形后分别为

$dx_1 = dx(1+\varepsilon_1)$, $dy_1 = dy(1+\varepsilon_2)$, $dz_1 = dz(1+\varepsilon_3)$

则变形前后的体积分别为

$$V_0 = dxdydz$$

$$V_1 = dx_1 dy_1 dz_1 = dx(1+\varepsilon_1)dy(1+\varepsilon_2)dz(1+\varepsilon_3)$$

因为应变很小,上式展开后略去高阶微量,得到

$$V_1 = V_0(1+\varepsilon_1+\varepsilon_2+\varepsilon_3)$$

变形前后的体积改变量

$$\Delta V = V_1 - V_0 = V_0(\varepsilon_1+\varepsilon_2+\varepsilon_3)$$

体积应变

$$\theta = \frac{\Delta V}{V_0} = \varepsilon_1 + \varepsilon_2 + \varepsilon_3 \tag{7-18}$$

将式(7-14)代入,整理后可得

$$\theta = \frac{1-2\mu}{E}(\sigma_1+\sigma_2+\sigma_3) = \frac{3(1-2\mu)}{E}\sigma_m = \frac{\sigma_m}{K_V} \tag{7-19}$$

式中

$$\sigma_m = \frac{1}{3}(\sigma_1+\sigma_2+\sigma_3),\ K_V = \frac{E}{3(1-\mu)} \tag{7-20}$$

σ_m 称为**平均主应力**;K_V 称为**体积弹性模量**。

讨论　由式(7-18)、(7-19)和(7-20)可见,体积应变等于三个主应变之和,取决于三个主应力的平均值与体积弹性模量的比。

*7.6　平面应力状态下的应变分析

已知三个互相垂直方向的正应力,可求得对应的线应变,但工程中经常遇到应力状态未知,需要通过测量应变来计算应力的问题,特别是平面应力状态下的应变电测法更为常用。与平面应力状态应力 σ_x、σ_y、τ_x 对应的应变为 ε_x、ε_y、γ_{xy},其中 γ_{xy} 是与 τ_x 对应的切应变。为确定这三个应变分量,需要研究在 xy 平面内通过一点沿不同方向上应变之间的关系,即进行**应变分析**。

根据式(7-16)和式(7-1),在平面应力状态下的单元体沿任意 α 方向的线应变

$$\begin{aligned}\varepsilon_\alpha &= \frac{\sigma_\alpha}{E} - \mu\frac{\sigma_{\alpha+90^\circ}}{E} \\ &= \frac{1}{E}\left(\frac{\sigma_x+\sigma_y}{2}+\frac{\sigma_x-\sigma_y}{2}\cos 2\alpha-\tau_x\sin 2\alpha\right)-\frac{\mu}{E}\left(\frac{\sigma_x+\sigma_y}{2}-\frac{\sigma_x-\sigma_y}{2}\cos 2\alpha+\tau_x\sin 2\alpha\right) \\ &= \frac{1}{2E}[(\sigma_x-\mu\sigma_y)+(\sigma_y-\mu\sigma_x)]+\frac{1}{2E}[(\sigma_x-\mu\sigma_y)-(\sigma_y-\mu\sigma_x)]\cos 2\alpha \\ &\quad -\frac{1+\mu}{E}\tau_x\sin 2\alpha\end{aligned}$$

再将式(7-16)、(7-17)代入并注意到剪切胡克定律 $\tau=G\gamma$

整理可得

$$\varepsilon_\alpha = \frac{\varepsilon_x+\varepsilon_y}{2}+\frac{\varepsilon_x-\varepsilon_y}{2}\cos 2\alpha-\frac{\gamma_{xy}}{2}\sin 2\alpha \tag{7-21}$$

进行应变分析时,应首先确定该点三个应变分量 ε_x、ε_y、γ_{xy},但切应变难以直接测量,一般是选定三个角度 α_1、α_2、α_3 测量线应变 $\varepsilon_{\alpha 1}$、$\varepsilon_{\alpha 2}$、$\varepsilon_{\alpha 3}$,然后求解下列联立方程

$$\left.\begin{aligned}\varepsilon_{\alpha 1} &= \frac{\varepsilon_x+\varepsilon_y}{2}+\frac{\varepsilon_x-\varepsilon_y}{2}\cos 2\alpha_1-\frac{\gamma_{xy}}{2}\sin 2\alpha_1 \\ \varepsilon_{\alpha 2} &= \frac{\varepsilon_x+\varepsilon_y}{2}+\frac{\varepsilon_x-\varepsilon_y}{2}\cos 2\alpha_2-\frac{\gamma_{xy}}{2}\sin 2\alpha_2 \\ \varepsilon_{\alpha 3} &= \frac{\varepsilon_x+\varepsilon_y}{2}+\frac{\varepsilon_x-\varepsilon_y}{2}\cos 2\alpha_3-\frac{\gamma_{xy}}{2}\sin 2\alpha_3\end{aligned}\right\}$$

实际测量时常把 α_1、α_2、α_3 取成特殊角,以便简化计算。如取 $\alpha_1=0^\circ$,$\alpha_2=45^\circ$,$\alpha_3=90^\circ$,即得到

$$\varepsilon_x=\varepsilon_{0^\circ},\quad \varepsilon_y=\varepsilon_{90^\circ},\quad \gamma_{xy}=\varepsilon_{0^\circ}-2\varepsilon_{45^\circ}+\varepsilon_{90^\circ} \tag{7-22}$$

一点的平面应变分析完成后,可用广义胡克定律求出 σ_x、σ_y 和 τ_x,进而求得主应力和主平面所在的方位以及最大切应力。

例 7-7 用 45°直角应变花测得受力构件表面某点的应变值为 $\varepsilon_{0^\circ}=-267\times10^{-6}$,$\varepsilon_{90^\circ}=79\times10^{-6}$,$\varepsilon_{45^\circ}=-570\times10^{-6}$,如图 7-16 所示,构件材料 $E=210$ GPa,$\mu=0.3$,求该点的主应力和主应变及其方向。

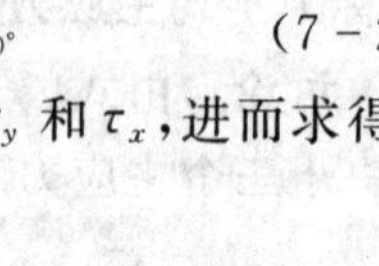

图 7-16

解 (1) 求 $x-y$ 平面内的应力分量 由式(7-22)

$$\varepsilon_x=\varepsilon_{0^\circ}=-267\times10^{-6},\quad \varepsilon_y=\varepsilon_{90^\circ}=79\times10^{-6}$$

$$\gamma_{xy}=\varepsilon_{0^\circ}+\varepsilon_{90^\circ}-2\varepsilon_{45^\circ}=952\times10^{-6}$$

由式(7-16)可解得

$$\sigma_x = \frac{E}{1-\mu^2}(\varepsilon_x + \mu\varepsilon_y), \qquad \sigma_y = \frac{E}{1-\mu^2}(\varepsilon_y + \mu\varepsilon_x) \tag{7-23}$$

代入数据可得

$$\sigma_x = \frac{210\times 10^9}{1-0.3^2}(-267+0.3\times 79)\times 10^{-6} = -56.2\ \text{MPa}$$

$$\sigma_y = \frac{210\times 10^9}{1-0.3^2}(79-0.3\times 267)\times 10^{-6} = -0.25\ \text{MPa}$$

根据式(7-17)

$$\tau_x = G\gamma_{xy} = \frac{E}{2(1+\mu)}\gamma_{xy} \tag{7-24}$$

代入数据可得

$$\tau_x = \frac{210\times 10^9}{2\times(1+0.3)}\times 952\times 10^{-6} = 76.9\ \text{MPa}$$

(2) 求主应力和主应变及其方向　由式(7-5)得

$$\begin{matrix}\sigma' \\ \sigma''\end{matrix} = \frac{-56.2-0.25}{2} \pm \sqrt{\left(\frac{-56.2+0.25}{2}\right)^2 + 76.9^2} = \begin{matrix}53.6\ \text{MPa} \\ -110\ \text{MPa}\end{matrix}$$

所以

$$\sigma_1 = 53.6\ \text{MPa}, \quad \sigma_2 = 0, \quad \sigma_3 = -110\ \text{MPa}$$

由式(7-14)求得主应变

$$\varepsilon_1 = \frac{53.6+0.3\times 110}{210\times 10^3} = 0.412\times 10^{-3},$$

$$\varepsilon_3 = \frac{-110-0.3\times 53.6}{210\times 10^3} = -0.6\times 10^{-3}$$

由式(7-4)求得主应力方向

$$\tan 2\alpha_0 = -\frac{2\times 76.9}{-56.2+0.25} = 2.75, \qquad \alpha_0 = 35^\circ$$

思 考 题

7-1　单元体无限小，其内部的材料还能保持均匀连续、各向同性吗？如何理解单元体无限小和材料均匀连续、各向同性之间的关系？

7-2　外伸梁上各点的单元体如图所示，纠正画出的应力状态中的错误。

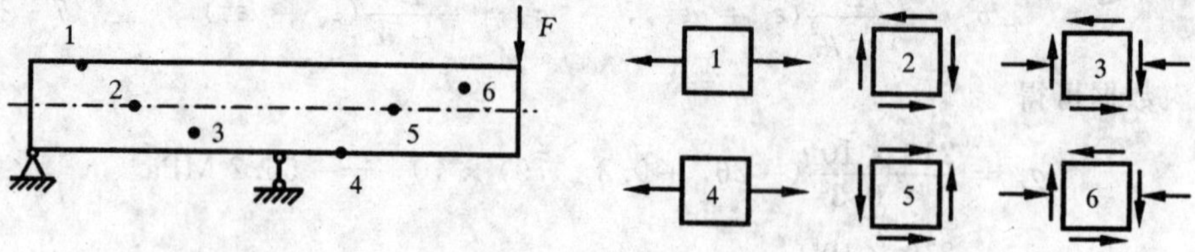

思考题 7-2 图

7-3 在下列单元体对应的应力圆上标出图中虚线所示截面的对应点。

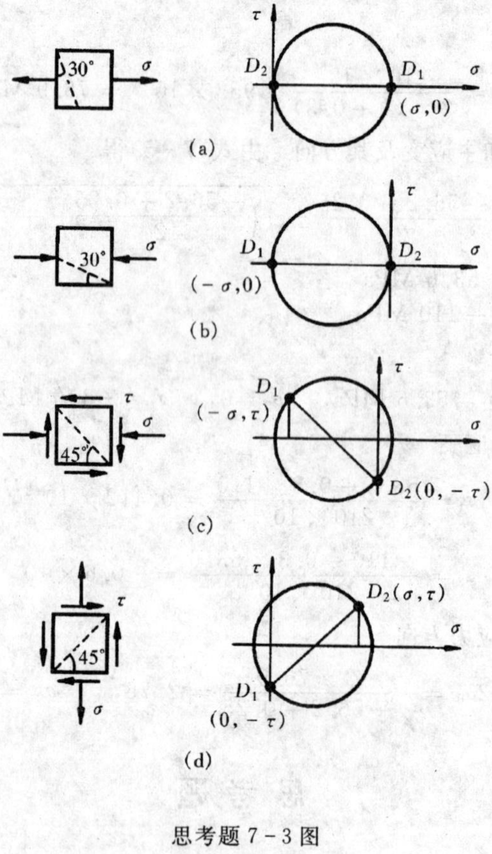

思考题 7-3 图

7－4　在下列应力圆对应的单元体上标出指定点 E 的对应截面。

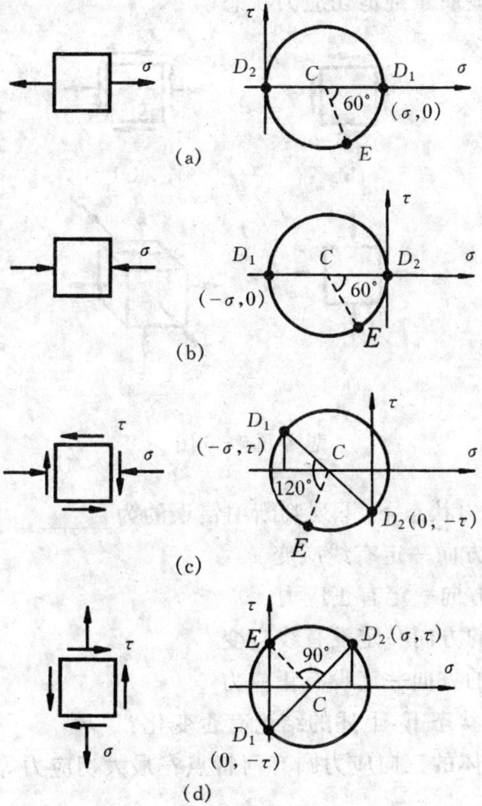

思考题 7－4 图

7－5　下列关于应力状态的论述中，______是正确的，______是错误的。

(A)正应力为零的截面上，切应力为极大或极小值

(B)切应力为零的截面上，正应力为极大或极小值

(C)切应力为极大和极小值的截面上，正应力总是大小相等、符号相反

(D)若一点在任何截面上的正应力都相等，则任何截面上的切应力都为零

(E)若一点任何截面上的切应力都为零，则在任何截面上的正应力都相等

(F)若一点任何截面上的正应力都为零，则在任何截面上的切应力都相等

(G)若两个截面上切应力大小相等，符号相反，则这两个截面必定互相垂直

(H)切应力为极大和极小值的截面总是互相垂直的

(Ⅰ)正应力为极大和极小值的截面总是互相垂直的

7-6　下列单元体中哪些属于单向应力状态，哪些属于二向应力状态，哪些属于三向应力状态，哪些属于纯剪切应力状态。

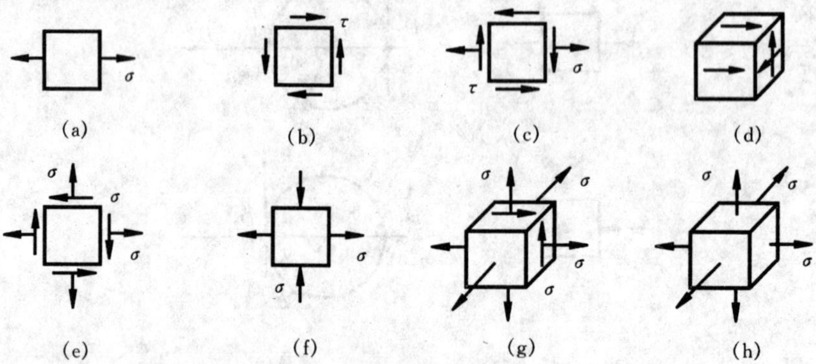

思考题 7-6 图

7-7　在复杂应力状态下，下列判断中错误的为________。

(A)有正应力的方向一定有线应变

(B)有线应变的方向一定有正应力

(C)没有正应力的方向一定没有线应变

(D)没有线应变的方向一定没有正应力

在单向应力状态下，上述的结论有否变化？

7-8　下列单元体的三向应力圆有何特点？最大切应力等于多少？

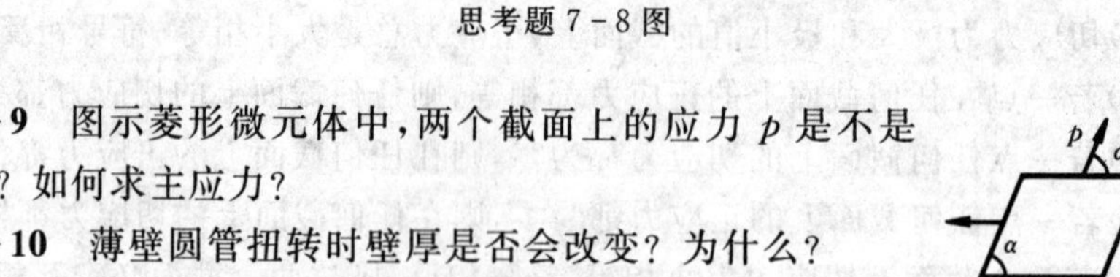

思考题 7-8 图

7-9　图示菱形微元体中，两个截面上的应力 p 是不是主应力？如何求主应力？

7-10　薄壁圆管扭转时壁厚是否会改变？为什么？

7-11　在一般应力状态作用下的单元体，既有体积改变，又有形状改变，什么应力状态只产生体积改变？什么应力状态只产生形状改变？

思考题 7-9 图

习　题

7-1　用应力已知的截面在图示复杂受力的圆杆上指定点取出单元体，并标出应力的大小和方向。A 点为杆外表面和过轴线的水平纵截面的交点，B 点位于外表面的顶部。

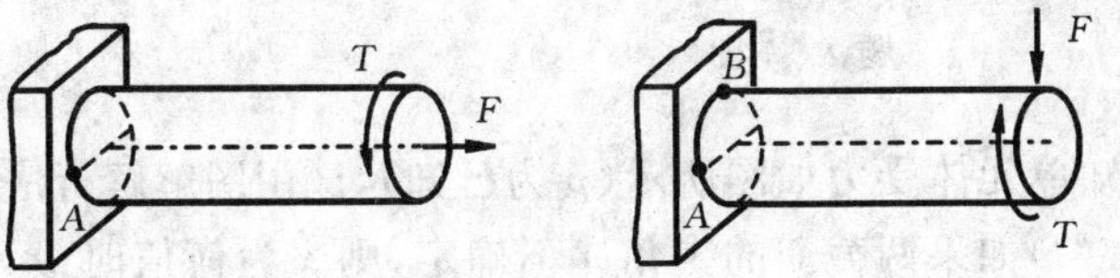

题 7-1 图

7-2　下列单元体的应力状态如图所示（应力单位：MPa），试用解析法求：(1)图中虚线所示截面的正应力和切应力；(2)主应力和主平面，并表示在单元体上；(3)最大切应力。

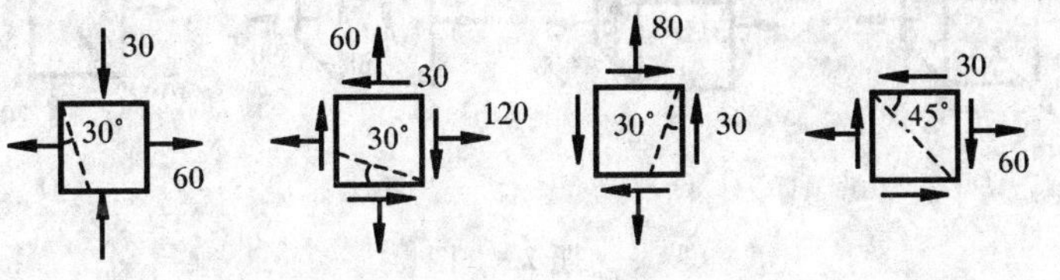

题 7-2 图

7-3　已知下列单元体的应力状态如图所示（应力单位：MPa），试用应力圆求：(1)图中虚线所示截面的正应力和切应力；(2)主应力和主平面，并表示在单元体上；(3)最大和最小切应力及其作用面，包括该面的正应力，并表示在单元体上。

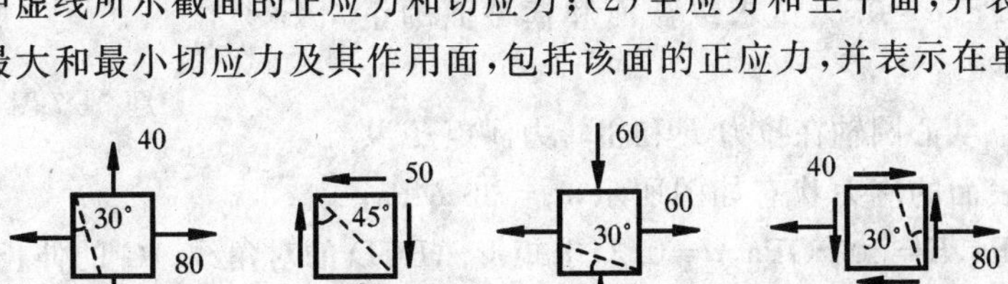

题 7-3 图

7-4　已知下列单元体受力如图所示（应力单位：MPa），试用图解解析法求：

(1)σ_x(或 σ_y),τ_x(或 τ_α);(2)主应力和主平面,并用单元体表示。

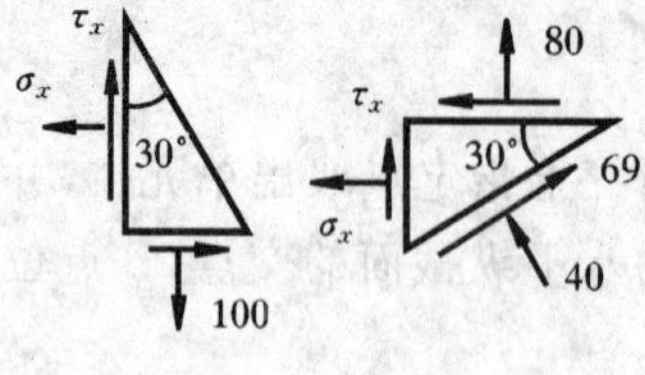

(a) (b) (c)

题 7-4 图

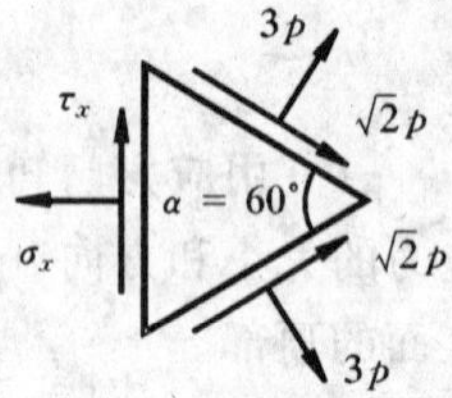

题 7-5 图

7-5 已知单元体受力如图所示(p 为已知),试用图解解析法求:(1)σ_x、τ_x、主应力和主平面,(2)如果两截面的夹角 α 不确定,则 α 为何值时最大切应力取极小值。

7-6 图示各单元体的应力状态已知(应力单位:MPa),画三向应力圆并求主应力和最大切应力。

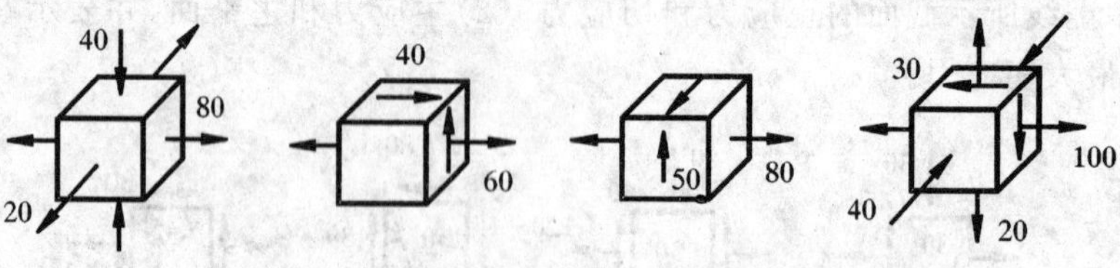

(a) (b) (c) (d)

题 7-6 图

7-7 为了验证横梁弯曲时纵向截面之间不存在挤压应力,在梁的纵向和横向分别测得线应变 $\varepsilon_x=0.4\times10^{-3}$,$\varepsilon_y=-0.12\times10^{-3}$,设材料的 $E=200$ GPa,$\mu=0.3$,试求纵截面和横截面的正应力。

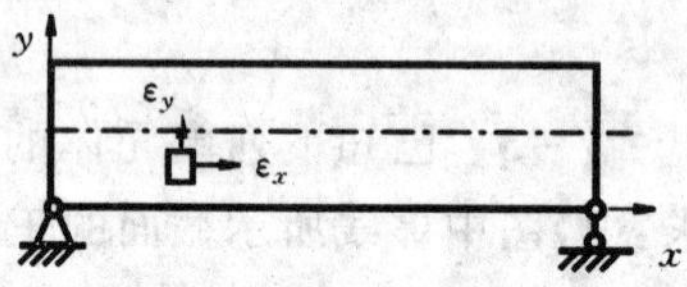

题 7-7 图

7-8 实心圆轴在拉力 F 和扭转力偶矩 T 共同作用下表面的应力状态如图所示,$\sigma_x=30$ MPa,$\tau_x=15$ MPa,$E=200$ GPa,$\mu=0.3$,求矩形 $ABCD$ 的对角线 AC 的伸长量。

7-9 陶瓷是由胚料烧结而成,胚料是由粉料压制而成。某种陶瓷胚料压制时要求每个方向的压应力都必须大于 7 MPa(绝对值),设胚料的 $E=7$ GPa,$\mu=0.20$,模具为刚性,求最小的压制应力 p(不计胚料与模具之间的摩擦力)。当胚料较厚时,胚料与模具之间的摩擦力不可忽略,这时胚料中的压应力变大还是变小了?为什么?

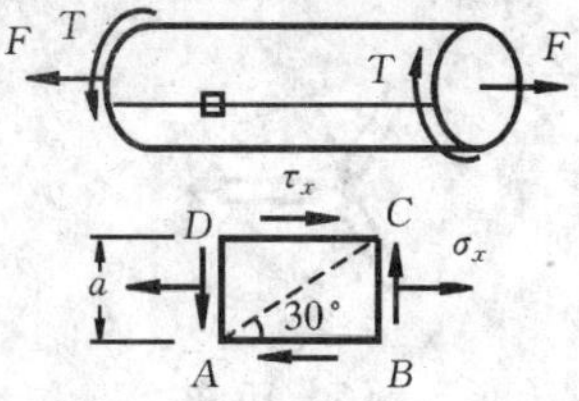

题 7-8 图

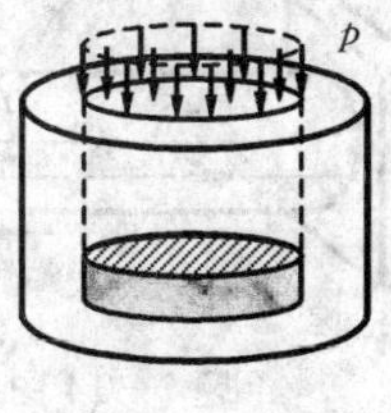

题 7-9 图

7-10　14 工字钢简支梁受力如图所示，已知 $F=115$ kN，在左侧腹板轴线上 A 点 45°方向测得线应变 $\varepsilon_{45°}=-520\times10^{-6}$，设材料的 $E=200$ GPa，$\mu=0.3$，试计算测量相对误差 δ。如果在右侧 B 点进行同样的测试，ε_B 应为多少。

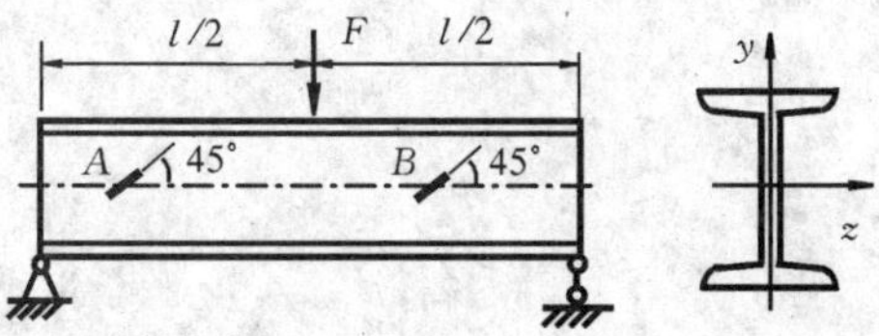

14 工字钢

题 7-10 图

7-11　矩形截面悬臂梁受力如图所示，在中性层外表面 45°方向测得线应变 $\varepsilon_{45°}$，设梁的材料 E、μ 已知，求载荷 F。

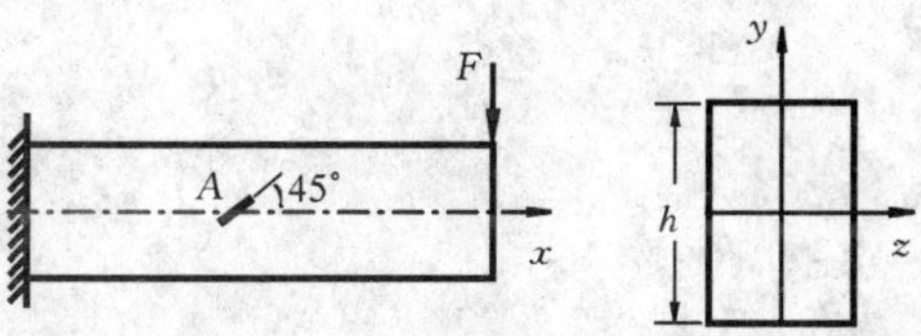

题 7-11 图

7-12　用平面应变分析的方法求解习题 7-8。

7-13　求证主应变 $\varepsilon_1\geqslant\varepsilon_2\geqslant\varepsilon_3$。

7-14　平均直径 $D=50$ mm，壁厚 $t=2$ mm 的薄壁圆管承受扭转力矩 T 和弯曲力矩 M_o 组合作用，为测定这两个力矩，在圆管表面轴线沿 0°和 45°方向各贴一枚电阻应变片，分别测得 $\varepsilon_{0°}=400\times10^{-6}$，$\varepsilon_{45°}=325\times10^{-6}$，设材料的 $E=210$ GPa，$\mu=0.28$，求 T 和 M_o。

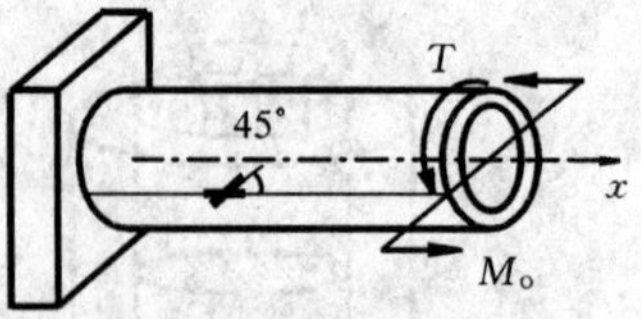

题 7-14 图

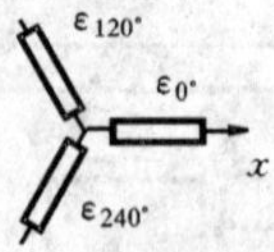

题 7-15 图

7-15　用互成 120°夹角的应变花测得构件表面一点的应变 $\varepsilon_{0°}=100\times10^{-6}$，$\varepsilon_{120°}=150\times10^{-6}$，$\varepsilon_{240°}=-200\times10^{-6}$，设 $E=200$ GPa，$\mu=0.3$，求该点的主应变和主应力。

7-16　用算法语言编制一段程序，当输入 σ_x、σ_y、τ_x、α 后，能够自动计算 σ_α、τ_α 和主应力、主平面以及最大切应力，并能画出应力圆、标出主应力的位置和主平面的方向。

第 8 章 强度理论

8.1 强度理论的概念

构件在轴向拉压和纯弯曲时危险点都是单向应力状态，通过单向拉压试验得到破坏时的正应力，除以相应的安全因数得到许用应力即可建立强度条件；构件扭转时危险点处于纯剪切应力状态，两个主应力绝对值都等于横截面上的最大切应力，通过扭转试验得到破坏时的切应力，由此得到许用切应力即可建立强度条件；构件在剪切弯曲时，危险点一般为单向应力状态，仍可通过单向拉压试验直接建立强度条件。

然而，工程中许多构件的危险点经常处于复杂应力状态，由于复杂应力状态单元体的三个主应力可以有无限多个组合；同时，进行复杂应力状态的试验设备和试件加工相当复杂，因此要想通过直接试验来建立强度条件实际上是不可能的。所以需要寻找新的途径，利用简单应力状态的试验结果建立复杂应力状态下的强度条件。

通过长期的实践、观察和分析，人们发现在复杂应力状态下，材料破坏有一定的规律，对于不同的材料，引起破坏的主要原因各不相同，但大致可以分为两类，一类是脆性断裂，一类是塑性屈服，统称为**强度失效**。进一步研究表明，不同的强度失效现象总是和一定的破坏原因有关，综合分析各种失效现象，人们提出了许多关于强度失效原因的假说，这些假说认为在不同应力状态下，材料的某种强度失效主要是由于某种应力或应变或其他因素引起的，按照这类假说，可以由简单应力状态的试验结果，建立复杂应力状态下的强度条件。这样的假说当然必须经受科学实验和工程实际的检验，得到普遍认同的假说就被称为**强度理论**。

目前常用的强度理论都是针对均匀、连续、各向同性材料在常温、静载条件下工作时提出的。由于材料的多样性和应力状态的复杂性，一种强度理论经常是适合这类材料却不适合另一类材料，适合一般应力状态却不适合特殊应力状态，所以现有的强度理论还不能说已经圆满地解决了所有的强度问题，随着材料科学和工程技术的不断进步，强度理论的研究也在进一步的深入和发展。

8.2 常用强度理论

8.2.1 最大拉应力理论(第一强度理论)

最大拉应力理论认为:最大拉应力是引起材料脆性断裂的主要因素,即不论材料处在什么应力状态下,只要最大拉应力 σ_1 达到某个极限值,就会发生脆性断裂。在单向拉伸应力状态下,这个极限值就是材料的强度极限 σ_b,所以材料断裂的条件是 $\sigma_1=\sigma_b$,将 σ_b 除以安全因数 n,就得到最大拉应力理论的强度条件

$$\sigma_1 \leqslant \frac{\sigma_b}{n} = [\sigma] \tag{8-1}$$

最大拉应力理论早在 17 世纪就由伽里略(Galileo)提出,是最早的强度理论,故称为**第一强度理论**。这一理论能较好地解释砖石、玻璃、铸铁等脆性材料的破坏现象,比较符合实验结果,至今仍在广泛使用。但它没有考虑另外两个主应力的影响,对不存在拉应力的情况则不能应用,对塑性材料的屈服失效也无法解释。

8.2.2 最大拉应变理论(第二强度理论)

最大拉应变理论认为:最大拉应变是引起材料脆性断裂的主要因素,即不论材料处在什么应力状态下,只要最大拉应变 ε_1 达到某个极限值 ε°,就会发生脆性断裂。在单向拉伸应力状态下,假设材料断裂时应力和应变关系仍服从胡克定律,则这个极限值 $\varepsilon^\circ=\sigma_b/E$,所以材料断裂的条件是 $\varepsilon_1=\sigma_b/E$。由式(7-14)得断裂条件

$$\sigma_1 - \mu(\sigma_2 + \sigma_3) = \sigma_b$$

将 σ_b 除以安全因数 n,就得到最大拉应变理论的强度条件

$$\sigma_1 - \mu(\sigma_2 + \sigma_3) \leqslant \frac{\sigma_b}{n} = [\sigma] \tag{8-2}$$

最大拉应变理论最早由马里奥特(E. Mariotte)在 17 世纪后期提出,故称为**第二强度理论**。这一理论能较好地解释石料或混凝土等脆性材料受轴向压缩时沿纵向截面开裂的现象,铸铁受拉-压二向应力且压应力较大时,实验结果也与这一理论接近。但按照这一理论,脆性材料在二向和三向受拉时比单向拉伸承载能力会更高,实验结果却不能证实。尽管它既考虑到 σ_1 又考虑了 σ_2 和 σ_3 对脆性断裂的影响,但由于只与少数脆性材料在某些特殊受力形式下的实验结果相吻合,所以目前已较少采用。

8.2.3 最大切应力理论(第三强度理论)

最大切应力理论认为:最大切应力是引起材料塑性屈服的主要因素,即不论材料处在什么应力状态下,只要最大切应力 τ_{max} 达到某个极限值 τ°,就会发生塑性屈

服。在单向拉伸应力状态下，横截面上正应力达到屈服极限 σ_s 时，45°斜截面上最大切应力 $\tau_{max}=\sigma_s/2$，所以材料发生塑性屈服的条件是 $\tau_{max}=\tau^{\circ}=\sigma_s/2$，复杂应力状态下最大切应力

$$\tau_{max}=\frac{\sigma_1-\sigma_3}{2}$$

代入屈服条件，可得用主应力表示的破坏条件

$$\sigma_1-\sigma_3=\sigma_s$$

将 σ_s 除以安全因数 n，就得到最大切应力理论的强度条件

$$\sigma_1-\sigma_3\leqslant\frac{\sigma_s}{n}=[\sigma] \tag{8-3}$$

最大切应力理论最早由库伦(Columnb)提出，后经屈雷斯卡(Tresca)加以完善。这个理论比较圆满地解释了塑性材料的屈服现象，与许多塑性材料在大多数受力情况下发生屈服的实验结果相当符合，也能说明某些脆性材料的剪切断裂。但它没有考虑中间主应力 σ_2 的影响，在二向应力状态下，与实验结果比较，理论计算偏于安全。并且这一理论只适用于拉伸屈服极限和压缩屈服极限相等的材料。此外，这一理论形式简单，因而得到广泛应用。

8.2.4　均方根切应力理论(第四强度理论)

均方根切应力理论认为：均方根切应力 τ_m 是引起材料塑性屈服的主要因素，即不论材料处在什么应力状态下，只要均方根切应力 τ_m 达到某个极限值 $\tau^{\circ}{}_m$，就会发生塑性屈服。在单向拉伸时，横截面上正应力达到屈服极限 σ_s 时，其均方根切应力的极限值由式(7-12)得到为

$$\tau^{\circ}{}_m=\sqrt{\frac{1}{12}(\sigma_s^2+\sigma_s^2)}=\sqrt{\frac{1}{6}}\sigma_s$$

将上式代入式(7-12)，得屈服条件

$$\sqrt{\frac{1}{2}[(\sigma_1-\sigma_2)^2+(\sigma_2-\sigma_3)^2+(\sigma_1-\sigma_3)^2]}=\sigma_s$$

将 σ_s 除以安全因数 n，就得到均方根切应力理论的强度条件

$$\sqrt{\frac{1}{2}[(\sigma_1-\sigma_2)^2+(\sigma_2-\sigma_3)^2+(\sigma_1-\sigma_3)^2]}\leqslant\frac{\sigma_s}{n}=[\sigma] \tag{8-4}$$

均方根切应力理论最早由胡贝尔(Huber)和米塞斯(Mises)以不同形式提出，后经亨奇(Hench)用形状改变比能进一步解释与论证，所以也称为**形状改变比能理论**。这一理论比第三强度理论更符合实验结果，而且更节约材料，所以得到广泛应用。

＊8.3 其他强度理论简介

8.3.1 莫尔强度理论(修正的第三强度理论)

虽然最大切应力理论可以解释某些脆性材料压缩时，沿最大切应力作用的45°斜截面剪切断裂，但用拉伸时的屈服极限计算许用应力显然不合理；有些塑性材料拉伸屈服极限小于压缩屈服极限，在发生压缩屈服时直接用式(8-3)也偏于保守，所以莫尔提出对第三强度理论的修正。

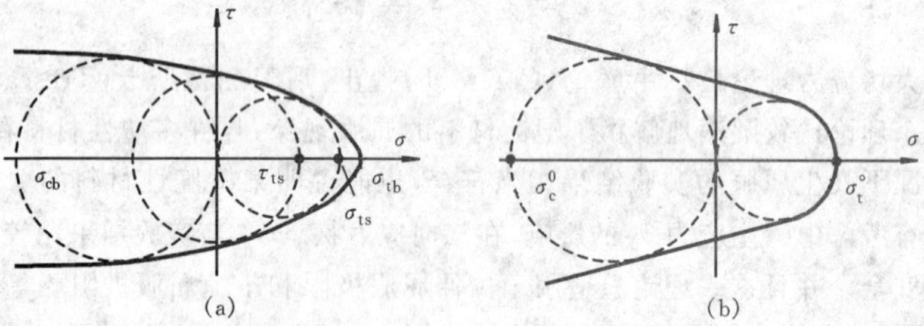

图 8-1

莫尔强度理论认为：材料是否破坏取决于三向应力圆中的最大的应力圆。取不同的三向应力组合进行破坏实验，得到一系列极限应力圆如图 8-1(a)所示，作这些极限应力圆的包络线。如果单元体的最大应力圆处在此包络线的范围以内，则表示该点是安全的；若与包络线相切，则单元体达到破坏的极限状态。为了简化计算，可以将单向拉伸和单向压缩得到的两个极限应力圆的公切线作为近似包络线，如图 8-1(b)所示，由此可以导出莫尔强度理论的极限条件为

$$\sigma_1 - \alpha\,\sigma_3 = \sigma^{\circ}{}_{t}, \qquad \alpha = \frac{\sigma^{\circ}{}_{t}}{\sigma^{\circ}{}_{c}}, \qquad \begin{matrix}\text{塑性材料：}\sigma^{\circ} = \sigma_s \\ \text{脆性材料：}\sigma^{\circ} = \sigma_b\end{matrix} \tag{8-5}$$

式中，$\sigma^{\circ}{}_{t}$ 为拉伸极限应力；$\sigma^{\circ}{}_{c}$ 为压缩极限应力。

将右端的 $\sigma^{\circ}{}_{t}$ 除以安全因数 n，得到相应的的强度条件为

$$\sigma_1 - \alpha\sigma_3 \leqslant \frac{\sigma^{\circ}{}_{t}}{n} = [\sigma] \tag{8-6}$$

显然，当拉压极限应力相等时，$\alpha=1$，式(8-6)即为最大切应力理论的强度条件式(8-3)，压缩极限应力远大于拉伸极限应力时，所得结果与最大拉应力理论式(8-1)接近。因此莫尔强度理论可以用来统一说明材料的脆性断裂和塑性屈服，而且兼顾了拉压极限应力不等的情况，但它仍然没有考虑主应力 σ_2 的影响。

8.3.2　双剪强度理论

双剪强度理论认为：三个极值切应力都对塑性屈服有影响，由于最大切应力恒等于另外两个极值切应力之和，所以三个极值切应力中只有两个是独立的，决定材料屈服的主要因素是两个较大的极值切应力之和即**双剪应力** τ_{yu}

$$\tau_{yu}=\begin{cases}\tau_{13}+\tau_{12}=\sigma_1-\dfrac{1}{2}(\sigma_2+\sigma_3) & (\tau_{12}\geqslant\tau_{23})\\[2ex] \tau_{13}+\tau_{23}=\dfrac{1}{2}(\sigma_1+\sigma_2)-\sigma_3 & (\tau_{23}\geqslant\tau_{12})\end{cases}\tag{8-7}$$

按照双剪强度理论，不论材料处在什么应力状态下，只要双剪应力 τ_{yu} 达到某个极限值 τ°_{yu}，就会发生塑性屈服。在单向拉伸应力状态下，$\tau_{12}>\tau_{23}$，横截面上正应力达到拉伸屈服极限 σ_{ts} 时，$\tau^{\circ}_{yu}=\sigma_1=\sigma_{ts}$；在单向压缩应力状态下，$\tau_{12}<\tau_{23}$，横截面上正应力达到压缩屈服极限 σ_{cs} 时，$\tau^{\circ}_{yu}=-\sigma_3=\sigma_{cs}$。一般塑性材料 $\sigma_{ts}=\sigma_{cs}=\sigma_s$，再除以安全因数 n，得到双剪强度理论的强度条件为

$$\left.\begin{aligned}\tau_{13}+\tau_{12}&=\sigma_1-\frac{1}{2}(\sigma_2+\sigma_3)\leqslant\frac{\sigma_s}{n}=[\sigma] \quad (\tau_{12}\geqslant\tau_{23})\\ \tau_{13}+\tau_{23}&=\frac{1}{2}(\sigma_1+\sigma_2)-\sigma_3\leqslant\frac{\sigma_s}{n}=[\sigma] \quad (\tau_{23}\geqslant\tau_{12})\end{aligned}\right\}\tag{8-8}$$

双剪强度理论首先由西安交通大学俞茂鋐教授提出，该理论综合考虑了三个主应力的作用，并得到许多实验结果的验证，正在被广泛接受和认可。俞茂鋐教授后来又进一步提出了广义双剪强度理论和统一双剪强度理论。

8.4　强度理论的应用

运用强度理论解决工程实际问题，应当注意其适用范围。脆性材料一般发生脆性断裂，应选择第一或第二强度理论，塑性材料的破坏形式大多数是塑性屈服，应选择第三或第四强度理论。还应指出，材料的破坏不仅取决于材料的性质，还与其所处的应力状态、温度、加载速度等因素有关。如塑性材料在低温或三向等拉应力状态下会发生脆性断裂，而脆性材料在三向压缩时会出现塑性屈服，所以在实际应用中，应根据材料可能发生的破坏形式，或者结合断口分析，选择适当的强度理论进行计算。

为了便于将常用强度理论的强度条件表示成统一的形式，常将与许用应力$[\sigma]$进行比较的应力组合称为**相当应力**，用 σ_r 表示，四种常用强度理论的强度条件可写成如下形式

$$\sigma_{ri}\leqslant[\sigma]\quad(i=1,2,3,4)\tag{8-9}$$

$$\left.\begin{aligned}\sigma_{r1} &= \sigma_1 \\ \sigma_{r2} &= \sigma_1 - \mu(\sigma_2 + \sigma_3) \\ \sigma_{r3} &= \sigma_1 - \sigma_3 \\ \sigma_{r4} &= \sqrt{\frac{1}{2}[(\sigma_1-\sigma_2)^2 + (\sigma_2-\sigma_3)^2 + (\sigma_1-\sigma_3)^2]}\end{aligned}\right\} \tag{8-10}$$

例 8-1 用第三和第四强度理论建立图 8-2 所示单元体的强度条件。

解 将 $\sigma_x=\sigma$, $\sigma_y=0$, $\tau_x=\tau$ 代入式(7-5)得到主应力

$$\sigma_1 = \frac{\sigma}{2} + \sqrt{\left(\frac{\sigma}{2}\right)^2 + \tau^2},\ \sigma_2 = 0,\ \sigma_3 = \frac{\sigma}{2} - \sqrt{\left(\frac{\sigma}{2}\right)^2 + \tau^2}$$

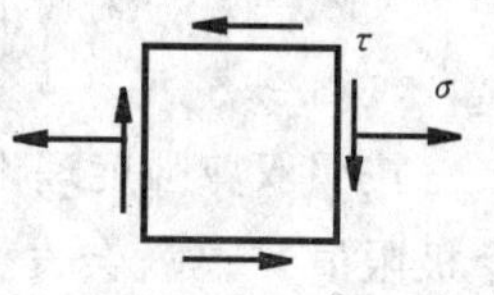

图 8-2

代入式(8-10)得到第三和第四强度理论的强度条件

$$\sigma_{r3} = \sqrt{\sigma^2 + 4\tau^2} \leqslant [\sigma] \tag{8-11}$$

$$\sigma_{r4} = \sqrt{\sigma^2 + 3\tau^2} \leqslant [\sigma] \tag{8-12}$$

讨论 在这种应力状态下，无论 σ 和 τ 数值如何，始终有 $\sigma_1 > 0$，$\sigma_3 < 0$，且相当应力的值不因 σ 和 τ 的符号改变而变化。

例 8-2 工字形截面简支梁受力如图 8-3(a)所示。已知 $F=120$ kN，截面的 $I_z=1\ 130\ \text{cm}^4$，翼板对 z 轴的静矩 $S_z=66\ \text{cm}^3$，$l=0.5$ m，$[\sigma]=140$ MPa，试分别按第三、第四和双剪强度理论校核腹板和翼板的交接处 K 点的强度。

解 (1) 梁的内力 梁的剪力、弯矩图如图 8-3(b)所示。由内力图可知梁的中间截面 C 是危险截面

$$M_C = \frac{1}{4}Fl = 15\ \text{kN}\cdot\text{m}, \qquad Q_C = \frac{1}{2}F = 60\ \text{kN}$$

(2) 横截面应力 C 截面的正应力和切应力分布如图 8-3(c)所示。由式(5-3)和(5-13)分别计算 K 点的正应力和切应力

$$\sigma_K = \frac{M_C}{I_z}y_K = \frac{15\times 70}{1\ 130}\times 10^2 = 92.9\ \text{MPa}$$

$$\tau_K = \frac{Q_C S_z}{I_z t} = \frac{60\times 66}{1\ 130\times 6}\times 10^2 = 58.4\ \text{MPa}$$

(3) 相当应力与强度条件 围绕 K 点取单元体如图 8-3(d)所示，对于这种应力状态可根据式(8-11)，(8-12)计算第三和第四强度理论的相当应力

$$\sigma_{r3} = \sqrt{92.9^2 + 4\times 58.4^2} = 149\ \text{MPa} \geqslant [\sigma]$$

$$\sigma_{r4} = \sqrt{92.9^2 + 3\times 58.4^2} = 137\ \text{MPa} \leqslant [\sigma]$$

用双剪强度理论校核时需求出三个主应力

$$\sigma_1 = 121\ \text{MPa},\ \sigma_2 = 0,\ \sigma_3 = -28.2\ \text{MPa}$$

因为 $\tau_{12} > \tau_{23}$，根据式(8-7)

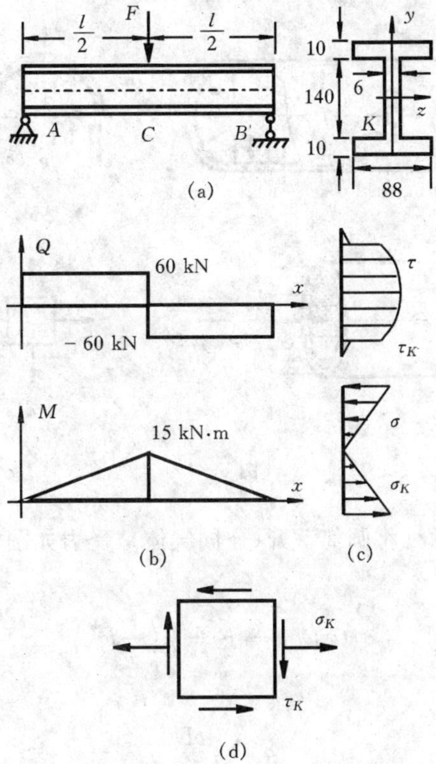

图 8 - 3

$$\tau_{yu} = \tau_{13} + \tau_{12} = \sigma_1 - \frac{1}{2}(\sigma_2 + \sigma_3)$$

$$= 121 + 14.1 = 135.1 \text{ MPa} < [\sigma]$$

讨论　(1) 综合上述计算可见，用第三强度理论校核 K 点的强度是不安全的，但用第四强度理论和双剪强度理论校核则是安全的，工程中一般认为相当应力不大于许用应力的 5%左右时可以使用，所以此构件可以认为是安全的。(2) 双剪强度理论的相当应力最小，说明用双剪强度理论进行设计可以更充分地发挥材料的承载能力。

例 8 - 3　锅炉气包是圆筒形薄壁容器如图 8 - 4(a)所示。已知气体压力 $p=3.5$ MPa，气包平均直径 $D=1$ m，$[\sigma]=140$ MPa，试分别按第三、第四和双剪强度理论计算其壁厚 t。

解　(1) 求横截面和纵截面的正应力　对于薄壁压力容器($t<D/20$)，可以近似认为应力沿壁厚是均匀分布的。在内压作用下，圆筒横截面上有正应力 σ_x，利

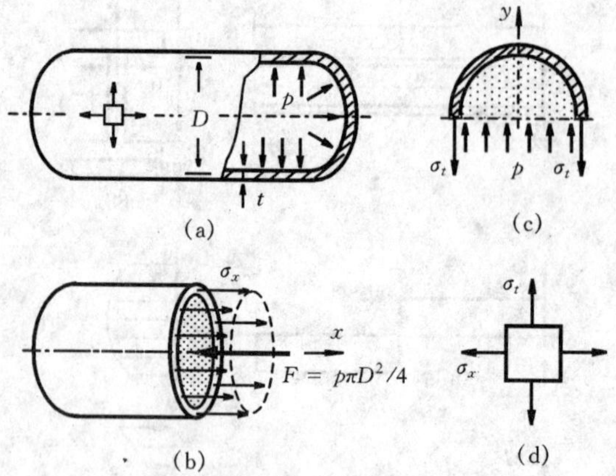

图 8 - 4

用截面法在任一横截面处将圆筒截开(连同气体),受力如图 8 - 4(b)所示,由 x 方向的平衡条件

$$\sigma_x(\pi Dt) = F = p\left(\frac{\pi}{4}D^2\right)$$

得到**轴向应力**

$$\sigma_x = \frac{pD}{4t} \tag{8-13}$$

沿圆筒径向纵截面截开(连同气体),取轴向单位长度,受力如图 8 - 4(c)所示,**周向正应力** σ_t 可参见例 2 - 6 得

$$\sigma_t = \frac{pD}{2t} \tag{8-14}$$

比较式(8 - 13)、(8 - 14)可知,薄壁圆筒受内压时,周向应力是轴向应力的 2 倍。薄壁圆筒外壁为自由表面 $\sigma_r=0$,内壁径向应力 $\sigma_r=-p$,由于 σ_r 比 σ_x 和 σ_t 小得多,可以略去不计,而视为二向应力状态。以横截面和纵截面从筒壁截出的单元体受力如图 8 - 4(d)所示。

(2) 计算相当应力和壁厚 t　由于 σ_x、σ_t 和 σ_r 为主应力

$$\sigma_1 = \sigma_t = \frac{pD}{2t},\quad \sigma_2 = \sigma_x = \frac{pD}{4t},\quad \sigma_3 = \sigma_r \approx 0$$

按第三强度理论

$$\sigma_{r3} = \sigma_1 - \sigma_3 = \frac{pD}{2t} \leqslant [\sigma]$$

得

$$t \geqslant \frac{pD}{2[\sigma]} = \frac{3.5\times 1\ 000}{2\times 140} = 12.5\ \text{mm}$$

按第四强度理论

$$\sigma_{r4} = \sqrt{\frac{1}{2}[(\sigma_1-\sigma_2)^2+(\sigma_2-\sigma_3)^2+(\sigma_1-\sigma_3)^2]} = \frac{\sqrt{3}pD}{4t} \leqslant [\sigma]$$

得
$$t \geqslant \frac{\sqrt{3}pD}{4[\sigma]} = \frac{\sqrt{3}\times 3.5\times 1\,000}{4\times 140} = 10.8\ \text{mm}$$

按双剪强度理论，此时 $\tau_{12}=\tau_{23}$

$$\tau_{yu} = \sigma_1 - \frac{1}{2}(\sigma_2+\sigma_3) = \frac{3pD}{8t} \leqslant [\sigma]$$

得
$$t \geqslant \frac{3pD}{8[\sigma]} = \frac{3\times 3.5\times 1\,000}{8\times 140} = 9.4\ \text{mm}$$

双剪强度理论比第三强度理论节约钢材 24.8%，比第四强度理论节约钢材 13%。

讨论　如果圆筒壁厚较大，则周向应力按均匀应力计算可能引入较大的误差。因为周向应力 σ_t 会产生周向应变 ε_t，使得圆环半径由 $D/2$ 变为 $D(\varepsilon_t+1)/2$，根据式(5-4)曲率半径的改变

$$\frac{1}{\rho_1} - \frac{1}{\rho_0} = \frac{2}{D(1+\varepsilon_t)} - \frac{2}{D} = \frac{M}{EI}$$

弯矩 M 的存在必然使周向截面上的应力不再均匀分布。试分析圆筒壁厚较大时，假设应力沿壁厚均匀分布所引入的相对误差。

例 8-4　按强度理论建立纯剪切应力状态(图 8-5)的强度条件，并与剪切强度条件比较，推导剪切许用应力$[\tau]$与拉伸许用应力$[\sigma]$之间的关系。

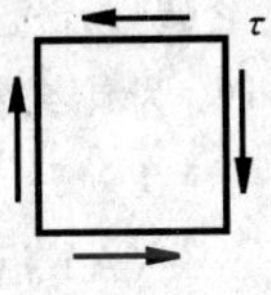

图 8-5

解　纯剪切应力状态的三个主应力分别为 $\sigma_1=\tau$，$\sigma_2=0$，$\sigma_3=-\tau$，剪切强度条件为

$$\tau \leqslant [\tau] \tag{a}$$

对脆性材料，按第一强度理论

$$\sigma_{r1} = \sigma_1 = \tau \leqslant [\sigma]$$

与式(a)比较得　$[\tau]=[\sigma]$

按第二强度理论

$$\sigma_{r2} = \sigma_1 - \mu(\sigma_2+\sigma_3) = (1+\mu)\tau \leqslant [\sigma]$$

一般脆性材料　$\mu=0.2\sim0.25$，　$[\tau]=(0.8\sim0.83)[\sigma]$

对塑性材料，按第三强度理论

$$\sigma_{r3} = \sigma_1 - \sigma_3 = 2\tau \leqslant [\sigma]$$

与式(a)比较得　$[\tau]=0.5\,[\sigma]$

按第四强度理论

$$\sigma_{r4} = \sqrt{\frac{1}{2}(\tau^2+\tau^2+4\tau^2)} = \sqrt{3}\tau \leqslant [\sigma]$$

与式(a)比较得　　$[\tau]=0.577[\sigma]$

综上所述,工程上一般采用的许用切应力$[\tau]$为

脆性材料　　$[\tau]=(0.8\sim1)[\sigma]$

塑性材料　　$[\tau]=(0.5\sim0.6)[\sigma]$

思考题

8-1 将沸水注入厚玻璃杯内,若玻璃杯发生爆裂,则________。

(A)内壁先开裂　　(B)外壁先开裂

(C)内外壁同时开裂　　(D)开裂没有规律

8-2 塑性材料处在三向等拉应力状态时,为什么发生脆性断裂而不发生塑性屈服?

8-3 有些教材和著作中,根据某些脆性材料在三向等压应力状态下,发生不可恢复的体积改变的实验结果,得到结论说:“脆性材料在三向等压应力状态下可以发生塑性变形”,你同意这一观点吗,为什么?

8-4 有人根据深海中近似三向等压状态下动植物生长和活动现象,认为“不论塑性还是脆性材料在三向等压应力状态下都不会发生破坏”,你同意这一观点吗,为什么?

8-5 锅炉气包有时发生爆炸事故,其裂缝应为________。

(A) 沿纵向　(B) 沿横向　(C) 沿45°方向　(D) 沿十字方向

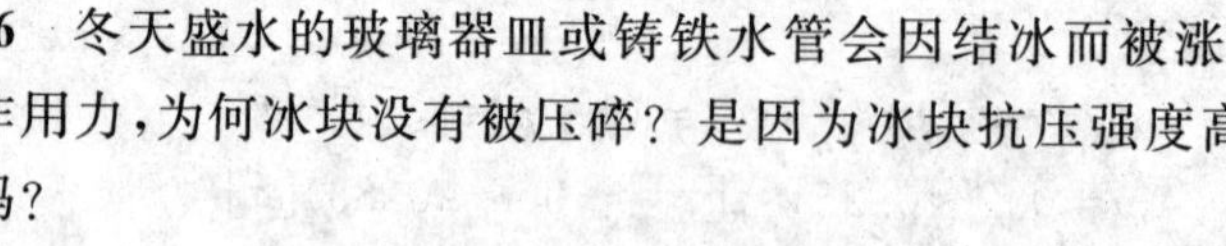

思考题8-5图

8-6 冬天盛水的玻璃器皿或铸铁水管会因结冰而被涨破,但冰块也受到同样的反作用力,为何冰块没有被压碎?是因为冰块抗压强度高而玻璃和铸铁抗拉强度低吗?

习　题

8-1 试对某钢制零件危险点进行强度校核。已知$[\sigma]=160$ MPa,$\sigma_1=120$ MPa,$\sigma_2=60$ MPa,$\sigma_3=-30$ MPa。

8-2 试对某铸铁零件危险点进行强度校核。已知$[\sigma^+]=40$ MPa, $\mu=0.3$,

$\sigma_1=30\ \mathrm{MPa},\sigma_2=0,\sigma_3=-20\ \mathrm{MPa}$。

8-3　炮筒横截面如图所示，射击时 A 点的应力为 $\sigma_t=550\ \mathrm{MPa},\sigma_r=-350\ \mathrm{MPa}$，垂直于横截面的正应力 $\sigma_x=420\ \mathrm{MPa}$，$[\sigma]=1\ 000\ \mathrm{MPa}$。按第三和第四强度理论校核其强度。

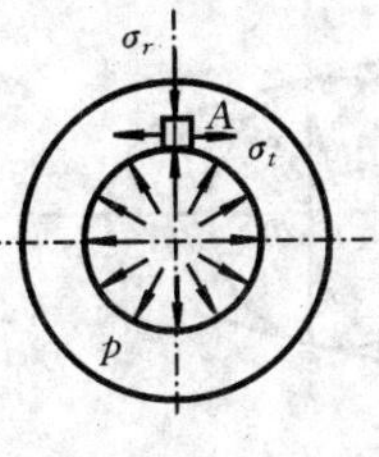

题 8-3 图

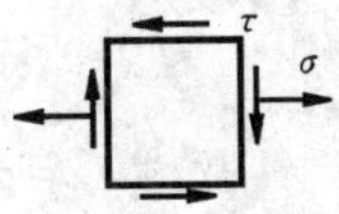

题 8-4 图

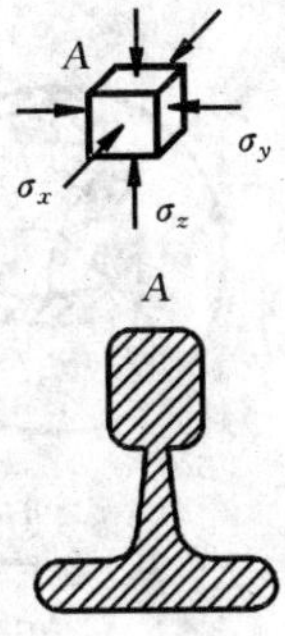

题 8-5 图

8-4　弯曲和扭转组合变形时危险点的应力状态如图所示，$\sigma=70\ \mathrm{MPa},\tau=50\ \mathrm{MPa}$，按第三和第四强度理论计算相当应力。

8-5　车轮与钢轨接触点 A 的主应力为 $\sigma_x=-900\ \mathrm{MPa}$，$\sigma_y=-1\ 100\ \mathrm{MPa}$，$\sigma_z=-800\ \mathrm{MPa}$，$[\sigma]=300\ \mathrm{MPa}$，试用第三和第四强度理论对接触点进行强度校核。

8-6　钢制圆柱形薄壁容器平均直径 $D=800\ \mathrm{mm}$，壁厚 $t=4\ \mathrm{mm}$，$[\sigma]=120\ \mathrm{MPa}$。按第四强度理论确定其许可内压 p。

8-7　图示储气罐为薄壁圆球壳体，平均直径 $D=2\ \mathrm{m}$，内压 $p=1.5\ \mathrm{MPa}$，$[\sigma]=150\ \mathrm{MPa}$，按第三或第四强度理论求其壁厚 t。

8-8　证明莫尔强度理论的极限条件式(8-5)。

解　设拉伸和压缩极限应力圆的圆心分别为 O_1、O_2，近似直线包络线 AB 与圆 O_1、O_2 相切，任意极限应力圆的圆心为 O'，半径为 $O'D$。过 O_1 作 AB 的平行线分别交 O_2A、$O'D$ 于 C 和 E。由题 8-8 图可见

$$\frac{O_1O'}{O_1O_2}=\frac{O'E}{O_2C} \tag{a}$$

$$O_1O'=OO_1+OO'=\frac{\sigma^\circ_{\mathrm{t}}}{2}-\frac{\sigma_1+\sigma_3}{2}$$

$$O'E=O'D-DE=\frac{\sigma_1-\sigma_3}{2}-\frac{\sigma^\circ_{\mathrm{t}}}{2}$$

$$O_1O_2=\frac{\sigma^\circ_{\mathrm{t}}+\sigma^\circ_{\mathrm{c}}}{2}$$

$$O_2C=O_2A-O_1B=\frac{\sigma^\circ_{\mathrm{c}}}{2}-\frac{\sigma^\circ_{\mathrm{t}}}{2}$$

将上述表达式代入式(a)整理即可得 $\sigma_1-\alpha\sigma_3=\sigma^\circ{}_{t}$， $\alpha=\dfrac{\sigma^\circ{}_{t}}{\sigma^\circ{}_{c}}$ 即式(8-5)。

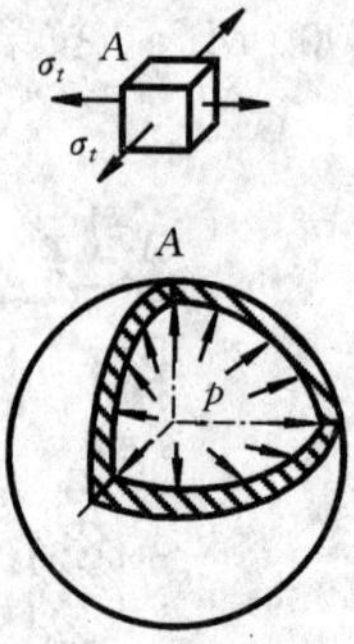

题 8-7 图

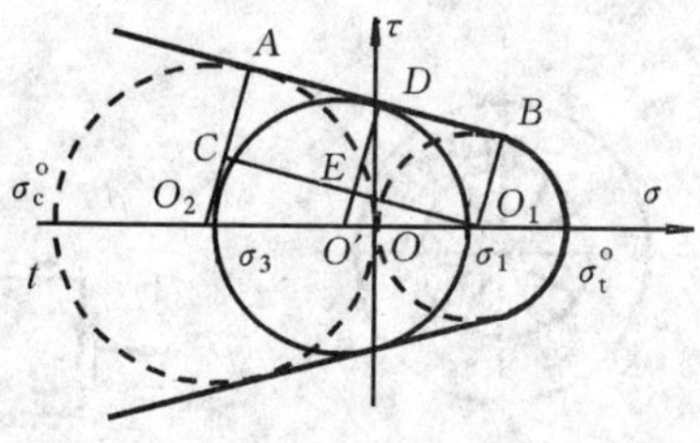

题 8-8 图

第 9 章　组合变形

9.1　概述

前面几章分别讨论了杆件在拉压、扭转、弯曲等基本变形时的强度和刚度计算。在工程实际中，经常会遇到两种或两种以上基本变形同时发生的情况，称为**组合变形**。如图 9-1(a) 所示汽轮机叶片，图 9-1(b) 所示建筑工程中常见的厂房立柱，它们产生的是拉伸（或压缩）与弯曲的组合变形；图 9-1(c)、(d) 所示分别为皮带轮传动轴和齿轮轴，它们承受的都是弯曲和扭转的组合变形。对于结构形式和载荷更为复杂的杆件，发生了哪些基本变形需要通过内力分析才能判断。

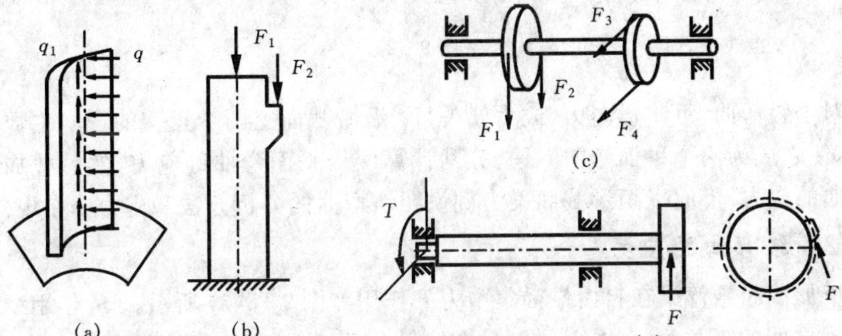

图 9-1

计算组合变形的应力和变形时，在小变形条件下，各个基本变形引起的应力和变形，可以认为是各自独立互不影响的，因此可运用叠加原理，分别计算各个基本变形的应力和变形，然后叠加得到组合变形下的应力和变形。

杆件组合变形有多种形式，工程中常见的有斜弯曲、拉压与弯曲组合和弯曲与扭转组合。

9.2 斜弯曲

9.2.1 斜弯曲的概念

在第5章研究弯曲应力时，梁的每个横截面有一个纵向对称轴，这些纵向对称轴组成梁的纵向对称平面，横向载荷作用在纵向对称平面内，梁发生平面弯曲，横截面上的中性轴与纵向对称轴互相垂直。但在工程实际中，有时横向力并不作用在纵向对称平面内，如房屋建筑中的屋顶檩条的受力(图9-2)，这时变形后的轴线将不位于载荷作用面内，而是倾斜了一个角度。这种变形称为**斜弯曲**。

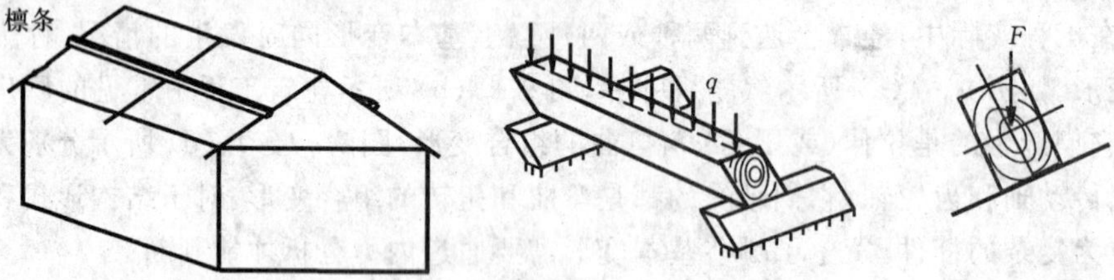

(a) (b) (c)

图9-2

对于斜弯曲，可将横向力(或力偶矢量)沿横截面上两个正交的形心主惯性轴分解，使之成为两个平面弯曲问题。分别计算两个平面弯曲的应力，然后叠加得到斜弯曲的应力。下面以矩形截面梁为例说明斜弯曲的分析方法和应力分布规律。

9.2.2 斜弯曲的应力

矩形截面悬臂梁在自由端受集中力F作用如图9-3(a)所示。F的作用线与对称轴y之间的夹角为φ，将F沿y轴和z轴分解，得

$$F_y = F\cos\varphi, \quad F_z = F\sin\varphi$$

F_y和F_z分别在xy和xz平面内产生平面弯曲，其弯矩方程分别为

$$M_z = F_y(l-x), \quad M_y = F_z(l-x)$$

显然危险截面在固定端A，最大弯矩

$$M_{yA} = F_z l = Fl\sin\varphi, \quad M_{zA} = F_y l = Fl\cos\varphi$$

对固定端截面上任一点(坐标为y、z)，由M_{yA}、M_{zA}引起的正应力分别为

$$\sigma' = \frac{M_{yA}}{I_y}z = \frac{Fl}{I_y}z\sin\varphi, \quad \sigma'' = \frac{M_{zA}}{I_z}y = \frac{Fl}{I_z}y\cos\varphi$$

式中，I_y、I_z分别为横截面对y、z轴的惯性矩。横截面上σ'、σ''的分布图形分别如图9-3(b)、(c)所示。根据叠加原理，这两个应力的代数和就是力F引起的正应力，即

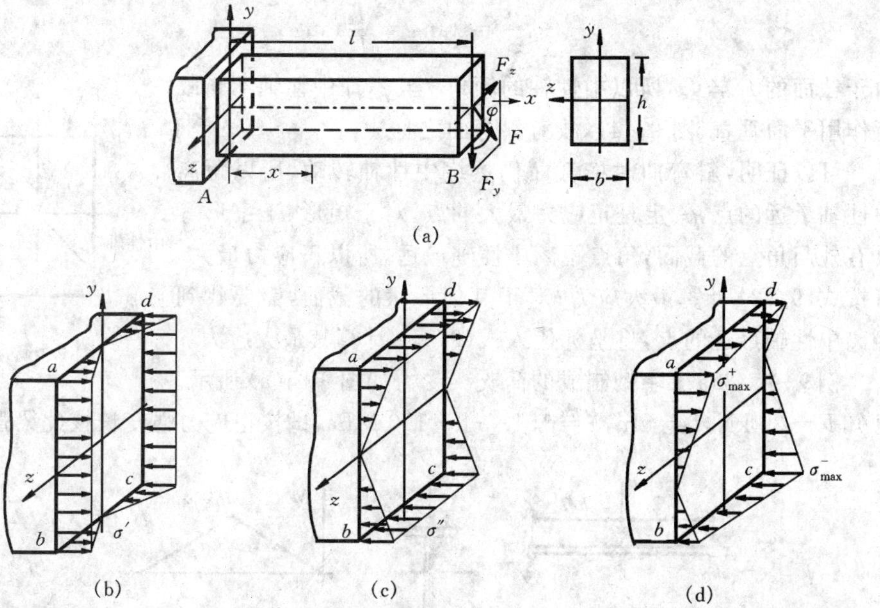

图 9-3

$$\sigma = \sigma' + \sigma'' = \frac{M_{yA}}{I_y}z + \frac{M_{zA}}{I_z}y = \frac{Fl}{I_y}z\sin\varphi + \frac{Fl}{I_z}y\cos\varphi \tag{9-1}$$

横截面上的应力分布如图 9-3(d) 所示。由图中可以看出，矩形截面的两个对角点 a、c 处分别具有最大的拉应力和压应力，因而是危险点。点 a 的最大拉应力为

$$\sigma_{\max} = Fl\left(\frac{b}{2I_y}\sin\varphi + \frac{h}{2I_z}\cos\varphi\right) = Fl\left(\frac{1}{W_y}\sin\varphi + \frac{1}{W_z}\cos\varphi\right) \tag{9-2}$$

式中，W_y、W_z 分别为横截面对 y、z 轴的抗弯截面系数。点 c 的最大压应力与点 a 的最大拉应力数值上相等。

因为斜弯曲时横截面上只有正应力，危险点仍属于单向应力状态，所以强度条件与平面弯曲时相同，即

$$\sigma_{\max} = Fl\left(\frac{1}{W_y}\sin\varphi + \frac{1}{W_z}\cos\varphi\right) = \frac{M_{yA}}{W_y} + \frac{M_{zA}}{W_z} \leqslant [\sigma] \tag{9-3}$$

9.2.3 斜弯曲时的中性轴

由式(9-1) 可知，斜弯曲时横截面的正应力是坐标 y、z 的函数，令其为零即可确定中性轴的位置，即

$$\frac{z}{I_y}\sin\varphi + \frac{y}{I_z}\cos\varphi = 0$$

由上式可知中性轴仍为直线，其斜率为常数

$$-\frac{y}{z}=\tan\alpha=\frac{I_z}{I_y}\tan\varphi \tag{9-4}$$

由于截面的 $I_y \neq I_z$，所以中性轴的倾角 $\alpha \neq \varphi$，即中性轴不与载荷作用平面垂直(图 9-4)，故有斜弯曲之称。

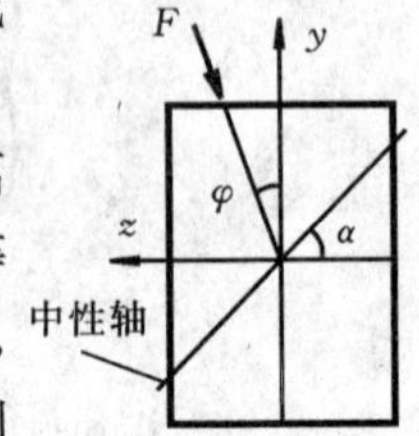

图 9-4

可以证明，斜弯曲时横截面仍然绕中性轴转动，所以距离中性轴最远的点，一定是正应力最大的点。对于矩形、工字形等具有外凸角点的截面，角点距离中性轴最远，所以正应力最大，可按式(9-2)计算最大应力；对于其他形状的截面，需要找到距离中性轴最远的点，将坐标代入式(9-1)计算其最大应力。

例 9-1 32a 工字钢制成的简支梁受力如图 9-5(a)所示。已知 $F=30$ kN，$l=4$ m，$\varphi=15^\circ$，$[\sigma]=170$ MPa，试按正应力强度校核此梁强度。

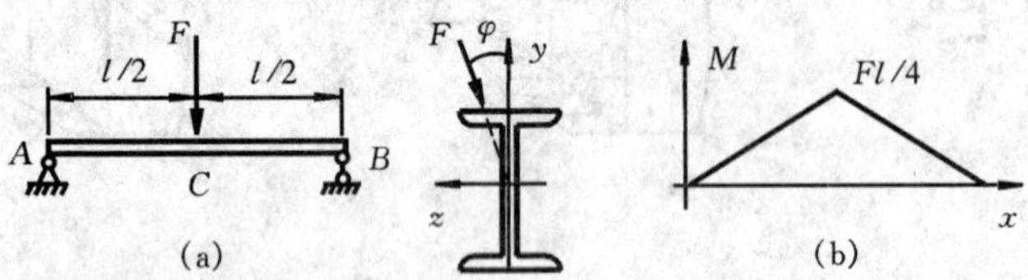

图 9-5

解 梁的弯矩图如图 9-5(b)所示，最大弯矩在 C 截面，将其沿 y、z 两个方向分解得

$$M_{Cy}=\frac{Fl}{4}\sin\varphi=\frac{30\times 4}{4}\sin 15^\circ=7.76 \text{ kN}\cdot\text{m}$$

$$M_{Cz}=\frac{Fl}{4}\cos\varphi=\frac{30\times 4}{4}\cos 15^\circ=29 \text{ kN}\cdot\text{m}$$

查型钢表得 32a 工字钢的抗弯截面系数

$$W_y=70.8 \text{ cm}^3,\qquad W_z=692 \text{ cm}^3$$

代入式(9-3)得

$$\sigma_{\max}=\frac{M_{Cy}}{W_y}+\frac{M_{Cz}}{W_z}=\left[\frac{7.76}{70.8}+\frac{29}{692}\right]\times 10^3$$

$$=109.6+41.9=151.5 \text{ MPa}<[\sigma]$$

故此梁满足正应力强度条件。

讨论 在此例题中如果力 F 的作用线与 y 轴重合，即 $\varphi=0^\circ$，则最大应力

$$\sigma'_{\max}=\frac{Fl}{4W_z}=\frac{30\times 4}{4\times 692}\times 10^3=43.4 \text{ MPa}$$

远小于斜弯曲的最大应力。说明对工字形截面的梁，如外力稍有偏斜，就会使最大

正应力增大许多。产生这种结果的原因是由于工字形截面的 W_y 远小于 W_z，所以对这一类两个方向抗弯截面系数相差较大的截面，加载时应尽量使载荷作用在抗弯截面系数较大的弯曲平面内。

9.3　拉压与弯曲组合变形

9.3.1　拉压与弯曲组合的应力

图 9-6(a) 所示小型压力机框架的立柱在偏心力 F 的作用下，横截面有轴向拉力和弯矩，是拉伸与弯曲的组合变形；图 9-6(b) 所示简易起重架，横梁 AB 上有轴向压力和横向力作用，是压缩与弯曲组合变形。

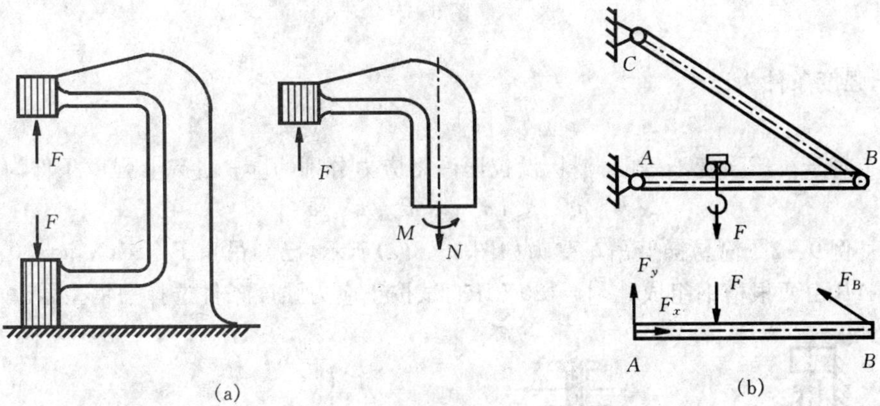

图 9-6

小变形情况下，拉压与弯曲组合变形的轴向力在弯曲变形上产生的弯矩很小，可以略去不计，叠加原理仍然成立，分别计算拉压和弯曲变形的应力，然后叠加得到组合变形的应力。

图 9-7(a) 所示矩形截面悬臂梁。B 截面上有轴力 N 和弯矩 M 作用，如图 9-7(b) 所示（剪力 Q 对强度的影响略去不计），轴力产生均匀分布的正应力 σ'，弯矩产生线性分布的正应力 σ''，叠加后的应力 σ 仍为线性分布，如图 9-7(c) 所示。

$$\sigma' = \frac{N}{A},\quad \sigma'' = \frac{M}{I_z}y,\quad \sigma = \sigma' + \sigma'' = \frac{N}{A} + \frac{M}{I_z}y$$

最大拉应力和最大压应力在横截面的上下两边缘，分别为

$$\sigma_{\max}^{+} = \frac{N}{A} + \frac{M}{W_z},\quad \sigma_{\max}^{-} = \frac{N}{A} - \frac{M}{W_z} \tag{9-5}$$

由于拉压应力与弯曲应力叠加后仍为单向应力状态，对于拉压强度相等的材

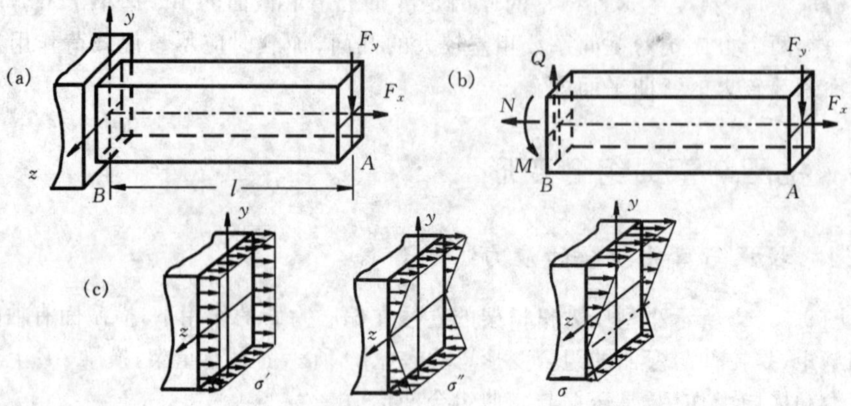

图 9-7

料，强度条件为

$$\sigma_{\max} \leqslant [\sigma]$$

对于拉压强度不等的材料，设拉压许用应力分别为$[\sigma^+]$、$[\sigma^-]$，强度条件为

$$\sigma_{\max}^+ \leqslant [\sigma^+], \quad \sigma_{\max}^- \leqslant [\sigma^-]$$

例 9-2 简易摇臂吊车受力如图 9-8(a)所示，已知吊重 $F=8$ kN，$\alpha=30°$，横梁 AB 由两根槽钢组成，$[\sigma]=120$ MPa，试按正应力强度条件选择槽钢型号。

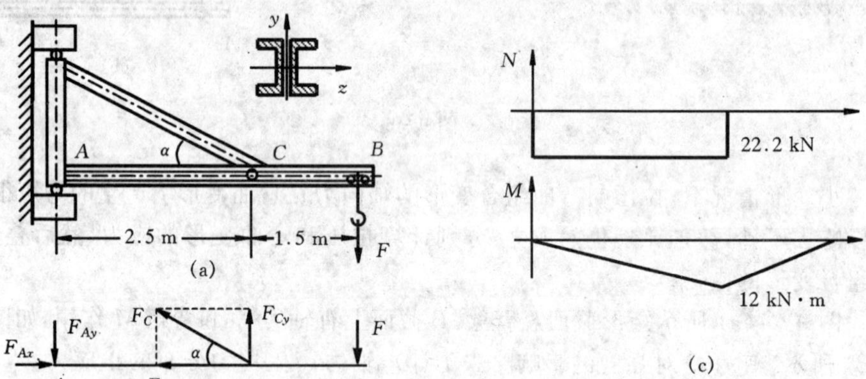

图 9-8

解 (1)求支反力 梁的受力简图如图 9-8(b)所示，由平衡方程 $\sum M_A=0$，可得

$$F_C = \frac{4F}{2.5\sin 30^\circ} = 25.6\ \text{kN}$$

F_C 在水平和垂直方向的分量分别为

$$F_{Cx} = F_C\cos 30^\circ = 22.2\ \text{kN},\quad F_{Cy} = F_C\sin 30^\circ = 12.8\ \text{kN}$$

支座 A 的约束反力，

$$F_{Ax} = F_{Cx} = 22.2\ \text{kN},\quad F_{Ay} = F_{Cy} - F = 4.8\ \text{kN}$$

(2)求内力和应力　横梁 AB 的轴力图和弯矩图如图 9-8(c)所示。在 AC 段既有轴力又有弯矩，是压缩和弯曲组合变形，C 截面是危险截面，其轴力和弯矩分别为

$$N = -22.2\ \text{kN},\quad M_C = 12\ \text{kN}\cdot\text{m}$$

C 截面上的压缩应力和最大弯曲应力分别为

$$\sigma' = \frac{N}{2A},\quad \sigma'' = \frac{M}{2W_z}$$

下边缘各点压应力最大，强度条件为

$$\sigma_{\max}^{-} = \sigma' + \sigma'' = \frac{N}{2A} + \frac{M}{2W_z} \leqslant [\sigma]$$

(3)选择型钢并校核强度　上式中 A、W_z 为单根槽钢的横截面积和抗弯截面系数。一般情况下弯曲应力远大于拉压应力，可以先不考虑拉压应力，只按弯曲强度条件初选槽钢型号，于是由

$$\sigma'' = \frac{M}{2W_z} = \frac{12}{2W_z} \leqslant 120\ \text{MPa}$$

得

$$W_z \geqslant 50\ \text{cm}^3$$

查附录 C 型钢表，选 12.6 号槽钢，$W_z = 62\ \text{cm}^3$，$A = 15.69\ \text{cm}^2$。再按压缩和弯曲组合变形进行强度校核

$$\sigma_{\max}^{-} = \sigma' + \sigma'' = \frac{N}{2A} + \frac{M}{2W_z} = \frac{22.2\times 10}{2\times 15.69} + \frac{12\times 10^3}{2\times 62} = 7.07 + 96.8 = 104\ \text{MPa}$$

强度足够，所以选定 12.6 号槽钢。

讨论　如果强度不够，应再选型号大一些的槽钢，并进行校核后确定型号。

9.3.2　偏心拉压

当轴向外力 F 的作用线与杆的轴线偏离时称为**偏心拉压**，如图 9-9(a) 所示。杆的横截面上除轴力 N 外还有弯矩 M 存在，这个弯矩称为**偏心弯矩**，如图 9-9(b) 所示，所以偏心拉压是拉压与弯曲的组合变形。

以矩形截面杆为例，设轴向力偏离 y、z 轴的距离分别为 e_z、e_y，称为**偏心距**，如图 9-9(c) 所示，F 产生的轴力为 N，偏心弯矩分别为 $M_z = Fe_y$，$M_y = Fe_z$，如图 9-9(d) 所示，这是拉压与两个平面弯曲的组合变形。轴力和偏心弯矩产生的正应

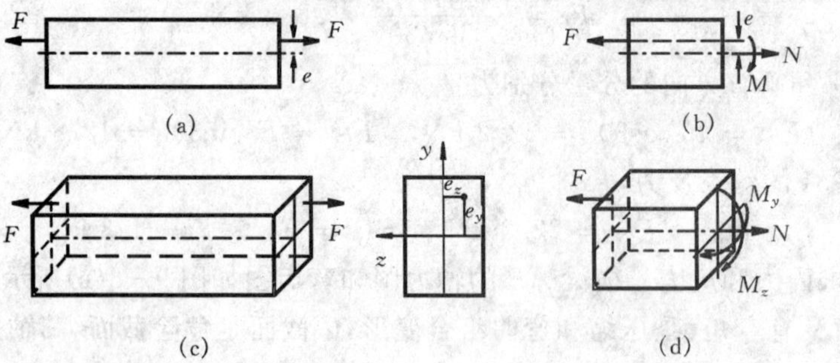

图 9-9

力分别为

$$\sigma' = \frac{F}{A}, \quad \sigma'' = \frac{Fe_y}{I_z}y, \quad \sigma''' = \frac{Fe_z}{I_y}z \tag{9-6}$$

横截面上的最大正应力为

$$\sigma_{\max} = \sigma'_{\max} + \sigma''_{\max} + \sigma'''_{\max} = \frac{F}{A} + \frac{Fe_y}{W_z} + \frac{Fe_z}{W_y} \tag{9-7}$$

对于其他没有外凸角点的截面(如圆形截面等),则与斜弯曲的分析方法类似。

例 9-3 矩形截面直杆如图 9-10(a)所示。设计载荷 $F=12$ kN,截面尺寸 $H=40$ mm,$b=5$ mm,$[\sigma]=100$ MPa,加工后发现一侧出现裂纹,为避免裂纹尖端的应力集中,必须在这一侧切掉一部分材料,试求切口深度的最大许可值 h。

解 设切口深度为 h,则切口处截面的形心已不在力 F 的作用线上,

偏心距 $e = h/2$

偏心弯矩 $M = Fh/2$

如图 9-10(b) 所示。根据拉压与弯曲组合变形的强度条件式(9-7)

$$\sigma_{\max} = \frac{F}{A} + \frac{Fe}{W_z} \leqslant [\sigma]$$

式中,$A = b(H-h)$;$W_z = b(H-h)^2/6$。

代入数据得 $$\sigma_{\max} = \frac{12 \times 10^3}{5(40-h)} + \frac{3 \times 12h}{5(40-h)^2} \times 10^3 \leqslant 100$$

整理后即为 $$h^2 - 128h + 640 = 0$$

解方程得到两个根 $h_1 = 122.8$ mm, $h_2 = 5.2$ mm

显然 h_1 不合题意,应舍去,所以切口的最大深度为 $h = 5.2$ mm。

讨论 如在杆的另一侧切除同样的切口,如图 9-10(c)所示,切口截面处又变为均匀拉伸,其应力为

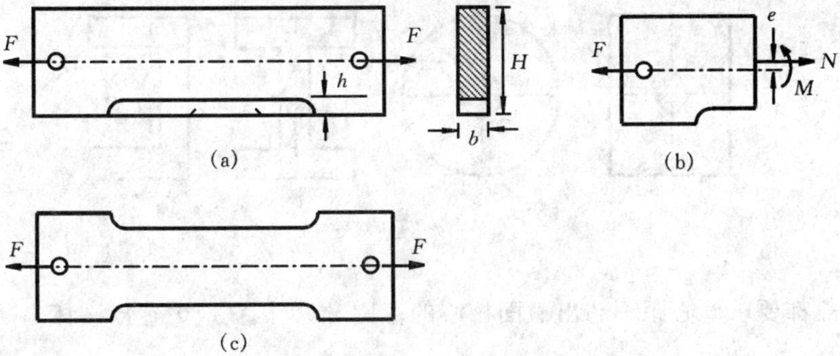

图 9-10

$$\sigma = \frac{F}{b(H-2h)} = \frac{12\times 10^3}{5(40-2\times 5.2)} = 81.1\ \text{MPa}$$

由此可见,两侧切口的杆虽然截面面积减小,应力却比一侧切口的杆小。这表明载荷偏心引起的弯矩对拉压杆件的强度影响很大,应给予足够的重视。

9.3.3　偏心拉压中性轴与截面核心的概念

杆件受偏心拉压时,截面中性轴的位置可由叠加后的应力为零的条件确定,即

$$\sigma = \sigma' + \sigma'' + \sigma''' = \frac{F}{A} + \frac{Fe_y}{I_z}y + \frac{Fe_z}{I_y}z = 0$$

令 $I_y/A = i_y^2, I_z/A = i_z^2, i_y$、$i_z$ 分别称为截面对 y、z 轴的**惯性半径**,上式可写成

$$1 + \frac{e_y}{i_z^2}y + \frac{e_z}{i_y^2}z = 0 \qquad (9-8)$$

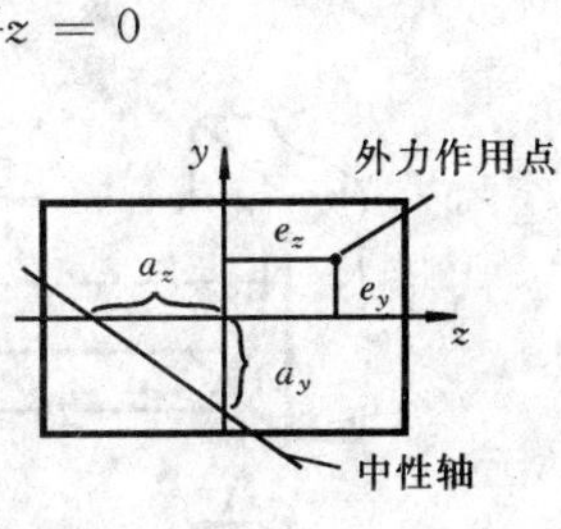

图 9-11

这是一条不通过形心的直线,如图 9-11 所示,中性轴与两个坐标轴截距 a_y、a_z 分别为

$$a_y = -\frac{i_z^2}{e_y}, \qquad a_z = -\frac{i_y^2}{e_z} \qquad (9-9)$$

由上式可见,截距 a_y、a_z 分别与外力作用点的偏心距 e_y、e_z 有关,e_y、e_z 的绝对值越小,a_y、a_z 的绝对值越大,说明外力作用点距离形心越近,中性轴距离形心越远。当中性轴位于截面外时,整个截面位于中性轴的同一侧,截面上的应力符号将是相同的(全部为拉应力或压应力)。在截面形心附近可以找到一个小区域,当轴向力 F 作用在这个小区域内时,整个截面上只出现一种符号的正应力,这个小区域就称为**截面核心**。工程中常见的几种截面的截面核心形状如图 9-12 所示。

截面核心的概念在建筑工程中具有重要的实际意义。有许多建筑材料如砖石、混凝土等都属于脆性材料,其抗拉强度低于抗压强度,这类材料制成的受压杆如立

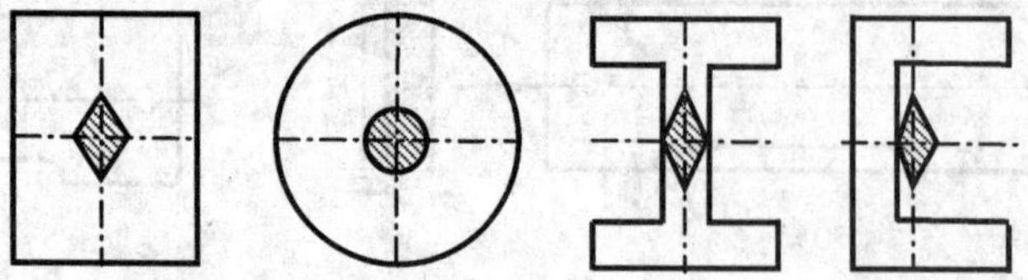

图 9-12

柱，一般都要求偏心距不超出截面核心的范围，以免因拉应力造成破坏。

9.4 弯曲与扭转组合变形

弯曲与扭转组合变形在机械工程中是很常见的，例如皮带轮传动轴、齿轮轴、曲柄轴等轴类构件，在传递扭矩的同时往往还发生弯曲变形。

图 9-13(a) 所示水平直角曲拐，AB 段为圆杆，受集中力 F 作用。将 F 向 AB 杆的 B 端截面形心简化，得到横向力 F 和扭转力偶 Fa，AB 段的受力简图如图 9-13(b) 所示。AB 杆发生弯曲和扭转组合变形，其扭矩图和弯矩图如图 9-13(c) 所示。显然 A 截面是危险截面，其扭矩和弯矩分别为

$$M_n = Fa, \qquad M_z = Fl$$

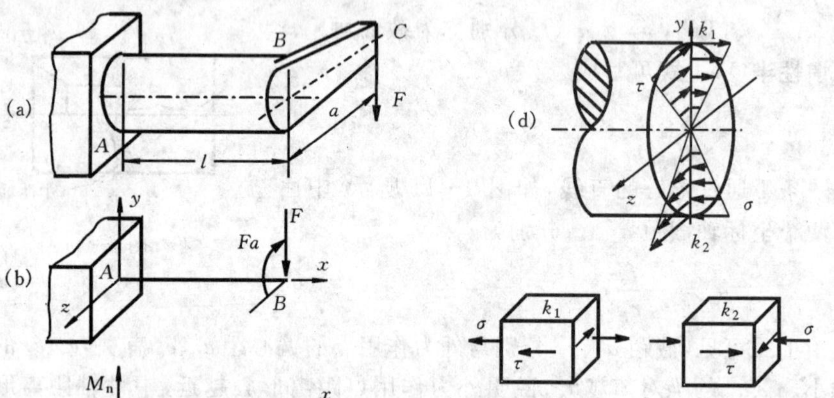

图 9-13

扭矩产生的切应力和弯矩产生的正应力分布如图 9-13(d) 所示。由图中可以看出，上下两边缘的 k_1、k_2 两点切应力和正应力的绝对值同时取最大值

$$\tau = \frac{M_n}{W_p}, \qquad \sigma = \frac{M_z}{W_z} \tag{a}$$

因而是危险点，其应力状态如图 9-13(e) 所示。

对于这种二向应力状态，应按强度理论建立强度条件。根据例 8-1，三个主应力分别为

$$\sigma_1 = \frac{\sigma}{2} + \sqrt{\left(\frac{\sigma}{2}\right)^2 + \tau^2}, \qquad \sigma_2 = 0, \qquad \sigma_3 = \frac{\sigma}{2} - \sqrt{\left(\frac{\sigma}{2}\right)^2 + \tau^2}$$

对于塑性材料，通常选第三或第四强度理论，强度条件分别为

$$\sigma_{r3} = \sqrt{\sigma^2 + 4\tau^2} \leqslant [\sigma], \qquad \sigma_{r4} = \sqrt{\sigma^2 + 3\tau^2} \leqslant [\sigma] \tag{9-10}$$

将式(a)代入式(9-10)并注意到 $W_p = 2W_z$，得到圆杆弯扭组合变形以内力表示的强度条件

$$\sigma_{r3} = \frac{1}{W_z}\sqrt{M^2 + M_n^2} \leqslant [\sigma], \qquad \sigma_{r4} = \frac{1}{W_z}\sqrt{M^2 + 0.75M_n^2} \leqslant [\sigma] \tag{9-11}$$

工程中除了弯扭组合的杆件外，还有拉压与扭转的组合，或者拉压、弯曲与扭转的组合变形，运用相同的分析方法，仍可用式(9-10)进行强度计算。

例 9-4　图 9-14(a)所示磨床砂轮主轴直径 d=20 mm，已知由电机转子输入力偶 T=20 N·m，转子和砂轮自重分别为 G_1=100 N，G_2=250 N，砂轮直径 D=250 mm，磨削力 $F_y : F_z$=3 : 1，$[\sigma]$=60 MPa，试按第四强度理论校核该主轴强度。

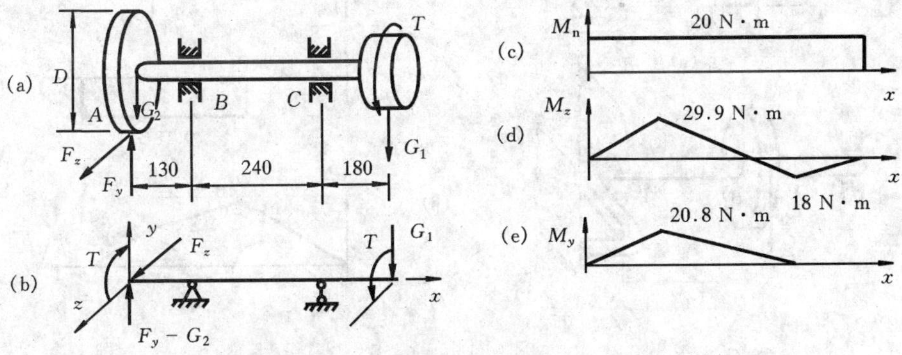

图 9-14

解　(1)外力分析　由平衡方程 $\sum M_x = 0$，得

$$F_z = 2T/D = 160\ \text{N}, \qquad F_y = 3F_z = 3 \times 160 = 480\ \text{N}$$

将载荷向轴线简化得到轴的受力简图如图 9-14(b) 所示，因为沿 y、z 两个方向都有横向力，所以轴受到两个平面弯曲与扭转的组合变形。

(2)内力分析　作轴的扭矩图、弯矩图如图 9-14(c)、(d)、(e)所示。从图中可以看出，M_y、M_z 都在 B 截面取最大值，所以 B 截面是危险截面，其扭矩和弯矩分别为

$$M_{nB}=20\ \text{N}\cdot\text{m},\qquad M_{yB}=20.8\ \text{N}\cdot\text{m},\qquad M_{zB}=29.9\ \text{N}\cdot\text{m}$$

(3)强度计算　对于圆轴，发生两个平面弯曲时，应在危险截面将两个弯矩按矢量合成为一个总弯矩 M_B，再按式(9-11)进行强度计算。

$$M_B=\sqrt{M_{yB}^2+M_{zB}^2}=\sqrt{20.8^2+29.9^2}=36.4\ \text{N}\cdot\text{m}$$

将 M_B 和 M_{nB} 代入式(9-11) 得相当应力

$$\sigma_{r4}=\frac{1}{W_z}\sqrt{M_B^2+0.75M_{nB}^2}=\frac{32}{\pi\times 20^3}\sqrt{36.4^2+20^2}\times 10^3=52.9\ \text{MPa}<[\sigma]$$

所以轴的强度足够。

讨论　如果砂轮的磨削力不是 y、z 两个方向的载荷，则需先将其分解到 y、z 两个方向，然后再按上述步骤进行计算。

例 9-5　手摇绞车轴受力如图 9-15(a)所示，B 轮直径 $D=0.36$ m，摇柄长度 $b=0.25$ m，轴的直径 $d=30$ mm，$[\sigma]=100$ MPa，试按第三强度理论确定许可吊重 G。

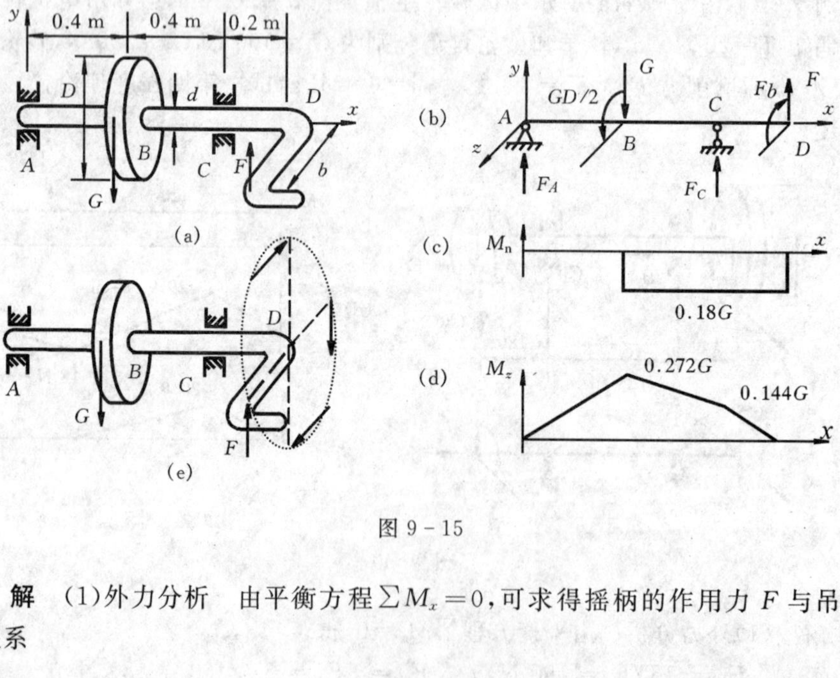

图 9-15

解　(1)外力分析　由平衡方程 $\sum M_x=0$，可求得摇柄的作用力 F 与吊重 G 的关系

$$\frac{GD}{2}=Fb=0.18G,\qquad F=\frac{GD}{2b}=\frac{0.18}{0.25}G=0.72G$$

将载荷向轴线简化，得到轴的受力简图如图 9-15(b) 所示。支座 A、C 的支反力分别为

$$F_A=0.68G,\qquad F_C=-0.4G$$

(2)内力分析　作绞车轴的扭矩图和弯矩图如图 9-15(c)、(d)所示，图中可以看出 B 截面弯矩和扭矩都最大，所以是危险截面，其扭矩和弯矩分别为

$$M_{nB}=0.18G\ \text{kN}\cdot\text{m},\qquad M_B=0.272G\ \text{kN}\cdot\text{m}$$

(3)强度计算　将 M_{nB}、M_B 代入式(9-11)得相当应力

$$\sigma_{r3}=\frac{32}{\pi d^3}\sqrt{M_B^2+M_{nB}^2}=\frac{32}{\pi\times 30^3}\sqrt{0.272^2+0.18^2}G\times 10^6\leqslant[\sigma]=100\ \text{MPa}$$

解得许可吊重 $G=0.813$ kN。

讨论　在起吊过程中，摇柄的轨迹是一个圆，如图 9-15(e)所示，作用在手柄上的力 F 的方向不断变化，F 产生的弯矩方向也不断变化，所以绞车轴实际上是在两个平面内同时发生弯曲变形。试画出手柄在图 9-15(e)所示四个虚线位置时绞车轴的弯矩图，并确定轴的危险工况。

思 考 题

9-1　试举出两种组合变形时内力和应力不满足叠加原理的工程实例。

9-2　悬臂梁的各种截面形状如图所示。若 A 端的集中力偶 M_A 的作用平面位于截面图中虚线所示位置(双箭头表示力偶的矢量方向)，则哪些梁会发生斜弯曲？

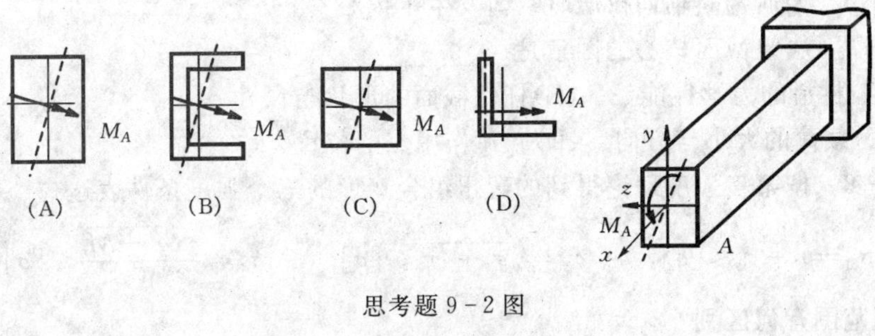

思考题 9-2 图

9-3　在分析组合变形的应力时，常常需要进行力的分解和简化，即用等效力系代替原力系的作用。试以下列三个构件为例，说明哪些简化是合理的？等效替代的原则是什么？

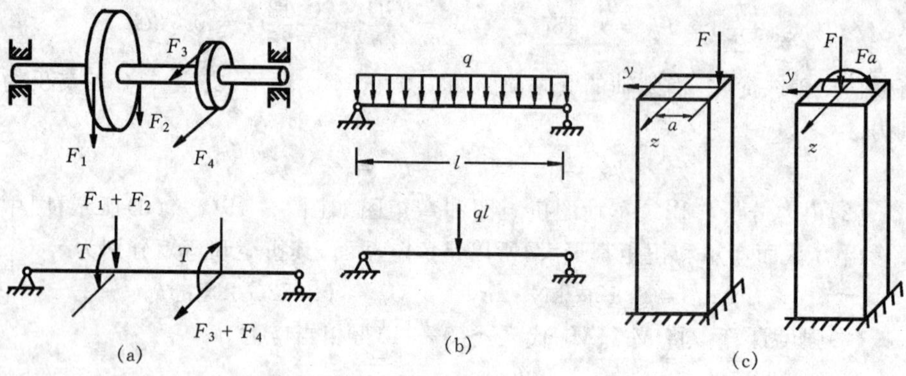

思考题 9-3 图

9-4 压力机立柱为箱形截面，在拉弯组合变形时，下列四种截面形状中哪一种最合理？

9-5 关于偏心拉压的中性轴，下列结论中正确的为__________。

(A)中性轴的位置与载荷的作用点有关，与载荷的大小无关

(B)中性轴方程式(9-7)中，y、z是一对任意选定的正交坐标轴

(C)中性轴和外力作用点位于截面形心的两侧

(D)中性轴可能在截面之外

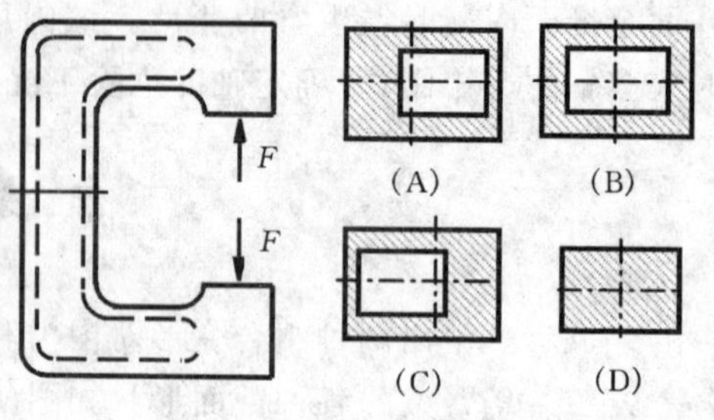

思考题 9-4 图

9-6 如何判断轴向拉压时载荷发生了偏心？

9-7 决定截面核心的因素是__________。

(A)材料的力学性能　　(B)杆件截面的形状与尺寸

(C)载荷的大小与方向　(D)载荷作用点的位置

9-8 按第三强度理论得到的弯扭组合变形的三个强度条件表达式

$$\sigma_{r3}=\sigma_1-\sigma_3\leqslant[\sigma],\qquad \sigma_{r3}=\sqrt{\sigma^2+4\tau^2}\leqslant[\sigma],\qquad \sigma_{r3}=\frac{\sqrt{M^2+M_n^2}}{W_z}\leqslant[\sigma]$$

其适用范围有何区别？

习　题

9-1 试分析下列构件在指定截面 A 的内力分量(判断基本变形)。

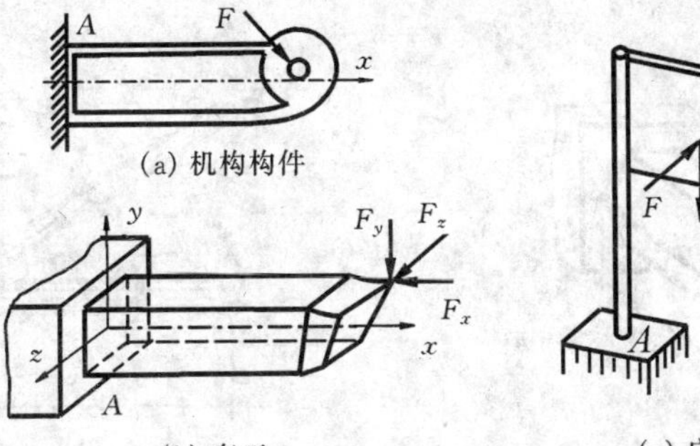

题 9-1 图

9-2　木制矩形截面悬臂梁受力如图，已知 $F_1=0.8$ kN，$F_2=1.65$ kN，木材的许用应力$[\sigma]=10$ MPa，若矩形 $h/b=2$，试确定其截面尺寸。

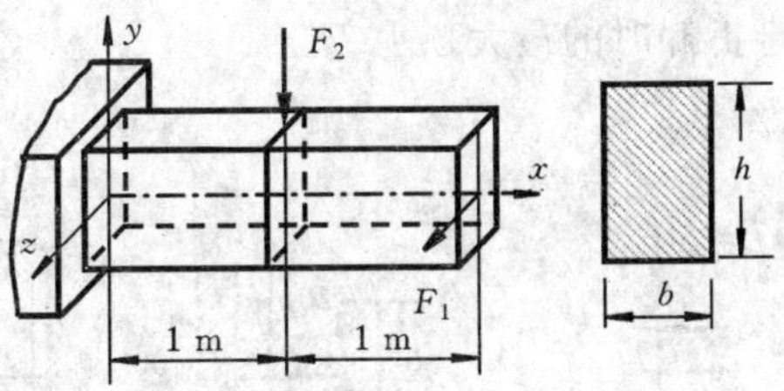

题 9-2 图

9-3　工字钢简支梁受力如图，已知 $F=7$ kN，$[\sigma]=160$ MPa，试选择工字钢型号。(提示：先假定 W_z/W_y 的比值进行试选，然后校核)

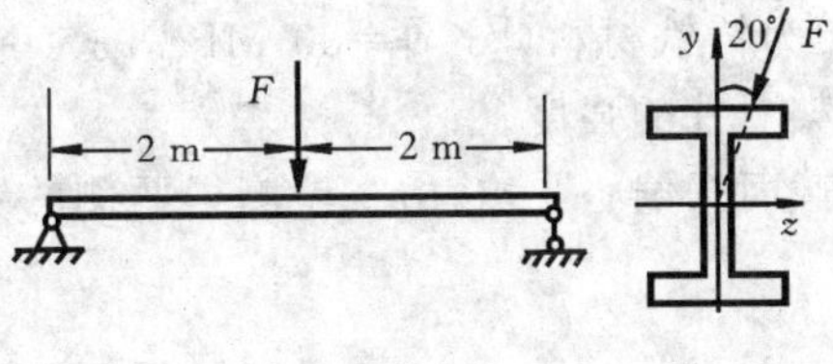

题 9-3 图

9-4　证明斜弯曲时横截面仍然绕中性轴转动。(提示：证明截面形心位移垂直于中性轴)

9-5　证明对正多边形截面梁，横向力无论作用方向如何偏斜，只要力的作用线通过截面形心，都只产生平面弯曲。

9-6　求图示正六边形截面悬臂梁的最大应力。(已知正六边形的形心主惯

性矩 $I_y = I_z$）

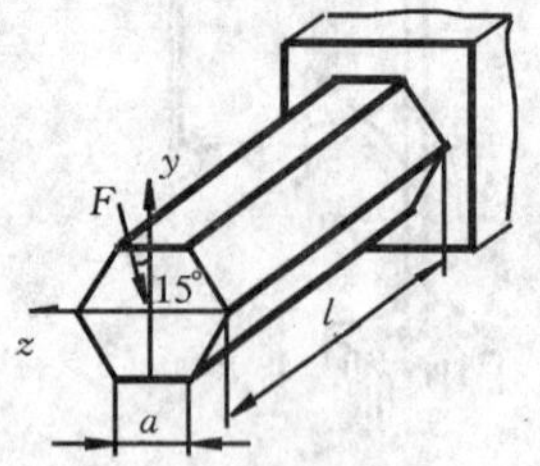

题 9-6 图

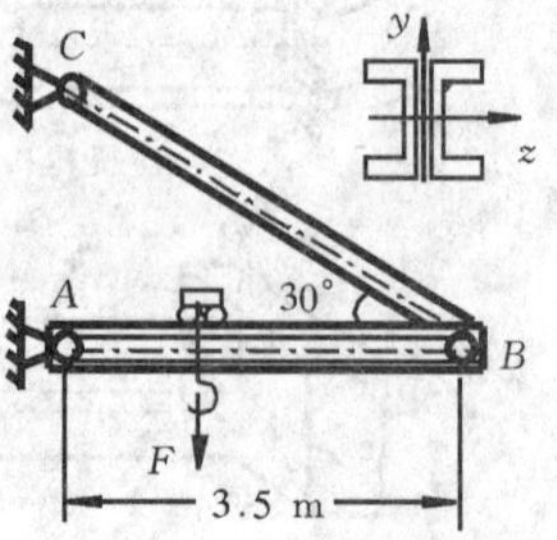

题 9-7 图

9-7 图示起重架的最大起吊重量(包括小车)为 $F = 40$ kN，横梁 AB 由两根 18 号槽钢组成，$[\sigma] = 120$ MPa，试校核横梁强度。

9-8 拆卸工具的勾爪受力如图，已知两侧爪臂截面为矩形，$[\sigma] = 180$ MPa，试按爪臂强度条件确定拆卸时的最大顶力 F。

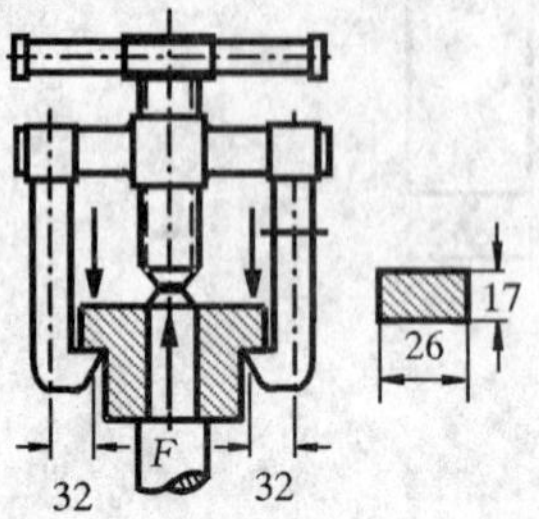

题 9-8 图

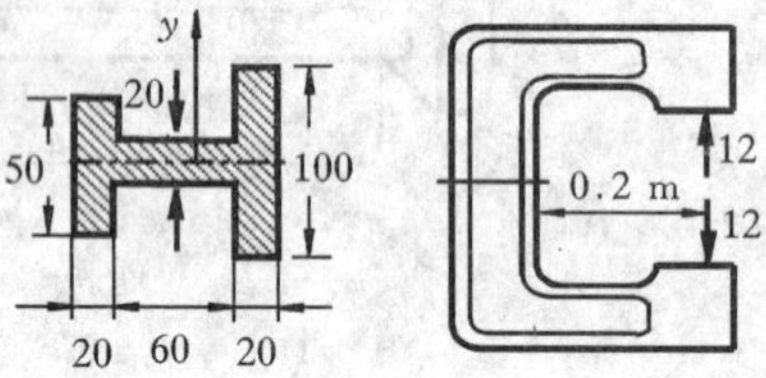

题 9-9 图

9-9 压力机框架为铸铁材料，$[\sigma^+] = 30$ MPa，$[\sigma^-] = 80$ MPa，立柱截面尺寸如图所示，试校核框架立柱的强度。

9-10 图示矩形截面杆偏心受拉，由实验测得两侧的纵向应变 ε_1 和 ε_2，试求偏心距 e。

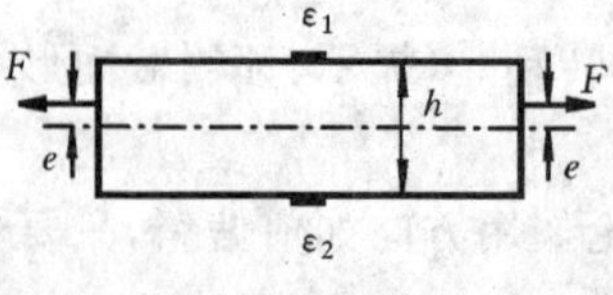

题 9-10 图

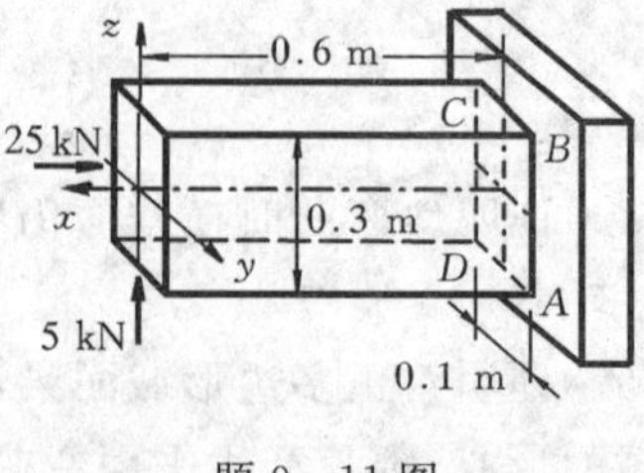

题 9-11 图

9-11　求图示矩形截面杆固定端 A、B、C、D 四点的正应力，并确定中性轴的位置。

9-12　确定图 9-12 所示矩形截面和圆形截面的截面核心大小。

9-13　电动机工作时的最大转矩 $T=120\ \mathrm{N\cdot m}$，主轴 $l=120\ \mathrm{mm}$，$d=40\ \mathrm{mm}$，皮带轮直径 $D=250\ \mathrm{mm}$，皮带张力 $F_1=2F_2$，$[\sigma]=60\ \mathrm{MPa}$，试用第三强度理论校核该主轴强度。

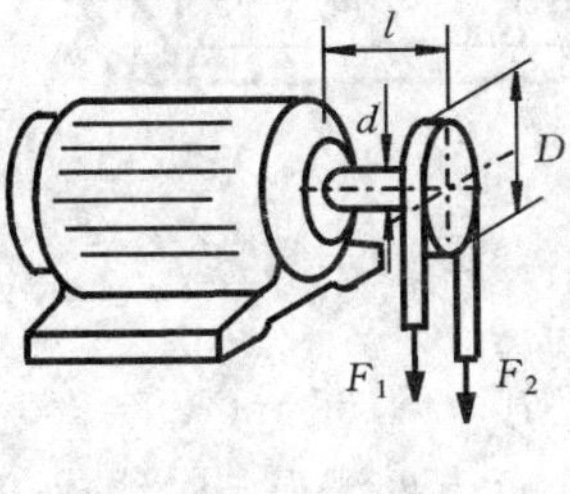

题 9-13 图

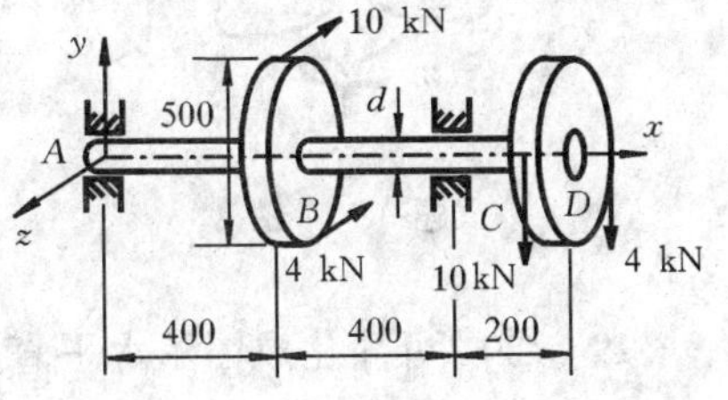

题 9-14 图

9-14　皮带轮传动轴受力如图所示，已知 $[\sigma]=80\ \mathrm{MPa}$，按第四强度理论选择轴的直径 d。

9-15　齿轮轴受力如图所示，已知 $[\sigma]=100\ \mathrm{MPa}$，按第四强度理论确定轴的直径 d。

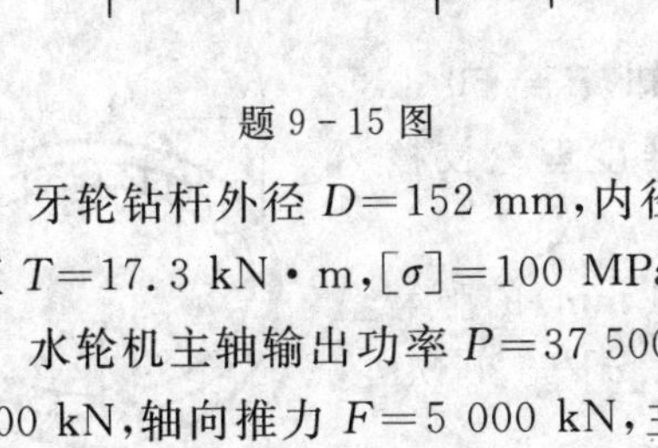

题 9-15 图

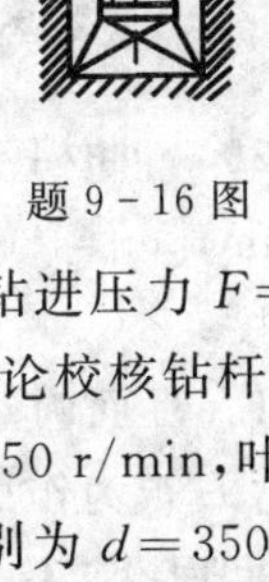

题 9-16 图

9-16　牙轮钻杆外径 $D=152\ \mathrm{mm}$，内径 $d=120\ \mathrm{mm}$，钻进压力 $F=180\ \mathrm{kN}$，扭转力偶矩 $T=17.3\ \mathrm{kN\cdot m}$，$[\sigma]=100\ \mathrm{MPa}$，按第四强度理论校核钻杆强度。

9-17　水轮机主轴输出功率 $P=37\ 500\ \mathrm{kW}$，转速 $n=150\ \mathrm{r/min}$，叶轮和主轴共重 $W=300\ \mathrm{kN}$，轴向推力 $F=5\ 000\ \mathrm{kN}$，主轴内、外径分别为 $d=350\ \mathrm{mm}$、$D=750\ \mathrm{mm}$，$[\sigma]=100\ \mathrm{MPa}$，按第四强度理论和双剪强度理论校核主轴的强度。

9-18　弯扭组合变形的圆轴 $d=30\ \mathrm{mm}$，在图示轴线和 45°方向分别测得线应变 $\varepsilon_{0^\circ}=500\times10^{-6}$，$\varepsilon_{45^\circ}=426\times10^{-6}$，$E=200\ \mathrm{GPa}$，$\mu=0.3$，$[\sigma]=60\ \mathrm{MPa}$，试求扭

转力偶矩 T 和弯曲力偶矩 M_o。

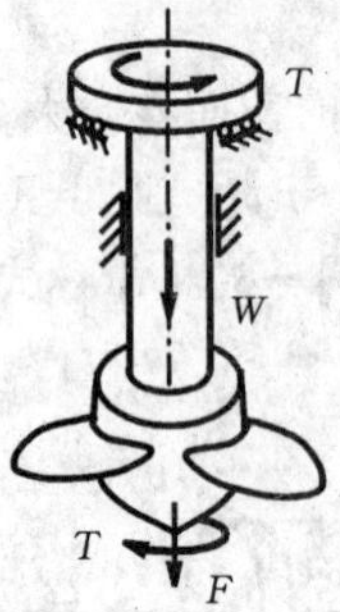

题 9-17 图

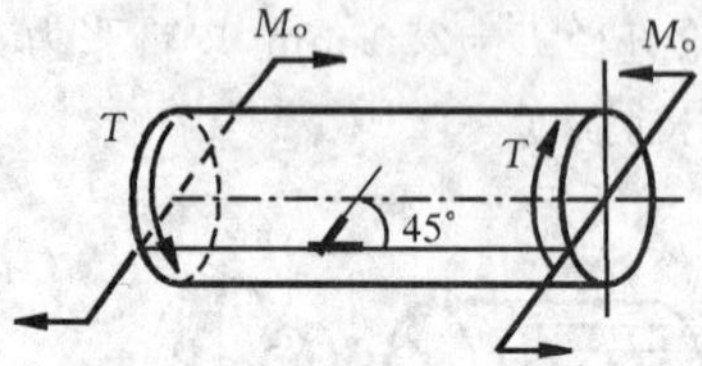

题 9-18 图

9-19 曲轴可简化成图示水平直角曲拐，已知 $a=160$ mm，$l=200$ mm，$d=40$ mm，$E=200$ GPa，$\mu=0.3$，$[\sigma]=60$ MPa，现在 D 点处测得与轴线成 45°方向的线应变 $\varepsilon_{45°}=120\times10^{-6}$，(1)试求载荷 F；(2)按第四强度理论校核曲拐强度。

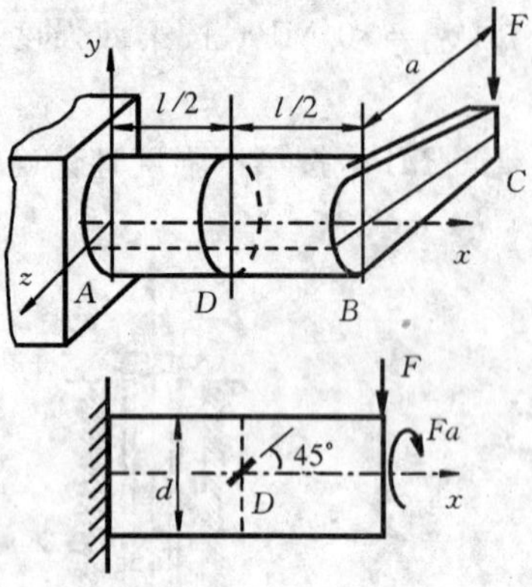

题 9-19 图

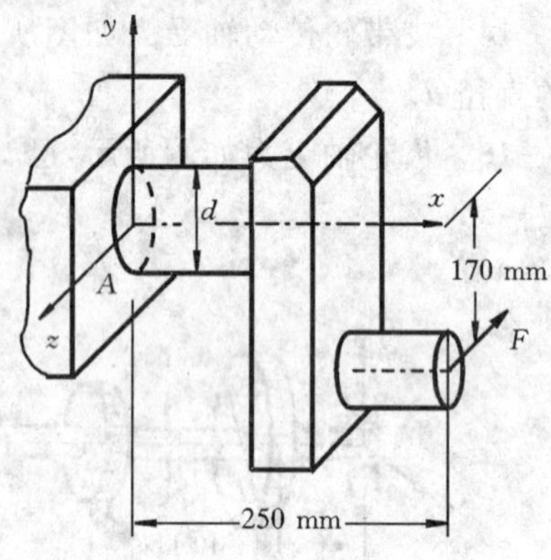

题 9-20 图

***9-20** 曲拐受力如图，已知 $F=50$ kN，$d=120$ mm，$[\sigma]=80$ MPa，按第三强度理论校核 A 截面的强度。

9-21 截面为正方形(4 mm×4 mm)的弹簧垫圈，两个力 F 视为作用在同一直线上，$[\sigma]=180$ MPa，按第三强度理论求许可载荷 F。

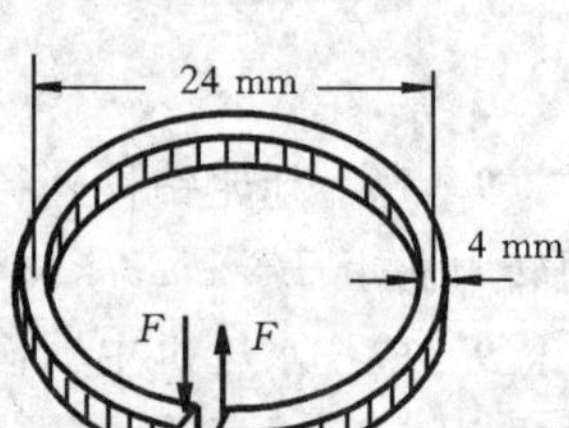

题 9-21 图

第 10 章 能量法

10.1 概 述

当作用在弹性体上的载荷，由零缓慢地增加至最终值时，弹性体的变形也由零增至其最终值，载荷的作用点随之发生位移，载荷在其相应位移上作功，称为**外力功**。不计其他能量损耗，外力功全部以能量形式储存于弹性体中，成为**弹性变形能**（简称**变形能**），变形能 U 在数值上等于外力功 W，即

$$U=W \tag{10-1}$$

能量法就是应用变形能的概念，计算构件或结构的变形，以及求解和变形有关的其他问题等。本章主要分析线弹性问题，即材料符合胡克定律，位移与载荷成线性关系。这类构件或结构称为**线性弹性体**（简称**线弹性体**）。

10.2 外力功与变形能

10.2.1 外力功

载荷 F 作用于线弹性体上，与其相应的位移为 Δ，F 与 Δ 的关系如图 10－1 所示。在加载的过程中，如载荷增加微量 dF_1，其位移的增量为 $d\Delta_1$，F_1 在位移 $d\Delta_1$ 上作的功为图 10－1 中阴影部分的面积，则载荷由零增至 F 时所作的功等于三角形 OAB 的面积，即

$$W=\frac{1}{2}F\Delta \tag{10-2}$$

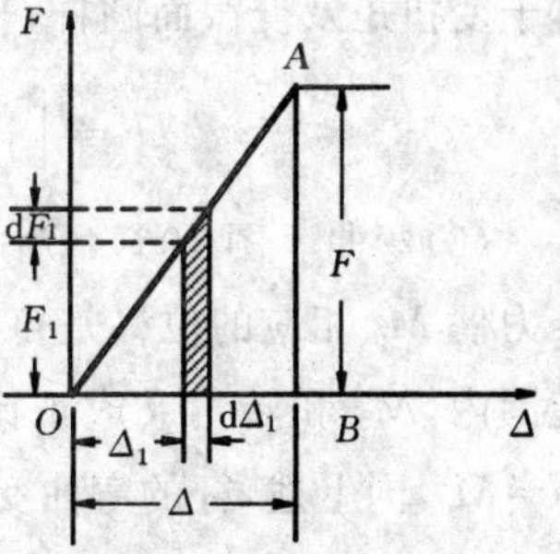

图 10－1

上式表明，当载荷与其相应位移成正比且由零缓慢增加时，载荷所作的功等于载荷与相应位移乘积的一半。

10.2.2 杆件基本变形的变形能

(1)轴向拉伸或压缩　图 10-2 所示等截面直杆受拉力 F 作用，在线弹性范围内，当拉力 F 由零缓慢增加到终值时，杆的伸长也从零增至终值 Δl，由式(10-1)、(10-2)知外力功和杆件的变形能为

$$U = W = \frac{1}{2}F\Delta l$$

由于杆的轴力沿轴线为常量 $N = F$，杆的伸长 $\Delta l = \frac{Nl}{EA}$，上式可写成

$$U = \frac{1}{2}F\Delta l = \frac{N^2 l}{2EA} \tag{10-3}$$

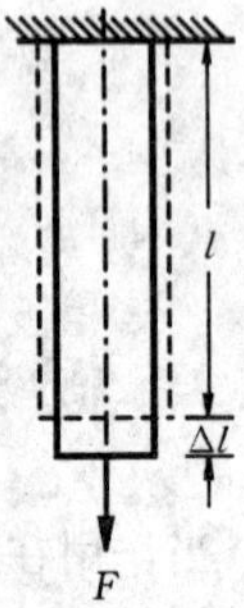

图 10-2

若杆的轴力及截面沿轴线变化时，可先计算长为 $\mathrm{d}x$ 微段内的变形能

$$\mathrm{d}U = \frac{N^2(x)\mathrm{d}x}{2EA(x)}$$

然后沿杆全长积分，得整个杆件的变形能为

$$U = \int_l \frac{N^2(x)\mathrm{d}x}{2EA(x)} \tag{10-4}$$

(2)扭转　等直圆杆受扭转时(图 10-3)，在线弹性范围内，转矩 T 和扭转角成正比，由于扭矩沿杆轴线为常量 $M_n = T$，依照上述分析，杆的扭转变形能为

$$U = \frac{1}{2}T\varphi = \frac{M_n^2 l}{2GI_p} \tag{10-5}$$

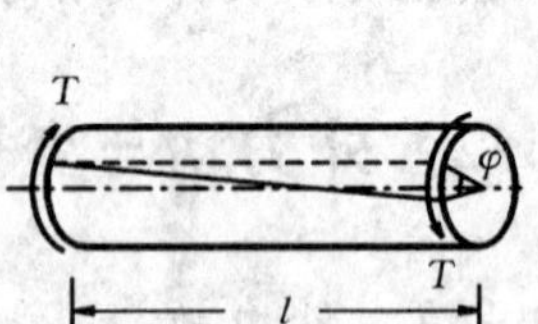

图 10-3

对于变扭矩及变截面圆杆，其变形能为

$$U = \int_l \frac{M_n^2(x)\mathrm{d}x}{2GI_p(x)} \tag{10-6}$$

(3)弯曲　图 10-4 为一纯弯曲的等截面悬臂梁，和外力偶 M_o 相应的位移是自由端截面的转角 θ，在线弹性范围内，M_o 和转角 θ 成正比，由于弯矩沿杆轴线为常量 $M = M_o$，同上述，杆的弯曲变形能为

$$U = \frac{1}{2}M_o\theta = \frac{M^2 l}{2EI} \tag{10-7}$$

在剪切弯曲情况下，梁的截面上除弯矩外，还有剪力，应分别计算弯曲和剪切相应的变形能。对于一般梁，其跨度远大于梁的高度，剪切变形能和弯曲变形能相比

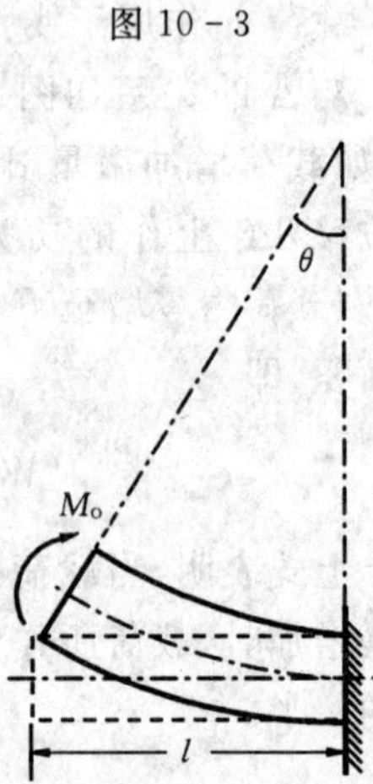

图 10-4

很小，通常略去不计，只需计算弯曲变形能。类似于式(10-4)、(10-6)，梁的弯曲变形能为

$$U=\int_l \frac{M^2(x)\mathrm{d}x}{2EI(x)} \tag{10-8}$$

10.2.3　广义力与广义位移

如前所述，若作用在线弹性体上的载荷是集中力时，相应的位移是载荷作用点沿载荷作用方向的线位移；当载荷是力偶时，其相应的位移则是在力偶作用平面内的角位移；载荷还可以是一对大小相等、方向相反的集中力或一对大小相等、转向相反的力偶，这时所相应的位移则是相对线位移或相对角位移。上述各种载荷统称**广义力(广义载荷)**，与其相应的位移统称为**广义位移**。

10.2.4　变形能的特点

(1) 变形能的大小与加载先后次序无关，只决定于载荷及其相应位移的最终值。

以图 10-5(a) 所示简支梁来说明。梁上作用有两个集中力 F_1、F_2，设在 F_1、F_2 共同作用下，梁 x 截面的弯矩为 $M(x)$，梁的变形能为 $U=\int_l \frac{M^2(x)\mathrm{d}x}{2EI(x)}$。若梁仅受 F_1 或 F_2 时，如图 10-5(b)、(c) 所示，x 截面的弯矩分别为 $M_1(x)$ 和 $M_2(x)$，根据叠加原理可知，在梁上先加 F_1 后，再加 F_2 时，x 截面的弯矩为

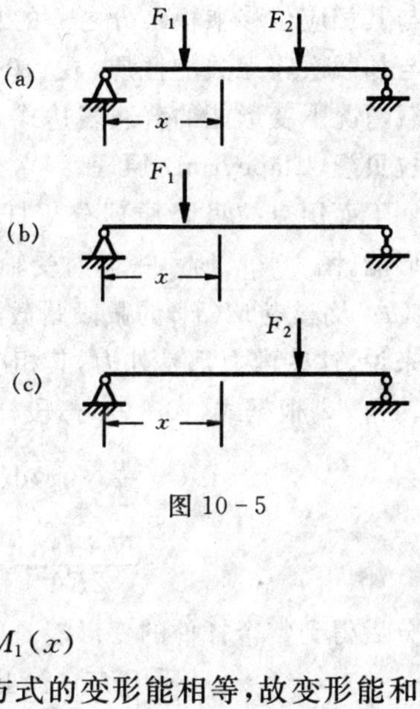

图 10-5

$$M_a(x)=M_1(x)+M_2(x)$$

在梁上先加 F_2 后，再加 F_1 时，x 截面的弯矩为

$$M_b(x)=M_2(x)+M_1(x)$$

显然，$M_a(x)=M_b(x)=M(x)$，所以两种加载方式的变形能相等，故变形能和加载次序无关。

(2) 引起同一种基本变形的一组载荷在杆内所产生的变形能，不等于各载荷分别作用所产生变形能的叠加。

由式(10-3) ～ (10-8) 可知，变形能为内力的二次函数，不能叠加。由图 10-5(a) 所示简支梁亦可看出

$$\int_l \frac{M^2(x)\mathrm{d}x}{2EI}=\int_l \frac{[M_1(x)+M_2(x)]^2\mathrm{d}x}{2EI}\neq\int_l \frac{M_1^2(x)\mathrm{d}x}{2EI}+\int_l \frac{M_2^2(x)\mathrm{d}x}{2EI}$$

10.2.5　变形能的普遍表达式

图 10-6 所示线弹性体在一组广义载荷 $F_1, F_2, F_3, \cdots$ 作用下，处于平衡状态。

用 $\Delta_1,\Delta_2,\Delta_3,\cdots$ 分别表示各广义载荷所相应广义位移。设 $F_1,F_2,F_3,\cdots$ 按相同的比例，从零开始缓慢地增加到最终值，由于载荷和相应的位移之间成线性关系，位移 $\Delta_1,\Delta_2,\Delta_3,\cdots$ 也将按与载荷相同的比例增加。这样，在变形过程中，每个载荷在其相应位移上作的功为

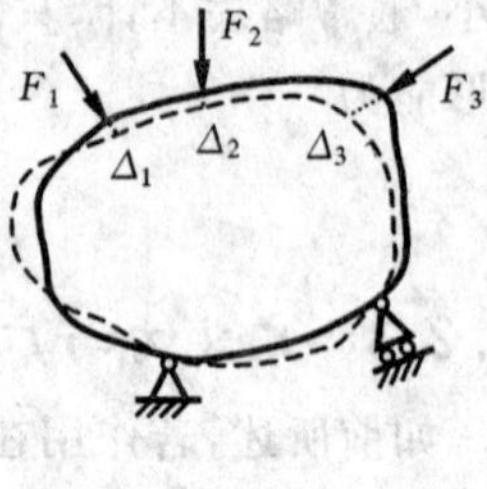

图 10-6

$$W_i=\frac{1}{2}F_i\Delta_i$$

所有外力作功的总和，即物体的变形能为

$$U=W=\frac{1}{2}F_1\Delta_1+\frac{1}{2}F_2\Delta_2+\frac{1}{2}F_3\Delta_3+\cdots \tag{10-9}$$

上式表明：线弹性体的变形能等于每一个载荷与其相应位移乘积二分之一的总和。根据变形能与加载次序无关的性质，式(10-9)就是一般加载情况下变形能的普遍表达式。这一结论称为**克拉贝隆**(Clapeyron)**原理**。

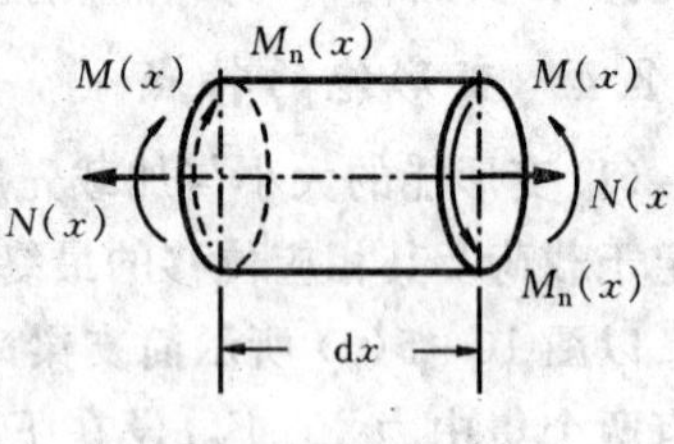

图 10-7

下面用克拉贝隆原理分析杆件组合变形的变形能。图 10-7 所示一同时受轴力 $N(x)$，扭矩 $M_n(x)$ 及弯矩 $M(x)$ 的微段圆截面杆，对于微段杆来说，这些内力都是外力，其相应的广义位移分别为轴向伸长 $d(\Delta l)$、扭转角 $d\varphi$ 与转角 $d\theta$。根据式(10-9)，微段杆的变形能为

$$\begin{aligned}dU&=\frac{1}{2}N(x)d(\Delta l)+\frac{1}{2}M_n(x)d\varphi+\frac{1}{2}M(x)d\theta\\&=\frac{N^2(x)dx}{2EA}+\frac{M_n^2(x)dx}{2GI_p}+\frac{M^2(x)dx}{2EI}\end{aligned}$$

积分后得到整个杆件的变形能

$$U=\int_l\frac{N^2(x)dx}{2EA}+\int_l\frac{M_n^2(x)dx}{2GI_p}+\int_l\frac{M^2(x)dx}{2EI} \tag{10-10}$$

例 10-1 阶梯形变截面悬臂梁如图 10-8 所示，已知 AC、CB 两段梁的抗弯刚度分别为 EI 和 $2EI$。试求梁的变形能和自由端 A 点的挠度。

解 梁的弯矩方程

$$M(x)=-Fx$$

由于 AC 和 CB 两段梁的抗弯刚度不同，在用式(10-8)计算梁的变形能时应分段积分，即

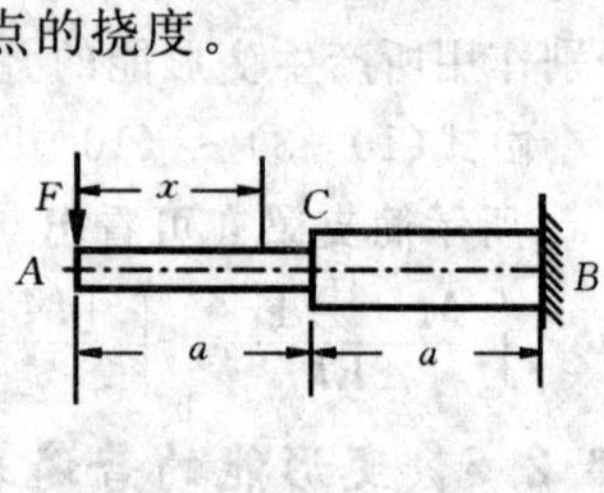

图 10-8

$$U=\int_0^a\frac{M^2(x)dx}{2EI}+\int_a^{2a}\frac{M^2(x)dx}{2(2EI)}$$

$$= \int_0^a \frac{(-Fx)^2 \mathrm{d}x}{2EI} + \int_a^{2a} \frac{(-Fx)^2 \mathrm{d}x}{4EI} = \frac{3F^2 a^3}{4EI}$$

设 A 点的挠度为 v_A，是力 F 相应的位移，由克拉贝隆原理有

$$U = \frac{1}{2} F v_A = \frac{3F^2 a^3}{4EI}$$

由此得出 A 点的挠度

$$v_A = \frac{3Fa^3}{2EI} (\downarrow)$$

所得结果为正值，表明 A 点挠度 v_A 和力 F 方向一致，即向下。

和第 6 章例 6-6 相比较，显然用能量法求梁的变形是很简便的。

例 10-2　图 10-9 所示等截面刚架，横截面为圆形，已知抗弯刚度 EI 和抗拉(压)刚度 EA。试求刚架的变形能及 C 点的铅垂位移。

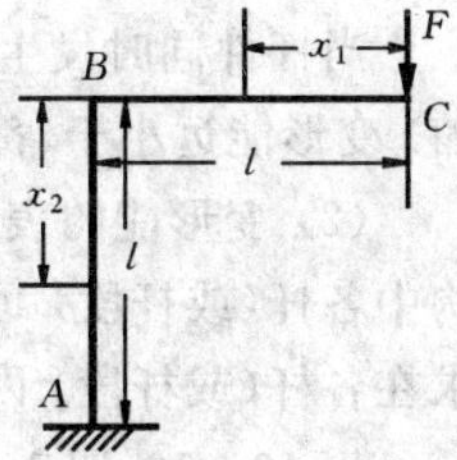

图 10-9

解　(1) 刚架的变形能　刚架由 AB 和 BC 两段杆组成，整个刚架的变形能为两段杆变形能的总和。对两段杆分别取沿其轴向的坐标 x_1 和 x_2，列出内力方程。

不计剪切引起的变形能，BC 段的内力为

弯矩　$M(x_1) = Fx_1$

AB 段的内力为

弯矩　$M(x_2) = Fl$，　轴力　$N = F$

刚架的变形能为

$$U = \int_0^l \frac{(Fx_1)^2 \mathrm{d}x_1}{2EI} + \int_0^l \frac{(Fl)^2 \mathrm{d}x_2}{2EI} + \int_0^l \frac{F^2 \mathrm{d}x_2}{2EA}$$

$$= \frac{F^2 l^3}{6EI} + \frac{F^2 l^3}{2EI} + \frac{F^2 l}{2EA} = \frac{2F^2 l^3}{3EI} + \frac{F^2 l}{2EA}$$

(2) C 点铅垂位移　设集中力 F 作用点 C 的铅垂位移为 Δ_C，力 F 所作的功为

$$W = \frac{1}{2} F \Delta_C$$

由功能相等得

$$\frac{1}{2} F \Delta_C = \frac{2F^2 l^3}{3EI} + \frac{F^2 l}{2EA}$$

所以 C 点铅垂位移为

$$\Delta_C = \frac{4Fl^3}{3EI} + \frac{Fl}{EA} \quad (\downarrow)$$

所得结果为正，位移和力 F 同向。

讨论　(1) 可以看出，C 点铅垂位移有两项，分别由刚架的弯曲变形和 AB 段

杆的压缩变形所引起。将刚架的变形能写成

$$U=\frac{F^2l^3}{6EI}+\left(\frac{F^2l^3}{2EI}+\frac{F^2l}{2EA}\right)=\frac{F^2l^3}{6EI}+\frac{F^2l^3}{2EI}\left(1+\frac{I}{Al^2}\right)=\frac{F^2l^3}{6EI}+\frac{F^2l^3}{2EI}\left(1+\frac{i^2}{l^2}\right)$$

上式括号中的第二项压缩变形能，式中 $i=\sqrt{\frac{I}{A}}$ 为截面的惯性半径(参阅附录A)。对于一般细长杆来说，其 $i\ll l$，设刚架截面直径 $d=l/10$，则比值 $\frac{i^2}{l^2}=\frac{1}{1\ 600}$，即压缩变形能要远小于弯曲变形能。略去压缩变形能，刚架的变形能为

$$U=\frac{F^2l^3}{6EI}+\frac{F^2l^3}{2EI}=\frac{2F^2l^3}{3EI}$$

C 点铅垂位移为

$$\Delta_C=\frac{4Fl^3}{3EI}$$

当杆件同时发生拉伸(或压缩)变形与弯曲(或扭转)变形时，通常拉伸(或压缩)变形能远小于弯曲(或扭转)变形能，拉伸(或压缩)变形能可以忽略不计。

(2) 变形能的表达式中内力是以平方值出现的，所以在列内力方程时，对于结构中各杆(或杆段)可以随意建立独立的坐标系，不必刻意注意内力的符号，只要求在各杆(或杆段)内的内力符号一致。

例 10-3 图 10-10(a)所示大螺距圆柱形螺旋弹簧，承受轴向拉力 F 作用。已知弹簧的平均直径为 D，簧丝直径为 d，圈数为 n，螺旋升角为 α，簧丝材料的弹性模量为 E，切变模量为 G。试求弹簧的变形能及轴向伸长 Δ。

解 (1) 弹簧的变形能　沿簧丝横截面截开弹簧，弹簧上半部分受力如图 10-10(b)所示。该截面有内力 F 和力偶 M_o 作用，$M_o=\frac{FD}{2}$。分别将力 F 和力偶 M_o 矢量沿簧丝横截面法向及切向分解为两个分量，如图 10-10(c)，得到簧丝横截面上的内力

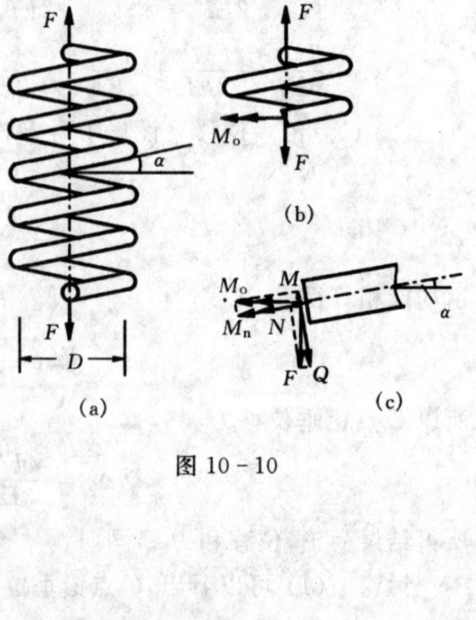

图 10-10

轴力　$N=F\sin\alpha$

剪力　$Q=F\cos\alpha$

扭矩　$M_n=M_o\cos\alpha=\frac{FD}{2}\cos\alpha$

弯矩　$M=M_o\sin\alpha=\frac{FD}{2}\sin\alpha$

略去弹簧的拉伸及剪切变形能,弹簧的变形能为

$$U=\int_l \frac{M_n^2(x)\mathrm{d}s}{2GI_p}+\int_l \frac{M^2(x)\mathrm{d}s}{2EI}=\int_0^{n\pi D}\frac{\left(\frac{FD}{2}\cos\alpha\right)^2}{2GI_p}\mathrm{d}s+\int_0^{n\pi D}\frac{\left(\frac{FD}{2}\sin\alpha\right)^2}{2EI}\mathrm{d}s$$

$$=\frac{F^2\pi D^3 n}{8}\left(\frac{\cos^2\alpha}{GI_p}+\frac{\sin^2\alpha}{EI}\right)$$

(2) 弹簧的轴向伸长 Δ　一对力 F 相应的广义位移即弹簧的轴向伸长 Δ,这一对力所作的功为 $W=\frac{1}{2}F\Delta$,由功能相等有

$$\frac{1}{2}F\Delta=\frac{F^2\pi D^3 n}{8}\left(\frac{\cos^2\alpha}{GI_p}+\frac{\sin^2\alpha}{EI}\right)$$

得弹簧的轴向伸长

$$\Delta=\frac{8FD^3 n}{d^4}\left(\frac{\cos^2\alpha}{G}+\frac{2\sin^2\alpha}{E}\right)$$

讨论　当升角 $\alpha\leqslant 5^\circ$时,为密圈螺旋弹簧,可近似认为 $\alpha\approx 0^\circ$,轴向伸长为

$$\Delta=\frac{8FD^3 n}{Gd^4}$$

设弹簧刚度(或弹簧常数)为 k,即 $\Delta=\frac{F}{k}$,由上式得弹簧刚度 $k=\frac{Gd^4}{8D^3 n}$。

以上例题都是利用克拉贝隆原理求出构件某一点的位移,但是这一方法只局限于线弹性体上作用一个广义力,且所求位移为该广义力所相应的广义位移的简单情况。

10.3　虚功原理

10.3.1　虚功原理

在刚体静力学中已经知道虚位移原理,虚位移是一种加到物体上且满足约束条件的虚构的微小位移,它不是物体的真实位移。由虚位移原理可知,对处于平衡状态的刚体,作用于其上的外力系在任意虚位移上所作虚功的总和为零。本节将把虚位移原理推广到变形体情况。

图 10-11(a) 为一在任意外力系作用下处于平衡状态的杆件。在外力作用下杆件发生的变形为真实变形,若因其他原因(如另外的外力或温度变化等)又引起杆件变形,所产生的位移称为**虚位移**,这里所谓"虚位移"只是表示这种变形是由其他因素引起的,与杆件原有外力无关,虚位移是满足位移边界条件和变形连续条件的任意微小位移。在虚位移过程中杆件上原有外力保持不变,且始终处于平衡状态。

在虚位移过程中，杆件原有外力在虚位移上所作的功称为**虚功**。

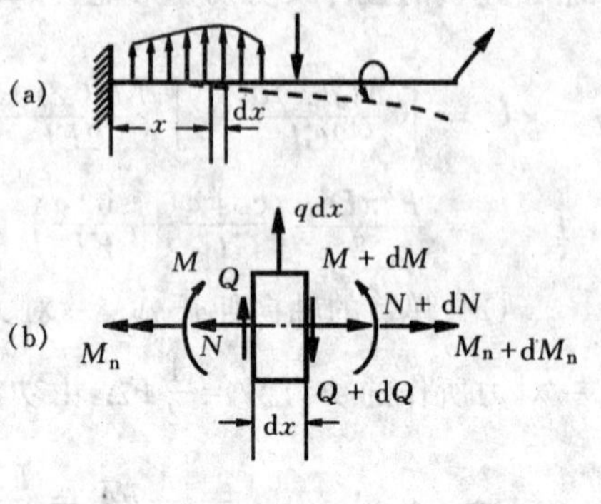

图 10-11

设想把杆件分成无数多个微段，从中取出 dx 一段，如图 10-11(b) 所示，此微段上除外力外，在两端截面上分别有轴力 N、剪力 Q、弯矩 M 及扭矩 M_n（扭矩用矢量表示）。现在给上述杆件一个虚位移，如图 10-11(a) 所示，则微段杆将位移到新的位置，且形状发生改变，作用于微段上的外力和内力都作了虚功。把所有微段的外、内力的虚功逐段相加，可得到整个杆件的外、内力的总虚功，用 W^* 表示。因为在两个相邻微段的公共截面上，内力的大小相等而方向相反，它们所作的虚功相互抵消，总虚功 W^* 中只剩下外力作的虚功 W_e^*，即

$$W^* = W_e^* \tag{a}$$

还可用另一种方法计算总虚功。上面已提到，在虚位移过程中，微段杆同时发生位置的变动与形状的改变，前者为刚性虚位移，后者为虚变形。作用于微段上的力系（包括外力和内力）是一个平衡力系，由刚体虚位移原理可知，该平衡力系在刚性虚位移上作的虚功总和等于零，只剩下在虚变形中作的功。微段的虚变形一般可以分解为，两端截面的相对轴向位移 dδ^*、相对错动 dλ^*、相对转角 dθ^* 及相对扭转角 dφ^*（图 10-12）。在上述微段的虚变形中，只有两端截面上的内力作功。因为在虚位移的过程中，内力是常量，所以其虚功为内力与其相应的虚位移的乘积，即

$$dW^* = dW_i^* = N d\delta^* + Q d\lambda^* + M d\theta^* + M_n d\varphi^*$$

上式中略去了内力增量所作的高阶微量虚功。积分后得到总虚功

$$W^* = W_i^* = \int N d\delta^* + \int Q d\lambda^* + \int M d\theta^* + \int M_n d\varphi^* \tag{b}$$

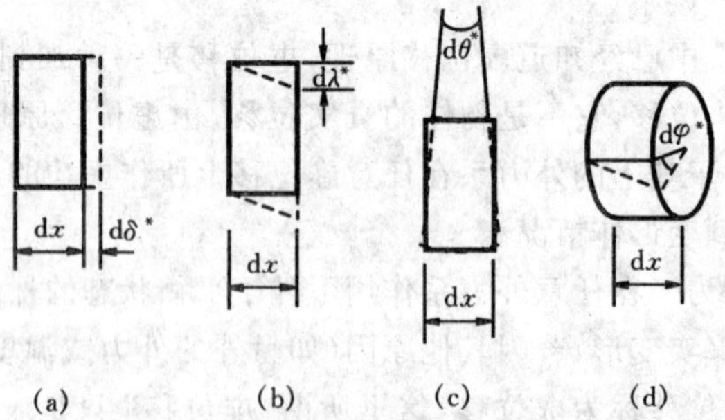

图 10-12

比较式(a) 与式(b) 得出

$$W_e^* = W_i^* \tag{10-11}$$

上式表明，在虚位移中，外力所作的虚功等于内力在相应虚变形上所作的虚功，称为**虚功原理**，是固体力学中的一个基本原理。

在推导虚功原理时，并未涉及到材料的应力-应变关系，所以，虚功原理既适用于线弹性体，也适用于非线性弹性体；既可用于弹性变形，也可用于塑性变形。

10.3.2　单位载荷法

以下利用虚功原理导出计算结构位移的**单位载荷法**。

图 10-13(a) 所示一受任意载荷系作用的刚架，拟求任一点 A 沿任意方向 $n-n$ 的位移Δ。为此，在点 A 上，沿 n-n 方向施加一个大小等于1的力，即所谓**单位力**，如图 10-13(b) 所示。由单位力所引起刚架横截面上的轴力、剪力、弯矩和扭矩，分别用 $N^0(x)$、$Q^0(x)$、$M^0(x)$ 和 $M_n^0(x)$ 表示。如上节所述，满足位移边界条件与变形连续条件的任意微小位移均可作为虚位移，因此，把刚架实际载荷引起的位移作为虚位移，其相应虚变形为微段杆的轴向变形 $d\delta$、相对错动 $d\lambda$、相对转角 $d\theta$ 及相对扭转角 $d\varphi$。于是由单位力引起的内力在相应虚变形上所作总的内力虚功为

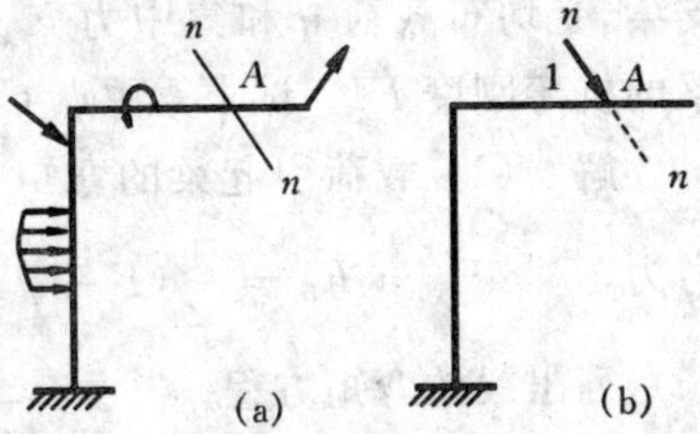

图 10-13

$$W_i^* = \int N^0(x)d\delta + \int Q^0(x)d\lambda + \int M^0(x)d\theta + \int M_n^0(x)d\varphi$$

以实际载荷所引起的位移作为单位力的虚位移，单位力在虚位移 Δ 上作外力虚功为

$$W_e^* = 1 \cdot \Delta$$

根据虚功原理得出

$$\Delta = \int N^0(x)d\delta + \int Q^0(x)d\lambda + \int M^0(x)d\theta + \int M_n^0(x)d\varphi \tag{10-12}$$

上面介绍的计算位移方法称为单位载荷法。它是由虚功原理导出的，故不仅适用于线弹性结构，也适用于非线性弹性结构。

应用单位载荷法时，在结构上施加的单位力为广义力，所求得的位移为与单位力相应的广义位移，位移为正值时，表示位移与单位力方向相同；反之，与单位力方向相反。

10.3.3　莫尔积分

对于线弹性结构，不考虑剪切变形，微段的变形为

$$d\delta = \frac{N(x)dx}{EA}, \quad d\theta = \frac{M(x)dx}{EI}, \quad d\varphi = \frac{M_n(x)dx}{GI_p}$$

代入式(10－12)得

$$\Delta = \int \frac{N^0(x)N(x)}{EA}dx + \int \frac{M^0(x)M(x)}{EI}dx + \int \frac{M_n^0(x)M_n(x)}{GI_p}dx \quad (10-13)$$

式(10－13)为单位载荷法对于线弹性结构的计算式,又称为**莫尔(Mohr)积分**。

用莫尔积分计算线弹性杆(或杆系)的位移,应注意对于同一杆或杆段,建立单位力和实际载荷的内力方程时,两者坐标的选取及内力符号应完全一致。

例 10－4 图 10－14(a)所示等截面简支梁,受均布载荷 q 和集中力 F 作用。已知梁的抗弯刚度 EI。试求梁中点 C 的挠度。

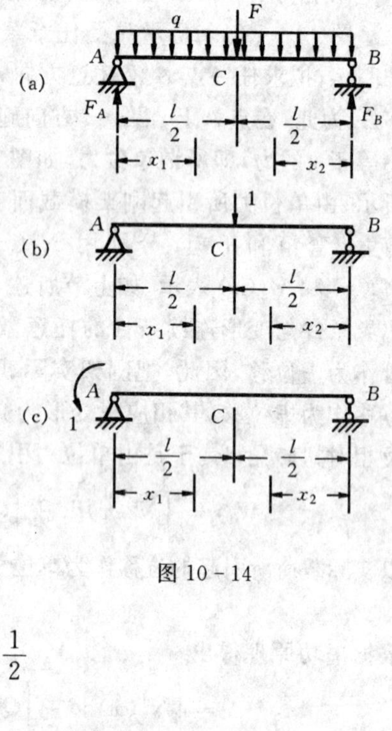

图 10－14

解 (1) 载荷引起梁的弯矩 梁的支反力为 $F_A = F_B = \frac{1}{2}(F+ql)$

列出梁的弯矩方程

AC 段:$(0 \leqslant x_1 \leqslant l/2)$

$$M(x_1) = \frac{1}{2}(F+ql)x_1 - \frac{1}{2}qx_1^2$$

BC 段:$(0 \leqslant x_2 \leqslant l/2)$

$$M(x_2) = \frac{1}{2}(F+ql)x_2 - \frac{1}{2}qx_2^2$$

(2) 计算 C 点的挠度 在梁上 C 点加一单位力,如图 10－14(b)所示,单位力引起的支反力为

$$F_A^0 = F_B^0 = \frac{1}{2}$$

单位力的弯矩方程

AC 段: $M^0(x_1) = \frac{1}{2}x_1 \quad (0 \leqslant x_1 \leqslant l/2)$

BC 段: $M^0(x_2) = \frac{1}{2}x_2 \quad (0 \leqslant x_2 \leqslant l/2)$

因为梁的结构和受力对称于中央截面,应用式(10－13)时,左段梁积分的两倍即为 C 点的挠度

$$v_C = \frac{2}{EI}\int_0^{\frac{l}{2}} \left(\frac{1}{2}x_1\right)\left[\frac{1}{2}(F+ql)x_1 - \frac{1}{2}qx_1^2\right]dx_1 = \frac{Fl^3}{48EI} + \frac{5ql^4}{384EI} \quad (\downarrow)$$

计算结果为正,C 点挠度向下。

讨论　如要计算 A 截面的转角，应在 A 截面处加一单位力偶，如图 10－14(c)所示，读者试写出单位力偶引起的弯矩并计算出结果。

例 10－5　图 10－15(a)所示桁架，各杆的抗拉(压)刚度 EA 相等。试求 A、D 两点沿 AD 连线的相对位移。

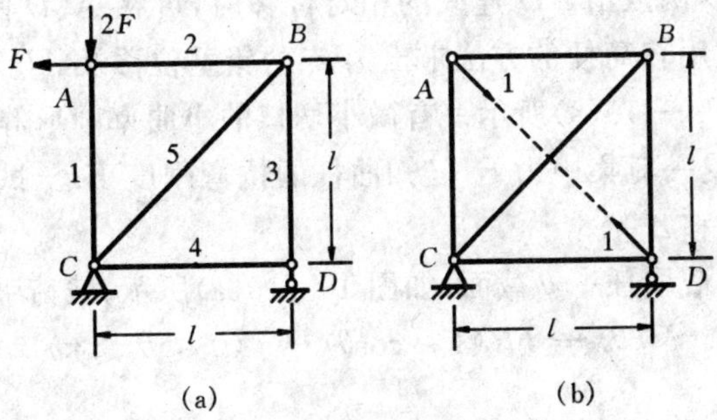

图 10－15

解　由于桁架各杆的轴力沿杆长不变，求位移的莫尔积分式(10－13)可写成下列简单形式

$$\Delta = \sum_{i=1}^{m} \frac{N_i^0 N_i l_i}{EA} \tag{10-14}$$

式中，m 为组成桁架的杆件数；N_i 和 N_i^0 分别为载荷和单位力所引起的第 i 根杆的轴力。

为求 A、D 两点的相对位移，在 A、D 两点上沿 AD 连线方向，施加一对单位力，如图 10－15(b) 所示。因为桁架的杆件较多，为使计算简便，可将式(10－14) 中的各项列成表格。表 10－1 列出桁架各杆的杆长 l_i，载荷引起的轴力 N_i，单位力引起的轴力 N_i^0 及它们的乘积。

表 10－1　桁架各杆的轴力 N_i 和 N_i^0

杆　号	l_i	N_i^0	N_i	$N_i^0 N_i l_i$
1(CA 杆)	l	$-1/\sqrt{2}$	$-2F$	$2Fl/\sqrt{2}$
2(AB 杆)	l	$-1/\sqrt{2}$	F	$-Fl/\sqrt{2}$
3(BD 杆)	l	$-1/\sqrt{2}$	F	$-Fl/\sqrt{2}$
4(DC 杆)	l	$-1/\sqrt{2}$	0	0
5(CB 杆)	$\sqrt{2}l$	1	$-\sqrt{2}F$	$-2Fl$

将表 10－1 中数据代入式(10－14) 中,得

$$\Delta_{AD}=\frac{1}{EA}\left[\frac{2Fl}{\sqrt{2}}-\frac{Fl}{\sqrt{2}}-\frac{Fl}{\sqrt{2}}+0-2Fl\right]=-\frac{2Fl}{EA}$$

结果为负值,表明 A、D 两点的相对位移与这一对单位力的指向相反。

讨论 求 A、D 两点沿 AD 连线的相对位移时,可在 A、D 两点施加相应的一对单位力。读者试用较简便的方法求出 A 点的铅垂位移及 AB 杆的转角。

例 10－6 图 10－16(a)所示一有微小切口的小曲率圆形等截面曲杆,在切口的两侧 A、B 点承受一对集中力 F,已知曲杆的抗弯刚度 EI。试求 A、B 两点沿铅垂方向的相对线位移 Δ_{AB}。

解 在曲杆上截取任一 θ 截面,如图 10－16(a)所示,载荷引起的弯矩为

$$M(\theta)=FR(1-\cos\theta)\qquad(0\leqslant\theta\leqslant\pi)$$

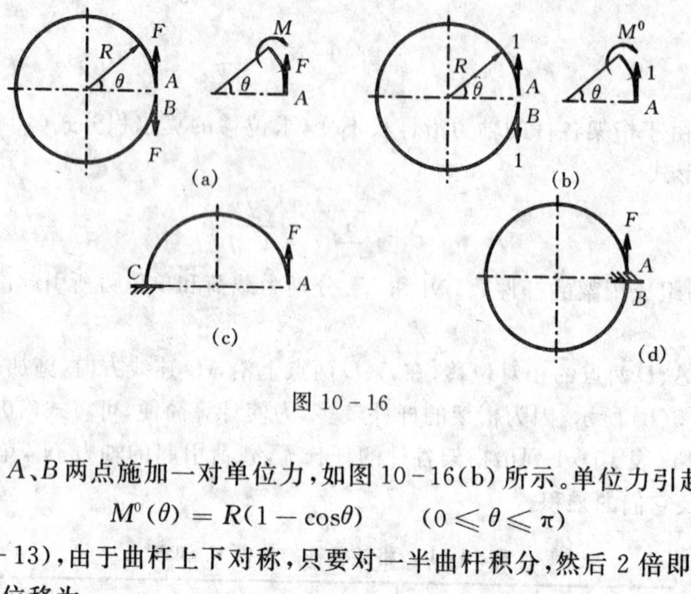

图 10－16

在切口 A、B 两点施加一对单位力,如图 10－16(b) 所示。单位力引起的弯矩为

$$M^0(\theta)=R(1-\cos\theta)\qquad(0\leqslant\theta\leqslant\pi)$$

代入式(10－13),由于曲杆上下对称,只要对一半曲杆积分,然后 2 倍即得 A、B 两点的相对线位移为

$$\Delta_{AB}=2\int_0^{\pi}\frac{M^0(\theta)M(\theta)}{EI}R\,\mathrm{d}\theta=2\int_0^{\pi}\frac{FR^2(1-\cos\theta)^2}{EI}R\,\mathrm{d}\theta=\frac{3\pi FR^3}{EI}$$

计算结果为正,表明 A、B 两点的相对位移和这一对单位力同向,即相互离开。

讨论 (1) 在曲杆 θ 截面上除弯矩外,还有轴力和剪力,由于计算时略去拉压变形能和剪切变形能,所以不考虑。(2) 上述莫尔积分是对一对力进行的,计算结果是一对力引起的相对线位移。也可以考虑为一个力引起的位移,因为曲杆上下对称,可把对称截面 C 固定,只考虑一半曲杆的变形,如图 10－16(c)所示,这时的莫尔积分结果是 A 点的绝对位移,2 倍后即为 A、B 两点的相对线位移,计算式和

上式完全相同。同样也可用图 10-16(d)所示计算模型，即固定 B 截面，读者试考虑此时莫尔积分的意义。

例 10-7　图 10-17(a)所示矩形截面简支梁，梁截面高度为 h。设温度沿梁长为常数，但沿截面高度按线性变化。已知梁顶面的温度为 t_1，底面的温度为 $t_2(t_2>t_1)$，材料的线膨胀系数为 α。试求由于温度的影响，梁跨度中点 C 的挠度和左端截面 A 的转角。

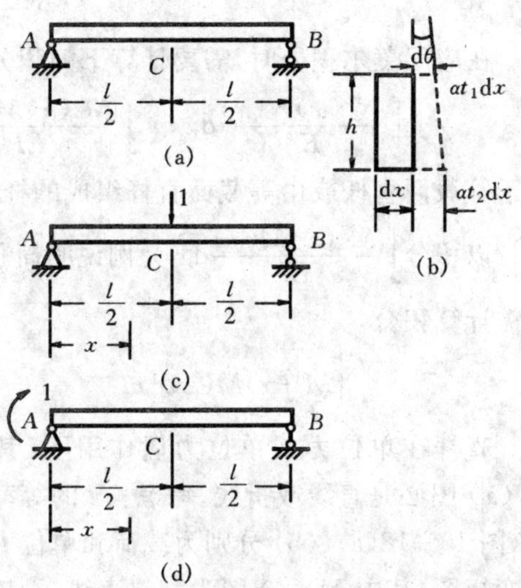

图 10-17

解　(1) 梁的变形是由温度引起，须用单位载荷法计算位移。取 dx 微段梁，如图 10-17(b)所示，由于温度沿截面高度按线性规律变化，所以横截面保持为平面，微段左右截面的相对转角为

$$d\theta=\frac{\alpha(t_2-t_1)}{h}dx$$

(2) 计算中点 C 的挠度　在 C 点施加一单位力，如图 10-17(c)，单位力引起的弯矩为

$$M^0(x)=\frac{1}{2}x \qquad (0\leqslant x\leqslant\frac{l}{2})$$

以温度引起的位移为虚位移，由式(10-12) 得出中点 C 的挠度 v_C 为

$$v_C=\int_l M^0(x)d\theta=2\int_0^{\frac{l}{2}}\frac{x}{2}\cdot\frac{\alpha(t_2-t_1)}{h}dx=\frac{\alpha(t_2-t_1)l^2}{8h} \quad (\downarrow)$$

v_C 为正值，与单位力同向。

(3) 计算截面 A 的转角　在截面 A 施加一单位力偶，如图 10-17(d)所示，单位力偶引起的弯矩

$$M^0(x)=1-\frac{x}{l} \qquad (0\leqslant x\leqslant l)$$

截面 A 的转角为

$$\theta_A=\int_l M^0(x)d\theta=\int_0^l\left(1-\frac{x}{l}\right)\frac{\alpha(t_2-t_1)}{h}dx=\frac{\alpha(t_2-t_1)l}{2h} \quad (\curvearrowright)$$

结果为正值，截面 A 的转角为顺时针转向。

10.4 图乘法

在应用莫尔积分时，需要计算下列积分

$$\int \frac{N^0(x)N(x)}{EA}\mathrm{d}x,\quad \int \frac{M^0(x)M(x)}{EI}\mathrm{d}x,\quad \int \frac{M_n^0(x)M_n(x)}{GI_p}\mathrm{d}x$$

对于等截面直杆或由等截面直杆组成的杆系，这些积分运算可以得到简化。

以积分$\int \frac{M^0(x)M(x)}{EI}\mathrm{d}x$为例说明简化的方法。由于是等截面杆，$EI$为常量，只需计算积分

$$\int M^0(x)M(x)\mathrm{d}x \tag{a}$$

直杆在单位力或单位力偶作用下，其弯矩$M^0(x)$图必是直线或折线。考虑长l的等截面直杆，图10-18(a)、(b)分别为载荷和单位力引起的弯矩图，其中$M^0(x)$图为一斜直线，设该直线的方程式为

$$M^0(x) = a + kx \tag{b}$$

这样，式(a)可写成

$$\int M^0(x)M(x)\mathrm{d}x = \int_l (a+kx)M(x)\mathrm{d}x = a\int_l M(x)\mathrm{d}x + k\int_l xM(x)\mathrm{d}x \tag{c}$$

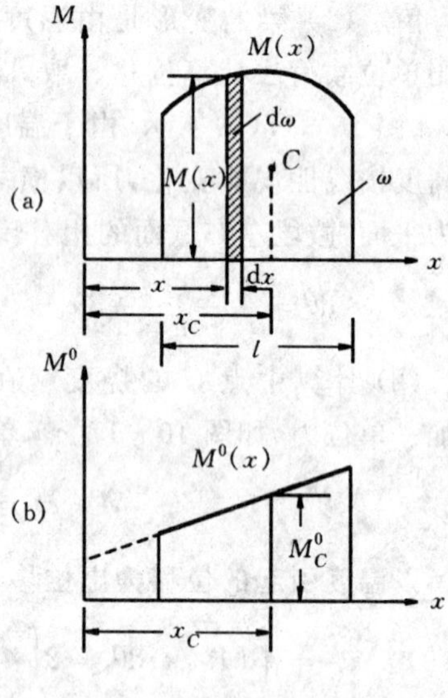

图10-18

式中$M(x)\mathrm{d}x$是$M(x)$图中画阴影线的微面积$\mathrm{d}\omega$，而$xM(x)\mathrm{d}x$则是上述微面积对纵坐标轴的静矩。积分$\int_l M(x)\mathrm{d}x$为$M(x)$图的面积，于是，积分$\int_l xM(x)\mathrm{d}x$就是$M(x)$图的面积对纵坐标轴的静矩。若以ω代表$M(x)$图的面积，x_C代表$M(x)$图形心C的横坐标值，则(参阅附录A)

$$\int_l xM(x)\mathrm{d}x = \omega x_C$$

式(c)可以简化为

$$\int_l M^0(x)M(x)\mathrm{d}x = \omega(a + kx_C) \tag{d}$$

由式(b)可知，式(d)中的$(a+kx_C)$就是$M(x)$图形心C对应的$M^0(x)$图纵坐标

值 M_C^0，因而式(d)可写成

$$\int_l M^0(x)M(x)\mathrm{d}x = \omega M_C^0 \tag{e}$$

在等截面直杆弯曲的情况下，莫尔积分可写成

$$\Delta = \int \frac{M^0(x)M(x)}{EI}\mathrm{d}x = \frac{\omega M_C^0}{EI} \tag{10-15}$$

式中，ω 为 $M(x)$ 图的面积；M_C^0 为 $M(x)$ 图形心 C 对应的 $M^0(x)$ 图纵坐标值。上述对莫尔积分的简化运算方法称为**图乘法**。

应用图乘法时，经常需要计算某些图形的面积和确定图形的形心位置。表 6-1 给出了常用图形的面积及其形心位置的计算式。使用时应注意，图中抛物线顶点的切线都与基线平行或重合。

式(10-15)是在单位力弯矩图为直线的条件下得到的，当单位力弯矩图是一折线时，则应对每一直线部分逐段运用图乘法。若在单位力弯矩图的直线段内，对应的载荷弯矩图的形状比较复杂时，可把载荷弯矩图划分为若干个简单图形，对每个简单图形分别使用图乘法，然后求其总和。这样，式(10-15)可写为

$$\Delta = \sum_{i=1}^{m} \frac{\omega_i M_{Ci}^0}{EI} \tag{10-16}$$

在用式(10-16)时应注意，对于同一段杆，画单位力弯矩图时，应与对应的载荷弯矩图有相同的符号规则，当两个弯矩图在杆轴线同一侧时，图乘结果为正；在不同侧时，为负。

上述分析表明，一般来说，对于形式为 $\int F(x)f(x)\mathrm{d}x$ 的积分，只要 $F(x)$ 和 $f(x)$ 中有一个是线性函数，就可使用图乘法。因而，莫尔积分中与轴向拉压及扭转有关的积分项，也可应用图乘法。对于承受组合变形的直杆或直杆组成的杆系结构，应用莫尔积分求位移时，式(10-13)可写成图乘法形式

$$\Delta = \sum_{i=1}^{m_1} \frac{\omega_{Ni} N_{Ci}^0}{EA} + \sum_{i=1}^{m_2} \frac{\omega_{Mi} M_{Ci}^0}{EI} + \sum_{i=1}^{m_3} \frac{\omega_{ni} M_{nCi}^0}{GI_\mathrm{p}} \tag{10-17}$$

例 10-8　等截面刚架受力如图 10-19(a)所示，已知刚架的抗弯刚度 EI，试求 A 点铅垂位移和 B 截面转角。

解　(1) 作载荷弯矩 M 图　载荷作用下刚架的弯矩图分为三部分，如图 10-19(b)所示。

(2) A 点的铅垂位移　在 A 点作用一相应的单位力，并画出单位力的弯矩 M_{AV}^0 图，如图 10-19(c)、(d)所示。分段使用图乘法得 A 点的铅垂位移

$$\Delta_{AV} = \frac{1}{EI}(\omega_1 M_{C1}^0 + \omega_2 M_{C2}^0 + \omega_3 M_{C3}^0)$$

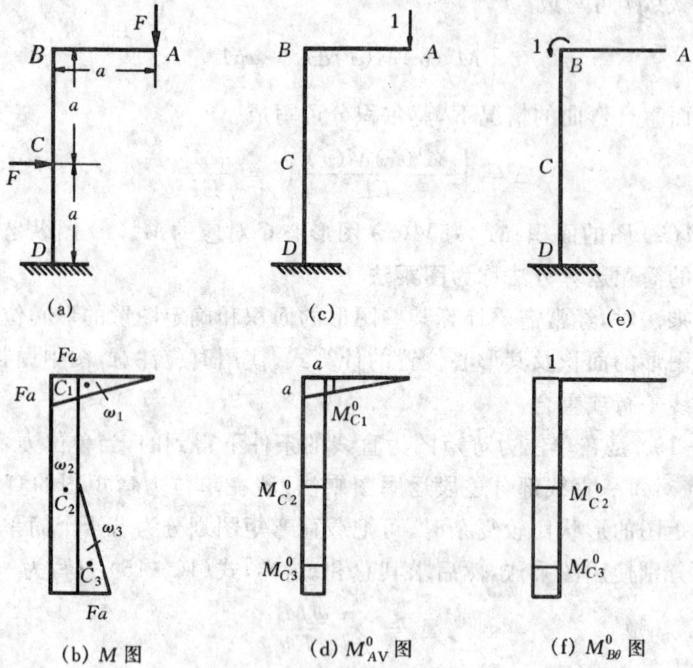

图 10 - 19

$$= \frac{1}{EI}\left(\frac{1}{2} \times Fa \times a \times \frac{2a}{3} + Fa \times 2a \times a + \frac{1}{2} \times Fa \times a \times a\right)$$

$$= \frac{17Fa^3}{6EI} \quad (\downarrow)$$

计算结果为正，A 点铅垂位移向下，和单位力同向。

(3) B 截面的转角　在 B 截面作用一相应的单位力偶，并画出单位力偶的弯矩 $M^0_{B\theta}$ 图，如图 10 - 19(e)、(f)所示。注意到载荷弯矩图和单位力偶弯矩图分别在杆的两侧，在算式中加以负号，分段使用图乘法得 B 截面的转角

$$\theta_B = \frac{1}{EI}(\omega_2 M^0_{C2} + \omega_3 M^0_{C3}) = \frac{1}{EI}\left(-Fa \times 2a \times 1 - \frac{1}{2} \times Fa \times a \times 1\right)$$

$$= -\frac{5Fa^2}{2EI} \quad (\curvearrowright)$$

计算结果为负，B 截面转角为顺时针转向，和单位力偶相反。

例 10 - 9　图 10 - 20(a)所示等截面外伸梁，受均布载荷 q 和集中力 F 作用，已知梁的抗弯刚度 EI。试求自由端截面 A 的挠度和转角。

解　(1) 载荷弯矩 M 图　为计算方便，分别画出均布载荷 q 和集中力 F 的弯

矩图，如图 10-20(b)所示。两图叠加即为梁的弯矩图。

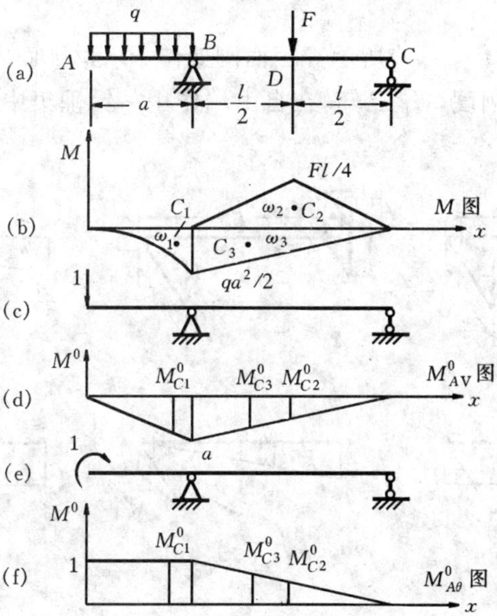

图 10-20

(2) 截面 A 挠度　在截面 A 作用一单位力，如图 10-20(c)，单位力的弯矩 $M^0_{AV}(x)$ 图如图 10-20(d)所示。图 $M^0_{AV}(x)$ 为一折线，应分段使用图乘法。对弯矩图的每一部分应用图乘法，得截面 A 的挠度

$$\begin{aligned} v_A &= \frac{1}{EI}(\omega_1 M^0_{C1} + \omega_2 M^0_{C2} + \omega_3 M^0_{C3}) \\ &= \frac{1}{EI}\left(\frac{1}{3}\times\frac{qa^2}{2}\times a\times\frac{3a}{4} - \frac{1}{2}\times\frac{Fl}{4}\times l\times\frac{a}{2} + \frac{1}{2}\times l\times\frac{qa^2}{2}\times\frac{2a}{3}\right) \\ &= \frac{qa^4}{8EI} + \frac{qa^3 l}{6EI} - \frac{Fl^2 a}{16EI} \end{aligned}$$

(3) 截面 A 转角　在截面 A 作用一单位力偶，如图 10-20(e)，单位力偶的弯矩 $M^0_{A\theta}(x)$ 图如图 10-20(f)所示。和上述相同，分段使用图乘法得截面 A 的转角

$$\begin{aligned} \theta_A &= \frac{1}{EI}(\omega_1 M^0_{C1} + \omega_2 M^0_{C2} + \omega_3 M^0_{C3}) \\ &= \frac{1}{EI}\left(-\frac{1}{3}\times\frac{qa^2}{2}\times a\times 1 + \frac{1}{2}\times\frac{Fl}{4}\times l\times\frac{1}{2} - \frac{1}{2}\times l\times\frac{qa^2}{2}\times\frac{2}{3}\right) \\ &= \frac{Fl^2}{16EI} - \frac{qa^3}{6EI} - \frac{qa^2 l}{6EI} \end{aligned}$$

讨论　在用图乘法求解杆件位移时，若载荷比较复杂，其内力图也比较复杂，

可把内力图分成几个简单图形，分别进行图乘。一个比较简便的方法是分别画出各载荷引起的内力图。

例 10-10 图 10-21(a)所示等截面刚架位于水平平面内，其横截面为圆形，抗弯刚度 EI 和抗扭刚度 GI_p 已知，在自由端作用一铅垂集中力 F，试求自由端 A 的铅垂位移。

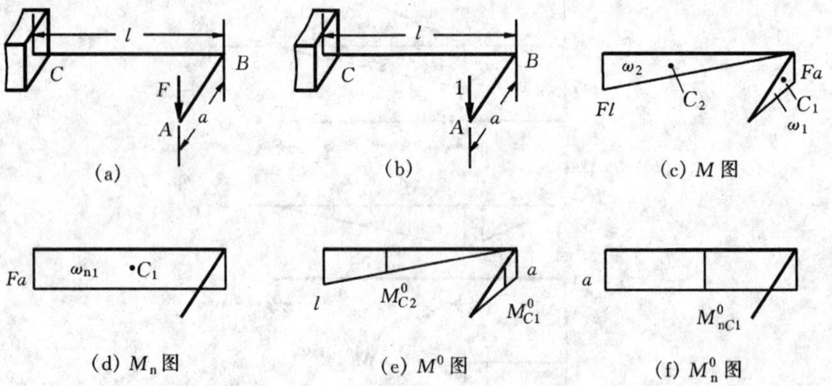

图 10-21

解 刚架和外力不在同一平面，刚架的内力除弯矩外，还有扭矩(不计剪力)。因而要同时画出刚架的弯矩 M 图和扭矩 M_n 图。在自由端施加一单位力，如图 10-21(b)所示。画出载荷 F 的弯矩图和扭矩图如图 10-21(c)、(d)所示，并画出单位力的弯矩图和扭矩图如图 10-21(e)、(f)所示。

分段使用图乘法，并注意同类内力图相乘，得自由端 A 的铅垂位移

$$
\begin{aligned}
\Delta_{AV} &= \frac{1}{EI}(\omega_1 M_{C1}^0 + \omega_2 M_{C2}^0) + \frac{1}{GI_p}\omega_{n1} M_{nC1}^0 \\
&= \frac{1}{EI}\left(\frac{1}{2}\times Fa\times a\times\frac{2a}{3} + \frac{1}{2}\times Fl\times l\times\frac{2}{3}l\right) + \frac{1}{GI_p}\times Fa\times l\times a \\
&= \frac{Fa^3}{3EI} + \frac{Fl^3}{3EI} + \frac{Fa^2 l}{GI_p} \quad (\downarrow)
\end{aligned}
$$

计算结果为正，A 点铅垂位移向下，和单位力同向。

讨论 如构件的内力不止一种，使用图乘法时应注意同类内力图相乘，即弯矩 M 图和弯矩 M^0 图相乘，扭矩 M_n 图和扭矩 M_n^0 图相乘等。

10.5 功互等定理和位移互等定理

对于线弹性结构，利用变形能的概念可以导出两个重要定理——**功互等定理**

和位移互等定理。

以梁为例证明这两个定理。图 10-22(a)、(b) 为同一梁的两种受力情况，广义力 F_1 与 F_2 分别作用在 1、2 两点上。在图 10-22(a) 所示的受力情况下，载荷 F_1 引起点 1 的位移记为 Δ_{11}，点 2 的位移记为 Δ_{21}；在图 10-22(b) 所示的受力情况下，载荷 F_2 引起点 2 的位移为 Δ_{22}，点 1 的位移为 Δ_{12}。上述位移 Δ_{ij} 均为广义位移，第一个下标 i 表示发生位移的部位或方向，第二个下标 j 表示引起该位移的载荷。

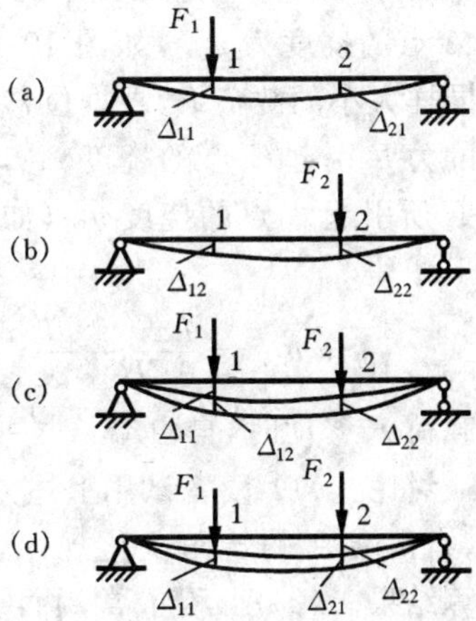

图 10-22

以下讨论不同加载方式下，外力作的功。如果在梁上先作用 F_1、后作用 F_2，如图 10-22(c) 所示。在作用 F_1 时，F_1 所作的功为$\frac{1}{2}F_1\Delta_{11}$；再加 F_2 时，F_2 所作的功为$\frac{1}{2}F_2\Delta_{22}$，同时 F_1 又作了功 $F_1\Delta_{12}$。外力作的总功和梁的变形能为

$$A_1 = U_1 = \frac{1}{2}F_1\Delta_{11} + \frac{1}{2}F_2\Delta_{22} + F_1\Delta_{12}$$

反之，如果在梁上先作用 F_2 后作用 F_1，如图 10-22(d) 所示，外力作的总功和梁的变形能将为

$$A_2 = U_2 = \frac{1}{2}F_2\Delta_{22} + \frac{1}{2}F_1\Delta_{11} + F_2\Delta_{21}$$

因为变形能和加载次序无关，即 $U_1 = U_2$，由此可得

$$F_1\Delta_{12} = F_2\Delta_{21} \tag{10-18}$$

上式表明，F_1 在由于 F_2 引起的位移 Δ_{12} 上所作的功，等于 F_2 在由于 F_1 引起的位移 Δ_{21} 上所作的功，称为功互等定理。

当广义载荷 F_1 和 F_2 在数值上相等时，由式(10-18) 可得

$$\Delta_{12} = \Delta_{21} \tag{10-19}$$

这表明，点 1 由于作用在点 2 的载荷所引起的位移 Δ_{12}，等于点 2 由于作用在点 1 的同一数值载荷所引起的位移 Δ_{21}，称为位移互等定理。

当载荷为单位载荷时，其引起的位移通常以 δ 表示，式(10-19) 写为

$$\delta_{12} = \delta_{21} \tag{10-20}$$

必须指出，在功互等定理表达式中，等号两边的载荷可以是同类的，也可以是不同类的(如一边为集中力，另一边为力偶)。但是，等号同一边的广义载荷与广义位移必须是对应的(如载荷为集中力，则位移为线位移)。

例 10－11　试求图 10－23(a)所示悬臂梁上载荷 F 移动时，自由端 A 的挠度变化规律。已知梁的抗弯刚度 EI。

解　当载荷 F 移动到距 A 端为 x 的 C 点时，引起 A 点的挠度为 v_{AC}，如图 10－23(b)。在 A 点作用同样大小的载荷 F，根据位移互等定理，作用在 A 点的力 F 引起 C 点的挠度 v_{CA}，等于作用在 C 点的力 F 所引起 A 点的挠度 v_{AC}，如图 10－23(c)。查附录 B 求得

$$v_{AC}=v_{CA}=\frac{Fx^3}{6EI}-\frac{Fl^2x}{2EI}+\frac{Fl^3}{3EI}\quad(\downarrow)$$

即载荷 F 移动时，自由端 A 的挠度变化规律。

讨论　(1) 读者试用上述方法求出载荷 F 移动时，自由端 A 的转角变化规律，并用莫尔积分验证计算结果。(2) 工程上常用百分表实测梁的挠度，如梁的 D 点作用有载荷 F 时，欲测梁上的各点挠度，则在 D 点放置一个百分表，如图 10－23(d)、(e)所示，移动同样大小的载荷 F 到某一点，由上面分析可知，百分表的读数即为该点的挠度。

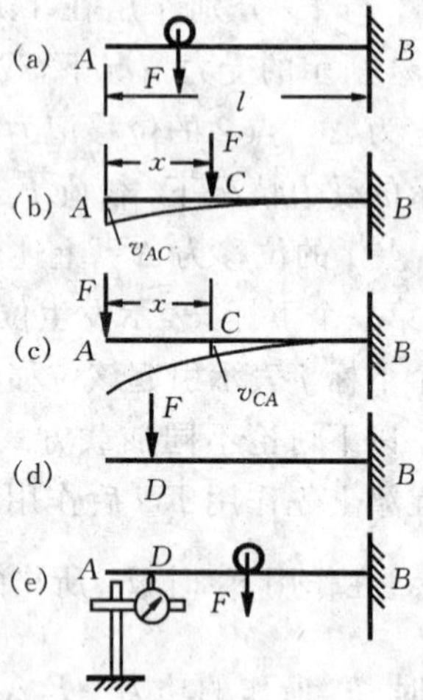

图 10－23

例 10－12　长度为 l 的矩形截面杆如图 10－24(a)所示，在杆中央受到一对大小相等、方向相反的力 F，杆的弹性模量 E 和泊松比 μ 均已知，试求杆的长度变化 Δl。

解　在杆的两端施加一对轴向拉力 F_N，如图 10－24(b)所示，则杆产生横向变形

$$\Delta h=-\mu\varepsilon h=-\mu\frac{\sigma}{E}h$$

$$=-\mu\frac{F_N}{Ebh}h=-\mu\frac{F_N}{Eb}$$

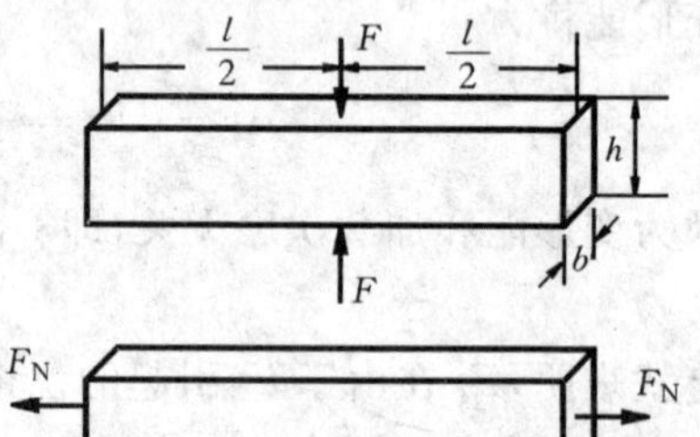

图 10－24

根据功互等定理，一对 F 力在一对 F_N 力引起的横向变形上所作的功等于 F_N 力在 F 力引起的轴向变形上所作的功，即

$$-F\cdot\Delta h=F_N\cdot\Delta l$$

$$-F\left(-\mu\frac{F_N}{Eb}\right)=F_N\cdot\Delta l$$

得出杆的长度变化

$$\Delta l=\mu\frac{F}{Eb}$$

思考题

10－1　均布载荷 q 是广义载荷吗？如果是广义载荷，其相应的广义位移是什么？

10－2　杆件的弹性变形能等于外力作的功，如何理解功有正、负而变形能总是正的。

***10－3**　试比较图示矩形截面悬臂梁弯曲变形能和剪切变形能。已知梁的拉压弹性模量与切变摸量之比为 $E/G=2.5$，梁长度与截面高度之比为 $l/h=5$。（剪切变形能计算式为 $U=k\int_l \dfrac{Q^2(x)\mathrm{d}x}{2GA}$，式中 Q 为剪力，GA 为杆件的抗剪刚度，k 为和截面相关的因数，矩形截面的 $k=\dfrac{6}{5}$）

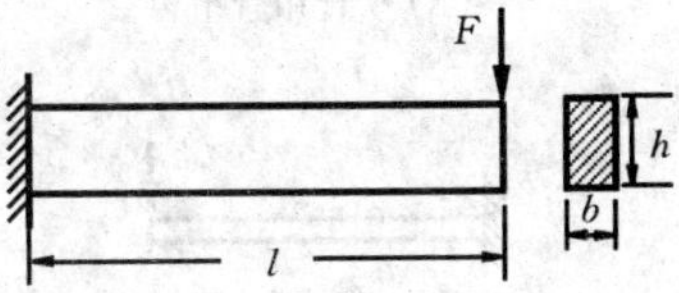

思考题 10－3 图

10－4　克拉贝隆原理表明：线弹性体的变形能等于每一个载荷与其相应位移乘积的二分之一的总和，即 $U=W=\dfrac{1}{2}F_1\Delta_1+\dfrac{1}{2}F_2\Delta_2+\dfrac{1}{2}F_3\Delta_3+\cdots$，这个结论和变形能不能叠加的特点是否矛盾？

10－5　下列关于"虚位移"的说法中，哪些是错误的？

(A)虚位移是虚构的，不可能发生的位移　　(B)虚位移必须是微小位移

(C)虚位移应满足边界条件和连续条件　　(D)虚位移不是载荷引起的

(E)虚位移是在构件平衡位置上增加的位移

(F)虚位移只能发生在线弹性体上

10－6　图示等截面刚架的抗弯刚度 EI 已知，载荷 F 作用在 C 点上，欲使 C 点的位移沿着 F 力的方向，α 角应为何值？

10－7　图示带有微小缺口（$\Delta\theta$ 很小）的圆环，试问在缺口的两侧截面上，施加怎样的力才能使这两个截面恰好密合？为什么？

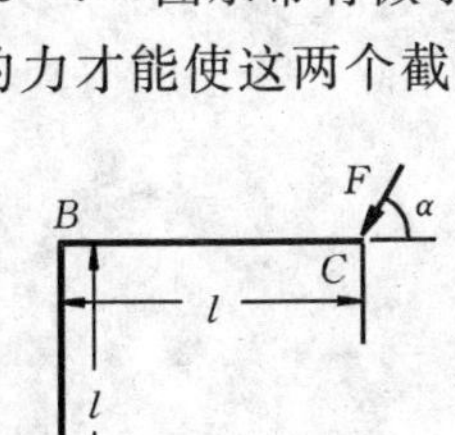

思考题 10－6 图

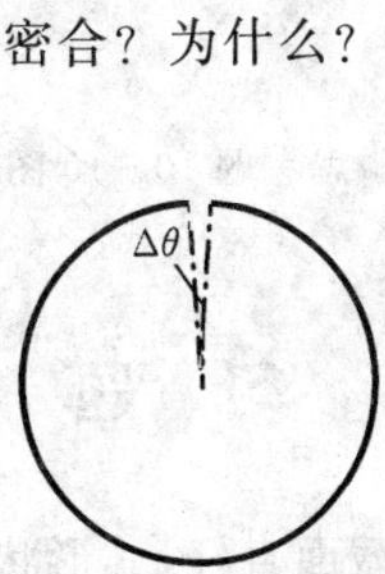

思考题 10－7 图

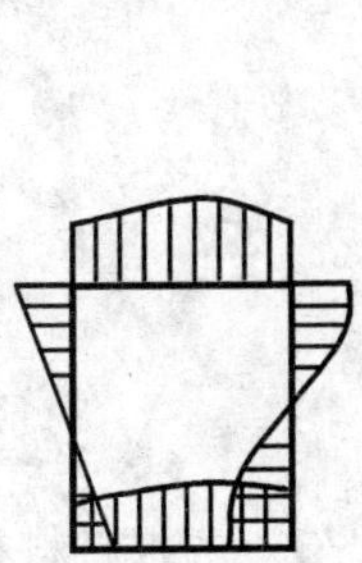

思考题 10－8 图

*10-8 图示一矩形框架在任意载荷作用下的弯矩图，试证明该弯矩图面积的代数和为零。

10-9 下列各结构中，______可以应用图乘法求位移？

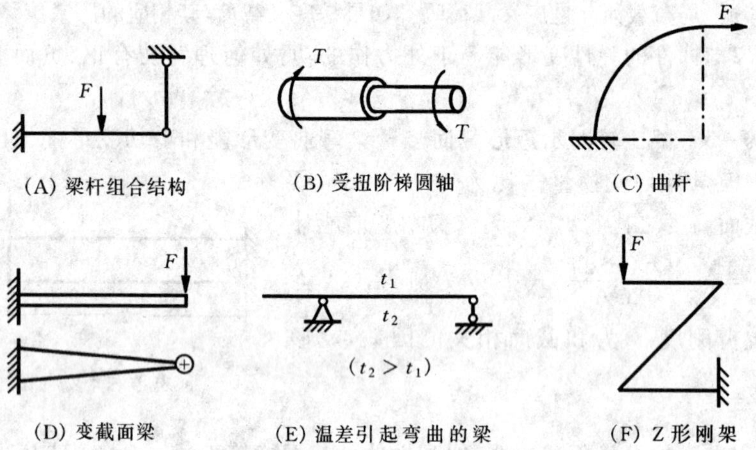

思考题 10-9 图

10-10 一简支梁分别承受两种形式的载荷，其变形情况如图(a)和图(b)所示。由功互等定理得到正确的等式是________。

(A) $F_C v_C + F_D v_D = M_A \theta'_A + M_B \theta'_B$

(B) $F_C v_D + F_D v_C = M_A \theta'_B + M_B \theta'_A$

(C) $F_C v'_C + F_D v'_D = M_A \theta_A + M_B \theta_B$

(D) $F_C v'_D + F_D v'_C = M_A \theta_B + M_B \theta_A$

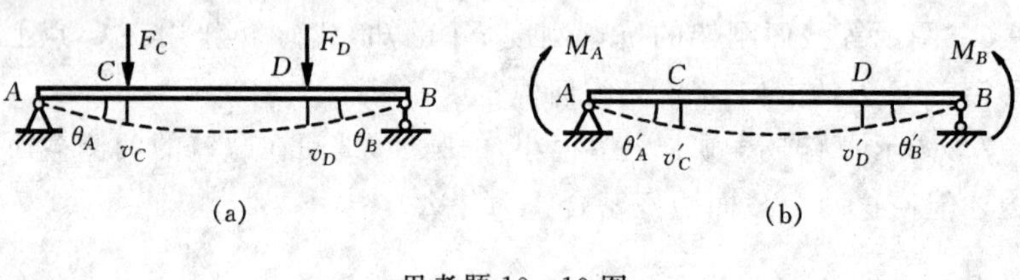

思考题 10-10 图

习　题

10-1 两根材料相同的圆截面直杆，其形状和尺寸如图所示。试比较两杆的变形能。

10－2　已知图示等截面外伸梁的抗弯刚度 EI，试求梁的变形能及 A 截面的转角。

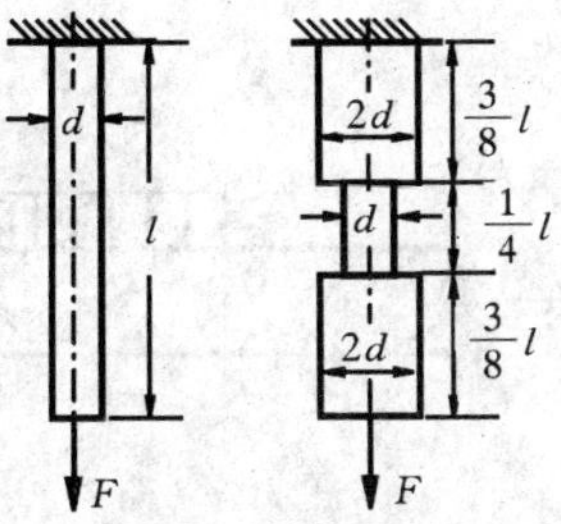

(a)　　(b)

题 10－1 图

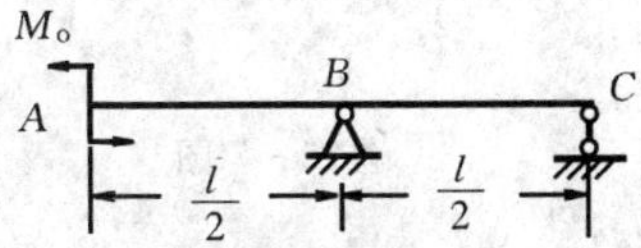

题 10－2 图

10－3　图示桁架各杆抗拉压刚度 EA 均相等，试求桁架的变形能及 C 点的水平位移。

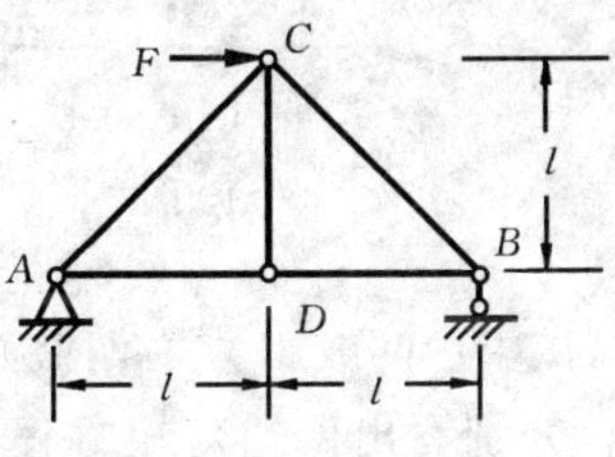

题 10－3 图

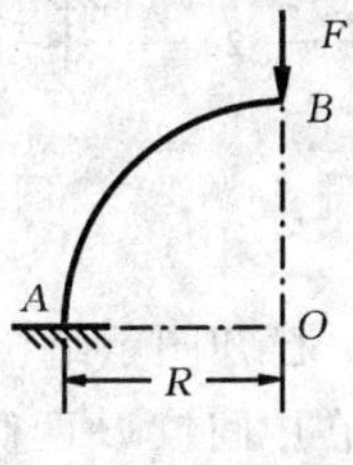

题 10－4 图

10－4　图示等截面曲杆为 1/4 圆周，其抗弯刚度 EI 已知，试求曲杆的变形能及 B 点的铅垂位移。

10－5　图示阶梯形变截面圆轴两端承受扭转力偶矩 T 作用，$d_2=1.5d_1$，材料的切变模量 G 已知，试求圆轴的变形能及圆轴两端的相对扭转角。

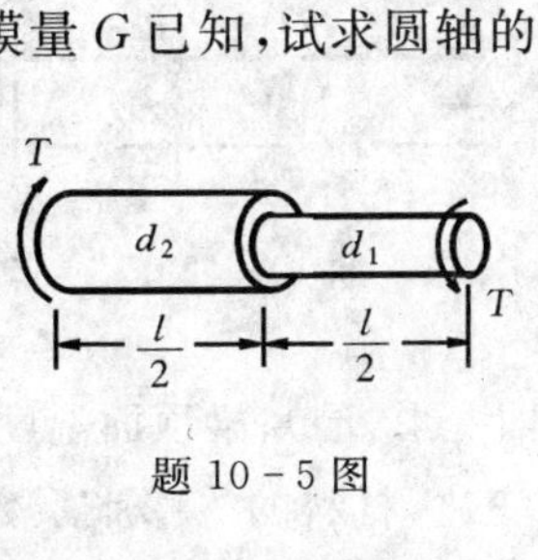

题 10－5 图

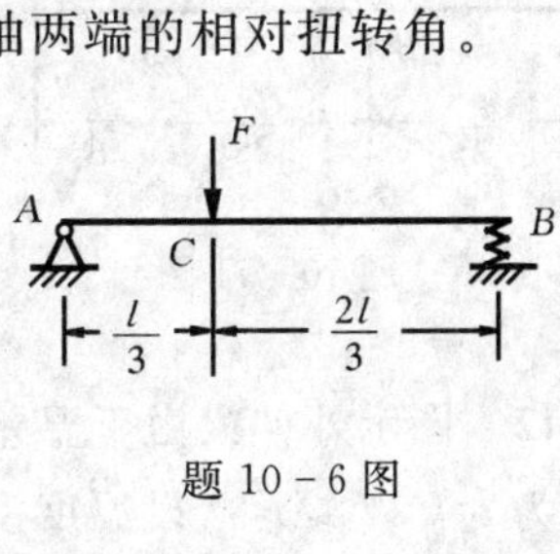

题 10－6 图

10－6　已知梁的抗弯刚度 EI 和支座 B 的弹簧刚度 k，试求截面 C 的挠度。

10－7 图示简支梁 B 端悬吊在直杆 CB 上，已知梁的抗弯刚度 EI 和杆的抗拉刚度 EA，试求梁中点 D 的挠度。

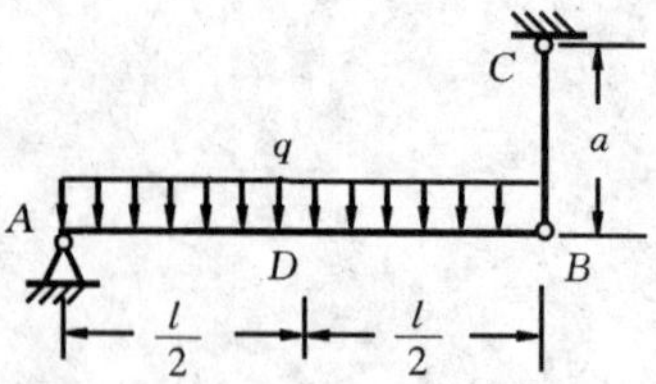

题 10－7 图

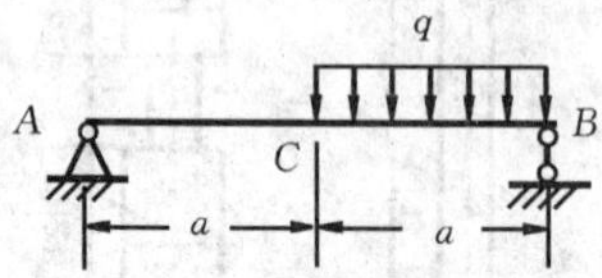

题 10－8 图

10－8 试求图示简支梁 A 截面的转角，已知梁的抗弯刚度 EI。

10－9 试求图示变截面梁 A 截面转角和 B 截面的挠度，已知材料的弹性模量 E。

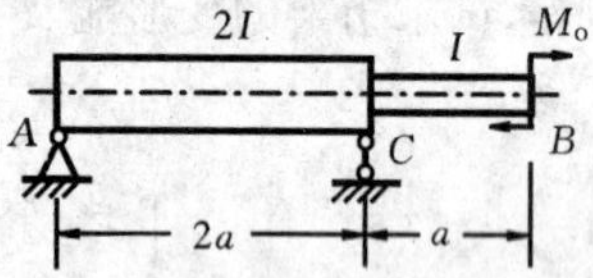

题 10－9 图

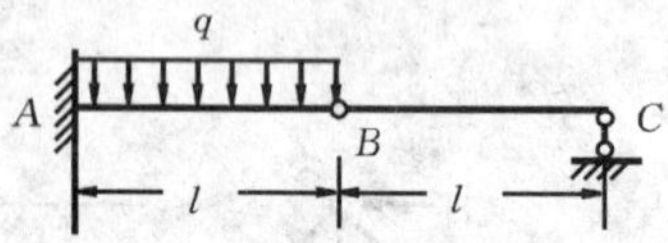

题 10－10 图

10－10 已知图示组合梁的抗弯刚度 EI，试求中间铰 B 左右两截面的相对转角。（提示：在中间铰 B 两侧加一对单位力偶，分别写出两边弯矩方程，并注意到中间铰处的弯矩为零）

10－11 外伸梁受力如图所示，$M_o=Fl/4$，已知抗弯刚度 EI，试用图乘法求 D 点的铅垂位移和 B 截面的转角。

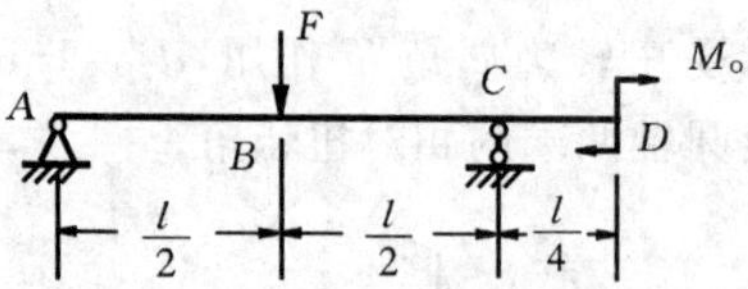

题 10－11 图

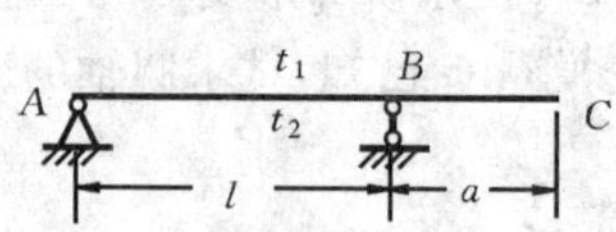

题 10－12 图

10－12 图示外伸梁由于温差变化产生弯曲变形，已知梁顶面温度为 t_1℃，梁底面温度为 t_2℃（$t_2>t_1$），设温度沿梁高 h 线性变化，材料的线膨胀系数为 α，试求自由端 C 的挠度。

10－13 图示刚架由于沿截面高度线性变化的温差而弯曲变形（不计杆的拉压

变形)，设外表面温度为 t_1℃，内表面温度为 t_2℃($t_2>t_1$)，AB 杆和 BC 杆截面相同，高度均为 h，材料的线膨胀系数为 α，试求自由端 C 的水平位移、铅垂位移及转角。

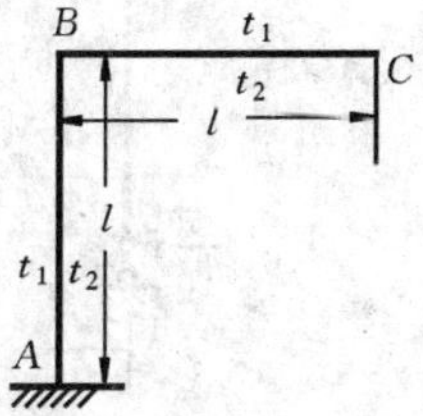

题 10－13 图

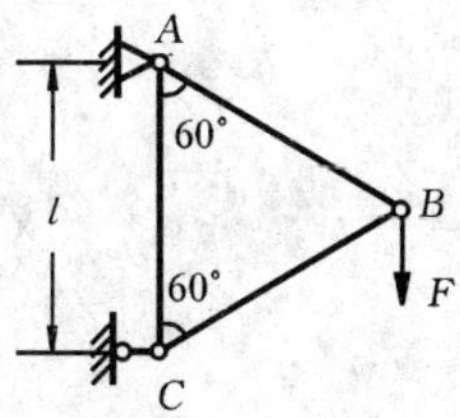

题 10－14 图

10－14　图示桁架各杆抗拉压刚度均为 EA，试求节点 B 的水平位移和 BC 杆的转角。

10－15　图示桁架各杆抗拉压刚度均为 EA，试求节点 A 的铅垂位移。

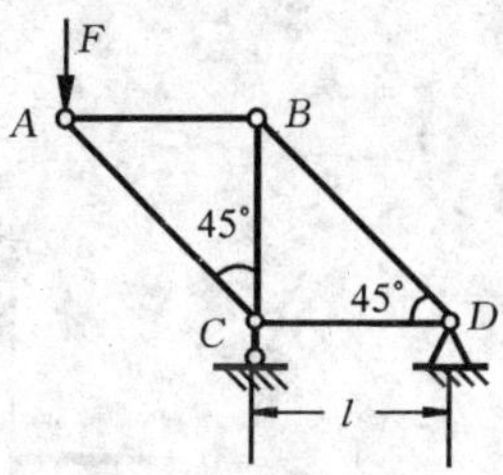

题 10－15 图

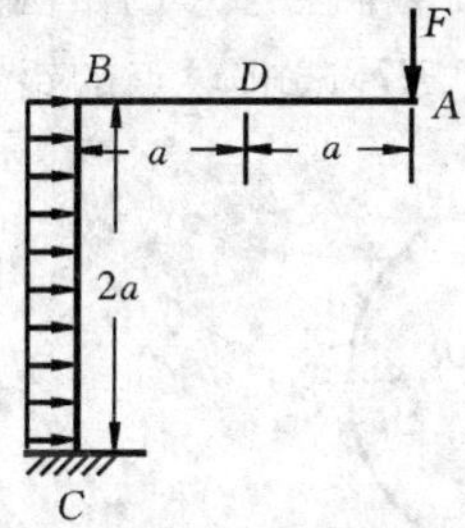

题 10－16 图

10－16　刚架受力如图所示，抗弯刚度 EI 已知，试求 D 点铅垂位移。

10－17　图示刚架抗弯刚度 EI 已知，试求 A 点铅垂位移和 C 处转角。

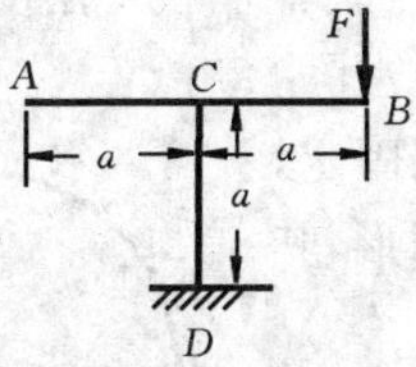

题 10－17 图

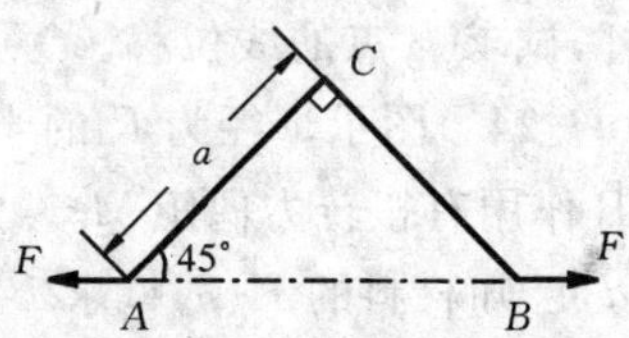

题 10－18 图

10－18　图示刚架抗弯刚度 EI 已知，试求 A、B 两点相对位移。

10－19　图示刚架抗弯刚度 EI 已知，试求刚架 B 点水平位移。

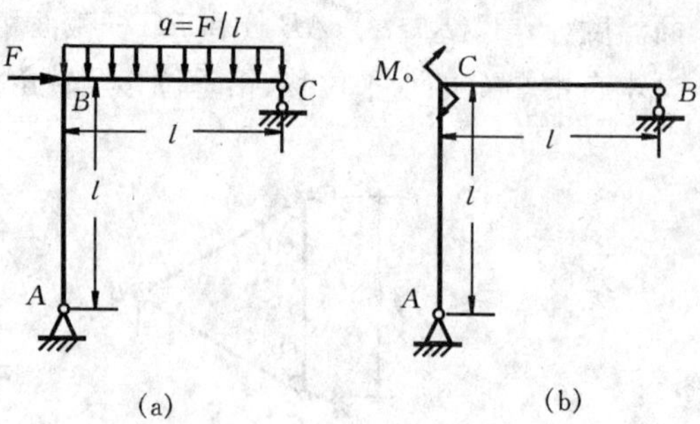

题 10-19 图

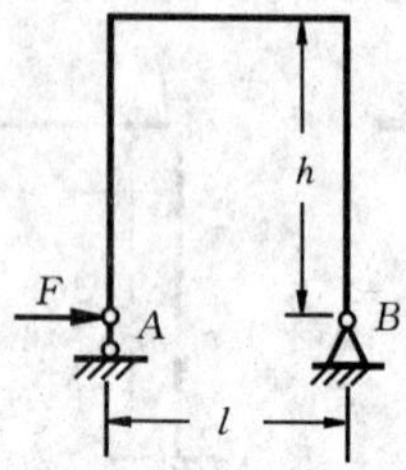

题 10-20 图

10-20 图示刚架抗弯刚度 EI 已知，试求刚架 A 点水平位移。

10-21 图示半径为 R 的等截面半圆曲杆，C 点受铅垂集中力 F 作用，抗弯刚度 EI 已知，试求 B 点的线位移。

10-22 半径为 R 的半圆拱如图所示，在中央点 C 受铅垂集中力 F 作用，已知抗弯刚度 EI，试求 C 点的铅垂位移。

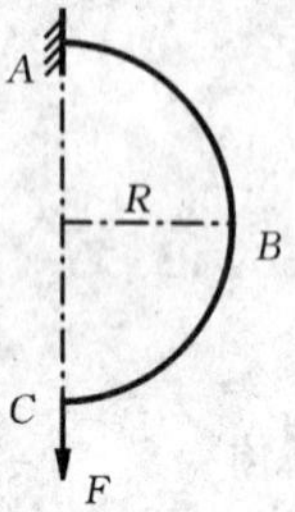

题 10-21 图

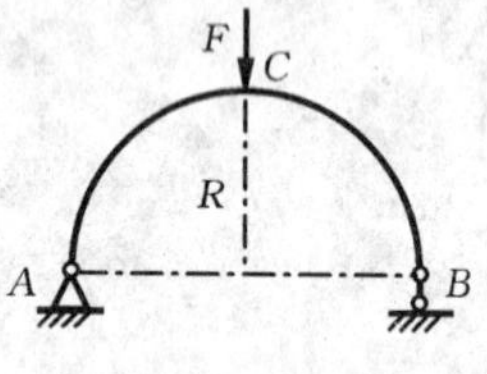

题 10-22 图

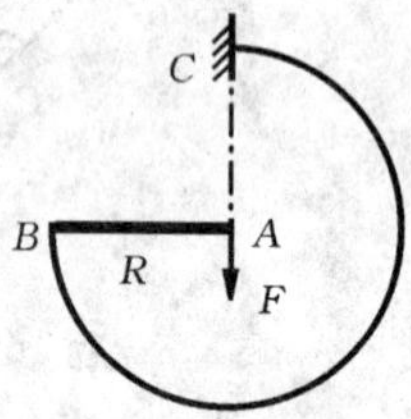

题 10-23 图

10-23 等截面曲杆 BC 是半径为 R 的四分之三圆周，抗弯刚度 EI 已知，AB 为刚性杆，试求 B 点的线位移。

***10-24** 图示半径为 R 的半圆形曲杆 A 端固定，自由端 B 作用有扭转力偶矩 M_o。曲杆横截面为圆形，其直径为 d，已知材料的 E、μ，试求 B 截面扭转角。

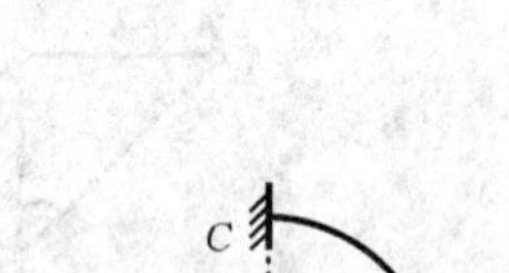

题 10-24 图

10-25 图示等圆截面刚架，抗弯刚度 EI 和抗扭刚度 GI_p 均为已知，试求自由端 A 的铅垂位移。

10-26 图示开口平面刚架，刚架横截面为圆形，抗弯刚度 EI 和抗扭刚度 GI_p 均为已知，在截面 A、B 处作用一对与刚架平面垂直的集中力 F，试求 A、B 两截面沿载荷作用方向的相对线位移。

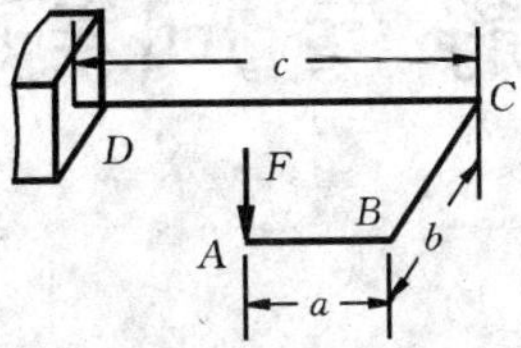

题 10－25 图

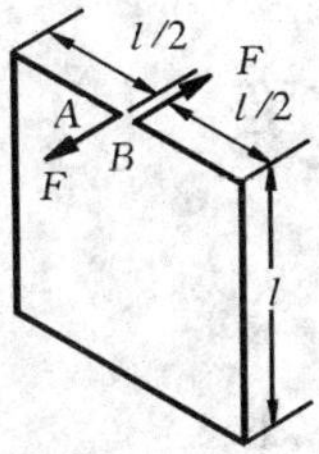

题 10－26 图

10－27　图示半径为 R 的圆环放置在水平平面内，圆环横截面为圆形，抗弯刚度 EI 和抗扭刚度 GI_p 均为已知，在圆环微小开口的两侧作用一对铅垂集中力 F，试求 A、B 两点沿铅垂方向的相对线位移。

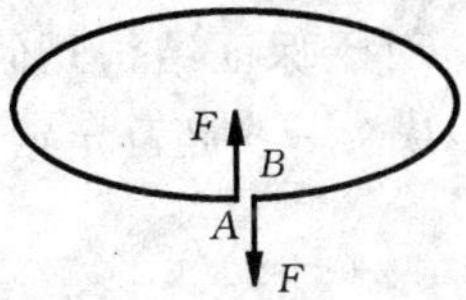

题 10－27 图

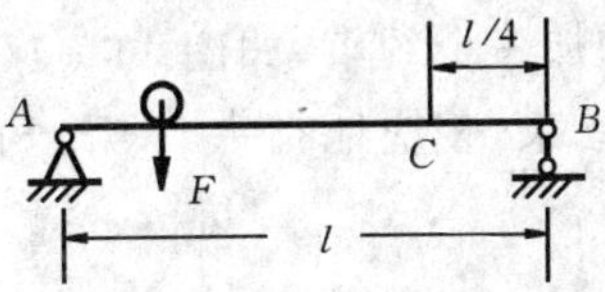

题 10－28 图

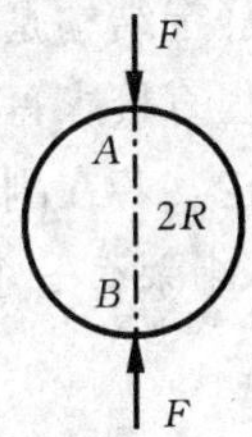

题 10－29 图

10－28　试用位移互等定理求图示简支梁上载荷 F 移动至何处时，截面 C 的挠度最大。梁的抗弯刚度 EI 已知。

＊**10－29**　图示半径为 R 的圆球承受一对径向集中力 F 作用，圆球材料的 E、μ 已知，试求其体积改变量。(提示：可利用功互等定理求解)

第 11 章　超静定问题

11.1　概 述

前面章节已分别讨论过轴向拉压、扭转及弯曲等简单超静定问题及其解法。但是，在工程实际中有很多复杂的超静定问题，用前述方法不易求解。本章以能量法为基础，进一步研究分析超静定问题的原理及一般解法。

11.1.1　静定基与相当系统

静定结构是几何不变且没有多余约束的系统，其约束反力及内力可用静力平衡方程直接求得。图 11－1(a)所示平面刚架，固定端支座有三个约束反力，是静定结构。若在刚架上增加一个约束，如图 11－1(b)所示，对于保证结构几何不变来说，刚架有一个多余约束，相应地有一个多余约束反力，成为一次超静定结构。

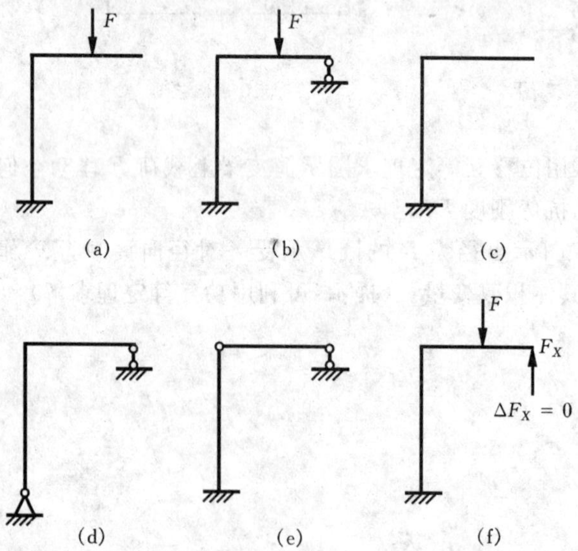

图 11－1

第 6 章已提到，求解超静定问题时，应首先解除多余约束，得到静定的基本系统（亦称**静定基**）。如将上述超静定刚架可动铰链约束解除，就得到图 11-1(c)所示的静定基；也可解除固定端的转动约束，即用固定铰链代替固定端约束；或解除杆件之间的转动约束，用中间铰连接两段杆件，得到如图 11-1(d)、(e)所示的静定基。

在图 11-1(c)所示静定基上，施加原载荷与多余约束力（未知力），并考虑解除多余约束前结构的实际变形条件（即变形协调条件），得到一个与原超静定结构完全等效的静定系统，即**相当系统**。图 11-1(f)所示相当系统，其变形条件为自由端的铅垂位移等于零。一个超静定结构，可因解除不同约束而得到不同的静定基，其中一种静定基对应一种相当系统。

11.1.2 超静定次数的判定

正确判定结构的超静定次数，是分析超静定问题的重要环节。超静定问题大致分为三类：仅在结构外部存在多余的约束，即支反力是超静定的，称为外力超静定结构；仅在结构内部存在多余的约束，即内力是超静定的，称为内力超静定结构；结构内、外部均存在多余的约束，即支反力和内力都是超静定的，称为内力与外力超静定结构。

1. 外力超静定次数的判定

根据约束性质确定结构的全部约束力个数，由作用在结构上的力系类型，确定独立的平衡方程数目，二者之差即为超静定次数。

图 11-2(a)所示平面桁架有四个支反力、三个独立的平衡方程，是一次外力超静定桁架。图 11-2(b)所示两端固定平面刚架有六个支反力、三个独立的平衡方程，是三次外力超静定刚架。

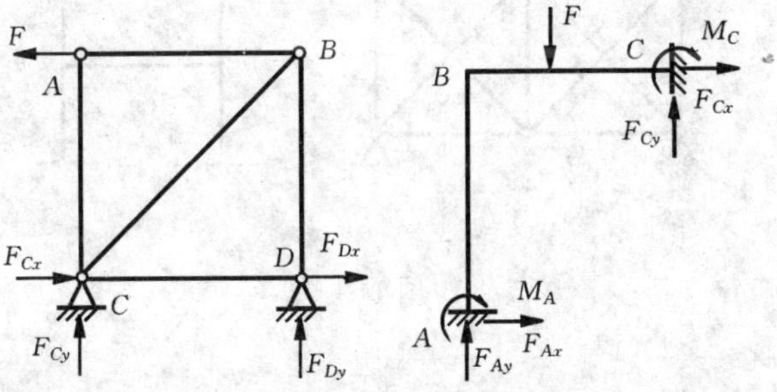

图 11-2

2. 内力超静定次数的判定

判断结构内力超静定次数，需要用截面法将超静定结构截开，使其成为静定结构，截面上的未知内力数目即超静定次数。

若一平面超静定桁架有 m 个杆件、n 个铰接点，则其内力超静定次数为 $m+3-2n$。图 11-3(a)所示平面桁架，是一次内力超静定。图 11-3(b)所示平面闭合刚架，截开一个截面，结构就成为静定的，在截开截面上有三对未知内力，是三次内力超静定刚架，且每增加一个闭合刚架，结构的超静定次数就增加三次。

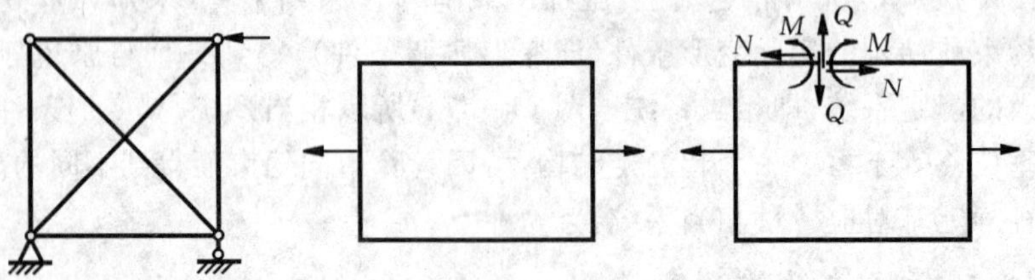

(a) (b)

图 11-3

3. 内力与外力超静定次数的判定

对内力与外力超静定结构，可分别判断外力和内力超静定次数，二者之和即为结构的超静定次数。

图 11-4(a)所示平面桁架是一次外力超静定和二次内力超静定，为三次超静定桁架。图 11-4(b)所示平面刚架是三次外力超静定和三次内力超静定，为六次超静定刚架。

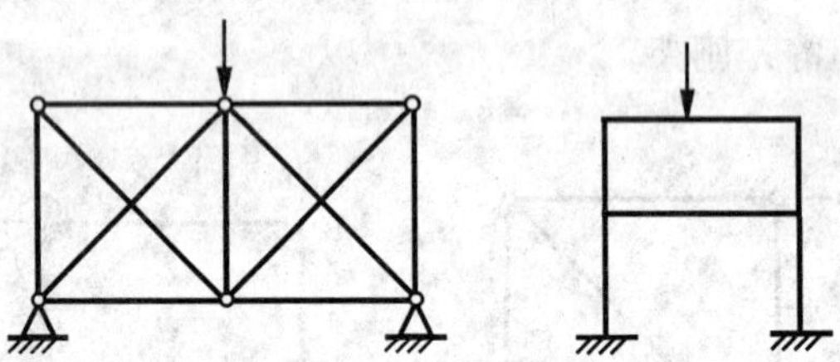

(a) (b)

图 11-4

11.2 力法及其正则方程

11.2.1 力法

以多余约束力作为基本未知量，由变形谐调条件建立补充方程，求解超静定问题的方法称为**力法**。下面举例说明力法的解题方法。

例 11－1　试求图 11－5(a)所示等截面梁 B 支座的支反力，梁的抗弯刚度 EI 已知。

解　梁 A 端固定，B 端铰支，是一次超静定。以支座 B 为多余约束，设多余约束力为 F_{X1}，相当系统如图 11－5(b)所示。设 Δ_1 为相当系统在载荷 F 和 F_{X1} 共同作用下，B 点沿 F_{X1} 方向的位移，由 B 点的约束性质得变形协调方程

$$\Delta_1 = 0 \qquad (a)$$

根据叠加原理，Δ_1 等于 F 和 F_{X1} 分别单独作用时，B 点在 F_{X1} 方向的位移 Δ_{1F} 和 $\Delta_{1F_{X1}}$ 之和，于是式(a) 写为

$$\Delta_1 = \Delta_{1F_{X1}} + \Delta_{1F} = 0 \qquad (b)$$

在 B 点沿 F_{X1} 方向作用一单位力，如图 11－5(c) 所示，并以 δ_{11} 表示单位力引起 B 点沿 F_{X1} 方向的位移，于是在 F_{X1} 作用下 B 点沿 F_{X1} 方向的位移即为 $\delta_{11}F_{X1}$。由此，式(b) 写为

$$\delta_{11}F_{X1} + \Delta_{1F} = 0 \qquad (11-1)$$

在系数 δ_{11} 和常数 Δ_{1F} 求出后，可由上式解出多余未知力 F_{X1}。

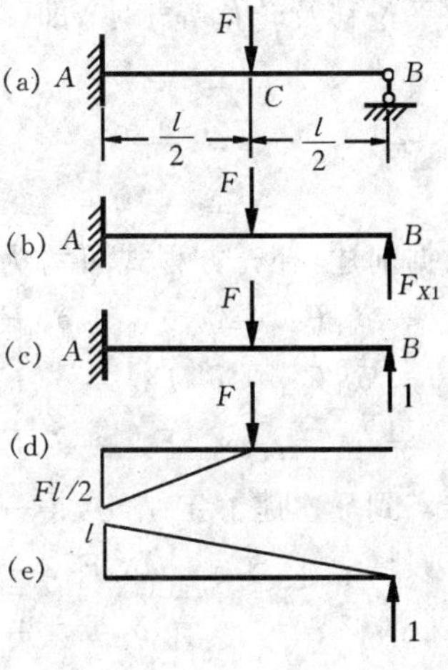

图 11－5

系数 δ_{11} 和常数 Δ_{1F} 可用图乘法求得，图 11－5(d)、(e) 分别为载荷与单位力的弯矩图，用单位力弯矩图的自乘得到 δ_{11}

$$\delta_{11} = \frac{1}{EI}\left(\frac{1}{2}\times l\times l\times\frac{2}{3}l\right) = \frac{l^3}{3EI}$$

由载荷弯矩图与单位力弯矩图互乘得到 Δ_{1F}

$$\Delta_{1F} = -\frac{1}{EI}\left(\frac{1}{2}\times\frac{l}{2}\times\frac{Fl}{2}\times\frac{5}{6}l\right) = -\frac{5Fl^3}{48EI}$$

代入式(11－1) 得补充方程

$$\frac{l^3}{3EI}F_{X1} - \frac{5Fl^3}{48EI} = 0$$

解得 B 支座的支反力

$$F_{X1} = \frac{5}{16}F$$

计算结果为正，表明假设的 F_{X1} 方向正确。

求出超静定结构的多余约束力后，可在相当系统上计算结构的变形及其他与强度和刚度有关的问题。

11.2.2 正则方程

图11-6(a)所示刚架是三次超静定结构，以固定端B的三个约束为多余约束，其相当系统如图11-6(b)所示，图中F_{X1}、F_{X2}和F_{X3}分别为多余约束力以及多余约束力偶。

变形谐调条件是B端的铅垂位移、水平位移及转角等于零，即

$$\left.\begin{aligned}\Delta_1 &= 0\\ \Delta_2 &= 0\\ \Delta_3 &= 0\end{aligned}\right\}$$

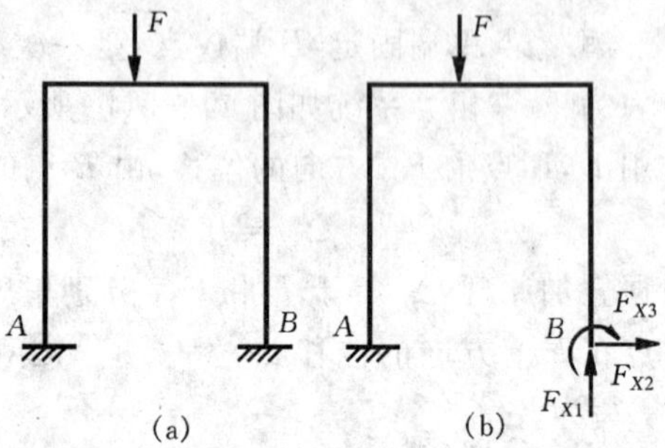

图11-6

根据前述，补充方程式可写为

$$\left.\begin{aligned}\Delta_1 &= \delta_{11}F_{X1}+\delta_{12}F_{X2}+\delta_{13}F_{X3}+\Delta_{1F}=0\\ \Delta_2 &= \delta_{21}F_{X1}+\delta_{22}F_{X2}+\delta_{23}F_{X3}+\Delta_{2F}=0\\ \Delta_3 &= \delta_{31}F_{X1}+\delta_{32}F_{X2}+\delta_{33}F_{X3}+\Delta_{3F}=0\end{aligned}\right\}$$

推广到n次超静定结构，得一组补充方程式

$$\left.\begin{aligned}\delta_{11}F_{X1}+\delta_{12}F_{X2}+\cdots+\delta_{1n}F_{Xn}+\Delta_{1F}=0\\ \delta_{21}F_{X1}+\delta_{22}F_{X2}+\cdots+\delta_{2n}F_{Xn}+\Delta_{2F}=0\\ \vdots\qquad\qquad\qquad\\ \delta_{n1}F_{X1}+\delta_{n2}F_{X2}+\cdots+\delta_{nn}F_{Xn}+\Delta_{nF}=0\end{aligned}\right\}\tag{11-2}$$

式(11-2)是一组有规则的线性方程组，称为**正则方程**。

将式(11-2)写成矩阵形式

$$\begin{bmatrix}\delta_{11} & \cdots & \delta_{1n}\\ \vdots & & \vdots\\ \delta_{n1} & \cdots & \delta_{nn}\end{bmatrix}\begin{Bmatrix}F_{X1}\\ \vdots\\ F_{Xn}\end{Bmatrix}+\begin{Bmatrix}\Delta_{1F}\\ \vdots\\ \Delta_{nF}\end{Bmatrix}=0\tag{11-3}$$

简写为

$$[\delta]\{F_X\}+\{\Delta\}=0\tag{11-4}$$

系数矩阵$[\delta]$中的元素$\delta_{ij}\,(i=1,2,\cdots,n;j=1,2,\cdots,n)$为$F_{Xj}=1$时，$F_{Xi}$作用点沿$F_{Xi}$方向的位移。根据位移互等定理，$\delta_{ij}=\delta_{ji}$，所以$[\delta]$是对称矩阵。

例11-2 图11-7(a)所示等截面平面刚架的抗弯刚度EI已知，试作刚架的弯矩图。

解 (1) 相当系统与正则方程 刚架有四个约束力，独立的平衡方程只有三个，是一次超静定结构，解除支座C的约束，施加多余约束力F_{X1}，得相当系统如图11-7(b)所示。相应的变形谐调条件是$\Delta_1=0$，正则方程为

$$\delta_{11}F_{X1}+\Delta_{1F}=0 \tag{a}$$

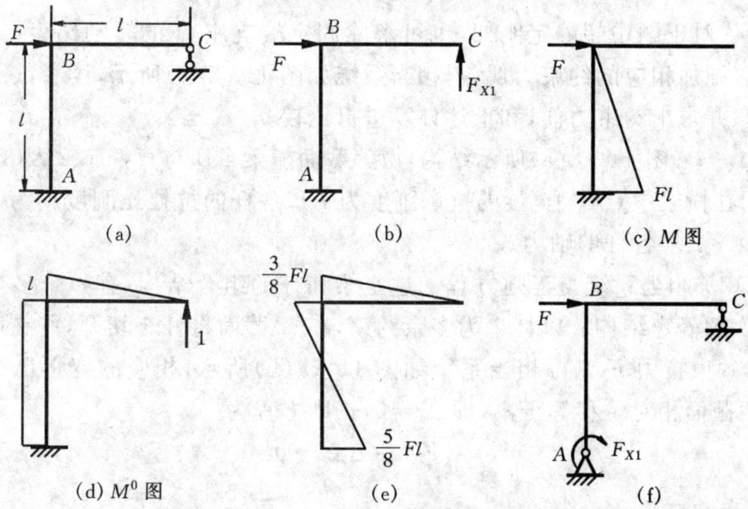

图 11－7

(2) 求解正则方程　应用图乘法计算 δ_{11} 和 Δ_{1F}。图 11－7(c)为载荷作用在静定基上的弯矩 M 图，在静定基 C 处施加沿 F_{X1} 方向的单位力，并画出单位力弯矩 M^0 图，如图 11－7(d)所示。由单位力弯矩图的自乘得

$$\delta_{11}=\frac{1}{EI}\left(\frac{1}{2}\times l\times l\times\frac{2}{3}l+l\times l\times l\right)=\frac{4l^3}{3EI}$$

由载荷弯矩图与单位力弯矩图互乘得

$$\Delta_{1F}=-\frac{1}{EI}\left(\frac{1}{2}\times l\times Fl\times l\right)=-\frac{Fl^3}{2EI}$$

将 δ_{11} 和 Δ_{1F} 代入式(a) 得

$$\frac{4l^3}{3EI}F_{X1}-\frac{Fl^3}{2EI}=0$$

解得

$$F_{X1}=\frac{3}{8}F$$

结果为正，表示 F_{X1} 的方向向上。

(3) 画刚架弯矩图　将单位力弯矩图的数值乘以 F_{X1}，得到 F_{X1} 引起的弯矩图，再将 F_{X1} 弯矩图和载荷弯矩图叠加，得刚架弯矩图如图 11－7(e)所示。最大弯矩发生在固定端 A 处，其值为

$$M_{\max}=\frac{5}{8}Fl$$

讨论　对于题中超静定刚架，也可解除固定端支座 A 的转动约束，成为固定铰链支座，施加相应的约束力偶，得相当系统如图 11－7(f)所示，读者试写出变形协调方程，并求出约束力偶，和上述计算进行比较。

例 11－3　图 11－8(a)所示结构，由等截面横梁 AB 与直杆 1、2 及 3 组成，载荷 F 作用在横梁中点 C 上，梁的抗弯刚度为 EI，各杆的抗拉压刚度均为 EA，且 $I=Aa^2/10$。试求各杆的轴力。

解　(1) 相当系统与正则方程　这是梁和杆的组合结构，有一个多余的内约束，是一次超静定结构。以杆 1 为多余约束，在 K 截面将杆 1 切开，并在截面两侧施加一对约束拉力 F_{X1}，得相当系统如图 11－8(b)所示，相应的变形谐调条件为 K_1、K_2 两截面相对位移等于零，即 $\Delta_1=0$，正则方程为

$$\delta_{11}F_{X1}+\Delta_{1F}=0$$

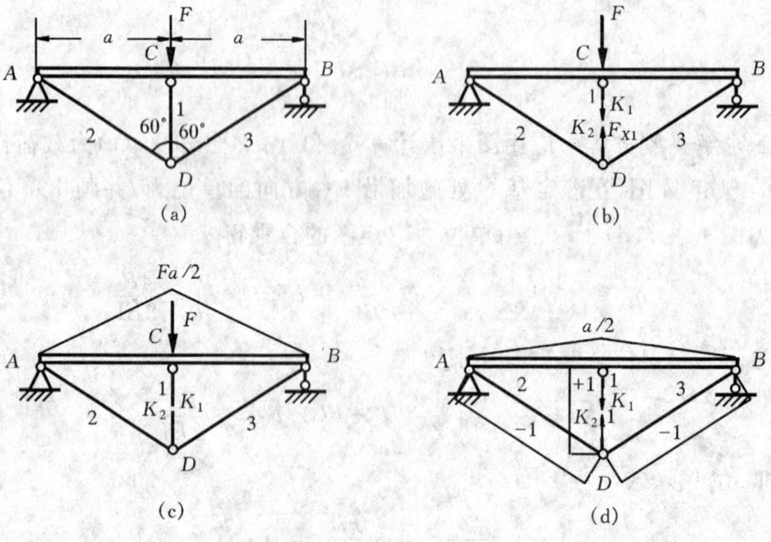

图 11－8

(2) 求解正则方程　应用图乘法计算 δ_{11} 和 Δ_{1F}。将载荷作用在静定基上，画出结构的内力图，梁的弯矩图如图 11－8(c)所示，各杆轴力为零。在 1 杆 K 截面两侧施加一对和 F_{X1} 相应的单位力，单位力引起结构的内力图如图 11－8(d)所示，除梁的弯矩外，还引起各杆的轴力，杆 1 受拉，杆 2、3 受压，且三个杆轴力的数值均等于 1。

由单位力内力图的自乘得 δ_{11}，弯矩图和轴力图应分别自乘，即

$$\delta_{11}=\frac{2}{EI}\left(\frac{1}{2}\times a\times\frac{1}{2}a\times\frac{2}{3}\times\frac{a}{2}\right)+\frac{1}{EA}\left(1\times\frac{a}{\sqrt{3}}\times 1\right)+\frac{2}{EA}\left(1\times\frac{2a}{\sqrt{3}}\times 1\right)$$

$$=\frac{a^3}{6EI}+\frac{5a}{\sqrt{3}EA}$$

由单位力弯矩图和载荷弯矩图互乘得

$$\Delta_{1F}=\frac{2}{EI}\left(\frac{1}{2}\times a\times\frac{Fa}{2}\times\frac{2}{3}\times\frac{a}{2}\right)=\frac{Fa^3}{6EI}$$

将 δ_{11} 和 Δ_{1F} 代入正则方程得

$$\left(\frac{a^3}{6EI}+\frac{5a}{\sqrt{3}EA}\right)F_{X1}+\frac{Fa^3}{6EI}=0$$

解得

$$F_{X1}=-\frac{F}{1+\sqrt{3}}=-0.366F$$

结果为负，表示 F_{X1} 为压力。这样，三杆的轴力分别为 $N_1=-0.366F, N_1=N_2=0.366F$。

讨论　在梁与杆的组合结构中，梁的内力是弯矩，杆的内力是轴力。由于杆的内力只有轴力，所以在计算时不能略去。应用图乘法时，应注意同类图互乘。

例 11-4　半径为 R 的等截面圆环受力如图 11-9(a)所示，圆环的抗弯刚度 EI 已知，试求圆环的最大弯矩及 A、B 两点的相对位移。

解　(1) 相当系统与正则方程

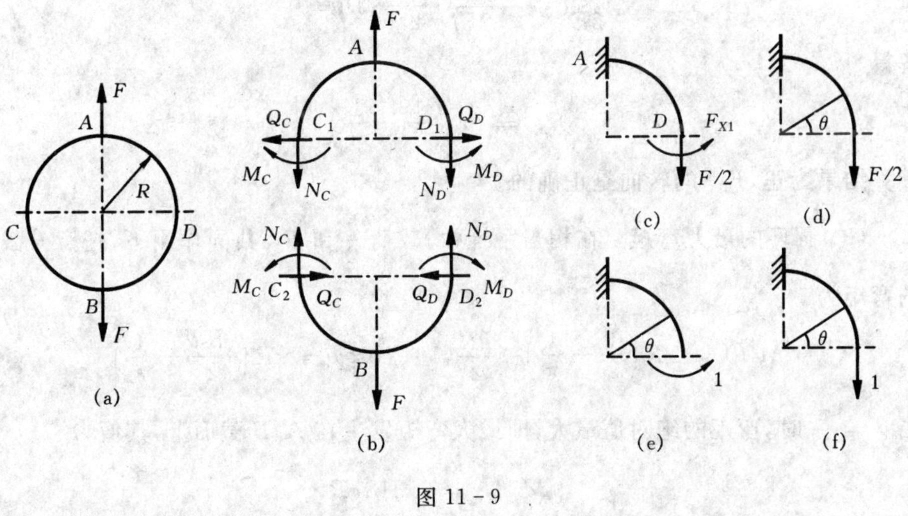

图 11-9

闭合圆环是三次内力超静定结构。由于圆环对称于竖直直径 AB 和水平直径

CD,所以其变形和内力也对称于这两个直径。以水平直径 CD 将圆环分为上、下两部分,如图 11-9(b) 所示,因为对称性,C、D 两截面的内力相等。由上半圆的平衡条件,求得 $N_C = N_D = \frac{F}{2}$。根据作用和反作用定律,上、下截面的剪力应该方向相反,如图 11-9(b) 所示,这显然不满足上、下截面对称的要求,所以剪力 Q 必须等于零。最后只剩下弯矩 M 不能由平衡条件求出,因而只有一个多余未知力 M,记作 F_{X1}。由于对称性,取圆环的四分之一为静定基,相应的相当系统如图 11-9(c) 所示。根据圆环对水平直径对称的要求,D 截面的转角等于零,变形谐调条件是 $\Delta_1 = 0$,正则方程为

$$\delta_{11} F_{X1} + \Delta_{1F} = 0 \tag{a}$$

(2) 求解正则方程　用莫尔积分求 δ_{11} 和 Δ_{1F}。分别在静定基上作用载荷 $\frac{F}{2}$ 及单位力偶,如图 11-9(d)、(e)所示。弯矩方程为

$$M(\theta) = \frac{FR}{2}(1-\cos\theta) \qquad (0 \leqslant \theta \leqslant \pi/2)$$

$$M^0(\theta) = -1 \qquad (0 \leqslant \theta \leqslant \pi/2)$$

$$\delta_{11} = \int_0^{\frac{\pi}{2}} \frac{M^0(\theta)M^0(\theta)}{EI} R\,\mathrm{d}\theta = \int_0^{\frac{\pi}{2}} \frac{(-1)(-1)}{EI} R\,\mathrm{d}\theta = \frac{\pi R}{2EI}$$

$$\Delta_{1F} = \int_0^{\frac{\pi}{2}} \frac{M(\theta)M^0(\theta)}{EI} R\,\mathrm{d}\theta = \int_0^{\frac{\pi}{2}} \frac{(-1)FR(1-\cos\theta)}{2EI} R\,\mathrm{d}\theta = -\frac{FR^2}{2EI}\left(\frac{\pi}{2}-1\right)$$

将 δ_{11} 和 Δ_{1F} 代入式(a) 得

$$\frac{\pi R}{2E} F_{X1} - \frac{FR^2}{2EI}\left(\frac{\pi}{2}-1\right) = 0$$

解得

$$F_{X1} = FR\left(\frac{1}{2}-\frac{1}{\pi}\right)$$

计算结果为正,F_{X1} 的转向是正确的。

(3) 圆环的最大弯矩　在相当系统中,载荷 $\frac{F}{2}$ 和 F_{X1} 共同作用下,任意 θ 截面的弯矩为

$$M(\theta) = FR\left(\frac{1}{2}-\frac{1}{\pi}\right) - \frac{FR}{2}(1-\cos\theta) = FR\left(\frac{\cos\theta}{2}-\frac{1}{\pi}\right)$$

当 $\theta = \frac{\pi}{2}$ 时,弯矩的绝对值最大,即最大弯矩发生在 A、B 截面上,其值为

$$|M|_{\max} = 0.318FR$$

(4) A、B 两点的相对位移　根据对称性,在图 11-9(c)所示的相当系统中,求出 D 点的位移,2 倍后即为 A、B 两点的相对位移。为此,在静定基上施加单位力,

如图 11－9(f)所示，单位力的弯矩方程为

$$M^0(\theta)=-R(1-\cos\theta)\qquad(0\leqslant\theta\leqslant\pi/2)$$

用莫尔积分求得 A、B 两点的相对位移

$$\begin{aligned}\Delta_{AB}&=2\int_0^{\frac{\pi}{2}}\frac{M^0(x)M(x)}{EI}R\,\mathrm{d}\theta\\&=\frac{2}{EI}\int_0^{\frac{\pi}{2}}\left[FR\left(\frac{\cos\theta}{2}-\frac{1}{\pi}\right)\right][-R(1-\cos\theta)]R\mathrm{d}\theta\\&=\frac{FR^3}{EI}\left(\frac{\pi}{4}-\frac{2}{\pi}\right)=0.149\frac{FR^3}{EI}\end{aligned}$$

讨论　(1) 闭合刚架是三次内力超静定结构，但在对称截面截开后，未知力个数减少，降低了超静定次数。读者可试从竖直直径 AB 将圆环截开，仍取四分之一圆环为相当系统，列出相应的变形谐调条件，并求出多余未知力，与上述结果比较。(2) 在求出多余约束力后，可由整个圆环直接用莫尔积分，求得 A、B 两点的相对位移。

例 11－5　等截面刚架受力如图 11－10(a)所示，抗弯刚度 EI 已知，试作刚架的弯矩图。

解　(1)相当系统与正则方程　刚架有五个约束反力，是二次超静定结构。将固定铰链 B 支座的水平和竖直约束解除，代以多余未知力 F_{X1} 和 F_{X2}，相当系统如图 11－10(b)所示，相应的变形谐调条件是

$$\left.\begin{aligned}\Delta_1&=0\\\Delta_2&=0\end{aligned}\right\}$$

写成正则方程形式为

$$\left.\begin{aligned}\delta_{11}F_{X1}+\delta_{12}F_{X2}+\Delta_{1F}&=0\\\delta_{21}F_{X1}+\delta_{22}F_{X2}+\Delta_{2F}&=0\end{aligned}\right\}\tag{a}$$

(2) 求解正则方程　应用图乘法计算系数 δ_{11}、δ_{12}、δ_{21}、δ_{22} 以及常数 Δ_{1F} 和 Δ_{2F}。在静定基上画出载荷的弯矩图如图 11－10(c)所示，在静定基上分别施加水平和竖直单位力，并画出相应的弯矩图，如图 11－10(d)、(e)所示。

由图 11－10(d) 自乘得 δ_{11}

$$\delta_{11}=\frac{2}{EI}\left(\frac{1}{2}\times a\times a\times\frac{2}{3}a\right)+\frac{1}{EI}(a\times a\times a)=\frac{5a^3}{3EI}$$

由图 11－10(e) 自乘得 δ_{22}

$$\delta_{22}=\frac{1}{EI}\left(\frac{1}{2}\times a\times a\times\frac{2}{3}a\right)+\frac{1}{EI}(a\times a\times a)=\frac{4a^3}{3EI}$$

由图 11－10(d)、(e) 互乘得 δ_{12} 和 δ_{21}

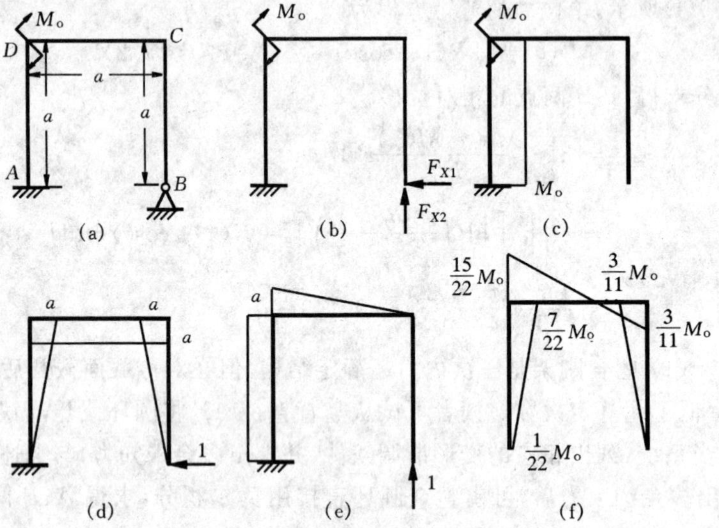

图 11 - 10

$$\delta_{12} = \delta_{21} = -\frac{2}{EI}\left(\frac{1}{2} \times a \times a \times a\right) = -\frac{a^3}{EI}$$

由图 11 - 10(c)、(d) 互乘得 Δ_{1F}

$$\Delta_{1F} = \frac{1}{EI}\left(M_o \times a \times \frac{1}{2}a\right) = \frac{M_o a^2}{2EI}$$

由图 11 - 10(c)、(e) 互乘得 Δ_{2F}

$$\Delta_{2F} = -\frac{1}{EI}(M_o \times a \times a) = -\frac{M_o a^2}{EI}$$

把计算结果代入正则方程式(a)，化简后得

$$\left.\begin{aligned} \frac{5}{3}aF_{X1} - aF_{X2} + \frac{M_o}{2} = 0 \\ -aF_{X1} + \frac{4}{3}aF_{X2} - M_o = 0 \end{aligned}\right\}$$

解联立方程组得

$$F_{X1} = \frac{3M_o}{11a}, \quad F_{X2} = \frac{21M_o}{22a}$$

计算结果为正，表明图 11 - 10(b) 的 F_{X1} 和 F_{X2} 的方向正确。

(3) 画弯矩图　刚架的弯矩图如图 11 - 10(f)所示，最大弯矩在 D 截面处，其值为

$$|M|_{\max} = \frac{15}{22}M_o$$

讨论　应用力法正则方程分析由直杆组成的高次超静定杆系结构时，须求解正则方程式组，其系数 δ_{ij} 由单位力弯矩图的自乘和互乘求得，由于直杆的单位力弯矩图均为矩形或三角形，自乘和互乘都有着一定的规律，这给计算很大方便。读者可尝试编写一个计算单位力弯矩图自乘和互乘的程序，以求解高次超静定杆系结构。

11.3　结构的对称性及其利用

前已提及，求解高次超静定问题时，计算相当繁复。不过，对于一些具有对称性的结构，常常可以设法减少多余未知力的数目，使计算得以简化。

11.3.1　结构的对称性

若结构的几何形状、约束条件、构件材料及截面尺寸均对称于某一轴，则该结构称为**对称结构**。图 11－11(a) 所示等截面刚架即为对称结构，该刚架对称于 1－1 轴。

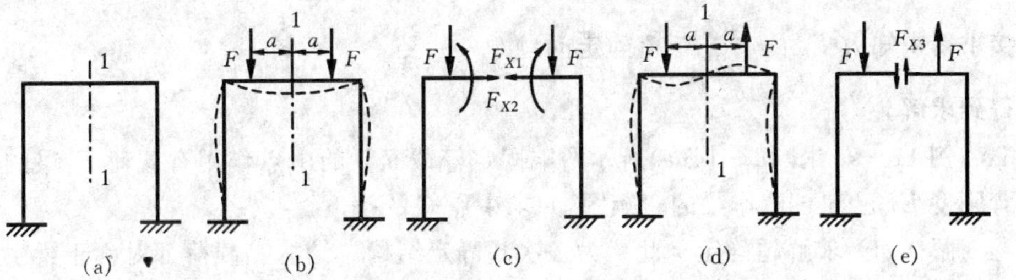

图 11－11

对于对称结构，若载荷也对称于该对称轴，如图 11－11(b)，则结构的变形和内力将对称于此轴线，如图 11－11(c) 所示，在对称截面上只有对称型内力分量弯矩 F_{X1} 及轴力 F_{X2}。如果载荷如图 11－11(d) 所示那样，处于对称位置的载荷数值相等，但指向相反，则为反对称载荷。在反对称载荷作用下，对称结构的变形和内力将反对称于对称轴，在对称截面上弯矩 F_{X1} 及轴力 F_{X2} 都等于零，只有反对称型内力分量，即剪力 F_{X3}，如图 11－11(e) 所示。

11.3.2　结构对称性的利用

利用结构的对称性，适当选择所解除的多余约束，就可以减少多余未知力的数目，从而简化计算。对于承受任意载荷的对称结构，如图 11－12(a) 所示，则根据叠加原理可将载荷分解成对称与反对称的两组载荷，如图 11－12(b)、(c) 所示。分别求出两组载荷作用下对称截面上的内力，叠加后即为原载荷作用下该截面的内力。

有些对称结构，若巧妙地利用对称性，将会使问题大为简化。图11－13(a) 所

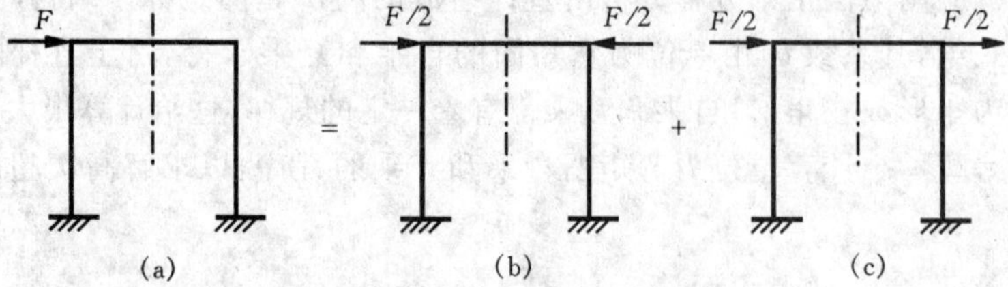

图 11 - 12

示等截面正方形刚架，载荷对称于两个对角线，而反对称于水平与竖直对称轴。将刚架沿水平对称轴截分为上、下两部分，如图 11 - 13(b) 所示，在上、下两侧截面上只有反对称内力，即剪力 F_{X1}。由上半部分的静力平衡条件，可直接求得未知力 $F_{X1}=\frac{\sqrt{2}}{2}F$，超静定问题得到求解。

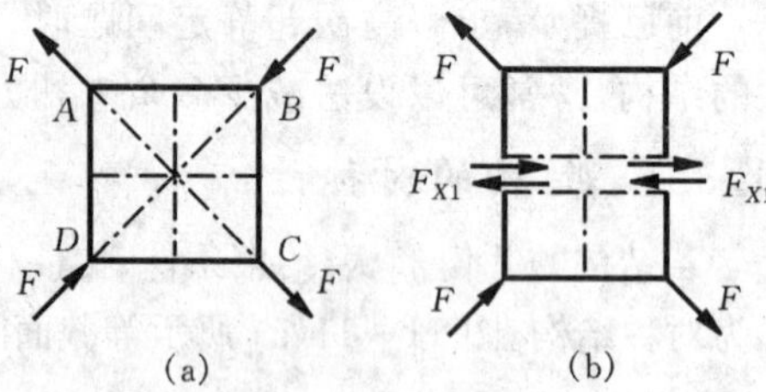

图 11 - 13

例 11 - 6 图 11 - 14(a)所示两端固定等截面梁的中点作用有载荷 F，梁的抗弯刚度 EI 已知。试作梁的弯矩图，并求中点 C 的挠度。

解 (1) 求解超静定 此梁为三次超静定结构。结构和载荷都对称于梁中间对称轴，从中间截面将梁截分为左、右两部分，在对称截面上只有对称内力，不计梁的轴向变形(即略去轴力)，在中间截面上只有一个多余未知力，就是弯矩 F_{X1}，相应的相当系统如图 11 - 14(b)所示，变形谐调条件为截开处两侧截面的相对转角等于零，即 $\Delta_1=0$，正则方程为

$$\delta_{11}F_{X1}+\Delta_{1F}=0$$

应用图乘法计算 δ_{11} 和 Δ_{1F}。在中间截面施加一对单位力偶，载荷和单位力偶的弯矩图分别为图 11 - 14(c)、(d) 所示。由单位力偶弯矩图自乘得

$$\delta_{11}=\frac{2}{EI}\left(1\times\frac{l}{2}\times 1\right)=\frac{l}{EI}$$

由载荷弯矩图和单位力偶弯矩图互乘得

$$\Delta_{1F}=\frac{2}{EI}\left(\frac{1}{2}\times\frac{l}{2}\times\frac{Fl}{4}\times 1\right)=\frac{Fl^2}{8EI}$$

将 δ_{11} 和 Δ_{1F} 代入正则方程得

$$\frac{l}{EI}F_{X1}+\frac{Fl^2}{8EI}=0$$

解得

$$F_{X1} = -\frac{1}{8}Fl$$

结果为负，表示 F_{X1} 和实际方向相反。

梁的弯矩图如图 11-14(e) 所示。

(2) C 点挠度　可在原超静定结构的 C 点上，施加以铅垂的单位力，此时单位力的弯矩图和超静定梁的弯矩图相似，如图 11-14(f)所示，用这两个弯矩图互乘得 C 点的挠度

$$v_C = \frac{4}{EI}\left(\frac{1}{2} \times \frac{l}{4} \times \frac{Fl}{8} \times \frac{2}{3} \times \frac{l}{8}\right) = \frac{Fl^3}{192EI} \quad (\downarrow)$$

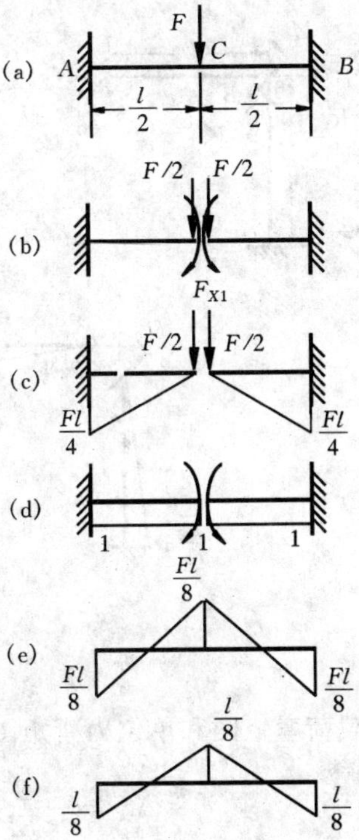

图 11-14

讨论　(1) 在小变形情况下，梁的轴向变形很微小，一般可以略去不计。(2) 对于超静定结构，如果有集中力(或集中力偶)作用在对称轴处，在该处截开时，由于集中力实际上是作用在很小的面积内，相当于把作用面积分为两等份，所以，在截开处两侧截面各作用集中力的一半，使载荷具有对称性。(3) 计算超静定结构的位移时，通常是在相当系统上进行计算。但在本题的情况下(即结构只作用一个集中力或集中力偶，且要求其相应的位移时)，可直接在原超静定结构上施加单位力，这时单位力内力图与超静定结构内力图相似。读者可在相当系统上求 C 点的挠度，和上述计算比较。

例 11-7　试作图 11-15(a)所示等截面刚架的弯矩图，刚架的抗弯刚度 EI 已知。

解　此刚架是三次超静定结构。刚架对称于过 B 点的 45°轴线，从 45°对称轴截开刚架，集中力偶 M_o 被截分为两个 $M_o/2$，反对称于 45°对称轴，由对称性可知在截开的截面上只有剪力 F_{X1}，其相当系统如图 11-15(b)所示，变形谐调条件是截开的两侧截面沿 F_{X1} 方向的相对位移等于零，正则方程为

$$\delta_{11}F_{X1} + \Delta_{1F} = 0$$

应用图乘法计算 δ_{11} 和 Δ_{1F}。在刚架截开的两侧截面上沿 F_{X1} 方向施加单位力，分别画出载荷和单位力的弯矩图如图 11-15(c)、(d) 所示。由单位力弯矩图自乘得

$$\delta_{11} = \frac{2}{EI}\left(\frac{1}{2} \times a \times \frac{\sqrt{2}}{2}a \times \frac{2}{3} \times \frac{\sqrt{2}}{2}a\right) = \frac{a^3}{3EI}$$

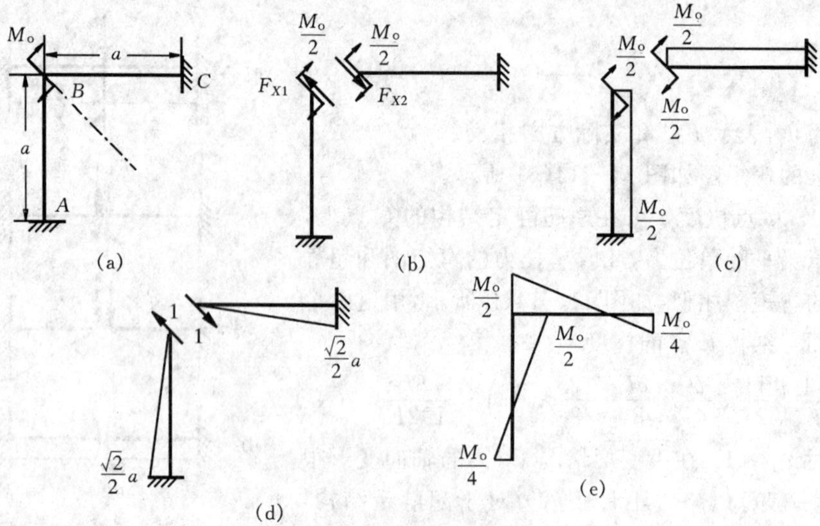

图 11-15

由载荷弯矩图和单位力弯矩图的互乘得

$$\Delta_{1F}=-\frac{2}{EI}\left(\frac{M_o}{2}\times a\times\frac{1}{2}\times\frac{\sqrt{2}}{2}a\right)=-\frac{\sqrt{2}M_oa^2}{4EI}$$

代入正则方程得

$$\frac{a^3}{3EI}F_{X1}-\frac{\sqrt{2}M_oa^2}{4EI}=0$$

解得

$$F_{X1}=\frac{3\sqrt{2}M_o}{4a}$$

计算结果为正，表明 F_{X1} 的假设方向正确。

将单位力弯矩图乘以 F_{X1} 的数值，并与载荷弯矩图叠加，得刚架的弯矩图如图 11-15(e) 所示。

思 考 题

11-1 判断图示各结构的超静定次数。

11-2 超静定结构有多余约束，“多余”是什么含义？既是多余的约束，为什么要它？

11-3 如果一个超静定结构有 n 个多余约束，就一定有且只有 n 个补充方

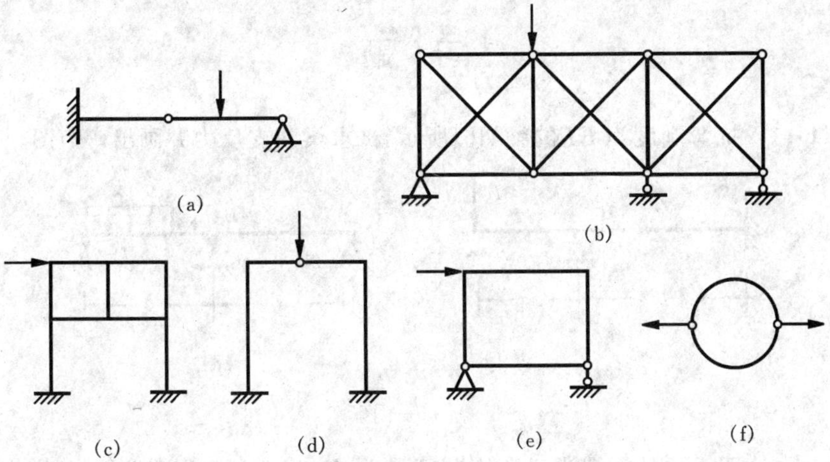

思考题 11－1 图

程。这个结论正确吗？

11－4　一个三次超静定结构最多可以有几种不同的相当系统？

11－5　试为下列正方形超静定框架选取合适的相当系统。

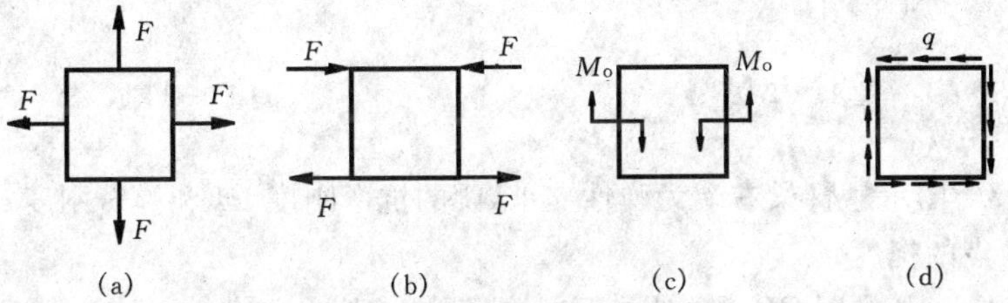

思考题 11－5 图

11－6　在热气输送管道中，有直管和弯管，试写出图示两种管道产生温度应力时的变形谐调条件。

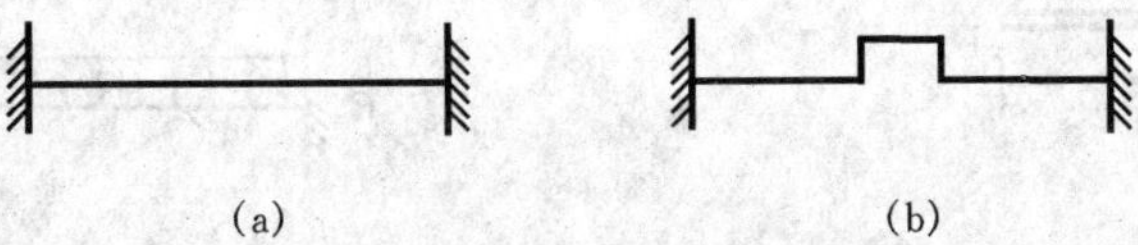

思考题 11－6 图

11－7　用力法正则方程分析超静定问题时，只需求解正则方程，即变形谐调条件，而并不需要静力平衡条件和物理条件，是这样吗？

习　题

11－1　抗弯刚度为 EI 的梁如图所示，试求梁的支反力并画出弯矩图。

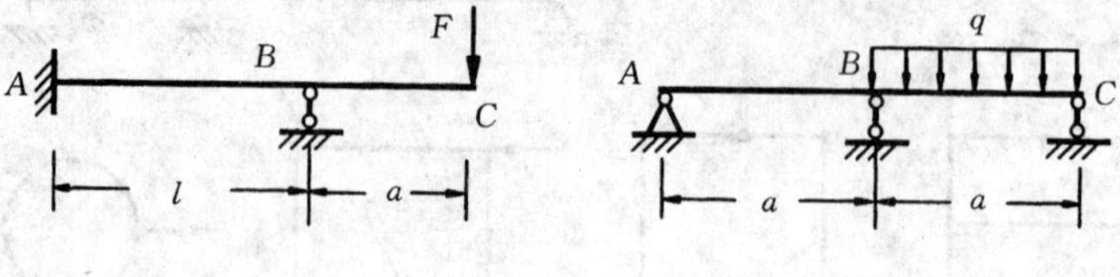

(a)　　(b)

题 11－1 图

11－2　图示梁的右端为弹性约束，弹簧刚度为 k。AB 为刚性杆，长度为 a，和梁在 B 点刚性连接。梁的抗弯刚度 EI 已知，试求 B 截面上的弯矩。

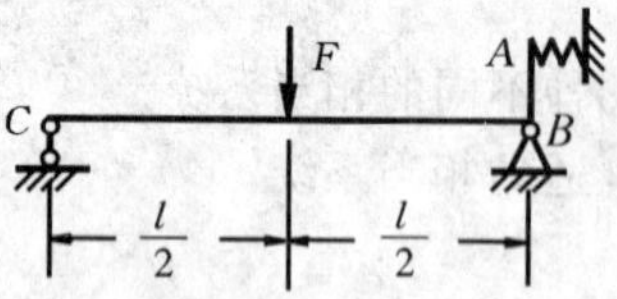

题 11－2 图

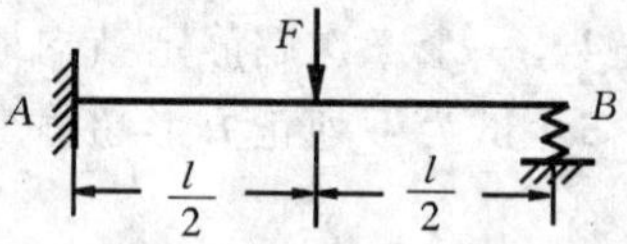

题 11－3 图

11－3　图示悬臂梁右端为弹性支承，梁的抗弯刚度 EI 和弹簧刚度 k 已知，试求梁上 B 点的挠度。

11－4　AB 梁用 CD 梁加固，两梁之间为一刚性小球，两梁的抗弯刚度均为 EI。试求 B 点的挠度。

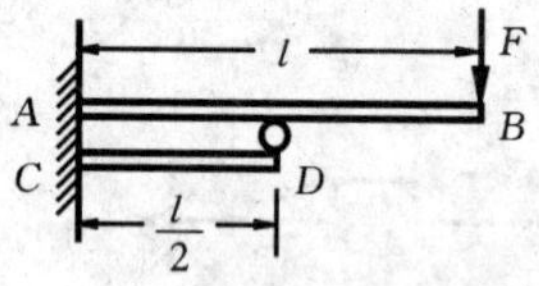

题 11－4 图

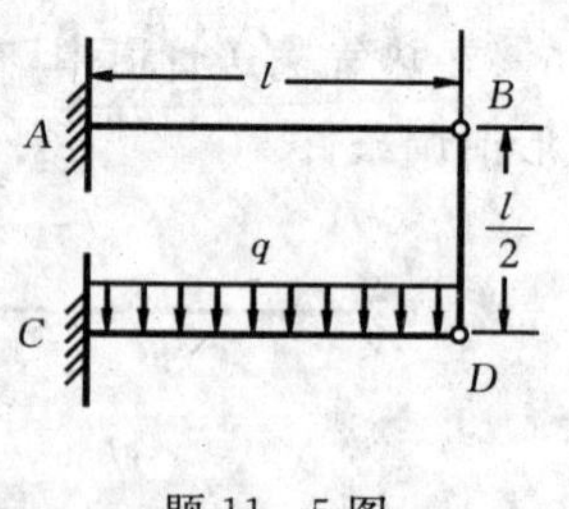

题 11－5 图

11－5　悬臂梁 AB 与 CD 用 BD 杆连接，已知两梁的抗弯刚度 EI 和 BD 杆的抗拉刚度 EA。试求 BD 杆的伸长。

11－6　图示三支座等截面梁，由于制造的误差，装配后，支座有高低。设 EI

和 Δ 已知。试作梁的弯矩图。

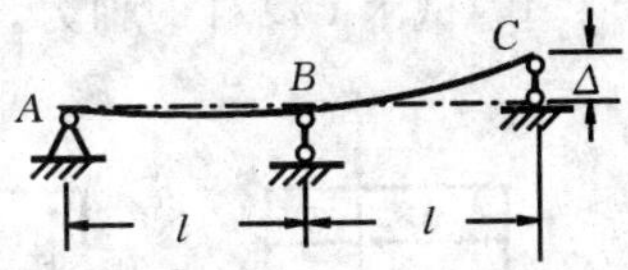

题 11-6 图

11-7　图示桁架各杆抗拉压刚度 EA 相等，试求各杆的内力。

11-8　试作图示等截面刚架的弯矩图，已知抗弯刚度 EI。

11-9　试作图示平面曲杆的弯矩图，已知抗弯刚度 EI。

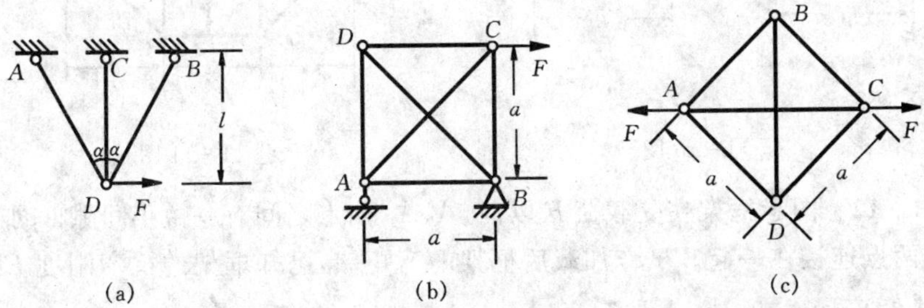

题 11-7 图

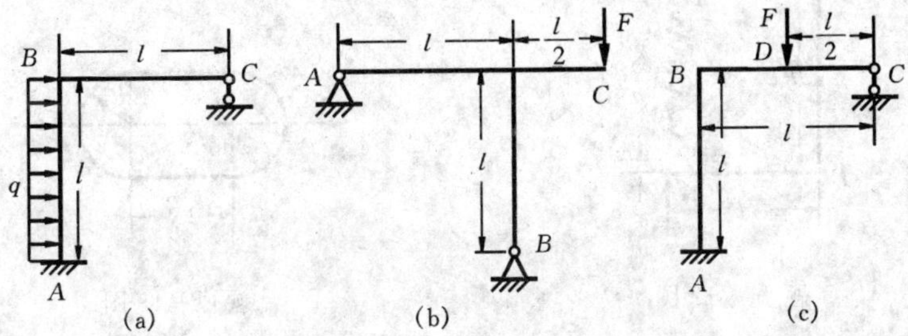

题 11-8 图

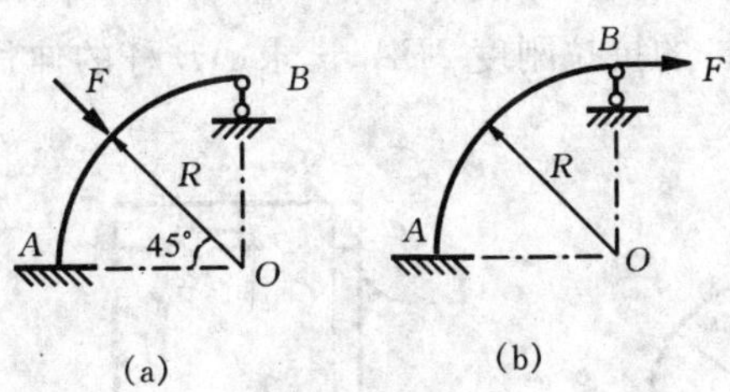

题 11-9 图

11-10　试求图示等截面刚架的支反力并画出弯矩图，已知抗弯刚度 EI。

11-11　图示一梁杆组合结构，梁的抗弯刚度为 EI，各杆的抗拉压刚度均等

于 EA。试求 CD 杆的轴力。

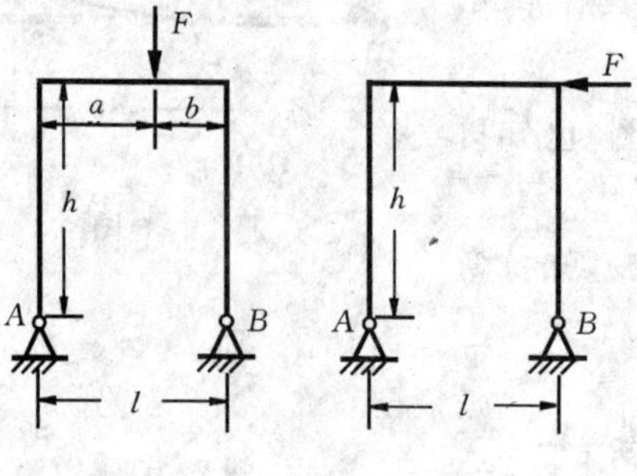

(a) (b)

题 11 - 10 图

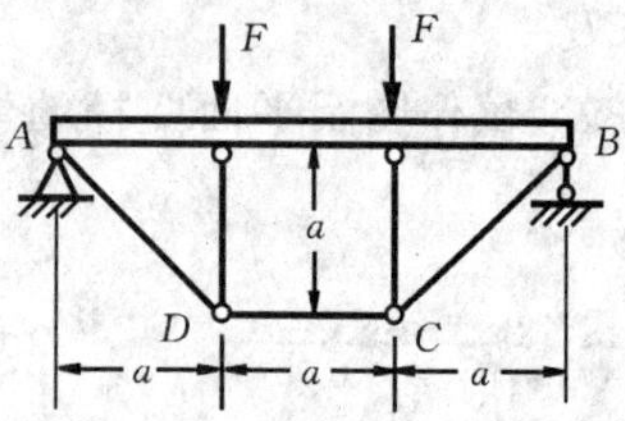

题 11 - 11 图

11 - 12 图示框架在受载荷 F 以前，A、A_1 两点之间有一微小间隙 Δ；加载后，A、A_1 两点连接在一起。试作加载后框架的弯矩图，已知框架的抗弯刚度 EI 和弹簧刚度 k。

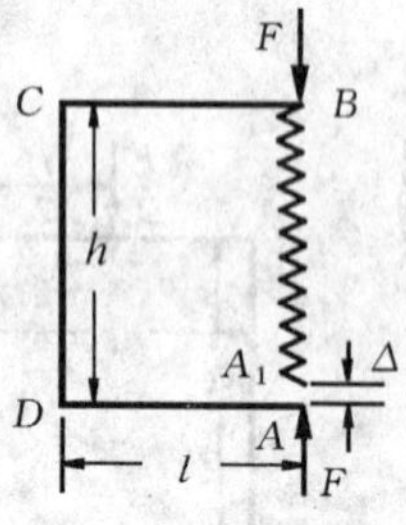

题 11 - 12 图

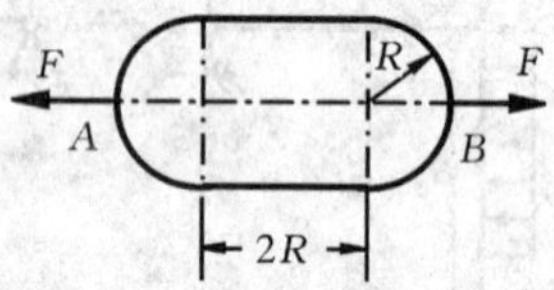

题 11 - 13 图

11 - 13 链条的一环如图所示，试求环的最大弯矩，环的抗弯刚度 EI 已知。

11 - 14 图示结构由两个半径为 R 的半圆环和直杆 AB 铰接而成，半圆环的抗弯刚度均为 EI，直杆的抗拉刚度 $2EA$，试求 AB 杆的伸长。

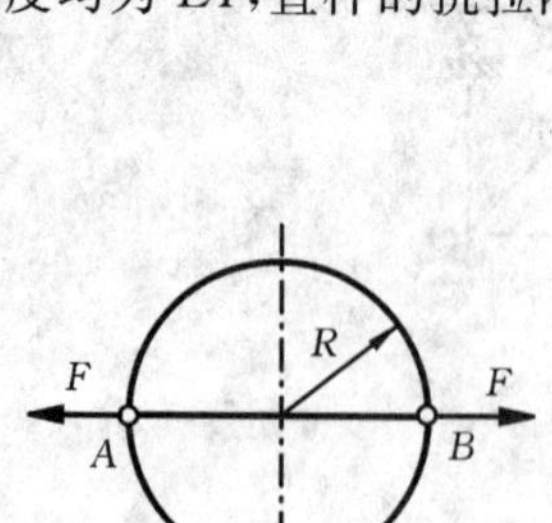

题 11 - 14 图

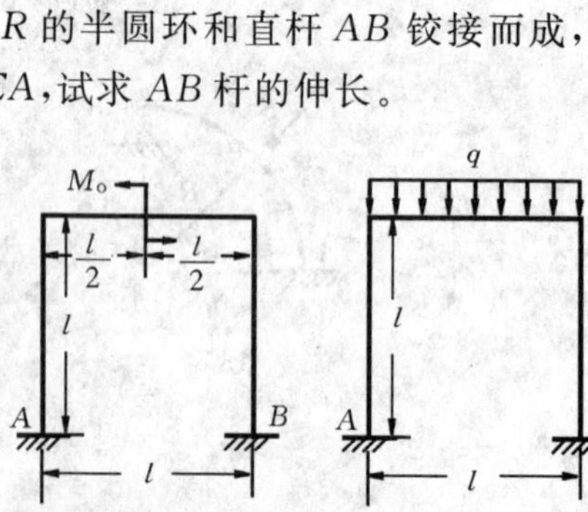

(a) (b)

题 11 - 15 图

11－15　试作图示等截面刚架的弯矩图，已知抗弯刚度 EI。

11－16　图示半径为 R 的圆环，抗弯刚度 EI 已知，载荷 F 分别作用在圆环圆周的三个等分点 A、B 和 C 上，试求各 F 力作用点的径向位移。

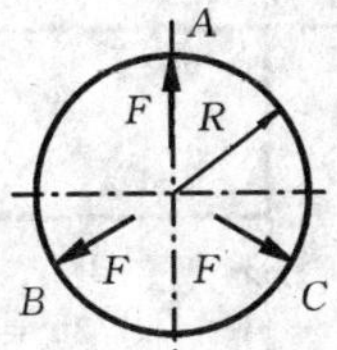

题 11－16 图

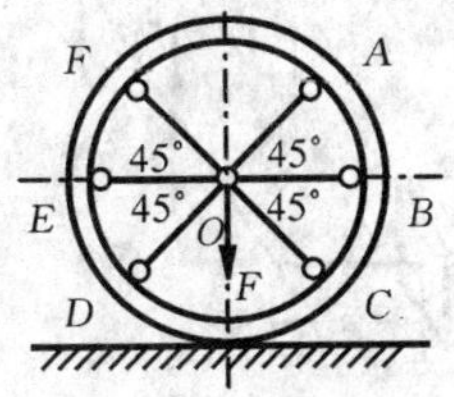

题 11－17 图

11－17　图示刚性圆环内铰接 6 根杆件，各杆长度均为 l，抗拉压刚度均为 EA，试求各杆的内力。

11－18　图示正方形框架的边长为 a，抗弯刚度为 EI，试作框架的弯矩图，并求 A、B 两点的相对位移。

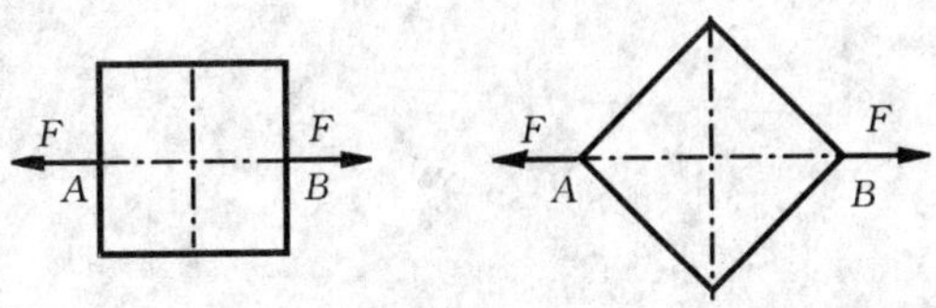

(a)　　(b)

题 11－18 图

11－19　试求图示超静定梁的支反力，梁的刚度 EI 已知。

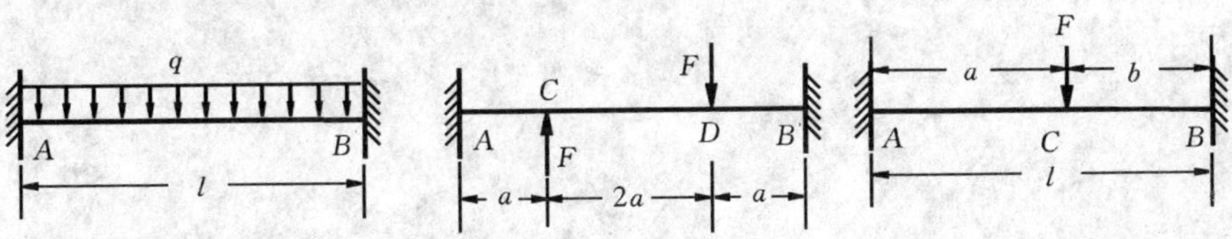

(a)　　(b)　　(c)

题 11－19 图

11－20　图示等截面刚架在水平平面内，载荷垂直于刚架平面。刚架横截面为直径等于 d 的圆形，$l=5a$，材料的切变模量 $G=0.4E$，试求 F 力作用点的铅垂位移。（提示：对平面刚架的分析表明，如果载荷垂直于刚架平面，则在小变形的条件下，作用线位于刚架平面内的内力为零，作用面位于刚架平面内的内力偶矩也为零。如本题中的轴力等于零，刚架平面内的弯矩也为零）

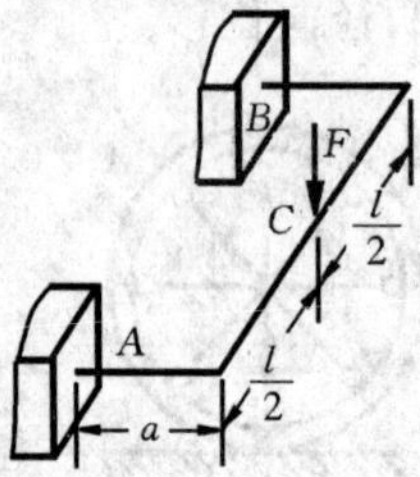

题 11-20 图

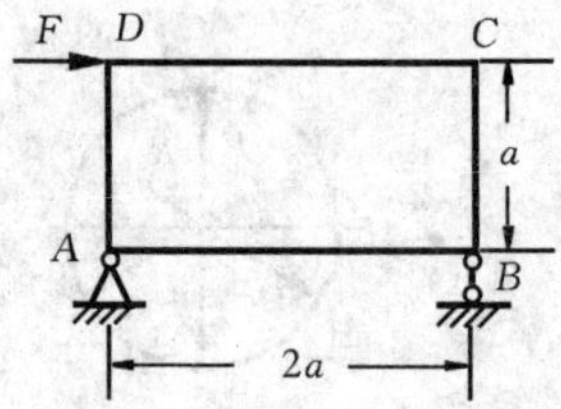

题 11-21 图

***11-21** 抗弯刚度为 EI 的闭合框架受力如图所示，试作框架的弯矩图。

第 12 章　动载荷

12.1　概述

前面各章讨论的都是静载荷问题。静载荷是指从零开始缓慢地增加到最终值后不再随时间变化或变化不大的载荷，在加载过程中，构件内各点的加速度很小，可以忽略不计。如果在加载过程中，构件内各点的加速度较大而不能忽略时，这种载荷称为**动载荷**。在工程实际中，受到动载荷作用的构件很多，如锻压汽锤的锤杆、高速转动的砂轮、加速提升重物时的吊索、紧急制动的转轴等。在动载荷作用下，构件内所产生的应力和变形称为**动应力**和**动变形**。

实验表明，在动载荷作用下，只要构件的动应力不超过比例极限，胡克定律仍然成立，且材料的弹性模量与静载荷作用下的弹性模量数值相同。

根据动载荷的特点，动载荷问题可分为惯性力问题、冲击问题、振动问题等。本章只讨论惯性力和冲击问题。

12.2　惯性力问题

构件作匀加速直线运动或匀角速转动时，构件内各点由于速度的大小或方向改变而产生加速度，从而产生惯性力，按照**达朗伯原理**，假想在构件各质点上施加相应的惯性力，并与外力组成一平衡力系，再按静力学的方法计算动载荷作用下构件的应力和变形，这种方法称为**动静法**。

12.2.1　构件作匀加速直线运动时的应力

图 12-1(a)所示一吊重系统，钢索通过滑轮以匀加速度 a 起吊重量为 G 的重物，已知钢索的横截面面积为 A，单位体积重量为 γ，现计算钢索的动应力。

用截面法截取钢索 x 截面以下部分作为研究对象，受力如图 12-1(b)所示。设 $N_d(x)$ 为 x 截面上的动轴力，由达朗伯原理可得

$$N_d(x) = G + \gamma Ax + \frac{G}{g}a + \frac{\gamma Ax}{g}a = (G + \gamma Ax)\left(1 + \frac{a}{g}\right) \tag{a}$$

当重物静止时，钢索在 x 截面上的静轴力为

$$N_j(x) = G + \gamma A x \qquad \text{(b)}$$

则式(a) 可写成

$$N_d(x) = \left(1 + \frac{a}{g}\right)N_j = K_d N_j(x) \qquad (12-1)$$

式中

$$K_d = 1 + \frac{a}{g} \qquad (12-2)$$

K_d 称为**动荷因数**，是动内力与静内力的比值。于是钢索 x 截面上的动应力为

$$\sigma_d(x) = \frac{N_d(x)}{A} = \frac{K_d N_j(x)}{A} = K_d \sigma_j(x) \qquad (12-3)$$

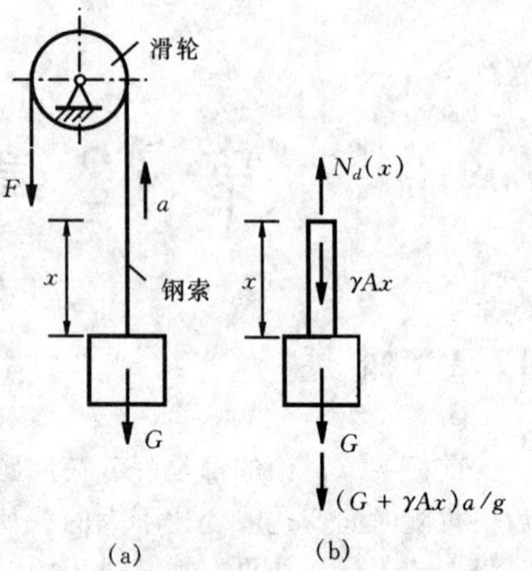

图 12-1

式中，$\sigma_j = \dfrac{N_j(x)}{A}$ 为钢索 x 截面上的静应力。上式表明动应力等于动荷因数乘以相应的静应力。

重物作匀加速运动时钢索的动伸长 Δl_d 等于动荷因数乘以钢索在静载荷下的静伸长 Δl_j，即

$$\Delta l_d = K_d \Delta l_j$$

动载荷下钢索的强度条件为

$$\sigma_{d\max} = K_d \sigma_{j\max} \leqslant [\sigma] \qquad (12-4)$$

式中$[\sigma]$为材料在静载荷下的许用应力值。

例 12-1 图 12-2(a)所示一长为 l=12 m 的 22a 工字钢由两根直径为 d=20 mm 的钢索吊起，并以匀加速度 a=15 m/s^2 上升。试求钢索和工字钢的最大动应力(钢索重量不计)。

解 工字钢受力如图 12-2(b)所示。由型钢表(附录 C)查得 22a 工字钢的几何性质为

$$W_z = 40.9\ \text{cm}^3，单位长度自重\ q = 323.7\ \text{N/m}$$

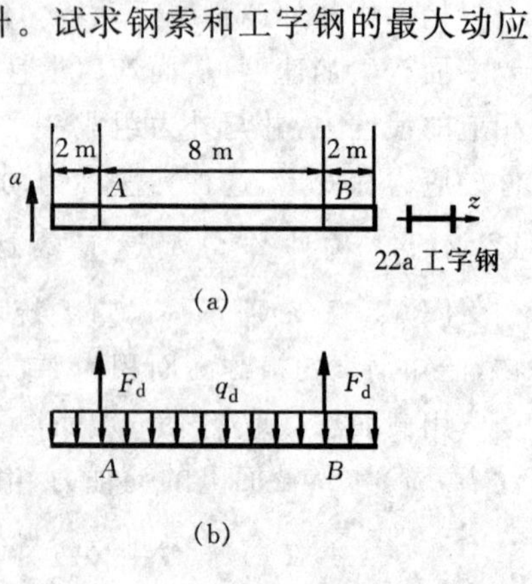

图 12-2

动荷因数

$$K_d = 1 + \frac{a}{g} = 1 + \frac{15}{9.81} = 2.53$$

钢索匀加速上升时，工字钢所受到的动载荷集度为

$$q_d = K_d q = 2.53 \times 323.7 = 819\ \text{N/m}$$

由平衡条件可得，钢索所受动拉力为

$$F_d = \frac{q_d l}{2} = \frac{819 \times 12}{2} = 4.91\ \text{kN}$$

钢索的动应力为

$$\sigma_d = \frac{F_d}{A} = \frac{4F_d}{\pi d^2} = \frac{4 \times 4.91 \times 10^3}{\pi \times 20^2 \times 10^{-6}} = 15.6\ \text{MPa}$$

工字钢的最大动弯矩在其中间截面上，其值为

$$M_{d\max} = F_d \times 4 - q_d \times 6 \times 3 = 4.91 \times 10^3 \times 4 - 819 \times 6 \times 3 = 4.9\ \text{kN}\cdot\text{m}$$

故工字钢的最大动应力为

$$\sigma_d = \frac{M_d}{W_z} = \frac{4.9 \times 10^3}{40.9 \times 10^{-6}} = 119.8\ \text{MPa}$$

讨论　如果加速度 a 方向向下，则钢索和工字钢的动应力如何计算？

12.2.2　构件作匀角速转动时的应力

图 12-3(a) 所示一机器飞轮（不考虑轮辐对轮缘的影响，将飞轮简化为一个绕中心旋转的圆环），轮缘的平均半径为 R，横截面面积为 A，厚度为 $t(t \ll R)$，材料单位体积的重量为 γ。现分析飞轮以匀角速度 ω 旋转时，轮缘横截面上的应力。

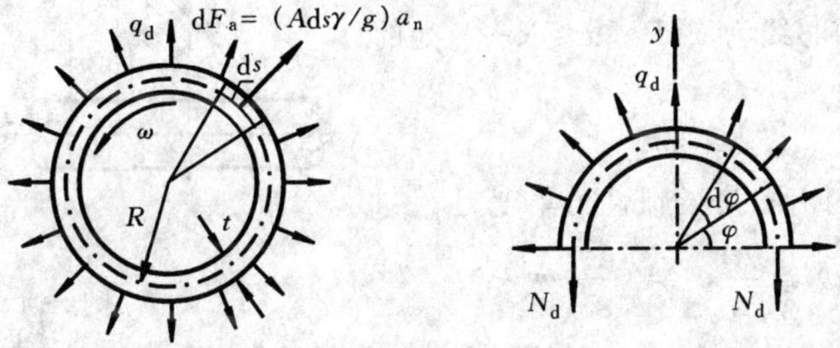

图 12-3

由于轮缘厚度 t 远小于平均半径 R，故可认为环内各点的向心加速度大小相等，且都等于轮缘轴线上各点的向心加速度，即 $a_n = R\omega^2$。设轮缘微段 ds 的离心惯性力为 dF_d，如图 12-3(a) 所示，则沿轮缘轴线均匀分布的离心惯性力集度为

$$q_d = \frac{dF_d}{ds} = \frac{(Ads\gamma/g)a_n}{ds} = \frac{A\gamma R}{g}\omega^2$$

用截面法将轮缘对称截开，上半部分受力如图 12-3(b) 所示。横截面上的内力参照例 2-6 可得

$$N_d = q_d R = \frac{A\gamma R^2}{g}\omega^2$$

轮缘横截面上的应力为

$$\sigma_{\mathrm{d}} = \frac{N_{\mathrm{d}}}{A} = \frac{\gamma R^2}{g}\omega^2 = \frac{\gamma}{g}v^2 \tag{12-5}$$

式中，$v = R\omega$ 是轮缘轴线上各点的线速度。强度条件为

$$\sigma_{\mathrm{d}} = \frac{\gamma}{g}v^2 \leqslant [\sigma]$$

从上式可以看出，轮缘横截面上的应力 σ_{d} 与轮缘轴线上各点的线速度 v 及材料单位体积的重量 γ 有关，与横截面面积 A 无关。因此，为了保证轮缘的强度，对轮缘的转速应有一定的限制，增加横截面面积并不能提高飞轮的强度。

例 12-2 图 12-4(a)所示一汽轮机叶片，叶轮的平均半径 $R=630$ mm，叶片长 $l=130$ mm，材料单位体积重量 $\gamma=78.5$ kN/m^3，叶轮以 $n=3\ 000$ r/min 作匀速转动，若叶片看作等截面杆，横截面面积为 A，试求离心力所引起的叶片内正应力沿叶片长度的变化规律及最大值。

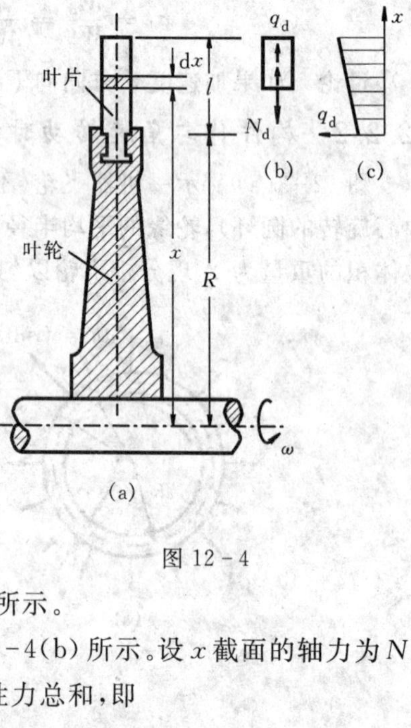

图 12-4

解 叶轮的角速度为 $\omega=2\pi n/60$ rad/s，叶片距主轴中心线为 $x(R\leqslant x\leqslant R+l)$处的向心加速度为

$$a_{\mathrm{n}} = x\omega^2$$

于是，沿叶片长度的惯性力集度为

$$q_{\mathrm{d}}(x) = \frac{A\gamma}{g}a_{\mathrm{n}} = \frac{A\gamma}{g}x\omega^2$$

惯性力沿叶片长度按梯形分布如图 12-4(c) 所示。

将叶片在 x 处截开，上半部分受力如图 12-4(b) 所示。设 x 截面的轴力为 N_{d}，根据平衡条件，N_{d} 等于作用在上半部分的惯性力总和，即

$$N_{\mathrm{d}} = \int_x^{R+l} q_{\mathrm{d}}(x)\mathrm{d}x = \frac{A\gamma\omega^2}{2g}[(R+l)^2 - x^2]$$

于是，x 截面的正应力为

$$\sigma_{\mathrm{d}} = \frac{N_{\mathrm{d}}}{A} = \frac{\gamma\omega^2}{2g}[(R+l)^2 - x^2]$$

由上式可见，动应力 σ_{d} 沿叶片长度按抛物线分布。在叶片外端($x = R+l$) 处，$\sigma_{\mathrm{d}} = 0$；在叶片根部($x = R$) 处，σ_{d} 达到最大值，其值为

$$\sigma_{\mathrm{d\,max}} = \frac{\gamma\omega^2}{2g}[(R+l)^2 - R^2] = \frac{78.5\times10^3}{2\times9.81}\times\left(\frac{2\pi\times3\ 000}{60}\right)^2\times(760^2-630^2)\times10^{-6}$$

$= 71.4\ \text{MPa}$

讨论　由上述分析可知，离心力所引起的正应力与叶片横截面面积无关。若要提高叶片的强度，可以采取什么措施？

12.3　构件受冲击时的应力和变形

工程实践中，经常遇到冲击现象，如汽锤锻造、打桩、金属冲压加工、传动轴的突然制动等。冲击时，冲击物给被冲构件施加了很大的惯性力，在被冲构件中引起很大的应力和变形。由于冲击过程时间很短，冲击物的速度在很短的时间内发生很大的变化，其加速度值难以精确确定，因此使用动静法计算冲击应力十分困难，工程上一般采用偏于安全的能量法。

用能量法分析冲击问题时，为简化计算，作假设如下：冲击物为刚体(变形忽略不计)；被冲击物的质量远比冲击物的质量小，可以略去不计；冲击过程中材料服从胡克定律；冲击过程无能量损失，冲击物的能量完全转换为被冲击物的变形能。

12.3.1　自由落体冲击

如图 12-5(b) 所示，假设被冲击构件是一个刚度为 k 的弹簧，重量为 G 的冲击物从高度 h 处自由下落到弹簧顶端。冲击物与弹簧接触后，速度很快改变，当冲击物速度减为零的瞬时，弹簧受到最大冲击力 F_d，产生最大动变形 Δ_d，如图 12-5(c) 所示。此时冲击物的势能减少了 $V = G(h+\Delta_d)$，由于冲击物的初速和末速都等于零，故动能无变化，即 $T = 0$。根据能量守恒原理，冲击物在冲击过程中所减少的动能 T 和势能 V 之和应等于弹簧的变形能 U_d，即

$$T + V = U_d \qquad \text{(a)}$$

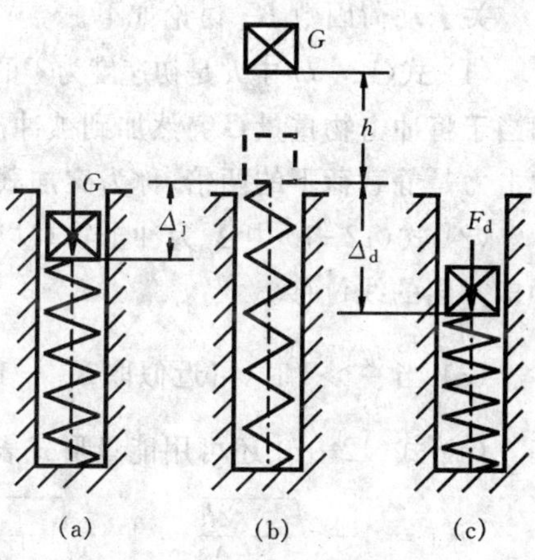

图 12-5

在材料服从胡克定律的情况下，冲击力与弹簧的变形成正比，如图 12-6 所示。在冲击过程中 F_d 和 Δ_d 都是从零开始增加到最大值，弹簧的变形能等于 F_d 在 Δ_d 上所做的功，即图中三角形 AOB 的面积，故

$$U_d = \frac{1}{2}F_d\Delta_d \qquad \text{(b)}$$

将 T、V、U_d 代入式(a) 得

$$G(h+\Delta_d)=\frac{1}{2}F_d\Delta_d \qquad (c)$$

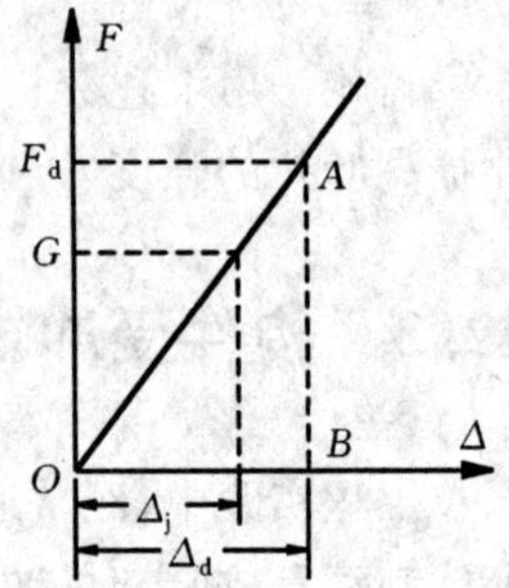

图 12-6

若冲击物重量 G 以静载荷的方式作用在弹簧顶端时，弹簧所产生的静变形为 Δ_j 如图 12-5(a) 所示，在线弹性范围内 G 与 Δ_j 成正比，如图 12-6 所示。令

$$\frac{F_d}{G}=\frac{\Delta_d}{\Delta_j}=K_d \qquad (d)$$

式中，K_d 为**自由落体冲击时的动荷因数**，是动载荷与静载荷、动变形与静变形、动应力与静应力的比值，即

$$F_d=K_dG, \qquad \Delta_d=K_d\Delta_j, \qquad \sigma_d=K_d\sigma_j \qquad (12-6)$$

将 $F_d=K_dG$ 和 $\Delta_d=K_d\Delta_j$ 代入式(c)，整理后得

$$K_d^2-2K_d-\frac{2h}{\Delta_j}=0$$

解此方程并舍去负值，得动荷因数

$$K_d=1+\sqrt{1+\frac{2h}{\Delta_j}} \qquad (12-7)$$

关于动荷因数 K_d 讨论如下。

(1) 式(12-7) 中 h 是初速度为零的冲击物自由下落的高度。若 $h=0$，则 $K_d=2$，相当于将冲击物重量 G 突然加到被冲击物上，此时被冲击物的应力、变形和所受的冲击力是静载荷下的两倍，称为**突加载荷**。

(2) 式(12-7) 中 Δ_j 为冲击物 G 以静载荷方式施加到被冲击物上时，冲击点沿冲击方向的线位移。

(3) 当 $\frac{h}{\Delta_j}\gg 1$ 时，可近似取 $K_d=1+\sqrt{\frac{2h}{\Delta_j}}$；当 $\sqrt{\frac{h}{\Delta_j}}\gg 1$ 时，可近似取 $K_d=\sqrt{\frac{2h}{\Delta_j}}$。

(4) 式(12-7) 还可用能量形式表示为：

$$K_d=1+\sqrt{1+\frac{2h}{\Delta_j}}=1+\sqrt{1+\frac{Gh}{\frac{1}{2}G\Delta_j}}=1+\sqrt{1+\frac{V_0}{U_j}}=1+\sqrt{1+\frac{T_0}{U_j}}$$

式中，V_0 为自由落体冲击前，冲击物所具有的势能；T_0 为冲击刚开始时冲击物所具有的动能；U_j 为冲击物 G 以静载荷方式作用在被冲击物上时被冲击物的变形能。

(5) 动荷因数 K_d 虽由冲击点的静位移求得，但适用于整个冲击系统，即冲击系统的动荷因数只有一个，构件上所有点的动变形和动应力都可用式(12-6) 进行计算。

12.3.2　水平冲击

如图 12-7 所示一水平放置的等直杆，在 B 点受到重量为 G，速度为 v 的重物的水平冲击，若杆的长度为 l，抗拉压刚度为 EA，现求水平冲击时的动荷因数和冲击应力。

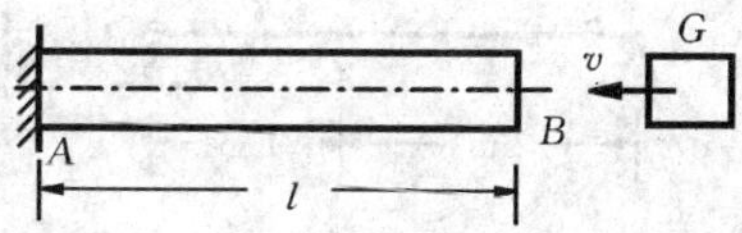

图 12-7

水平冲击时，冲击物只有动能的变化，势能不变，即

$$T=\frac{1}{2}mv^2=\frac{G}{2g}v^2,\quad V=0$$

冲击过程中杆的变形能为　　$U_d=\frac{1}{2}F_d\Delta_d$

根据能量守恒原理，$T+V=U_d$，即

$$\frac{G}{2g}v^2+0=\frac{1}{2}F_d\Delta_d$$

由于$\frac{F_d}{G}=\frac{\Delta_d}{\Delta_j}=K_d$，故上式可写成

$$\frac{G}{2g}v^2=\frac{1}{2}K_d^2G\Delta_j$$

由此可得水平冲击时的动荷因数为

$$K_d=\sqrt{\frac{v^2}{g\Delta_j}}=\frac{v}{\sqrt{g\Delta_j}} \tag{12-8}$$

式中 Δ_j 为大小等于 G 的静载荷沿水平方向施加到杆件上时，冲击点沿冲击方向的线位移。将 $\Delta_j=\frac{Gl}{EA}$ 代入式(12-8) 得 $K_d=v\sqrt{\frac{EA}{gGl}}$，故杆件的冲击应力为

$$\sigma_d=K_d\sigma_j=\sqrt{\frac{v^2}{g\Delta_j}}\cdot\frac{G}{A}=\sqrt{\frac{v^2EG}{gAl}} \tag{12-9}$$

在上述的讨论中，忽略了冲击过程的能量损失，即认为冲击物所减少的动能和势能完全转换为被冲击物的变形能，这与实际情况不符。因此，按照上述方法算出的变形和应力数值偏高，其结果偏于安全。

试验表明，材料在冲击载荷下的强度要比静载荷下的强度略高一些，通常对受冲击载荷作用的光滑构件进行强度计算时，仍用静载荷时的许用应力，即

$$\sigma_{d\max}=K_d\sigma_{j\max}\leqslant[\sigma]$$

例 12-3　图 12-8 所示梁由两根 22a 槽钢组成，跨度 l=3 m，弹性模量 E=200 GPa。若重为 G=20 kN 的重物从高 h=10 mm 处自由落下，试求下列两种情况下梁的最大冲击应力：(1)梁为刚性支承，如图 12-8(a)所示；(2)梁为弹性支承，如图 12-8(b)所示，弹簧刚度 k=300 kN/m。

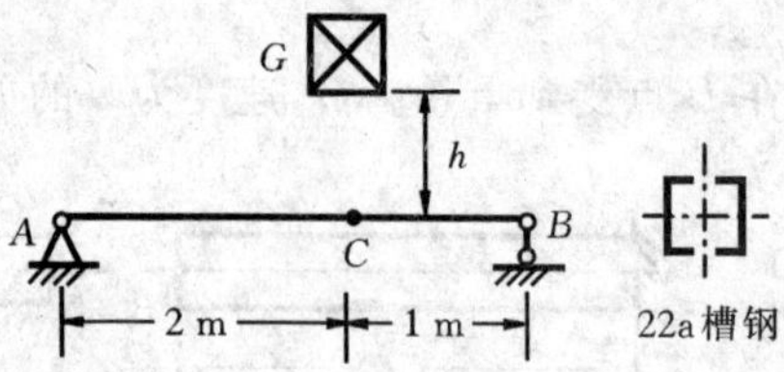

(a)

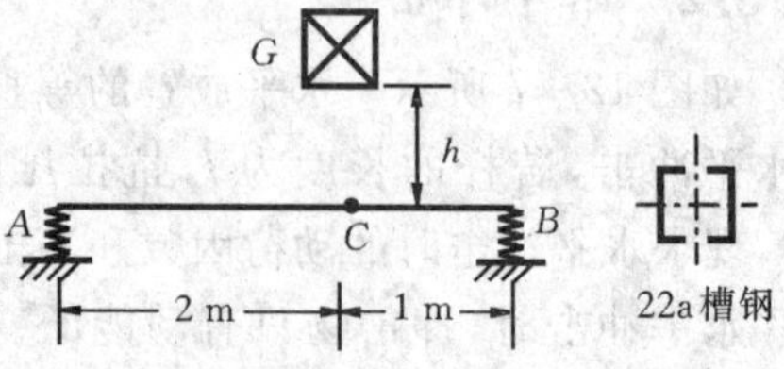

(b)

图 12-8

解 (1) 查型钢表(附录 C)得 22a 槽钢的几何性质为

$$I = 2\ 393.9\ \text{cm}^4, \quad W = 217.6\ \text{cm}^3$$

(2) 图(a) 所示梁的最大冲击应力

查表(附录 B) 可得梁 C 截面处的静挠度为

$$\Delta_j = \frac{4Gl^3}{243E \times 2I} = \frac{4 \times 20 \times 10^3 \times 3^3}{243 \times 200 \times 10^9 \times 2 \times 2\ 393.9 \times 10^{-8}}$$

$$= 0.928\ \text{mm}$$

动荷因数

$$K_d = 1 + \sqrt{1 + \frac{2h}{\Delta_j}} = 1 + \sqrt{1 + \frac{2 \times 10 \times 10^{-3}}{0.928 \times 10^{-3}}} = 5.75$$

在静载荷作用下,梁的最大弯矩发生在 C 截面,其值为 $M_{\max} = \dfrac{2Gl}{9}$,梁内的最大正应力为

$$\sigma_{j\max} = \frac{M_{\max}}{2W} = \frac{2Gl}{9 \times 2W} = \frac{20 \times 10^3 \times 3}{9 \times 217.6 \times 10^{-6}} = 30.6\ \text{MPa}$$

所以该梁的最大冲击应力为

$$\sigma_{d\max} = K_d \sigma_{j\max} = 5.75 \times 30.6 = 176\ \text{MPa}$$

(3) 图(b) 所示梁的最大冲击应力

由于梁支承在弹簧上,故 A、B 截面的静挠度分别为

$$\Delta_j^A = \frac{F_A}{k} = \frac{G}{3k}, \qquad \Delta_j^B = \frac{F_B}{k} = \frac{2G}{3k}$$

则由弹簧变形引起 C 截面的静挠度为

$$\Delta_{j1} = \frac{2}{3}(\Delta_j^B - \Delta_j^A) + \Delta_j^A = \frac{\Delta_j^A + 2\Delta_j^B}{3} = \frac{5G}{3 \times 3k} = \frac{5 \times 20 \times 10^3}{3 \times 3 \times 300 \times 10^3} = 37\ \text{mm}$$

C 截面的静挠度为梁的弯曲变形和弹簧变形引起的挠度之和,即

$$\Delta_j = \frac{4Gl^3}{243E \times 2I} + \Delta_{j1} = 0.928 + 37 = 37.9\ \text{mm}$$

动荷因数　　$K_d = 1+\sqrt{1+\frac{2h}{\Delta_j}} = 1+\sqrt{1+\frac{2\times10\times10^{-3}}{37.9\times10^{-3}}} = 2.24$

梁内最大静应力和图 12-8(a) 所示梁相同，即

$$\sigma_{j\max} = 30.6\ \mathrm{MPa}$$

所以该梁的最大冲击应力为

$$\sigma_{d\max} = K_d\sigma_{j\max} = 2.24\times30.6 = 68.5\ \mathrm{MPa}$$

讨论　(1)由上述结果可以看出，两端为弹性支座梁的冲击应力比刚性支座梁的冲击应力明显下降，说明弹簧吸收了能量，能够缓解冲击作用。(2)若在图 12-8(a)所示梁的 C 截面下方加一刚度为 k 的弹簧支座，梁的冲击应力是否一定降低？为什么？

例 12-4　如图 12-9(a)所示，重量为 $G=25$ kN 的重物悬挂在钢绳 AB 上，以速度 $v=1$ m/s 匀速下降，钢绳的横截面面积 $A=414\ \mathrm{mm}^2$，弹性模量 $E=170$ GPa。当绳长 $l=20$ m 时，卷筒 C 突然被卡住不转，若卷筒和绳的质量略去不计，试求钢绳中的应力。

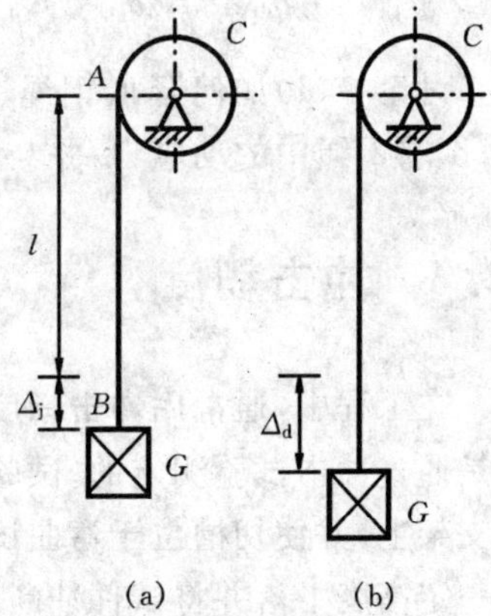

图 12-9

解　卷筒 C 突然被卡住不转，重物的下降速度将从 v 即刻减小为零，钢绳受到冲击作用。重物在冲击过程中动能减少为

$$T = \frac{1}{2}mv^2 = \frac{G}{2g}v^2$$

重物以匀速下降时，钢绳受到静载荷 G 的作用，当绳长为 $l=20$ m 时，钢绳的静伸长为 $\Delta_j = \frac{Gl}{EA}$，此时钢绳内的变形能为

$$U_1 = \frac{1}{2}G\Delta_j$$

钢绳因受冲击被拉长，最大伸长量为 Δ_d，如图 12-9(b) 所示，相应的变形能为

$$U_2 = \frac{1}{2}F_d\Delta_d$$

设 $\frac{F_d}{G} = \frac{\Delta_d}{\Delta_j} = K_d$，则钢绳在冲击过程中增加的变形能为

$$U = U_2 - U_1 = \frac{1}{2}F_d\Delta_d - \frac{1}{2}G\Delta_j = \frac{1}{2}G\Delta_j(K_d^2-1)$$

重物在冲击过程中势能减少为

$$V = G(\Delta_d - \Delta_j) = G\Delta_j(K_d - 1)$$

根据能量守恒原理 $T + V = U$，得

$$\frac{G}{2g}v^2 + G\Delta_j(K_d - 1) = \frac{1}{2}G\Delta_j(K_d^2 - 1)$$

解此方程得

$$K_d = 1 + \sqrt{\frac{v^2}{g\Delta_j}} = 1 + v\sqrt{\frac{EA}{gGl}}$$

代入已知数据得 $K_d = 1 + 1 \times \sqrt{\dfrac{170 \times 10^9 \times 414 \times 10^{-6}}{9.81 \times 25 \times 10^3 \times 20}} = 4.79$

所以，钢绳中的应力为

$$\sigma_d = K_d\sigma_j = K_d\frac{G}{A} = 4.79 \times \frac{25 \times 10^3}{414 \times 10^{-6}} = 289 \text{ MPa}$$

讨论 （1）如何降低钢绳中的动应力 σ_d？（2）若卷筒 C 被卡住在 10 秒内不转，试求钢绳中的动应力，并与上述结果进行比较。

12.4 冲击韧度

在工程中，通常用**冲击韧度**作为衡量材料抗冲击能力的性能指标，以 α_k 表示，它是通过冲击试验测定的。试验时，将带有切槽的标准弯曲试件放置于冲击试验机的支架上，并使切槽位于弯曲试件受拉的一侧，如图 12-10 所示。当试验机的摆锤从一定高度下落并将试件冲断时，试件所吸收的能量等于摆锤所做的功 W。用摆锤所做的功除以试件在切槽处的最小横截面面积 A，就得到材料的冲击韧度 α_k，即

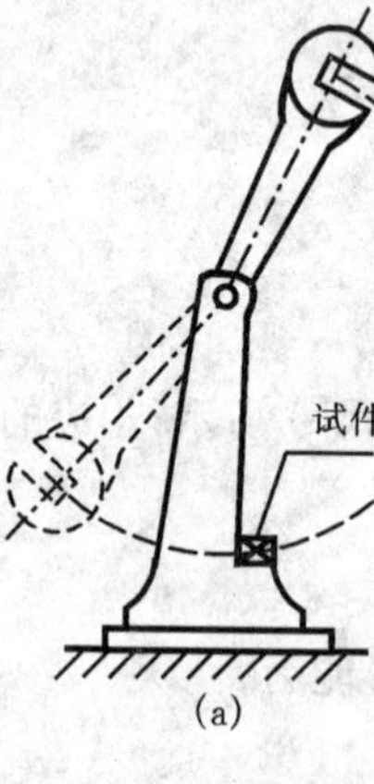

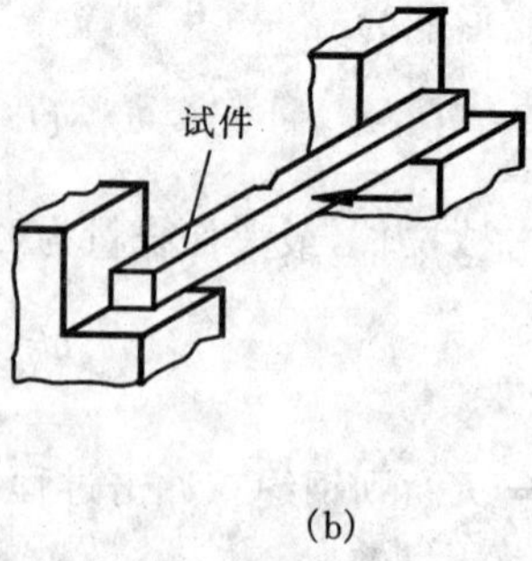

图 12-10

$$\alpha_k = \frac{W}{A} \tag{12-10}$$

式中，α_k 的单位为焦耳 / 米^2(J/m^2)。α_k 越大，材料抗冲击的能力就越强。通常情况下，塑性材料的抗冲击能力远高于脆性材料。

由于冲击韧度的大小与试件的形状、尺寸、切槽形状和深度、温度、支承方式以及材料性能等因素有关，因此 α_k 的值只是一个衡量材料抗冲击能力的相对指标。为了能够将试验结果进行比较，应该采用标准试件。

切槽的目的是使材料处于最不利的应力状态下，由于槽底附近有应力集中，因而即使是塑性很好的材料，受冲击时也会呈现脆性断裂。试验结果表明，α_k 的值随着温度的降低而减小，在某一温度范围下，材料将变得很脆，其 α_k 值突然变小，这就是**冷脆**现象，这一温度范围称为**转变温度**。各种材料的 α_k 值与温度的关系及其转变温度都不相同，图 12-11 为低碳钢材料的 α_k 值与温度的关系曲线，其转变温度约为 $-40℃$。试件冲断后，断面部分面积呈晶粒状的脆性断口，另一部分呈纤维状的塑性断口。

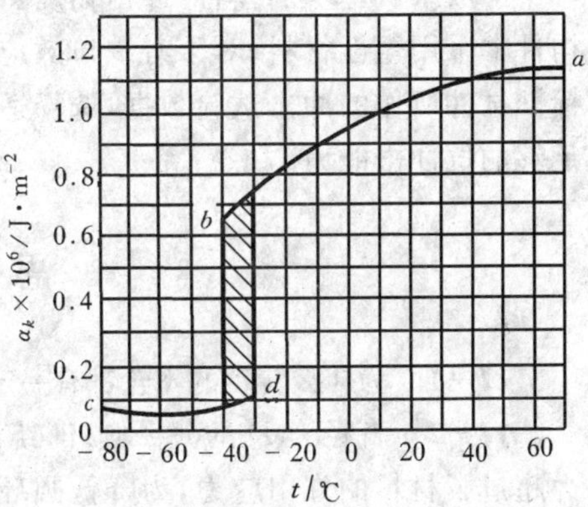

图 12-11

并不是所有金属都有冷脆现象。有些金属材料，如铝、铜以及某些高强度合金钢，它们的 α_k 值在很大的温度范围内变化很小，没有明显的冷脆现象。

12.5　提高构件抗冲击能力的措施

在工程中，人们有时需要利用冲击造成的巨大的动载荷，如锻造、破碎、冲压、打桩等。但在更多的情况下则要求减小冲击载荷，提高构件的抗冲击能力。

由式(12-6)和式(12-7)可知，在不增大构件静应力的情况下，增大构件冲击点的静变形 Δ_j，就能降低动荷因数 K_d 的值，从而降低构件的冲击应力。由于静变形 Δ_j 与构件的刚度成反比，因此对于承受冲击的构件，应尽可能地降低其刚度。但是，增大静变形 Δ_j，有时会增大构件的静应力，冲击应力未必能够下降，因此必须综合考虑 σ_j 和 Δ_j 的影响，采取有效措施来提高构件的抗冲击能力。一方面，安装缓冲装置，如汽车大梁与轮轴之间安装叠板弹簧，或者将构件的刚性支承改为弹性支承，如例 12-3 所示；另一方面，应尽量选用弹性模量值较小的材料，或者在冲击点上覆盖弹性模量值较小的材料，如橡胶、软塑料、木材等。对于承受冲击拉压构件，

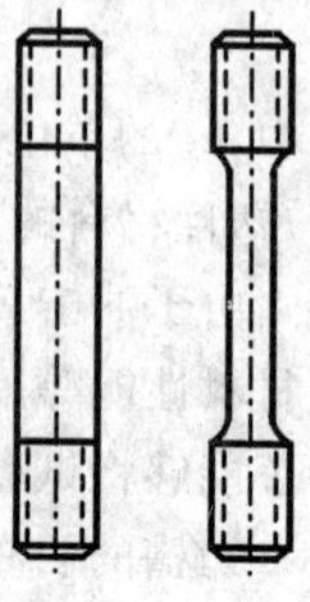

图 12-12

应尽可能做成等截面。对于图 12-12(a) 所示螺栓的光杆直径比螺纹根部直径大，应力集中严重，缺口效应大，而图 12-12(b) 所示螺栓得到较大的改善。

有时改变构件尺寸也可以降低冲击应力，提高抗冲击能力。由式(12-9) 可知水平冲击时的冲击应力 σ_d 与杆件的体积有关，杆件的体积越大，冲击应力越小。因此，工程上常采用增加构件体积的措施来降低水平冲击应力。

一般来讲，塑性材料的冲击韧度 α_k 远大于脆性材料，故受冲构件常采用塑性材料。对于有缺口效应的构件，应参考带缺口的标准试件所作的冲击试验数据，选择适当的材料，保证构件具有足够的抗冲击能力。

思考题

12-1 为什么转动的飞轮都有一定的转速限制？如转速过高，将产生什么后果？

12-2 直径为 D 的薄壁圆环，绕圆环中心 O 作匀角速 ω 转动，若圆环内的应力超过了材料的许用应力，为降低圆环内的应力，可采取的措施是______。

(A)增加圆环的横截面面积　　(B)减小圆环的横截面面积

(C)增加圆环的直径　　(D)降低圆环的角速度 ω

12-3 图示车轮以匀角速 ω 旋转，钢连杆 AB 的截面为矩形，材料单位体积重量为 γ，试分析连杆 AB 的内力和危险工况。

12-4 一报废的铸铁件，如按图示放置，未能将其冲断。可以采取哪些措施将其冲断？为什么？

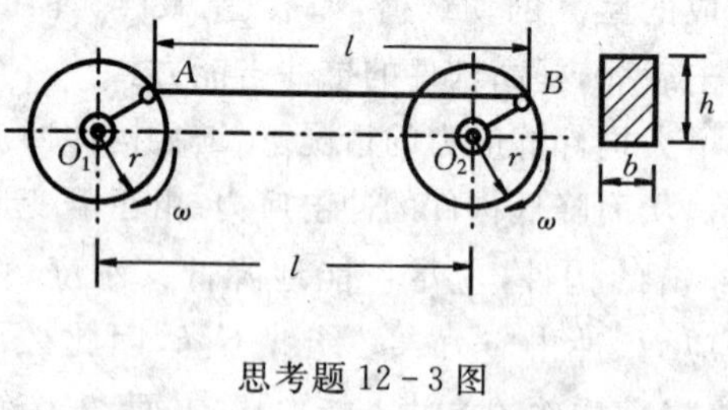

思考题 12-3 图

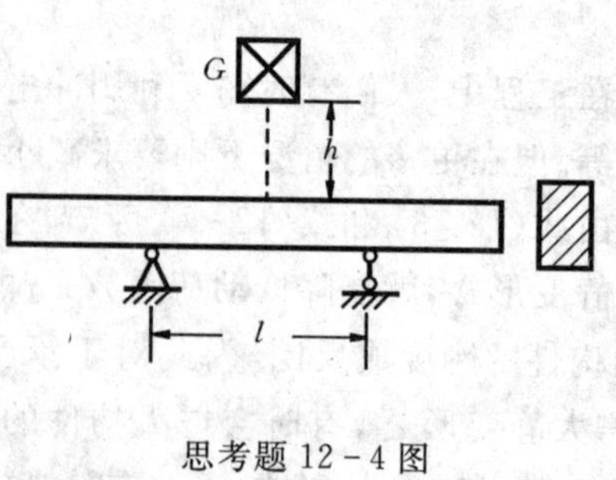

思考题 12-4 图

12-5 试以例 12-3 中图 12-8(a)所示梁为例，证明冲击系统的动荷因数 K_d 只有一个。

12-6 图示四个自由落体冲击系统中，梁的尺寸和材料均相同，弹簧刚度为

k，试问哪一个梁的动荷因数最大？哪一个梁的动荷因数最小？能否确定出哪个梁的动应力最大？

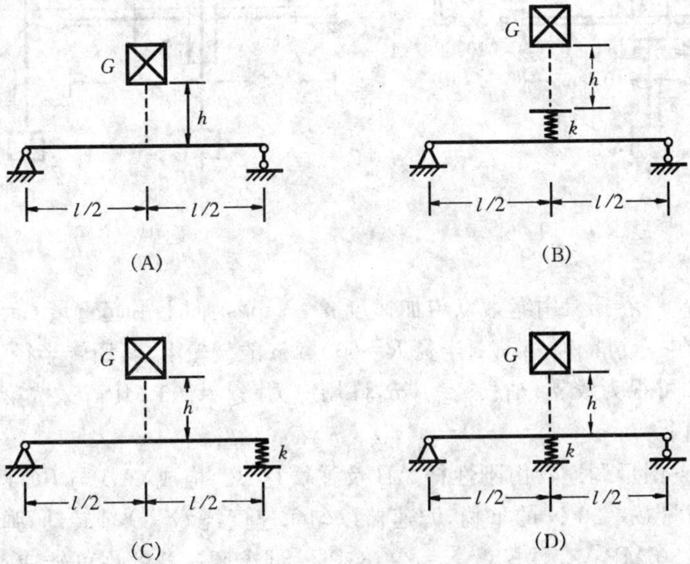

思考题 12－6 图

12－7　图示悬臂梁 AB，重量为 G 的重物自高度 h 处自由下落在梁的 C 点上，欲减小梁的最大应力，冲击点 C 应向左移还是向右移？

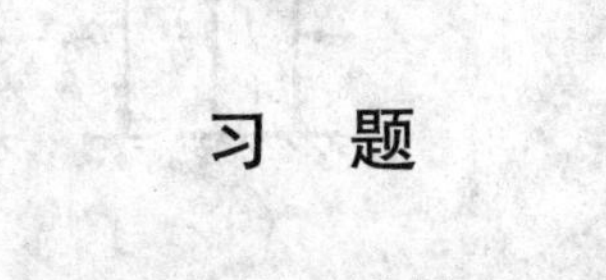

思考题 12－7 图

习　题

12－1　图示桥式起重机，起重机构 C 重量 $G_1=20$ kN，起重机大梁为 20a 工字钢，今用直径 $d=20$ mm 的钢索起吊重量 $G_2=10$ kN 的重物，在启动后第一秒内以匀加速度 $a=3$ m/s^2 上升。若钢索与梁的许用应力均为$[\sigma]=45$ MPa，钢索重量不计，试校核钢索与梁的强度。

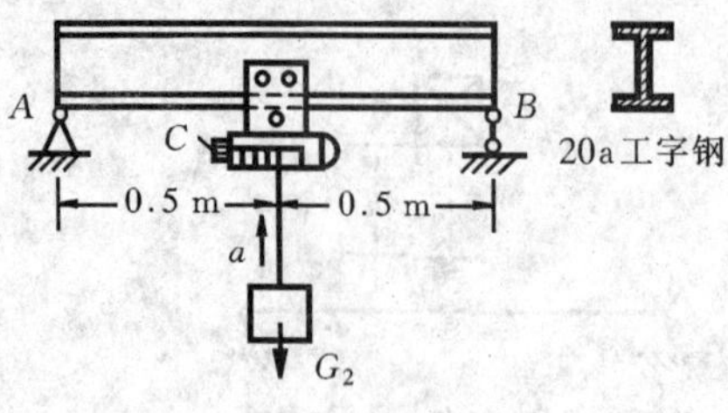

题 12-1 图

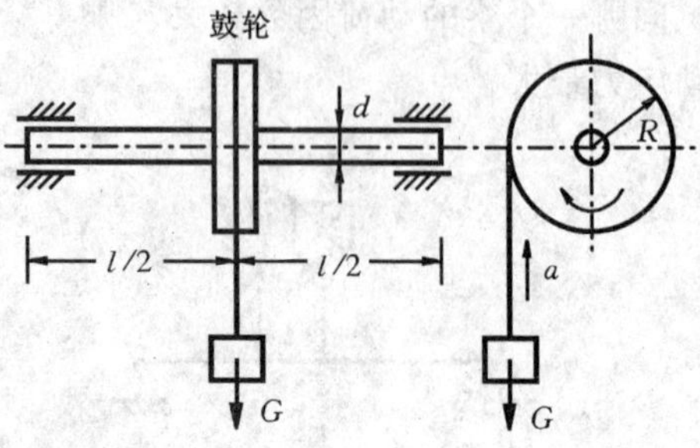

题 12-2 图

12-2 一卷扬机用绳索以匀加速度 $a=5\ \text{m/s}^2$ 向上吊起重量 $G=40$ kN 的重物，绳索绕在一重量 $W=4$ kN、半径 $R=600$ mm 的鼓轮上，其回转半径 $r=450$ mm。设轴的两端可视为铰支，轴长 $l=1$ m，许用应力$[\sigma]=100$ MPa，试按第三强度理论设计轴的直径 d。

12-3 图示调速器由刚性杆 AB 及弹簧片 BC 构成，AB 与 BC 刚性固结，在 C 端装有重量 $G=20$ N 的重物，调速器以匀角速度绕 O-O 轴转动，弹簧片的许用应力$[\sigma]=180$ MPa，弹性模量 $E=200$ GPa。试求调速器的许可转速；并求在此转速下弹簧片 BC 在 C 截面处的挠度。（不考虑临界转速）

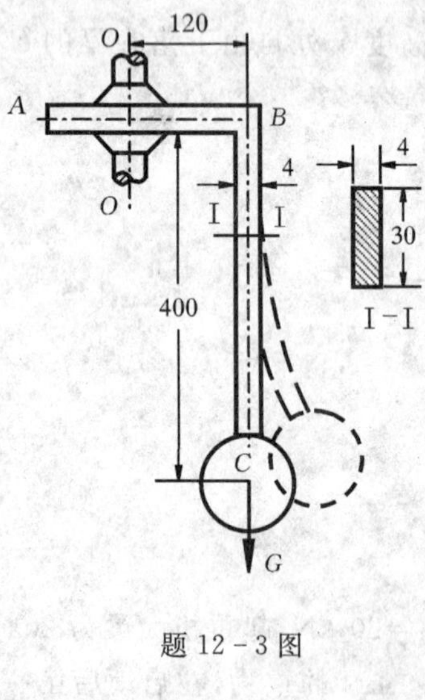

题 12-3 图

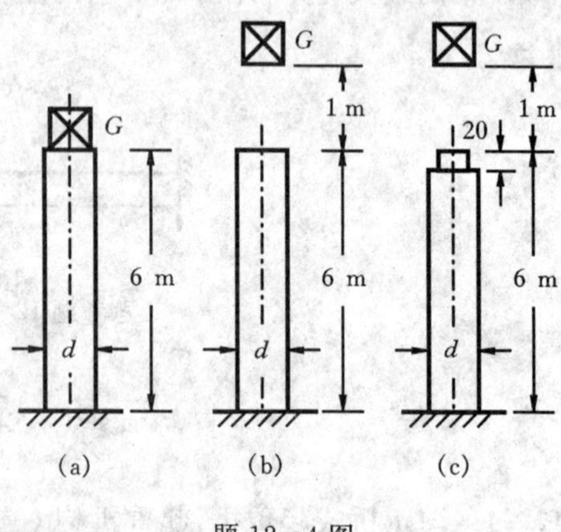

题 12-4 图

12-4 直径 $d=30$ cm 的圆木桩，下端固定，上端受 $G=5$ kN 的重锤作用，木材的弹性模量 $E_1=10$ GPa。试求下列三种情况下，木桩内的最大正应力。

（1）重锤以静载荷的方式作用于木桩上；

(2) 重锤从 1 m 的高度自由落下；

(3) 在桩顶放置直径为 150 mm，厚为 20 mm 的橡皮垫，其弹性模量 $E_2=8$ MPa，重锤从 1 m 的高度自由落下。

12－5 图示圆截面钢杆，直径 $d=40$ mm，杆长 $l=4$ m，许用应力$[\sigma]=120$ MPa，弹性模量 $E=200$ GPa。钢杆的下端连结一圆盘，盘上放置弹簧，弹簧刚度 $k=1\,600$ kN/m。若有重为 15 kN 的重物自由落下，试求其许可的高度 h。又若没有弹簧，则许可的高度 h' 将等于多大？

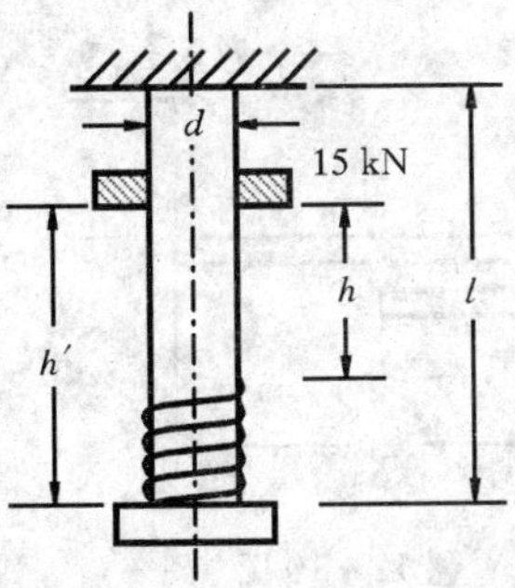

题 12－5 图

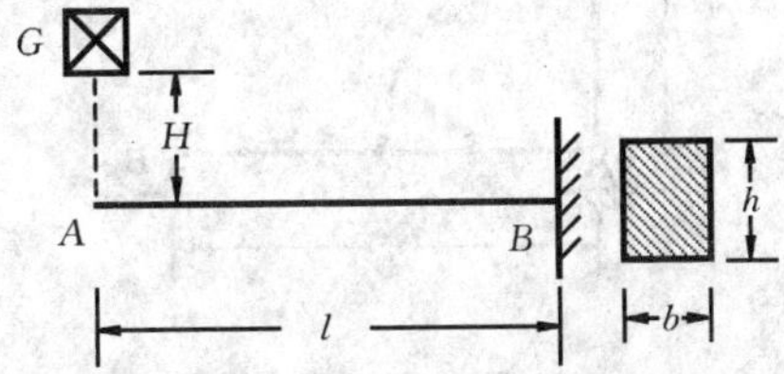

题 12－6 图

12－6 一矩形截面悬臂梁如图所示，$b=160$ mm，$h=240$ mm，$l=2$ m，材料的许用应力$[\sigma]=160$ MPa，弹性模量 $E=200$ GPa。若重 $G=10$ kN 的重物自高度 $H=40$ mm 处自由下落在梁的自由端 A 点，试校核梁的强度，并求梁跨度中央的动挠度。

12－7 图示重量为 G 的重物自高度 h 处自由下落在等截面刚架的 C 点上，已知刚架的抗弯刚度为 EI，抗弯截面系数为 W，试求冲击时刚架内的最大正应力。若在 C 点的上方(或下方)加一刚度为 k 的弹簧，冲击时刚架的最大正应力有何变化？

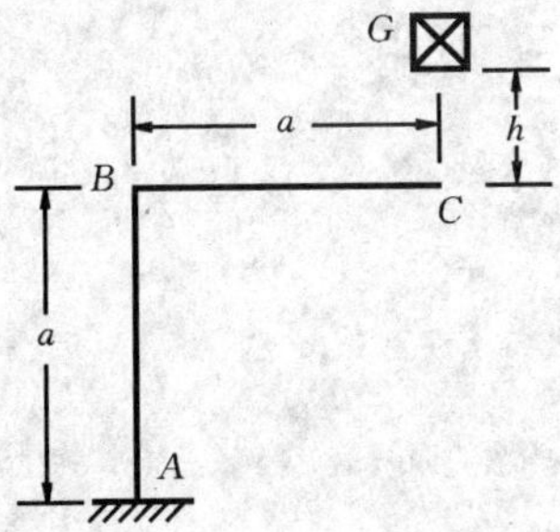

题 12－7 图

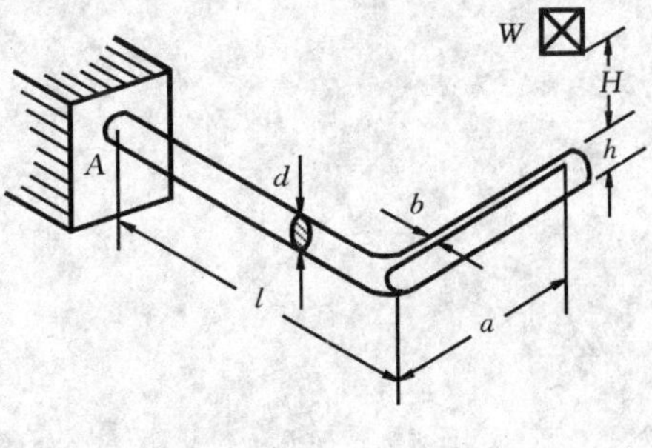

题 12－8 图

12－8 图示重物 W 从高度 H 处自由下落到水平钢制曲拐上，已知材料的 E

和G,试按第三强度理论求出曲拐危险点的相当应力。

12-9 图示重量为G的重物固结于竖杆的一端,竖杆可绕梁的A端转动,当竖杆在铅垂位置时水平速度为v,若梁长l、抗弯截面系数w和抗弯刚度EI已知,试求冲击时梁内的最大动应力。

12-10 图示AB梁用CD梁加固,在D处通过一刚球接触,两梁的抗弯刚度均为EI。若一重量为G的重物自高度h处自由下落到B点,试求CD梁上D点的挠度。

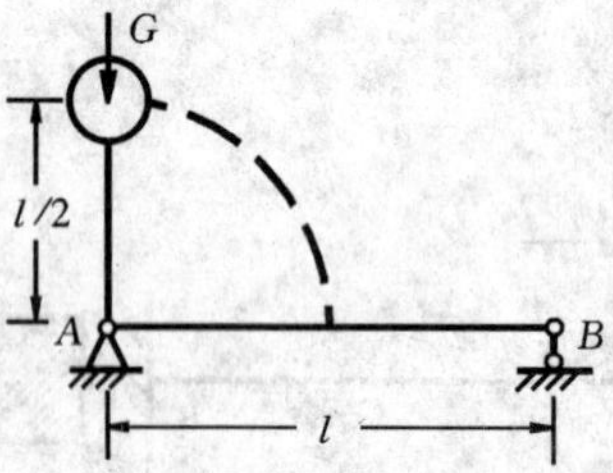

题12-9图

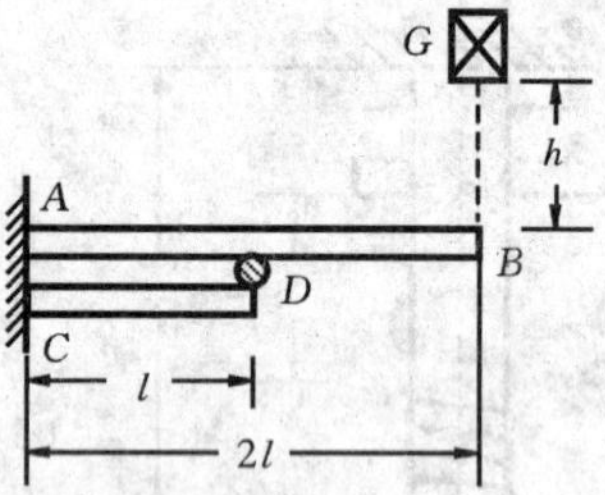

题12-10图

第 13 章　疲劳强度

13.1　概 述

13.1.1　交变应力与疲劳破坏

在工程实际中，很多构件或者受到随时间而变化的载荷作用，或者载荷不变化而构件本身在转动；或者构件的环境温度在反复变化等等，这些构件内的应力都随时间而变化。图 13-1(a)所示齿轮每旋转一周，其上任一齿的齿根处 A 点的弯曲正应力就由零变化到最大值，然后再回到零，图 13-1(b)为应力随时间变化的曲线。又如图 13-2(a)所示的火车车轴，它所承受的载荷虽然不随时间发生变化，但由于车轴本身在旋转，轴内各点的弯曲正应力也是随时间作周期性交替变化，Ⅰ-Ⅰ截面上弯曲正应力分布如图 13-2(b)所示，当截面外缘任一点经过位置 1、2、3、4 时，该点的应力随时间变化的曲线如图 13-2(c)所示。这种随时间而周期性交替变化的应力，称为**交变应力**。交变应力重复变化一次的过程，称为一个**应力循环**。还有一些构件所承受交变应力的幅度随时间而不断变化，如在不平坦道路上行驶的汽车，其车轴即承受变幅度的交变应力作用。

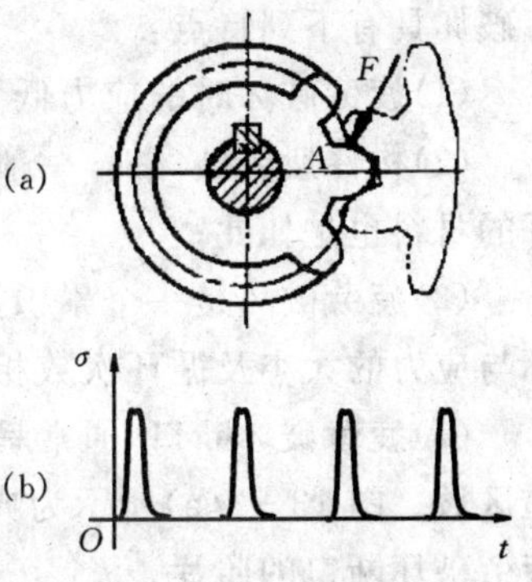

图 13-1

大量工程实践表明，在交变应力长期作用下，不论是由脆性材料还是塑性材料制成的构件，即使其最大工作应力低于材料的强度极限，甚至低于屈服极限，也常会在没有明显塑性变形的情况下突然断裂破坏。由于这种破坏经常发生在构件长期运转后，最初人们曾误认为这是由于材料“疲劳”所致，故称为**疲劳破坏**。随着生产的发展，近代科学研究发现，发生疲劳破坏的构件，其材料性质并未改变。但沿于习惯，现在仍称构件在交变应力下的破坏为疲劳破坏，构件抵抗疲劳破坏的能力称为**疲劳强度**。

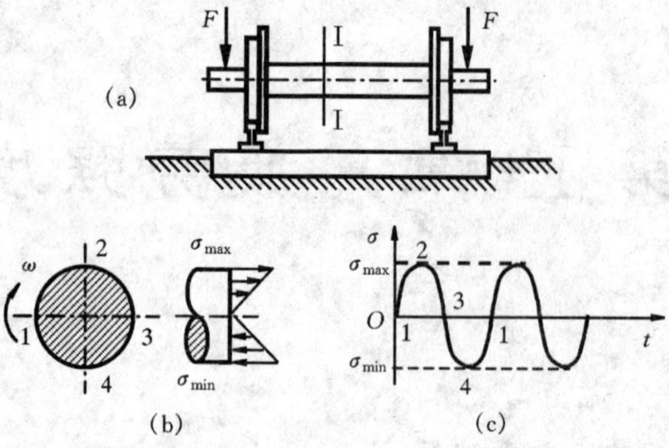

图 13-2

13.1.2　疲劳破坏的特点

构件在交变应力作用下的疲劳破坏，与静应力下的破坏有着本质上的区别，疲劳破坏具有下列特点：

(1)疲劳破坏时的应力低于材料的强度极限，甚至低于材料的屈服极限；

(2)构件疲劳破坏时，一般无明显的塑性变形，表现为脆性断裂，即使是塑性很好的材料也是如此；

(3)疲劳破坏是一个累积损伤过程，要经过一定的应力循环后才发生，疲劳破坏与应力的大小及循环次数相关；

(4)疲劳破坏断口，通常呈现两个区域，一个是光滑区域，另一个是颗粒状的粗糙区域。图 13-3(a)所示为典型的疲劳破坏的断口，图 13-3(b)为火车挂钩销钉疲劳破坏断口的照片。

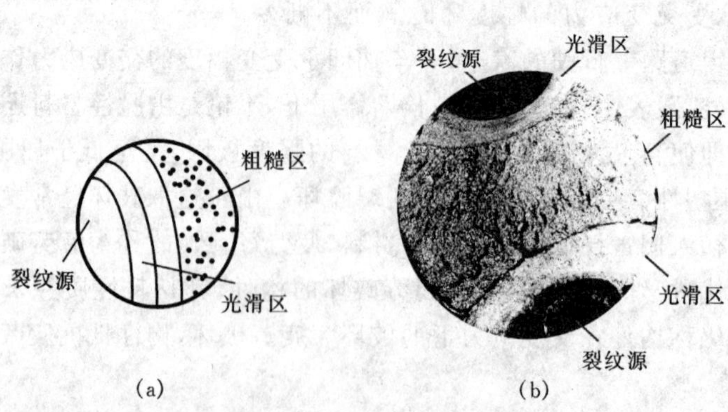

图 13-3

13.1.3　疲劳破坏的机理

对疲劳破坏一般解释为：在构件应力最大处或材料有缺陷的地方，当交变应力大小超过一定限度，并经过一定的应力循环后，萌生很细微的裂纹，这就是所谓**裂纹源**。在裂纹的尖端有严重的应力集中，随着应力循环次数不断增加，裂纹逐渐扩展。在裂纹扩展过程中，裂纹两边的材料时而分离，时而挤压，因而发生类似研磨的作用，逐渐形成了断口的光滑区。经过长期运转后，随着裂纹不断扩展，构件有效截面积逐渐减小，当截面削弱到一定程度时，在偶然一次较大的载荷下突然发生脆性断裂，形成断口的粗糙区。因此构件的疲劳破坏实质上就是裂纹萌生、扩展和最后断裂的过程。

早在一百多年前，构件的疲劳破坏现象已被发现，车轴等零件常发生意料之外的断裂。在现代工业中，机器设备运转的速度越来越快，受交变应力作用的构件也越来越多。据粗略估计，在构件的各种破坏中，疲劳破坏已超过半数。疲劳破坏通常是在没有明显先兆的情况下突然发生的，往往造成严重损失。因此，了解交变应力下构件疲劳破坏的概念和有关计算是十分重要的。同时，人们也在加强研究检测构件表面和内部裂纹的技术，以便及早防范。随着工业技术不断发展，国内外对于构件疲劳强度的研究更加深入和广泛。

本章主要介绍材料及构件在交变应力作用下的强度指标与疲劳强度计算方法，讨论提高构件抵抗疲劳破坏能力的途径。

13.2　交变应力及其循环特征

图 13－4 所示为构件受交变应力作用时，其上一点的应力循环曲线。一个应力循环中的最大应力和最小应力分别用 $\sigma_{\max}$ 和 $\sigma_{\min}$ 表示，其平均值称为应力循环中的平均应力，用 σ_m 表示，即

$$\sigma_m = \frac{1}{2}(\sigma_{\max} + \sigma_{\min}) \qquad (13-1)$$

σ_m 为交变应力的静应力部分。交变应力的变化幅度为

$$\sigma_a = \frac{1}{2}(\sigma_{\max} - \sigma_{\min}) \qquad (13-2)$$

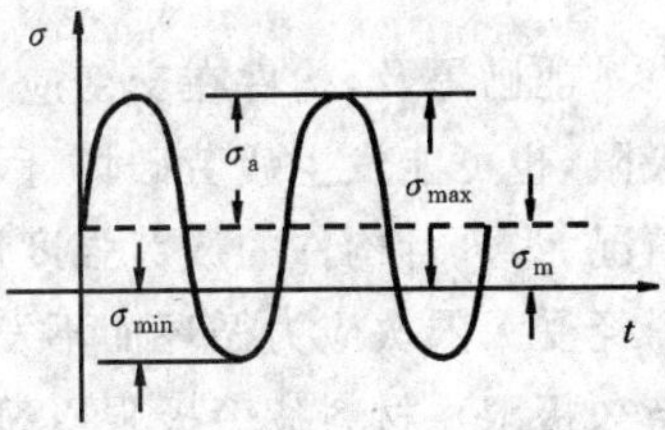

图 13－4

σ_a 称为应力循环中的**应力幅**，是交变应力的动应力部分。

交变应力的变化特点可用最小应力和最大应力的比值 r 表示，称为**循环特征**，即

$$r = \frac{\sigma_{min}}{\sigma_{max}} \tag{13-3}$$

交变应力的状况可用上述五个参数中的任意两个来确定。如果 $\sigma_{max} = -\sigma_{min}$，如图 13-5(a) 所示，称为**对称循环交变应力**，其循环特征 $r = -1$，图13-2(a) 所示车轴内各点的弯曲交变应力为对称循环。如果 $\sigma_{min} = 0$，如图 13-5(b) 所示，称为**脉动循环交变应力**，其循环特征 $r = 0$，图 13-1(a) 所示齿根处弯曲交变应力即为脉动循环。当 $\sigma_{max} = \sigma_{min}$ 时，循环特征 $r = 1$，即为静应力，如图 13-5(c) 所示。循环特征 $r \neq -1$ 的交变应力统称为非对称循环交变应力。参数不随时间改变的交变应力称为**等幅交变应力**，反之称为**变幅交变应力**，图13-5(d) 所示为非对称循环变幅交变应力。

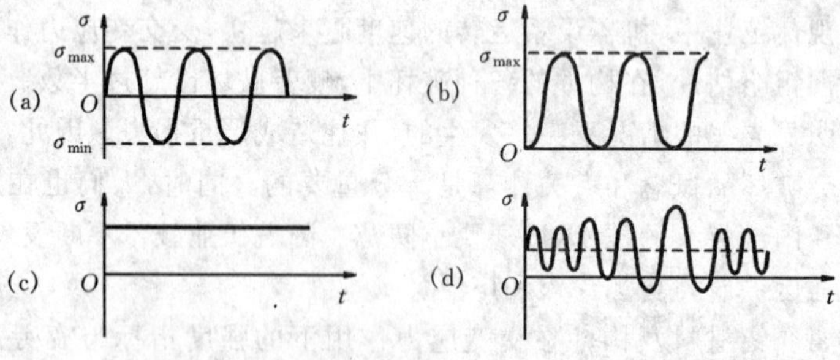

图 13-5

以上概念对交变切应力也完全适用，只需将 σ 改为 τ 即可。

13.3 材料的疲劳极限

前已提及，构件在交变应力下，即使它的最大应力低于材料在静载荷下的屈服极限，也可能发生疲劳破坏，因此，构件在静载荷下强度条件已不适用交变应力的情况。为进行构件的疲劳强度计算，首先要通过试验确定材料的疲劳强度指标。材料经受无限次应力循环而不发生疲劳破坏的最高应力值，称为材料的**疲劳极限**（或**持久极限**）。材料疲劳极限以符号 σ_r 表示，下标 r 为循环特征。实验表明，材料抵抗对称循环交变应力的能力最低，所以，对称循环下的疲劳极限 σ_{-1} 为材料疲劳强度的基本指标。

材料在对称循环交变应力下的疲劳极限，通常在弯曲疲劳试验机上测定，其示意图如图 13-6(a) 所示。

疲劳试验的试件一般加工成直径 6 ~ 10 mm、表面磨削的光滑小试件，试件装

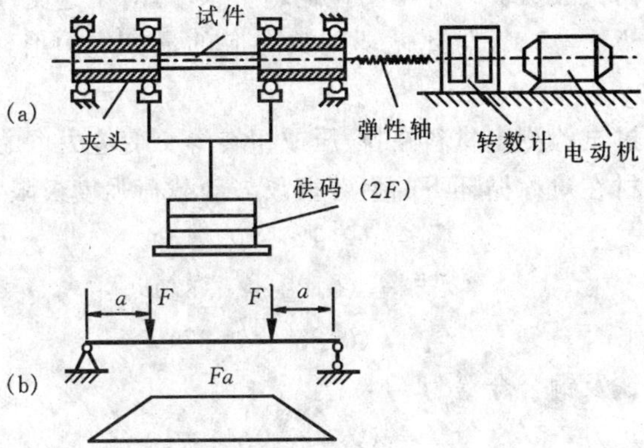

图 13 - 6

夹在夹头中，挂上砝码后受到弯矩 $M = Fa$ 的作用，如图 13 - 6(b) 所示，最大弯曲正应力 $\sigma_{max} = M/W$。当试验机开动时，试件也随之转动，受到对称循环交变应力的作用，交变应力循环次数可通过转数计读出。试件断裂时，试验机将自动停止。

试验要求一组 6 ～ 10 根材质相同的标准试件，使每根试件在不同应力幅的交变应力下试验。试验时使试件承受的最大应力由高到低逐次减小，其相应的循环次数 N 则逐次增大，在 $\sigma_{max}-N$ 坐标系上可定出一系列点，由此得到一条试验曲线(图 13 - 7)，通常称为**疲劳曲线**(**或应力-寿命曲线**)，简称 ***S*-*N* 曲线**。该曲线的水平渐近线的纵坐标值即为材料的疲劳极限 $\sigma_{-1}^{弯}$。

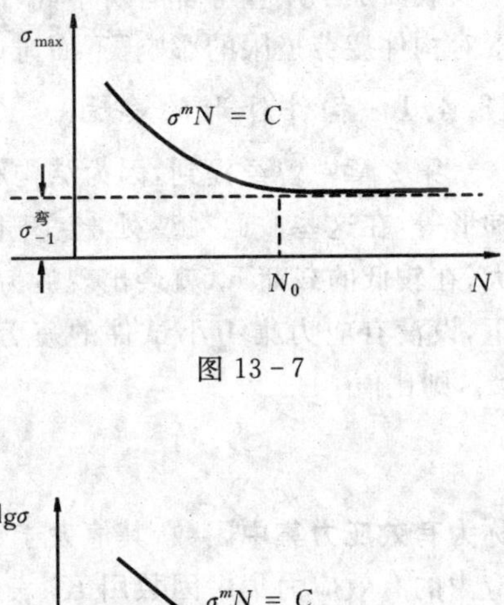

图 13 - 7

试验表明，对于一般钢试件，如经历 10^7 次应力循环，试件尚不破坏，则可认为试件经受无限次应力循环也不会破坏，这个次数称为**循环基数**，记作 N_0。N_0 以左的 $S-N$ 曲线常用幂函数 $\sigma^m N = C$ 表示，m 和 C 为与材料有关的常数。在图 13 - 8 所示的 $\lg\sigma$，$\lg N$ 双对数坐标系中，$S-N$ 曲线可近似为两段直线组成，两段直线交点的横坐标即循环基数 N_0。

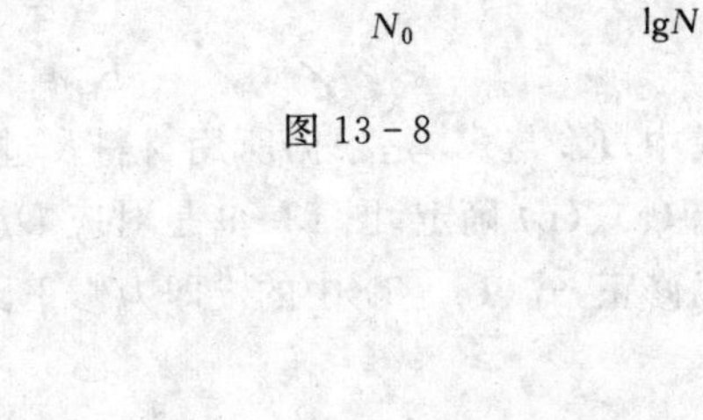

图 13 - 8

某些有色金属，其疲劳曲线并不明显地趋于水平，对于这类金属通常规定一个循环基数，一般取 $N_0 = 10^8$，与此循环基数对应的最高应力值，称为**条件疲劳极限**。

同样，也可通过试验测定材料在拉-压或扭转等交变应力下的疲劳极限。

试验指出，钢材在对称循环下的疲劳极限与静载荷强度极限大致关系如下：

$$\sigma_{-1}^{弯} = (0.42 \sim 0.46)\sigma_b$$

$$\sigma_{-1}^{拉压} = (0.32 \sim 0.37)\sigma_b$$

$$\tau_{-1}^{扭} = (0.25 \sim 0.27)\sigma_b$$

对于铸钢、可锻铸铁及铜合金等为

$$\sigma_{-1}^{弯} = (0.3 \sim 0.4)\sigma_b$$

上述关系可作为粗略估计材料疲劳极限的参考。

13.4 影响构件疲劳极限的主要因素

材料疲劳极限是由光滑小试件测定的，而实际构件与试件的几何形状、尺寸大小及表面加工质量等都有所不同，因此在计算构件的疲劳强度时必须考虑这些因素对构件疲劳极限的影响。下面讨论影响对称循环下构件疲劳极限的主要因素。

13.4.1 构件外形的影响

第 2 章中曾经提到，因为结构和工艺上的要求，构件常需开孔、切槽或制成阶梯形等，在这些截面突变处，会产生应力集中现象。在应力集中区域，局部应力很大，在较低的载荷下，就会出现疲劳裂纹，从而使构件的疲劳极限降低。在对称循环下，设没有应力集中小试件的疲劳极限为 σ_{-1}，有应力集中小试件的疲劳极限为 σ_{-1}^k，则比值

$$K_\sigma = \frac{\sigma_{-1}}{\sigma_{-1}^k} \tag{13-4}$$

称为**有效应力集中因数**，其值大于 1，与构件的几何形状及材料性质有关。交变切应力的有效应力集中因数用 K_τ 表示。

对于阶梯形圆轴，K_σ 和 K_τ 的大小取决于相邻两段直径之比 D/d、其过渡处的圆角半径 r 以及材料的种类。有效应力集中因数可按下式确定：

$$\left.\begin{aligned} K_\sigma &= 1 + \xi(K'_\sigma - 1) \\ K_\tau &= 1 + \xi(K'_\tau - 1) \end{aligned}\right\} \tag{13-5}$$

式中，K'_σ 与 K'_τ 是根据所用材料及过渡圆角半径与小端直径之比 r/d，分别由图 13-9(a)、(b) 确定。图 13-9 是对应 $D/d = 2$ 时的值，因此，当轴的 $D/d < 2$ 时，需加以修正，式(13-5) 中的 ξ 即为修正因数，其值由图 13-10 确定。当轴上有螺纹、键

槽、花键槽及横孔时，其有效应力集中因数可查表 13 - 1。

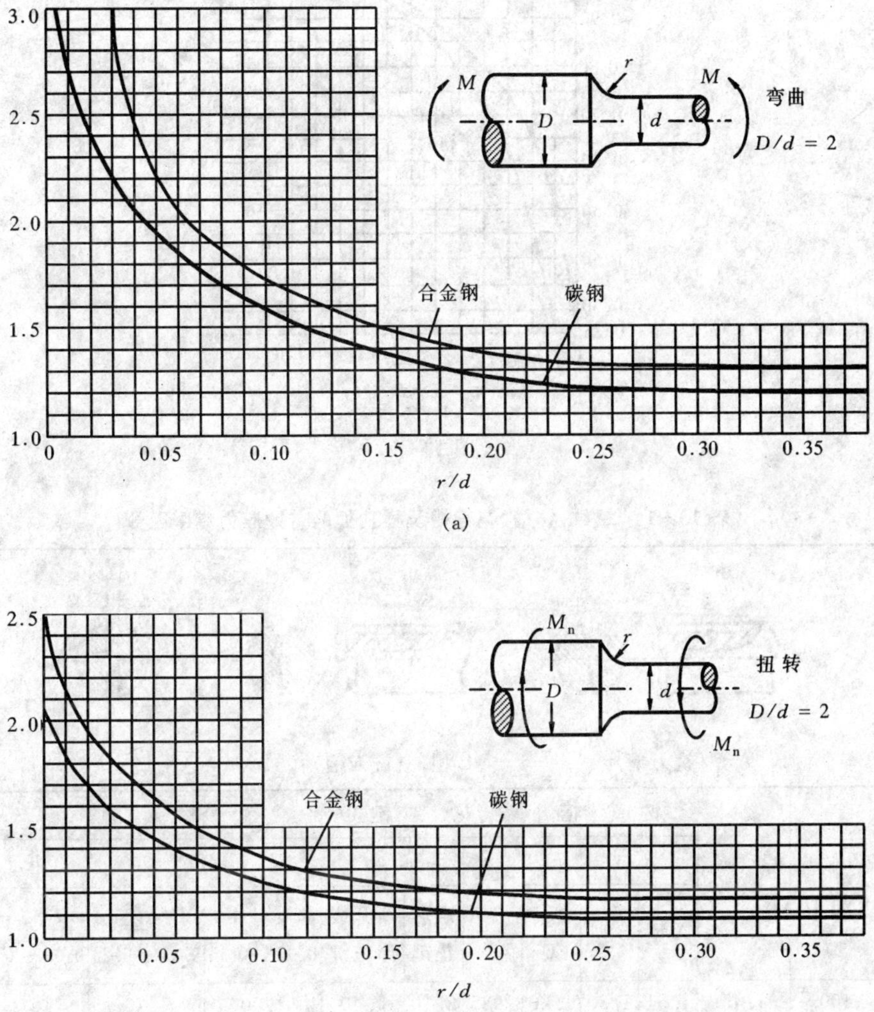

图 13 - 9

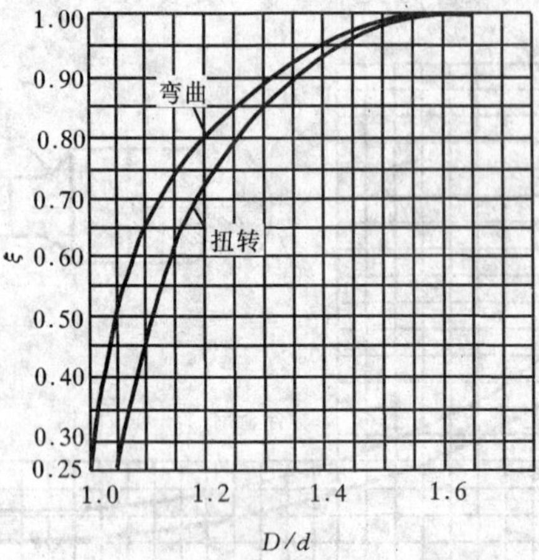

图 13-10

表 13-1 螺纹、键槽、花键槽及横孔处的有效应力集中因数

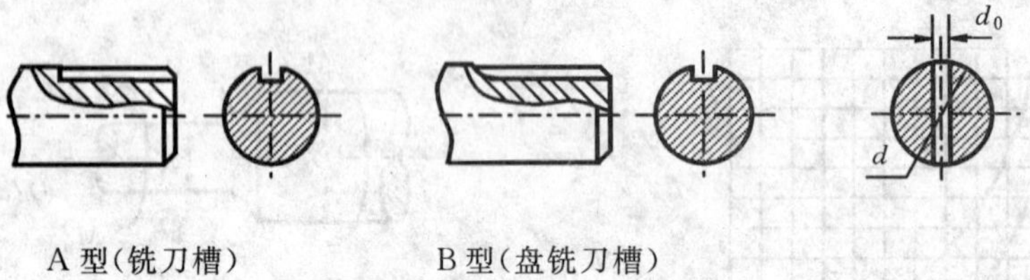

A 型(铣刀槽) B 型(盘铣刀槽)

σ_b (MPa)	螺纹 K_σ ($K_\tau = 1$)	键槽 K_σ A 型	键槽 K_σ B 型	键槽 K_τ AB 型	花键 K_σ	花键 K_τ 矩形花键	花键 K_τ 渐开线形花键	横孔 K_σ $d_0/d = 0.05 \sim 0.15$	横孔 K_σ $d_0/d = 0.15 \sim 0.25$	横孔 K_τ $d_0/d = 0.05 \sim 0.25$
400	1.45	1.51	1.30	1.20	1.35	2.10	1.40	1.90	1.70	1.70
500	1.78	1.64	1.38	1.37	1.45	2.25	1.43	1.95	1.75	1.75
600	1.96	1.76	1.46	1.54	1.55	2.35	1.46	2.00	1.80	1.80
700	2.20	1.89	1.54	1.71	1.60	2.45	1.49	2.05	1.85	1.80
800	2.32	2.01	1.62	1.88	1.65	2.55	1.52	2.10	1.90	1.85
900	2.47	2.14	1.69	2.05	1.70	2.65	1.55	2.15	1.95	1.90
1 000	2.61	2.26	1.77	2.22	1.72	2.70	1.58	2.20	2.00	1.90
1 200	2.90	2.50	1.92	2.39	1.75	2.80	1.60	2.30	2.10	2.00

13.4.2　尺寸大小的影响

试验表明，大尺寸构件的疲劳极限比相同材料的小试件低。一种观点认为随构件尺寸增大，构件内部所含的杂质、缺陷就相应增多，产生疲劳裂纹的可能性就愈大。尺寸大小的影响用**尺寸因数** ε_σ 或 ε_τ 来表示，它是光滑大试件的疲劳极限 $(\sigma_{-1})_d$ 与同样几何形状的光滑小试件（$d_0 \leqslant 10$ mm）的疲劳极限 σ_{-1} 之比，即

$$\varepsilon_\sigma = \frac{(\sigma_{-1})_d}{\sigma_{-1}} \tag{13-6}$$

尺寸因数 ε_σ 和 ε_τ 的值小于 1，由图 13－11 确定。

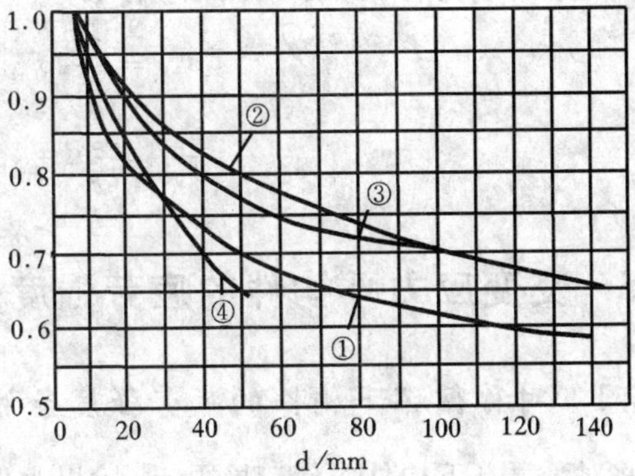

①—合金钢 ε_σ；②—碳钢 ε_σ；③—各种钢 ε_τ；④—铸铁 ε_σ

图 13－11

13.4.3　表面加工质量的影响

疲劳破坏一般起源于构件的表面，因此，对于承受交变应力的构件，表面光洁度和加工质量对于构件的疲劳强度有很大的影响。表面加工粗糙、刻痕、损伤等都会引起应力集中，从而降低构件疲劳极限。对于钢材，它的强度极限愈高，表面加工情况对疲劳极限的影响愈显著。表面加工质量对疲劳极限的影响用**表面质量因数** β 度量，即

$$\beta = \frac{\text{其他加工情况时小试件的持久极限}}{\text{表面磨光时小试件的持久极限}} \tag{13-7}$$

其值由图 13－12 确定。

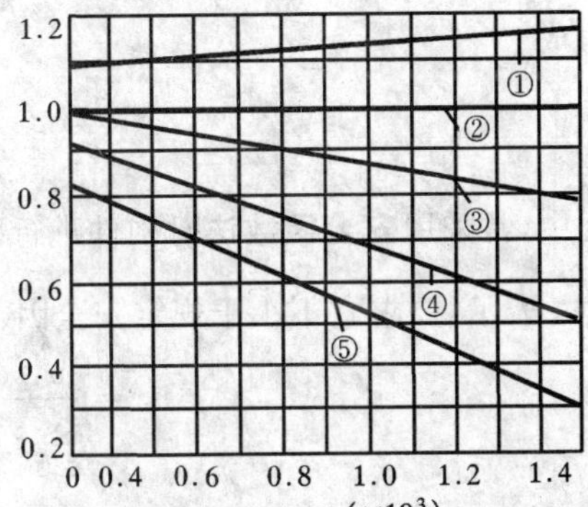

① —抛光 R_a 值 0.1 以上；② —磨削 R_a 值 0.4 ~ 0.2；
③ —精车 R_a 值 3.2 ~ 0.8；④ —粗车 R_a 值 25 ~ 6.3；
⑤ —未加工

图 13－12

除以上三个主要影响因素外，还有一些因素，如周围介质对构件的腐蚀，某些加工工艺所造成的残余应力等，对构件的疲劳极限都有一定影响，本章不再赘述。

13.4.4 对称循环下构件的疲劳极限

综上所述，在测得材料疲劳极限 σ_{-1} 和 τ_{-1} 后，考虑到上面三个主要影响因素，便可得到构件在对称循环下的疲劳极限，即

$$\left.\begin{aligned} \sigma_{-1}^{构} &= \frac{\varepsilon_\sigma \beta}{K_\sigma}\sigma_{-1} \\ \tau_{-1}^{构} &= \frac{\varepsilon_\tau \beta}{K_\tau}\tau_{-1} \end{aligned}\right\} \tag{13-8}$$

13.5 交变应力下构件的疲劳强度条件

13.5.1 对称循环下构件的疲劳强度条件

将对称循环下构件的疲劳极限 $\sigma_{-1}^{构}$ 除以为保证构件疲劳强度的**规定安全因数** n，得到对称循环下构件的许用应力$[\sigma_{-1}^{构}]$，为保证构件不发生疲劳破坏，其最大工作应力 $\sigma_{\max}$ 应不大于此值。对于对称循环，$\sigma_a = \sigma_{\max}$，故

$$\sigma_a \leqslant [\sigma_{-1}^{构}]$$

即

$$\sigma_a \leqslant \frac{\sigma_{-1}^{构}}{n}$$

上式可写成

$$\frac{\sigma_{-1}^{构}}{\sigma_a} \geqslant n$$

工程中，常采用**安全因数法**对构件进行疲劳强度计算，令$\frac{\sigma_{-1}^{构}}{\sigma_a}$为构件**工作安全因数**，以 n_σ 表示，要求它不小于规定安全因数 n，将式(13-8) 代入得

$$n_\sigma = \frac{\sigma_{-1}}{\frac{K_\sigma}{\varepsilon_\sigma \beta}\sigma_a} \geqslant n \tag{13-9a}$$

同理，构件在对称循环交变切应力作用下的强度条件为

$$n_\tau = \frac{\tau_{-1}}{\frac{K_\tau}{\varepsilon_\tau \beta}\tau_a} \geqslant n \tag{13-9b}$$

13.5.2 非对称循环下构件的疲劳强度条件

非对称循环时的最大应力 $\sigma_{\max}$，可以看作由静应力 σ_m（即平均应力）与对称循环的变动应力 σ_a（即应力幅）叠加而成。构件承受变动应力的能力，受到应力集中、尺寸大小及表面加工质量等因数的影响，而静应力对疲劳破坏影响较小。因此，对

变动应力部分按式(13-9)处理，对静应力部分则引入一个与材料性质有关的**敏感因数** ψ。于是非对称循环下构件的疲劳强度条件为

$$n_\sigma = \frac{\sigma_{-1}}{\frac{K_\sigma}{\varepsilon_\sigma \beta}\sigma_a + \psi_\sigma \sigma_m} \geqslant n \tag{13-10a}$$

$$n_\tau = \frac{\tau_{-1}}{\frac{K_\tau}{\varepsilon_\tau \beta}\tau_a + \psi_\tau \tau_m} \geqslant n \tag{13-10b}$$

式中，ψ_σ 及 ψ_τ 可查表 13-2；σ_m 及 τ_m 均用绝对值代入。

表 13-2　材料的敏感因数 ψ

因数	σ_b/MPa				
	350～500	500～700	700～1 000	1 000～1 200	1 200～1 400
ψ_σ	0	0.05	0.1	0.2	0.25
ψ_τ	0	0	0.05	0.1	0.15

当 r 接近 1 时，对塑性材料制成的构件，将首先发生屈服破坏，故应校核屈服强度，即

$$\sigma_{max} \leqslant \frac{\sigma_s}{n_s}$$

将上式写成用安全因数表达的静强度条件为

$$n_{\sigma s} = \frac{\sigma_s}{\sigma_{max}} \geqslant n_s \tag{13-11a}$$

对于切应力有

$$n_{\tau s} = \frac{\tau_s}{\tau_{max}} \geqslant n_s \tag{13-11b}$$

式中，$n_{\sigma s}$ 和 $n_{\tau s}$ 为实际安全因数；n_s 为规定安全因数。

因此，对于 $0 < r < 1$ 的构件，应同时按式(13-10)与式(13-11)进行强度校核。

13.5.3　弯扭组合交变应力下构件的疲劳强度条件

按照第三强度理论，构件在弯扭组合变形时的静强度条件为

$$\sqrt{\sigma_{max}^2 + 4\tau_{max}^2} \leqslant \frac{\sigma_s}{n}$$

将上式两边平方并除以 σ_s^2，把 $\tau_s = \frac{\sigma_s}{2}$ 代入，则得

$$\frac{1}{\left(\dfrac{\sigma_s}{\sigma_{max}}\right)^2}+\frac{1}{\left(\dfrac{\tau_s}{\tau_{max}}\right)^2}\leqslant\frac{1}{n^2}$$

将上式中的比值$\dfrac{\sigma_s}{\sigma_{max}}$和$\dfrac{\tau_s}{\tau_{max}}$,分别作为仅考虑弯曲正应力和扭转切应力的工作安全因数,并用 $n_{\sigma s}$ 和 $n_{\tau s}$ 表示,上式可改写为

$$\frac{n_{\sigma s}n_{\tau s}}{\sqrt{n_{\sigma s}^2+n_{\tau s}^2}}\geqslant n$$

试验表明,上述形式的静强度条件可以推广到疲劳强度计算,由此得弯扭组合变形时疲劳强度条件的近似公式

$$n_{\sigma\tau}=\frac{n_\sigma n_\tau}{\sqrt{n_\sigma^2+n_\tau^2}}\geqslant n \tag{13-12}$$

式中,$n_{\sigma\tau}$ 为交变正应力与交变切应力组合时构件的工作安全因数;n_σ 和 n_τ 分别为只有交变正应力和只有交变切应力时的工作安全因数,分别用式(13-10a)和式(13-10b)计算。

应该指出,式(13-12)只适用于塑性材料制作的构件。此外,若交变正应力与交变切应力不同相,即两种交变应力并非同时达到最大值或不同时达到最小值时,则式(13-12)的计算也带有近似性。

如需进行静强度校核,则将式(13-12)中的 n_σ、n_τ 分别代以 $n_{\sigma s}$、$n_{\tau s}$,即

$$n_{\sigma\tau s}=\frac{n_{\sigma s}n_{\tau s}}{\sqrt{n_{\sigma s}^2+n_{\tau s}^2}}\geqslant n_s \tag{13-13}$$

例 13-1 一转动的空心圆轴 AB 如图 13-13(a)所示,力 F 的大小及方向均不变化。堵头 EB 的尺寸如图 13-13(b)所示,材料为碳钢,$\sigma_b=700$ MPa,$\sigma_{-1}^{弯}=300$ MPa。E 截面只有弯曲变形,弯矩 $M=3.3\times10^3$ N·m。规定安全因数 $n=1.8$,试校核 E 截面处的疲劳强度。

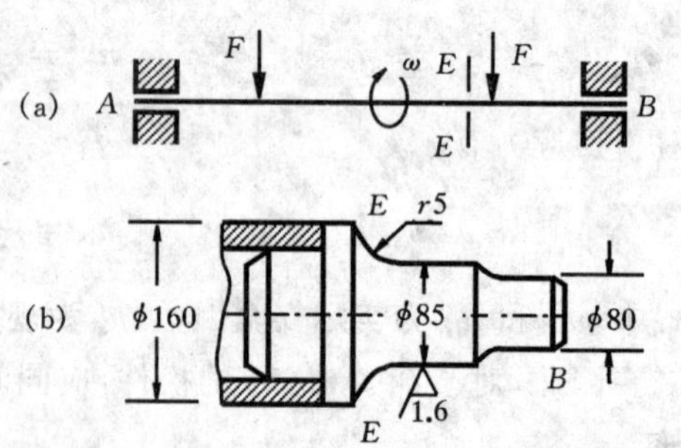

图 13-13

解 E 截面处为纯弯曲的对称循环交变应力,应按式(13-9a)进行校核。

(1) 计算各种因数

阶梯形截面尺寸为:

$$D=160\text{ mm},\ d=85\text{ mm},\ r=5\text{ mm}$$

有效应力集中因数 K_σ:

由 $r/d=5/85=0.059$ 查图 13-9(a) 之曲线 ②,得 $K_\sigma'=1.82$。由 $D/d=$

160/85 = 1.88 查图 13-10 之曲线 ①，得 $\xi = 1$。代入式(13-5)得

$$K_\sigma = 1 + 1 \times (1.82 - 1) = 1.82$$

尺寸因数 ε_σ：　由 $d = 85$ mm 查图 13-11 之曲线 ②，得 $\varepsilon_\sigma = 0.72$。

表面质量因数 β：　由 $\sigma_b = 700$ MPa 及光洁度$\overset{1.6}{\triangledown}$，查图 13-12 之曲线 ③，得 $\beta = 0.92$。

(2) 计算弯曲工作应力

$$\sigma_a = \sigma_{max} = \frac{M}{W} = \frac{M}{\frac{\pi}{32}d^3} = \frac{3.3 \times 10^6 \times 32}{\pi \times 85^3} = 54.7 \text{ MPa}$$

(3) 校核疲劳强度

$$n_\sigma = \frac{\sigma_{-1}}{\frac{K_\sigma}{\varepsilon_\sigma \beta}\sigma_a} = \frac{300}{\frac{1.82}{0.72 \times 0.92} \times 54.7} = 2.0 > n = 1.8$$

所以疲劳强度足够。

讨论　若要提高 AB 轴在 E 截面处的疲劳强度，可采用哪些措施？

例 13-2　图 13-14 所示齿轮轴的材料为碳钢，$\sigma_b = 800$ MPa，$\sigma_{-1}^{弯} = 350$ MPa，$\tau_{-1} = 210$ MPa，$\psi_\tau = 0.05$。A-A 截面上受到弯矩 $M = 860$ N·m 及扭矩 $M_n = 158$ N·m 的作用，弯曲正应力为对称循环。规定的安全因数 $n = 1.5$，试校核 A-A 截面处的疲劳强度。

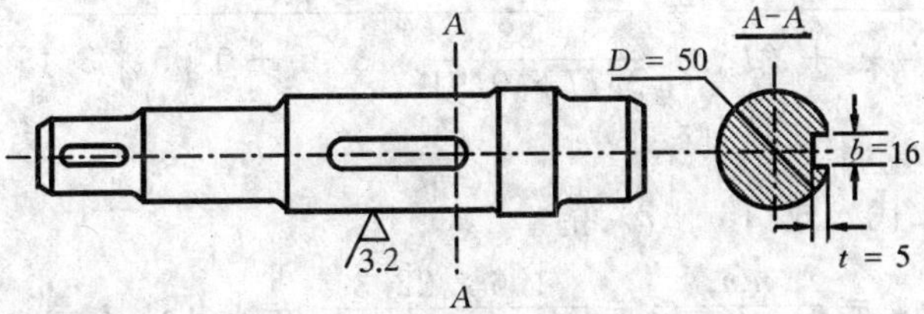

图 13-14

解　(1) 计算 n_σ 值　由 σ_b 及键槽形状查表 13-1 的 A 型得 $K_\sigma = 2.01$。由图 13-11 之曲线 ② 得 $\varepsilon_\sigma = 0.82$。由图 13-12 之曲线 ③ 得 $\beta = 0.91$。

键槽处轴的抗弯截面模量

$$W = \frac{\pi D^3}{32} - \frac{bt(D-t)^2}{2D} = \frac{\pi \times 50^3}{32} - \frac{16 \times 5 \times (50-5)^2}{2 \times 50} = 10.6 \times 10^3 \text{ mm}^3$$

弯曲正应力

$$\sigma_a = \sigma_{max} = \frac{M_{max}}{W} = \frac{860 \times 10^3}{10.6 \times 10^3} = 81.1 \text{ MPa}$$

弯曲工作安全因数

$$n_\sigma = \frac{\sigma_{-1}}{\frac{K_\sigma}{\varepsilon_\sigma \beta}\sigma_a} = \frac{350}{\frac{2.01}{0.82 \times 0.91} \times 81.1} = 1.6$$

(2) 计算 n_τ 值

机器启动时，轴的扭矩将从零迅速增长至 158 N·m，正常运转后，理论上扭矩不变。但是，由于各种因数的影响，实际的扭矩多少有些波动，是 $r \neq 1$ 的非对称循环，通常按 $r = 0$ 计算。

由表 13－1 查得 $K_\tau = 1.88$。由图 13－11 查得 $\varepsilon_\tau = 0.77$。

由 $\sigma_b = 800$ MPa 查表 13－2，得 $\psi_\tau = 0.05$。

键槽处轴的抗扭截面模量

$$W_p = \frac{\pi D^3}{16} - \frac{bt(D-t)^2}{2D} = \frac{\pi \times 50^3}{16} - \frac{16 \times 5 \times (50-5)^2}{2 \times 50} = 22.9 \times 10^3 \text{ mm}^3$$

扭转切应力

$$\tau_{\max} = \frac{M_{n\max}}{W_p} = \frac{158 \times 10^3}{22.9 \times 10^3} = 6.9 \text{ MPa}$$

$$\tau_a = \tau_m = \frac{1}{2}\tau_{\max} = \frac{1}{2} \times 6.9 = 3.45 \text{ MPa}$$

扭转工作安全因数

$$n_\tau = \frac{\tau_{-1}}{\frac{K_\tau}{\varepsilon_\tau \beta}\tau_a + \psi_\tau \tau_m} = \frac{210}{\frac{1.88}{0.77 \times 0.91} \times 3.45 + 0.05 \times 3.45} = 22.3$$

(3) 计算 $n_{\sigma\tau}$ 值

将 n_σ 和 n_τ 代入式(13－12)得

$$n_{\sigma\tau} = \frac{n_\sigma n_\tau}{\sqrt{n_\sigma^2 + n_\tau^2}} = \frac{1.6 \times 22.3}{\sqrt{1.6^2 + 22.3^2}} = 1.6 > n = 1.5$$

所以疲劳强度足够。

*13.6 变幅交变应力下构件的疲劳强度条件

13.6.1 疲劳损伤累积的概念

在等幅交变应力下工作的构件，只要最大应力不超过构件的疲劳极限，就不会发生疲劳破坏。工程实际中，构件所受的大多是变幅交变应力，这时仍以最大应力低于疲劳极限作为安全判据显然是不合理的。因为在变幅交变应力作用下，最大应力有时超过疲劳极限，有时低于疲劳极限。在许多情况下，高应力的循环次数远低于低应力的循环次数，而在确定的应力幅下，发生疲劳破坏需要一定量的应力循环次数，超过疲劳极限的高应力，若循环次数较少时，不一定会引起疲劳破坏。

通常把变幅交变应力简化为若干级等幅交变应力的组合，材料承受高于疲劳极限的交变应力时，每一个应力循环都会使材料产生一定量的**损伤**，所谓"损伤"是指在有效载荷下材料破坏的程度。这种损伤逐渐积累起来，达到某一临界值时，构件就发生疲劳破坏，即**疲劳损伤理论**。

13.6.2　线性累积损伤理论

工程上广泛采用**线性累积损伤理论**，它的基本假设是各级交变应力引起的疲劳损伤可以分别计算，然后再线性叠加。

图 13-15(a) 所示一对称循环变幅交变应力，将其简化为若干级等幅交变应力，设各级交变应力幅值为 $\sigma_1, \sigma_2, \sigma_3, \cdots$，如图 13-15(b) 所示，各级交变应力实际循环次数为 $n_1, n_2, n_3, \cdots$。根据 $S-N$ 曲线（图 13-16），材料在各级交变应力单独作用下发生疲劳破坏时的循环次数为 $N_1, N_2, N_3, \cdots$，则第 i 级交变应力经过一次应力循环对材料的损伤为 $1/N_i$，n_i 次循环后对材料的累积损伤为 n_i/N_i，根据线性累积损伤理论，构件发生疲劳破坏的条件为

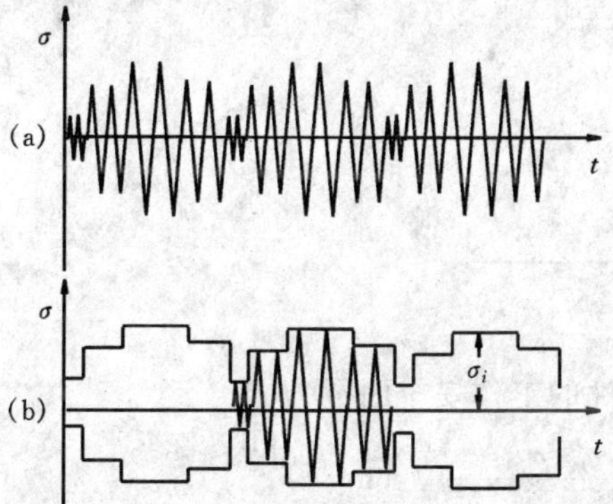

图 13-15

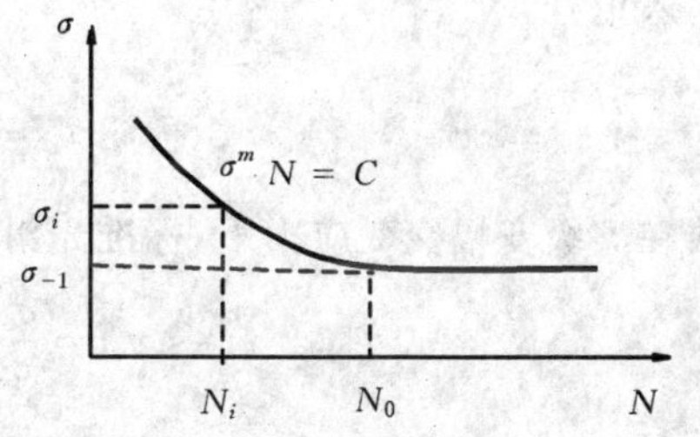

图 13-16

$$\frac{n_1}{N_1} + \frac{n_2}{N_2} + \cdots + \frac{n_k}{N_k} = 1$$

将上式写为

$$\sum_{i=1}^{k} \frac{n_i}{N_i} = 1 \qquad (13-14)$$

式中，k 是等幅交变应力总的级数，应力幅低于疲劳极限的交变应力不计在内。

式(13-14)是线性累积损伤基本方程，称为**迈因纳**(Miner)**定律**。

13.6.3　变幅交变应力下构件的疲劳强度条件

变幅交变应力的疲劳强度条件和等幅交变应力的疲劳强度条件一样，即

$$n_\sigma \geqslant n \tag{13-15}$$

式中，n_σ 为在变幅交变应力下构件的工作安全因数。

下面以对称循环变幅交变应力为例，将变幅交变应力简化为 k 级等幅交变应力，其中各级应力幅都大于材料的疲劳极限 σ_{-1}，根据线性累积损伤方程计算工作安全因数 n_σ。

将式(13-14)的分子和分母同乘以某一级应力的 m 次方 σ_i^m，得

$$\sum_{i=1}^{k}\frac{\sigma_i^m n_i}{\sigma_i^m N_i}=1 \tag{a}$$

由图 13-16 的 $S-N$ 曲线可知 $\sigma_i^m N_i=\sigma_{-1}^m N_0=C$，用 $\sigma_{-1}^m N_0$ 代替 $\sigma_i^m N_i$，代入式(a)得

$$\sum_{i=1}^{k}\frac{\sigma_i^m n_i}{\sigma_{-1}^m N_0}=\frac{1}{\sigma_{-1}^m N_0}\sum_{i=1}^{k}\sigma_i^m n_i=1 \tag{b}$$

由式(b)得

$$\sqrt[m]{\frac{1}{N_0}\sum_{i=1}^{k}\sigma_i^m n_i}=\sigma_{-1} \tag{c}$$

式(c)即为疲劳破坏的判据。

引入记号

$$\sigma_{\text{eq}}=\sqrt[m]{\frac{1}{N_0}\sum_{i=1}^{k}\sigma_i^m n_i} \tag{d}$$

故在 k 级变幅交变应力下，标准光滑小试件的工作安全因数为

$$n_\sigma=\frac{\sigma_{-1}}{\sigma_{\text{eq}}}=\frac{\sigma_{-1}}{\sqrt[m]{\dfrac{1}{N_0}\displaystyle\sum_{i=1}^{k}\sigma_i^m n_i}} \tag{e}$$

这与等幅对称应力循环工作安全因数的表达式相似，故 σ_{eq} 又称为**当量应力**。考虑到有效应力集中因素、尺寸大小因素及表面加工质量因素对构件疲劳强度的影响，对各级对称循环应力幅 σ_i 加以修正，得到构件在变幅对称循环交变应力下的工作安全因数

$$n_\sigma=\frac{\sigma_{-1}}{\dfrac{K_\sigma}{\varepsilon_\sigma\beta}\sigma_{\text{eq}}}=\frac{\sigma_{-1}}{\sqrt[m]{\dfrac{1}{N_0}\displaystyle\sum_{i=1}^{k}\left(\frac{K_\sigma}{\varepsilon_\sigma\beta}\sigma_i\right)^m n_i}} \tag{13-16a}$$

在变幅交变切应力下，构件的工作安全因数为

$$n_\tau = \frac{\tau_{-1}}{\sqrt[m]{\frac{1}{N_0}\sum_{i=1}^{k}\left(\frac{K_\tau}{\varepsilon_\tau\beta}\tau_i\right)^m n_i}} \tag{13-16b}$$

对于变幅非对称循环交变应力的情况，可以和前述一样，将每级不对称循环中的平均应力 σ_m 乘以材料对应力循环不对称性的敏感因数 ψ_σ 或 ψ_τ，转化为等效的对称循环，并对应力幅 σ_a 部分考虑有效应力集中因素、尺寸大小因素及表面加工质量因素的影响，得到变幅非对称循环交变应力下，构件的工作安全因数

$$n_\sigma = \frac{\sigma_{-1}}{\sqrt[m]{\frac{1}{N_0}\sum_{i=1}^{k}\left(\frac{K_\sigma}{\varepsilon_\sigma\beta}\sigma_{ai}+\psi_\sigma\sigma_{mi}\right)^m n_i}} \tag{13-17a}$$

$$n_\tau = \frac{\tau_{-1}}{\sqrt[m]{\frac{1}{N_0}\sum_{i=1}^{k}\left(\frac{K_\tau}{\varepsilon_\tau\beta}\tau_{ai}+\psi_\tau\tau_{mi}\right)^m n_i}} \tag{13-17b}$$

式中，$\frac{K_\sigma}{\varepsilon_\sigma\beta}\sigma_{ai}+\psi_\sigma\sigma_{mi}$ 和 $\frac{K_\tau}{\varepsilon_\tau\beta}\tau_{ai}+\psi_\tau\tau_{mi}$ 称为**相当名义应力幅**，并分别用 σ_{eqi} 和 τ_{eqi} 表示。

对于承受弯扭组合变幅交变应力的构件，当弯曲和扭转交变应力是同相时，构件的工作安全因数为

$$n_{\sigma\tau} = \frac{n_\sigma n_\tau}{\sqrt{n_\sigma^2+n_\tau^2}} \tag{13-18}$$

式中，n_σ、n_τ 根据实际情况由式(13-16)或式(13-17)确定。

*13.7　构件的疲劳寿命估算

13.7.1　有限疲劳寿命的概念

前面所讨论的疲劳强度计算中，是以材料的疲劳极限为基本指标。所谓疲劳极限即是经过无限次应力循环而不破坏的最大应力值，这是一种“无限寿命”的设计思想，这里所谓的“无限寿命”是指无裂纹的寿命。“无限寿命设计”必然会使构件的尺寸及重量增大，这在很多情况下是没有必要的。

随着科学技术的发展，在交变应力下把构件的许用应力设计在疲劳极限以下，以求构件永远不会破坏的“无限寿命设计”，正在被“有限寿命设计”所代替。疲劳强度计算的目的，应是为了保证构件在“服役”期内不发生疲劳破坏，工程上对承受交变应力的构件，并不要求有“无限寿命”，而是允许材料存在一定尺寸的裂纹，规定一定的使用期限，到期即更换构件，这种设计称为“有限寿命设计”。

13.7.2 等幅交变应力下的疲劳寿命估算

对于等幅交变应力的情况，可以利用材料的$S-N$曲线或构件的$S-N$曲线，进行疲劳寿命估算。

以对称循环为例，由材料的$S-N$曲线进行疲劳寿命估算：首先由受力分析找出构件的危险点，并根据载荷的变化情况确定危险点应力循环中的应力幅σ_a；考虑了有效应力集中因数、尺寸因数和表面质量因数后，得到$\frac{K_\sigma}{\varepsilon_\sigma\beta}\sigma_a$。然后由材料的$S-N$曲线，可求得在应力$\sigma=\frac{K_\sigma}{\varepsilon_\sigma\beta}\sigma_a$作用下发生疲劳破坏时的循环次数$N$（图 13-17），即所求疲劳寿命。

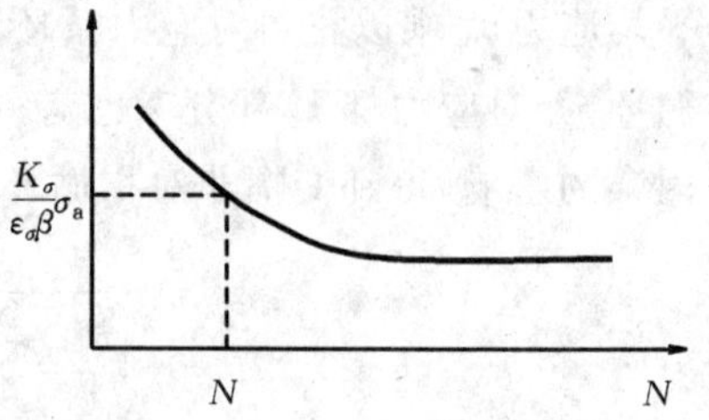

图 13-17

13.7.3 变幅交变应力下的疲劳寿命估算

疲劳寿命估算方法一般可采用**名义应力法**，其具体步骤是：

(1) 根据应力分析，或实测结果，或由经验来确定构件的危险部位。

(2) 将载荷谱按静力学方法换算为危险部位的名义应力的应力谱，并统计出各级应力循环的应力幅和平均应力值。如果是不对称循环，可按前述方法，把不对称循环交变应力转化为相当的对称循环交变应力，然后按对称循环交变应力来进行寿命估算。

(3) 建立构件的$S-N$曲线或用材料的$S-N$曲线来建立构件近似的$S-N$曲线。若用材料的$S-N$曲线，则在考虑了有效应力集中因数、尺寸因数和表面质量因数后，由应力幅σ_a得到构件的相当名义应力幅σ_{eqi}，便可由该曲线得到对应σ_{eqi}的相当破坏循环次数N_i。

(4) 用线性累积损伤理论进行疲劳寿命估算：

将线性累积损伤方程式(13-14) 改写为

$$N\cdot\sum_{i=1}^{k}\frac{1}{N_i}\cdot\frac{n_i}{N}=1$$

将上式写成

$$N=\frac{1}{\sum\limits_{i=1}^{k}\frac{1}{N_i}\cdot\frac{n_i}{N}} \tag{13-19}$$

式中，N是总寿命，比值$\frac{n_i}{N}$是第i级载荷的循环次数与全部工作循环次数（即总寿命）之比。且有 $\sum_{i=1}^{k}\frac{n_i}{N}=1$。

用名义应力法估算疲劳寿命有较大的误差，主要是因为 $S-N$ 曲线具有统计平均的性质，而且该方法没有考虑到加载过程中塑性变形所引起的残余应力等。但在给出较好的工程判断和较准确的原始数据时，可以得到偏于保守的设计。**局部应力-应变法**是近年来逐渐发展起来的另一种方法，该方法能够较真实地反映疲劳破坏的实际情况，计算结果更接近试验数据，已引起工程界的重视，对此，读者可参阅有关资料。

例 13-3　图 13-18 所示一个五吨起重吊钩，上端用 M45 螺栓联结，其材料为 35 调质钢（$\sigma_b=580$ MPa），疲劳极限 $\sigma_{-1}=210$ MPa。螺纹为粗车加工。经统计每天工作时，螺栓上的名义应力 σ_i 及其相应的循环次数 n_i 如表 13-3，试求此吊钩的疲劳寿命。

图 13-18

表 13-3　名义应力 σ_i 及循环次数 n_i

$\sigma_i^{名}$/MPa	180	170	150	140	120	90	80	40
n_i/次	2	3	5	7	9	11	13	20

解　该吊钩承受脉动载荷，是非对称循环交变应力，构件的相当名义应力幅为

$$\sigma_{eqi}=\frac{K_\sigma}{\varepsilon_\sigma\beta}\sigma_{ai}+\psi_\sigma\sigma_{mi}$$

查表求得参数 K_σ、ε_σ、β 及 ψ_σ。计算后并由 35 钢的 $S-N$ 曲线求得 N_i，列表 13-4。

表 13-4　相当破坏循环次数 N_i

$\sigma_i^{名}$/MPa	n_i/每天循环次数	σ_{eqi}/MPa	N_i	$\frac{n_i}{N}$
180	2	480.8	2.2×10^3	0.04
170	3	454	3.5×10^3	0.06
150	5	400.7	1×10^4	0.1
140	7	373.9	2.5×10^4	0.14
120	9	320.5	1×10^5	0.18
90	11	240.4	2.5×10^6	0.22
80	13	213.7	1×10^7	0.26

注：$\sigma_i^{名}=40$ MPa 相应的等效名义应力幅 $\sigma_{eqi}=106.8$ MPa 小于 $\sigma_{-1}=210$ MPa，不引起损伤，故不计。表中 N 为吊钩每天吊重的次数，$N=50$。

由表 13 - 4 得

$$\sum_{i=1}^{7}\frac{1}{N_i}\cdot\frac{n_i}{N}=\frac{0.04}{2.2\times10^3}+\frac{0.06}{3.5\times10^3}+\frac{0.1}{1\times10^4}+\frac{0.14}{2.5\times10^4}+\frac{0.18}{1\times10^5}+\frac{0.22}{2.5\times10^6}+\frac{0.26}{1\times10^7}=5.356\times10^{-6}$$

代入式(13 - 19) 得

$$N=\frac{1}{\sum_{i=1}^{k}\frac{1}{N_i}\cdot\frac{n_i}{N}}=\frac{1}{5.356\times10^{-6}}=18\ 670.6\ (次)$$

因为每天循环次数为 50 次，则吊钩能够工作的天数为

$$\frac{18\ 670.6}{50}=373.4\quad(天)$$

即工作一年后，该吊钩必须更换。

讨论 由于方法的局限性和构件实际工况的复杂性，上述所得到的吊钩使用寿命是很粗略的结果，是一种估算。尽管如此，计算结果对吊钩的使用和保养还是有很重要的参考价值。

13.8 提高构件疲劳强度的措施

大量疲劳破坏事件和试验研究表明，疲劳裂纹的裂纹源一般出现在工作应力较高的构件表层及应力集中处，所以，提高构件的疲劳强度应从下列几方面考虑。

首先，要合理设计构件的形状，降低有效应力集中因数，为了减缓截面突变处的应力集中，在可能的情况下，过渡圆角应尽量大一些，如图 13-19(a) 所示的阶梯轴，只要将过渡圆角半径 r 由 1 mm 增大为 5 mm，其疲劳强度就会大幅度提高。又如图 13 - 19(b) 所示螺栓，若光杆段的直径与螺纹外径 D 相同，则 $m-m$ 截面附近的应力集中相当严重；如若改为 $d=d_0$，则情况将有很大的改善。

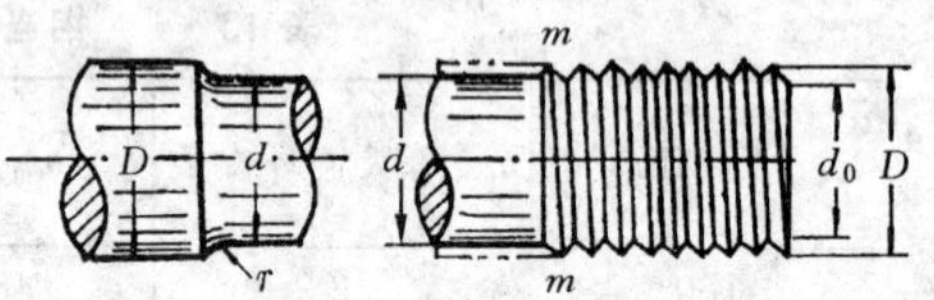

图 13 - 19

其次，提高表面光洁度，降低表层应力集中，可以提高构件的疲劳极限。特别是强度较高的合金钢，对应力集中的影响很敏感，更应保证构件表面有较高的光洁度。

最后，工程上还通过一些工艺措施来提高构件表层质量，常用的方法有表面热处理(如表面淬火、渗碳、渗氮等) 及表面强化(如表面滚压、喷丸等)，前者可以提

高表层材料的疲劳极限，后者使构件表面材料冷作硬化并形成残余压应力层，从而达到提高疲劳强度的目的。

本章介绍的是有关疲劳强度的一些基本概念和方法。实际上，构件的疲劳强度是一个相当复杂的问题，它已形成一个专门学科，并随着生产技术的不断进步正迅速发展。

思考题

13－1　试列举几个在生产实际及生活中构件发生疲劳破坏的实例。

13－2　构件承受反复变化的交变应力作用会发生疲劳破坏。人们经常用两手上下折扳一根铁丝，经过几次反复折扳，可把铁丝折成两半，铁丝的这种破坏是疲劳破坏吗？

13－3　若一个构件发生破坏，有什么简单方法可判断构件是否是疲劳破坏？

13－4　为什么在疲劳破坏时，即使塑性很好的材料也会发生脆性断裂？

13－5　在静强度计算中，材料的强度极限和构件的强度极限是相同的，而在疲劳强度计算时，材料的疲劳极限和构件的疲劳极限却不相同，这是为什么？

13－6　拉应力对于承受交变应力的构件很不利。若一个构件只承受图示的交变压应力，这个构件能否发生疲劳破坏？

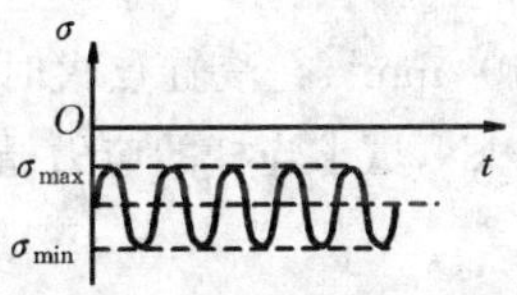

思考题 13－6 图

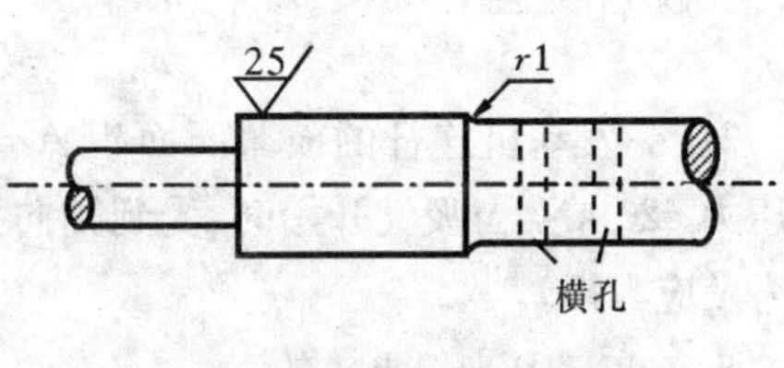

思考题 13－7 图

13－7　图示阶梯圆轴在工作中承受交变应力，试从提高圆轴疲劳强度的角度出发，对该圆轴的设计提出一些合理的改进意见。

13－8　由于结构上的要求，图(a)所示变截面轴在截面变化处不能加工成过渡圆角，设计时应采取什么途径提高疲劳强度？图(b)为一大型汽锤的立柱，长期工作后，在转角处出现疲劳裂纹。有什么措施可以防止裂纹继续扩张，提高立柱的工作寿命？

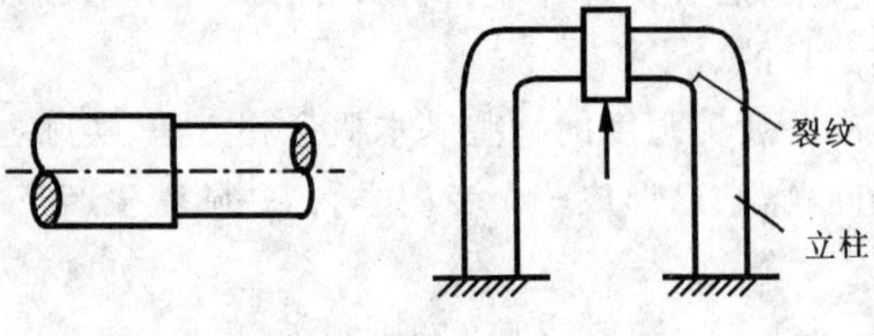

思考题 13-8 图

习 题

13-1 试求图示交变应力的平均应力、应力幅及循环特征。

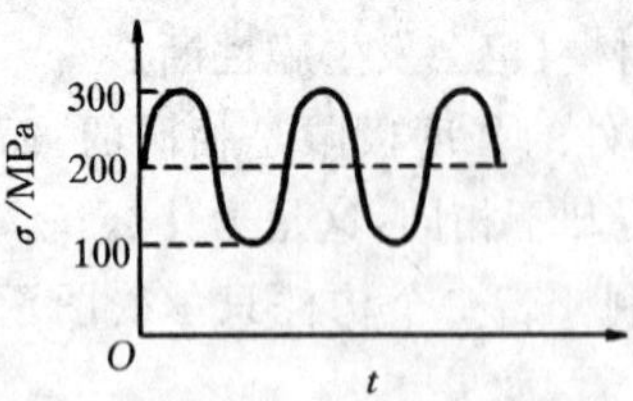

题 13-1 图

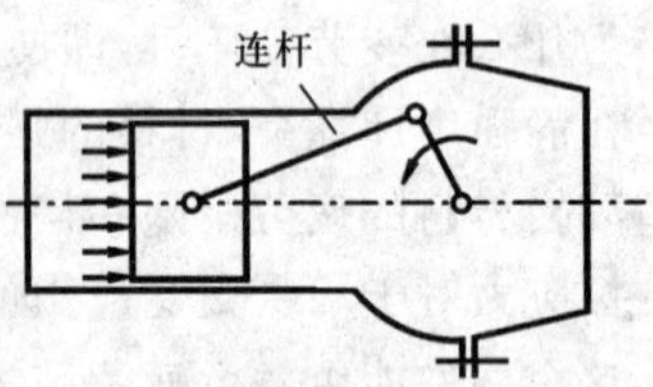

题 13-2 图

13-2 一发动机连杆的横截面面积 $A=2.83\times10^3\ \text{mm}^2$，在汽缸点火时，连杆受到轴向压力 520 kN，当吸气开始时，受到轴向拉力 120 kN，试求连杆的应力循环特征，平均应力及应力幅。

13-3 重量 $W=5$ kN 的重物通过轴承悬吊在等截面光滑圆轴上，轴在铅垂位置 $\pm30°$ 的范围内往复摆动，试求危险截面上 1、2、3、4 各点的应力循环特征。已知轴的直径 $d=40$ mm。

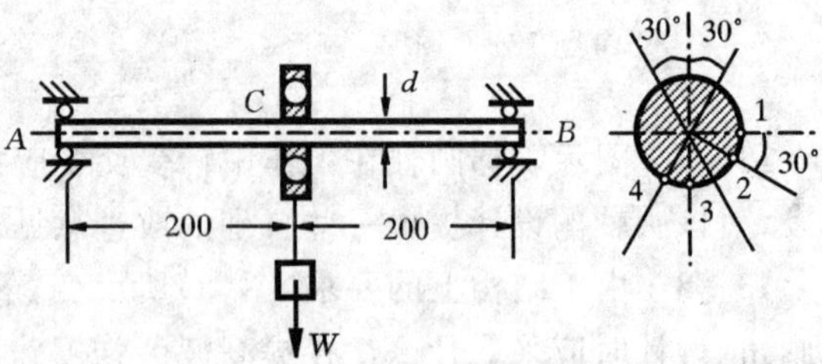

题 13-3 图

13-4 图示阶梯轴的材料为合金钢，$\sigma_b=920$ MPa，$\sigma_{-1}=420$ MPa，$\tau_{-1}=250$ MPa，轴的尺寸为：$d=40$ mm，$D=50$ mm，$r=5$ mm。试分别求弯曲和扭转的有效应力集

中因数。

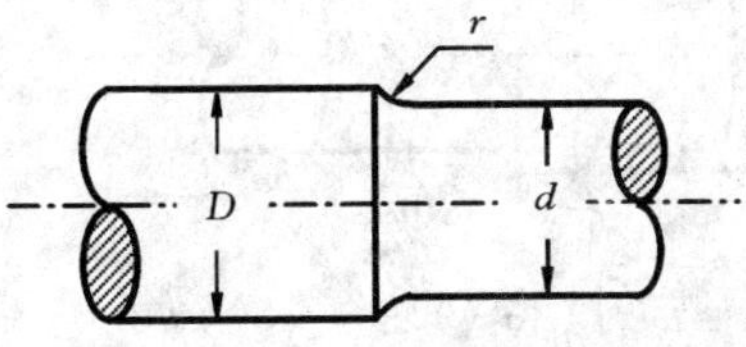

题 13-4 图

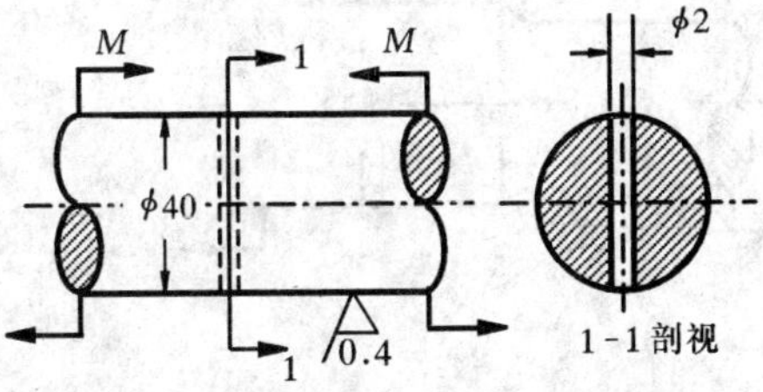

题 13-5 图

13-5　图示开有横孔的圆杆，材料为碳钢，$\sigma_b=500$ MPa，$\sigma_{-1}=220$ MPa，交变弯矩的 $M_{max}=500$ N·m，$M_{min}=-300$ N·m，试求杆的工作安全因数 n_σ。

13-6　图示阶梯碳钢轴，材料的 $\sigma_b=600$ MPa，$\sigma_{-1}=250$ MPa，轴承受对称循环交变弯矩 $M=750$ N·m 的作用。轴的规定安全因数 $n=1.8$，试校核轴的强度。

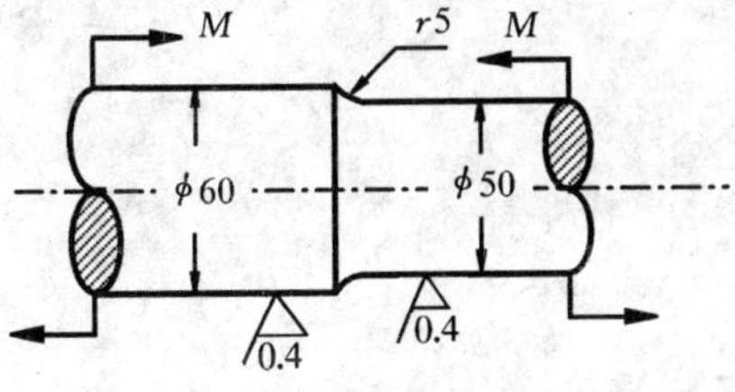

题 13-6 图

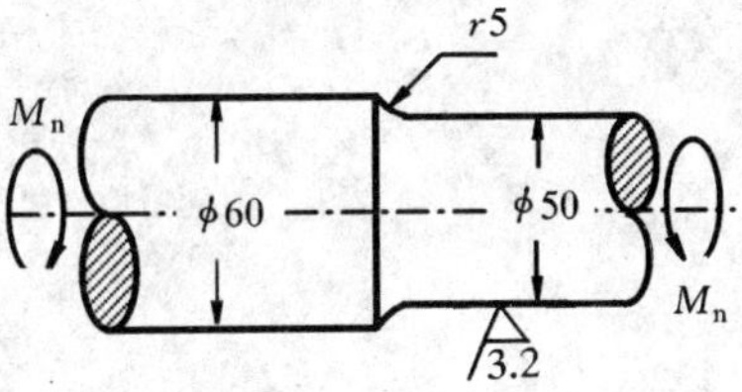

题 13-7 图

13-7　阶梯形圆轴如图所示，承受对称循环交变扭矩 $M_n=800$ N·m 的作用。材料为碳钢，$\sigma_b=500$ MPa，$\tau_{-1}=110$ MPa，规定安全因数 $n=1.5$，试校核轴的强度。

13-8　图示绞车轴受对称循环弯曲交变应力，材料为碳钢，$\sigma_b=520$ MPa，$\sigma_{-1}=220$ MPa，规定安全因数 $n=1.7$，试分别求当圆角 $r=1$ mm，和 $r=5$ mm 时的许可弯矩[M]，并进行比较。

* **13-9**　图示直径 $D=50$ mm，$d=40$ mm 的阶梯轴，受交变弯矩和交变扭矩的联合作用。圆角半径 $r=2$ mm。正应力从 50 MPa 变化到 −50 MPa；切应力从 40 MPa 变化到 20 MPa。材料为碳钢，$\sigma_b=550$ MPa，$\sigma_{-1}=220$ MPa，$\tau_{-1}=120$ MPa，$\sigma_s=300$ MPa，$\tau_s=180$ MPa。试求此轴的工作安全因数（考虑静强度和疲劳强度）。

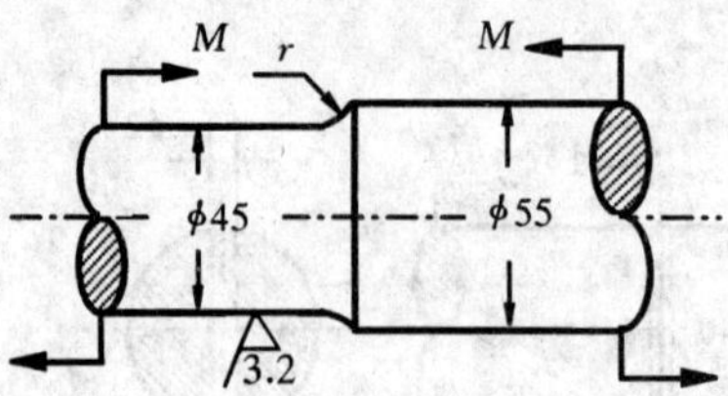

题 13 - 8 图

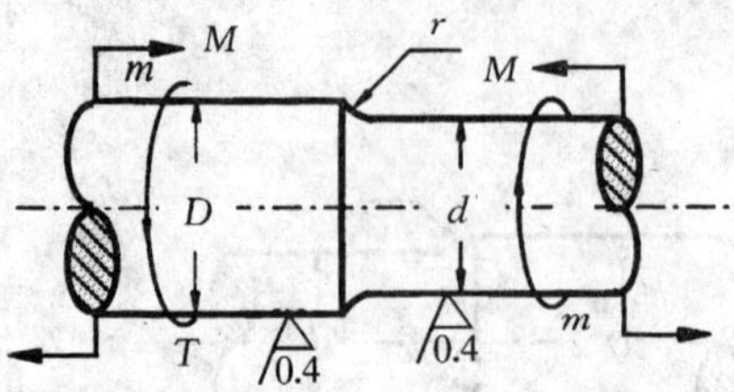

题 13 - 9 图

第 14 章　压杆的稳定

14.1　概 述

在工程实践中，受压杆件是很常见的，如图 14－1(a)所示内燃机配气机构的挺杆、图 14－1(b)所示千斤顶的螺杆、图 14－1(c)所示磨床液压装置的活塞杆以及桁架结构中的受压杆件等。对于受压杆件，除了必须具有足够的强度和刚度外，还需要考虑**稳定性**问题。

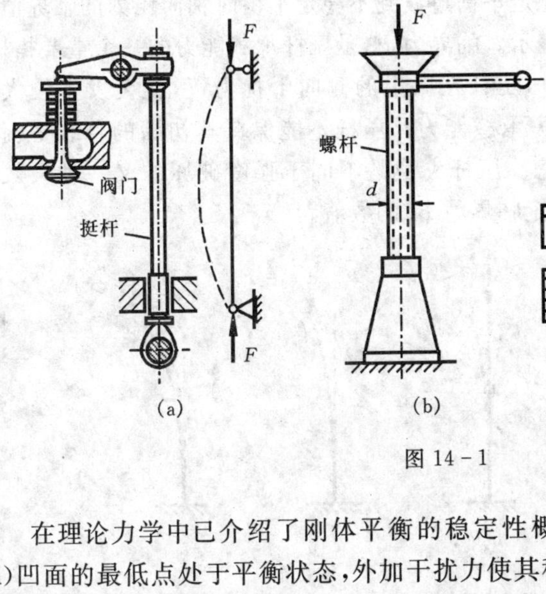

图 14－1

在理论力学中已介绍了刚体平衡的稳定性概念，如一刚性圆球，在图 14－2(a)凹面的最低点处于平衡状态，外加干扰力使其稍有偏离，当撤去干扰力后，圆球总会回到原来的平衡位置，因此圆球在最低点处的平衡是稳定平衡；如果把圆球放在凸面的顶点上，如图 14－2(b)所示，则圆球的平衡是不稳定的，这时只要受到侧向微小推力，圆球就将下滚，远离原来的平衡位置；若把圆球放在水平光滑面上如图 14－2(c)所示，则圆球即使受到侧向微小推力，平衡仍可保持，则圆球的平衡为随遇平衡。

不仅刚体有平衡的稳定性问题，弹性体的平衡也同样存在稳定性问题，弹性体

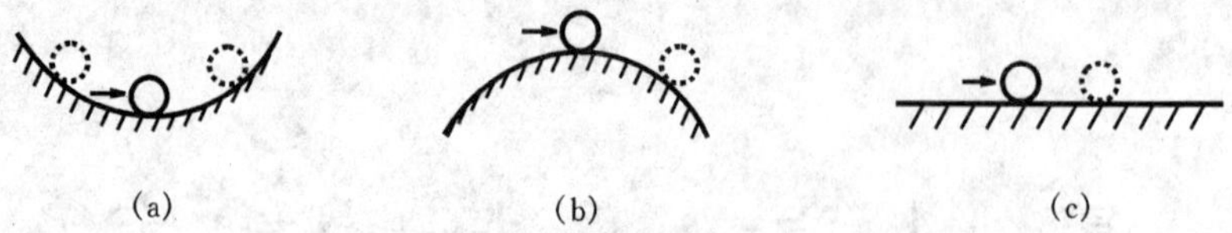

图 14-2

保持其初始平衡状态的能力称为**弹性平衡的稳定性**。以图 14-3(a)所示的细长压杆为例说明。压杆一端固定，一端自由，在自由端加轴向压力 F。当压力 F 较小时，压杆处于直线平衡状态，若给杆一个微小的侧向干扰力，使其发生微小弯曲(图 14-3(b))，当干扰力消除后，杆将恢复其直线平衡状态(图 14-3(c))，此时压杆直线平衡状态为稳定平衡。当轴向压力 F 增大到某一定值时，杆仍可暂时维持直线平衡状态，但若给杆一个微小的侧向干扰力使其微小弯曲，在干扰力消除后，压杆将不能恢复直线平衡而处于微弯平衡状态(图 14-3(d))，此时压杆的直线平衡状态为不稳定平衡。压杆由稳定平衡过渡到不稳定平衡时轴向压力的临界值称为**临界力或临界载荷**，并用 F_{cr} 表示。临界力 F_{cr} 是压杆承载能力的一个重要指标。若轴向压力 F 超过临界力 F_{cr} 时，压杆在微小的侧向干扰力下，就会发生较大弯曲，如图 14-3(e)所示，甚至丧失承载能力。压杆不能保持其初始的直线平衡状态，称为**丧失稳定性**，简称为**失稳**。压杆失稳是不同于强度破坏的又一种失效形式，研究压杆稳定性的关键是确定临界力 F_{cr} 的数值。

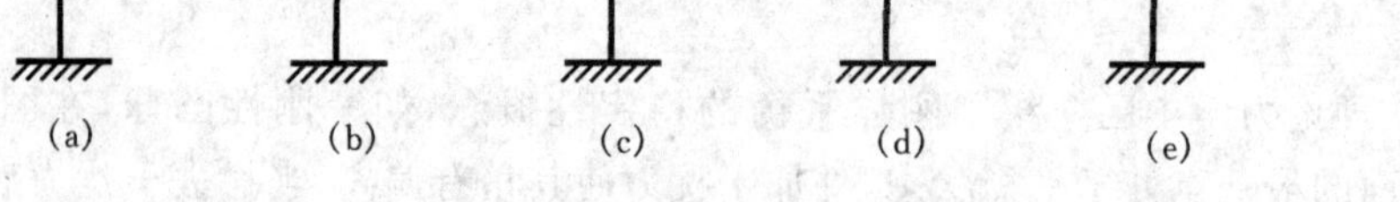

图 14-3

由于压杆的失稳是突然发生的，有时会引起整个机器或结构的破坏，造成严重的后果，工程上曾多次发生过因为压杆失稳而酿成的重大事故，因此，在设计受压杆件时，必须保证压杆有足够的稳定性。

除压杆外，还有一些构件也存在稳定性问题。例如截面窄而高的梁受弯曲时，可能发生侧弯(图 14-4(a))，受均匀外压的薄壁圆筒因稳定性不够而变成图

14－4(b)虚线所示的椭圆形，图 14－4(c)所示薄壳在压力作用下可能因失稳而出现折皱等。本章仅讨论压杆的稳定性问题。

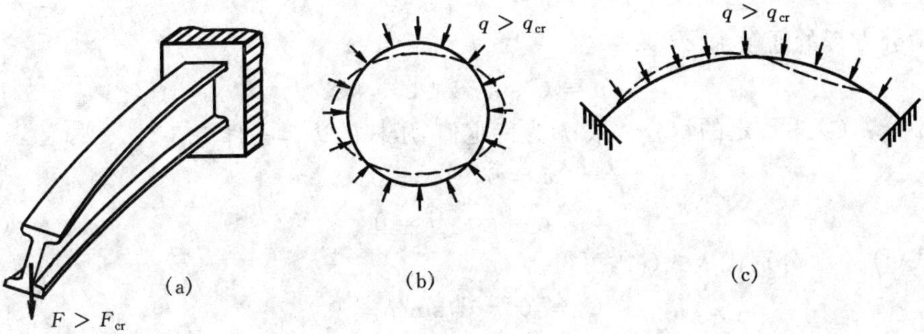

图 14－4

14.2 细长压杆的临界力

14.2.1 两端铰支细长压杆的临界力

图 14－5(a)所示两端为球铰支座的等直细长压杆 AB，抗弯刚度为 EI，受轴向压力 F 作用。假设 $F=F_{cr}$，压杆处于微弯的平衡状态，设压杆 x 截面的挠度为 v (图 14－5(b))，则该截面上的弯矩为

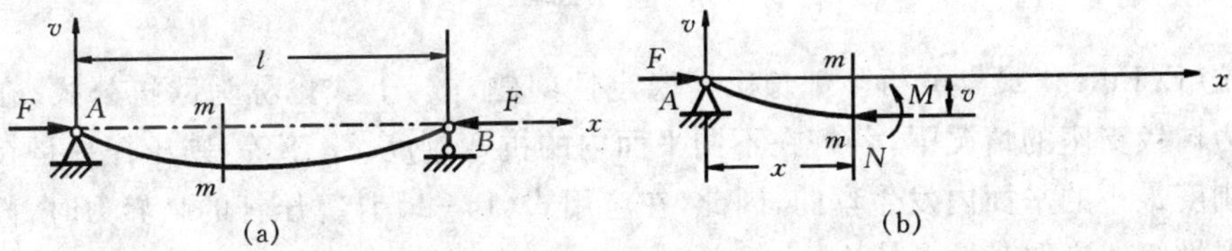

图 14－5

$$M(x) = -Fv \tag{a}$$

在图示的坐标系中弯矩 M 与挠度 v 恒为异号，故式(a)右端加一负号。在小变形的前提下，此压杆的挠曲线近似微分方程为

$$\frac{d^2 v}{dx^2} = \frac{M(x)}{EI} = -\frac{Fv}{EI} \tag{b}$$

令

$$k^2 = \frac{F}{EI} \tag{c}$$

于是式(b) 可以写成

$$\frac{\mathrm{d}^2 v}{\mathrm{d}x^2} + k^2 v = 0 \tag{d}$$

此微分方程的通解为

$$v = C_1 \sin kx + C_2 \cos kx \tag{e}$$

式中，C_1、C_2 为待定的积分常数；k 为待定值。压杆的边界条件为

$$x = 0, \quad v = 0 \tag{f}$$

$$x = l, \quad v = 0 \tag{g}$$

将式(f)、(g) 分别代入式(e)，可得

$$C_2 = 0, \quad C_1 \sin kl = 0 \tag{h}$$

若 $C_1 = 0$，则挠度 $v \equiv 0$，这与压杆处于微弯的平衡状态相矛盾，故只能是 $\sin kl = 0$，即

$$k = \frac{n\pi}{l} \quad (n = 0,1,2,\cdots) \tag{i}$$

将式(i) 代入式(c) 可得

$$F = \frac{n^2 \pi^2 EI}{l^2} \quad (n = 0,1,2,\cdots) \tag{j}$$

由上节分析可知，临界力是使压杆保持微弯平衡的最小轴向压力。若取 $n = 0$，则 $F = 0$，与讨论的情况不符，因此，应取 $n = 1$，于是可得两端铰支细长压杆的临界力计算公式为

$$F_{\mathrm{cr}} = \frac{\pi^2 EI}{l^2} \tag{14-1}$$

欧拉(E. Euler) 最早分析了细长压杆稳定性问题，故，上式也称为**欧拉公式**。在两端为球铰支座的情况下，若杆在不同平面内的抗弯刚度 EI 不等，则压杆总是在抗弯刚度最小的平面内发生弯曲，因此，在应用式(14-1) 计算压杆的临界力时，截面的惯性矩 I 应取其最小值 $I_{\min}$。

14.2.2 其他约束条件下细长压杆的临界力

在工程实际中，受压杆件的两端约束除了铰支外，还有其他形式。由前节分析可知，压杆的临界力与其杆端的约束条件有关。对于其他约束条件下的细长压杆，可依照上述方法导出临界力公式。对于杆长为 l，各种不同约束条件下细长压杆的临界力公式可统一写成

$$F_{\mathrm{cr}} = \frac{\pi^2 EI}{(\mu l)^2} \tag{14-2}$$

这是欧拉公式的一般形式，式中 μ 称为**长度因数**，它反映了杆端约束条件对临界力的影响。μl 称为压杆的**相当长度**，即把不同约束条件的压杆折算成两端铰支压杆

后的长度。表 14－1 列出了几种常见杆端约束情况下压杆的长度因数 μ。

表 14－1　长度因数 μ

约束情况	两端铰链	一端固定 一端自由	一端固定 一端铰链	两端固定
简图			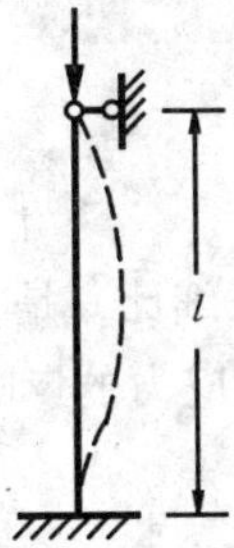	
μ	1	2	0.7	0.5

表 14－1 仅列出了几种理想杆端约束的情况，工程实际中的受压杆件还可能有更为复杂的约束情况，其长度因数的值可从有关的设计手册或规范中查到。

例 14－1　如图 14－6 所示一端固定，一端自由的细长压杆，用 22a 工字钢制成，压杆长度 $l=4$ m，弹性模量 $E=210$ GPa，试用欧拉公式求此压杆的临界力。

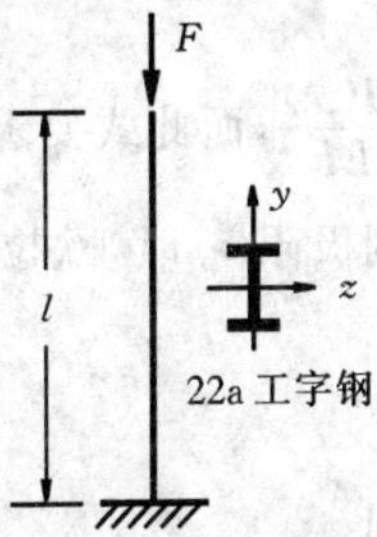

图 14－6

解　压杆一端固定，一端自由，$\mu=2$。由型钢表（附录 C）可以查得 22a 工字钢：$I_z=3\ 400\ \text{cm}^4$，$I_y=225\ \text{cm}^4$，故压杆的临界力为

$$F_{cr}=\frac{\pi^2 EI_{\min}}{(\mu l)^2}=\frac{\pi^2 EI_y}{(\mu l)^2}=\frac{\pi^2\times 210\times 10^9\times 225\times 10^{-8}}{(2\times 4)^2}$$

$$=72.9\ \text{kN}$$

讨论　当压杆在各弯曲平面内具有相同的杆端约束时，用工字钢作压杆是否合理？

14.3　压杆的临界应力

14.3.1　欧拉公式的适用范围

对于式(14－2)，用临界力 F_{cr} 除以压杆的横截面面积 A，可得到与临界力相应的应力为

$$\sigma_{cr} = \frac{F_{cr}}{A} = \frac{\pi^2 EI}{(\mu l)^2 A}$$

σ_{cr} 称为**临界应力**。由于惯性半径 $i = \sqrt{\frac{I}{A}}$（见附录 A 式(A－11)），上式可以写成

$$\sigma_{cr} = \frac{\pi^2 E}{(\mu l / i)^2} \tag{a}$$

令

$$\lambda = \frac{\mu l}{i} \tag{14-3}$$

λ 称为压杆的**柔度**（或**长细比**），是一个无量纲的量，它反映了压杆的长度、杆端约束、截面形状及尺寸对临界应力的影响。把式(14－3) 代入式(a) 可得临界应力公式为

$$\sigma_{cr} = \frac{\pi^2 E}{\lambda^2} \tag{14-4}$$

公式(14－4) 是欧拉公式的应力表达形式。从公式中可以看出，对于一定材料制成的细长压杆，柔度越大，则压杆的临界应力就越小，压杆越容易失稳。因此，压杆总是在柔度较大的弯曲平面内发生失稳。需要指出，失稳时的应力并非均匀分布，临界应力 σ_{cr} 只是一个名义值。

在推导临界力公式时，曾应用了梁弯曲时挠曲线的近似微分方程 $\frac{d^2 v}{dx^2} = \frac{M(x)}{EI}$，而此式要求材料服从胡克定律，因此，只有当临界应力 σ_{cr} 不大于材料的比例极限 σ_p 时，欧拉公式才能成立，即

$$\sigma_{cr} = \frac{\pi^2 E}{\lambda^2} \leqslant \sigma_p$$

则

$$\lambda \geqslant \sqrt{\frac{\pi^2 E}{\sigma_p}} \tag{b}$$

令

$$\lambda_p = \sqrt{\frac{\pi^2 E}{\sigma_p}} \tag{c}$$

则式(b) 可写为

$$\lambda \geqslant \lambda_p \tag{d}$$

式中，λ_p 是能够应用欧拉公式的最小柔度值。式(d) 表示欧拉公式的适用范围，λ_p 与材料有关，对于 Q235 钢，$E = 206$ GPa，$\sigma_p = 200$ MPa，由式(c) 可得 $\lambda_p \approx 100$。通常把 $\lambda \geqslant \lambda_p$ 的压杆称为**细长杆**（或**大柔度杆**）。

14.3.2 经验公式

当压杆的柔度小于 λ_p 时，临界应力 σ_{cr} 超过了材料的比例极限，欧拉公式已不再适用。对于这类压杆临界应力的计算，通常采用建立在实验基础上的经验公式，

工程中常用的经验公式有两种：**直线公式**和**抛物线公式**。

1. 直线公式

直线公式把临界应力 σ_{cr} 与压杆的柔度 λ 表示成如下的线性关系

$$\sigma_{cr} = a - b\lambda \tag{14-5}$$

式中，a、b 是与材料有关的常数。

当压杆的临界应力 σ_{cr} 大于材料的破坏应力 σ° 时，压杆就因强度不足而发生破坏，不存在稳定性问题，只需按压缩强度计算。这样，在应用直线公式计算时，柔度 λ 必然有一个最小界限值。对于塑性材料，破坏应力 σ° 就是屈服极限 σ_s，所以

$$\sigma_{cr} = a - b\lambda \leqslant \sigma_s$$

即

$$\lambda \geqslant \frac{a - \sigma_s}{b} \tag{e}$$

令

$$\lambda_s = \frac{a - \sigma_s}{b} \tag{f}$$

式中，λ_s 为直线公式中柔度的最小界限值，是与屈服极限相应的柔度值，λ_s 与材料有关。通常把 $\lambda_s < \lambda < \lambda_p$ 的压杆称为**中长杆**（或**中柔度杆**），$\lambda < \lambda_s$ 的压杆称为**粗短杆**（或**小柔度杆**），粗短杆的临界应力 $\sigma_{cr} = \sigma_s$。

表 14-2 列出了几种常见材料的 a、b、λ_p 和 λ_s 的数值。

表 14-2　常用材料的 a、b、λ_s、λ_p

材料		a/MPa	b/MPa	λ_p	λ_s
碳钢(Q235 钢)	$\sigma_b = 373$ MPa $\sigma_s = 235$ MPa	304	1.118	105	61.4
碳钢(优质)	$\sigma_b = 471$ MPa $\sigma_s = 306$ MPa	460	2.567	100	60
硅钢	$\sigma_b = 510$ MPa $\sigma_s = 353$ MPa	578	3.744	100	60
铬钼钢		981	5.296	55	
灰铸铁		332	1.454	80	
强铝		373	2.143	50	
松木		39.2	0.199	59	

2. 抛物线公式

抛物线公式把临界应力 σ_{cr} 与压杆的柔度 λ 表示成如下形式

$$\sigma_{cr} = \sigma_s\left[1 - a\left(\frac{\lambda}{\lambda_c}\right)^2\right] \quad (\lambda \leqslant \lambda_c) \tag{14-6}$$

式中，a 是与材料有关的常数，对于 Q215、Q235 钢和 16Mn 钢，$a=0.43$；λ_c 是一个与材料有关的临界柔度值；当压杆的 $\lambda \geqslant \lambda_c$ 时，用欧拉公式(14-4)计算；当 $\lambda < \lambda_c$ 时，用公式(14-6)计算。对低碳钢和低锰钢

$$\lambda_c = \pi\sqrt{\frac{E}{0.57\sigma_s}} \tag{g}$$

14.3.3 临界应力总图

不同柔度压杆的临界应力与柔度之间的关系曲线称为**临界应力总图**。图 14-7(a)、(b) 分别对应于直线公式和抛物线公式的压杆的临界应力总图，该图表示了临界应力随柔度 λ 的变化规律。

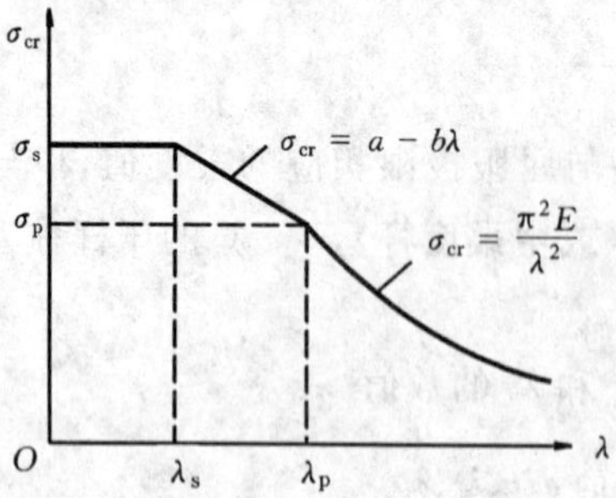

(a)

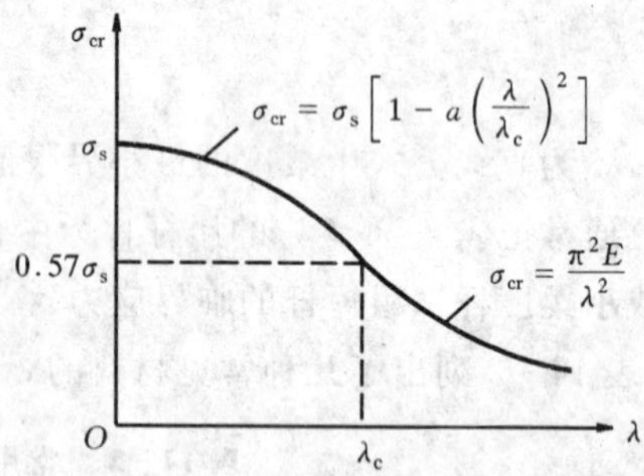

(b)

图 14-7

压杆临界应力的计算公式可归纳如下(以直线公式的临界应力总图为例)：

(1) 当 $\lambda \geqslant \lambda_p$ 时，压杆是细长杆，用欧拉公式计算临界应力 $\sigma_{cr} = \dfrac{\pi^2 E}{\lambda^2}$

(2) 当 $\lambda_s < \lambda < \lambda_p$ 时，压杆是中长杆，用直线公式计算临界应力 $\sigma_{cr} = a - b\lambda$

(3) 当 $\lambda \leqslant \lambda_s$ 时，压杆是短粗杆，用强度公式计算临界应力 $\sigma_{cr} = \sigma_s$

例 14-2 图 14-8 所示两端固定的压杆，材料为 Q235 钢，横截面面积 $A=32\times10^2\ \text{mm}^2$，$E=200$ GPa。试分别计算图示四种截面压杆的临界力。

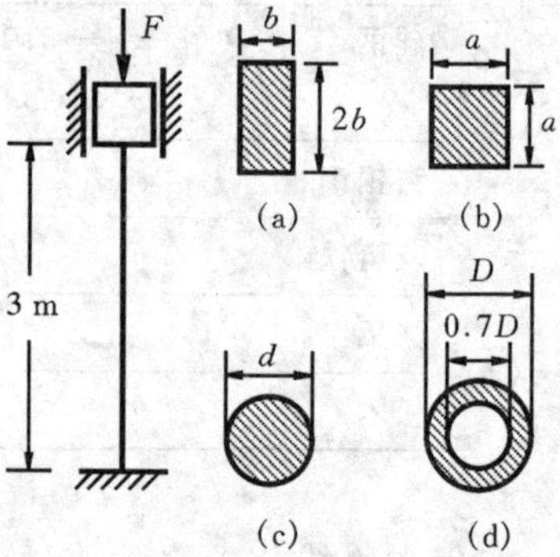

图 14-8

解 由于压杆两端固定，故 $\mu=0.5$。

(1) 矩形截面

由 $A = 2b^2$ 可得：$b = \sqrt{A/2} = \sqrt{32 \times 10^2/2} = 40$ mm。对于矩形截面，压杆总是在最小弯曲刚度平面内发生失稳，应取截面最小的惯性矩来计算临界力。截面最小惯性半径为

$$i_{\min} = \sqrt{\frac{I_{\min}}{A}} = \sqrt{\frac{2b \times b^3/12}{2b^2}} = \frac{b}{2\sqrt{3}} = 11.55 \text{ mm}$$

最大柔度　$\lambda_{\max} = \dfrac{\mu l}{i_{\min}} = \dfrac{0.5 \times 3 \times 10^3}{11.55} = 129.9 > \lambda_p$

压杆为细长杆，故临界力用欧拉公式计算，即

$$F_{cr} = \sigma_{cr} A = \frac{\pi^2 E}{\lambda_{\max}^2} A = \frac{\pi^2 \times 200 \times 10^9}{129.9^2} \times 32 \times 10^{-4} = 374 \text{ kN}$$

(2) 正方形截面

由 $A = a^2$ 可得：$a = \sqrt{A} = \sqrt{32 \times 10^2} = 40\sqrt{2}$ mm。截面惯性半径为

$$i = \sqrt{\frac{I}{A}} = \sqrt{\frac{a^4/12}{a^2}} = \frac{a}{2\sqrt{3}} = 16.33 \text{ mm}$$

柔度　$\lambda = \dfrac{\mu l}{i} = \dfrac{0.5 \times 3 \times 10^3}{16.33} = 91.8$

由于 $\lambda_s < \lambda < \lambda_p$，压杆为中长杆，故临界应力用直线公式计算，压杆的临界力为

$$F_{cr} = \sigma_{cr} A = (a - b\lambda) A = (304 - 1.118 \times 91.8) \times 10^6 \times 32 \times 10^{-4} = 644 \text{ kN}$$

(3) 实心圆截面

由 $A = \dfrac{\pi d^2}{4}$ 可得：$d = \sqrt{\dfrac{4A}{\pi}} = 63.8$ mm。截面惯性半径为

$$i = \sqrt{\frac{I}{A}} = \sqrt{\frac{\pi d^4/64}{\pi d^2/4}} = \frac{d}{4} = 15.95 \text{ mm}$$

柔度　$\lambda = \dfrac{\mu l}{i} = \dfrac{0.5 \times 3 \times 10^3}{15.95} = 94$

由于 $\lambda_s < \lambda < \lambda_p$，压杆为中长杆，故临界应力用直线公式计算，压杆的临界力为

$$F_{cr} = \sigma_{cr} A = (a - b\lambda) A = (304 - 1.118 \times 94) \times 10^6 \times 32 \times 10^{-4} = 636 \text{ kN}$$

(4) 空心圆截面

由 $\alpha = \dfrac{d}{D} = 0.7$，$A = \dfrac{\pi D^2(1-\alpha^2)}{4}$ 可得：$D = \sqrt{\dfrac{4A}{\pi(1-\alpha^2)}} = 89.4$ mm。

截面惯性半径为

$$i = \sqrt{\frac{I}{A}} = \sqrt{\frac{\pi D^4(1-\alpha^4)/64}{\pi D^2(1-\alpha^2)/4}} = \frac{D\sqrt{(1+\alpha^2)}}{4} = 27.3 \text{ mm}$$

柔度　$\lambda = \dfrac{\mu l}{i} = \dfrac{0.5 \times 3 \times 10^3}{27.3} = 55 < \lambda_s$

压杆为粗短杆，故临界力

$$F_{cr}=\sigma_{cr}A=\sigma_s A=235\times10^6\times32\times10^{-4}=752\ \text{kN}$$

讨论 由上述计算结果可以看出，在杆端约束、长度、横截面面积及材料均相同的条件下，压杆的截面形状不同，其临界力就不同，正方形和圆形截面的临界力比矩形截面大，空心圆截面的临界力比实心圆截面大。因此，在杆端沿各方向的约束相同时，应选用圆形或正多边形的空心截面，使得压杆在各个方向具有相同的稳定性，以提高压杆的抗失稳能力。

14.4 压杆稳定性的校核

14.4.1 安全因数法

为了保证压杆不发生失稳现象，必须使其所承受的轴向压力 F 小于压杆的临界力 F_{cr}，或者使其工作应力 σ 小于临界应力 σ_{cr}。考虑一定的安全因数后，压杆的稳定性条件为

$$n_{st}=\frac{F_{cr}}{F}\geqslant[n_{st}] \tag{14-7}$$

或

$$n_{st}=\frac{\sigma_{cr}}{\sigma}\geqslant[n_{st}] \tag{14-8}$$

式中，n_{st} 为压杆工作时的**实际稳定安全因数**；$[n_{st}]$ 为规定的**稳定安全因数**。此外，由于载荷的偏心、压杆的初曲率、材料不均匀及支座缺陷等因素不可避免，且失稳是一种突发性过程，故稳定安全因数一般比强度安全因数大。在静载荷作用下，钢材$[n_{st}]=1.8\sim3.0$，铸铁$[n_{st}]=5.0\sim5.5$，木材$[n_{st}]=2.8\sim3.2$。

必须指出，压杆保持稳定性的能力是对压杆的整体而言，截面的局部削弱（如油孔、螺钉孔等）对杆件的整体弯曲变形影响很小，计算临界力时可不必考虑，仍采用未经削弱的横截面面积 A 和惯性矩 I。但在截面局部削弱处，须进行压缩强度校核，即

$$\sigma_{净}=\frac{F}{A_{净}}\leqslant[\sigma] \tag{a}$$

式中，$A_{净}$ 为削弱后的横截面的实际面积，称为**净面积**。

14.4.2 折减系数法

对式(14-8)进行变换可得 $\sigma\leqslant\dfrac{\sigma_{cr}}{[n_{st}]}$ 引入稳定许用应力$[\sigma_{st}]=\dfrac{\sigma_{cr}}{[n_{st}]}$，则压杆的稳定性条件可写为

$$\sigma \leqslant [\sigma_{st}] \tag{b}$$

在工程计算中，$[\sigma_{st}]$ 常用基本许用应力 $[\sigma]$ 乘以一个小于 1 的系数 φ 来表示，即

$$[\sigma_{st}] = \varphi[\sigma] \tag{c}$$

则压杆的稳定性条件可写为

$$\sigma = \frac{F}{A} \leqslant \varphi[\sigma] \tag{14-9}$$

式中，φ 称为**折减系数**，它与压杆柔度 λ 和材料有关。几种材料的 $\varphi-\lambda$ 曲线如图 14－9 所示。

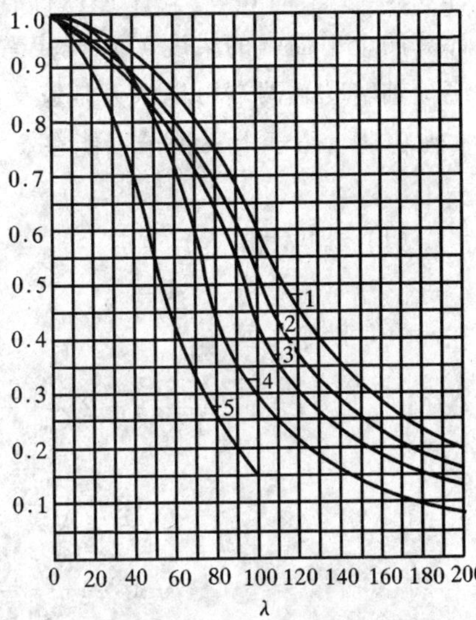

1—Q 235；2—Q 275 钢；3— 高级钢
($\sigma_s > 320$ MPa)；4—木材；5— 铸铁

图 14－9

例 14－3　图 14－10 所示一机器的连杆，截面为工字形，材料为碳钢，$E = 210$ GPa，$\sigma_s = 306$ MPa。连杆所受最大压力为 $F = 30$ kN，规定的稳定安全因数 $[n_{st}] = 5$，试校核连杆的稳定性。

解　由于连杆受压时，在两个平面的抗弯刚度和约束情况均不同，因而连

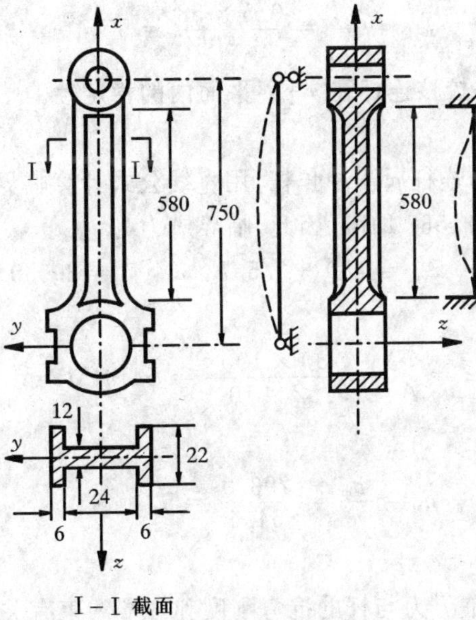

图 14－10

杆在 $x-y$ 平面和 $x-z$ 平面内都有可能发生失稳，在进行稳定性校核时必须首先计算两个平面内的柔度 λ，以确定弯曲平面。若连杆在 $x-y$ 平面内弯曲(横截面绕 z 轴转动)，两端可以认为是铰支，$\mu_z=1$；若连杆在 $x-z$ 平面内弯曲(横截面绕 y 轴转动)，由于上下销子不能在 $x-z$ 平面内转动，故两端可以认为是固定端，$\mu_y=0.5$。

(1) 柔度计算

$$A=24\times12+2\times6\times22=5.52\ \text{cm}^2$$

在 $x-y$ 平面内

$$I_z=\frac{12\times24^3}{12}+2\times\left[\frac{22\times6^3}{12}+22\times6\times15^2\right]=7.42\ \text{cm}^4$$

$$i_z=\sqrt{\frac{I_z}{A}}=\sqrt{\frac{7.42}{5.52}}=1.16\ \text{cm}$$

$$\lambda_z=\frac{\mu_z l}{i_z}=\frac{1\times75}{1.16}=64.7$$

在 $x-z$ 平面内

$$I_y=\frac{24\times12^3}{12}+2\times\frac{6\times22^3}{12}=1.41\ \text{cm}^4$$

$$i_y=\sqrt{\frac{I_y}{A}}=\sqrt{\frac{1.41}{5.52}}=0.505\ \text{cm}$$

$$\lambda_y=\frac{\mu_y l}{i_y}=\frac{0.5\times58}{0.505}=57.4$$

因为 $\lambda_z>\lambda_y$，只需校核连杆在 $x-y$ 平面内的稳定性。

(2) 稳定性校核

由于 $\lambda_s<\lambda_z<\lambda_p$，连杆属于中长杆，用直线公式计算临界应力。由表 14-2 查得，$a=460\ \text{MPa}$，$b=2.567\ \text{MPa}$。因此，临界应力为

$$\sigma_{cr}=a-b\lambda_z=460-2.567\times64.7=293.9\ \text{MPa}$$

连杆工作应力

$$\sigma=\frac{F}{A}=\frac{30\times10^3}{5.52\times10^{-4}}=54.4\ \text{MPa}$$

连杆的实际稳定安全因数

$$n_{st}=\frac{\sigma_{cr}}{\sigma}=\frac{293.9}{54.4}=5.4>5$$

所以连杆稳定性足够。

讨论 (1)压杆的临界力与杆的抗弯刚度和杆端约束有关，当杆在两个平面的抗弯刚度和杆端约束不相同时，必须分别计算杆在两个平面内的临界力；(2)对于

连杆能否采用空心圆管？

例 14－4　图 14－11(a)所示结构由 AB 杆和 CB 梁组成，杆和梁材料均为 Q235 钢，$E=200$ GPa，$[\sigma]=160$ MPa。CB 梁由 22a 工字钢制成。AB 杆两端为球铰支座，直径 $d=80$ mm，规定稳定安全因数 $[n_{st}]=5$。试确定许可载荷 q 的值。

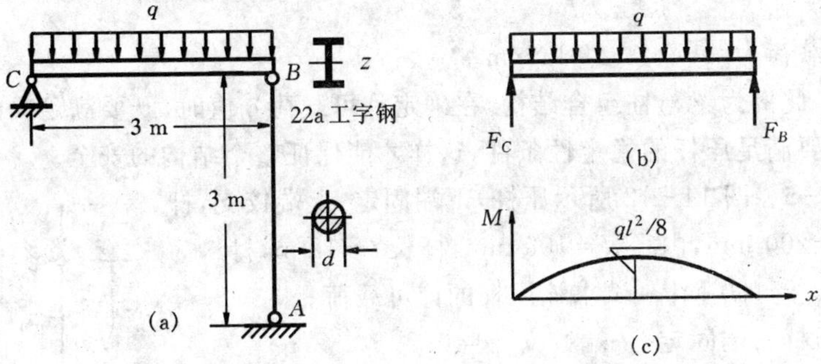

图 14－11

解　(1)由梁的强度条件确定 q

如图 14－11(b) 所示梁的受力分析，由静力平衡方程可以求出：$F_C=F_B=\dfrac{ql}{2}$。作梁的弯矩图如图 14－11(c) 所示，最大弯矩 $M_{max}=\dfrac{ql^2}{8}$，由型钢表(附录 C) 可以查得 22a 工字钢，$W_z=309\ \text{cm}^3$。由梁的弯曲强度条件

$$\sigma_{max}=\frac{M_{max}}{W_z}=\frac{ql^2}{8W_z}\leqslant[\sigma]$$

得

$$q\leqslant\frac{8W_z[\sigma]}{l^2}=\frac{8\times309\times10^{-6}\times160\times10^6}{3^2}=43.9\ \text{kN/m}$$

(2) 由杆 AB 的稳定性条件确定 q

压杆 AB 两端铰支，$\mu=1$

$$i=\sqrt{\frac{I}{A}}=\sqrt{\frac{\pi d^4/64}{\pi d^2/4}}=\frac{d}{4}=20\ \text{mm}$$

柔度
$$\lambda=\frac{\mu l}{i}=\frac{1\times3\ 000}{20}=150>\lambda_p$$

故杆 AB 属于细长杆。临界应力

$$\sigma_{cr}=\frac{\pi^2E}{\lambda^2}=\frac{\pi^2\times200\times10^9}{150^2}=87.7\ \text{MPa}$$

临界力
$$F_{cr}=\sigma_{cr}A=\sigma_{cr}\times\frac{\pi d^2}{4}=87.7\times10^6\times\frac{\pi\times80^2\times10^{-6}}{4}=441\ \text{kN}$$

压杆所受压力 $N_{AB}=F_B=\frac{ql}{2}$,由压杆稳定性条件

$$n_{st}=\frac{F_{cr}}{N_{AB}}=\frac{2F_{cr}}{ql}\geqslant[n_{st}]$$

得 $$q\leqslant\frac{2F_{cr}}{[n_{st}]l}=\frac{2\times441\times10^3}{5\times3}=58.8\ \text{kN/m}$$

所以,许可载荷为$[q]=43.9\ \text{kN/m}$。

讨论 此例为梁与柱组合结构,在确定许可载荷 q 值时,既要满足梁的弯曲强度条件,又要满足压杆的稳定性条件,这样才能保证整个结构的安全。

例 14-5 图 14-12 所示压杆,下端固定,上端铰支,杆的外径 $D=200$ mm,内径 $d=100$ mm,杆长 $l=12$ m,材料为 Q235 钢,$[\sigma]=160$ MPa,试求该压杆的许可载荷。

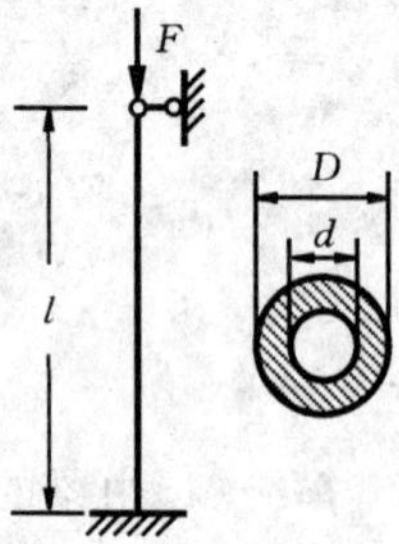

图 14-12

解 压杆一端固定,一端铰支,$\mu=0.7$。

$$i=\sqrt{\frac{I}{A}}=\sqrt{\frac{\pi(D^4-d^4)/64}{\pi(D^2-d^2)/4}}=\frac{\sqrt{D^2+d^2}}{4}=55.9\ \text{mm}$$

柔度 $$\lambda=\frac{\mu l}{i}=\frac{0.7\times12\times10^3}{55.9}=150$$

由图 14-9 中曲线查得折减系数 $\varphi=0.32$。稳定许用应力

$$[\sigma_{st}]=\varphi[\sigma]=0.32\times160=51.2\ \text{MPa}$$

由压杆稳定性条件

$$\sigma=\frac{F}{A}=\frac{F}{\pi(D^2-d^2)/4}\leqslant[\sigma_{st}]$$

可得

$$F\leqslant[\sigma_{st}]\times\frac{\pi(D^2-d^2)}{4}=51.2\times\frac{\pi(200^2-100^2)}{4}=1\ 206\ \text{kN}$$

此压杆的许可载荷为$[F]=1\ 206$ kN。

讨论 为了提高压杆的稳定性,将压杆的内、外径同时增大 1 倍,此时压杆的许可载荷增大为原来的多少倍?

14.5 提高压杆稳定性的措施

提高压杆的稳定性,就是要提高压杆的临界力或临界应力。由以上分析可知,压杆的稳定性与材料的性质和压杆的柔度 λ 有关,由临界应力总图(图 14-7)可知,压杆的临界应力随柔度 λ 的减小而增大,因此,提高压杆的稳定性,可从合理选择材料和减小柔度两个方面进行。

14.5.1　合理选择材料

对于细长压杆，由欧拉公式(14-4)可知，临界应力的大小与材料的弹性模量 E 有关，弹性模量越高，临界应力越大，选用高弹性模量的材料可以提高细长压杆的稳定性。但是，由于各种钢材的弹性模量相差不大，因此，选用优质钢材与选用普通钢材相比对提高压杆稳定性作用不大。

对于中长杆，临界应力与材料的强度有关。由图 14-7(a) 所示的临界应力总图可知，临界应力随着屈服极限 σ_s 和比例极限 σ_p 的提高而增大，因此，选用优质钢材可以提高压杆的稳定性。

14.5.2　减小柔度

1. 尽量减小压杆的长度

压杆的柔度与压杆的长度成正比，因此，在结构允许的情况下，尽量减小压杆的实际长度，或增加中间支座，以提高压杆的稳定性。

2. 改善支承情况，减小长度因数 μ

压杆的约束条件不同，其临界力大小就不一样。例如，在压杆长度、截面形状和尺寸均相同的情况下，两端固定细长压杆($\mu = 0.5$) 的临界力是两端铰支细长压杆($\mu = 1$) 临界力的四倍，是一端固定、一端自由的细长压杆($\mu = 2$) 临界力的 16 倍，因此，加强压杆两端的约束，可减小压杆的长度因数，从而减小柔度，提高压杆的临界力。

3. 选择合理的截面形状

由 $\lambda = \frac{\mu l}{i}\left(i = \sqrt{\frac{I}{A}}\right)$ 可知，比值 $\frac{I}{A}$ 越大，λ 越小。当横截面面积一定时，应尽可能地提高截面的惯性矩 I，从而提高压杆的临界应力。

当压杆两端在各弯曲平面内具有相同的约束条件时，应使截面对任一形心轴的惯性半径尽可能相等，使得压杆在各个方向尽可能具有相同的稳定性。对于工业上常用的型钢，可以通过适当地组合使压杆在各弯曲平面内具有相同的稳定性，如图 14-13(b) 用两根槽钢组合的截面比图 14-13(a) 组合截面的稳定性好。

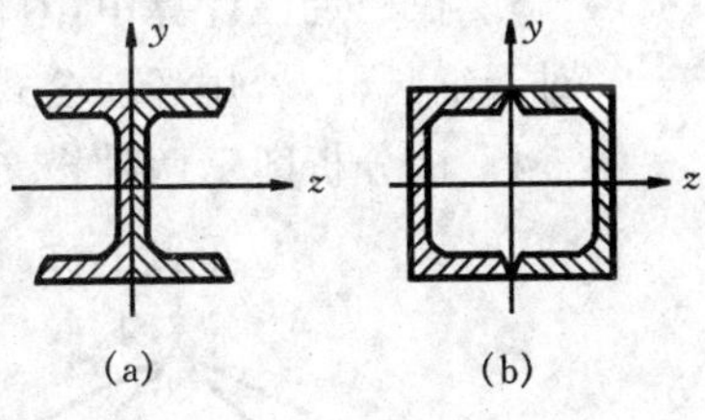

图 14-13

若压杆两端在各弯曲平面内具有不同的约束条件，则应综合考虑压杆的长度、约束条件、截面形状和尺寸等因素，使得压杆在各个弯曲平面内的柔度尽可能相等，从而提高压杆的稳定性，这种结构称为**等稳定性结构**，例 14-3 的连杆采用工字形截面而不采用空心圆管，就是这个原因。因此，理想的压杆应设计成等稳定性的。

思考题

14-1 两端为球铰的压杆，横截面如图所示，试问压杆失稳时，横截面将绕哪一根轴转动？

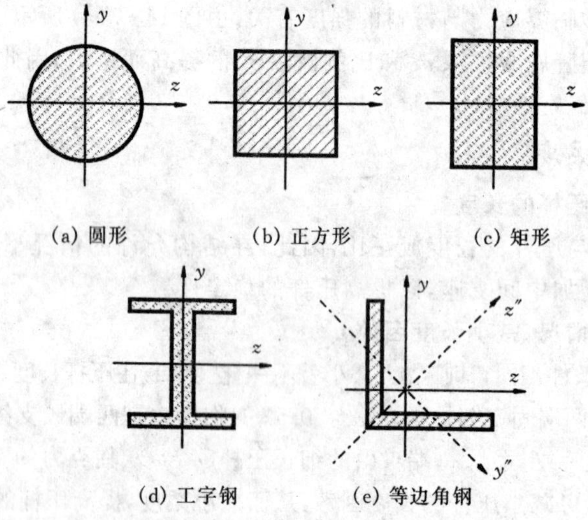

思考题 14-1 图

14-2 对于两端固定的压杆，由挠曲线的微分方程推导其临界力公式时所需的边界条件是什么？试推导该压杆的临界力。

14-3 在稳定性计算中，对于中长杆，若用欧拉公式计算其临界力，压杆是否安全？对于细长杆，若用经验公式计算其临界力，能否判断压杆的安全性？

14-4 试分析图示两种桁架的承载能力是否相同？

思考题 14-4 图

14-5 由四根等边角钢组成一压杆，其组合截面的形状分别如图(a)和图(b)所示，试问哪种组合截面的承载能力高？

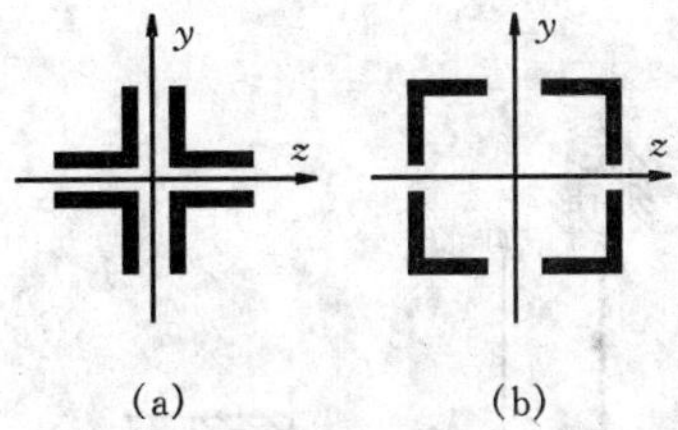

思考题 14-5 图

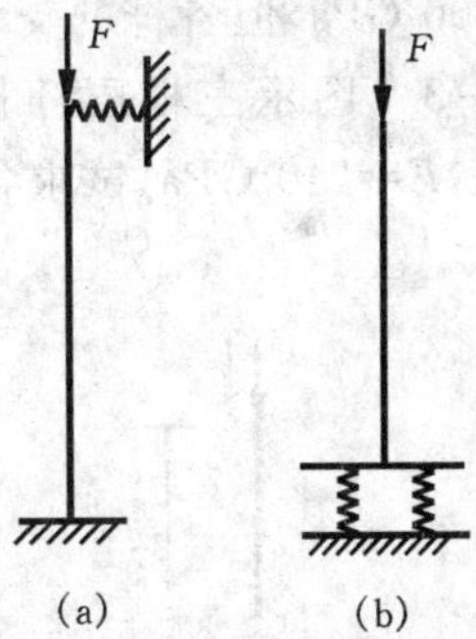

思考题 14-6 图

14-6　试分析图示两种压杆的长度因数 μ 的取值范围。

14-7　对于钢质细长压杆，由于钢材的 E 值差别不大，故采用优质钢并不能提高压杆的稳定性，但由稳定计算的折减系数法可知，优质钢的许用应力[σ]较高，显然是有利的，这一矛盾如何解释？

14-8　在高层建筑工地上，常用塔式起重机，其主架非常高，属细长压杆，工程上采取什么措施来防止失稳？

习　题

14-1　两端铰支的圆截面细长压杆，直径 $d=75$ mm，杆长 $l=1.8$ m，弹性模量 $E=200$ GPa，试求此压杆的临界力。

14-2　图示四根钢质圆截面细长压杆，直径均为 $d=25$ mm，材料的弹性模

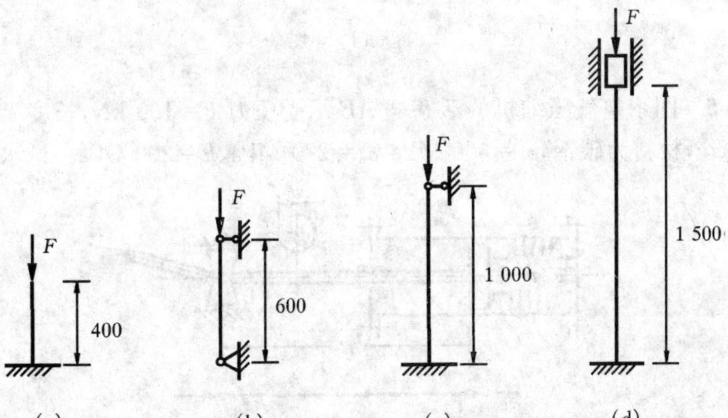

题 14-2 图

量 $E=200$ GPa，但各杆的支承和长度不同，试求各杆的临界力。

14－3　图示三根压杆长度均为 $l=30$ cm，截面尺寸如图(d)所示，材料为 Q235 钢，$E=210$ GPa，试求各杆的临界力。

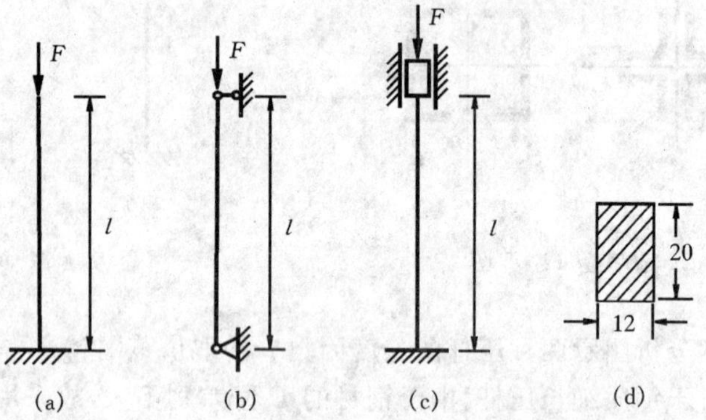

题 14－3 图

14－4　图示外径 $D=100$ mm，内径 $d=80$ mm 的钢管在室温下进行安装，安装后钢管两端固定，此时钢管两端不受力。已知钢管材料的线膨胀系数 $\alpha=12.5\times10^{-6}\ \mathrm{K}^{-1}$，弹性模量 $E=210$ GPa，$\sigma_s=306$ MPa，$\sigma_p=200$ MPa，$a=460$ MPa，$b=2.57$ MPa。试求温度升高多少度时钢管将失稳。

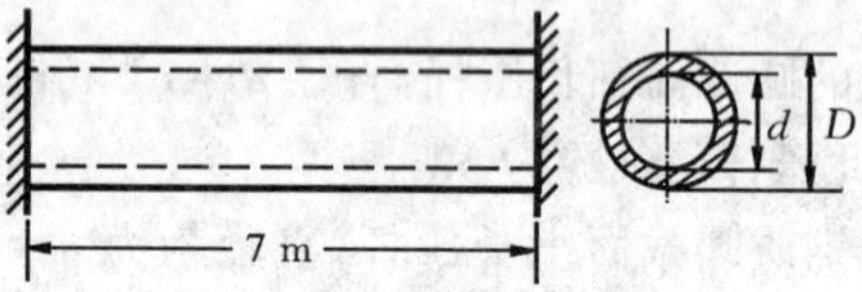

题 14－4 图

14－5　图示空气压缩机的活塞杆 AB 承受压力 $F=100$ kN，长度 $l=110$ cm，直径 $d=7$ cm，材料为碳钢，$\sigma_s=306$ MPa，$\sigma_p=280$ MPa，$E=200$ GPa。试求活塞杆的实

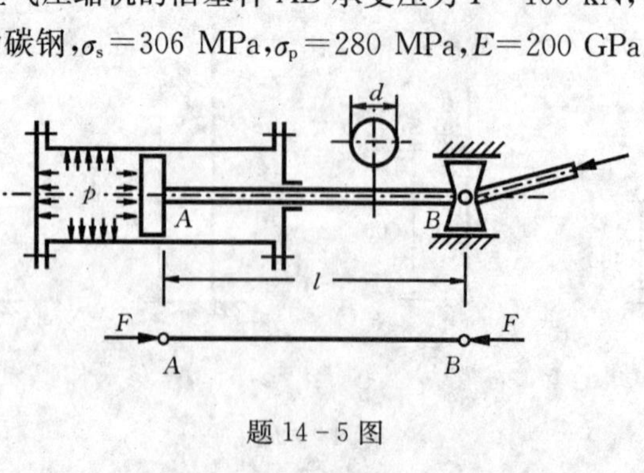

题 14－5 图

际稳定安全因数。(活塞杆两端可简化成铰支座)

14-6　图示压杆的横截面为矩形，杆长 $l=2$ m，材料为 Q235 钢，$E=210$ GPa，在正视图(a)的平面内弯曲时，两端可视为铰支，在俯视图(b)的平面内弯曲时，两端可视为固定，试求此杆的临界力 F_{cr}。

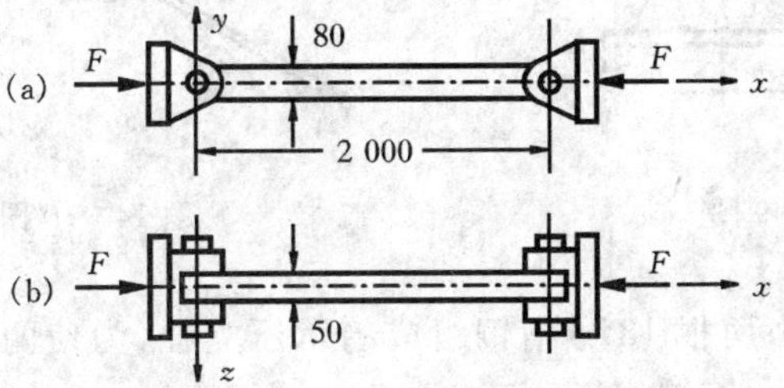

题 14-6 图

14-7　图示桁架结构，A、B、C 三处均为球铰，AB 及 AC 两杆皆为圆截面，直径 $d=8$ cm，材料为 Q235 钢，$E=210$ GPa，试求该结构的临界力 F_{cr}。

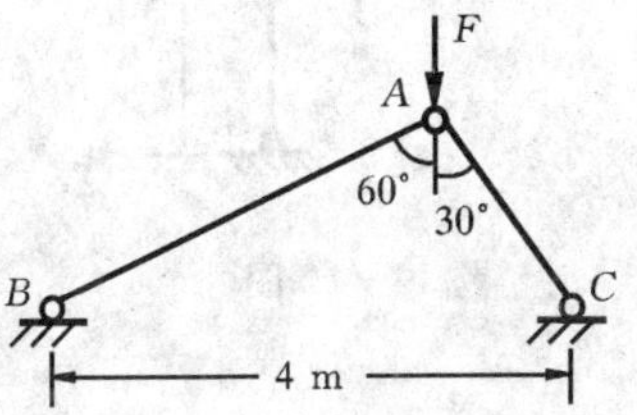

题 14-7 图

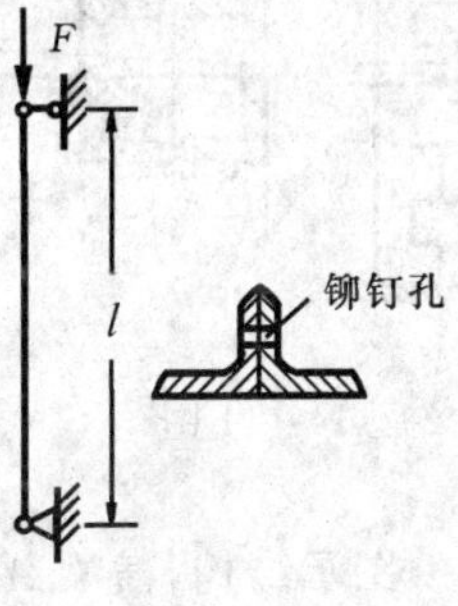

题 14-8 图

14-8　压杆两端为球铰支座，承受轴向压力 $F=800$ kN，长度 $l=3$ m。压杆的截面是由两个 140×140×14 的等边角钢用铆钉联结而成，铆钉孔直径 $d=16$ mm，压杆材料为 Q235 钢，$[\sigma]=160$ MPa，弹性模量 $E=200$ GPa，规定的稳定安全因数 $[n_{st}]=2$，试校核该压杆的稳定性及强度。

14-9　图示结构中，横梁 AD 为刚性杆，BE 及 CG 为圆截面杆，已知两杆的直径 $d=50$ mm，材料为 Q235 钢，若强度安全因数 $n=3$，规定稳定安全因数 $[n_{st}]=3$，求结构的许可载荷 $[F]$。

14-10　图示托架，$F=20$ kN，CD 杆为 14 工字钢，AB 为圆管，外径 $D=50$ mm，内径 $d=40$ mm，两杆材料均为 Q235 钢，许用应力 $[\sigma]=160$ MPa，弹性模量 $E=$

200 GPa,AB 杆的规定稳定安全因数$[n_{st}]=2$,试校核此托架是否安全。

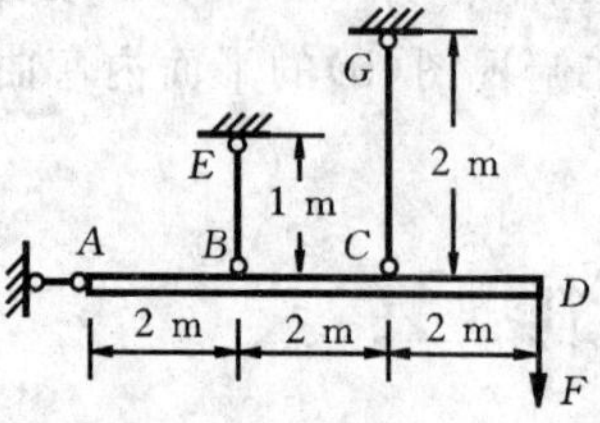

题 14－9 图

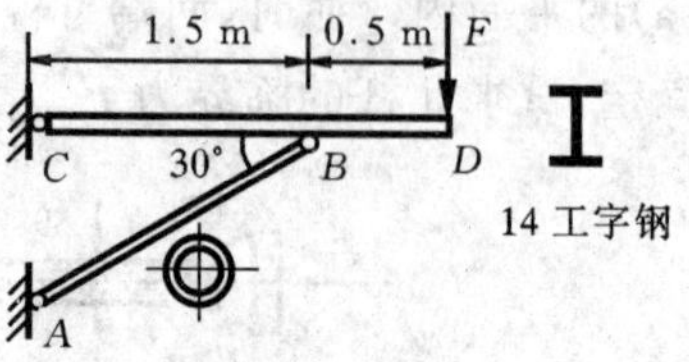

题 14－10 图

14－11　图示由两根 18 号槽钢组成的承压立柱,为使两个方向的柔度相等($\lambda_y=\lambda_z$),试问 $a=$?(不记缀板的局部加强)

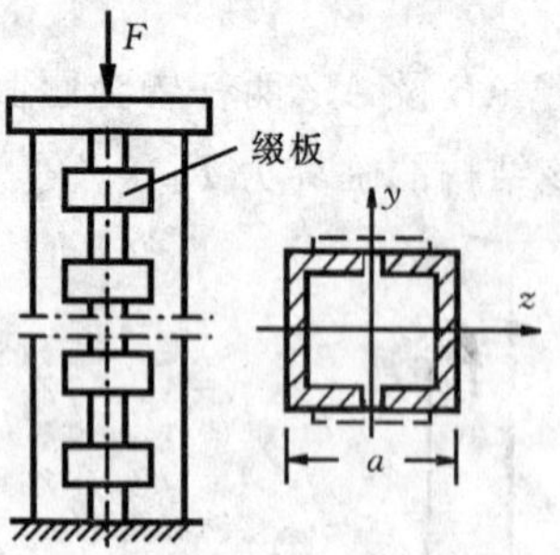

题 14－11 图

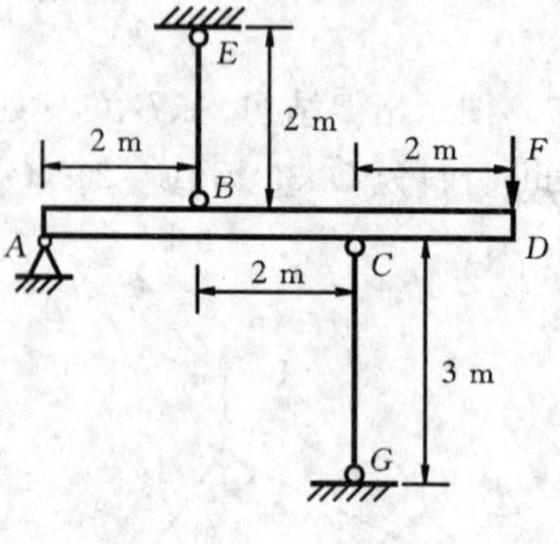

题 14－12 图

14－12　图示结构,横梁 AD 可视为刚性的,圆截面杆 CG 的直径 $d_1=100$ mm,杆 EB 的直径 $d_2=50$ mm,材料均为 Q235 钢,$[\sigma]=160$ MPa,弹性模量 $E=200$ GPa。若$[n_{st}]=2$,试求许可载荷$[F]$。

14－13　图示梁柱结构,梁由 16 号工字钢制成,柱由两根 63×63×10 的角钢组成,材料均为 Q235 钢,$E=200$ GPa。若强度安全因数 $n=1.4$,规定稳定安全因数$[n_{st}]=2$,试校核该结构是否安全。

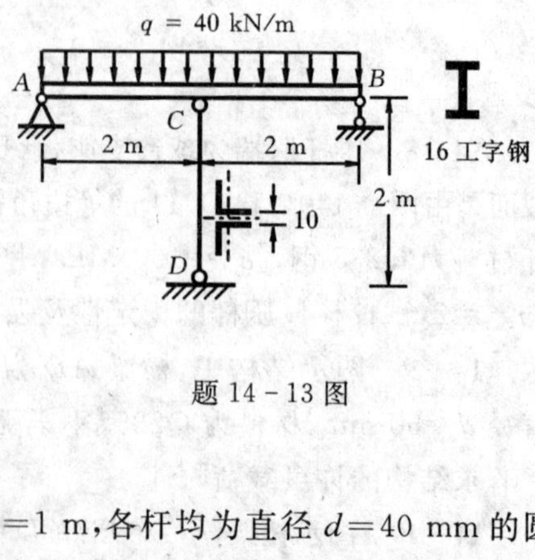

题 14－13 图

14－14　图(a)所示正方形桁架,边长 $a=1$ m,各杆均为直径 $d=40$ mm 的圆截面杆,材料均为 Q235 钢,$E=200$ GPa,试求该结构的临界力;若将外力 F 改为拉力，如图(b)所示，试问临界力是否改变？若有改变，则其值为多少？

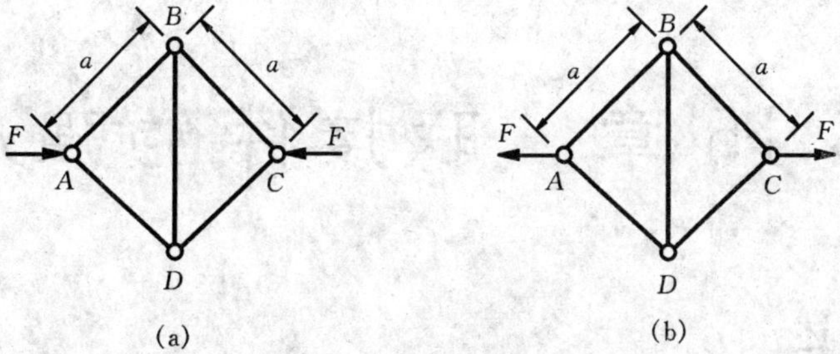

题 14－14 图

第 15 章　联接件的强度

15.1　概述

工程中经常要用到联接件，如图 15－1(a)所示联接钢板的铆钉、图 15－1(b)所示齿轮和轴之间的键联接、图 15－1(c)所示销钉联接、图 15－1(d)所示木结构中的榫联接等。

联接件一般不是细长杆件，受力和变形比较复杂，对这类构件要通过理论分析作精确计算比较困难。在工程实际中常根据联接件的实际使用和破坏情况，对其受力及应力分布作出一些假设进行简化计算，这种简化计算方法称为**实用计算法**。实践证明，用此方法设计的联接件是安全可靠的。

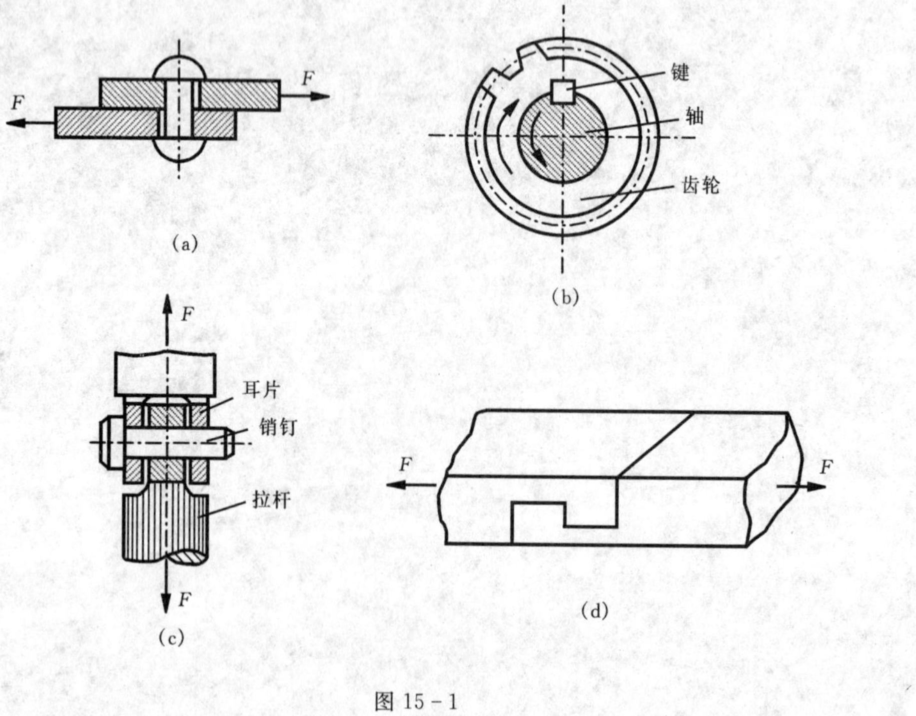

图 15－1

15.2　联接件的实用计算法

15.2.1　剪切实用计算

以图 15-2(a)所示的铆钉联接为例。铆钉的受力情况如图 15-2(b)所示，铆钉两侧面上的分布外力大小相等、方向相反、合力作用线相距很近，在这样的外力作用下，铆钉上、下两部分将沿着与外力作用线平行的 $m-m$ 截面发生相对错动，如图 15-2(c)所示，这种变形称为**剪切**。发生相对错动的 $m-m$ 截面称为**剪切面**。当作用的外力过大时，铆钉将沿剪切面被剪断。

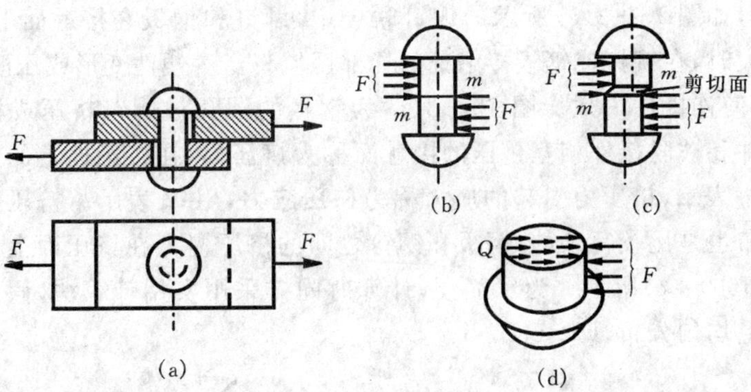

图 15-2

假想沿剪切面 $m-m$ 将铆钉截开，取下半部分作为研究对象，为了保持平衡，剪切面上必有平行于截面的剪力 Q 存在，如图 15-2(d)所示，由平衡条件可得

$$Q=F$$

铆钉发生剪切变形时，剪切面上切应力 τ 的分布情况比较复杂。在实用计算中，假设切应力 τ 在剪切面上均匀分布，即

$$\tau=\frac{Q}{A_j} \tag{15-1}$$

式中，A_j 为剪切面面积。若铆钉直径为 d，则 $A_j=\frac{\pi d^2}{4}$。用式(15-1)计算的切应力称为**名义切应力**。

为了保证铆钉能安全可靠地工作，必须使其剪切面上的切应力 τ 不超过许用切应力$[\tau]$，因此，剪切强度条件为

$$\tau=\frac{Q}{A_j}\leqslant[\tau] \tag{15-2}$$

材料的许用切应力$[\tau]$,一般通过剪切试验确定。试验时要求试件的形状和受力情况尽可能与构件实际受力情况类似。试验测得破坏载荷F°,从而求得剪断时的剪力Q°,并按式(15-1)得出名义极限切应力$\tau^{\circ}=\dfrac{Q^{\circ}}{A_j}$,除以适当的安全因数$n$,即得材料的许用切应力$[\tau]$,即

$$[\tau]=\frac{\tau^{\circ}}{n}$$

材料的许用切应力$[\tau]$可从有关材料手册和设计规范中查到。

15.2.2 挤压实用计算

联接件除了发生剪切破坏外,在传递压力的接触面上还发生局部受压的现象,称为**挤压**。如图15-2(a)所示的铆钉联接中,铆钉和钢板在接触面上相互挤压,当压力过大时,在铆钉或钢板接触处的局部区域将产生塑性变形或压溃,发生**挤压破坏**,从而使连接件失效。图15-3(a)为钢板的圆孔被铆钉挤压成椭圆孔的情况。联接件和被联接件相互挤压的接触面称为**挤压面**,在接触面上的压力称为**挤压力**,用F_{bs}表示,挤压力引起的应力称为**挤压应力**,用σ_{bs}表示。挤压应力在挤压面上的分布也是比较复杂的,钢板和铆钉之间的挤压应力在挤压面上的分布大致如图15-3(b)、(c)所示。为了简便,计算时同样采用实用计算法,假设挤压应力在挤压面上均匀分布,即

$$\sigma_{bs}=\frac{F_{bs}}{A_{bs}} \tag{15-3}$$

式中A_{bs}为挤压面的计算面积。

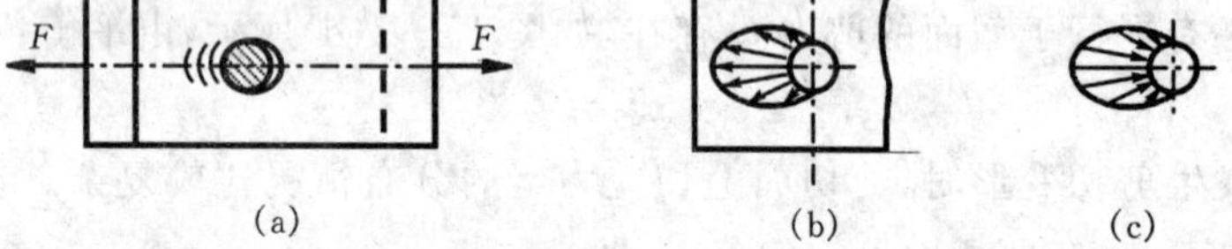

(a) (b) (c)

图15-3

挤压面的计算面积,视接触面的具体情况而定。对于螺栓、铆钉和销钉等一类圆柱形构件,实际挤压面是半圆柱面,为了简化计算,一般取圆柱的直径平面作为挤压面的计算面积,如图15-4(a)所示,$A_{bs}=dl$。若接触面为平面,如图15-4(b)所示的键,则取实际挤压面积为计算面积,$A_{bs}=lh/2$。

为了防止挤压破坏,保证联接件能安全可靠地工作,联接件还应满足挤压强度条件

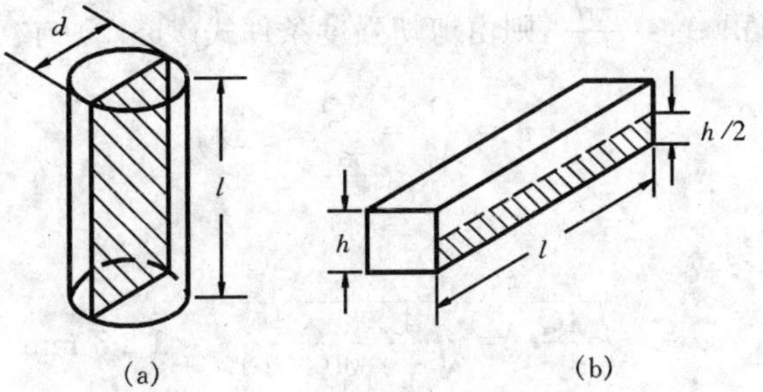

图 15-4

$$\sigma_{bs}=\frac{F_{bs}}{A_{bs}}\leqslant[\sigma_{bs}] \tag{15-4}$$

式中$[\sigma_{bs}]$为许用挤压应力，通过与确定许用切应力$[\tau]$相类似的方法来确定，其具体数值，可从有关设计手册中查到。对于钢材，许用挤压应力$[\sigma_{bs}]$与许用拉应力$[\sigma]$之间存在如下经验关系

$$[\sigma_{bs}]=(1.7\sim2.0)[\sigma]$$

例 15-1　如图 15-5(a)所示拖车挂钩用销钉联接，已知挂钩部分的钢板厚度 $t=8$ mm，销钉的材料为 20 钢，其许用切应力$[\tau]=60$ MPa，许用挤压应力$[\sigma_{bs}]=100$ MPa，拖车的拉力 $F=18$ kN。试选择销钉的直径 d。

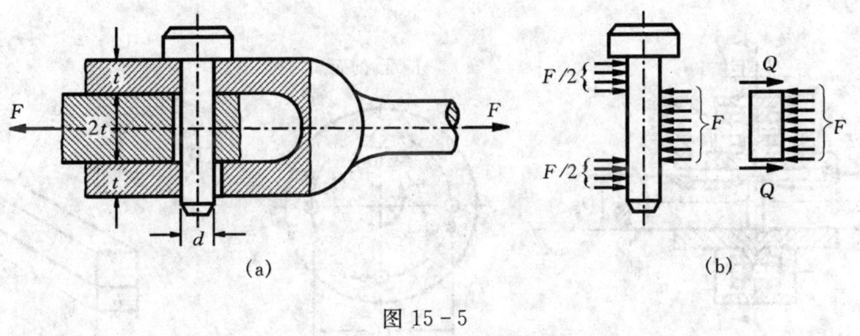

图 15-5

解　取销钉为研究对象，其受力如图 15-5(b)所示。

(1)按剪切强度条件进行设计

销钉有两个剪切面，这种情况称为**双剪**。应用截面法将销钉沿剪切面截开，由平衡条件可得剪切面上的剪力为

$$Q=\frac{F}{2}=\frac{18\times10^3}{2}=9\text{ kN}$$

销钉剪切面的面积 $A_j = \frac{\pi d^2}{4}$，则由剪切强度条件式(15-2)有

$$\tau = \frac{Q}{A_j} = \frac{Q}{\frac{\pi d^2}{4}} \leqslant [\tau]$$

所以销钉的直径为

$$d \geqslant \sqrt{\frac{4Q}{\pi[\tau]}} = \sqrt{\frac{4 \times 9 \times 10^3}{\pi \times 60 \times 10^6}} = 13.8 \text{ mm}$$

(2) 按挤压强度条件进行校核

销钉挤压面的计算面积 $A_{bs} = td$，挤压力 $F_{bs} = \frac{F}{2}$，挤压应力为

$$\sigma_{bs} = \frac{F_{bs}}{A_{bs}} = \frac{F}{2td} = \frac{18 \times 10^3}{2 \times 8 \times 13.8 \times 10^{-6}} = 81.5 \text{ MPa} < [\sigma_{bs}]$$

销钉的挤压强度足够。

综合考虑剪切和挤压强度，选取 $d = 14$ mm 的销钉。

例 15-2 图 15-6(a)所示凸缘联轴器，$D_1=200$ mm，$D_2=80$ mm，轴与联轴器用键联接，键的尺寸为 $l=140$ mm，$b=24$ mm，$h=14$ mm，两凸缘用 4 个 M16 螺栓联接，螺栓内径为 $d=14.4$ mm，键和螺栓材料相同，许用切应力$[\tau]=70$ MPa，许用挤压应力$[\sigma_{bs}]=200$ MPa，试根据键和螺栓的强度，求此联轴器所能传递的最大力偶矩 T_{max}。

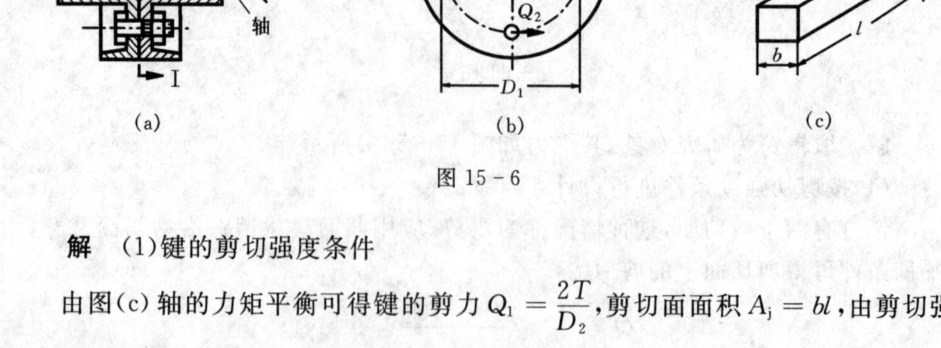

图 15-6

解 (1)键的剪切强度条件

由图(c)轴的力矩平衡可得键的剪力 $Q_1 = \frac{2T}{D_2}$，剪切面面积 $A_j = bl$，由剪切强度条件式(15-2)有

$$\tau_1 = \frac{Q_1}{A_j} = \frac{\frac{2T}{D_2}}{bl} \leqslant [\tau]$$

$$T \leqslant bl[\tau]\frac{D_2}{2} = 24 \times 140 \times 10^{-6} \times 70 \times 10^6 \times \frac{80 \times 10^{-3}}{2} = 9.4\ \text{kN} \cdot \text{m}$$

(2) 螺栓的剪切强度条件

螺栓的剪切面面积 $A_j = \frac{\pi d^2}{4}$，由图(b) 的力矩平衡可得剪切面上的剪力 $Q_2 = \frac{T}{2D_1}$，由剪切强度条件式(15－2) 有

$$\tau_2 = \frac{Q_2}{A_j} = \frac{\frac{T}{2D_1}}{\frac{\pi d^2}{4}} \leqslant [\tau]$$

$$T \leqslant 2D_1\frac{\pi d^2}{4}[\tau] = 2 \times 200 \times 10^{-3} \times \frac{\pi \times 14.4^2}{4} \times 10^{-6} \times 70 \times 10^6 = 4.56\ \text{kN} \cdot \text{m}$$

取 $T_{\max} = 4.56\ \text{kN} \cdot \text{m}$。

(3) 校核键的挤压强度

键的挤压面面积 $A_{bs1} = l \times \frac{h}{2}$，挤压力 $F_{bs1} = Q_1 = \frac{2T_{\max}}{D_2}$，挤压应力

$$\sigma_{bs1} = \frac{F_{bs1}}{A_{bs1}} = \frac{\frac{2T_{\max}}{D_2}}{l \times \frac{h}{2}} = \frac{4T_{\max}}{lhD_2} = \frac{4 \times 4.56 \times 10^3}{140 \times 14 \times 80 \times 10^{-9}} = 116\ \text{MPa} < [\sigma_{bs}]$$

键的挤压强度足够。

(4) 校核螺栓的挤压强度

螺栓的挤压面面积 $A_{bs2} = dt$，挤压力 $F_{bs2} = Q_2 = \frac{T_{\max}}{2D_1}$，挤压应力

$$\sigma_{bs2} = \frac{F_{bs2}}{A_{bs2}} = \frac{\frac{T_{\max}}{2D_1}}{dt} = \frac{T_{\max}}{2dtD_1} = \frac{4.56 \times 10^3}{2 \times 14.4 \times 16 \times 200 \times 10^{-9}} = 40.5\ \text{MPa} < [\sigma_{bs}]$$

螺栓挤压强度足够。

所以，此联轴器所能传递的最大力偶矩 $T_{\max} = 4.56\ \text{kN} \cdot \text{m}$。

例 15－3　如图 15－7(a)所示，在厚度 t=5 mm 的钢板上，冲成直径 d=18 mm 的圆孔，钢板的极限切应力 τ°=400 MPa。试求冲床的冲压力 F。

解　钢板的剪切面面积等于圆孔侧面的面积，如图 15－7(b)所示，即

$$A_j = \pi dt$$

要在钢板上冲成圆孔，钢板所受的切应力 τ 应达到钢板的极限切应力 τ°，即

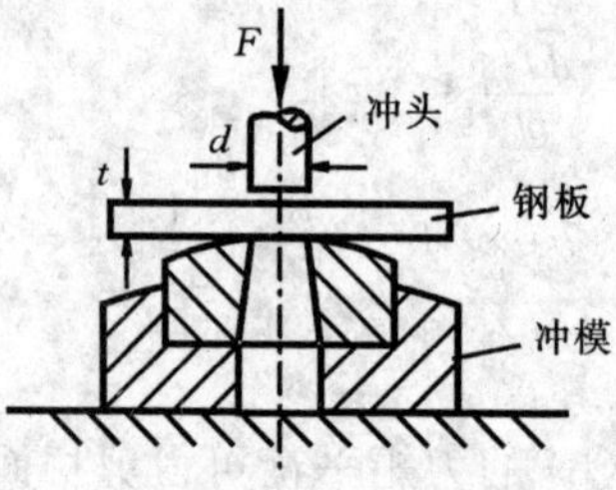

(a)

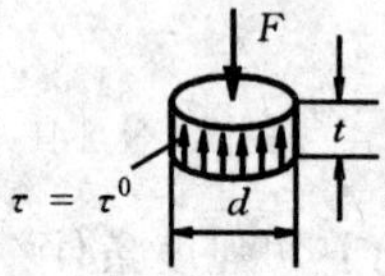

(b)

图 15-7

$$\tau = \frac{Q}{A_j} = \frac{F}{A_j} = \tau^\circ$$

所以,冲床所需要的冲压力为

$$F = \tau^\circ A_j = \tau^\circ \pi d t = 400 \times 10^6 \times \pi \times 18 \times 10^{-3} \times 5 \times 10^{-3} = 113 \text{ kN}$$

思 考 题

15-1 故宫中的柱子下面都垫一个石鼓如图所示,试问石鼓起什么作用?属于何种受力状态?可能会发生什么破坏?

思考题 15-1 图

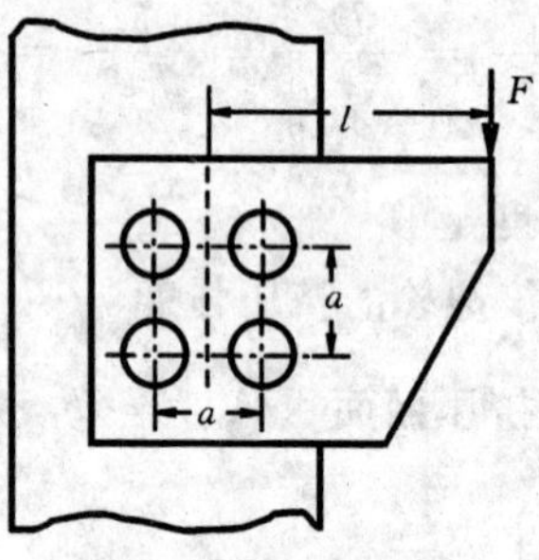

思考题 15-2 图

15-2 图示钢板铆钉联接,铆钉直径为 d,钉距为 a,若在钢板上作用集中力 F,试分析各铆钉的受力情况,并判断那个铆钉的受力最大。

15-3 试指出图中各零件的剪切面、挤压面和拉断面。

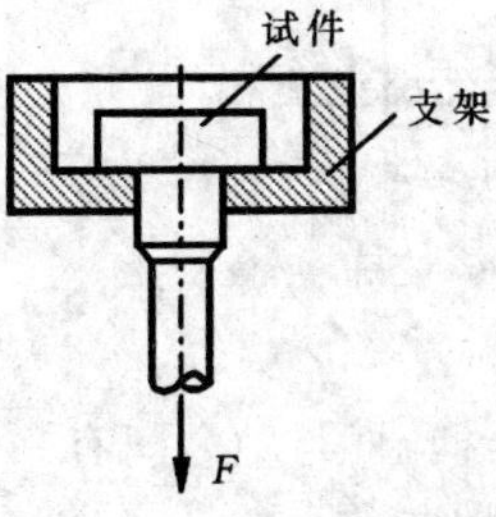

(a) 试件

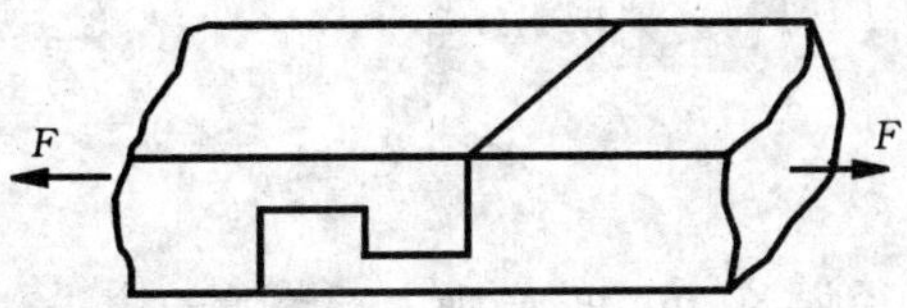

(b) 木榫接头

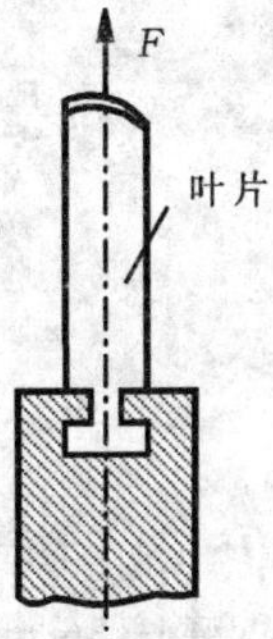

(c) 汽轮机叶片根部

思考题 15-3 图

习　题

15-1　图示一销钉受拉力 F 作用，销钉头的直径 $D=32$ mm，$h=12$ mm，销钉杆的直径 $d=20$ mm，许用切应力$[\tau]=120$ MPa，许用挤压应力$[\sigma_{bs}]=300$ MPa，$[\sigma]=160$ MPa。试求销钉可承受的最大拉力 F_{max}。

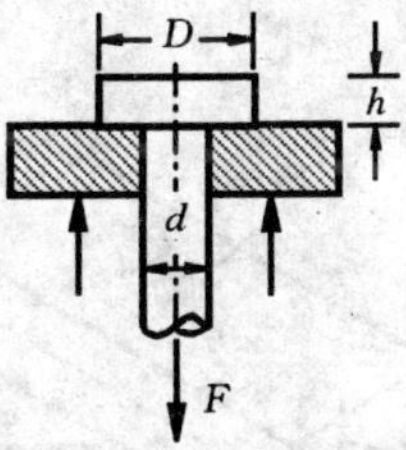

题 15-1 图

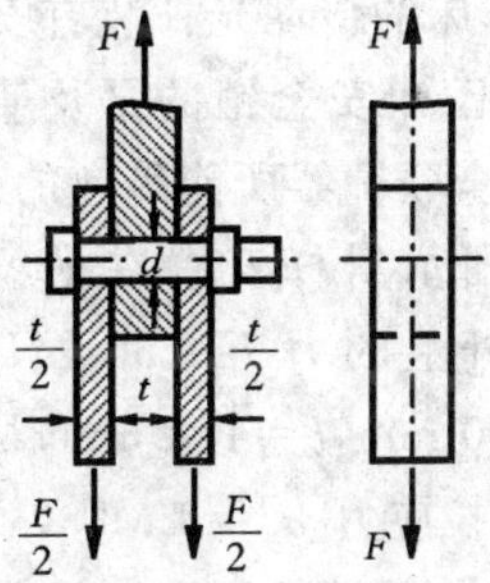

题 15-2 图

15-2　图示螺栓联接，已知外力 $F=200$ kN，厚度 $t=20$ mm，板与螺栓的材料相同，其许用切应力$[\tau]=80$ MPa，许用挤压应力$[\sigma_{bs}]=200$ MPa。试设计螺栓的直径。

15-3　两矩形截面木杆，用两块钢板连接如图所示，设截面的宽度 $b=150$ mm，承受轴向拉力 $F=60$ kN，木材的许用拉应力$[\sigma]=8$ MPa，许用切应力$[\tau]=1$ MPa，许用挤压应力$[\sigma_{bs}]=10$ MPa。试求接头处所需的尺寸 δ、l 和 h。

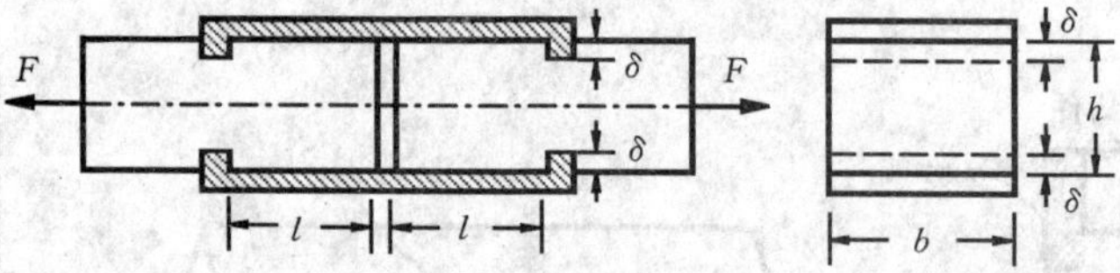

题 15－3 图

15－4 图示直径为 30 mm 的心轴上安装着一个手摇柄，杆与轴之间有一个键 K，键长 36 mm，截面为正方形，边长 8 mm，材料的许用切应力$[\tau]=56$ MPa，许用挤压应力$[\sigma_{bs}]=200$ MPa。试求手摇柄右端 F 力的最大许可值。

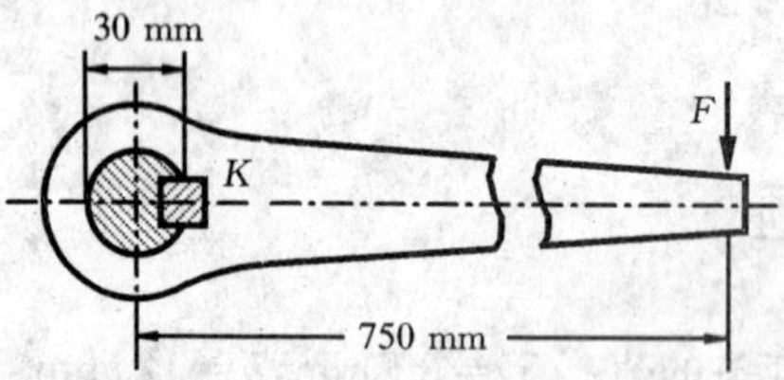

题 15－4 图

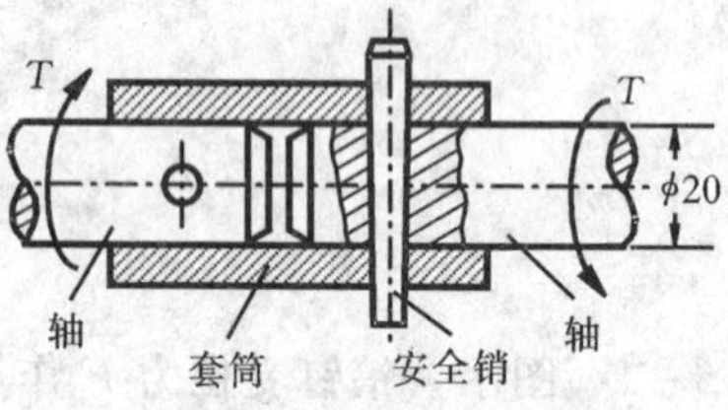

题 15－5 图

15－5 车床的传动光杆装有安全联轴器如图所示，当超过一定载荷时，安全销即被剪断。已知安全销的平均直径为 $d=6$ mm，材料的极限切应力 $\tau^{\circ}=370$ MPa。试求安全联轴器所能传递的最大力偶矩 T。

15－6 图示斜杆安置在横梁上，作用在斜杆上的力 $F=50$ kN，$\alpha=30^{\circ}$，$H=200$ mm，$b=150$ mm，材料为松木，许用拉应力$[\sigma]=8$ MPa，顺纹许用切应力$[\tau]=1$ MPa，许用挤压应力$[\sigma_{bs}]=8$ MPa，试求横梁端头尺寸 l 及 h 的值，并校核横梁削弱处的抗拉强度。

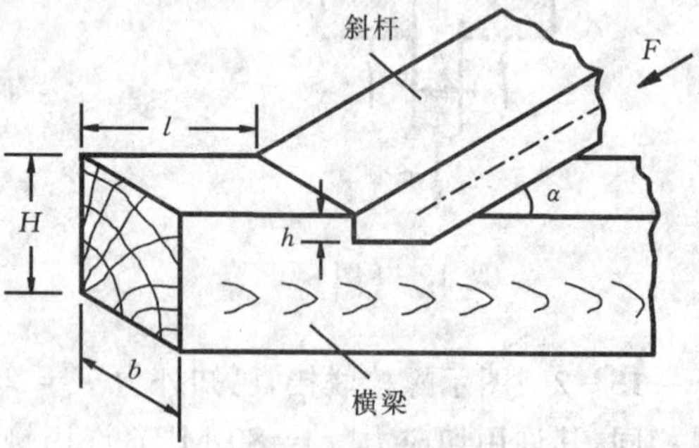

题 15－6 图

15－7 图示两块钢板用直径 $d=20$ mm的铆钉搭接，钢板与铆钉材料相同。已知 $F=160$ kN，两板尺寸相同，厚度 $t=10$ mm，宽度 $b=120$ mm，许用拉应力$[\sigma]=160$ MPa，许用切应力$[\tau]=140$ MPa，许用挤压应力$[\sigma_{bs}]=320$ MPa。试求所需的铆钉数，并加以排列，然后校核板的拉伸强度。

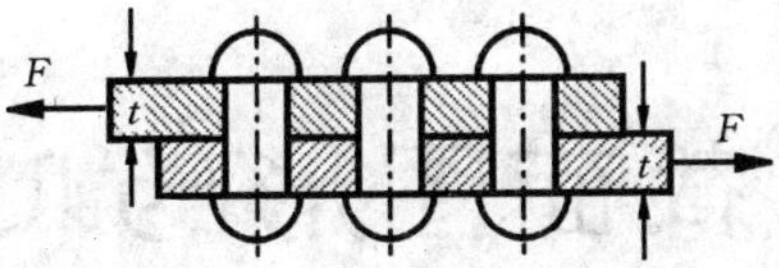

题 15－7 图

15－8　图示铆接件，是由中间钢板（主板）通过上、下两块钢盖板对接而成，铆钉直径 $d=26$ mm，主板厚度 $t=20$ mm，盖板厚度 $t_1=10$ mm，主板与盖板宽度 $b=130$ mm，铆钉与钢板材料相同，许用切应力$[\tau]=100$ MPa，许用挤压应力$[\sigma_{bs}]=280$ MPa，许用拉应力$[\sigma]=160$ MPa，试求该铆接件的许可载荷$[F]$。

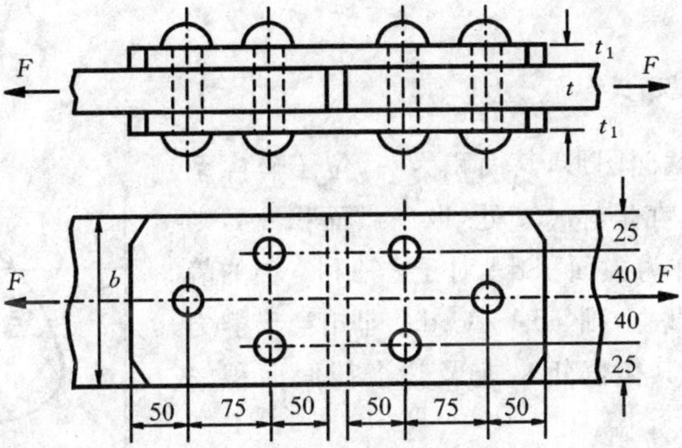

题 15－8 图

附录A 截面图形的几何性质

计算杆件在外力作用下的应力和变形时，曾用到杆件横截面图形的几何性质，例如计算拉(压)杆应力和变形时所用到的横截面面积 A，计算圆杆扭转时所用到的横截面极惯性矩 I_p，计算弯曲应力时所用到的惯性矩 I_y、I_z 等。附录 A 将介绍与本课程相关的一些几何性质的定义及其计算方法。

A.1 静矩和形心

A.1.1 静矩的定义

设有一任意截面图形，其面积为 A，位于坐标系 yOz 中(图 A－1)。在坐标 y、z 处，取一微面积 dA，则 ydA 和 zdA 分别称为微面积 dA 对于 z 轴和 y 轴的**静矩**(若将 dA 看作微力，则 ydA 和 zdA 即相当于静力学中的力矩，故称其微静矩)。遍及整个截面面积 A 的积分

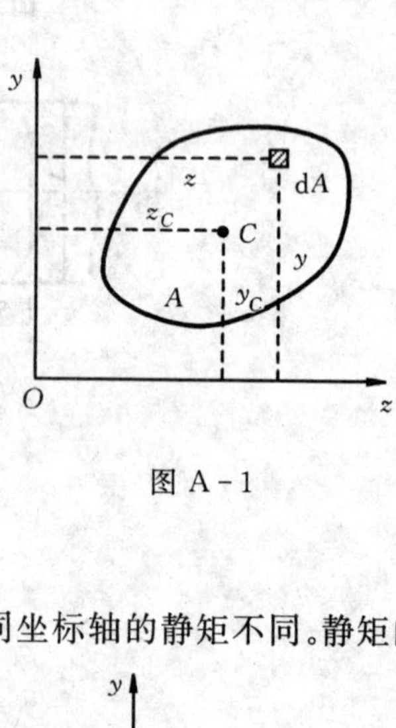

图 A－1

$$\left.\begin{aligned} S_z &= \int_A y\,dA \\ S_y &= \int_A z\,dA \end{aligned}\right\} \tag{A－1}$$

分别称为截面图形对于 z 轴和 y 轴的静矩。

静矩是对某一坐标轴而言的，同一截面图形对不同坐标轴的静矩不同。静矩的数值可能为正，可能为负，也可能为零，其量纲为[长度^3]，常用单位为 m^3 或 mm^3。

例 A－1 试计算图 A－2 所示半圆形截面对 z 轴的静矩 S_z。

解 取平行于 z 轴的狭长条作为微面积 dA，即 $dA=2R\cos\theta dy$。由于 $y=R\sin\theta$，$dy=R\cos\theta d\theta$，因此，$dA=2R^2\cos^2\theta d\theta$。将其代入式(A－1)，得

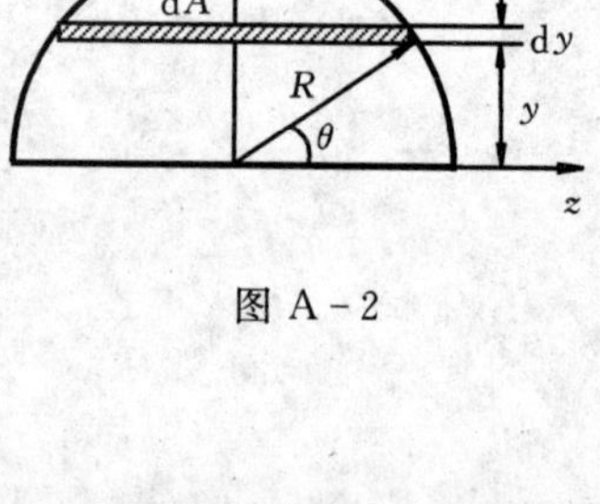

图 A－2

$$S_z = \int_A y\mathrm{d}A = \int_0^{\pi/2} R\sin\theta \times 2R^2\cos^2\theta\mathrm{d}\theta$$
$$= -\frac{2}{3}R^3\cos^3\theta\Big|_0^{\pi/2} = \frac{2}{3}R^3$$

A.1.2 形心的计算

静矩可用于确定平面图形的形心位置。按照静力学条件可知，各分力对某轴的力矩之和等于合力对同一轴之矩。如前所述，此处的 $\mathrm{d}A$ 可视为力，因此有

$$\left.\begin{aligned} \int_A y\mathrm{d}A = y_C A \\ \int_A z\mathrm{d}A = z_C A \end{aligned}\right\} \tag{A-2}$$

式中，y_C、z_C 为截面的形心在 yOz 坐标系中的坐标（图 A-1）。代入式（A-1），可得

$$S_z = y_C A \qquad 或 \qquad y_C = \frac{S_z}{A} \tag{A-3a}$$

$$S_y = z_C A \qquad 或 \qquad z_C = \frac{S_y}{A} \tag{A-3b}$$

已知截面的面积及形心坐标，即可按上式计算此截面对于 z 轴和 y 轴的静矩；反之，已知截面面积及截面对于 z 轴和 y 轴的静矩，上式可以确定截面形心的坐标。

由式（A-3）可知：截面对于通过其形心的坐标轴的静矩恒等于零；反之，截面对于某一轴的静矩若等于零，则该轴必通过截面的形心。

A.1.3 组合图形的形心

当截面是由若干简单图形组成时，由静矩的定义可知，各简单图形分别对于某一轴的静矩之和，等于该截面对于同一轴的静矩。因此，对于形状较复杂的截面，可将其划分为若干简单图形，先计算出每一简单图形的静矩，然后求其代数和，即得整个截面的静矩。设整个截面可划分为 n 个简单图形，则组合图形形心坐标的计算表达式为

$$\left.\begin{aligned} y_C = \frac{S_z}{A} = \frac{\sum_{i=1}^{n} S_{zi}}{\sum_{i=1}^{n} A_i} = \frac{\sum_{i=1}^{n} A_i y_{Ci}}{\sum_{i=1}^{n} A_i} \\ z_C = \frac{S_y}{A} = \frac{\sum_{i=1}^{n} S_{yi}}{\sum_{i=1}^{n} A_i} = \frac{\sum_{i=1}^{n} A_i z_{Ci}}{\sum_{i=1}^{n} A_i} \end{aligned}\right\} \tag{A-4}$$

例 A-2 截面尺寸如图 A-3 所示。试确定截面形心 C 的位置。

解 将截面看成是由两个矩形 1 和 2 组成。由于截面左右对称,故有一对称轴。现令对称轴为 y 轴,则截面的形心必然在 y 轴上。为确定形心在 y 轴上的位置,先选一辅助坐标轴 z,取 z 轴平行于底边,并通过矩形 2 的形心,如图所示,则由式(A-4)可得

$$y_C = \frac{A_1 y_{C1} + A_2 y_{C2}}{A_1 + A_2} = \frac{0.14 \times 0.02 \times 0.08 + 0.1 \times 0.02 \times 0}{0.14 \times 0.02 + 0.1 \times 0.02} = 0.046\ 7\ \text{m}$$

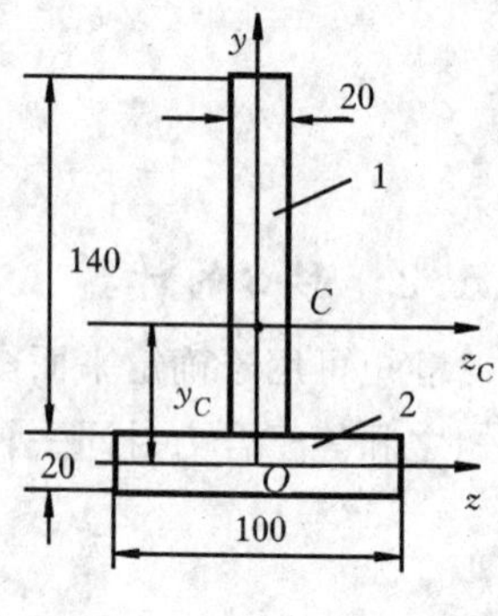

图 A-3

A.2 惯性矩和惯性积

在截面图形内的任意坐标 y、z 处取一微面积 $\mathrm{d}A$,如图 A-4 所示。则 $z^2\mathrm{d}A$ 和 $y^2\mathrm{d}A$ 分别定义为微面积 $\mathrm{d}A$ 对 y 轴和 z 轴的**惯性矩**。整个图形对 y 轴和 z 轴的惯性矩分别为

$$\left.\begin{aligned} I_y &= \int_A z^2\,\mathrm{d}A \\ I_z &= \int_A y^2\,\mathrm{d}A \end{aligned}\right\} \tag{A-5}$$

微面积 $\mathrm{d}A$ 到坐标原点 O 的距离为 ρ,定义 $\rho^2\mathrm{d}A$ 为微面积 $\mathrm{d}A$ 对 O 点的**极惯性矩**,整个图形对 O 点的极惯性矩为

$$I_{\mathrm{p}} = \int_A \rho^2\,\mathrm{d}A \tag{A-6}$$

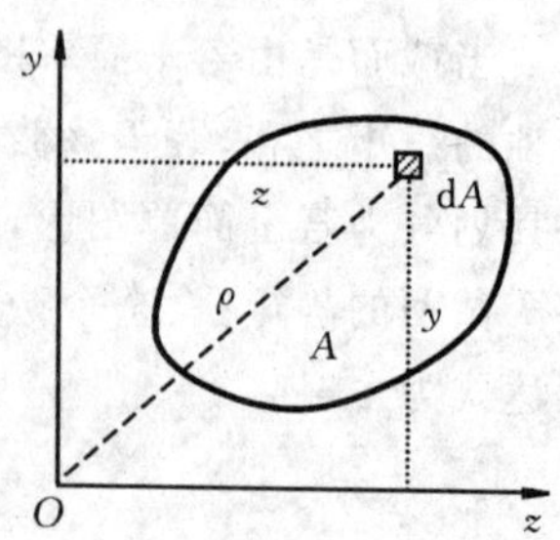

图 A-4

由图 A-4 可知 $\rho^2 = y^2 + z^2$,所以有

$$I_{\mathrm{p}} = \int_A \rho^2\,\mathrm{d}A = \int_A (y^2 + z^2)\,\mathrm{d}A = I_z + I_y \tag{A-7}$$

即图形对任意一对正交轴的惯性矩之和,等于它对该两轴交点的极惯性矩。

惯性矩 I_y、I_z 和极惯性矩 I_{p} 恒为正值,其量纲为[长度^4],常用单位为 m^4 或 mm^4。

微面积 $\mathrm{d}A$ 与两坐标 y、z 的乘积 $yz\mathrm{d}A$,定义为该微面积对此正交轴的**惯性积**。而

$$I_{yz}=\int_A yz\,\mathrm{d}A \tag{A-8}$$

定义为截面对于正交轴 y、z 的惯性积。

惯性积 I_{yz} 的数值可能为正或负，也可能等于零，其量纲为[长度^4]，其常用单位为 m^4 或 mm^4。

例 A-3　试计算图 A-5 所示矩形截面对于其对称轴 y、z 的惯性矩。

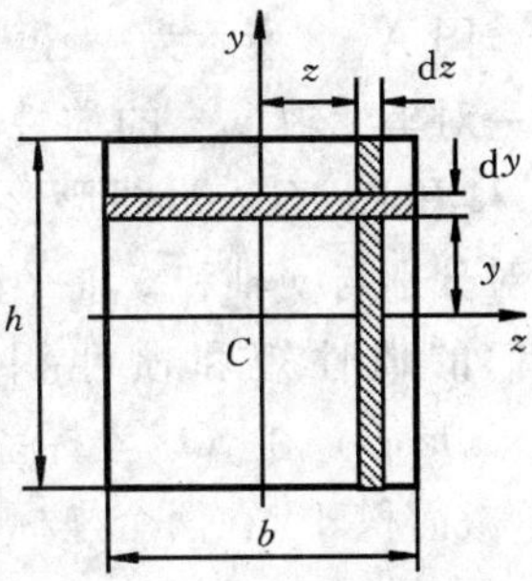

图 A-5

解　先计算截面对于 z 轴的惯性矩 I_z。取平行于 z 轴的狭长条作为微面积，即 $\mathrm{d}A=b\mathrm{d}y$，由式(A-5)得

$$I_z=\int_A y^2\mathrm{d}A=\int_{-h/2}^{h/2}by^2\mathrm{d}y=\frac{bh^3}{12} \tag{A-9a}$$

同理，计算 I_y 时，可取 $\mathrm{d}A=h\mathrm{d}z$ 得

$$I_y=\int_A z^2\mathrm{d}A=\int_{-b/2}^{b/2}hz^2\mathrm{d}z=\frac{hb^3}{12} \tag{A-9b}$$

例 A-4　试计算圆截面对于其直径轴 z 的惯性矩(图 A-6)。

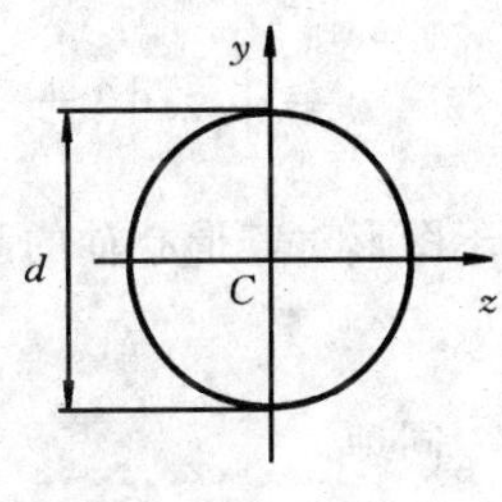

图 A-6

解　在第 3 章我们已求出圆截面对 y、z 轴的极惯性矩为 $I_\mathrm{p}=\pi d^4/32$，利用式(A-7)并注意到圆截面 $I_y=I_z$，可求得

$$I_y=I_z=\frac{1}{2}I_\mathrm{p}=\frac{\pi d^4}{64} \tag{A-10}$$

当坐标 y 或 z 中至少有一个是截面的对称轴时，如图 A-7 中的 y 轴。在 y 轴两侧的对称位置各取一微面积 $\mathrm{d}A$，则两个面积的 y 坐标相同，z 坐标则数值相等而正负号相反。因而两个微面积的惯性积数值相等，正负号相反，它们在积分中相互抵消，最后得其惯性积等于零。

所以正交坐标轴中只要有一个轴为截面的对称轴，则截面对该正交坐标轴的惯性积必等于零。

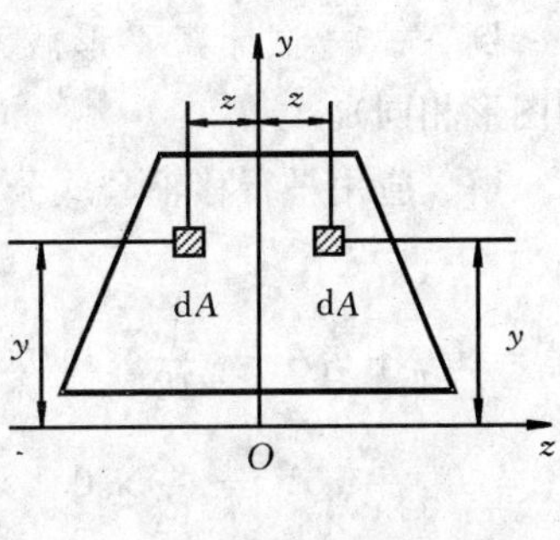

图 A-7

在力学计算中，有时把惯性矩写成图形面积与某一长度平方的乘积，即

$$\left.\begin{aligned}I_y&=Ai_y^2\\I_z&=Ai_z^2\end{aligned}\right\} \tag{A-11}$$

式中，i_y 和 i_z 分别称为截面图形对 y 轴和 z 轴的**惯性半径(或回转半径)**，其单位为 m 或 mm。

A.3 平行移轴公式

由上述可知，同一截面图形对不同坐标轴的惯性矩和惯性积并不相同，现在来研究图形对相互平行的两对坐标轴惯性矩及惯性积之间的关系。

图 A-8 所示为一任意截面图形，它对任意一对坐标轴 y、z 的惯性矩和惯性积分别为 I_y、I_z 和 I_{yz}。C 点为图形形心，y_C 轴和 z_C 轴为一对分别与 y 轴和 z 轴平行的形心轴，图形对它们的惯性矩和惯性积分别为 I_{y_C}、I_{z_C} 和 $I_{y_Cz_C}$。形心 C 在 yOz 坐标系的坐标为(a,b)，这样，微面积 $\mathrm{d}A$ 在两个坐标系中的坐标关系为

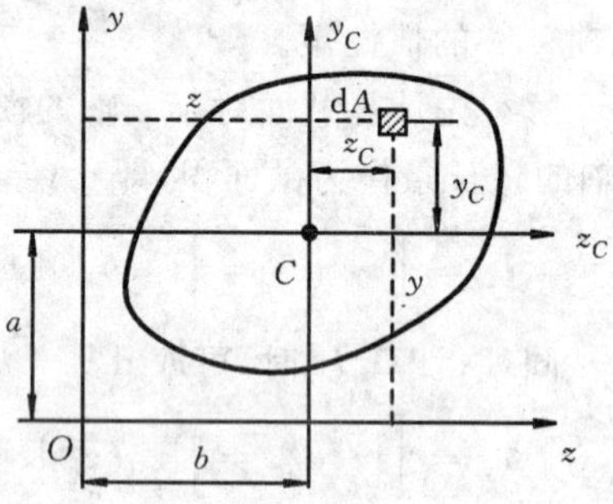

图 A-8

$$y = y_C + a \qquad z = z_C + b$$

因此

$$I_y = \int_A z^2 \mathrm{d}A = \int_A (z_C + b)^2 \mathrm{d}A$$
$$= \int_A z_C^2 \mathrm{d}A + 2b\int_A z_C \mathrm{d}A + b^2\int_A \mathrm{d}A$$

由于图形对其形心轴的静矩等于零，即$\int_A z_C \mathrm{d}A = 0$，又$\int_A \mathrm{d}A = A$，故上式可写成

$$I_y = I_{y_C} + b^2 A \tag{A-12a}$$

同理

$$I_z = I_{z_C} + a^2 A \tag{A-12b}$$
$$I_{yz} = I_{y_Cz_C} + abA \tag{A-12c}$$

式(A-12)称为惯性矩和惯性积的**平行移轴公式**。应用平行移轴公式，可以使较复杂的组合图形惯性矩和惯性积的计算得以简化。

例 A-5 试计算 T 形截面对其形心轴 z_C 的惯性矩 I_{z_C}（截面尺寸与例 A-2 的图形相同）。

解 应用平行移轴公式分别算出矩形 1、2 对 z_C 轴的惯性矩。由式(A-12)得

$$I_{z_C}^{(1)} = I_{z_{C1}} + a_1^2 A_1 = \frac{1}{12} \times 0.02 \times 0.14^3 + 0.033\,3^2 \times 0.02 \times 0.14 = 7.69 \times 10^{-6}\ \mathrm{m}^4$$

$$I_{z_C}^{(2)} = I_{z_{C2}} + a_2^2 A_2 = \frac{1}{12} \times 0.1 \times 0.02^3 + 0.046\,7^2 \times 0.1 \times 0.02 = 4.43 \times 10^{-6}\ \mathrm{m}^4$$

整个图形对 z_C 轴的惯性矩为

$$I_{z_C}=I_{z_C}^{(1)}+I_{z_C}^{(2)}=7.69\times10^{-6}+4.43\times10^{-6}=12.12\times10^{-6}\ \text{m}^4$$

A.4 转轴公式、主惯轴与主惯矩

A.4.1 转轴公式

任意截面图形(图 A-9)对 y 轴和 z 轴的惯性矩和惯性积为

$$I_y=\int_A z^2\,\mathrm{d}A$$

$$I_z=\int_A y^2\,\mathrm{d}A \qquad \text{(a)}$$

$$I_{yz}=\int_A yz\,\mathrm{d}A$$

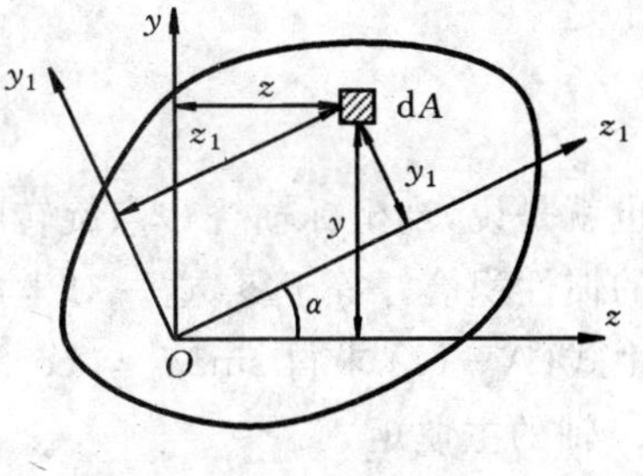

图 A-9

若将坐标轴 y、z 绕 O 点旋转 α 角,且以逆时针为正,旋转后得新的坐标轴 y_1、z_1,而图形对 y_1、z_1 轴的惯性矩和惯性积则分别为

$$I_{y1}=\int_A z_1^2\,\mathrm{d}A,\quad I_{z1}=\int_A y_1^2\,\mathrm{d}A,\quad I_{y_1z_1}=\int_A y_1z_1\,\mathrm{d}A \qquad \text{(b)}$$

现在研究图形对 y、z 轴和对 y_1、z_1 轴的轴惯性矩及惯性积之间的关系。

微面积 $\mathrm{d}A$ 在新旧两个坐标系中的坐标(y_1,z_1)和(y,z)之间的关系为:

$$\left.\begin{aligned}y_1&=y\cos\alpha-z\sin\alpha\\ z_1&=z\cos\alpha+y\sin\alpha\end{aligned}\right\} \qquad \text{(c)}$$

将 z_1 代入(b)式中的第一式,并经整理后得

$$I_{y1}=\frac{I_z+I_y}{2}-\frac{I_z-I_y}{2}\cos2\alpha+I_{yz}\sin2\alpha \qquad \text{(A-13)}$$

同理,由(b)式的第二式和第三式可以得

$$I_{z1}=\frac{I_z+I_y}{2}+\frac{I_z-l_y}{2}\cos2\alpha-I_{yz}\sin2\alpha \qquad \text{(A-14)}$$

$$I_{y1z1}=\frac{I_z-I_y}{2}\sin2\alpha+I_{yz}\cos2\alpha \qquad \text{(A-15)}$$

由式(A-13)和式(A-14)可知

$$I_{y1}+I_{z1}=I_y+I_z \qquad \text{(A-16)}$$

这说明图形对一对互相垂直的轴的惯性矩之和恒为一常数。

A.4.2 主惯轴、主惯矩

当求出了图形对 y、z 轴的惯性矩和惯性积以后,就可由公式(A-13)~(A-

15）计算图形对与该对轴成α角的一对y_1、z_1轴的惯性矩和惯性积。由公式（A-15）可见，对于没有对称轴的图形也能找到惯性积为零的情形。设在某位置有一对y_0、z_0轴，图形对y_0、z_0轴的惯性积为零；这时y_0、z_0轴与y、z轴的夹角为α_0，由式（A-15）得

$$I_{y_0z_0}=\frac{I_z-I_y}{2}\sin2\alpha_0+I_{yz}\cos2\alpha_0=0$$

于是

$$\tan2\alpha_0=-\frac{2I_{yz}}{I_z-I_y} \tag{A-17}$$

也就是说，当坐标轴绕O点旋转时，可找到某对正交轴y_0和z_0，图形对这对坐标轴的惯性积恰好等于零。这一对坐标轴称为**主惯轴**。对主惯轴的惯性矩称为**主惯矩**。由式（A-17）求得$\sin2\alpha_0$与$\cos2\alpha_0$值，代入式（A-13）和（A-14）分别得到对y_0、z_0轴的主惯矩

$$\left.\begin{aligned}I_{y_0}&=\frac{I_z+I_y}{2}-\frac{1}{2}\sqrt{(I_y-I_z)^2+4I_{yz}^2}\\I_{z_0}&=\frac{I_z+I_y}{2}+\frac{1}{2}\sqrt{(I_y-I_z)^2+4I_{yz}^2}\end{aligned}\right\} \tag{A-18}$$

显然，当坐标轴之一为对称轴时，图形对这两个坐标轴的惯性矩都是主惯矩。

主惯矩I_{y_0}和I_{z_0}是图形对通过O点的各轴的惯性矩中的最大值和最小值。现证明如下：

将式（A-13）对α求导一次，并令其为零，即

$$\frac{dI_{y1}}{d\alpha}=(I_z-I_y)\sin2\alpha+2I_{yz}\cos2\alpha=0$$

得

$$\tan2\alpha=-\frac{2I_{yz}}{I_z-I_y}$$

这便是使I_{y1}为最大或最小的角度。实际上因$I_{y1}+I_{z1}$是常数，当I_{y1}为最大时，I_{z1}必为最小，反之也是这样。而这个α角恰与式（A-17）的α_0相等。因此，证实了主惯矩具有最大或最小的极值性质。

在弯曲理论中，常把坐标原点放在梁的横截面的形心上。通过形心的主惯轴称为**形心主惯轴**，对它们的主惯矩称为**形心主惯矩**。

例 A-6 试求图 A-10 所示 L 形截面形心主惯轴及相应的形心主惯矩。

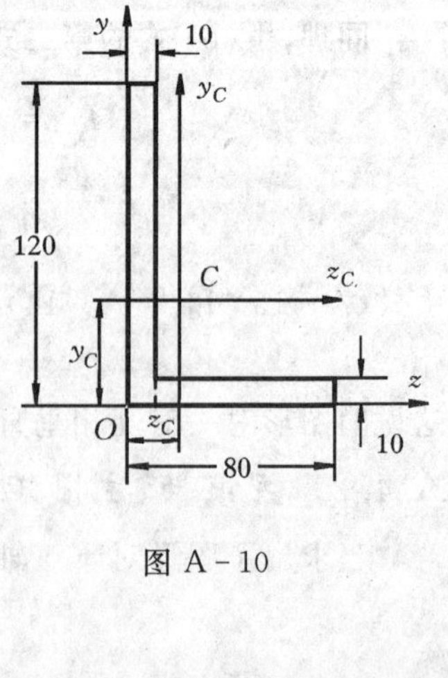

图 A-10

解 （1）求形心位置 选辅助坐标yOz，则

$$y_C = \frac{S_z}{A} = \frac{10\times 120\times 60+70\times 10\times 5}{10\times 120+10\times 70} = \frac{75\ 500}{1\ 900} = 39.7\ \text{mm}$$

$$z_C = \frac{S_y}{A} = \frac{10\times 120\times 5+70\times 10\times 45}{10\times 120+10\times 70} = \frac{37\ 500}{1\ 900} = 19.7\ \text{mm}$$

(2) 求截面对与 y、z 轴平行的形心轴 y_C、z_C 的 I_{y_C}、I_{z_C}、$I_{y_Cz_C}$

$$I_{z_C} = \frac{10\times 120^3}{12}+10\times 120\times(60-39.7)^2+\frac{70\times 10^3}{12}+70\times 10\times(39.7-5)^2$$

$$= 2.78\times 10^6\ \text{mm}^4$$

$$I_{y_C} = \frac{120\times 10^3}{12}+10\times 120\times(19.7-5)^2+\frac{10\times 70^3}{12}+70\times 10\times(35+10-19.7)^2$$

$$= 1.003\times 10^6\ \text{mm}^4$$

$$I_{y_Cz_C} = -10\times 120\times(60-39.7)\times(19.7-5)-70\times 10\times(39.7-5)\times(35+10-19.7)$$

$$= -9.73\times 10^5\ \text{mm}^4$$

(3) 求形心主惯轴的位置

$$\tan 2\alpha = -\frac{2I_{y_Cz_C}}{I_{z_C}-I_{y_C}} = -1.091 \qquad \alpha = -23.8^\circ \text{ 或 } 66.2^\circ$$

(4) 求形心主惯矩

$$I_{y\alpha} = \frac{I_{z_C}+I_{y_C}}{2}-\frac{1}{2}\sqrt{(I_{y_C}-I_{z_C})^2+4I_{y_Cz_C}^2} = 0.574\times 10^6\ \text{mm}^4$$

$$I_{z\alpha} = \frac{I_{z_C}+I_{y_C}}{2}+\frac{1}{2}\sqrt{(I_{y_C}-I_{z_C})^2+4I_{y_Cz_C}^2} = 3.214\times 10^6\ \text{mm}^4$$

*A.5　利用边界积分法计算截面图形的几何性质

工程中常遇到一些几何形状比较复杂、且不规则的截面，例如汽轮机转子叶片等，对于这些截面的几何性质，利用上面介绍的方法来计算有较大的困难，且工作量很大。

本节介绍计算截面图形几何性质的边界积分法。这种方法的基本原理是将面积、静矩、惯性矩等面积分通过适当变换，化为沿边界的线积分；再将边界离散为若干微小直线段，使线积分化为简单的求和计算。这种由一个连续模型到离散模型的转化过程，称为**离散化**过程，其相关的计算方法称为**数值计算方法**，该法特别适合于利用计算机编程计算。

由微积分学中的 Green 定理得

$$\left.\begin{aligned}\int_A \frac{\partial f(y,z)}{\partial y}\mathrm{d}A = \oint_S f(y,z)n_y \mathrm{d}S \\ \int_A \frac{\partial f(y,z)}{\partial z}\mathrm{d}A = \oint_S f(y,z)n_z \mathrm{d}S\end{aligned}\right\} \tag{A-19}$$

式中，S 表示包围截面 A 的封闭曲线，以逆时针方向为正（如图 A-11 所示）；n_y、n_z 表示曲线 S 上某点的外法线对 y、z 轴的方向余弦，可得 $n_y = \sin\alpha = -\mathrm{d}z/\mathrm{d}S$，$n_z = \cos\alpha = \mathrm{d}y/\mathrm{d}S$。

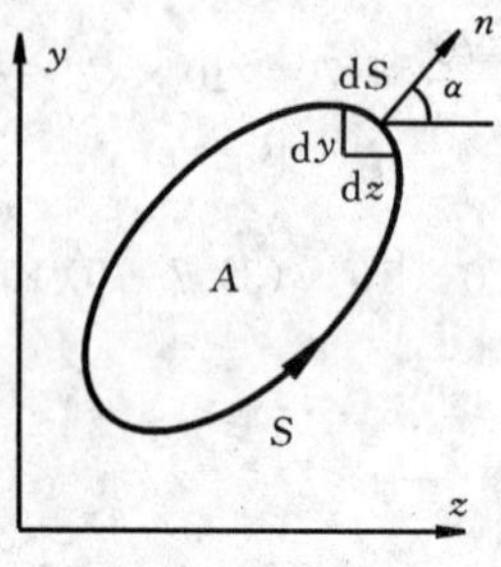

图 A-11

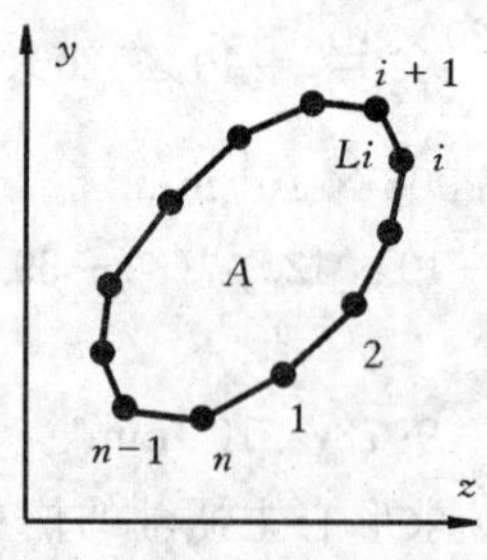

图 A-12

若将曲线离散为 N 个微小直线段，如图 A-12 所示，将此微小线段称为**单元**，微小线段的两端点称为**节点**，令 Li 表示离散后的第 i 个单元，该单元的两节点为 i 和 $i+1$；N 表示单元的总数；Δy_i、Δz_i 表示第 i 个单元两端点 y、z 坐标的差值；$y_{\mathrm{m}i}$、$z_{\mathrm{m}i}$ 表示第 i 个单元中点的 y、z 坐标。则上式可简化为下列的数值积分形式

$$\left.\begin{aligned}\oint_S f(y,z)n_y \mathrm{d}S \approx \sum_{i=1}^{N}\int_{Li} f(y,z)n_y \mathrm{d}S = -\sum_{i=1}^{N}\int_{Li} f(y,z)\mathrm{d}z = -\sum_{i=1}^{N} f(y_{\mathrm{m}i},z_{\mathrm{m}i})\Delta z_i \\ \oint_S f(y,z)n_z \mathrm{d}S \approx \sum_{i=1}^{N}\int_{Li} f(y,z)n_z \mathrm{d}S = \sum_{i=1}^{N}\int_{Li} f(y,z)\mathrm{d}y = \sum_{i=1}^{N} f(y_{\mathrm{m}i},z_{\mathrm{m}i})\Delta y_i\end{aligned}\right\} \tag{A-20}$$

根据式(A-19) 中的第一式，若求截面面积 A，则取 $f(y,z) = y$；若求截面对 z 轴的静矩 S_z，则取 $f(y,z) = y^2/2$；若求截面对 z 轴的惯性矩 I_z，则取 $f(y,z) = y^3/3$；若求截面对 y、z 轴的惯性积 I_{yz}，则取 $f(y,z) = zy^2/2$；其他同理，所以由式(A-20) 可得

$$A = \int_A \mathrm{d}A = \oint_S y n_y \mathrm{d}S = -\sum_{i=1}^{N}\int_{Li} y\,\mathrm{d}z \approx -\sum_{i=1}^{N} y_{\mathrm{m}i}\Delta z_i \tag{A-21}$$

$$S_z = \int_A y\,\mathrm{d}A = \oint_S \frac{y^2}{2} n_y \mathrm{d}S = -\sum_{i=1}^{N}\int_{Li} \frac{y^2}{2}\mathrm{d}z \approx -\sum_{i=1}^{N} \frac{y_{\mathrm{m}i}^2 \cdot \Delta z_i}{2} \tag{A-22}$$

$$S_y=\int_A z\mathrm{d}A=\oint_S \frac{z^2}{2}n_z\mathrm{d}S=\sum_{i=1}^{N}\int_{Li}\frac{z^2}{2}\mathrm{d}y\approx\sum_{i=1}^{N}\frac{z_{\mathrm{m}i}^2\cdot\Delta y_i}{2}\tag{A-23}$$

$$I_z=\int_A y^2\mathrm{d}A=\oint_S \frac{y^3}{3}n_y\mathrm{d}S=-\sum_{i=1}^{N}\int_{Li}\frac{y^3}{3}\mathrm{d}z\approx-\sum_{i=1}^{N}\frac{y_{\mathrm{m}i}^3\cdot\Delta z_i}{3}\tag{A-24}$$

$$I_y=\int_A z^2\mathrm{d}A=\oint_S \frac{z^3}{3}n_z\mathrm{d}S=\sum_{i=1}^{N}\int_{Li}\frac{z^3}{3}\mathrm{d}y\approx\sum_{i=1}^{N}\frac{z_{\mathrm{m}i}^3\cdot\Delta y_i}{3}\tag{A-25}$$

$$I_{yz}=\int_A yz\mathrm{d}A=\oint_S \frac{zy^2}{2}n_y\mathrm{d}S=-\sum_{i=1}^{N}\int_{Li}\frac{zy^2}{2}\mathrm{d}z\approx-\sum_{i=1}^{N}\frac{y_{\mathrm{m}i}^2\cdot z_{\mathrm{m}i}\cdot\Delta z_i}{2}\tag{A-26}$$

这样，截面几何性质的计算就转化为式(A－21)～(A－26)的求和运算。

由于一般工程中常用截面的边界大多由分段的直线或圆弧组成，因此在实际计算中只需给出直线或圆弧两端点的坐标、圆弧半径，以及离散后的单元总数，就可以通过计算得到每个节点的坐标，从而得到各单元两端点 y、z 坐标的差值和单元中点的 y、z 坐标值。上述数值计算过程，可编写程序由计算机完成。

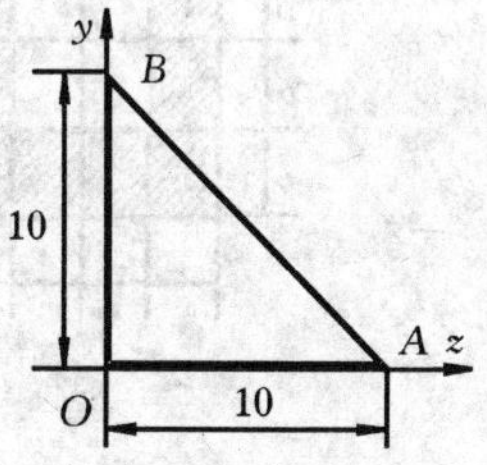

图 A－13

例 A－7　试用边界积分法求图 A－13 所示三角形截面对 z 的惯性矩。

解　(1)确定三角形三顶点的坐标　$O(0,0)$，$A(10,0)$，$B(0,10)$。

(2)离散　将三角形的三条边分别 10 等分。

(3) 确定各离散点(即节点)的坐标。

(4) 由式(A－24)计算 I_z　由于 OB 边上 $\Delta z_i=0$，OA 边上 $y=0$，所以只需计算沿 AB 边界的积分，将对应的 Δz_i 和 $y_{\mathrm{m}i}$ 代入式(A－24)得

$$I_z\approx-\sum_{i=1}^{N}\frac{y_{\mathrm{m}i}^3\cdot\Delta z_i}{3}=\frac{0.5^3\times1}{3}+\frac{1.5^3\times1}{3}+\frac{2.5^3\times1}{3}+\frac{3.5^3\times1}{3}+\frac{4.5^3\times1}{3}$$
$$+\frac{5.5^3\times1}{3}+\frac{6.5^3\times1}{3}+\frac{7.5^3\times1}{3}+\frac{8.5^3\times1}{3}+\frac{9.5^3\times1}{3}=829.2\ \mathrm{mm}^4$$

讨论　若利用惯性矩的定义来计算本题，所得理论解是多少？若要减小边界积分法计算的误差，可以采用什么方法？

思考题

A－1　截面图形对形心轴的______必为零。

(A) 静矩　　(B) 惯性矩

(C) 惯性积　　(D) 回转半径

A-2 任意截面形状(如图示 T 形截面),形心轴 z_C 将整个截面分成上、下两部分,分别称为Ⅰ和Ⅱ,则两部分对 z_C 轴的静矩一定有如下关系:

(A) $S_{z_C}^{\mathrm{I}}=S_{z_C}^{\mathrm{II}}$　　(B) $S_{z_C}^{\mathrm{I}}=-S_{z_C}^{\mathrm{II}}$

(C) $S_{z_C}^{\mathrm{I}}\geqslant|S_{z_C}^{\mathrm{II}}|$　　(D) $S_{z_C}^{\mathrm{I}}\leqslant|S_{z_C}^{\mathrm{II}}|$

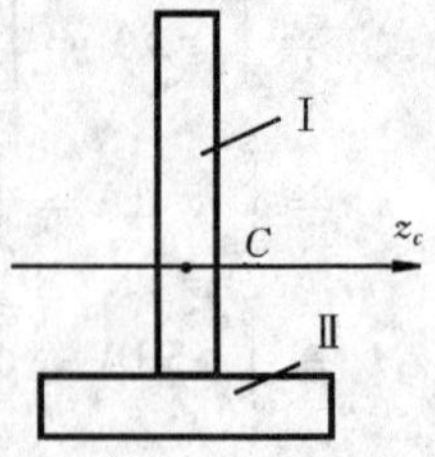

思考题 A-2 图

A-3 图示三个图形对 y 轴的惯性矩 I_y^a、I_y^b、I_y^c 之间的关系是______。

(A) $I_y^a=I_y^b=I_y^c$　　(B) $I_y^a>I_y^b>I_y^c$

(C) $I_y^a>I_y^c>I_y^b$　　(D)无法确定

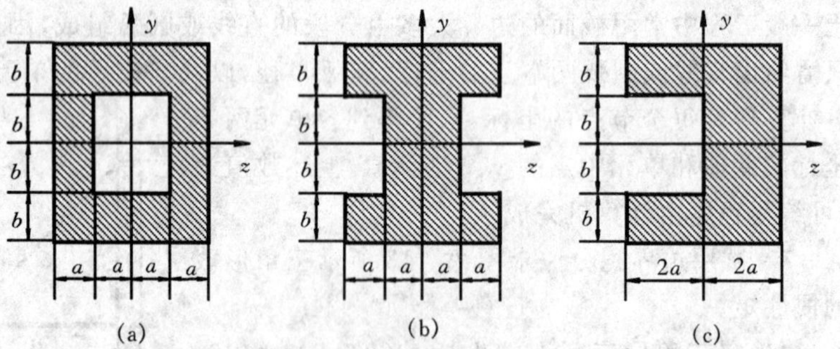

思考题 A-3 图

A-4 已知图示三角形截面对 z 轴的惯性矩为 $bh^3/12$,用平行移轴公式求该截面对 z_1 轴的惯性矩为:$I_{z1}=I_z+h^2A=\dfrac{bh^3}{12}+h^2\times\dfrac{bh}{2}=\dfrac{7}{12}bh^3$,此结果是否正确?为什么?

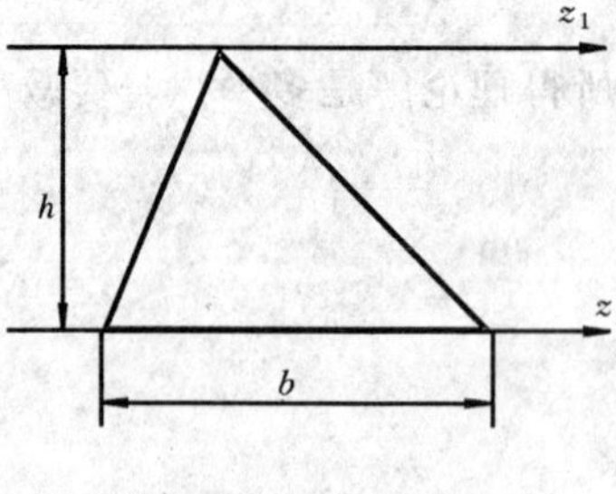

思考题 A-4 图

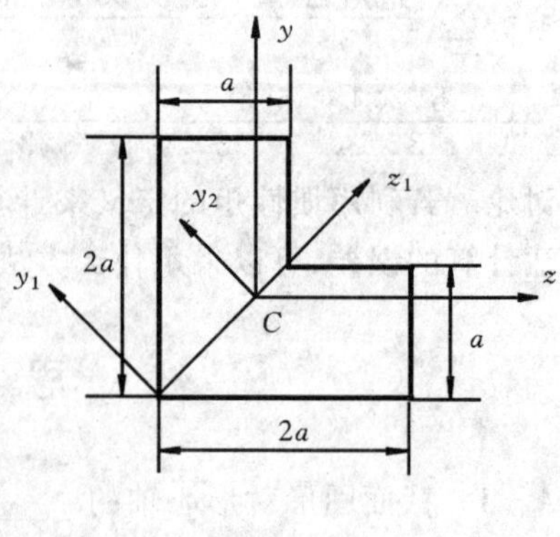

思考题 A-5 图

A－5 图示截面中有三对轴分别是：y、z 轴，y_1、z_1 轴和 y_2、z_1 轴，C 为截面的形心。试判断哪一对轴为主惯轴？哪一对轴为形心主惯轴？

习 题

A－1 试求图示三角形形心至其底边的距离。

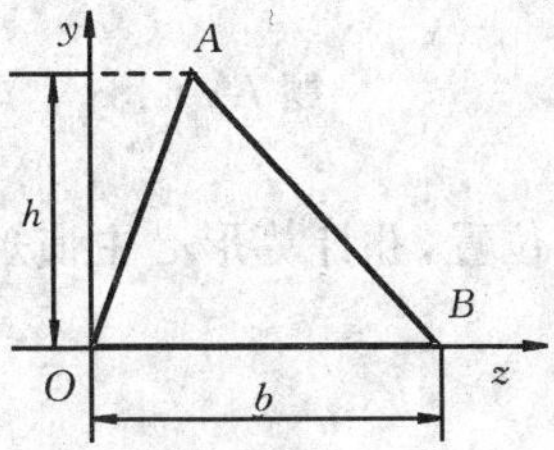

题 A－1 图

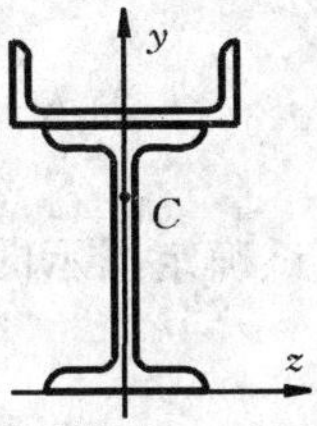

题 A－2 图

A－2 试求由 20b 号工字钢与 14b 号槽钢焊接在一起所形成组合截面的形心坐标 y_C 及 z_C。

A－3 一矩形 $b=2h/3$，从左右两侧切去半圆形（$d=h/2$）。试求：

(1)切去部分面积占原面积的百分比；

(2)切后的惯性矩 I'_z 与原矩形的惯性矩 I_z 之比。

A－4 试求图示工字形截面的形心坐标 y_C、惯性矩 I_z 和惯性积 I_{yz}。C 为形心。

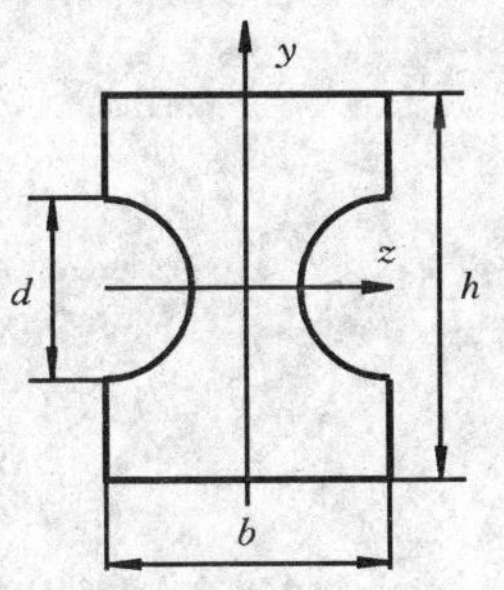

题 A－3 图

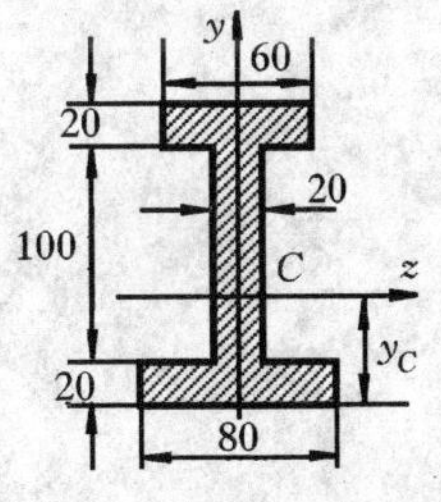

题 A－4 图

A－5 求图示两个 10 槽钢组成的组合图形的惯性矩 I_z 和 I_y。

A－6 图示两个 20a 槽钢组成的图形，C 点为组合图形的形心。试求 b 为多少时，图形对两个形心轴的惯性矩相等。

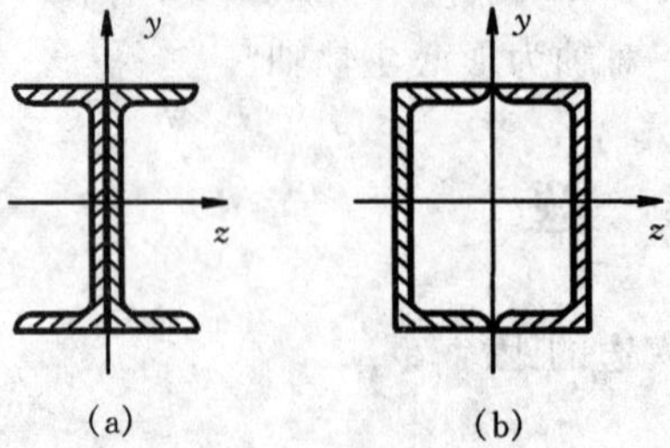

题 A-5 图

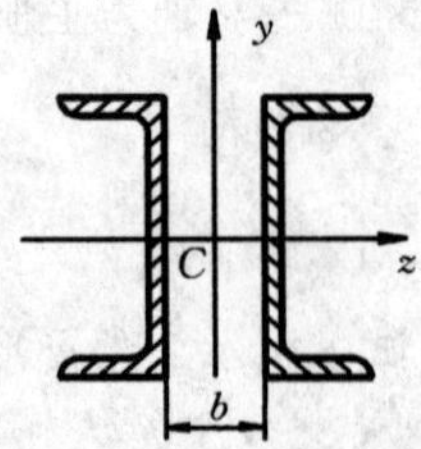

题 A-6 图

* **A-7** 试确定图示图形的形心主惯轴的位置，并计算形心主惯矩。

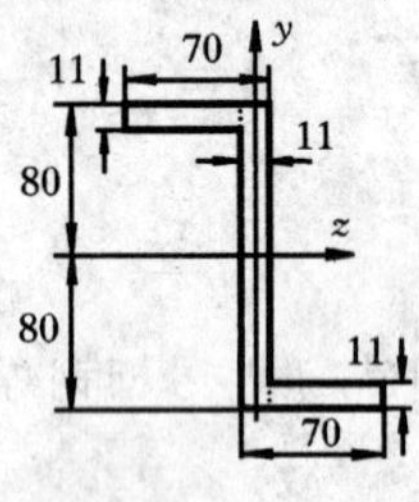

题 A-7 图

A-8 试证明通过正方形截面形心的轴，均为形心主惯轴，且截面对所有形心轴的惯性矩都相等。

附录B 简单载荷下梁的变形

序号	支承及载荷情况	梁端转角	挠曲线方程	最大挠度
1	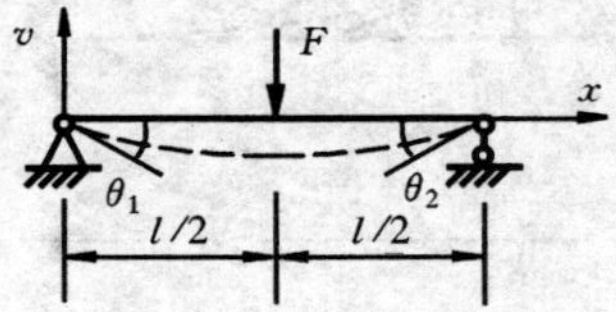	$\theta_1=-\theta_2=\dfrac{-Fl^2}{16EI}$	当$0\leqslant x\leqslant l/2$：$v=\dfrac{-Fx}{12EI}(\dfrac{3l^2}{4}-x^2)$	$v_{\max}=\dfrac{-Fl^3}{48EI}$
2	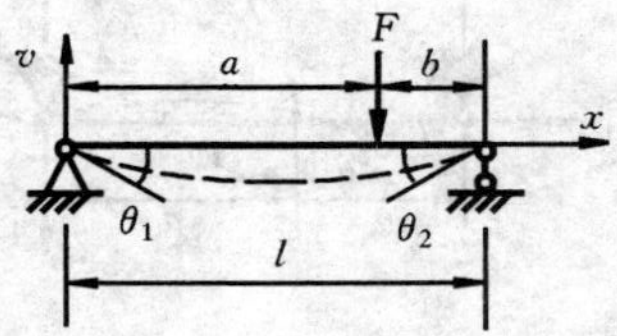	$\theta_1=\dfrac{-Fab(l+b)}{6lEI}$ $\theta_2=\dfrac{Fab(l+a)}{6lEI}$	当$0\leqslant x\leqslant a$：$v=-\dfrac{Fbx}{6lEI}(l^2-x^2-b^2)$ 当$a\leqslant x\leqslant l$： $v=-\dfrac{Fb}{6lEI}[(l^2-b^2)x-x^3+\dfrac{l}{b}(x-a)^3]$	若$a>b$，在$x=\sqrt{\dfrac{l^2-b^2}{3}}$处 $v_{\max}=\dfrac{-\sqrt{3}Fb}{27lEI}(l^2-b^2)^{3/2}$ $x=l/2$处：$v_{l/2}=\dfrac{-Fb}{48EI}(3l^2-4b^2)$
3	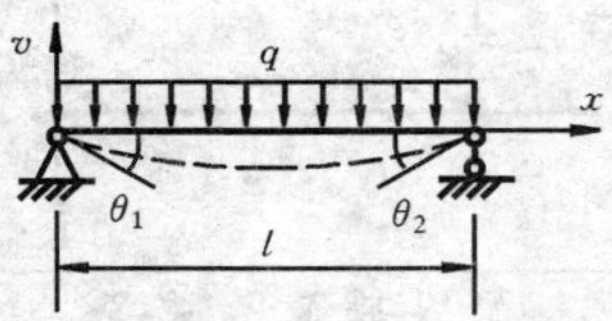	$\theta_1=-\theta_2=\dfrac{-ql^3}{24EI}$	$v=\dfrac{-qx}{24EI}(l^3-2lx^2+x^3)$	$v_{\max}=\dfrac{-5ql^4}{384EI}$

续附录 B

序号	支承及载荷情况	梁端转角	挠曲线方程	最大挠度
4	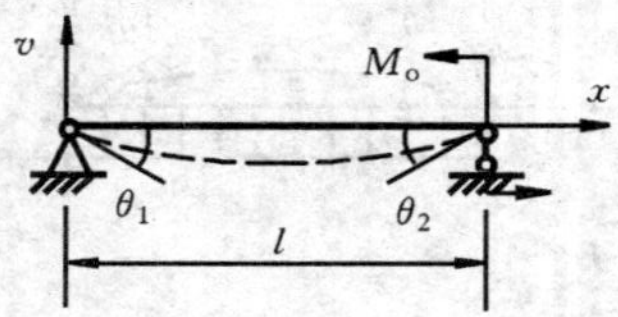	$\theta_1=\frac{-M_o l}{6EI}$ $\theta_2=\frac{-M_o l}{3EI}$	$v=-\frac{M_o lx}{6EI}(1-\frac{x^2}{l^2})$	$x=\frac{l}{\sqrt{3}}$ 处：$v_{max}=\frac{-M_o l^2}{9\sqrt{3}EI}$ $x=\frac{l}{2}$ 处：$v_{l/2}=\frac{-M_o l^2}{16EI}$
5	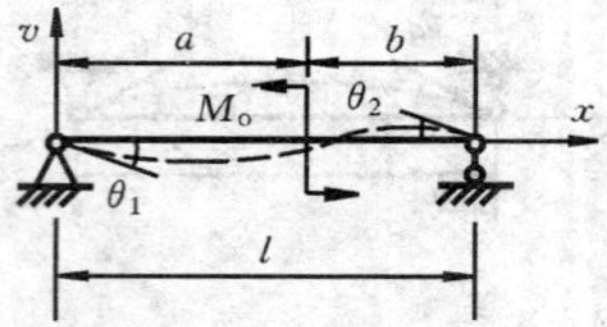	$\theta_1=\frac{-M_o}{6lEI}(l^2-3b^2)$ $\theta_2=\frac{-M_o}{6lEI}(l^2-3a^2)$	当 $0\leqslant x\leqslant a$：$v=\frac{M_o}{6lEI}[x^3-x(l^2-3b^2)]$ 当 $a\leqslant x\leqslant l$： $v=\frac{M_o}{6lEI}[x^3-3l(x-a)^2-x(l^2-3b^2)]$	$x=\sqrt{\frac{l^2-3b^2}{3}}$ 处： $v_{max}=-\frac{M_o}{9\sqrt{3}EI}[l^2-3b^2]^{3/2}$ $x=\sqrt{\frac{l^2-3a^2}{3}}$ 处： $v_{max}=\frac{M_o}{9\sqrt{3}EI}[l^2-3a^2]^{3/2}$
6	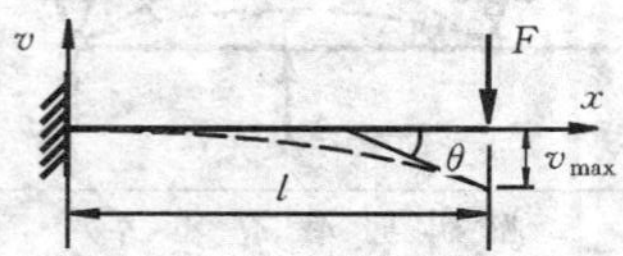	$\theta=-\frac{Fl^2}{2EI}$	$v=-\frac{Fx^2}{6EI}(3l-x)$	$v_{max}=-\frac{Fl^3}{3EI}$

序号	支承及载荷情况	梁端转角	挠曲线方程	最大挠度
7	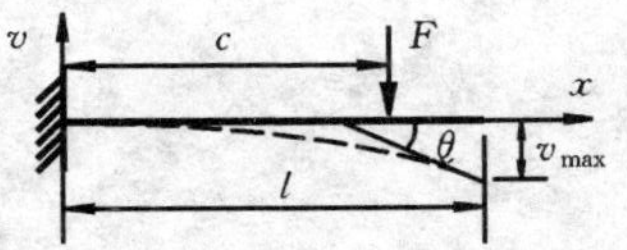	$\theta=-\frac{Fc^2}{2EI}$	当 $0\leqslant x\leqslant c$：$v=-\frac{Fx^2}{6EI}(3c-x)$ 当 $c\leqslant x\leqslant l$：$v=-\frac{Fc^2}{6EI}(3x-c)$	$v_{\max}=-\frac{Fc^2}{6EI}(3l-c)$
8	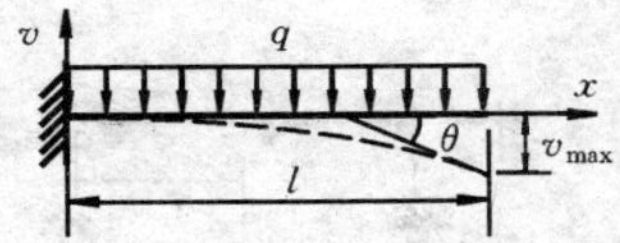	$\theta=-\frac{ql^3}{6EI}$	$v=-\frac{qx^2}{24EI}(x^2+6l^2-4lx)$	$v_{\max}=-\frac{ql^4}{8EI}$
9	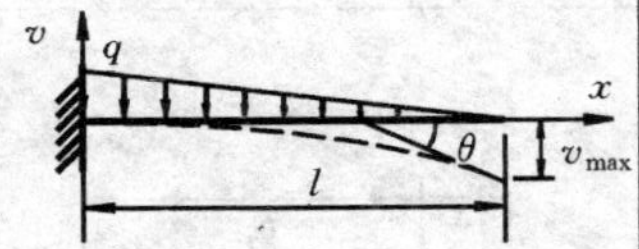	$\theta=-\frac{ql^3}{24EI}$	$v=-\frac{qx^2}{120lEI}(10l^3-10l^2x+5lx^2-x^3)$	$v_{\max}=-\frac{ql^4}{30EI}$
10	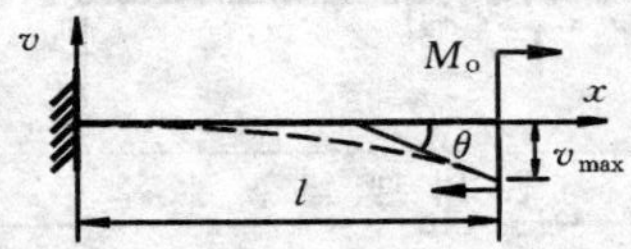	$\theta=-\frac{M_o l}{EI}$	$v=-\frac{M_o x^2}{2EI}$	$v_{\max}=-\frac{M_o l^2}{2EI}$

续附录B

序号	支承及载荷情况	梁端转角	挠曲线方程	最大挠度
11	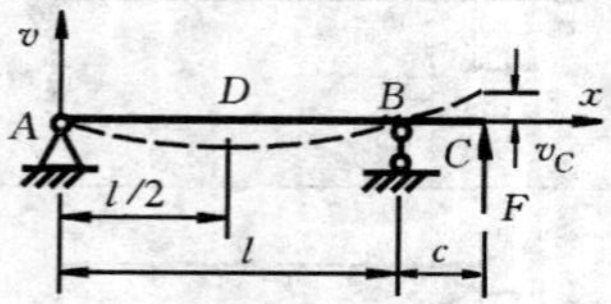	$\theta_A=\frac{-Fcl}{6EI}$ $\theta_B=\frac{Fcl}{3EI}$ $\theta_C=\frac{Fc}{6EI}(2l+3c)$	当$0\leqslant x\leqslant l$：$v=-\frac{Fcx}{6lEI}(l^2-x^2)$ 当$l\leqslant x\leqslant l+c$： $v=\frac{F(x-l)}{6EI}[c(3x-l)-(x-l)^2]$	$x=\frac{l}{\sqrt{3}}$处：$v_{\max}=-\frac{Fcl^2}{9\sqrt{3}EI}$ $v_D=-\frac{Fcl^2}{16EI}$ $v_C=\frac{Fc^2}{3EI}(l+c)$
12	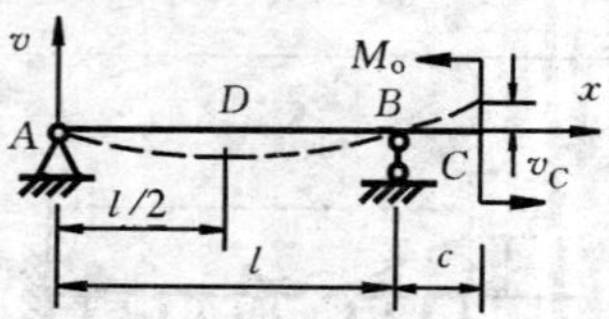	$\theta_A=\frac{-M_o l}{6EI}$ $\theta_B=\frac{M_o l}{3EI}$ $\theta_C=\frac{M_o}{3EI}(l+3c)$	当$0\leqslant x\leqslant l$：$v=-\frac{M_o x}{6lEI}(l^2-x^2)$ 当$l\leqslant x\leqslant l+c$：$v=\frac{M_o}{6EI}(l^2-4lx+3x^2)$	$x=\frac{l}{\sqrt{3}}$处：$v_{\max}=-\frac{M_o l^2}{9\sqrt{3}EI}$ $v_D=-\frac{M_o l^2}{16EI}$ $v_C=\frac{M_o c}{6EI}(2l+3c)$

附录C 型钢表

表1 热轧等边角钢(GB700－79)

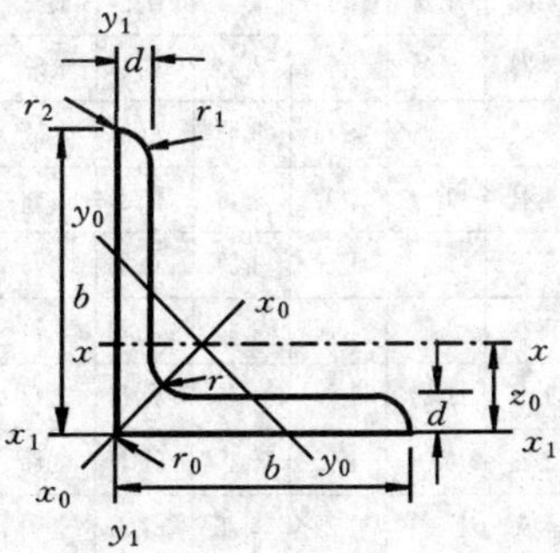

符号意义：b——边宽　d——边厚　r——内圆弧半径　r_1——边端内弧半径　r_2——边端外弧半径　r_0——顶端圆弧半径　I——惯性矩　i——惯性半径　W——抗弯截面系数　z_0——重心距离

角钢号数	尺寸 mm			截面面积	理论重量	外表面积	参考数值										z_0
							x-x			x_0-x_0			y_0-y_0			x_1-x_1	
	b	d	r		$\times$9.81		I_x	i_x	W_x	I_{x_0}	i_{x_0}	W_{x_0}	I_{y_0}	i_{y_0}	W_{y_0}	I_{x_1}	
				cm^2	N/m	m^2/m	cm^4	cm	cm^3	cm^4	cm	cm^3	cm^4	cm	cm^3	cm^4	cm
2	20	3	3.5	1.132	0.889	0.078	0.40	0.59	0.29	0.63	0.75	0.45	0.17	0.39	0.20	0.81	0.60
		4		1.459	1.145	0.077	0.50	0.58	0.36	0.78	0.73	0.55	0.22	0.38	0.24	1.09	0.64
2.5	25	3		1.432	1.124	0.098	0.82	0.76	0.46	1.29	0.95	0.73	0.34	0.49	0.33	1.57	0.73
		4		1.859	1.459	0.097	1.03	0.74	0.59	1.62	0.93	0.92	0.43	0.48	0.40	2.11	0.76
3.0	30	3	4.5	1.749	1.373	0.117	1.46	0.91	0.68	2.31	1.15	1.09	0.61	0.59	0.51	2.71	0.85
		4		2.276	1.786	0.117	1.84	0.90	0.87	2.92	1.13	1.37	0.77	0.58	0.62	3.63	0.89
3.6	36	3		2.109	1.656	0.141	2.58	1.11	0.99	4.09	1.39	1.61	1.07	0.71	0.76	4.68	1.00
		4		2.756	2.163	0.141	3.29	1.09	1.28	5.22	1.38	2.05	1.37	0.70	0.93	6.25	1.04
		5		3.382	2.654	0.141	3.95	1.08	1.56	6.24	1.36	2.45	1.65	0.70	1.09	7.84	1.07
4.0	40	3	5	2.359	1.852	0.157	3.59	1.23	1.23	5.69	1.55	2.01	1.49	0.79	0.96	6.41	1.09
		4		3.086	2.422	0.157	4.60	1.22	1.60	7.29	1.54	2.58	1.91	0.79	1.19	8.56	1.13
		5		3.791	2.976	0.156	5.53	1.21	1.96	8.76	1.52	3.10	2.30	0.78	1.39	10.74	1.17
4.5	45	3		2.659	2.088	0.177	5.17	1.40	1.58	8.20	1.76	2.58	2.14	0.90	1.24	9.12	1.22
		4		3.486	2.736	0.177	6.65	1.38	2.05	10.56	1.74	3.32	2.75	0.89	1.54	12.18	1.26
		5		4.292	3.369	0.176	8.04	1.37	2.51	12.74	1.72	4.00	3.33	0.88	1.81	15.25	1.30
		6		5.076	3.985	0.176	9.33	1.36	2.95	14.76	1.70	4.64	3.89	0.88	2.06	18.36	1.33

续表 1

角钢号数	尺寸 mm b	尺寸 mm d	尺寸 mm r	截面面积 cm²	理论重量 ×9.81 N/m	外表面积 m²/m	参考数值 x-x I_x cm⁴	i_x cm	W_x cm³	x_0-x_0 I_{x_0} cm⁴	i_{x_0} cm	W_{x_0} cm³	y_0-y_0 I_{y_0} cm⁴	i_{y_0} cm	W_{y_0} cm³	x_1-x_1 I_{x_1} cm⁴	z_0 cm
5	50	3	5.5	2.971	2.332	0.197	7.18	1.55	1.96	11.37	1.96	3.22	2.98	1.00	1.57	12.50	1.34
		4		3.897	3.059	0.197	9.26	1.54	2.56	14.70	1.94	4.16	3.82	0.99	1.96	16.69	1.38
		5		4.803	3.770	0.196	11.21	1.53	3.13	17.79	1.92	5.03	4.64	0.98	2.31	20.90	1.42
		6		5.688	4.465	0.196	13.05	1.52	3.68	20.68	1.91	5.85	5.42	0.98	2.63	25.14	1.46
5.6	56	3	6	3.343	2.624	0.221	10.19	1.75	2.48	16.14	2.20	4.08	4.24	1.13	2.02	17.56	1.48
		4		4.390	3.446	0.220	13.18	1.73	3.24	20.92	2.18	5.28	5.46	1.11	2.52	23.43	1.53
		5		5.415	4.251	0.220	16.02	1.72	3.97	25.42	2.17	6.42	6.61	1.10	2.98	29.33	1.57
		6		8.367	6.568	0.219	23.63	1.68	6.03	37.37	2.11	9.44	9.89	1.09	4.16	47.24	1.68
6.3	63	4	7	4.978	3.907	0.248	19.03	1.96	4.13	30.17	2.46	6.78	7.89	1.26	3.29	33.35	1.70
		5		6.143	4.822	0.248	23.17	1.94	5.08	36.77	2.45	8.25	9.57	1.25	3.90	41.73	1.74
		6		7.288	5.721	0.247	27.12	1.93	6.00	43.03	2.43	9.66	11.20	1.24	4.46	50.14	1.78
		8		9.515	7.469	0.247	34.46	1.90	7.75	54.56	2.40	12.25	14.33	1.23	5.47	67.11	1.85
		10		11.657	9.151	0.246	41.09	1.88	9.39	64.85	2.36	14.56	17.33	1.22	6.36	84.31	1.93
7	70	4	8	5.570	4.372	0.275	26.39	2.18	5.14	41.80	2.74	8.44	10.99	1.40	4.17	45.74	1.86
		5		6.875	5.397	0.275	32.21	2.16	6.32	51.08	2.73	10.32	13.34	1.39	4.95	57.21	1.91
		6		8.160	6.406	0.275	37.77	2.15	7.48	59.93	2.71	12.11	15.61	1.38	5.67	68.73	1.95
		7		9.424	7.398	0.275	43.09	2.14	8.59	68.35	2.69	13.81	17.82	1.38	6.34	80.29	1.99
		8		10.667	8.373	0.274	48.17	2.12	9.68	76.37	2.68	15.43	19.98	1.37	6.98	91.92	2.03
(7.5)	75	5	9	7.367	5.818	0.295	39.97	2.33	7.32	63.30	2.92	11.94	16.63	1.50	5.77	70.56	2.04
		6		8.797	6.905	0.294	46.95	2.31	8.64	74.38	2.90	14.02	19.51	1.49	6.67	84.55	2.07
		7		10.160	7.975	0.294	53.57	2.30	9.93	84.96	2.89	16.02	22.18	1.48	7.44	98.71	2.11
		8		11.503	9.030	0.294	59.96	2.28	11.20	95.07	2.88	17.93	24.86	1.47	8.19	112.97	2.15
		10		14.126	11.089	0.293	71.98	2.26	13.64	113.92	2.84	21.48	30.05	1.46	9.56	141.71	2.22
8	80	5		7.912	6.211	0.315	48.79	2.48	8.34	77.33	3.13	13.67	20.25	1.60	6.66	85.36	2.15
		6		9.397	7.376	0.314	57.35	2.47	9.87	90.98	3.11	16.08	23.72	1.59	7.65	102.50	2.19
		7		10.860	8.525	0.314	65.58	2.46	11.37	104.07	3.10	18.40	27.09	1.58	8.58	119.70	2.23
		8		12.303	9.658	0.314	73.49	2.44	12.83	116.60	3.08	20.61	30.39	1.57	9.46	136.97	2.27
		10		15.126	11.874	0.313	88.43	2.42	15.64	140.09	3.04	24.76	36.77	1.56	11.08	171.74	2.35
9	90	6	10	10.637	8.350	0.354	82.77	2.79	12.61	131.26	3.51	20.63	34.28	1.80	9.95	145.87	2.44
		7		12.301	9.656	0.354	94.83	2.78	14.54	150.47	3.50	23.64	39.18	1.78	11.19	170.30	2.48
		8		13.944	10.946	0.353	106.47	2.76	16.42	168.97	3.48	26.55	43.97	1.78	12.35	194.80	2.52
		10		17.167	13.476	0.353	128.58	2.74	20.07	203.90	3.45	32.04	53.26	1.76	14.52	244.07	2.59
		12		20.306	15.940	0.352	149.22	2.71	23.57	236.21	3.41	37.12	62.22	1.75	16.49	293.76	2.67

续表 1

角钢号数	尺寸 mm			截面面积	理论重量 ×9.81	外表面积	参考数值										z_0
							$x-x$			x_0-x_0			y_0-y_0			x_1-x_1	
	b	d	r	cm^2	N/m	m^2/m	I_x cm^4	i_x cm	W_x cm^3	I_{x_0} cm^4	i_{x_0} cm	W_{x_0} cm^3	I_{y_0} cm^4	i_{y_0} cm	W_{y_0} cm^3	I_{x_1} cm^4	cm
10	100	6	12	11.932	9.366	0.393	114.95	3.10	15.68	181.98	3.90	25.74	47.92	2.00	12.69	200.07	2.67
		7		13.796	10.830	0.393	131.86	3.09	18.10	208.97	3.89	29.55	54.74	1.99	14.26	233.54	2.71
		8		15.638	12.276	0.393	148.24	3.08	20.47	235.07	3.88	33.24	61.41	1.98	15.75	267.09	2.76
		10		19.261	15.120	0.392	179.51	3.05	25.06	284.68	3.84	40.26	74.35	1.96	18.54	334.48	2.84
		12		22.800	17.898	0.391	208.90	3.03	29.48	330.95	3.81	46.80	86.84	1.95	21.08	402.34	2.91
		14		26.256	20.611	0.391	236.53	3.00	33.73	374.06	3.77	52.90	99.00	1.94	23.44	470.75	2.99
		16		29.627	23.257	0.390	262.53	2.98	37.82	414.16	3.74	58.57	110.89	1.94	25.63	539.80	3.06
11	110	7	12	15.196	11.928	0.433	177.16	3.41	22.05	280.94	4.30	36.12	73.38	2.20	17.51	310.64	2.96
		8		17.238	13.532	0.433	199.46	3.40	24.95	316.49	4.28	40.69	82.42	2.19	19.39	355.20	3.01
		10		21.261	16.690	0.432	242.19	3.38	30.60	384.39	4.25	49.42	99.98	2.17	22.91	444.65	3.09
		12		25.200	19.782	0.431	282.55	3.35	36.05	448.17	4.22	57.62	116.93	2.15	26.15	534.60	3.16
		14		29.056	22.809	0.431	320.71	3.32	41.31	508.01	4.18	65.31	133.40	2.14	29.14	625.16	3.24
12.5	125	8	14	19.750	15.504	0.492	297.03	3.88	32.52	470.89	4.88	53.28	123.16	2.50	25.86	521.01	3.37
		10		24.373	19.133	0.491	361.67	3.85	39.97	573.89	4.85	64.93	149.46	2.48	30.62	651.93	3.45
		12		28.912	22.696	0.491	423.16	3.83	41.17	671.44	4.82	75.96	174.88	2.46	35.08	783.42	3.53
		14		33.373	26.193	0.490	481.65	3.80	54.16	763.73	4.78	86.41	199.57	2.45	39.13	915.61	3.61
14	140	10		27.373	21.488	0.551	514.65	4.34	50.58	817.27	5.46	82.56	212.04	2.78	39.20	915.11	3.82
		12		32.512	25.522	0.551	603.63	4.31	59.80	958.79	5.43	96.85	248.57	2.76	45.02	1 099.28	3.90
		14		37.567	29.490	0.550	688.81	4.28	68.75	1 093.56	5.40	110.47	284.06	2.75	50.45	1 284.22	3.98
		16		42.539	33.393	0.549	770.24	4.26	77.46	1 221.18	5.36	123.42	318.67	2.74	55.55	1 470.07	4.06
16	160	10	16	31.502	24.729	0.630	779.53	4.98	66.70	1 237.30	6.27	109.36	321.76	3.20	52.76	1 365.33	4.31
		12		37.441	29.391	0.630	916.58	4.95	78.98	1 455.68	6.24	128.67	377.49	3.18	60.74	1 639.57	4.39
		14		43.296	33.987	0.629	1 048.36	4.92	90.95	1665.02	6.20	147.17	431.70	3.16	68.24	1 914.68	4.47
		16		49.067	38.518	0.629	1 175.08	4.89	102.63	1 865.57	6.17	164.89	484.59	3.14	75.31	2 190.82	4.55
18	180	12		42.241	33.159	0.710	1 321.35	5.59	100.82	2 100.10	7.05	165.00	542.61	3.58	78.41	2 332.80	4.89
		14		48.896	38.383	0.709	1 514.48	5.56	116.25	2 407.42	7.02	189.14	621.53	3.56	88.38	2 723.48	4.97
		16		55.467	43.542	0.709	1 700.99	5.54	131.13	2 703.37	6.98	212.40	698.60	3.55	97.83	3 115.29	5.05
		18		61.955	48.634	0.708	1 875.12	5.50	145.64	2 988.24	6.94	234.78	762.01	3.51	105.14	3 502.43	5.13

续表 1

角钢号数	尺寸 mm			截面面积	理论重量	外表面积	参考数值											z_0
							x-x			x_0-x_0			y_0-y_0			x_1-x_1		
	b	d	r	cm^2	×9.81 N/m	m^2/m	I_x cm^4	i_x cm	W_x cm^3	I_{x_0} cm^4	i_{x_0} cm	W_{x_0} cm^3	I_{y_0} cm^4	i_{y_0} cm	W_{y_0} cm^3	I_{x_1} cm^4		cm
20	200	14	18	54.642	42.894	0.788	2 103.55	6.20	144.70	3 343.26	7.82	236.40	863.83	3.98	111.82	3 734.10		5.46
		16		62.013	48.680	0.788	2 366.15	6.18	163.65	3 760.89	7.79	265.93	971.41	3.96	123.96	4 270.39		5.54
		18		69.301	54.401	0.787	2 620.64	6.15	182.22	4 164.54	7.75	294.48	1 076.74	3.94	135.52	4 808.13		5.62
		20		76.505	60.056	0.787	2 867.30	6.12	200.42	4 554.55	7.72	322.06	1 180.04	3.93	146.55	5 347.51		5.69
		24		90.661	71.168	0.785	2 338.25	6.07	236.17	5 294.97	7.64	374.41	1 381.53	3.90	166.55	6 457.16		5.87

注：1) $r_1 = \frac{1}{3}d$, $r_2 = 0$, $r_0 = 0$

2) 角钢长度：

钢号：2 ～ 4　　4.5 ～ 8　　9 ～ 14　　16 ～ 20

长度：3 ～ 9 m　4 ～ 12 m　4 ～ 19 m　6 ～ 19 m

3) 一般采用材料：Q215，Q235，Q275，Q235 - F

表 2 热轧普通工字钢(GB706－65)

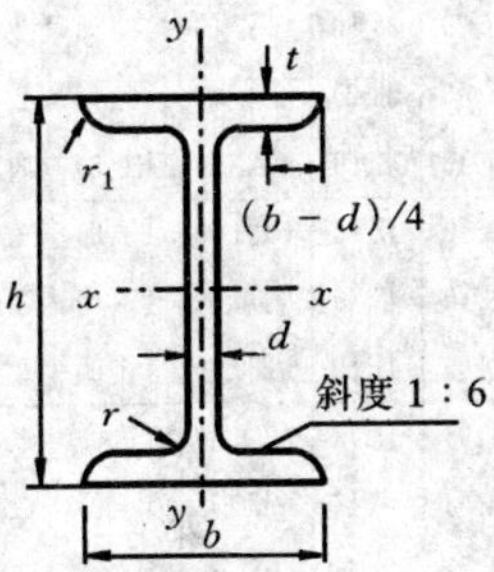

符号意义：h——高度
b——腿宽
d——腰厚
t——平均腿厚
r——内圆弧半径
r_1——腿端圆弧半径
I——惯性矩
W——抗弯截面系数
i——惯性半径
S——半截面的静矩

型号	尺寸 mm						截面面积	理论重量	参考数值						
									x-x				y-y		
	h	b	d	t	r	r_1	cm^2	×9.81 N/m	I_x cm^4	W_x cm^3	i_x cm	$I_x:S_x$ cm	I_y cm^4	W_y cm^3	i_y cm
10	100	68	4.5	7.6	6.5	3.3	14.3	11.2	245.00	49.00	4.14	8.59	33.000	9.720	1.520
12.6	126	74	5.0	8.4	7.0	3.5	18.1	14.2	488.43	77.529	5.195	10.85	46.906	12.677	1.609
14	140	80	5.5	9.1	7.5	3.8	21.5	16.9	712.00	102.00	5.76	12.00	64.400	16.100	1.730
16	160	88	6.0	9.9	8.0	4.0	26.1	20.5	1 130.00	141.00	6.58	13.80	93.100	21.200	1.890
18	180	94	6.5	10.7	8.5	4.3	30.6	24.1	1 660.00	185.00	7.36	15.40	122.000	26.000	2.000
20a	200	100	7.0	11.4	9.0	4.5	35.5	27.9	2 370.00	237.00	8.15	17.20	158.000	31.500	2.120
20b	200	102	9.0	11.4	9.0	4.5	39.5	31.1	2 500.00	250.00	7.96	16.90	169.000	33.100	2.060
22a	220	110	7.5	12.3	9.5	4.8	42.00	33.0	3 400.00	309.00	8.99	18.90	225.000	40.900	2.310
22b	220	112	9.5	12.3	9.5	4.8	46.40	36.4	3 570.00	325.00	8.78	18.70	239.000	42.700	2.270
25a	250	116	8.0	13.0	10.0	5.0	48.50	38.1	5 023.54	401.88	10.18	21.58	280.046	48.283	2.403
25b	250	118	10.0	13.0	10.0	5.0	53.50	42.0	5 283.96	422.72	9.938	21.27	309.297	52.423	2.404
28a	280	122	8.5	13.7	10.5	5.3	55.45	43.4	7 114.14	508.15	11.32	24.62	345.051	56.565	2.495
28b	280	124	10.5	13.7	10.5	5.3	61.05	47.9	7 480.00	534.29	11.08	24.24	379.496	61.209	2.493
32a	320	130	9.5	15.0	11.5	5.8	67.05	52.7	11 075.50	692.20	12.84	27.46	459.930	70.758	2.619
32b	320	132	11.5	15.0	11.5	5.8	73.45	57.7	11 621.40	726.33	12.58	27.09	501.530	75.989	2.614
32c	320	134	13.5	15.0	11.5	5.8	79.95	62.8	12 167.50	760.47	12.34	26.77	543.810	81.166	2.608
36a	360	136	10.0	15.8	12.0	6.0	76.30	59.9	15 760.00	875.00	14.40	30.70	552.000	81.200	2.690
36b	360	138	12.0	15.8	12.0	6.0	83.50	65.6	16 530.00	919.00	14.10	30.30	582.000	84.300	2.640
36c	360	140	14.0	15.8	12.0	6.0	90.70	71.2	17 310.00	962.00	13.80	29.90	612.000	87.400	2.600
40a	400	142	10.5	16.5	12.5	6.3	86.10	67.6	21 720.00	1 090.00	15.90	34.10	660.000	93.200	2.770
40b	400	144	12.5	16.5	12.5	6.3	94.10	73.8	22 780.00	1 140.00	15.60	33.60	692.000	96.200	2.710
40c	400	146	14.5	16.5	12.5	6.3	102.00	80.0	23 850.00	1 190.00	15.20	33.20	727.000	99.600	2.650

续表 2

型号	尺寸 mm						截面面积	理论重量	参考数值						
									x-x				y-y		
	h	b	d	t	r	r_1	cm^2	×9.81 N/m	I_x cm^4	W_x cm^3	i_x cm	$I_x:S_x$ cm	I_y cm^4	W_y cm^3	i_y cm
45a	450	150	11.5	18.0	13.5	6.8	102.00	80.4	32 240.00	1 430.00	17.70	38.60	855.000	114.00	2.890
45b	450	152	13.5	18.0	13.5	6.8	111.00	87.4	33 760.00	1 500.00	17.40	38.00	894.000	118.00	2.840
45c	450	154	15.5	18.0	13.5	6.8	120.00	94.5	35 280.00	1 570.00	17.10	37.60	938.000	122.00	2.790
50a	500	158	12.0	20.0	14.0	7.0	119.00	93.6	46 470.00	1 860.00	19.70	42.80	1 120.00	142.00	3.070
50b	500	160	14.0	20.0	14.0	7.0	129.00	101.0	48 560.00	1 940.00	19.40	42.40	1 170.00	146.00	3.010
50c	500	162	16.0	20.0	14.0	7.0	139.00	109.0	50 640.00	2 080.00	19.00	41.80	1 220.00	151.00	2.960
56a	560	166	12.5	21.0	14.5	7.3	135.25	106.2	65 585.6	2 342.31	22.02	47.73	1 370.16	165.08	3.182
56b	560	168	14.5	21.0	14.5	7.3	146.45	115.0	60 512.5	2 446.69	21.63	47.17	1 486.75	174.25	3.162
56c	560	170	16.5	21.0	14.5	7.3	157.85	123.9	71 439.4	2 551.41	21.27	46.66	1 558.30	183.34	3.158
63a	630	176	13.0	22.0	15.0	7.5	154.90	121.6	93 916.2	2 981.47	24.62	54.17	1 700.55	193.24	3.314
63b	630	178	15.0	22.0	15.0	7.5	167.50	131.5	98 083.6	3 163.98	24.20	53.51	1 812.07	203.60	3.289
63c	630	180	17.0	22.0	15.0	7.5	180.10	141.0	102 252.1	3 298.42	23.82	52.92	1 924.91	213.88	3.268

注:1) 工字钢长度:10 ～ 18 号,长 5 ～ 19 m;20 ～ 63 号,长 6 ～ 19 m

2) 一般采用材料:Q215, Q235, Q275, Q235 - F

表 3 热轧普通槽钢(GB707－65)

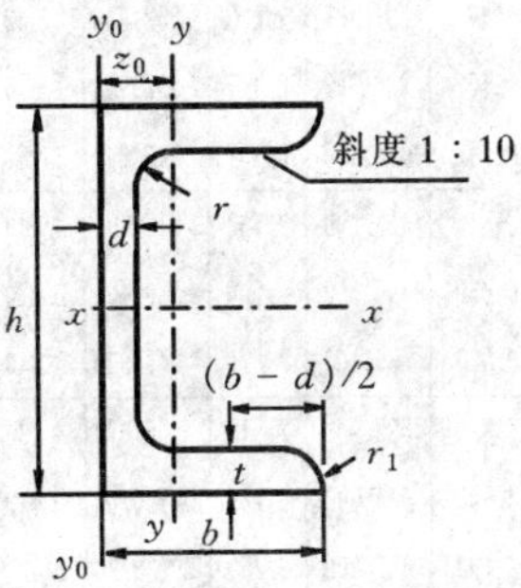

符号意义：h —— 高度　　r_1 —— 腿端圆弧半径
b —— 腿宽　　I —— 惯性矩
d —— 腰厚　　W —— 抗弯截面系数
t —— 平均腿厚　　i —— 惯性半径
r —— 内圆弧半径
z_0 —— $y-y$ 轴与 y_0-y_0 轴间距

型号	尺寸 mm						截面面积	理论重量	参考数值							
									x-x			y-y			y_0-y_0	z_0
	h	b	d	t	r	r_1	cm^2	×9.81 N/m	W_x cm^3	I_x cm^4	i_x cm	W_y cm^3	I_y cm^4	i_y cm	i_{y_0} cm^4	cm
5	50	37	4.5	7.0	7.0	3.50	6.93	5.44	10.400	26.000	1.940	3.550	8.300	1.100	20.900	1.350
6.3	63	40	4.8	7.5	7.5	3.75	8.444	6.63	16.123	50.786	2.453	11.872		1.185	28.380	1.360
8	80	43	5.0	8.0	8.0	4.00	10.24	8.04	25.300	101.300	3.150	5.790	16.600	1.270	37.400	1.430
10	100	48	5.3	8.5	8.5	4.25	12.74	10.00	39.700	198.300	3.950	7.800	25.600	1.410	54.900	1.520
12.6	126	53	5.5	9.0	9.0	4.50	15.69	12.37	62.137	391.466	4.953	10.242	37.990	1.567	77.090	1.590
14a	140	58	6.0	9.5	9.5	4.75	18.51	14.53	80.500	563.700	5.520	13.010	53.200	1.700	107.100	1.710
14b	140	60	8.0	9.5	9.5	4.75	21.31	16.73	87.100	609.400	5.350	14.120	61.100	1.690	120.600	1.670
16a	160	63	6.5	10.0	10.0	5.00	21.95	17.23	108.300	866.200	6.280	16.300	73.300	1.830	144.100	1.800
16	160	65	8.5	10.0	10.0	5.00	25.15	19.74	116.800	934.500	6.100	17.550	83.400	1.820	160.800	1.750
18a	180	68	7.0	10.5	10.5	5.25	25.69	20.17	141.400	1 272.70	7.040	20.030	98.600	1.960	189.700	1.880
18	180	70	9.0	10.5	10.5	5.25	29.29	22.99	152.200	1 369.90	6.840	21.520	111.000	1.950	210.100	1.840
20a	200	73	7.0	11.0	11.0	5.50	28.83	22.63	178.000	1 780.40	7.860	24.200	128.000	2.110	244.000	2.010
20	200	75	9.0	11.0	11.0	5.50	32.83	25.77	191.400	1 913.70	7.640	25.880	143.600	2.090	268.400	1.950
22a	220	77	7.0	11.5	11.5	5.75	31.84	24.99	217.600	2 393.90	8.670	28.170	157.800	2.230	298.200	2.100
22	220	79	9.0	11.5	11.5	5.75	36.24	28.45	233.800	2 571.40	8.420	30.050	176.400	2.210	326.300	2.030
a	250	78	7.0	12.0	12.0	6.00	34.91	27.47	269.597	3 369.62	9.823	30.607	175.529	2.243	322.256	1.065
25b	250	80	9.0	12.0	12.0	6.00	39.91	31.39	282.402	3 530.04	9.405	32.657	196.421	2.218	353.187	1.982
c	250	82	11.0	12.0	12.0	6.00	44.91	35.32	295.236	3 690.45	9.065	35.926	218.415	2.206	384.133	1.921
a	280	82	7.5	12.5	12.5	6.25	40.02	31.42	340.328	4 764.59	10.91	35.718	217.989	2.333	387.566	2.097
28b	280	84	9.5	12.5	12.5	6.25	45.62	35.81	366.460	5 130.45	10.60	37.929	242.144	2.304	427.589	2.016
c	280	86	11.5	12.5	12.5	6.25	51.22	40.21	392.594	5 496.32	10.35	40.301	267.602	2.286	462.597	1.951

续表 3

型号	尺寸 mm						截面面积	理论重量	参考数值							
									x-x			y-y			y_0-y_0	z_0
	h	b	d	t	r	r_1	cm^2	×9.81 N/m	W_x cm^3	I_x cm^4	i_x cm	W_y cm^3	I_y cm^4	i_y cm	i_{y_0} cm^4	cm
a	320	88	8.0	14.0	14.0	7.00	48.70	38.22	474.879	7 598.06	12.49	46.473	304.787	2.502	552.310	2.242
32b	320	90	10.0	14.0	14.0	7.00	55.10	43.25	509.012	8 144.20	12.15	49.157	336.332	2.471	592.933	2.158
c	320	92	12.0	14.0	14.0	7.00	61.50	48.28	543.145	8 690.33	11.88	52.642	374.175	2.467	643.299	2.092
a	360	96	9.0	16.0	16.0	8.00	60.89	47.80	659.700	11 874.2	13.97	63.540	455.000	2.730	818.400	2.440
36b	360	98	11.0	16.0	16.0	8.00	68.09	53.45	702.900	12 651.8	13.63	66.850	496.700	2.700	880.400	2.370
c	360	100	13.0	16.0	16.0	8.00	75.29	50.10	746.100	13 429.4	13.36	70.020	536.400	2.670	947.900	2.340
a	400	100	10.5	18.0	18.0	9.00	75.05	58.91	878.900	17 577.9	15.30	78.830	592.000	2.810	1 067.70	2.490
40b	400	102	12.5	18.0	18.0	9.00	83.05	65.19	932.200	18 644.5	14.98	82.520	640.000	2.780	1 135.60	2.440
c	400	104	14.5	18.0	18.0	9.00	91.05	71.47	985.600	19 711.2	14.71	86.190	687.800	2.750	1 220.70	2.420

注:1) 槽钢长度:5 ～ 8 号，长 5 ～ 12 m；10 ～ 18 号，长 5 ～ 19 m；20 ～ 40 号，长 6 ～ 19 m

2) 一般采用材料:Q215，Q235，Q275，Q235 - F

习题答案

2-1 (a)$N_{1\text{-}1} = 50$ kN, $N_{2\text{-}2} = 10$ kN, $N_{3\text{-}3} = -20$ kN;

(b)$N_{1\text{-}1} = F$, $N_{2\text{-}2} = 0$, $N_{3\text{-}3} = F$; (c)$N_{1\text{-}1} = 0$, $N_{2\text{-}2} = 4F$, $N_{3\text{-}3} = 3F$

2-2 $\sigma = 31.9$ MPa $< [\sigma]$,安全

2-3 $\sigma = 158.4$ MPa $< [\sigma]$,安全

2-4 (1) $D = 24.4$ mm; (2) $\sigma = 119$ MPa $< [\sigma]$,安全

2-5 $d \geqslant 23$ mm

2-6 $b = 32.2$ mm,$h = 109.5$ mm

2-7 $[F] = 44$ kN

2-8 $[F] = 41$ kN

2-9 $F_{\max} = 8.66$ kN

2-10 (1) $30.1°$; (2) $F_{\max} = 92.2$ kN

2-11 $\Delta l = 0.075$ mm

2-12 (1) $A_1 = 200\ \text{mm}^2$,$A_2 = 50\ \text{mm}^2$; (2) $A_1 = 267\ \text{mm}^2$,$A_2 = 50\ \text{mm}^2$

2-13 $\sigma = 78.8$ MPa,$F = 6.31$ kN

2-14 $\Delta l = \dfrac{4Fl}{\pi E d_1 d_2}$

2-15 $\sigma_{\max} = \gamma l$, $\Delta l = \dfrac{\gamma l^2}{2E}$, $l_{\max}\ \dfrac{\sigma^{\circ}}{\gamma}$

2-16 $\Delta_{BV} = 3.9$ mm,$\Delta_{BH} = 2.15$ mm

2-17 $\Delta_{AC} = \dfrac{(2+\sqrt{2})Fa}{EA}$

2-18 $\Delta_{CV} = 1.04$ mm,$\Delta_{CH} = 0.518$ mm

2-19 $[F] = 36$ kN,$[F]_1 = 12$ kN

2-20 $\varepsilon = 0.5 \times 10^{-3}$, $\sigma = 100$ MPa, $F = 7.85$ kN

2-21 $A \geqslant 833\ \text{mm}^2$, $d \leqslant 17.8$ mm, $F \leqslant 15.7$ kN

2-22 $\sigma_s = 250$ MPa,$\sigma_b = 430$ MPa,$\delta = 16.6\ \%$,$\psi = 61.6\ \%$

2-23 $\varepsilon = 2.5 \times 10^{-3}$

2-24 $F_A = F_B = F/3$

2-25 $\sigma^1 = 66.6\ \text{MPa}$，$\sigma^2 = 133.2\ \text{MPa}$

2-26 $N_{BD} = 0.739F$，$N_{BC} = 0.369F$

2-27 $N_1 = N_3 = \dfrac{F}{2\sin\alpha}$，$N_2 = 0$

2-28 (1) $F = 31.4\ \text{kN}$； (2) $\sigma^1 = \sigma^2 = 131\ \text{MPa}$，$\sigma^3 = 34.3\ \text{MPa}$

2-29 $A_1 = 1\,384\ \text{mm}^2$，$A_2 = 692\ \text{mm}^2$

2-30 $F_1 = 13.9\ \text{kN}$，$F_2 = 4.2\ \text{kN}$

2-31 $\sigma_{\max} = 150\ \text{MPa}$

2-32 $\sigma_{钢} = 75\ \text{MPa}$，$\sigma_{铜} = 18.75\ \text{MPa}$

2-33 (1) $\sigma_{钢} = 113.7\ \text{MPa}$，$\sigma_{铜} = 68.2\ \text{MPa}$；

(2) $\Delta\sigma_{钢} = 36.4\ \text{MPa}$，$\Delta\sigma_{铜} = 21.8\ \text{MPa}$

3-1 （略）

3-2 $d = 74\ \text{mm}$

3-3 (1) $\tau_A = 46.6\ \text{MPa}$，$\gamma_A = 5.82 \times 10^{-4}\ \text{rad}$；

(2) $\tau_{\max} = 51.8\ \text{MPa}$，$\tau_{\min} = 41.4\ \text{MPa}$

3-4 实心轴重量是空心轴的 1.95 倍，空心轴刚度是实心轴的 1.192 倍

3-5 $\varphi = \dfrac{m_0 l^2}{2GI_p}$

3-6 (1) $\varphi_B = 1.404\dfrac{Tl}{G\pi\left(\dfrac{d}{2}\right)^4}$； (2) 误差 $\delta = 2.4\%$

3-7 $d_1 = 45\ \text{mm}$，$D_2 = 46\ \text{mm}$

3-8 $\varphi_{CA} = 0.597°$，$\Phi_{\max} = 1.4°/\text{m}$

3-9 $P_{\max} = 18.5\ \text{kW}$，$\tau'_{\max} = 30\ \text{MPa}$

3-10 $G = 79.8\ \text{GPa}$

3-11 BD 段：$\tau_{\max} = 21.3\ \text{MPa} < [\tau]$，$\Phi_{\max} = 0.435°/\text{m}$

AC 段：$\tau_{\max} = 49.4\ \text{MPa}$，$\Phi_{\max} = 1.767°/\text{m} < [\Phi]$

3-12 $\tau = 56.6\ \text{MPa}$

3-13 $\tau_{\max} = 32.8\ \text{MPa}$；

3-14 (1) $\tau_A = 40.1\ \text{MPa}$，$\tau_B = 34.5\ \text{MPa}$，$\tau_C = 0\ \text{MPa}$； (2) $\Phi = 0.564°/\text{m}$

3-15 $\tau_{\max} = 25\ \text{MPa}$，$\varphi = 3°35'$

3-16 $(\tau_{\max})_a : (\tau_{\max})_b : (\tau_{\max})_c = 1 : 1.273 : 1.433$，$\varphi_a : \varphi_b : \varphi_c = 1 : 1.621 : 2.05$

3-17 $M_A = \dfrac{4}{7}T$，$M_B = \dfrac{3}{7}T$

3-18 $M_{n1}=M_{n2}=\dfrac{\alpha\cdot G_1I_{p1}\cdot G_2I_{p2}}{l_2\cdot G_1I_{p1}+l_1\cdot G_2I_{p2}}$

3-19 $M_n=\dfrac{31}{48}\pi R^3\tau_s$

3-20 （略）

4-1～4-5 （略）

4-6 $x_0=\dfrac{l}{2}-\dfrac{d}{4}$, $|M|_{\max}=\dfrac{F}{2l}\left(l-\dfrac{d}{2}\right)^2$

4-7 $x_0=0.828l$, $M_{\max}=0.085\,7ql^2$

4-8～4-10 （略）

5-1 $\sigma_a=\sigma_c=18.8$ MPa, $\sigma_{\max}=23.5$ MPa

5-2 $b=32.8$mm

5-3 $\sigma_{\max}=108.6$ MPa $<[\sigma]$，安全

5-4 $\sigma_{实}=159.2$ MPa, $\sigma_{空}=93.7$ MPa, $[q_{空}]:[q_{实}]=1.7:1$

5-5 $\sigma_{\max}=350$ MPa, $D=0.42$ m

5-6 $[q]=12.56$ kN/m

5-7 （1）最大正弯矩所在截面应力：$\sigma_{\max}^{+}=45.9$ MPa, $\sigma_{\max}^{-}=107.2$ MPa
（2）最大负弯矩所在截面应力：$\sigma_{\max}^{+}=70$ MPa, $\sigma_{\max}^{-}=30$ MPa

5-8 $d_{\max}=115$ mm

5-9 （1）$[F]=38.3$ kN；（2）$\sigma_{\max}=102$ MPa；（3）$\sigma_{\max}=306$ MPa

5-10 $a=1.385$ m

5-11 $\beta=16$, $t=23.2$mm

5-12 $\dfrac{b_1}{b_2}=\dfrac{2\beta-1}{2-\beta}$

5-13 $[q]=14.6$ kN/m

5-14 （1）$x_0=4.17$ m；（2）28a 工字钢

5-15 $F=\dfrac{4Ebh^3\varepsilon}{9le}$

5-16 （1）$\sigma_{\max}/\tau_{\max}=5$；（2）$\Delta l=\dfrac{ql^3}{2Ebh^2}$

5-17 AC 中点；$b=139$ mm, $h=209$ mm

5-18 $W\geqslant 220$ cm^3，取 20a 工字钢

5-19 $\sigma_{\max}=\dfrac{128}{27}\dfrac{Fl}{\pi d^3}$

5-20 $\theta = \tan^{-1}\dfrac{I_{yz}}{I_z}$

5-21 $e_z = 0.070$ m(腹板形心左侧)

6-1 (a) $v_{\max} = \dfrac{ql^4}{8EI}\left(1+\dfrac{4a}{3l}\right)$ (↓); (b) $v_{\max} = \dfrac{M_o l^2}{6EI}$ (↑)

6-2 (略)

6-3 (a) $v_C = -\dfrac{29qa^4}{3EI}$ (↓), $\theta_B = 3\dfrac{qa^3}{EI}$ (↷);

(b) $v_C = -\dfrac{13Fa^3}{18EI}$ (↓), $\theta_B = \dfrac{8}{9}\dfrac{Fa^2}{EI}$ (↶);

(c) $v_C = -\dfrac{11Fl^3}{384EI}$ (↓), $\theta_B = \dfrac{3}{32}\dfrac{Fl^2}{EI}$ (↶);

(d) $v_C = \dfrac{qa^4}{24EI}$ (↑), $\theta_B = \dfrac{qa^3}{3EI}$ (↷)

6-4 (a) $v_C = \dfrac{11qa^4}{12EI}$ (↓), $\theta_B = \dfrac{qa^3}{2EI}$ (↷);

(b) $v_C = \dfrac{3Fa^3}{4EI}$ (↓), $\theta_B = \dfrac{5Fa^2}{8EI}$ (↶);

(c) $v_C = \dfrac{17qa^4}{16EI}$ (↓), $\theta_B = \dfrac{7}{12}\dfrac{qa^3}{EI}$ (↷);

(d) $v_C = \dfrac{13Fa^3}{12EI}$ (↓), $\theta_B = \dfrac{Fa^2}{EI}$ (↶)

6-5 (略)

6-6 $v_B = 8.22$ mm

6-7 16a 槽钢

6-8 $d = 76.8$ mm

6-9 $a = \dfrac{l}{2}$; $v_A \dfrac{ql^4}{384EI}$

6-10 $v = \dfrac{Fx^2}{3EIl}(l-x)^2$

6-11 (1) $[F] = \dfrac{16W[\sigma]}{3l}$; (2) $\Delta = \dfrac{Fl^3}{144EI}$, $[F] = \dfrac{6W[\sigma]}{l}$

6-12 (a) $F_B = \dfrac{9M_o}{16a}$ (↑); (b) $F_C = \dfrac{7}{4}F$ (↑);

(c) $F_C = \dfrac{5}{8}ql$ (↑); (d) $F_C = qa$, $M_A = M_B = \dfrac{qa^2}{12}$

6－13 $|M|_{\max} = \frac{1}{8}ql^2$， $|Q|_{\max} = \frac{5}{8}ql$

6－14 (1)(c)； (2) $M_o = \frac{EI}{R}$

6－15 (略)

6－16 $G \leqslant \frac{81EIf}{2l^2}$

7－1 (略)

7－2 (a) $\sigma_\alpha = 37.5$ MPa，$\tau_\alpha = 39.0$ MPa，$\sigma' = 60$ MPa，$\sigma'' = -30$ MPa，$\alpha_0 = 0°$，$\tau_{\max} = 45$ MPa；

(b) $\sigma_\alpha = 49.0$ MPa，$\tau_\alpha = 11.0$ MPa，$\sigma' = 132.4$ MPa，$\sigma'' = 47.6$ MPa，$\alpha_0 = -22.5°$，$\tau_{\max} = 42.4$ MPa；

(c) $\sigma_\alpha = -6.0$ MPa，$\tau_\alpha = 19.6$ MPa，$\sigma' = 90$ MPa，$\sigma'' = -10$ MPa，$\alpha_0 = -18.4°$，$\tau_{\max} = 50$ MPa；

(d) $\sigma_\alpha = 0$，$\tau_\alpha = 30$ MPa，$\sigma' = 72.4$ MPa，$\sigma'' = -12.4$ MPa，$\alpha_0 = -22.5°$，$\tau_{\max} = 42.4$ MPa

7－3 (a) $\sigma_\alpha = 70$ MPa，$\tau_\alpha = 17.3$ MPa，$\sigma' = 80$ MPa，$\sigma'' = 40$ MPa，$\alpha_0 = 0°$，$\tau_{\max} = 20$ MPa；

(b) $\sigma_\alpha = -50$ MPa，$\tau_\alpha = 0$ MPa，$\sigma' = 50$ MPa，$\sigma'' = -50$ MPa，$\alpha_0 = -45°$，$\tau_{\max} = 50$ MPa；

(c) $\sigma_\alpha = -30$ MPa，$\tau_\alpha = 52$ MPa，$\sigma' = 60$ MPa，$\sigma'' = -60$ MPa，$\alpha_0 = 0°$，$\tau_{\max} = 60$ MPa；

(d) $\sigma_\alpha = 94.6$ MPa，$\tau_\alpha = 14.6$ MPa，$\sigma' = 96.6$ MPa，$\sigma'' = -16.6$ MPa，$\alpha_0 = 22.5°$，$\tau_{\max} = 56.6$ MPa

7－4 (a) $\sigma_x = 33.3$ MPa，$\tau_x = 57.7$ MPa，$\sigma' = 0$ MPa，$\sigma'' = 133.3$ MPa，$\alpha_0 = 30°$；

(b) $\sigma_x = 560$ MPa，$\tau_x = -277$ MPa，$\sigma' = 687$ MPa，$\sigma'' = -46.5$ MPa，$\alpha_0 = 24.5°$；

(c) $\sigma_y = 60$ MPa，$\tau_\alpha = 10$ MPa，$\sigma' = 72.4$ MPa，$\sigma'' = 27.6$ MPa，$\alpha_0 = -31.7°$

7－5 (1) $\sigma_x = 5.45p$，$\sigma_y = 2.19p$，$\tau_x = 0$，$\alpha_0 = 0°$；(2) $\alpha = 90°$

7－6 (a) $\sigma_1 = 80$ MPa，$\sigma_2 = 20$ MPa，$\sigma_3 = -40$ MPa，$\tau_{\max} = 60$ MPa；

(b) $\sigma_1 = 80$ MPa，$\sigma_2 = 0$，$\sigma_3 = -20$ MPa，$\tau_{\max} = 50$ MPa；

(c) $\sigma_1 = 80$ MPa，$\sigma_2 = 50$ MPa，$\sigma_3 = -50$ MPa，$\tau_{\max} = 65$ MPa；

(d) $\sigma_1 = 110$ MPa, $\sigma_2 = 10$ MPa, $\sigma_3 = -40$ MPa, $\tau_{\max} = 75$ MPa

7-7 $\sigma_x = 80$ MPa, $\sigma_y = 0$

7-8 $\Delta_{AC} = 371 \times 10^{-6}\ a$

7-9 $p = 28$ MPa

7-10 $\delta = 8.1\ \%$, $\varepsilon_B = 566 \times 10^{-6}$

7-11 $F = -\dfrac{2bhE}{3(1+\mu)}\varepsilon_{45^\circ}$

7-12,7-13 （略）

7-14 $M_o = 318$ N·m, $T = -224$ N·m

7-15 $\varepsilon_x = 100 \times 10^{-6}$, $\varepsilon_y = -67 \times 10^{-6}$, $\gamma_{xy} = 405 \times 10^{-6}$, $\sigma_x = 17.6$ MPa, $\sigma_y = -8.1$ MPa, $\tau_x = 31.1$ MPa, $\sigma_1 = 38.4$ MPa, $\sigma_3 = -28.9$ MPa, $\varepsilon_1 = 235 \times 10^{-6}$, $\varepsilon_3 = -202 \times 10^{-6}$

7-16 （略）

8-1 $\sigma_{r3} = 150$ MPa, $\sigma_{r4} = 131$ MPa, $\tau_{yu} = 120$ MPa

8-2 $\sigma_{r1} = 30$ MPa, $\sigma_{r2} = 36$ MPa

8-3 $\sigma_{r3} = 900$ MPa, $\sigma_{r4} = 843$ MPa

8-4 $\sigma_{r3} = 122$ MPa, $\sigma_{r4} = 111.4$ MPa

8-5 $\sigma_{r3} = 300$ MPa, $\sigma_{r4} = 265$ MPa

8-6 $p = 1.39$ MPa

8-7 $t = 5$ mm

9-1 （略）

9-2 $b = 90$ mm, $h = 180$ mm

9-3 16 工字钢, $\sigma_{\max} = 159$ MPa

9-4,9-5 （略）

9-6 $\sigma_{\max} = \dfrac{Fl}{I_z} a \cos 15^\circ$

9-7 $\sigma_{\max} = 121$ MPa

9-8 $F = 19$ kN

9-9 $\sigma_{\max}^{+} = 26.9$ MPa, $\sigma_{\max}^{-} = 32.3$ MPa

9-10 $e = \dfrac{\varepsilon_1 - \varepsilon_2}{\varepsilon_1 + \varepsilon_2}\ \dfrac{h}{6}$

9-11 $\sigma_A = 3.67$ MPa, $\sigma_B = -0.33$ MPa, $\sigma_C = -5.33$ MPa, $\sigma_D = -1.33$ MPa

9-12 矩形：$e_y = \frac{h}{6}$，$e_z = \frac{b}{6}$；　圆：$e = \frac{R}{4}$

9-13 $\sigma_{r3} = 58\ \mathrm{MPa}$

9-14 $d = 75.6\ \mathrm{mm}$

9-15 $d = 51\ \mathrm{mm}$

9-16 $\sigma_{r4} = 76\ \mathrm{MPa}$

9-17 $\sigma_{r4} = 54.6\ \mathrm{MPa}$

9-18 $T = 205\ \mathrm{N \cdot m}$，$M_o = 265\ \mathrm{N \cdot m}$

9-19 $F = 1.45\ \mathrm{kN}$，$\sigma_{r4} = 56.2\ \mathrm{MPa}$

9-20 $\sigma_{r3} = 89.1\ \mathrm{MPa}$

9-21 $F = 49.9\ \mathrm{N}$

10-1 $U_a : U_b = 16 : 7$

10-2 $U = \frac{M_o^2 l}{3EI}$，$\theta_A = \frac{2M_o l}{3EI}$ ($\curvearrowleft$)

10-3 $U = 0.957 \frac{F^2 l}{EA}$，$\Delta_{CH} = 1.914 \frac{Fl}{EA}$ ($\rightarrow$)

10-4 $U = \frac{\pi F^2 R^3}{8EI}$，$\Delta_{BV} = \frac{\pi F R^3}{4EI}$ ($\downarrow$)

10-5 $U = \frac{776}{81\pi} \frac{T^2 l}{G d_1^4}$，$\varphi = \frac{1\,552}{81\pi} \frac{Tl}{G d_1^4}$

10-6 $v_C = \frac{4Fl^3}{243EI} + \frac{F}{9k}$ ($\downarrow$)

10-7 $v_D = \frac{5ql^4}{384EI} + \frac{qla}{4EA}$ ($\downarrow$)

10-8 $\theta_A = \frac{7qa^3}{48EI}$ ($\curvearrowright$)

10-9 $\theta_A = \frac{M_o a}{6EI}$ ($\curvearrowleft$)，$v_B = \frac{5M_o a^2}{6EI}$ ($\downarrow$)

10-10 $\theta = \frac{7ql^3}{24EI}$

10-11 $\Delta_{DV} = \frac{5Fl^3}{384EI}$ ($\downarrow$)，$\theta_B = \frac{Fl^2}{96EI}$ ($\curvearrowleft$)

10-12 $v_C = \frac{\alpha a (t_2 - t_1)(a + l)}{2h}$ ($\uparrow$)

10-13 $\Delta_{CV} = \frac{3l^2 \alpha (t_2 - t_1)}{2h}$ ($\uparrow$)，$\Delta_{CH} = -\frac{l^2 \alpha (t_2 - t_1)}{2h}$ ($\leftarrow$)，

$$\theta_C = \frac{2l\alpha(t_2 - t_1)}{h}\ (\curvearrowleft)$$

10-14 $\Delta_{BH} = \frac{\sqrt{3}Fl}{12EA}\ (\leftarrow)$，$\theta_{BC} = \frac{5\sqrt{3}F}{6EA}\ (\curvearrowright)$

10-15 $\Delta_{AV} = (3 + 4\sqrt{2})\frac{Fl}{EA}\ (\downarrow)$

10-16 $\Delta_{DV} = \frac{29Fa^3}{6EI} + \frac{4qa^4}{3EI}\ (\downarrow)$

10-17 $\Delta_{AV} = \frac{Fa^3}{EI}\ (\uparrow)$，$\theta_C = \frac{Fa^2}{EI}\ (\curvearrowright)$

10-18 $\Delta_{AB} = \frac{Fa^3}{3EI}$

10-19 (a) $\Delta_{BH} = \frac{17Fl^3}{24EI}\ (\rightarrow)$；(b) $\Delta_{BH} = \frac{M_o l^2}{3EI}\ (\rightarrow)$

10-20 $\Delta_{AH} = \frac{2Fh^3}{3EI} + \frac{Fh^2 l}{EI}\ (\rightarrow)$

10-21 $\Delta_{BH} = \frac{FR^3}{2EI}\ (\rightarrow)$，$\Delta_{BV} = \left(1 - \frac{\pi}{4}\right)\frac{FR^3}{EI}\ (\uparrow)$

10-22 $\Delta_{CV} = \frac{3\pi - 8}{8}\frac{FR^3}{EI}\ (\downarrow)$

10-23 $\Delta_{BH} = \frac{FR^3}{2EI}\ (\rightarrow)$，$\Delta_{BV} = 3.36\frac{FR^3}{EI}\ (\downarrow)$

10-24 $\varphi_B = \frac{32(2 + \mu)M_0 R}{Ed^4}$

10-25 $\Delta_{AV} = \frac{F}{EI}\left(\frac{a^3}{3} + \frac{b^3}{3} + \frac{c^3}{3} - ac^2 + a^2 c\right) + \frac{F}{GI_p}(a^2 b + b^2 c)\ (\downarrow)$

10-26 $\Delta_{AB} = \frac{5Fl^3}{6EI} + \frac{3Fl^3}{2GI_p}$

10-27 $\Delta_{AB} = \frac{\pi FR^3}{EI} + \frac{3\pi FR^3}{GI_p}$

10-28 距 A 端 $0.559l$ 处

10-29 $\Delta V = \frac{(1 - 2\mu)}{E}2FR$

11-1 (a) $F_A = \frac{3aF}{2l}(\downarrow)$，$M_A = \frac{Fa}{2}(\curvearrowright)$，$F_B = \frac{F(2l + 3a)}{2l}(\uparrow)$

(b) $F_A = \frac{qa}{16}(\downarrow)$，$F_B = \frac{5qa}{8}(\uparrow)$，$F_C = \frac{7qa}{16}(\uparrow)$

11-2 $M_B = \dfrac{3Fa^2l^2k}{48EI + 16ka^2l}$

11-3 $v_B = \dfrac{5Fl^3}{48EI + 16kl^3}$ (↓)

11-4 $v_B = \dfrac{13Fl^3}{64EI}$ (↓)

11-5 $\Delta l = \dfrac{3ql^4}{24EI + 32EAl^2}$

11-6 $F_C = \dfrac{3EI\Delta}{2l^3}$

11-7 (a) $N_{AD} = \dfrac{F}{2\sin\alpha}$(拉)，$N_{BD} = \dfrac{F}{2\sin\alpha}$(压)，$N_{CD} = 0$；

(b) $N_{AC} = \dfrac{\sqrt{2}F}{2}$(拉)，$N_{BD} = \dfrac{\sqrt{2}F}{2}$(压)，

$N_{AB} = N_{BC} = \dfrac{F}{2}$(压)，$N_{CD} = N_{DA} = \dfrac{F}{2}$(拉)；

(c) $N_{AC} = \dfrac{\sqrt{2}F}{2}$(拉)，$N_{BD} = \dfrac{2-\sqrt{2}}{2}F$(压)

$N_{AB} = N_{BC} = N_{CD} = N_{DA} = \dfrac{\sqrt{2}-1}{2}F$(拉)

11-8 (a) $F_{CV} = \dfrac{ql}{8}$(↑)；(b) $F_{AH}\ \dfrac{F}{4}$(←)；(c) $F_C = \dfrac{29}{64}F$(↑)

11-9 (a) $F_B = \dfrac{\sqrt{2}}{4}F$(↑)；(b) $F_B = \dfrac{2}{\pi}F$(↑)

11-10 (a) $F_{AH} = \dfrac{3abF}{4h^2 + 6hl}$(→)，$F_{AV} = \dfrac{Fb}{l}$(↑)，$F_{BH} = \dfrac{3abF}{4h^2 + 6hl}$(←)，

$F_{BV} = \dfrac{Fa}{l}$(↑)；

(b) $F_{AH} = \dfrac{F}{2}$(→)，$F_{AV} = \dfrac{Fh}{l}$(↑)，$F_{BH} = \dfrac{F}{2}$(→)，$F_{BV} = \dfrac{Fh}{l}$(↓)

11-11 $N_{CD} = \dfrac{5a^2AF}{5a^2A + 3(3 + 4\sqrt{2})I}$

11-12 $F_{弹} = \dfrac{F(2l^3 + 3l^2h) - 3EI\Delta}{2l^3 + 3l^2h + \dfrac{3EI}{k}}$

11-13 $|M|_{max} = \dfrac{2}{2+\pi}FR$

11-14 $\Delta l_{AB}=\dfrac{\pi R^3F}{(4I+\pi AR^2)E}$

11-15 (a) $|M|_{\max}=\dfrac{M_o}{2}$；(b) $|M|_{\max}=\dfrac{5ql^2}{72}$

11-16 $\Delta_F=\dfrac{FR^3}{2EI}\left(\dfrac{2\pi}{9}-\dfrac{3}{\pi}+\dfrac{\sqrt{3}}{6}\right)$

11-17 $N_{OA}=N_{OF}=\dfrac{\sqrt{2}F}{4}$(拉)，$N_{OC}=N_{OD}=\dfrac{\sqrt{2}F}{4}$(压)，$N_{OB}=N_{OE}=0$

11-18 (a) $|M|_{\max}=\dfrac{3Fa}{16}$，$\Delta_{AB}=\dfrac{5a^3F}{192EI}$；(b) $|M|_{\max}=\dfrac{\sqrt{2}Fa}{8}$，$\Delta_{AB}=\dfrac{a^3F}{24EI}$

11-19 (a) $F_A=F_B=\dfrac{ql}{2}(\uparrow)$，$M_A=\dfrac{ql^2}{12}(\curvearrowleft)$，$M_B=\dfrac{ql^2}{12}(\curvearrowright)$；

(b) $F_A=\dfrac{11F}{16}(\downarrow)$，$M_A=\dfrac{3Fa}{8}(\curvearrowright)$，$F_B=\dfrac{11F}{16}(\uparrow)$，$M_B=\dfrac{3Fa}{8}(\curvearrowright)$；

(c) $F_A=\dfrac{Fb^2(l+2a)}{l^3}(\uparrow)$，$F_B=\dfrac{Fa^2(l+2b)}{l^3}(\uparrow)$，

$M_A=\dfrac{Fab^2}{l^2}(\curvearrowleft)$，$M_B=\dfrac{Fa^2b}{l^2}(\curvearrowright)$

11-20 $\Delta_{FV}=\dfrac{47Fa^3}{32EI}(\downarrow)$

11-21 $|M|_{\max}=\dfrac{Fa}{4}$

12-1 钢索：$\sigma_d=41.7\ \text{MPa}<[\sigma]$，梁：$\sigma_{\max}=35\ \text{MPa}<[\sigma]$，安全

12-2 160 mm

12-3 $n=116\ \text{r/min}$，$\Delta_C=24\ \text{mm}$

12-4 (1) 0.07 MPa； (2) 15.43 MPa； (3) 3.73 MPa

12-5 $h=389\ \text{mm}$，$h'=9.66\ \text{mm}$

12-6 $\sigma_{d\max}=150.8\ \text{MPa}<[\sigma]$，梁安全； $\Delta_d=2.62\ \text{mm}(\downarrow)$

12-7 $\sigma_{d\max}=\dfrac{Ga}{W}\left(1+\sqrt{1+\dfrac{3EIH}{2Ga^3}}\right)$

12-8 $(\sigma_d)_{\max}=\dfrac{32W\sqrt{l^2+a^2}}{\pi d^3}\left(1+\sqrt{1+\dfrac{2H}{\dfrac{64Wl^3}{3E\pi d^4}+\dfrac{4Wa^3}{Ebh^3}+\dfrac{32Wa^2l}{G\pi d^4}}}\right)$

12-9 $(\sigma_d)_{\max}=\dfrac{Gl}{4W}\left(1+\sqrt{1+\dfrac{48EI(v^2+gl)}{gGl^3}}\right)$

12 - 10 $\Delta_{Dd} = \left(1 + \sqrt{1 + \frac{16EIh}{13Gl^3}}\right)\frac{5Gl^3}{12EI}(\downarrow)$

13 - 1 $\sigma_m = 200$ MPa，$\sigma_a = 100$ MPa，$r = 0.333$

13 - 2 $r = -4.33$，$\sigma_m = -70.7$ MPa，$\sigma_a = 113.1$ MPa

13 - 3 $r(1) = -1$，$r(2) = 0$，$r(3) = 0.866$，$r(4) = 0.5$

13 - 4 $K_\sigma = 1.504$，$K_\tau = 1.224$

13 - 5 $n_\sigma = 1.46$

13 - 6 $\sigma_a = 61.1$ MPa，$n_\sigma = 2.32$

13 - 7 $\tau_a = 32.6$ MPa，$n_\tau = 2.22$

13 - 8 $r = 1$，$[M] = 436$ N·m； $r = 5$，$[M] = 645$ N·m

13 - 9 $n_{\sigma\tau} = 1.95$，$n_{\sigma\tau s} = 3.6$

14 - 1 946 kN

14 - 2 (a)59.1 kN； (b)105 kN； (c)77.2 kN； (d)67.3 kN

14 - 3 (a)15.76 kN； (b)49.7 kN； (c)56.4 kN

14 - 4 66.1 ℃

14 - 5 11.5

14 - 6 828 kN

14 - 7 695 kN

14 - 8 $n_{st} = 2.11 > [n_{st}]$，$\sigma_{净} = 113$ MPa $< [\sigma]$，压杆稳定性和强度均足够

14 - 9 76.9 kN

14 - 10 AB 杆：$n_{st} = 2.23 > [n_{st}]$； CD 杆：$\sigma_{max} = 120$ MPa $< [\sigma]$； 安全

14 - 11 16.8 cm

14 - 12 392 kN

14 - 13 CD 杆：$n_{st} = 4.08 > [n_{st}]$； AB 杆：$n = 1.69 > n$； 安全

14 - 14 (a) $F_{cr} = 342$ kN； (b) $F_{cr} = 124$ kN

15 - 1 50.2 kN

15 - 2 50 mm

15 - 3 $\delta = 20$ mm，$l = 200$ mm，$h = 90$ mm

15 - 4 323 N

15 - 5 210 N·m

15 - 6 $l = 290$ mm，$h = 36$ mm； 横梁：$\sigma_{max} = 8.2$ MPa $< [\sigma]$； 仍属安全

15 - 7 $n = 4$

15 - 8 250 kN

A - 1 $y_C = h/3$

A - 2 $y_C = 140.9\ \text{mm}$，$z_C = 0$

A - 3 (1)$A'/A = 29.45\%$； (2)$I'_z/I_z = 94.5\%$

A - 4 $y_C = 6.5\ \text{cm}$，$I_z = 1\ 172\ \text{cm}^4$，$I_{yz} = 0$

A - 5 (a)$I_z = 397 \times 10^4\ \text{mm}^4$，$I_y = 110 \times 10^4\ \text{mm}^4$；

(b)$I_z = 397 \times 10^4\ \text{mm}^4$，$I_y = 325 \times 10^4\ \text{mm}^4$

A - 6 $b = 11.12\ \text{cm}$

A - 7 $\alpha_0 = 18.5°$(或 $108.5°$)，$I_{y0} = 85 \times 10^4\ \text{mm}^4$，$I_{z0} = 1\ 210 \times 10^4\ \text{mm}^4$

参考文献

1 林毓锜,陈翰,楼志文. 材料力学. 西安:西安交通大学出版社,1986

2 俞茂铉,汪惠雄编. 材料力学. 北京:高等教育出版社,1988

3 陆才善主编. 材料力学. 西安:西安交通大学出版社,1988

4 闵行,岳愉,凌伟. 材料力学. 西安:西安交通大学出版社,1999

5 单辉祖主编. 材料力学（Ⅰ）. 北京:高等教育出版社,1999

6 单辉祖主编. 材料力学（Ⅱ）. 北京:高等教育出版社,1999

7 刘鸿文主编. 材料力学 上册. 第3版. 北京:高等教育出版社,1992

8 刘鸿文主编. 材料力学 下册. 第3版. 北京:高等教育出版社,1992

9 范钦珊主编. 材料力学. 北京:高等教育出版社,2000

10 赵九江等主编. 材料力学. 哈尔滨:哈尔滨工业大学出版社,1992

11 孙训方主编. 材料力学 上册. 第3版. 北京:高等教育出版社,1994

12 孙训方主编. 材料力学 下册. 第3版. 北京:高等教育出版社,1994

13 陈心爽,袁耀良编著. 材料力学. 上海:同济大学出版社,1996

14 闵行,武广号,刘书静. 材料力学重点难点及典型题精解. 西安:西安交通大学出版社,2001

15 〔苏〕费奥多谢夫 ВИ. 材料力学. 赵九江等译. 北京:高等教育出版社,1985